TRAITÉ PRATIQUE

DE L'ENTRETIEN ET DE L'EXPLOITATION

DES

CHEMINS DE FER

DEUXIÈME ÉDITION
CONSIDÉRABLEMENT AUGMENTÉE

TRAITÉ PRATIQUE

DE L'ENTRETIEN

ET

DE L'EXPLOITATION

DES

CHEMINS DE FER

PAR

CH. GOSCHLER

ANCIEN ÉLÈVE DE L'ÉCOLE CENTRALE DES ARTS ET MANUFACTURES
et successivement :
INGÉNIEUR AUX CHEMINS DE FER D'ALSACE, INGÉNIEUR PRINCIPAL AUX CHEMINS DE FER DE L'EST,
DIRECTEUR GÉNÉRAL DU CHEMIN DE FER HAINAUT ET FLANDRES,
DIRECTEUR DU CONTRÔLE DE LA CONSTRUCTION DES CHEMINS DE FER DE LA TURQUIE D'EUROPE,
DIRECTEUR DES ÉTUDES ET DE LA CONSTRUCTION DES CHEMINS DE FER EN TURQUIE D'EUROPE
CONSEILLER TECHNIQUE DU GOUVERNEMENT OTTOMAN

TOME CINQUIÈME

SERVICE DE LA LOCOMOTION

TROISIÈME SECTION

DÉPOTS, ATELIERS ET DIRECTION DU SERVICE

PARIS

LIBRAIRIE POLYTECHNIQUE

J. BAUDRY, LIBRAIRE-ÉDITEUR

RUE DES SAINTS-PÈRES, 15

LIÈGE, MÊME MAISON

1881

TRAITÉ PRATIQUE

DE L'ENTRETIEN

ET

DE L'EXPLOITATION

DES

CHEMINS DE FER

PAR

CH. GOSCHLER

ANCIEN ÉLÈVE DE L'ÉCOLE CENTRALE DES ARTS ET MANUFACTURES
et successivement :
INGÉNIEUR AUX CHEMINS DE FER D'ALSACE, INGÉNIEUR PRINCIPAL AUX CHEMINS DE FER DE L'EST,
DIRECTEUR GÉNÉRAL DU CHEMIN DE FER HAINAUT ET FLANDRES,
DIRECTEUR DU CONTRÔLE DE LA CONSTRUCTION DES CHEMINS DE FER DE LA TURQUIE D'EUROPE,
DIRECTEUR DES ÉTUDES ET DE LA CONSTRUCTION DES CHEMINS DE FER EN TURQUIE D'EUROPE
CONSEILLER TECHNIQUE DU GOUVERNEMENT OTTOMAN

TOME CINQUIÈME

SERVICE DE LA LOCOMOTION

TROISIÈME SECTION

DÉPOTS, ATELIERS ET DIRECTION DU SERVICE

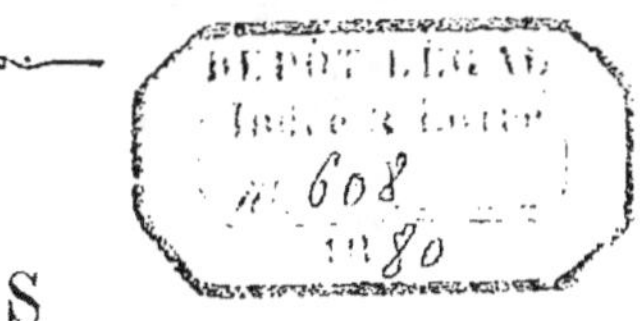

PARIS

LIBRAIRIE POLYTECHNIQUE

J. BAUDRY, LIBRAIRE-ÉDITEUR

RUE DES SAINTS-PÈRES, 15

LIÈGE, MÊME MAISON

1881

Tous droits réservés.

SECONDE PARTIE

SERVICE DE LA LOCOMOTION

TROISIÈME SECTION

DIRECTION

CHAPITRE VIII.
ORGANISATION DU SERVICE DE LA LOCOMOTION.

§ I.

CONSIDÉRATIONS GÉNÉRALES.

405. DIVISION DU SERVICE. — Les attributions du service de la Locomotion comportent trois divisions bien définies : *L'étude et la construction; — la mise en service; — l'entretien et le renouvellement du matériel.* La première de ces trois divisions étant tout d'abord écartée de ce Traité, nous avons concentré nos efforts sur les deux autres, dont le but est de rechercher les méthodes les plus convenables pour employer, entretenir et renouveler le matériel.

Comment ce matériel est-il mis en œuvre, comment est-il employé? Quels sont les rouages organiques qui donnent à tous ces éléments l'impulsion et la direction ? C'est là ce que nous allons examiner dans les cinq chapitres qui terminent l'étude de ce Service.

Supposons le chemin de fer achevé ; le matériel en parfait

état, réparti sur les lignes, suivant les besoins prévus de l'exploitation, et les trains prêts à circuler.

Que faut-il pour donner et conserver la vie à tout ce matériel ?

1° Alimenter et diriger les locomotives pendant leur marche, les entretenir pendant leur repos ;

Visiter et entretenir le matériel de transport ;

Ravitailler tout ce matériel en mouvement :

Ce sont les attributions de la division de la *traction*.

2° Puis, le matériel ayant circulé pendant un certain temps, le remettre en bon état, l'entretenir, le renouveler :

Tel est le soin de la division de l'*entretien*, des *ateliers de réparation*.

3° Préparer à ces deux divisions en activité les matières qu'elles consomment et les approvisionner en métaux, combustibles, matières diverses :

C'est l'affaire de la division des *magasins* et *approvisionnements*.

4° Enfin, donner à tous ces rouages l'unité d'impulsion, faire concourir vers le même but toutes ces forces disséminées et en tirer le parti le plus utile :

Cette responsabilité incombe au *service central*.

Chacune de ces divisions, chaque branche peut avoir son personnel spécial, ou bien être desservie par un personnel ressortissant à plusieurs d'entre elles, selon que le trafic à exploiter et l'étendue de la ligne ont plus ou moins d'importance.

Il n'existe pas de règles générales pour l'exploitation des chemins de fer. A chaque section, à chaque ligne, à chaque réseau, appartient un mode spécial qui donne satisfaction, dans la mesure du possible, aux besoins de la population intéressée.

Assurer le service avec la moindre dépense ; tel est le principe dominant dans une organisation.

Quelques exemples suffiront pour faire comprendre combien diffèrent entre eux les procédés d'exploitation selon qu'ils s'appliquent aux petits embranchements, aux lignes secondaires, aux grands réseaux.

406. RACCORDEMENT D'UNE LOCALITÉ AVEC LA STATION VOISINE. — *a)* RIBEAUVILLÉ. La ville de Ribeauvillé (Haut-Rhin) est séparée de la gare qui porte son nom, sur la ligne de Strasbourg à Bâle, par une distance de 3 800 mètres, environ.

On a établi sur l'accotement de la route qui relie ces deux points et qui n'a que $7^m,00$ de largeur entre fossés, un chemin de fer à voie de $1^m,00$, avec courbes de 50 mètres de rayon et rampes de $40 ^m/_m$ par mètre. La voie est construite avec un grand excès de résistance.

Le matériel se compose de la manière suivante :

Trois locomotives-tenders pesant 9 tonnes (système Brown, chap. VI, 308).

Quatre voitures à voyageurs, type des Tramways (14 places assises, 12 places debout).

Un fourgon-bagages-poste (matériel de transport, chap. IV, 269).

Dix vagons plateformes.

Ce qui caractérise ce petit chemin, c'est l'emploi de plate-formes pesant 3 000 kg. et, qui établies sur deux bogies, soit sur quatre essieux à la voie de $1^m,00$, portent une voie normale de $1^m,44$ sur laquelle on place un vagon ordinaire appartenant à la grande ligne. Les plate-formes transportent, sans transbordement, par des courbes raides, les marchandises entre la gare de la ville de Ribeauvillé et la station de la ligne de Strasbourg à Bâle.

La gare de ville contient une gare à voyageurs, une gare à marchandises, une remise et un atelier.

La dépense totale n'a pas dépassé 62,500 fr. par kilomètre.

La correspondance avec la grande ligne a lieu pour tous les trains qui sont au moins de dix par jour. Un seul train en navette suffit à cette correspondance ; — il est desservi par un machiniste, un conducteur, et au besoin un garde-frein, quand le train comprend des vagons à marchandises.

b) LIGNE DE WESTERSTEDE A OCHOLT. — Cette ligne, de 8 kilom. relie la ligne de Brême à Emden (Allemagne du Nord) au village de Westerstede.

La voie, posée en partie sur route, est en rails Vignoles de 10 kg., à l'écartement de $0^m,75$.

Le matériel roulant comprend :

Deux locomotives-tender à 2 essieux moteurs espacés de $1^m,524$, du poids de $7^t,5$;

Trois voitures à voyageurs avec sièges en longueur ;

Deux vagons fermés ;

Quatre plate-formes.

Le train en navette fait quatre fois le parcours de la ligne dans chaque sens.

Le parcours annuel total est de 23360 kilomètres, et la dépense annuelle s'élève à 12702 francs.

Le train-kilomètre coûte donc fr. 0,544.

La dépense d'installation s'est élevée à fr. 280000 entièrement fournie par les habitants du pays et la commune de Westerstede.

Le personnel se compose d'un cantonnier, un mécanicien, un chauffeur et un conducteur qui perçoit le prix des places et fait le service des marchandises.

Dès le début, les recettes journalières ont surpassé les dépenses d'une somme suffisante pour couvrir l'intérêt à 3 0/0 du capital dépensé.

c) LEVEN A THORTON (Écosse). — Petite ligne de 9600 mètres, construite et exploitée par une Compagnie indépendante, pour relier la ville de Leven — 3000 âmes — à la station de Thorton, appartenant à la grande ligne d'Édimbourg.

Le matériel de cette petite ligne comprenait en 1861 :

	Total.	Par kilomètre.
Machines locomotives	2	0,208
Voitures à voyageurs	3	0,312
Vagons à marchandises.	51	5,300

Les trois stations de la ligne — deux stations de tête et

une intermédiaire — étaient desservies par un seul train faisant la navette.

Un seul mécanicien faisait, avec un chauffeur, tout le service de traction, marchant tous les jours, excepté le dimanche, et profitant de l'intervalle des trains pour reposer et nettoyer sa machine, qui restait en feu quelquefois pendant six mois consécutifs.

L'atelier d'entretien se composait d'une forge où un homme et un frappeur réparaient les chaînes, crochets d'attelage, boulons, écrous, etc. Un menuisier, aidé au besoin par l'inspecteur — ancien maître-charpentier, — faisait les menues réparations des vagons.

Les grandes réparations — changements d'essieux, de roues, de tubes et de foyer — s'exécutaient à Edimbourg, dans l'atelier de construction qui a fourni les machines et qui tenait en réserve les principales pièces de rechange.

407. SERVICE DE BANLIEUE. — *Berlin-Grünau* — 13^k,720. — La Compagnie du chemin de fer de Berlin à Görlitz a organisé un service de banlieue, à l'aide de *Trains-Tramways*, trains spéciaux intercalés entre les trains ordinaires de la grande ligne et qui ont leur matériel, leur personnel, et leurs règlements spéciaux.

La traction s'effectue par une machine-tender pesant 7200 kil. à deux essieux moteurs, espacés de 1^m,50, qui peut remorquer de 160 à 200 voyageurs.

Le personnel de chacun des deux trains-tramways qui font ce service, comprend un mécanicien, un chauffeur et un conducteur chargé de la distribution et de la perception du prix des billets.

Les dépenses du train-tramway s'élèvent, en été, à fr. 0,5375, et en hiver, à fr. 0,6905.

408. AUDENARDE A GAND (Belgique). — Cette petite ligne de 27 kilomètres, qui actuellement est englobée dans le chemin de fer Hainaut et Flandres, se détache de la ligne de

Gand à Courtrai, à la station de la Pinte distante de 9 kilomètres de Gand, et après un parcours de 18 kilomètres. aboutit à Audenarde, ville de 5500 habitants, Elle a été longtemps exploitée isolément dans les conditions suivantes :

Matériel roulant.

	Total	Par kilomètre	
Locomotives-tenders . .	3	0,115	Matériel trop considérable sans proportion avec l'importance du chemin, acheté par anticipation et en prévision de l'extension de la ligne.
Voitures de 1re classe. .	2		
Voitures mixtes de 1re et 2e classe	2		
Voitures de 2e classe. .	4	0,740	
Voitures de 3e classe . .	10		
Fourgons à bagages . .	2		

Personnel.

1 Chef de station faisant fonction de chef de tous les services ;

1 Comptable pour toutes les parties de l'exploitation ;

1 Mécanicien ;

1 Chauffeur ;

1 Forgeron ajusteur et 1 frappeur ;

1 Menuisier ;

1 Sellier ;

1 Peintre.

Les petites réparations s'effectuaient dans un atelier attenant à la remise et contenant une forge, deux étaux, et une petite machine à percer.

Les réparations importantes s'effectuaient dans l'atelier d'un constructeur à Gand, comme celles de la ligne Leven-Thorton, à Édimbourg.

Le mécanicien, malade, était remplacé par le chauffeur, et celui-ci par le forgeron.

Les sept stations de la ligne, y compris celles d'Audenarde et Gand, étaient desservies par un train faisant la navette, et effectuant le parcours d'Audenarde à Gand trois fois par jour, dans chaque sens.

Voici quels étaient les frais de locomotion pendant un mois. — Nombre de kilomètres parcourus : 5 022.

	Dépenses totales.	Par kilomètre de trains.
Mécanicien, chauffeur, etc . .	324^f,65	0^f,0646
Entretien des locomotives . .	582 ,05	0 ,1159
Combustible	1073 ,22	0 ,2136
Eclairage et graissage des locomotives	86, 33	0 ,0172
Entretien des voitures et vagons.	845, 85	0 ,1684
Total	2911^f,35	0^f,5797

409. LIGNE DE VINCENNES. (Compagnie de l'Est, France). — Cette petite ligne de la banlieue de Paris, isolée, part de la place de la Bastille, et avant son prolongement jusqu'à Brie-Comte-Robert et son raccordement avec le grand réseau — 413 — aboutissait au village de La Varenne, après un développement de 16 1/3 kilomètres. Les trains desservaient sept stations intermédiaires : ils partaient, les jours ordinaires toutes les heures, les jours d'affluence tous les quarts d'heure. On transportait ainsi 55000 voyageurs dans une journée, soit 27500 dans les deux sens.

Le parcours total des trains, en 1866, a été de 308 205 kilomètres. Cette ligne a coûté (au 31 décembre 1866) 24674485 fr., soit, en nombre rond, 1 500 000 francs par kilomètre.

Effectif du matériel roulant.

	Total.	Par kilomètre.
Machines (9 en service la semaine, 13 les jours de fête)	14	0,835
Voitures à deux étages. Mixtes 1re et 2e classe.	30	
— — 2e classe . .	140	
Voitures ordinaires . . . . 1re classe . .	6	12,300
— . . . . 3e classe . .	14	
Fourgons	25	

Composition du personnel.

1 Directeur pour les trois services ;

1 Chef de dépôt (à Nogent-Vincennes) ;

1 Sous-chef de dépôt ;

12 Mécaniciens ;

12 Chauffeurs ;

3 Employés ;

9 Ouvriers d'atelier ;

13 Nettoyeurs et hommes du dépôt ;

1 Chef de petit entretien (à la Bastille) ;

6 Ouvriers d'atelier ;

9 Hommes de service.

Les grandes réparations aux locomotives-tenders ou voitures s'effectuent, soit à Épernay, soit à La Villette.

Voici quels ont été, en 1866, les résultats financiers de cette ligne. (Les tarifs sont appliqués pour 17 kilomètres.)

Dépenses d'exploitation	940 359ᶠ,84
Grosses réparations et réfection des voies	77 273 ,43
Exercice clos.	958 ,43
Dépenses totales.	1 018 593ᶠ,70
Recettes.	1 928 844 ,03
Excédant	910 250ᶠ,33

Soit 3ᶠ,70 pour 100 du capital dépensé.

Rapportés au kilomètre, on trouve les chiffres suivants :

DÉPENSES.		RECETTES.	
Service de la voie. .	8 148ᶠ,70	Exploitation . . .	109 153ᶠ,35
Matériel et traction .	20 949 ,60	Recettes non classées	4 308 ,06
Exploitation . . .	22 717 ,79	Produits pr kilomètre	113 461ᶠ,41
Administration . .	1 539 ,53		
Charges de la Compagnie	1 955 ,66		
Dépenses par kilomètre 55 315ᶠ,28			

410. Peebles à Eskbank (Écosse). — Cette ligne se détache, à Eskbank, de la ligne d'Édimbourg à Hawick, et aboutit, après un parcours de 30 kilomètres, à la petite ville de Peebles, située sur la Tweed. Cette agglomération de 2 000

âmes a trouvé le moyen de réunir les capitaux nécessaires à l'exécution de la ligne, et dont voici l'emploi :

Frais d'études, de concession, de
   construction, etc. . . . . 2 657 444^f ,73 ⎱
Matériel roulant . . . . 575 373 ,55 ⎰ 3 232 818^f ,30
    Soit, par kilomètre, 107 760^f ,60.

Il y a sept stations, espacées entre elles de 4 kilomètres environ.

Le matériel roulant, à la fin de 1860, comprenait :

	Total.	Par kilomètre.
Locomotives	4	0,132
Voitures de 1re et 2e classe (mixtes). . .	5	
Voitures de 3e classe.	6	0,435
Fourgons à bagages	2	
Vagons-écuries	2	
Vagons à bestiaux	15	4,650
Vagons à marchandises	123	
Bâches	50	
Sacs à grains	1 650	

En nombre ronds :

Les recettes brutes de l'année 1860 ont été de . . . 300 000^f ,00
Les dépenses d'exploitation . . . . 135 000 ,00
____
Le bénéfice net a donc été de. . . . . , ... 165 000^f ,00
   Soit 5 pour 100 du capital.

411. Chemins d'Alsace. — Ces chemins se composaient, en 1852, de la ligne de Strasbourg à Bâle, — 140^{km},3, — et de l'embranchement de Lutterbach à Thann, — 13^{km},7, — ensemble 154 kilomètres.

La ligne principale a été construite et armée de son matériel, moyennant un marché à forfait.

Voici quel était le compte d'établissement en 1852, dernière année d'exercice qui a précédé la fusion de cette ligne dans le grand réseau de l'Est :

Construction de la voie et des bâtiments . . . .   39 970 375^f ,35
Matériel de transport . . . .   2 889 461 ,10
Outillage des ateliers . . . .   359 534 ,95
Mobilier . . . .   133 570 ,99
$\qquad$ Total . . . .   43 452 942 ,39

A cette époque, le revenu des actions de 500 francs était à grand'peine parvenu au taux de 14 francs. Lors de la fusion, elles ont été reprises à peu près au pair, au moyen de la remise d'obligations et d'une soulte en espèces.

Résultats de l'exploitation durant le dernier exercice :

Nombre de trains de voyageurs. 2 376
$\qquad$ — $\qquad$ mixtes 1 723
$\qquad$ — $\qquad$ de marchandises   873
$\qquad$ Total. 4 972

ayant parcouru ensemble 566 339 kilomètres.

DÉPENSES.

Administration, frais généraux . . . .   203 479^f ,80
Trafic, voyageurs et marchandises . . . . . .   339 773 ,87
Traction, matériel roulant, mouvement. . . . .   634 408 ,18
Voie et bâtiments . . . .   272 155 ,76
$\qquad$ Total. . . . .   1 449 817 ,61

Soit 54 pour 100 de la recette.

$\qquad$ RECETTES . . . .   2 682 412 ,39
$\qquad$ Excédant . . . .   1 232 594 ,78

Les frais par train-kilomètre s'élevaient à 2 ^{f},473.

Effectif du matériel roulant.

	Total.	Par kilomètre.
Locomotives à voyageurs.	26	0,188
— à marchandises	3	
Voitures 1re classe	17	
— mixtes, 1re et 2e classe	6	
— — 2e classe	27	
— — 3e classe	37	0,710
Fourgons à bagages.	16	
Bureaux de poste	3	
Trucks à diligences.	3	
Vagons à calèches	10	
— à marchandises	295	1.900

Les parcours des machines, en 1852, avaient été les suivants :

1 machine.		43,000 kilomètres.
2 —		40,000 —
6 —	de 35,000 à 40,000	—
5 —	de 30,000 à 35,000	—
3 —	de 25,000 à 30,000	—
3 —	de 20,000 à 25,000	—
3 —	de 15,000 à 20,000	—
3 —	de 10,000 à 15,000	—
3 —	au-dessous de 10,000	—

Avant de rentrer au dépôt, les machines à voyageurs effectuaient un parcours de 1243 kilomètres ; celles à marchandises, 500 kilomètres. Ce service comprenait une période de six jours de travail.

Personnel.

1 Ingénieur en chef pour tous les services techniques et le mouvement ;

1 Chef de traction et des ateliers, à Mulhouse ;

1 Chef de dépôt, à Strasbourg :

1 Sous-chef de dépôt, à Mulhouse ;

19 Mécaniciens ;

19 Chauffeurs ;

4 Mécaniciens de planton (service des gares) ;

3 Chauffeurs de nuit ;

1 Chauffeur de planton ;

3 Chauffeurs de pompe fixe.

Ateliers des machines.

2 Contre-maîtres ;

3 Commis ;

1 Dessinateur ;

1 Chauffeur de pompe ;

1 Portier ; 1 garde de nuit ;

162 Ouvriers ;

17 Manœuvres.

Ateliers des vagons.

1 Sous-chef de service ;
2 Comptables ;
1 Dessinateur ;
2 Contre-maîtres (peintre, menuisier) ;
58 Ouvriers ;
6 Graisseurs ;
9 Manœuvres.

CHEMIN RHÉNAN (Prusse). — Ce réseau, qui s'étendait sur 402 kilomètres en 1865, comprenait les lignes de Cologne à Herbesthal et Eupen, de Clèves à Bingerbruck, avec embranchements de Duren à Euskirchen, et de Coblentz à Oberlahnstein.

Les frais de premier établissement de ce réseau s'élevaient, à cette époque, à 345 326 francs par kilomètre.

Matériel roulant.

	Total.	Par kilomètre.	Dépense par kilomètre.
Locomotives et tenders.	110	0,275	16,665f
Voitures à quatre roues	143	}	5,688
— à six roues.	110	} 0,800	
Fourgons à quatre roues. . . .	52	}	
— à six roues	15	}	993f ,75
Vagons à marchandises.			
— découverts à quatre roues.	1,137	}	15 753f ,75
— — à six roues . .	5	}	
— — à huit roues .	6	} 4,650	
— couverts à quatre roues . .	681	}	
— pour les travaux.	172	. 0,435	

Personnel.

Ingénieurs des machines	4
Dessinateurs	4
Comptables	21
Chefs d'atelier	8
Inspecteurs des vagons . . .	17
Mécaniciens	69
Elèves mécaniciens et chauffeurs .	61

412. Chemin du Hanovre. — Longueur, 703 kilomètres, dont le coût d'établissement s'élevait, en 1865, à 193 300 785 fr., y compris 29 690 846 fr. 25 c. pour achat de matériel roulant, ce qui porte le prix de revient du kilomètre de ligne à 213 971 fr. 25 c.

Matériel roulant.

	Total.	Par kilomètre.
Locomotives	215	0,240
Tenders	180	0,200
Voitures à six roues	325	
Fourgons à six roues	79	0,448
Vagons à marchandises, découverts, à huit roues	35	
— — à six roues .	110	
— — à quatre roues	2551	
— couverts, à huit roues .	331	4,380
— — à six roues .	13	
— — à quatre roues	906	
Vagons pour travaux . . . . , . . .	405	0,448

Personnel.

Ingénieurs des machines	3
Chefs des vagons	3
Chefs des ateliers des machines et vagons.	16
Dessinateurs	6
Comptables	24
Mécaniciens	132
Elèves mécaniciens, chauffeurs	170

Le service de la locomotion est confié à un directeur des machines, qui relève de la direction générale. Le réseau est partagé, sous les ordres du directeur des machines, en trois inspections (Hanovre, Gœttingen, Lingen), entre lesquelles sont répartis trois grands dépôts et ateliers, dix dépôts secondaires et cinq petits dépôts.

413. Chemins de l'Est (France). — Longueur des lignes exploitées en 1866 : 2 659 kilomètres, ayant coûté de dépenses nettes 1 018 123 187 fr. 73 c., dont 130 516 544 fr. 25 c. pour achat de matériel roulant et machines fixes.

Matériel.

	Total.	Par kilomètre.
Locomotives à grande vitesse	49	
— ordinaires	95	
— à deux essieux moteurs	254	0,300
— à trois essieux moteurs	390	
— de gare.	31	
Tenders	710	0,267
Voitures à voyageurs, 1ʳᵉ classe.	351	
— mixtes	220	
— 2ᵉ classe.	612	1,155
— 3ᵉ classe.	1135	
— à deux étages.	26	
Fourgons à bagages, trucks, écuries.	733	
Vagons à marchandises	19042	7,150

Personnel.

Agents commissionnés :

Ingénieurs, chefs de service, employés	324
Chefs de dépôt, mécaniciens, chauffeurs	1250 [1]
Chefs de petit entretien, visiteurs, graisseurs	233

A reporter 1807

[1] A la fin de 1867, ce personnel se composait comme suit :

Chefs et sous-chefs de dépôt			60
Mécaniciens hors classe, à 250 fr. d'appoint. fixes sans primes.	81		
— hors classe, à 200	—	16	
Mécaniciens 1ʳᵉ classe, à 225 fr. d'app. fix.. plus des prim. var.	124		
— 2ᵉ classe, à 200	—	133	
— 3ᵉ classe, à 175	—	101	
— 4ᵉ classe, à 150	—	130	
— 5ᵉ classe, à 125	—	69	654
Chauffeurs commissionnés :			
— hors classe, à 125 fr. d'appoint. fixes sans primes.	43		
— 1ʳᵉ classe, à 120 fr. d'app. fix., plus des prim. var.	204		
— 2ᵉ classe, à 110 fr.	—	348	595
— de machines fixes.			80
Mécaniciens et chauffeurs en disponibilité			10

Total 1 399

Report	1807
Agents non-commissionnés :	
Dans les dépôts.	1260
— magasins.	62
— ateliers de carrosserie . . .	348
— ateliers de machines et divers.	2700
Total . . .	6177

Le service de la locomotion est divisé en quatre parties :
— 1° traction ; 2° ateliers ; 3° matériel de transport ; 4° magasins, — qui relèvent toutes du service central placé sous la direction d'un ingénieur en chef, remplacé en cas d'absence par un ingénieur adjoint.

1° Le service de la traction, pour les lignes du réseau en France est partagé en quatre sections principales, qui ont chacune à leur tête un chef de traction, sous les ordres directs de l'ingénieur de la traction, en résidence à Paris.

La différence entre le nombre des mécaniciens et celui des chauffeurs *commissionnés* est comblée par des hommes pris dans les ateliers comme apprentis chauffeurs, et qui font un certain temps de stage, avant de devenir titulaires de leur emploi.

Voici quel est le montant du traitement fixe de ce personnel en un mois :

Chefs et sous-chefs de dépôt : 10 à 320 fr. . . .	3 500 fr.
— 7 à 325 fr. . . .	2 275 fr.
— 25 à 300 fr. . . .	7 500 fr.
— 13 à 275 fr. . . .	3 575 fr.
— 4 à 250 fr. . . .	1 000 fr.
	17 575 fr.

Mécaniciens, 632, au traitement moyen de 189 fr. 70 c. . 114 900 fr.
Chauffeurs, 592   —   114 fr. 35 c. . 67 690 fr.

Le montant des primes variables peut être évalué comme suit, pour une année :

Chefs et sous-chefs de dépôt. . . .	de	1200 à		1800 fr.
Mécaniciens	de	300 à		500 fr.
Chauffeurs	de	200 à		300 fr.

Voici comment ce service est subdivisé, en ne tenant compte que des grands dépôts :

1re *Section*. — Paris-la-Villette, — Epernay, — Bar-le-Duc, — Nancy, — Montigny, — Forbach.

2e *Section*. — Troyes, — Chaumont, — Gray, — Flamboin.

3e *Section*. — Strasbourg, — Mulhouse, — Vesoul.

4e *Section*. — Reims, — Mohon, — Givet.

Chaque grand dépôt a dans sa circonscription des dépôts-succursales où ses machines se remisent et dont il surveille l'entretien, ainsi que les stations d'alimentation.

2° Comme nous l'avons dit précédemment, les ateliers de construction et de grandes réparations des machines et tenders sont établis à Epernay, Montigny et Mulhouse.

Les chefs d'atelier de ces établissements relèvent directement de l'ingénieur en chef.

3° *Matériel de transport*. — Sous la direction de l'ingénieur en chef du matériel et de la traction, à la tête de cette division fonctionne un chef de service ayant le titre d'ingénieur du matériel roulant.

Sous la dépendance directe de ce chef de service sont :

A. — Trois ateliers où se font les grandes réparations des voitures et vagons (La Villette, Montigny et Mohon).

Ces ateliers comprennent diverses spécialités, telles que : forge, ajustage, tours, menuiserie, charronnage, scierie, ferblanterie, lampisterie, scellerie, peinture et manœuvres.

Ils sont dirigés chacun par un chef et un sous-chef d'atelier et des contre-maîtres. Ces derniers sont chargés de la direction des détails des travaux.

Chacun des corps d'état est réparti, dans chaque atelier, dans les proportions suivantes :

	La Villette.	Montigny.	Mohon.
Forgerons et frappeurs	35	25	7
Ajusteurs et ferreurs	100	160	30
Tourneurs.	25	15	»
Menuisiers, charrons et scieurs . .	150	135	32
Peintres.	71	35	20
Ferblantiers, lampistes et zingueurs.	25	12	10
Selliers.	50	25	8
Manœuvres	44	43	18
Totaux.	500	450	125

Observation. — Les ateliers de la Villette n'effectuent absolument que les réparations des voitures et vagons. Les ateliers de Montigny et de Mohon, outre ce travail, ont un personnel à part destiné à la réparation des machines du service de la traction et à divers travaux de construction pour le service de la voie.

Pour tout ce qui se rattache à ces derniers travaux, les chefs d'ateliers prennent directement les ordres de l'ingénieur en chef du matériel et de la traction.

B. — Sept ateliers de petit entretien du matériel roulant (Paris, La Villette, Nancy, Strasbourg, Chaumont, Mulhouse et Metz), chargés des réparations les plus urgentes et courantes. On évite par là l'envoi aux grands ateliers de réparations d'un nombre assez important de véhicules.

Chacun de ces petits ateliers a un chef ayant le titre de chef de petit entretien, auquel est attaché un employé pour tenir écritures des opérations qui s'y effectuent.

Le nombre moyen des hommes compris dans chaque atelier de petit entretien est de quarante-huit, répartis comme suit par catégorie d'ouvriers :

Visiteurs	4
Graisseurs.	5
Forgerons et frappeurs . . .	2
Ajusteurs	12
Menuisiers-charrons	3
Peintres	2
A reporter. . .	28

$$
\begin{array}{lr}
\textit{Report.} \dots & 28 \\
\text{Ferblantiers-lampistes} \dots & 1 \\
\text{Selliers.} \dots & 1 \\
\text{Manœuvres, laveurs et nettoy.} & \underline{18} \\
\text{Total} \dots & 48
\end{array}
$$

C. — Huit postes, ayant à leur tête chacun un chef visiteur (Givet, Charleville, Reims, Forbach, Thionville, Bâle,
Gray et Troyes), où sont faites quelques petites réparations
de moindre importance encore que celles effectuées dans les
petits entretiens, mais où un personnel assez nombreux,
pour le lavage et le nettoyage des trains arrivants et par-
tants, a nécessité la nomination d'un chef visiteur.

Les agents placés sous les ordres de ce chef visiteur sont,
en moyenne, au nombre de quatorze répartis comme suit :

$$
\begin{array}{lr}
\text{Visiteurs} \dots & 3 \\
\text{Graisseurs} \dots & 3 \\
\text{Ouvrier ajusteur.} \dots & 1 \\
\text{Laveurs, nettoyeurs.} & \underline{7} \\
\text{Total.} \dots & 14
\end{array}
$$

D. — Indépendamment des postes ci-dessus, le service
exige la présence d'un ou plusieurs visiteurs et graisseurs
isolés dans certaines stations. Ces agents sont placés, pour la
plupart, sous la surveillance des chefs de petit entretien,
chefs visiteurs ou chefs de dépôt du service de la traction,
selon la distance de leurs résidences.

L'importance de ces postes, c'est-à-dire le nombre des
agents qui en font partie, varie suivant le nombre des trains
qui desservent les gares où ils se trouvent.

Ils sont au nombre de cinquante-quatre, répartis comme
suit :

Postes composés chacun de	visiteurs et	graisseurs ; en tout	visiteurs,	graisseurs.
4	2	4	8	16
1	2	2	2	2
4	1	2	4	8
6	1	1	6	6
4	1	»	1	»
4	»	4	»	16
4	»	3	»	12
17	»	2	»	34
10	»	1	»	10

54 postes composés en tout de . . . . 21 visiteurs, 104 graisseurs.

Outre la surveillance exercée sur ces agents par les chefs de dépôt, les chefs de petit entretien et chefs visiteurs, cinq inspecteurs, ayant chacun une section du réseau, et en rapports directs avec le chef de service, sont chargés de lui signaler toutes les infractions aux règlements et instructions et de lui rendre compte de tous les accidents survenus.

4° *Approvisionnements et magasins.* — Le service des magasins, placé directement sous les ordres de l'ingénieur en chef, est concentré sur cinq grands magasins annexés aux grands ateliers de La Villette, Epernay, Montigny, Mohon, Mulhouse. Chaque grand magasin est géré par un chef de magasin qui reçoit les matières et les distribue entre les divers ateliers et dépôts de sa circonscription.

414. CHEMIN DE PARIS-LYON-MÉDITERRANÉE. — Ce réseau comprenait au 1er janvier 1879 :

Longueur totale des lignes exploitées. .	5 727 kilomètres.
— des lignes à construire.	1 394 —
Longueur totale des lignes concédées. .	7 121 kilomètres.

Le service du matériel et de la traction, qui forme le troisième groupe de l'exploitation, est partagé, comme suit, en six divisions, sous la direction d'un ingénieur en chef :

Service central; — comptabilité; — matériel; — traction; — magasins; — combustibles.

1re *Division.* — Service central. — Il comprend : le secrétariat, le contrôle des travaux dans les ateliers étrangers, le laboratoire et le bureau d'essai.

2e *Division.* — Comptabilité. — Il groupe les comptabilités spéciales de toutes les autres divisions.

3e *Division.* — Matériel. — Etude du matériel roulant et du matériel des stations. — Direction et contrôle des ateliers de construction, de réparation et de petit entretien sur tout le réseau.

4e *Division.* — Traction. — L'ensemble du service est partagé en quatre sections, dirigées chacune par un ingénieur de traction, chef de section, relevant directement de l'ingénieur en chef du service, sauf pour les réparations des machines et tenders, qui s'effectuent sous le contrôle de l'ingénieur principal du matériel, chef de la troisième division.

Chaque section est divisée en plusieurs sous-sections, ayant à leur tête chacune un sous-chef de traction, et en sous-ordre des chefs et sous-chefs de dépôt.

La première section, divisée en trois sous-sections, s'étend de Paris à Lyon par Dijon, avec les lignes du Doubs et du Jura.

La seconde section, divisée en trois sous-sections, comprend la ligne de Paris à Lyon par Nevers.

La troisième section, divisée en trois sous-sections, comprend la ligne de Lyon à Nice.

La quatrième section, divisée en deux sous-sections, embrasse les lignes de Lyon à Genève et du Dauphiné.

Soit onze sous-sections de développements très différents, dont la moyenne est approximativement de 300 kilomètres.

5° La division des magasins est partagée en deux sections : la première comprend toutes les lignes au nord de Lyon ; la seconde, toutes celles qui se développent au sud de cette ville.

6° Enfin, à la tête de celle des combustibles, un inspecteur principal, et, sous les ordres de ce dernier, deux inspecteurs, devant assurer le service des approvisionnements de combustibles l'un sur les première et deuxième sections, l'autre sur les troisième et quatrième sections de traction.

415. — Les quelques données statistiques qui suivent aideront l'ingénieur dans ses études d'organisation.

Réseau de l'Est (1852 kilom.) — Exercice 1878.

Parcours moyen d'une machine à voyageurs (344 mach.) k^m.	39 500
— — à marchandises (462 mach.) k^m.	26 800
Nombre de voyageurs { reçus par voiture attelée. . . .	11,58
{ transportés par kil. et par voiture.	7,64
Rapport des places occupées aux places offertes.	140,0
Nombre de tonnes transportées par kil. et par vagon. Tonnes.	3,325
Rapport du parcours à vide au parcours total. p. 100 tonnes.	25,78

Réseau de l'Ouest (2506 kilom.) — Exercice 1875.

	Lignes de Banlieue.	Grandes lignes.	Toutes lignes réunies.
Parcours moyen d'une machine,	k^m. 29835	k^m. 29852	k^m. 29850
— d'une voiture,	25369	41877	36676
— d'un vagon,	26288	17662	17712

416. Chemin de fer Impératrice-Elizabeth (Autriche). — Ce chemin possédait en 1877 le matériel suivant (944 k^m,332) :

Machines à voyageurs. Ire catégorie	54	
IIe —	30	
Machines à marchandises Ire —	35	206
IIe —	58	
IIIe —	24	
Machines tenders	5	
Tenders.		189
Voitures de luxe.	16	
Voitures à compartiments Ire classe . . .	30	
Ire et IIe cl. . .	86	
IIe cl.	113	
II et III cl. . .	16	
IIIe	348	643
Voitures à circulation intérieure. Ire cl.	1	
Ire et IIe cl. . .	2	
IIe cl.	10	
IIIe cl. . . .	20	
Vagons à bagages et marchandises.	4470	

Réseau d'Orléans (4381 kilom.) — Exercice 1878.

Situation du matériel roulant, au 31 décembre 1878. —   Parcours moyens.

	Nombre de véhicules.		kilom.
Locomotives : Machines de toute espèce. 980	voyag. 480		38085 [1]
	gare 36		24681
Tenders 955	Mach. 424		23303
Voitures à voyageurs : Ire cl. et mixtes. 517		445	63161
2e classe . . . 468		454	49695
3e classe . . . 1058		1058	48132
Fourgons à bagages 454		454	72331
Vagons divers 19527		19527	21101

1. Parcours maxima : Machines à voyageurs et mixtes. 58018 k^m.
                          a marchandises. . . 31273

Réseau du Midi (2224 kilom.) exercice 1879.

Situation du matériel roulant. — Nombre. — Parcours moyens.

kilom.

			Parcours moyens. kilom.
Locomotives : Voyageurs	42		
Mixtes	123		
Engerth.	44		
à 3 essieux moteurs.	213	498 (492)	29156[1]
à 4 essieux moteurs.	65		
de gare et diverses.	11		

			Parcours total. kilom.
Voitures Voiture de luxe . .	32		
à voyageurs. 1re classe et mixtes.	527	1486 (1484)	44750706
2e classe.	209		
3e classe.	718		
Vagons : Fourgons à bagages . .	483	(479)	22575985
Vagons spéciaux . . .	152		
Marchandises . . .	16843	(16839)	132678585
Service	604		794312

417. Effectif du matériel. — Si nous relevons quelques moyennes des indications qui précèdent, nous voyons que la composition du matériel roulant et du personnel de la locomotion, par kilomètre de ligne, pourrait s'établir d'après les données suivantes :

Désignation des Lignes.	Petits embranche- ments.	Lignes secondaires	Réseaux moyens	Grands réseaux
MATÉRIEL				
Machines	0,300	0,230	0,225	0,223
Voitures à voyageurs. . .	0,400	0,679	0,893	0,567
Vagons à marchandises . .	1,650	4,730	7,642	4,457
— pour travaux. . .	—	—	0,271	—

1. Le parcours moyen des machines à voyageurs a été de 50725 kilom.

§ II.

PERSONNEL DES ATELIERS ET DÉPÔTS.

418. CONDITIONS GÉNÉRALES. — Par la force des choses, l'exploitation des chemins de fer, envisagée à ses débuts comme destinée uniquement à la satisfaction de besoins spéciaux, particuliers, s'est élevée à la hauteur d'un véritable service public.

Un intérêt de premier ordre se trouve ainsi attaché au fonctionnement sûr et régulier de cet admirable instrument, le plus puissant des moyens matériels de civilisation que Dieu ait confiés au dix-neuvième siècle. Comme l'exploitation des chemins de fer ne peut fonctionner qu'avec le concours des hommes qui y apportent toutes leurs qualités, et aussi tous leurs défauts, l'administration d'un chemin de fer est obligée, dans l'intérêt du public tout autant que dans le sien propre, de prendre, en choisissant son personnel à tous les degrés de la hiérarchie, les soins les plus minutieux, la plus scrupuleuse attention. Moyennant ces précautions. elle trouve toutes facilités pour recruter ses agents dans son propre fonds, question d'émulation et de sécurité qui donne les plus heureux résultats à tous les points de vue.

Essayons de résumer les conditions que doit remplir tout agent destiné au service actif d'un chemin de fer [1].

1. Rappelons ici l'une des recommandations que nous faisions en 1871, à propos des conditions à exiger lors du recrutement des agents du chemin de fer (Tome II, chap. XII. Page 605).

« Une moralité bien établie ; une constitution robuste, exempte d'infir-
» mités, surtout pour les agents du service actif ; une bonne ouïe, une
» excellente vue, affranchie des altérations connues en oculistique sous
» les noms de *photophobie,* d'*héméralopie,* de *nyctalopie* et enfin de
» DALTONISME, infirmité des yeux qui fait prendre les couleurs les unes
» pour les autres. »

Cette recommandation, faite par nous en 1871, a été appliquée en

Moralité, sobriété et régularité de vie ; politesse et bonne tenue ; obéissance absolue aux ordres des supérieurs, fermeté dans le commandement ; intelligence, zèle et assiduité dans l'accomplissement de la tâche imposée ; dévouement au

1877-78 par l'Union des chemins de fer Allemands qui a relevé les faits suivants :

Sur 86 056 agents examinés, on a constaté 547 Daltoniens, soit :

sur   157   —   —   1   —

Les machinistes et chauffeurs entre autres ont donné :

Sur 11 086 agents   —   80 Daltoniens, soit .

sur   133   —   1   —

La Compagnie des chemins de fer de Pensylvanie vient de faire procéder sur 5,000 de ses employés, à des expériences relatives à la capacité de distinguer les couleurs et l'apparence des objets.

Pour apprécier la qualité de la vue, on s'est servi d'abord de cartons imprimés que l'on plaçait à une distance de 6 mètres, et d'écrans percés de petites ouvertures, et éclairés par derrière.

Un grand nombre de ceux qui avaient réussi dans les premières épreuves ont échoué lorsqu'il s'est agi de distinguer les couleurs.

On avait pris trois écheveaux de laine : le premier d'un vert pâle, le second rose et le troisième rouge. On les plaçait sur une table, à la distance de un mètre, devant l'agent examiné qui les regardait à travers un verre transparent et devait désigner les couleurs et choisir une couleur correspondante à celle de l'écheveau, dans un paquet d'autres écheveaux de toutes couleurs et numérotés de 1 à 36.

Citons entre autres un jeune homme qui, prié de désigner la couleur rouge, le fit sans hésiter ; mais lorsqu'on lui demanda de chercher le rouge dans le paquet, il se trompa complétement et désigna trois écheveaux bleus, deux jaunes et un rouge. Il ne voyait aucune différence entre ces couleurs. Le même fait fut observé chez plusieurs individus qui furent examinés dans la suite.

Une troisième expérience consiste à diviser les écheveaux en trois groupes de douze numéros chacun. Quelques individus distinguèrent parfaitement toutes les nuances du vert mais furent incapables de distinguer celles du rouge.

Au point de vue de la perception des signaux et par conséquent de la sécurité, on voit quelle importance prend l'examen des yeux des agents de la traction.

Les chemins de fer de Lyon et d'Orléans ont chargé les fonctionnaires du service médical de procéder à cet examen dans leur circonscription respective.

service, sang-froid et courage : telles sont les qualités essentielles qu'il faut rechercher dans tout agent. Quel que soit l'emploi auquel on le destine, le candidat doit posséder, à tout le moins, les premières notions de l'instruction primaire : lire, écrire et calculer [1].

En outre, il doit jouir d'un tempérament robuste, d'une forte santé.

Enfin, s'il s'agit d'un ouvrier d'état, on s'assure, avant de l'admettre dans le service, qu'il possède toutes les connaissances requises pour l'exécution des travaux qu'on pourra lui confier.

Aucun agent ne peut être admis s'il ne présente des pièces régulières, certificats, livret, etc., etc., qui permettent au chef de service de bien connaître les antécédents du candidat. S'il quitte un autre service de la même administration, sa sortie doit avoir été autorisée par le chef de ce service et convenablement expliquée.

Toute admission, à quelque titre que ce soit, n'est valable que moyennant l'autorisation écrite du chef de service à qui toutes les demandes sont adressées avec les pièces à l'appui [2].

Il ne peut être fait d'infraction à cette règle que dans des cas exceptionnels d'absolue nécessité et pour une occupation temporaire ; et, dans chacun de ces cas, l'agent en cause aura, sans retard, à en justifier les motifs.

On suit d'ailleurs les mêmes formalités pour les propositions d'avancement, de changement d'emploi, d'augmentation de solde, ou enfin de renvoi.

Une fois admis, l'agent doit prendre du supérieur auquel il est adjoint les instructions pour remplir la tâche qui lui incombe et s'acquitter de ses devoirs consciencieusement et y appliquer toute son intelligence.

Dès son entrée à l'atelier qui lui est attribué, l'agent est

1. Nous avons indiqué, aux annexes de la première partie, les conditions à remplir par les candidats aspirants aux fonctions supérieures.

2. Le service de l'exploitation du chemin de fer de l'Est prescrit, entre autres pièces, la production du casier judiciaire.

inscrit par ordre d'admission sur un registre matricule qui porte la date d'entrée, la mention des pièces produites lors de l'admission, et la nature du travail auquel l'agent est attaché.

419. MANŒUVRES ET NETTOYEURS. — Les premiers sont chargés de faire dans l'intérieur des dépôts les travaux de force qui ne peuvent s'effectuer à la machine : — transport des pièces d'un atelier dans un autre, service des magasins, etc.

La mission des seconds est déjà plus importante : — le nettoyage des véhicules est de première nécessité pour la conservation du matériel roulant et son entretien.

Indépendamment de l'avantage qu'il y a pour l'administration à maintenir par le nettoyage son matériel en parfait état de propreté, pour en assurer la durée, elle y trouve l'intérêt dominant de mettre au jour toutes les avaries que la circulation a introduites dans les différentes parties des véhicules.

Ces divers travaux sont quelquefois rétribués d'après le nombre d'heures y consacrées, en régie ; mais ce mode de rétribution a cela de fâcheux que les ouvriers, sûrs du résultat final, ne portent pas dans l'accomplissement du devoir tout le zèle qu'ils pourraient y mettre s'ils étaient directement intéressés à la rapidité dans l'exécution, à l'économie dans les dépenses des matières.

Aussi cherche-t-on, dans les administrations bien dirigées, à faire exécuter autant que possible toutes les opérations à la tâche.

Parmi les catégories de travaux que comporte le service d'un dépôt, il en est deux que l'on peut faire effectuer de cette manière : la manipulation du combustible ; le nettoyage des véhicules.

420. MANIPULATION DU COMBUSTIBLE. — Il y a dans ce travail deux opérations : 1° déchargement du combustible du vagon, et rangement sur le quai — 538 — ; 2° chargement sur le tender.

Il résulte de relevés pris sur plusieurs feuilles d'attachements que le temps nécessaire au mouvement du combustible dans un dépôt, depuis son arrivée en vagon jusqu'à son départ sur le tender, est de $1^h 30^m$ par tonne en moyenne. On peut considérer chaque opération — déchargement et rangement, chargement — comme exigeant une main-d'œuvre équivalente, soit 45 minutes ; chacune d'elles est aujourd'hui convenablement rétribuée à raison de 18 à 20 centimes par tonne, soit, pour l'ensemble de la manipulation du combustible dans un dépôt, 40 centimes par 1 000 kilogrammes.

Un chef d'équipe et quatre ou cinq hommes peuvent ainsi manipuler par mois de 11 à 1200 tonnes de matières.

Pour effectuer la répartition des salaires revenant à chaque ouvrier, il est tenu attachement journalier du nombre d'heures que chacun d'eux a consacrées au travail.

D'un autre côté, le relevé du livre de magasin indique la quantité de combustible manipulée. Le prix du marchandage multiplié par cette quantité donne le montant à répartir, qui est alors divisé par le nombre d'heures, en ayant soin d'appliquer au chef d'équipe un taux de l'heure supérieur à celui des autres manœuvres.

Voici un exemple de feuille d'entreprise de manipulation du combustible :

CHEMIN DE FER DE .....   DÉPÔT DE.....

Noms.	Profession.	Nombre d'heures.	Prix de l'heure.	Sommes à payer.	Opérations effectuées.	
A.	chef d'équipe.	360	$0^f,235$	$84^f,63$	chargement	
C.	manœuvre...	360	0, 2142	77, 13	sur tenders.	1 207 100^k
T.	—	360	—	77, 13	déchargement	
B.	—	348	—	74, 56	sur quai.	1 070 000^k
D.	—	360	—	77, 13	Total. . .	2 277 100^k
F.	—	40	—	8, 57	à $0^f,18$ p. 1000 kilogr. :	
H.	—	10	—	2, 15	$409^f,87$ à répartir.	
M.	—	40	—	8, 57		
Totaux.....		1878		409, 87		

On peut également intéresser les chargeurs de combustible dans la réduction des frais d'ustensiles employés, comme pelles, paniers, balais, etc., etc.

421. NETTOYAGE DES MACHINES. — Cette opération, dont nous avons indiqué plus haut l'importance, au point de vue de l'économie d'entretien et de la sécurité, demande à être conduite avec intelligence. A la tête de l'équipe, il faut placer un chef nettoyeur, qui prend les ordres du chef de dépôt et les fait ponctuellement exécuter.

Sur plusieurs lignes allemandes, le chef nettoyeur est en même temps chargé de l'allumage des machines et de la police dans la remise.

Lorsqu'une machine a terminé son tour de service, le mécanicien la ramène au dépôt; il fait retirer par les manœuvres le feu du foyer et la conduit sur la place désignée par le chef nettoyeur.

Dans ce cas, comme aussi lorsqu'une machine en feu se trouve remisée, le mécanicien ne doit abandonner sa machine que lorsqu'il a pris les précautions suivantes :

Le régulateur de la prise de vapeur fermé ;

Le levier de mise en marche au point mort ;

Les purgeurs des cylindres ouverts ;

Le frein du tender ou de la machine serré à fond.

Lorsque ces prescriptions ne sont pas suivies, le chef nettoyeur en fait la remarque au mécanicien; de plus, il en informe le chef de dépôt, et si la machine est en feu, il doit immédiatement caler les roues de la machine avec des blocs de bois, pour l'empêcher de se mettre en mouvement.

Il est interdit aux hommes chargés du nettoyage des machines en feu de déplacer aucune pièce du mécanisme, principalement le régulateur ou le levier de mise en marche. Il n'y a d'exception que pour le frein, dans le cas où la machine en feu devrait être déplacée, et dans ce cas, le chef nettoyeur aurait recours à l'un des mécaniciens présents au dépôt.

Autant que possible, le nettoyage des machines s'effectue au marchandage, en intéressant les nettoyeurs dans les économies de matières employées.

Selon l'état des machines rentrant au dépôt et leur nature, on taxe le nettoyage d'une machine entre 1 franc, 1 fr. 25, 1 fr. 50 et 2 francs. L'allocation pour les matières employées s'élève à 50 ou 60 centimes. A la fin de chaque mois, on dresse un état qui contient les dispositions suivantes, sous la forme des états du marchandage de la manipulation du combustible :

Répartition des salaires, d'après le nombre d'heures, la taxe et le montant total à répartir ;

Nombre de machines nettoyées et le prix de chaque catégorie de nettoyages ;

Quantités et prix des matières employées ; la différence entre l'allocation et la consommation ; l'application de la prime d'économie.

Voici le résumé des attachements du nettoyage de 2152 machines :

Nombre d'heures employées   6982 heures.   Somme payée.   2337f,60

Nombre de machines nettoyées.	1380	Prix	1f,00	1380f »
—	427	—	1f,25	533f,75
—	150	—	2f	300f »
				2213f,75

Matières employées.		Prix.	Montant.
300k huile lourde. . .	à	0f,07	21f »
378k essence minérale .	à	0f,66	251f,28
1092k déchets de coton .	à	0f,46	518f,63
12 brosses	à	0f,46	5f,50
124k étoupes	à	0f,41	51f,02
100 feuilles papier verré	à	0f,05	5f,00
	Total . .		852f,43

Montant de l'allocation pour matières. 1100f,00

Différence entre l'allocation et la consommation .   247f,57

La moitié de cette différence, accordée comme prime est de.   123f,78

Total égal à répartir .   .   2337f,57

422. Nettoyage des véhicules de transport. — *Les observations sur l'entretien des voitures et des vagons.* (1re section, chap. VIII, tom III, page 531 et suiv.) contiennent les principales recommandations à suivre pour le nettoyage des véhicules de transport. Sans les reproduire ici, résumons-les en quelques mots :

Train et châssis. — Nettoyer soigneusement les bandages, roues, essieux, ressorts, freins, etc., etc., de manière à mettre au jour les avaries que la saleté pourrait masquer ; — porter surtout les soins les plus minutieux sur les articulations, les joints, etc.; — enlever des axes et des boîtes à graisse toute matière qui pourrait en altérer les surfaces frottantes ; — nettoyer et dérouiller toutes les parties frottantes des freins, des tampons de choc et tiges de traction, puis les graisser.

Caisses. — Epousseter et brosser les parois, en ayant soin de ménager le vernis ; — veiller à ce que l'eau, les brosses, éponges, chiffons, etc., employés au nettoyage ne portent pas avec eux des corps durs qui altéreraient le poli des surfaces frottées. — Si l'on employait de l'eau acidulée pour nettoyer les cuivres, faire en sorte que, en ménageant les parties avoisinantes, cette eau soit posée sur les pièces, puis enlevée immédiatement avec des chiffons ; le polissage sera ensuite amené par le frottement avec le cuir sur planchette et la peau de daim ; — frapper, brosser et épousseter le rembourrage des intérieurs ; enlever et frapper les tapis ; — nettoyer les parois peintes et les parquets avec un linge mouillé ou une éponge imbibée d'eau, puis les essuyer avec un linge sec.

423. Visiteurs. — (Voir tome III, chap. VIII, n° 460 et suivants.)

424. Graisseurs. — (Voir tome III, chap. VIII, n° 477 et suivants.)

425. PERSONNEL DES CORPS D'ÉTATS. — Ce personnel se compose des divers corps d'états qui s'appliquent à la construction des machines, au charronnage et à la carrosserie. Dans l'intérêt bien entendu du service et du personnel lui-même, il est indispensable que tous les agents possèdent non-seulement l'instruction élémentaire dont nous avons parlé (408), mais encore des notions de dessin suffisantes pour comprendre les croquis et épures émanant du bureau des études, et exécuter les pièces d'après ces dessins.

En entrant dans les ateliers, tous les ouvriers indistinctement doivent consentir formellement aux conditions du règlement établi dans leur intérêt tout autant que dans celui de l'administration, une bonne gestion dépendant surtout de l'organisation du travail et de l'ordre apporté dans la marche de ses divers éléments. Leur admission est d'ailleurs soumise aux prescriptions générales dont nous avons parlé précédemment (408).

426. POLICE DES ATELIERS. — Les ouvriers doivent arriver aux heures précises d'ouverture des ateliers. Leur présence est constatée par un jeton portant leur numéro d'inscription et la lettre indice de leur atelier.

Ce jeton de présence, conservé durant le travail, est déposé, pendant les heures de repos, dans une boîte de contrôle placée au point unique désigné pour l'entrée dans les ateliers.

La durée du travail est répartie comme suit :

En été, de. . . .	6 heures à 12 heures.
—	1 heure à 6 heures.
En hiver	7 heures à 12 heures.
—	1 heure à 7 heures.

Avec un repos d'un quart d'heure, à huit heures et demie et à quatre heures et demie.

Dans les ateliers des chemins de fer en France, la durée du travail est de 10 heures par jour.

Un *pointeur* ou *teneur d'attachements* relève sur une liste particulière les noms des ouvriers absents, et la fait signer par les chefs d'ateliers ou contre-maîtres avec leurs observations.

Les travaux exceptionnels peuvent exiger la présence des ouvriers à l'atelier en dehors des heures réglementaires.

Il est alloué pour ces heures supplémentaires une haute paye qui est généralement de un cinquième à un quart du prix de l'heure ordinaire.

Chaque ouvrier reçoit une collection d'outils inscrite dans un livret, qui en porte l'inventaire par pièce et sa valeur. Ce livret s'établit en double expédition, — l'une qui reste entre les mains du chef outilleur, l'autre en la possession de l'ouvrier. Il peut avoir la forme ci-dessous :

Date. 188	PIÈCES REÇUES.		Date. 188	PIÈCES RENDUES.	
	Nombre.	Désignation.		Nombre	Désignation.

L'agent est pécuniairement responsable de cet outillage, comme aussi des ustensiles, plans, dessins et matériaux qui lui sont confiés. L'échange ou le remplacement des outils usés ou détériorés ne peut se faire que par les soins du chef outilleur.

Tout travail à entreprendre doit être accompagné d'un bulletin de commande. Ce bulletin contient la désignation de l'objet à entreprendre, le nom de l'ouvrier chargé de sa confection, la date et l'heure du commencement du travail. L'heure de l'achèvement du travail est inscrite sur le bulletin, ainsi que l'indication de la matière employée, s'il y a lieu.

427. ENTREPRISE ET MARCHANDAGE. — Autant que possible, tous les travaux doivent se faire à la tâche, au marchandage, à l'*entreprise* en un mot. C'est le seul mode d'opération qui puisse satisfaire tous les intérêts bien entendus. S'il opère seul, l'ouvrier retrouve par son zèle la juste rémunération du temps et de l'intelligence qu'il aura consacrés à l'exécution de la tâche consentie. Associé, il exerce directement sur le travail de ses coïntéressés un contrôle juste, équitable et bien plus efficace que celui de l'administration.

Enfin, intéressé dans le résultat définitif de sa tâche, l'ouvrier entrepreneur acquiert une situation d'indépendance morale vis-à-vis du personnel dirigeant, qui le ramène à sa vraie condition d'homme, tout en le mettant en mesure de réaliser une part de bénéfice en rapport avec le travail produit. .

En cas de contestations, et sans chercher à se faire justice eux-mêmes, les ouvriers devront en référer immédiatement au contre-maître, au chef d'atelier, ou enfin au chef de service, qui, par son caractère d'indépendance et d'équité, départage le différend, à la satisfaction légitime de toutes les parties.

428. RECOMMANDATION ESSENTIELLE. — Il est de première importance pour tout ouvrier désireux de poursuivre honorablement et fructueusement sa carrière, de régler autant que possible ses besoins sur le produit de son travail. L'habitude de contracter des dettes mène au désordre, à l'incurie et, en définitive, par les préoccupations résultant d'engagements qui dépassent les forces, à l'insuccès. Aussi toute opposition sur le traitement doit-elle être immédiatement suivie d'un arrangement entre le débiteur et le créancier, sous peine d'obliger l'administration à en venir à un congé immédiat.

Tout le personnel attaché aux chemins de fer doit d'ailleurs participer, dans la mesure de ses moyens, aux diverses sociétés d'approvisionnement, de secours, de retraite, et d'instruction que les progrès de la civilisation mettent largement aujourd'hui à sa disposition, offrant ainsi à tous les hommes de bonne volonté les moyens honorables de conquérir l'*indépendance*, la plus grande de toutes les satisfactions que la Providence ait départies à l'humanité.

Nous retrouverons cette question dans la 4ᵉ partie : ADMINISTRATION.

429. DÉPART. — Le départ subit et volontaire d'un ouvrier quelconque pouvant exercer sur les travaux en cours d'exécution une influence fâcheuse, il doit être entendu que tout agent n'est autorisé à quitter les ateliers qu'avec le consentement formel des supérieurs en cause, ou moyennant une dénonciation réciproque des engagements contractés. Ce délai varie d'après l'importance des fonctions remplies par l'agent démissionnaire.

Cette question de départ volontaire ou forcé, dans laquelle les droits des deux parties doivent être respectés, sera reprise dans la 4ᵉ partie : ADMINISTRATION.

§ III.

MÉCANICIENS ET CHAUFFEURS.

430. RECRUTEMENT [1]. — Les graves et importantes fonctions du mécanicien sont de deux natures :
— La conduite des machines ;
— L'entretien courant.

En service d'entretien, il est placé sous la direction du chef de dépôt, et du personnel supérieur du matériel et de la traction.

En marche, il doit se conformer aux ordres de l'agent qui dirige le train ; en pleine voie et dans toute l'étendue des gares ou stations, aux prescriptions des chefs de station, des inspecteurs et agents supérieurs du mouvement.

1. Voir la note du nᵒ 408 au sujet de l'examen des candidats.

De son côté, il a autorité pleine et entière sur le chauffeur ou l'élève mécanicien qui lui est adjoint pour la conduite ou l'entretien de sa machine.

Les qualités morales et physiques que nous avons indiquées comme nécessaires au personnel des chemins de fer en général, sont absolument indispensables aux mécaniciens et chauffeurs, et nous y insistons : santé robuste, — possession d'une certaine force musculaire, — grande présence d'esprit, — zèle infatigable, — jugement et décision rapides, — caractère ferme, allié à un esprit de subordination absolue, — conduite régulière et tempérance parfaite. (L'ivrognerie est, de tous les vices, celui qu'il est impossible de tolérer chez un mécanicien.)

Indépendamment des connaissances élémentaires mentionnées précédemment, le candidat aux fonctions de mécanicien doit posséder à fond les notions d'ajustage et de montage des machines en général, et se trouver en état de réparer lui-même la locomotive confiée à sa direction. Il y a, en outre, grand intérêt à ce que le candidat soit en mesure de comprendre les lois physiques qui régissent les phénomènes de la chaleur. (2ᵉ part., Introd.)

Enfin, tout postulant à l'emploi de mécanicien est obligé de connaître à fond le règlement des signaux en général, — 1ʳᵉ part., chap. IX, § 1, — et les prescriptions spéciales à la ligne qu'il doit parcourir en service, — 3ᵉ part. mouvement.

Les chefs de service, soucieux de couvrir leur responsabilité directement engagée en confiant aux agents sous leurs ordres la conduite des machines et des trains, s'assurent par des examens et des épreuves sérieuses que les candidats remplissent aussi complétement que possible les conditions que nous venons d'énumérer.

Les élèves mécaniciens [1] sont choisis parmi les ouvriers

---

1. Chemin de fer du Nord (France). Règlement supplémentaire pour les mécaniciens et les chauffeurs.

monteurs ou ajusteurs. Pendant leur apprentissage, ils remplissent les fonctions et reçoivent la solde de chauffeurs.

Les chauffeurs sont généralement choisis parmi les ouvriers des ateliers. Les nettoyeurs et les laveurs de machines qui se distinguent par leur bonne conduite et leur intelligence peuvent être nommés chauffeurs.

Enfin, les chauffeurs intelligents peuvent et doivent prétendre à s'élever au grade de mécanicien : mais il y a plusieurs épreuves à subir avant d'atteindre ce résultat.

En premier lieu, ils sont appelés à suppléer les mécaniciens dans les manœuvres de gare. Ce poste ne doit leur être confié que lorsqu'ils sont munis d'un *certificat d'aptitude* obtenu à la suite d'un examen [1] constatant qu'ils ont les connaissances nécessaires pour : alimenter le feu et la chaudière ; régler la pression ; manœuvrer le régulateur et le levier de marche ; connaître le montage et l'ajustage de la machine.

Lorsqu'un chauffeur a donné les preuves de ses aptitudes à la conduite des locomotives en gare, il peut être autorisé à diriger les locomotives sur la ligne, lorsqu'il connaît bien la route à suivre et qu'il a manœuvré les machines en marche, sous la direction et la responsabilité d'un mécanicien. Le titre de *mécanicien* peut être confié au candidat, mais sous forme de *nomination provisoire ;* la nomination ne devient définitive qu'au bout d'un certain temps d'épreuve et lorsque l'expérience permet à l'ingénieur en chef qui signe la nomination, de s'assurer que le candidat présente toutes les qualités requises.

C'est le mécanicien qui fait le bon chauffeur. Il doit l'instruire sur les moyens d'arrêter la machine en marche et de la mettre hors de danger. — sur les fonctions des parties principales de la machine, — la mise en état de marche, — l'emploi des freins, — le service de la machine en stationne-

---

1. La commission d'examen peut se composer du chef de traction, d'un chef de dépôt et d'un chef mécanicien.

ment, à l'arrivée au dépôt, — le nettoyage et les réparations, enfin l'usage et l'intelligence des signaux.

432. SERVICES AU DÉPÔT. *Entretien des machines.* — Les mécaniciens et chauffeurs qui ne sont ni en service sur la ligne, ni autorisés à prendre le repos périodique, doivent tout leur temps de présence au dépôt, comme les ouvriers des ateliers. Un tableau affiché dans la remise leur indique chaque jour le service à faire le lendemain.

En général, le mécanicien au dépôt est tenu :

1° De visiter et nettoyer toutes les pièces du mouvement et des supports de la machine et du tender ;

2° De faire les travaux d'entretien et de petite réparation qui peuvent s'effectuer entre deux services, sans exiger la rentrée de la machine aux ateliers ; — mattage des fuites légères, — réfection des joints, garnitures des stuffing-boxes ; — serrage et remise en place des coussinets, clavettes, boulons, écrous et goupilles ; — serrage, et remplacement au besoin, des ressorts de piston ; — visite de régulateur, tiroirs, échappement, pompes et injecteurs, robinets, soupapes, etc. ; — vérification du calage des excentriques ; resserrage des colliers, brides et assemblages des barres d'excentriques, tiroirs de distribution ; — vérification de la répartition du poids de la machine sur ses roues : enfin, remise en parfait état de fonctionnement des freins, etc. ;

3° Les jours de lavage de la chaudière, d'ouvrir lui-même les bouchons de vidange, de diriger le travail du lavage, de s'assurer que les boues et dépôts sont aussi complétement enlevés que possible ; enfin, de replacer lui-même les bouchons de lavage quand l'opération est terminée à sa complète satisfaction ;

4° De vérifier le travail du chauffeur, chargé exclusivement du nettoyage extérieur et intérieur de la boîte à fumée et des tubes ; — de s'assurer que, dans ces diverses opérations, les cendres n'ont pas pénétré dans les articulations du mécanisme et de la distribution de vapeur ;

5° De rétablir, suivant les dispositions prescrites par le chef de service, les barreaux de grille du foyer;

6° De compléter et réparer l'outillage de la machine renfermé dans la caisse du tender.

432. SERVICE DE MARCHE. — Les mécaniciens sont responsables de tous les accidents résultant de leur imprévoyance, de leur négligence ou de l'inexécution des ordres qui leur sont donnés.

Tout mécanicien ou chauffeur désigné pour un service ordinaire par la feuille de service des machines, ou en vertu d'un ordre verbal, doit, sous peine de punition, se trouver à son poste à l'heure prescrite, le mécanicien une demi-heure, le chauffeur une heure, au moins, avant le moment fixé pour le départ.

Il ne lui est pas loisible de se soustraire à un ordre de marche en service extraordinaire.

Le mécanicien, en prenant sa machine, s'assure que toutes les prescriptions suivantes sont rigoureusement observées :
— Feu bien allumé et convenablement chargé;
— Niveau de l'eau assez élevé dans la chaudière;
— Tension convenable de la vapeur ;
— Tubes bien nettoyés ;
— Approvisionnement suffisant d'eau, de combustible et de matières grasses;
— Outillage et signaux de la machine en parfait état et complets.

Il doit ensuite visiter avec soin les diverses parties du mouvement et particulièrement : les clavettes, écrous et goupilles qui peuvent s'être lâchés pendant le dernier voyage; — les essieux et le calage des roues ; le frein du tender.

Ces précautions sont de toute première nécessité, pour dégager la responsabilité du mécanicien en cas d'accident, du fait de la machine ou du tender.

En hiver, il s'assure que l'eau du tender est à une température assez élevée pour empêcher les tuyaux d'alimentation de s'obstruer par la congélation ; avant de mettre la machine en mouvement, il fait passer la vapeur dans les tuyaux d'alimentation, les pompes et les cylindres, pour en chasser l'eau qui peut s'y être solidifiée pendant le stationnement.

6° Le graissage de toutes les pièces de la machine ne doit se faire qu'au moment du départ, par le mécanicien lui-même ou sous sa responsabilité, en procédant méthodiquement et toujours dans le même ordre, afin de n'oublier aucune pièce. Il veille à ce que les siphons, boîtes à huile et à graisse soient bien remplis, les lumières bien débouchées, les obturateurs solidement fixés pour éviter les projections en route.

Le mécanicien en fonctions doit être muni : 1° du règlement pour les mécaniciens et chauffeurs ; 2° du règlement pour les chefs de train ; 3° des tableaux et livrets de la marche des trains ; 4° de deux drapeaux rouges ; 5° de deux lanternes à feu rouge ; 6° de signaux-pétards.

La machine prête au moins dix minutes avant le départ, le mécanicien la conduit en tête du train avec précaution, veille à ce que son attelage et celui du tender soient solidement fixés au train. Sur le signal de départ donné par le chef de train ou l'agent du mouvement qui en fait fonctions, le mécanicien annonce la mise en marche par un coup de sifflet, et ouvre graduellement le régulateur, afin de démarrer sans secousses, sans chocs [1] et sans fatiguer le mécanisme et les bandages par un patinage inutile, employant au besoin la boîte à sable.

En se réglant sur le livret de marche des trains, le mécanicien doit chercher à soutenir l'allure sous une vitesse aussi uniforme que possible, et faire en sorte d'arriver aux points d'arrêt obligatoires sans avance ni retard.

Tout mécanicien est tenu à l'obéissance passive aux signaux.

En route, et afin d'être toujours prêts à ralentir ou à arrê-

---

1. Lorsque plusieurs machines sont attelées à un train, la marche se règle par le mécanicien en tête. C'est lui qui donne le coup de sifflet de départ, qui le premier ouvre le régulateur et le dernier qui le ferme.

ter, selon les circonstances, le mécanicien et le chauffeur doivent généralement se tenir debout, le premier sur le tablier de la machine, à portée de la manette du régulateur et du levier de mise en marche, le second sur le tender, prêt à saisir la manivelle du frein ; si le premier quitte sa place, le second doit l'occuper immédiatement.

Dans le trajet, ces agents examinent attentivement la voie, veillent aux signaux qui peuvent apparaître, à l'état du train.

Le mécanicien porte son attention constante sur toutes les parties de la machine, le niveau d'eau de la chaudière, — qui doit être à $0^m,10$ au-dessus du ciel du foyer, au moins. — sur la tension de la vapeur, le jeu des soupapes de sûreté, le feu du foyer, le fonctionnement des appareils d'alimentation.

En règle générale, l'eau se tiendra à la hauteur du robinet du milieu, sans jamais descendre au robinet inférieur. L'eau ne doit s'élever au robinet supérieur que lorsque la tension de la vapeur peut baisser sans inconvénient, que la machine ne crache pas, ce que l'on évite par une moindre ouverture du régulateur.

Le crachement de la machine peut aussi se produire : 1° quand le tubage vient d'être remplacé et que l'eau est émulsionnée par la présence de matières grasses dans la chaudière ; 2° lorsque, même avec un niveau d'eau très bas, la chaudière est sale et réclame un nettoyage — (selon la pureté des eaux, après parcours de 800 à 1000 kilomètres pour les machines à marchandises, 1300 à 1500 kilomètres pour les machines express). — Quelques chemins établissent une formule basée sur le degré de pureté et la quantité d'eau consommée.

Le mécanicien ne doit pas oublier que les indications du niveau d'eau sont trompeuses, en raison du mouvement même de la machine, de la tuméfaction résultant de la production de vapeur et des différences de déclivité de la route.

La conduite du feu est, bien entendu, sa principale préoccupation. Avec les grands foyers actuellement adoptés, et l'emploi des houilles menues, le mécanicien doit redoubler de soins et d'efforts. S'il veut obtenir un chauffage régulier et économique, il doit tenir sur la grille une épaisseur de $0^m,15$ à $0^m,18$ de combustible, *charger toutes les 3 ou 4 mi-*nutes, et mouiller suffisamment la houille avant de l'introduire dans la boîte à feu — 70,71 —.

Il s'efforce de tirer tout le parti possible du travail de la vapeur, en utilisant la détente dans la mesure de l'effort de traction à produire. Il y a toujours une connexion intime entre l'état du feu, le niveau d'eau, la pression de la vapeur et le travail dans les cylindres. Aussi le maintien du niveau de l'eau, la mise en jeu des appareils d'alimentation, la conservation de la tension de la vapeur réclament l'attention la plus soutenue du mécanicien, qui doit prendre en considération la position de la ligne où il se trouve, telle que le passage d'une section à pente faible sur une section plus fortement inclinée, parce que, dans ce cas, un abaissement du niveau d'eau pourrait produire un coup de feu à l'extrémité des tubes ou au ciel du foyer.

Pour économiser la vapeur, le mécanicien doit employer la détente aussi souvent que possible, surtout ayant charge légère, sur les pentes, avec le vent à l'arrière.

Il évite de faire usage des robinets purgeurs ou d'essai lorsque la nécessité n'est pas absolue, surtout aux approches des passages à niveau, des changements et croisements de voies ; enfin, en passant auprès des personnes qu'il rencontre sur la ligne.

S'il éprouve quelque difficulté dans la marche, il ne doit sous *aucun prétexte* chercher à gagner de l'élan par un recul brusque suivi sans intervalle d'un mouvement en avant. Ces secousses provoquent presque immanquablement la rupture des attelages et, par suite, les graves accidents que l'on connaît, lorsque la séparation des véhicules a lieu sur des parties de ligne en rampe.

433. MOYENS DE RALENTISSEMENT ET D'ARRÊT. — En tenant compte de la charge du train, de l'état de la machine et des

rails, enfin des circonstances atmosphériques, il doit s'assurer, à la première occasion qui se présente, des moyens de ralentissement et d'arrêt dont il dispose, et de la distance qui lui est nécessaire pour mettre son train au repos.

Dès qu'un signal de ralentissement est donné, le mécanicien doit fermer son régulateur, faire serrer le frein du tender et, par deux coups de sifflet, ceux du train, de manière à pouvoir complétement maîtriser la vitesse du train.

Un signal d'arrêt se présente-t-il? — drapeau ou feu rouge, pétards ou toute autre indication de danger? — il emploie sans hésitation, sans retard aucun, tous les moyens à sa disposition ; de tous ceux qu'il possède, c'est le travail de compression dans les cylindres qui est le plus puissant.

Lorsque sa machine est pourvue de l'appareil à contre-vapeur, il peut l'utiliser, soit pour modérer sa vitesse sur les pentes, soit pour obtenir l'arrêt immédiat.

Dans le premiers cas, après avoir ouvert son régulateur, il place le levier de distributions au point-mort; puis il fait pénétrer dans le tuyau d'échappement un mélange convenable d'eau et de vapeur, et renverse la distribution, au moyen du levier ou de la vis de mise en marche, en arrêtant sa position sur le point qui lui donne l'effet de compression correspondant au degré de vitesse à obtenir.

Dans le second cas, il ferme vivement le régulateur, renverse la distribution, ouvre ses robinets d'injection de vapeur et d'eau et rouvre le régulateur en grand, le tout sans préjudice de la commande à faire pour le serrage des freins du tender et du train.

En approchant, soit des points d'arrêt réguliers, soit des embranchements, le mécanicien doit être suffisamment maître de la vitesse du train, de telle sorte qu'il puisse, sans fausse manœuvre, placer son train à l'endroit désigné pour le stationnement.

Si le train qu'il conduit est muni d'un frein à air raréfié, Smith-Hardy — 271-273 —, la machine ordinairement est pourvue de deux éjecteurs : un petit qui, en principe, doit rester constamment ouvert pendant la marche, afin de maintenir le vide dans les appareils, et un grand qui doit servir à desserrer rapidement les sabots.

Pour appliquer le frein, le machiniste n'a qu'à ouvrir le clapet ou le robinet laissant rentrer l'air dans la conduite générale.

Un vacuomètre est placé sous ses yeux pour lui indiquer la force dont il peut disposer pour enrayer.

Dans le cas où le train remorqué possède un frein à air comprimé Westinghouse, — 264 à 269 — le mécanicien, qui a eu soin, avant de partir, de charger ses réservoirs et sa conduite générale à la pression dé 5 atmosphères environ, doit, pour arrêter le train, agir sur son robinet à soupapes et laisser échapper l'air.

Ici, comme dans le cas précédent, la manœuvre est délicate et exige un tact très marqué. Pour desserrer les freins on tourne le robinet en sens inverse, ce qui rétablit la pression dans la conduite et les petits cylindres à freins.

En règle générale le serrage des freins, à moins de danger imminent, doit être fait avec précaution et non brusquement car le serrage brusque produit des chocs dans les longs trains et même des ruptures d'attelage.

434. SOINS A LA MACHINE EN ROUTE. — Le mécanicien profite des arrêts pour : — examiner si aucune partie ne s'échauffe. — graisser les pièces qui manquent d'huile, — piquer le feu, si la grille n'est pas uniformément accessible à l'air, — jeter un coup d'œil rapide sur le mécanisme et les roues, et s'assurer que rien n'y manque, — prendre au besoin la quantité d'eau et de combustible nécessaire.

Pour piquer le feu d'un foyer qui n'a pas de cendrier, on fait bien de placer la machine de manière à laisser la grille près du bord de la fosse, mais au-dessus du bord de la voie; par ce moyen, le chauffeur peut se placer dans la fosse ; les cendres, tombant d'une faible hauteur sur le balast, ne gênent pas le chauffeur et ont moins de tendance à se disséminer sur les pièces du mécanisme.

Quand cette opération doit être exécutée au moment où l'on va tourner la machine, le mécanicien examine la direction du vent et fait piquer le feu avant ou après le changement d'orientation de la machine, pour éviter le transport par le vent des cendres dans les pièces du mécanisme, dont elles détériorent promptement les parties frottantes.

Le mécanicien doit avoir une connaissance aussi complète que possible des variations de profil de la ligne parcourue, de manière à ménager sa machine, à ne dépenser la vapeur et le combustible que sur les points où l'effort de traction le réclame, et à n'alimenter que lorsque la vapeur ne doit pas atteindre son maximum de tension, sur les pentes, par exemple.

Si, par une cause quelconque, le train qu'il conduit est en retard, il doit s'efforcer de regagner le temps perdu, sans cependant dépasser *de plus de moitié* la vitesse réglementaire indiquée au tableau de marche.

En arrivant au terme du parcours commandé, un bon mécanicien s'arrange pour avoir une faible tension de vapeur, beaucoup d'eau et peu de combustible sur la grille, de manière à pouvoir retourner facilement le feu pour enlever les mâchefers.

Cependant, la pression sera encore suffisante pour que, le train arrêté, il puisse au besoin le remettre en mouvement, et le feu en état de permettre l'exécution des manœuvres commandées.

Après avoir tourné la machine, le mécanicien et le chauffeur renouvellent l'approvisionnement d'eau et de combustible, s'il y a lieu, mènent la machine en son lieu de stationnement, placent le levier de mise en marche au point mort et serrent le frein, nettoient le feu et les tubes, rechargent la grille, ferment la cheminée, desserrent les leviers de soupape de sûreté, de manière à tenir la pression à 5 atmosphères au maximum, passent une revue générale de la machine et prennent les ordres du chef de dépôt.

Le mécanicien et le chauffeur ne doivent jamais abandonner simultanément la machine, à moins qu'ils n'en aient confié la surveillance au mécanicien de réserve ou au chauffeur de gare.

Ils sont tenus de faire rapport au chef de gare, de station, et de dépôt, de tous les incidents qu'ils auront pu noter en route, et de signaler les dérangements à la machine, au train, à la voie, aux fils télégraphiques, au service des barrières, et, en général, tout ce qui peut intéresser le service.

435. EXPLOSIONS. — On ne connaît pas encore les causes de certaines explosions de chaudières. On sait cependant qu'une eau bouillie et privée d'air est disposée à conserver son état liquide après une diminution de pression, mais aussi à entrer brusquement en ébullition tumultueuse avec chocs violents, dès qu'un ébranlement subit vient rompre cet état.

Il faut donc avoir grand soin, lorsqu'une machine a stationné quelque temps avec une diminution de pression, de la remettre en mouvement avec précaution, donner au régulateur une très petite ouverture, en un mot éviter la production du phénomène que nous venons d'indiquer.

436. SERVICE DE RÉSERVE. — Quand un mécanicien arrive dans une station avec mission d'y faire la réserve, sa machine doit avoir conservé une tension de vapeur suffisante pour lui permettre de remorquer le train qu'il vient d'amener, dans le cas où elle devrait remplacer la machine empêchée par une cause quelconque de faire le relai suivant.

Le mécanicien de réserve est tenu de se trouver à la station à l'heure indiquée et de ne s'absenter qu'avec l'autorisation du chef de service de la station. Il tient sa machine toujours en bon état et prête pour le départ, à première réquisition ; dans ce but, la tension de la vapeur sera maintenue entre 4 et 5 atmosphères, l'excès de vapeur dirigé dans le tender, sans que la température de l'eau s'élève cependant au-dessus de 60 degrés centigrades ; le tender suffisamment approvisionné d'eau et de combustible.

Lorsque la machine se trouve en stationnement prolongé, le levier de mise en marche est placé au point mort, le frein du tender ou de la machine serré, et les roues motrices calées.

La machine de réserve part au secours, sur l'ordre donné par le chef de station. Le mécanicien se conforme strictement aux ordres de l'agent du service du mouvement, qui doit l'accompager ; mais il ne doit aller à contre-voie, ou à l'encontre d'un train attendu, que sur un ordre *écrit*.

Un mécanicien prudent, allant au secours, avance avec la plus grande précaution ; il est toujours prêt pour un arrêt immédiat ; il fait un très fréquent usage du sifflet, surtout à l'entrée des courbes en tranchée ou en forêt, pendant le brouillard et l'obscurité, en toutes circonstances, enfin, où la vue en avant ne peut s'étendre au loin.

Si une machine de secours est obligée de pousser un train, la manœuvre doit s'opérer lentement, avec précaution, et ne commencer qu'après l'attache du train à la machine, si cette opération est réglementaire. Dès que le train poussé arrive en un point où la machine de secours peut prendre la tête, si cela est encore nécessaire, celle-ci doit se dégager et s'atteler en avant de la machine du train en détresse. Cependant, lorsque la déclivité du chemin exige un renfort nécessaire, la prudence conseille de laisser attelée à la queue du train la machine de secours ou de renfort, afin d'éviter les ruptures d'attelage et les fâcheuses conséquences qui peuvent en être la suite [1].

437. MANŒUVRES DE GARE. — En principe, une machine ne peut être dirigée que par un mécanicien. Cependant, les chauffeurs de gare et les chauffeurs de certaines catégories sont quelquefois admis à suppléer l'agent autorisé. Dans aucun cas, les chauffeurs et mécaniciens ne monteront sur

____

1. Dépêches ministérielles des 21 avril et 21 juillet 1865.

une machine pour en diriger les manœuvres sans avoir avec eux un aide au frein.

Il est prescrit d'une manière absolue de n'effectuer les manœuvres de gare que moyennant l'autorisation du chef de station ou de son représentant, les mouvements étant toujours réglés à petite vitesse et dirigés avec la plus grande prudence.

Chaque mise en marche est constamment précédée du coup de sifflet d'usage ; elle a lieu d'ailleurs en évitant de donner des chocs au matériel.

En refoulant des vagons sur des changements de voie pris en pointe, le mécanicien veille à ce que les aiguilles aient la direction voulue et soient maintenues dans une position invariable, afin d'éviter les déraillements qui se produisent inévitablement lorsque les aiguilles sont déplacées sous le train.

Durant toute manœuvre de véhicules, le mécanicien veille avec la plus vigilante attention à ce que les agents de l'exploitation employés dans les gares ne suivent pas la dangereuse habitude de s'introduire entre les véhicules en mouvement, pour les atteler ou les décrocher. Cette opération ne doit s'effectuer qu'*après l'arrêt complet* des véhicules. A moins d'engager la propre responsabilité du mécanicien, toute contravention à cette règle impérieuse sera signalée par lui au chef de gare.

438. ACCIDENTS DE ROUTE. — Le mécanicien en marche a toute la responsabilité, au point de vue technique, de la direction du train qu'il remorque. S'il est familiarisé avec tous les accidents de route qui peuvent survenir, il y porte immédiatement remède, si possible. ou tout au moins, il en atténue les conséquences. Les annales des mécaniciens de chemins de fer renferment déjà de beaux exemples d'intelligence, de sang-froid, de présence d'esprit, de courage, de dévouement, grâce auxquels de graves accidents ont été évités.

Parmi les causes qui viennent arrêter la marche des trains, nous pouvons citer les suivantes :

Tubes crevés. — Ruptures d'essieux, bandages, tourillons, — décalage de roues. — Ruptures de tiroirs et tiges. — Avaries aux bielles et pièces du mouvement. — Dérangement des appareils d'alimentation. — Avaries aux foyers et chaudières. — Echauffement de coussinets. — Ruptures d'attelage. — Déraillement.

Voici les indications que les mécaniciens peuvent suivre dans chacun de ces cas, indépendamment des mesures générales de sûreté dont nous parlerons lorsqu'il sera question de la circulation des trains. (3e partie. EXPLOITATION.)

Tubes crevés. — Il faut essayer de *tamponner* les deux extrémités des tubes avariés aussi rapidement que possible, afin de ne pas laisser tomber le niveau d'eau. — Lorsque l'intensité du jet de vapeur ne permet pas de voir immédiatement le tube avarié, on pousse l'alimentation et, tout en marchant, on active le tirage au moyen du souffleur et de l'échappement variable, manœuvres qui permettent le plus souvent de tamponner.

Si cette manœuvre ne réussit pas, il faut forcer l'alimentation, puis baisser la pression, jeter le feu et demander du secours ; — quand l'accident survient à proximité d'une voie d'évitement, se hâter d'y garer le train ou tout au moins la machine.

Des mesures semblables seront prises en cas de rupture de soupapes de sûreté, robinets de vidanges, fuites au foyer ou à la chaudière, et en général en cas d'avarie pouvant produire le manque d'eau.

Ruptures d'essieux, bandages, décalage de roues, etc. —

Il faut d'abord tirer le feu, puis soulager l'essieu en desserrant ses ressorts, et, au moyen de crics, le relever avec ses boîtes à graisse, que l'on cale de manière à empêcher les bandages de toucher les rails. — Caler les autres boîtes à graisse, démonter les bielles et colliers d'excentriques, mettre enfin la machine en état d'être conduite à froid à son dépôt.

Quand l'avarie survient à l'essieu d'avant ou d'arrière, on peut décharger les essieux d'une partie du poids de la machine, en faisant porter l'extrémité boiteuse sur un vagon.

Rupture de ressort. — Il faut modérer la vitesse de marche jusqu'à la station prochaine et là, caler soigneusement la boîte à graisse.

Avaries dans le mécanisme. — Détacher les pièces brisées ou faussées et placer au milieu de sa course le tiroir du côté du mécanisme avarié, de manière à poursuivre le voyage avec un seul cylindre.

Refus du régulateur. — Manœuvrer, si c'est possible, avec le levier de mise en marche seul; sinon placer les tiroirs au milieu de course, lâcher la vapeur et jeter le feu.

Rupture d'attelage. — Régler la vitesse de marche de la locomotive sur celle de la partie détachée du train, de manière à éviter un choc; ne rejoindre cette partie pour la rattacher au train que lorsqu'elle est arrêtée.

439. DÉRAILLEMENT. — A l'exception du cas de rupture d'un essieu, d'un bandage ou de cause étrangère à la machine, cet accident ne peut arriver que très rarement à un bon mécanicien.

Quand la machine est près des rails et *à fleur* de ballast, on peut la replacer facilement sur la voie en la soulevant avec des crics, ou mieux avec des vérins. Pendant l'opération, il faut surveiller l'état du feu, le niveau de l'eau et ne pas laisser monter la pression.

Lorsque la machine est tombée loin des rails et profondément enfoncée dans la plate-forme, il faut appeler du secours, car le relèvement est long : — jeter le feu, lâcher la vapeur, vider la chaudière et empêcher la machine de s'enterrer davantage, découpler le tender, caler les boîtes à graisse, démonter les pièces les plus gênantes. — On établit alors une voie provisoire sur rails ou plats-bords pour ramener la locomotive près des rails, et on la soulève avec des vérins pour la replacer sur la voie. — Procéder de même quand le déraillement se produit dans le convoi, mais ne pas jeter le feu. — Si le déraillement provient de la rupture d'un essieu, suspendre le vagon avarié entre les deux vagons voisins.

440. APPAREILS POUR LES VAGONS DE SECOURS. — Les vérins dont nous avons parlé — 232 — nécessitent diverses reprises du soulèvement de la machine déraillée, des calages successifs, jusqu'à ce qu'on ait amené les boudins des roues au dessus du niveau des rails. L'installation de ces engins donnent beaucoup d'embarras et fait perdre du temps ; et un relevage de machine dure quelquefois plus de 8 heures, ce qui est une grande gêne pour le public et le chemin de fer.

M. Mathias, ingénieur de la traction au chemin de fer du Nord, a fait construire dans les ateliers de Lille, sous la direction de M. E. Delebecque ingénieur en chef, un ensemble d'appareils qui permettent de rétablir une machine sur rails en moins d'une heure. Ils comprennent : 1° un vérin à manivelle B (fig. 17, pl. XLVII), composé d'une colonne en tôle B boulonnée sur un large pied portant la crapaudine de la vis v. Cette colonne maintient en haut un guide et une boîte à engrenages. La vis v est retenue en bas par la crapaudine et en haut par le guide. Elle a 8$^{\text{c/m}}$ de diamètre et 2$^{\text{c/m}}$ de pas. Au dessus du guide sont calées deux roues dentées qui engrènent avec deux pignons fixés sur deux arbres à manivelle et qui permettent de donner à la vis deux vitesses différentes. La hauteur totale de l'appareil est de 1^{m}15.

Un écrou en bronze c peut se mouvoir le long de la vis qui est fixe. A l'aide de deux pattes latérales il porte la charge que lui impose la poutre A, dans la fig. 17 ou les N^{os} fig. 20 et 21, dont nous parlons plus loin. L'écrou peut avoir une course utile de 0^{m}.74 ;

2° Une poutre à porter et à riper A$_1$ A'$_1$ (fig. 17, 18 et 19) munie d'une vis v' v'_1 qui peut tourner sous l'impulsion des deux roues coniques $r\,r'$ attaquées par un cliquet. Cette vis fait mouvoir un écrou embrassé par une patte à fourche h qui le réunit à une glissière et une cale que l'on peut placer soit sous un longeron, soit sous la traverse de la machine;

3° Des *Nez*, supports qu'on peut soit fixer à la traverse d'une machine percée d'avance (fig. 21), soit accrocher à la traverse non préparée (fig. 20);

4° Un poulain D (fig. 77) analogue à celui que M. Forquenot a récemment introduit dans l'outillage des vagons de secours et qui se compose de deux rails maintenus par des entretoises à l'écartement de $0^m,24$, mais qui, au lieu de porter un butoir fixe à l'extrémité, est muni d'un butoir mobile l que l'on peut fixer en différents points du poulain au moyen de broches pénétrant dans des trous préparés à l'avance; aux extrémités, des trous peuvent recevoir des éclisses et les abouts de rails de rallonge;

5° Un cric de ripage C (fig. 17) dont la boîte, très courte, porte deux oreilles qui s'appuient contre les butoirs du poulain. Sa course est de $0^m,800$. — Quand il est à fond de course, il peut se retourner.

L'emploi de ces divers engins est bien simple et ne nécessite aucune autre explication.

Comme précaution générale, on ne doit pas remettre en route un véhicule déraillé sans l'avoir examiné à fond, et, en tous cas, il faut le laisser à la prochaine station pour le soumettre à une visite complète.

441. DESCENTE DE SERVICE. — Les machines descendant de service sont conduites au dépôt par le mécanicien et le chauffeur. — Après avoir jeté le feu et remisé la machine, leur premier soin est de faire un rapport au chef de dépôt sur l'état de la machine. Ce rapport doit être aussi circonstancié que possible, ces agents étant responsables de tout oubli ou négligence dans l'indication des réparations.

En Allemagne, ce rapport est inscrit de la main du mécanicien sur un registe tenu *ad hoc* dans chaque dépôt.

Le chef de dépôt, ayant vérifié ou fait vérifier l'état des véhicules rentrés, indique les travaux qui pourront être confiés aux mécaniciens et chauffeurs, et ceux dont les monteurs ou ajusteurs seront chargés.

§ IV.

CHEFS DE DÉPÔTS ET D'ATELIERS.

442. CHEFS DE DÉPÔTS. — D'après la description d'un dépôt de machines, — chap. IX — on peut se rendre compte de l'importance des fonctions dévolues au chef de dépôt. Ces fonctions sont à la fois administratives et techniques

Il est, en effet, chargé de la surveillance et des détails du service journalier des machines; il répond de leur bon état et de leur conservation; il doit assurer le service des trains, réguliers, irréguliers ou facultatifs, en mettant à la disposition du service de l'exploitation les machines nécessaires.

Le chef de dépôt a sous ses ordres, non-seulement tous les mécaniciens et chauffeurs attachés au dépôt, mais encore tous ceux qui, appartenant à d'autres dépôts, ne font dans le sien qu'un arrêt plus ou moins prolongé.

Il fixe l'ordre et la durée de leur service.

Il commande chaque jour les locomotives à mettre en activité, et dresse à cet effet une feuille de service dont un exemplaire est affiché dans la remise ou le dortoir des mécaniciens.

Il s'assure que toutes les machines sortant de réparation et désignées pour prendre le service, sont en parfait état; que les mécaniciens et chauffeurs ou leurs remplaçants sont au courant du règlement des signaux et pourvus de tous les appareils nécessaires aux prescriptions de ce règlement.

Il prend enfin toutes les mesures pour remplacer les mécaniciens et chauffeurs manquants à l'ordre de service, par des agents du dépôt capables de les suppléer.

Il commande et dirige les employés, ouvriers et manœuvres du dépôt.

Il est responsable de l'exactitude des états de journées, des attachements et des comptes produits par le dépôt.

Il arrête avec les ouvriers isolés ou groupés, les prix d'entreprise de travaux à exécuter dans sa section, en tenant compte du temps employé.

Il propose à l'ingénieur de traction, et au besoin à l'ingénieur en chef, le taux des salaires, le taux des marchandages, l'embauchage ou le renvoi des ouvriers.

Les réparations courantes aux machines et tenders sont ordonnées par lui, en se conformant aux instructions de ses supérieurs. A cet effet, il s'assure, par une inspection vigilante, de l'état de toutes les machines de son dépôt, et commande leur mise en réparation; il propose à l'ingénieur de la locomotion leur renvoi à l'atelier central pour entrer en grande réparation, s'il juge que les réparations courantes ne peuvent plus tenir la machine en mesure de faire le service avec sécurité.

Le chef de dépôt, désireux de tirer tout le parti possible du matériel qui lui est confié, doit, avant de mettre au rebut les pièces retirées d'un véhicule, s'assurer que ces pièces ne peuvent plus être réparées et utilisées à nouveau.

Indépendamment des devoirs énumérés plus haut, le chef de dépôt est tenu de gérer l'établissement qui lui est confié dans les conditions de l'économie la plus scrupuleuse. Il veille, à cet effet, à ce que les machines soient toujours convenablement entretenues, mais sans frais inutiles; que les réparations soient aussi rapidement exécutées que possible; que les pièces de rechange à tirer de l'atelier central ou du magasin ne fassent jamais défaut; que les approvisionnements de matières de consommation existent toujours en quantités suffisantes, mais sans exagération; que la main-d'œuvre en tout genre réponde strictement aux besoins réels ; enfin, que les agents attachés à son dépôt soient utilement employés, mais en n'exigeant d'eux que le travail normal et en veillant à ce que les conditions hygiéniques soient rigoureusement observées..

Le chef de dépôt doit être en rapport constant avec l'ingénieur de la traction et le tenir au courant :

Des machines en service ;

Des machines en réparation, de la nature des opérations ;

Des accidents et des retards des trains ;

Des fautes commises par les mécaniciens ;

Produire enfin un certain nombre de pièces de service et de comptabilité dont nous donnons plus loin les types — chap. XII —.

Il est nécessaire que le chef de dépôt ait dans son outillage au moins une pompe à incendie et tous les agrès nécessaires en cas de sinistre. — Il doit donner à son personnel l'organisation et les exercices suffisants pour être en mesure de combattre sans retard les effets du feu.

443. SOUS-CHEFS DE DÉPÔTS ET CHEFS MÉCANICIENS. — Dans une exploitation où la circulation des trains est continue, sans arrêt, la présence au dépôt d'un agent supérieur est indispensable pendant la nuit, soit pour surveiller les machines à leur arrivée ou à leur départ, soit pour accompagner les machines allant au secours des trains en détresse.

Dans un dépôt de deux machines, le plus habile mécanicien fait fonctions de chef de dépôt.

Quand le dépôt compte quatre machines, il est commandé par un sous-chef de dépôt.

Dans les grands dépôts, le chef est suppléé par un et quelquefois par deux sous-chefs de dépôt, qui jouissent de la même autorité sur tout le personnel.

Les chefs et les sous-chefs de dépôt, indépendamment de leur fonction à l'établissement, doivent aussi s'assurer d'une manière permanente que les mécaniciens accomplissent leurs devoirs avec zèle et intelligence. Ces agents remplissent alors les fonctions de *chefs mécaniciens*, suivant les mécaniciens en route, s'assurant qu'ils connaissent parfaitement la conduite et l'alimentation des machines, l'usage et l'observation des signaux, etc., etc.

Ces agents supérieurs, chargés également de faire subir aux chauffeurs les examens pour l'admission au grade de mécanicien, font au chef de dépôt, qui les transmet à l'ingénieur de la locomotion, des rapports sur les observations recueillies dans leurs tournées.

En divisant ces agents par classe selon leur mérite, l'administration a toutes facilités de les attacher à leurs fonctions et de les récompenser dans la mesure des services rendus.

444. Chefs d'atelier. — Le chef d'atelier des machines est chargé de la direction et de la police de l'établissement qui lui est confié. — Il commande et suit les travaux à exécuter, les objets et pièces de rechange demandés par les autres services avec l'autorisation de l'ingénieur en chef.

Responsable de la bonne tenue des ouvriers, de l'emploi du temps des agents, de l'utilisation des matières mises en œuvre et de la confection des objets à fabriquer, il veille à ce que les contre-maîtres exercent sur chacun la surveillance nécessaire, à ce que les comptables, relevant soigneusement le temps consacré et les matières consommées, les appliquent aux commandes en cause; à ce que les outils et les machines soient convenablement utilisés et bien entretenus.

Le chef d'atelier doit veiller à ce que nulle personne étrangère ne pénètre dans l'atelier sans permission et à ce que les ouvriers fassent usage des jetons de présence, conformément au règlement; exiger des contre-maîtres qu'ils se trouvent dans les ateliers avant les ouvriers, qu'ils n'en sortent qu'après eux, et qu'ils fassent, chacun à son tour, après le départ des ouvriers, une visite des ateliers pour s'assurer que les feux et lumières sont bien éteints, et que tout est en ordre.

Il fait en sorte que ses approvisionnements en pièces fabriquées ne dépassent pas les besoins courants, mais qu'ils soient en état de répondre aux nécessités du service, notamment en ce qui concerne les bandages, roues et essieux.

Chaque fois qu'une modification, quelque légère soit-elle, est reconnue utile, le chef d'atelier, avec le concours du chef de magasin, doit s'assurer des conséquences de cette modification à l'endroit des approvisionnements, et s'il peut en résulter une mise au rebut, le chef des ateliers fait dresser un état des pièces de rechange qui deviendraient inutiles par suite de la modification proposée. La dépréciation, s'il y a lieu, s'impute sur les prix de revient des nouvelles pièces.

Il s'assure que tout véhicule sortant des ateliers est en parfait état et qu'il remplit toutes les conditions résumées aux chapitres I à IV de cette seconde partie.

Le chef d'atelier ne peut embaucher, augmenter le traitement, ou remercier aucun ouvrier sans l'autorisation de l'ingénieur en chef.

Le chef d'atelier tire des magasins, au moyen de bons qu'il délivre lui-même, tous les objets nécessaires au travail de l'atelier. Il assure que ses bons sont régulièrement inscrits et portés sur les factures du magasin.

Toutes les pièces non utilisables sont versées et facturées, sous des prix fixés par l'ingénieur de la locomotion, à titre de *vieilles matières*, dans le magasin qui en donne un reçu.

Le chef d'atelier surveille la confection des pièces comptables de son service; il est responsable de toute irrégularité.

Il fait facturer chacun des objets qui sortent des ateliers, et réclame un reçu du réceptionnaire. — Il veille à ce que le prix de revient de chaque objet soit bien établi et communiqué à la partie prenante.

Par le total de son prix de revient, le chef d'atelier doit retrouver en valeur l'emploi de la main-d'œuvre portée sur les états de paye.

Par l'inspection fréquente des bons de commande, il s'assure que tous les travaux, suivant leur cours, n'éprouvent pas de retard inexpliqué; enfin, que les prix de revient concordent bien avec la confection des pièces.

Il adresse chaque jour à l'ingénieur en chef un rapport constatant :

1° Le nombre d'ouvriers employés, les augmentations ou diminutions motivées de ce nombre d'ouvriers ;

2° Les objets livrés par l'atelier, avec les prix de revient, la date de la commande et de la livraison ;

3° Le nombre de véhicules entrés et les avaries qui en ont motivé la mise hors de service. — Le nombre et l'espèce de ceux en réparation, — Ceux qui, étant réparés, peuvent rentrer en service ;

4° Diverses observations sur la qualité des matériaux employés et sur les détails et l'ensemble du service.

Il prend enfin toutes les mesures pour que les appareils contre l'incendie soient toujours prêts à fonctionner, et les ouvriers parfaitement exercés à leur emploi.

§ V

CHEFS DE MAGASIN ET COMPTABLES.

445. SERVICE DES MAGASINS. — Ce service relève directement de l'ingénieur en chef. Chaque magasin est géré par un chef responsable, chargé d'en assurer le fonctionnement.

Tous les objets de consommation. tous les approvisionnements destinés aux diverses branches du service sont inscrits dans le *livre de magasin*, tant à l'entrée qu'à la sortie, et distribués par les soins du chef de magasin, ou sous sa responsabilité par les employés sous ses ordres.

Il est interdit au chef de magasin de laisser entrer au magasin un objet ou une fourniture quelconque qui ne serait pas accompagnée d'un ordre d'entrée délivré par l'ingénieur en chef. A chaque ordre d'entrée est jointe la facture des livraisons.

Le chef du magasin vise la facture et signe un récépissé pour constater l'entrée et la prise en charge. Les chefs d'atelier, de dépôt, ou les agents délégués par l'ingénieur en chef, constitués en commission ou agissant isolément, selon le cas, vérifient la qualité des objets livrés. Le chef du magasin constate ensuite les poids ou le nombre d'objets, leurs prix d'après la commande, et vérifie les calculs, les conditions de payement.

Après l'inscription de chaque objet au livre d'entrée, le chef de magasin remet chaque jour à la comptabilité les factures reçues et dûment certifiées par lui.

Les pièces livrées par les ateliers ou dépôts sont accompagnées de bons de livraison signés par le contre-maître et visés par le chef d'atelier ou de dépôt.

Les objets entrés en magasin n'en peuvent sortir qu'en vertu d'un ordre signé par le chef d'atelier ou de dépôt à ce dûment autorisé, ou en échange de bons de consommation délivrés par les agents qualifiés, en vertu de pouvoirs émanés de l'ingénieur de la locomotion.

Les ordres d'entrée et de sortie, les bons de consommation sont annexés à l'appui de la comptabilité du magasin.

Les succursales du magasin principal sont gérées par des *gardes-magasin*, placés sous la direction du chef des magasins, dont ils reçoivent les ordres et qui sont directement responsables envers lui de la marche de leur service.

Les gardes-magasin adressent chaque jour à leur chef les feuilles d'entrée et de sortie avec application exacte aux commandes, les factures et bons des contre-maîtres ou ayant droit, ampliations des bulletins d'expédition.

Le chef du magasin est responsable de l'approvisionnement *en temps voulu* des matières de consommation courante. — Il dresse, avant la fin de chaque mois, avec le concours des chefs de service, l'état des besoins pour le mois suivant, l'état des matières en magasin : il en déduit l'état des matières nécessaires au service du mois à pourvoir.

Les acquisitions sont faites par la direction elle-même, ou, sur son autorisation, par l'ingénieur en chef.

Il est interdit au chef de magasin d'opérer une acquisition sans autorisation préalable, sauf pour extrême urgence ; auquel cas, le chef de magasin doit, sans retard, en aviser l'ingénieur en chef, et réclamer de ce fonctionnaire l'approbation de la mesure qu'il aura dû prendre pour assurer le service.

Le chef de magasin tient écritures de tous les mouvements d'objets passant par ses mains. Il établit le prix de revient de toutes les matières, si elles sont grevées de frais accessoires, pour transports, manutentions, pertes, etc.

L'emploi des matières grasses doit être pour lui l'objet des soins les plus minutieux. — Le transport des huiles pouvant donner lieu à des pertes importantes, il veille à ce que les vaisseaux soient convenablement conditionnés. — L'emploi des fûts en fer *étamé* est tout spécialement recommandé à cet effet.

On dispose les matières en magasin de telle sorte qu'une simple inspection permette d'en faire, à tout moment et sans difficulté, une vérification approximative.

A cet effet, les matières sont classées par nature et disposées pour que chaque espèce soit comprise sous une étiquette portant la désignation des objets et la quantité emmagasinée. Les indications de ces étiquettes doivent exactement concorder avec celles des livres du magasin, notamment avec celles de l'inventaire.

Il est interdit au chef de magasin d'opérer directement la vente des *vieilles matières* ou des *pièces de rebut.* — Ces objets sont emmagasinés avec soin, étiquetés et portés dans les écritures. — Lorsqu'il y a lieu d'en opérer la vente, les matières sont vérifiées par les agents désignés par l'ingénieur en chef, qui reçoit les propositions des acquéreurs et en soumet l'approbation à la direction.

Chaque service du chemin de fer devant supporter les frais de transport des matières qu'il emploie, les expéditions que fait le chef de magasin sont accompagnées d'avis d'expédition et de bulletins qui permettent de constater la remise des matières, et leur destination.

446. DISTRIBUTION DES MATIÈRES. — Le service de distribution de matières au chemin de fer du Nord est organisé conformément à l'ordre de service que nous reproduisons textuellement :

Les dépôts, suivant l'importance du service auquel ils sont affectés, sont partagés en dépôts principaux et en dépôts secondaires.

Quatre dépôts principaux ont un magasin, un atelier et une distribution de combustible, et alimentent les dépôts secondaires qui dépendent de leur section. Ce sont :

Le dépôt de La Chapelle,

—   d'Amiens,

—   de Fives,

—   de Tergnier.

Leur comptabilité est tenue, quant à la distribution des matières, par le garde-magasin ; pour la distribution du combustible, par le comptable du dépôt, et, pour les travaux de l'atelier, par le comptable de l'atelier.

Trois dépôts principaux ont un petit atelier et une distribution de combustible ; ils prennent leurs matières de consommation aux magasins dont ils dépendent. Ce sont :

Le dépôt de Creil, qui s'alimente au magasin de La Chapelle.

Le dépôt de Calais,   —   de Fives.

Le dépôt de Valenciennes,   —   de Fives.

Leur comptabilité est tenue par un comptable attaché au dépôt.

Quatre dépôts secondaires ont une simple distribution de combustible et une distribution de matières dont ils s'approvisionnent à leurs magasins respectifs, savoir :

Le dépôt d'Hazebrouck, qui dépend du dépôt de Fives.

Le dépôt de Douai,   —   —

Le dépôt de Dunkerque,   —   —

Le dépôt de Boulogne.   —   d'Amiens

Leur comptabilité est tenue par le chef de gare [1].

Enfin, onze dépôts secondaires, n'ayant qu'une machine de réserve, ont une distribution de matières et de combustible de faible importance, savoir :

Le dépôt de Pontoise, approvisionné par le magasin de La Chapelle.

— de Breteuil,	—	d'Amiens.
— d'Albert,	—	—
— d'Abbeville,	—	—
— d'Arras,	—	de Fives.
— de Somain,	—	—
— de Cambrai,	—	—
— de Noyon,	—	de Tergnier.
— de Busigny,	—	—
— d'Hautmont,	—	—
— de Jeumont,	—	—

Leur comptabilité est tenue également par le chef de gare.

447. MATIÈRES. — La comptabilité des dépôts secondaires, pour leur distribution de matières, consiste dans la simple tenue d'un journal d'entrées et de sorties.

Les matières formant l'objet de cette comptabilité comprennent principalement le graissage, le nettoyage, en un mot, l'entretien courant des machines et tenders, des outils, ustensiles, etc.

A la réception des matières au dépôt, l'agent comptable doit immédiatement les inscrire sur le journal des entrées avec indication des quantités ou poids, la provenance (magasin ou service expéditeur) et le numéro de la facture.

Les prix sont appliqués par la comptabilité du matériel ; en conséquence, l'envoi du journal, à la fin du mois, doit être nécessairement accompagné des factures des magasins ou services expéditeurs.

La livraison des matières soit au service du matériel, soit

---

1. Cette disposition était favorisée par l'organisation des services de la traction et de l'exploitation, placés sous une direction unique.

à tout autre service, doit être consignée, au moment de la livraison, sur le journal des sorties, par quantités ou poids et sans indication de prix.

Lorsqu'un dépôt aura des vieilles matières ou autres objets à expédier à un magasin, il devra lui en adresser facture, en indiquant les poids ou quantités, le magasin se chargeant de l'application des prix : l'envoi est porté au journal de sortie.

Les transcriptions aux journaux d'entrées et de sorties doivent être faites suivant l'indication donnée par les colonnes de l'imprimé *ad hoc*, en répartissant chaque article dans la colonne qui lui est affectée, sauf à grouper séparément et de la manière la plus claire, les objets divers de consommation auxquels il n'est pas affecté de colonnes spéciales.

Les feuilles, une fois totalisées et signées par l'agent comptable, seront envoyées immédiatement au chef de la comptabilité du matériel, de manière à lui arriver du 1er au 8 du mois suivant. Cet envoi doit être fait, même lorsqu'il n'y a pas eu de mouvement dans le mois, et avec la mention : *néant*.

448. COMBUSTIBLE. — Les entrées et sorties du combustible sont portées sur le rapport spécial, qui doit être arrêté à chaque fin de journée et envoyé immédiatement au chef de la comptabilité du matériel.

Ce rapport contient : le restant en magasin de la veille, suivant les écritures, jusqu'à ce qu'il soit demandé de faire un inventaire réel; la réception des vagons de combustible entrés dans la journée, par numéro de facture, provenances, numéros des vagons en quantités, dans la colonne qui lui est affectée : *coke*, *houille* et *briquettes*; — la livraison aux machines et aux divers services, par quantité dans les diverses colonnes, suivant l'espèce de combustible; — le restant en magasin, qui doit être reproduit au rapport du lendemain.

Ce report de l'existant en magasin doit être fait aussitôt

après l'arrêté de la feuille du jour et avant son expédition à la comptabilité du matériel, de manière à faire toujours suivre les rapports sans qu'il puisse se glisser aucune différence, sauf le cas d'inventaire.

En cas de réception d'un vagon non annoncé, ni facturé, il doit être porté au rapport, aux entrées, et mention spéciale doit en être faite aux observations, avec indications des diverses circonstances qui peuvent aider à en reconnaître l'origine; même mention doit être faite pour les vagons annoncés et facturés et non arrivés, qui ne doivent figurer aux entrées que lorsqu'ils sont réellement reçus au dépôt.

Lorsque le dépôt fait une livraison de menu ou de poussier, la quantité doit en être portée en regard du compte destinataire, dans la colonne : *menu* ou *poussier*, des sorties, et être additionnée avec le gros qui a pu être livré le même jour, pour déduire le total des sorties, *gros, menu, poussier*, du total *gros* entré. La différence donne le chiffre à reporter à l'entrée de la journée suivante, dans la colonne *gros*, qui seule doit recevoir les applications au débit.

Quand une journée se sera passée sans mouvement de combustible, le comptable n'en sera pas moins tenu d'envoyer son rapport, avec la mention : *néant*.

Il est très important, dans le cas de livraison à d'autres services qu'à celui des machines, de bien spécifier le compte destinataire, en complétant au besoin la désignation de l'imprimé.

Lorsqu'un inventaire sera demandé, les chiffres qui en résulteront seront portés au rapport du jour, au-dessous de ceux résultant des écritures, et seront seuls reportés au rapport du lendemain.

Après la réception des vagons de combustible, les dépôts doivent envoyer à la comptabilité du matériel les diverses factures ou feuilles de route qui ont accompagné les envois, et, après livraison, les reçus qui auront été donnés par les services destinataires.

Indépendamment du journal et du rapport ci-dessus, les

chefs de gare adressent aux ingénieurs de traction de la section, desquels dépendent les dépôts, un rapport journalier, donnant les numéros des machines de réserve et de celles en stationnement, le parcours fait par ces machines et la distribution du combustible et de matières de graissage, par numéros des machines et tenders, et les noms des mécaniciens et chauffeurs, suivant les indications résultant de l'imprimé.

La présente circulaire est spécialement destinée aux chefs de gare chargés des écritures de comptabilité du matériel.

Le chef du magasin dresse tous les ans, à la fin de l'exercice, un inventaire complet et exact de toutes les matières, objets et outils qui font partie du magasin principal et de ses succursales.

449. COMPTABILITÉ DES MAGASINS. — *Attachements.* — Le *pointeur* est chargé de constater la présence des ouvriers, la nature de leur travail et le temps passé à l'exécuter. Il inscrit sur ses feuilles la teneur des bons délivrés par le contre-maître, les numéros de commande et des pièces ; il signale au chef de service les abus qui pourraient se glisser dans le régime de l'atelier.

Le *pointeur* fait au moins quatre tournées par jour : la première, cinq minutes après l'entrée, et la dernière, cinq minutes avant la sortie des ouvriers. Les autres tournées sont destinées à recueillir les renseignements nécessaires à son travail.

Les feuilles de présence, vérifiées et approuvées par le chef d'atelier, sont remises à *l'employé de la main-d'œuvre* chargé du dépouillement des feuilles de présence et des bons de commande. Cet employé fait le journal *par homme*, du temps employé, en y indiquant la nature du travail effectué, soit en régie, soit à la tâche ; les bulletins de proposition d'augmentation de solde, de mutation, de maladie.

Il tient aussi le journal *par commande*, sur lequel il porte, jour par jour, le travail effectué à la tâche et en régie. Lorsqu'une commande est terminée, il remet au chef d'atelier, pour être transmis à l'ingénieur de la locomotion, un relevé de la main-d'œuvre et des matières entrant dans la fabrication des pièces de commande. Il se met, à cet effet, en rapport avec les contre-maîtres, quand il s'agit d'imputations à faire, afin d'éviter les erreurs.

Les livres ne doivent, sous aucun prétexte, contenir de ratures d'aucun genre. Lorsqu'il y a des erreurs inscrites, l'agent comptable les fait disparaître par un contre-passement d'écritures.

Il établit les feuilles de paye et celles d'à-compte, les remet au chef d'atelier qui les vise pour être soumises à l'approbation de l'ingénieur de la locomotion.

Il dresse, chaque semaine, un état indiquant le mouvement des ouvriers dans les ateliers, et chaque mois, la répartition par commande du montant de la paye du mois.

L'*employé de la traction* est chargé de dresser les pièces, constater le travail des mécaniciens et chauffeurs, la marche et la consommation des machines.

Nous donnerons au chapitre XII — GESTION — l'état des différentes pièces relatives à ces constatations.

La paye des ouvriers en régie et à la tâche a lieu généralement deux fois par mois. En conséquence, le rôle de journées et l'état des travaux à la tâche sont rendus au service central assez à temps pour que le paiement ne souffre pas de retard.

Le service de la comptabilité est également chargé de dresser les factures de livraisons ou travaux faits pour compte des autres services ou des administrations étrangères. Il en adresse tous les éléments au service central de l'ingénieur de la locomotion.

Le *comptable* vérifie la régularité des pièces comptables dressées par l'employé de la main-d'œuvre et le chef du magasin. Il passe écritures de ces pièces selon les indications de l'ingénieur en chef et suivant les articles du budget. Il tient au courant les livres de comptabilité suivants :

Le *livre des inventaires*, destiné à recevoir les inventaires de toutes les branches du service;

Le *journal*, résumant par jour toutes les opérations du service;

Le livre des *fournitures* diverses, le livre de *fabrication;*

Le *grand livre* des comptes ouverts à chacun des articles du budget, des comptes avec les autres dépôts, le magasin, le service central, les autres divisions, etc.;

Enfin, le *livre de Caisse.*

§ VI.

INSPECTEURS ET INGÉNIEURS DE LA LOCOMOTION [1].

450. SERVICE EN GÉNÉRAL. — Responsable vis-à-vis de l'administration, de l'application ponctuelle et rigoureuse des instructions relatives à l'exploitation, l'ingénieur de la locomotion réunit dans ses attributions : 1° la conservation et l'entretien en bon état des locomotives, tenders, voitures et vagons, quelquefois aussi des appareils et accessoires de la voie; 2° l'administration des ateliers de réparation; 3° la direction et la surveillance du personnel attaché à la conduite des trains.

Les fonctions de l'ingénieur comprennent :

L'étude de la construction du matériel roulant et des améliorations qu'il est possible d'y apporter ;

La recherche des mesures les plus sûres et les plus économiques en même temps, pour fournir au service de l'exploitation les moyens de transport réclamés par les besoins du trafic.

Dans ces limites très étendues se trouvent comprises :

1° La surveillance et la réception du matériel fourni par

1. Dans les réseaux importants, le personnel supérieur du service se compose de fonctionnaires qui prennent le titre de contrôleurs, d'inspecteurs, ingénieurs relevant tous d'un chef, *l'ingénieur en chef du matériel et de la traction, maschinen Director, locomotive Superintendant,* etc.

les constructeurs étrangers. L'ingénieur, en vertu des clauses du marché, a le droit, et nous n'avons pas besoin d'ajouter le devoir, de suivre ou faire suivre par un agent de son choix l'exécution de ce matériel, non seulement dans tous ses détails de fabrication, mais encore au moment du montage, et de s'assurer que toutes les règles de l'art sont parfaitement observées.

2° La surveillance des travaux de construction et d'entretien exécutés dans les ateliers du chemin de fer.

Personnel du service central. — L'organisation du personnel attaché au service central de la locomotion dépend de l'importance de la ligne, du nombre de dépôts et ateliers qui ressortissent à la direction de l'ingénieur.

Ainsi que nous l'avons déjà dit (Ire partie, chap. XII), les dispositions qui simplifient le mécanisme des rapports et des relations de diverses branches entre elles sont les meilleures, et l'ingénieur doit s'efforcer d'atteindre ce résultat en élaguant tout ce qui n'est pas absolument nécessaire pour suivre et diriger son service dans son ensemble, sans toutefois laisser échapper les détails intéressants.

Sur ces bases, le service central peut être organisé comme suit :

451. SECRÉTARIAT. — Inscription régulière à l'entrée et à la sortie des pièces, lettres et documents. — Rédaction, classement et expédition des marchés. — Rédaction et classement de la correspondance en général.

Le chef du secrétariat tient l'ingénieur de la locomotion au courant de toutes les affaires qui convergent au service central. Il analyse les pièces et les lettres ; il prépare les réponses sur les indications de l'ingénieur. Il veille à ce qu'aucune pièce ne traverse le secrétariat sans avoir été inscrite à l'indicateur et ne porte la marque de cette inscription. En suivant attentivement le roulement des affaires affluant au service central, il tient la main à ce qu'aucune question ne reste sans solution.

452. BUREAU DES ÉTUDES. — Sous la direction d'un ingénieur, le bureau des études est chargé : 1° de préparer les dessins nécessaires à la construction de l'objet demandé ; 2° de rédiger la nomenclature comprenant le nombre de pièces par unité, les cubes, poids et quantités ; 3° de vérifier les cotes et indications des dessins ; 4° de dresser un état des matières nécessaires à l'exécution de la commande ; 5° d'établir les devis.

Le chef des études tient la feuille de présence des dessinateurs. Il surveille le classement méthodique et l'enregistrement des dessins et archives de son service.

453. CONTRÔLE DES TRAVAUX EXTÉRIEURS ET INSPECTION. — L'ingénieur, qui prend généralement le titre d'inspecteur principal, fait des visites fréquentes dans les ateliers chargés, en vertu de marchés, de construire le matériel pour compte de l'administration. Il veille à l'exécution rigoureuse des clauses du cahier des charges et spécifications ; il fait périodiquement rapport à l'ingénieur de la locomotion sur l'état d'avancement et les conditions d'exécution. Enfin il dresse les procès-verbaux de réception provisoire et définitive qui servent de base au service de la comptabilité, pour former les états de situation des fournitures et les mandats de payement.

Il a sous ses ordres un ou plusieurs inspecteurs pour le suppléer au besoin, dans la surveillance et le contrôle de l'entretien et de la réparation du matériel roulant dans les ateliers et dépôts de la ligne, du personnel attaché aux différentes divisions du service.

Leurs fonctions, dans ces différents cas, se bornent à s'assurer de l'observation des instructions et règlements en vigueur, à transmettre leurs observations aux chefs de service et sans intervenir directement dans l'exécution. Enfin ils font, avec ou sans le concours des agents en cause, toutes les enquêtes sur les faits qui nécessitent une instruction ou un rapport à présenter à l'ingénieur de la locomotion.

434. LABORATOIRE. — Un agent chimiste effectue tous les essais propres à vérifier la composition des matières consommées par le service de la locomotion : — analyse des eaux d'alimentation, des combustibles, matières grasses, métaux et autres matières. — Il étudie, sous la direction de l'ingénieur de la locomotion, toutes les opérations qui nécessitent l'intervention de la physique et de la chimie.

Tous ses travaux se résument sous forme de rapports spéciaux ou périodiques adressés à l'ingénieur.

435. COMPTABILITÉ CENTRALE. — Cette branche importante centralise toutes les comptabilités spéciales des divisions du service de la locomotion : — Groupement mensuel des états. — Régie des fonds confiés aux diverses branches pour payements urgents. — États de solde des agents du service, frais de déplacements, primes, etc. — États de situation des fournitures et mandats de payement. — Rapports avec les autres services de l'administration et les services étrangers.

Toutes les pièces émanant de la comptabilité sont signées par le chef de la comptabilité, et visées par l'ingénieur de la locomotion.

Le chef de la comptabilité a sous ses ordres immédiats :

Un *inspecteur de la comptabilité*, qui surveille les bureaux de comptabilité des dépôts, ateliers et magasins ;

Un *régisseur* responsable de l'administration des caisses de régie ;

Un certain nombre de comptables, expéditionnaires, etc.

436. DIRECTION. — L'ingénieur de la locomotion est chargé des mesures à prendre pour assurer, au moyen du matériel, du personnel et des approvisionnements dont il dispose, la traction de tous les trains demandés par l'exploitation. Ses fonctions peuvent se résumer ainsi :

— Répartition du matériel et du personnel, suivant les besoins du service ;

— Fixation des charges que peuvent remorquer les machines, selon les profils des sections à desservir et les saisons;

— Détermination des allocations de consommation et des primes;

— Direction du personnel de conduite des machines et maintien des règlements concernant la sécurité de la circulation;

— Surveillance de l'entretien du matériel et de son emploi;

— Surveillance des ateliers, dépôts et magasins;

— Autorisation d'exécution, dans les ateliers, des objets à construire ou à réparer pour les autres services;

— Inspection et réception des travaux exécutés à l'extérieur;

— Surveillance des magasins de la comptabilité;

— Etablissement des pièces comptables et des rapports à l'administration;

— Prévision des besoins de matériel et d'approvisionnements;

— Budget et statistique.

L'ingénieur de la locomotion doit être en rapports constants avec les chefs de services des autres branches de l'administration, de manière à faire concourir tous les efforts séparés, au maintien régulier de la circulation, à la satisfaction des besoins du trafic, au bien-être du public et aux intérêts de l'administration.

La présence du chef de service sur les points où sont concentrés le matériel et le personnel, a la plus grande influence sur la marche des affaires en général. L'ingénieur de la locomotion doit donc partager convenablement son temps entre ses fonctions au service central et sa surveillance sur les divers centres d'agglomération, afin de contrôler par lui-même les indications qui lui sont fournies, redresser les dérogations aux règles prescrites et stimuler le zèle de tous les agents.

Aux recommandations précédentes il faudrait ajouter l'énumération des questions qui complètent les fonctions de l'ingénieur de la locomotion :

Budget, — approvisionnements ;

Personnel, — recrutement, — feuilles signalétiques, — discipline, — soins à donner au personnel.

Mais, en reprenant ces diverses questions, nous ne pourrions que reproduire ce qui a été dit à propos des *Fonctions de l'ingénieur de la voie* (Ire partie, chap, XI, § IV). Le lecteur voudra donc bien s'y reporter. Ajoutons un mot cependant au sujet de la dernière question.

En parlant des conditions morales et physiques indispensables au personnel chargé de la conduite des machines, nous avons dit que les hommes attachés à ce service doivent être doués d'une santé robuste ; mais cette santé ne saurait se conserver intacte, quelle que soit d'ailleurs la régularité que l'homme apporte dans sa vie, si elle n'est pas entretenue par des soins hygiéniques permanents.

L'ingénieur de la locomotion s'imposera donc l'obligation incessante de veiller à ce que la durée du service des mécaniciens et chauffeurs rentre dans les conditions normales, sans excéder leurs forces, et que les agents chargés de la conduite des machines prennent périodiquement des bains de propreté, à tout le moins chaque fois qu'ils descendent de service.

§ VII.

RÉPARTITION DES DÉPÔTS ET ATELIERS.

457. Conditions générales. — Le service de la locomotion, avons-nous dit — (Ire part., chap. IX, 319, 322) réclame dans les gares spéciales que nous avons appelées *stations d'alimentation, stations de dépôt*, certains aménagements répondant aux deux nécessités suivantes : — Ravitaillement des machines en service ; — remisage des machines et du matériel de transport.

Delà, une première série d'installations — *les dépôts* — dans lesquelles nous rencontrons :

— Des appareils d'alimentation ;

— Des remises ou hangars pour abriter les machines et les vagons ;

— L'outillage nécessaire à l'entretien courant et aux petites réparations.

Mais le matériel, au bout d'un certain temps de service, exige des restaurations plus importantes que de simples opérations d'entretien, des travaux qui ne peuvent s'exécuter sans l'aide d'un outillage complet et perfectionné, sur un terrain suffisamment étendu : conditions qui nécessitent la création sur un ou plusieurs points de la ligne, selon son étendue, *d'ateliers* spécialement affectés d'un côté aux machines locomotives, de l'autre aux véhicules de transport.

Enfin, l'approvisionnement constant et régulier des matières consommées dans les dépôts et ateliers de la ligne, s'opère par l'entremise de *magasins généraux* dans lesquels sont tenus en réserve : d'une part, une quantité suffisante de matières premières et de combustible, nécessaires au travail des ateliers et au service des machines, pour ne jamais exposer l'un ou l'autre au chômage ; d'autre part, des pièces de rechange provenant de l'extérieur ou fabriquées dans les ateliers.

Nous avons donc à examiner quatre séries d'installations distinctes :

Installations du service de la traction. — Alimentation. — Dépôts.

Ateliers de réparation des machines ;

Ateliers de réparation du matériel de transport ;

Magasins d'approvisionnements.

La répartition de ces différents établissements sur une ligne en voie de construction donne lieu à certaines considérations que l'ingénieur doit étudier avec soin, et que nous allons développer.

458. POSITION DES STATIONS D'ALIMENTATION [1]. — La quantité d'eau consommée par une machine dépend du travail à effectuer, et comme l'approvisionnement emporté par le moteur ou son tender doit être aussi léger que possible, il en résulte la nécessité de ravitailler la machine après un certain parcours.

Si, pour fixer nos idées, nous prenons une locomotive qui brûle 10 kilogrammes de houille et vaporise 80 kilogrammes d'eau par kilomètre, nous voyons qu'au bout de 50 kilomètres l'approvisionnement aura diminué de 4000 kilogrammes d'eau, et comme la capacité d'un tender varie entre 5 000, 8 000 et 10 0000 kilogrammes d'eau, on voit que les stations d'alimentation pourraient, à la rigueur, être distantes les unes des autres de 50 et même de 125 kilomètres. Mais les consommations prises pour terme de comparaison sont souvent dépassées, surtout dans les chemins à pentes prononcées. De plus, il peut se présenter tels cas, en hiver principalement, et dans les sections exposées au patinage, où les trains consomment beaucoup sans atteindre pour cela les vitesses de marches réglementaires ; enfin, par une circonstance imprévue, tel point de ravitaillement peut momentanément manquer d'approvisionnement. Pour toutes ces causes réunies, les appareils d'alimentation sur toute la longueur de la ligne sont répartis à des distances de 25 à 30 kilomètres, assez rapprochées pour que, dans le trajet d'une station à la suivante, les caisses ne se vident jamais complétement.

Cette condition n'est pas la seule qui domine dans le choix de la station d'alimentation, car il existe un autre élément d'importance capitale et que l'ingénieur ne doit jamais perdre de vue : la nature de l'eau rencontrée dans la localité. En principe, l'eau d'alimentation des machines, — chap. XI, — doit posséder un degré de pureté aussi complet que possible [2] ; on aura donc grand soin de s'en assurer chaque fois qu'il

---

1. Le service d'alimentation des machines est étudié avec quelques développements au chap. XI.

2. On trouvera, au chapitre XI, la description des procédés d'analyse.

faudra établir un appareil d'alimentation sur un point donné. Cette condition pourra donc obliger, dans certains cas, l'ingénieur à faire varier les limites que nous venons d'indiquer.

Rappelons, en outre, que la disposition des appareils doit permettre —1re part., chap. IX, § I,— d'alimenter les machines avec le moins de manœuvres et le plus rapidement possible. Il faut donc, dans ces stations, des appareils placés vers la tête des trains arrêtés, c'est-à-dire qu'il y aura deux prises d'eau, chacune d'elles en avant du point d'arrêt, dans le sens de la marche du train. Une seconde disposition qui assurerait plus efficacement l'alimentation en rendant les stations plus commodes, consisterait à faire chevaucher les stations d'alimentation, en affectant aux trains pairs les deuxième, quatrième, etc., points de ravitaillement, et aux trains impairs les premier, troisième, cinquième, etc., points de ravitaillement. De cette façon l'approvisionnement des machines serait parfaitement assuré, les prises d'eau, en cas de nécessité absolue, n'étant éloignée en fait que de 12 à 15 kilomètres — 322, 323.— Mais cette disposition deviendrait excessivement coûteuse et l'on s'en tient généralement à la première.

Quant au ravitaillement en combustible et matières grasses, il s'effectue dans les dépôts où les machines terminent leur course et séjournent assez longtemps pour s'y approvisionner. — IIe part., chap. XI. —

459. POSITION DES DÉPÔTS DE MACHINES. — Dans les premiers temps de l'exploitation des chemins de fer, l'incertitude qui régnait alors sur les exigences du service de la traction fit multiplier outre-mesure les dépôts sur toute la ligne. Peu à peu, l'expérience fournit plus de précision dans l'indication des besoins à satisfaire, et permit de fixer avec plus de certitude le nombre et la position convenable de ces installations; toutefois, le mouvement de concentration qui en résulta n'est pas arrêté. En raison des progrès réalisés dans la construction du matériel, qui permettent d'augmenter d'autant la durée du service des machines, et de la régula-

rité qui s'établit dans le mouvement du trafic, il existe une tendance générale à réduire de plus en plus le nombre des dépôts, dont l'entretien et la surveillance constituent de lourdes charges pour le service de la traction : l'augmentation en importance des établissements conservés est une des conséquences immédiates de cette réduction en nombre.

La position de ces grands dépôts se trouve naturellement indiquée sur les points de la ligne où doit se concentrer un mouvemement notable de voyageurs et de marchandises résultant soit de l'importance même de la localité, soit de la convergence des embranchements. En dehors de ces points principaux, on répartit à des distances, égales autant que possible, et qui varient de 100 à 200 kilomètres, des dépôts de moindre importance que nous désignerons sous le nom de *dépôts secondaires*. Parmi ces derniers, nous compterons les simples remises n'ayant d'autre but que celui d'abriter les machines de réserve que l'administration oblige les Compagnies à tenir toujours en feu sur différents points de la ligne [1], ou les locomotives de renfort que le voisinage d'une forte rampe rend nécessaires pour le service de la traction, ou bien encore celles qui, dans leur roulement de service, séjournent aux *terminus* des petits embranchements.

460. DÉPÔTS DE VOITURES ET VAGONS. — Les dépôts de voitures et de vagons, plus nombreux encore que ceux de locomotives dans les premières installations, ont subi la même transformation. Ils se trouvent aujourd'hui concentrés principalement aux stations de formation des trains et aux points d'embranchement faisant tête de lignes, et où l'on rencontre à la fois des remises pour les vagons isolés et quelquefois des bâtiments permettant de remiser des trains entiers.

Entre ces points extrêmes, il est clair que la présence d'une

---

1. Art. 40, ordonnance du 15 novembre 1846.

station importante, pouvant donner lieu à un mouvement plus ou moins considérable de voyageurs, nécessitera également l'établissement d'un dépôt de véhicules pour les affluences imprévues.

Cependant, comme nous l'avons dit — 1re part., chap. VIII. § 1, 270 —, ces remises diminuent d'importance dès que l'on peut se rendre compte du mouvement des voyageurs et du nombre de places que les trains ordinaires doivent contenir pour satisfaire à une circulation moyenne.

Enfin, comme pour les machines, on rencontre, échelonnées de distance en distance sur la voie, des remises de voitures que l'administration force les Compagnies à tenir en réserve pour le service des voyageurs, ainsi que nous l'avons déjà indiqué — 1re part., chap. IX, § 1 — 322, 323 —.

461. ATELIERS DE RÉPARATION DES MACHINES. — Autant que les circonstances le permettent, les ateliers de réparation du matériel doivent se trouver à proximité des dépôts où reviennent nécessairement les machines et les vagons après leur temps de service. Aussi, à l'origine des chemins de fer, attribua-t-on un atelier pour ainsi dire à chaque dépôt, quelque peu important fût-il. Dans les dernières années, diverses considérations : facilité du service, — unité de direction, — économie de frais d'installation, de surveillance et d'entretien, — ont conduit les administrations à concentrer sur un nombre restreint de points convenablement choisis, toutes les ressources applicables à cette branche de l'exploitation, en créant, pour chaque groupe de lignes, un atelier principal dont l'importance relative dépasse de beaucoup celle des autres ateliers disséminés de distance en distance sur chaque ligne séparée, et qui ne sont, pour ainsi dire, que de véritables succursales du premier. Les mêmes raisons engageront encore à restreindre, de plus en plus ce nombre d'ateliers secondaires et à le réduire à la quantité strictement nécessaire pour suffire aux exigences du service, éviter les fausses manœuvres, les pertes de temps qui résultent des longs par-

cours entre les points extrêmes de la ligne et les ateliers principaux de réparation.

Il existe, au sujet de la position de l'atelier principal, une certaine divergence d'opinions qui ne permet pas d'établir de règle générale, mais qui, au surplus, s'explique parfaitement par la différence de conditions d'établissement des réseaux et les exigences particulières qui en résultent dans chacun d'eux pour l'organisation du service de la locomotion.

Les auteurs du *Guide du mécanicien*, etc., résument ainsi les conditions qui doivent guider l'ingénieur dans le choix de l'emplacement des ateliers principaux :

« Les éléments à prendre en considération sont : l'étendue de la ligne et de ses embranchements, la configuration, l'importance et la nature de son trafic, la distribution des relais de machines, la position des villes qui fournissent, par la nature de leur industrie, des ressources pour la main-d'œuvre des ouvriers spéciaux, leur position relativement aux lieux de production des matières premières, la situation du siège de la direction de l'entreprise, la disposition du terrain aux abords des gares principales et la facilité qu'elle présente pour la construction d'établissements qui couvrent une grande superficie. La question est nécessairement très complexe et d'une solution difficile. »

Les ingénieurs du chemin de la Silésie supérieure sont d'avis que les ateliers principaux doivent occuper le milieu du réseau ; l'administration des chemins rhénans pense, au contraire, que leur meilleure position, à quelques exceptions près, est indiquée par le point de la ligne sur lequel se concentre principalement le trafic. Cette dernière opinion paraît devoir l'emporter sur les autres en ce qui concerne surtout l'entretien des vagons ; ceux-ci se trouvent naturellement ramenés à ce point, échappant ainsi aux longs parcours à vide. Quant aux machines, lorsque la longueur de la ligne atteint 7 à 800 kilomètres, il devient avantageux de choisir plutôt le milieu pour y placer les ateliers de réparation, les machines se trouvant réparties entre les dépôts principaux, et cette position centrale réduisant au minimum la somme des chemins à parcourir entre chaque dépôt et les ateliers de réparation.

Les ateliers secondaires, dont l'installation moins importante doit suffire cependant à la plupart des réparations ordinaires ne demandant pas un démontage complet de la machine, accompagneront toujours les dépôts de premier ordre.

462. ATELIERS DE RÉPARATION DU MATÉRIEL DE TRANSPORT. — Les considérations que nous venons de passer en revue s'appliquent également aux ateliers de réparation des voitures, et l'on peut dire qu'à quelques exceptions près, résultant des considérations mentionnées plus haut, ces ateliers accompagnent toujours ceux des machines. Quoique les deux installations appartiennent quelquefois à deux services distincts, on trouve le plus souvent, par raison d'économie, un avantage à les réunir en un seul établissement.

463. MAGASINS. — Afin d'éviter les pertes de temps en cas de besoins pressants, les magasins secondaires se trouvent à proximité des ateliers ou dépôts qu'ils sont chargés plus spécialement d'alimenter. Quant au magasin principal, son voisinage du siège de l'administration est une condition essentielle pour la surveillance et le contrôle qu'il est de toute nécessité d'exercer avec soin sur ce genre d'établissements. C'est d'ailleurs le point généralement le mieux approvisionné et où les transactions s'effectuent le plus facilement. — La question de répartition n'est plus, ici, que secondaire.

464. EXEMPLES. — Pour fixer les idées, étudions les répartitions des prises d'eau, dépôts et ateliers sur quelques lignes anciennes et nouvelles.

a) Au chemin de l'Est (France), la ligne principale — Paris à Strasbourg, 502 kilomètres — comprend onze dépôts :

Paris, la Villette, tête de ligne (combustible);

Meaux, 45 kilomètres de Paris, service de Banlieue;

Epernay, 97 kilomètres de Meaux ; embranchement sur Reims (combustible) ;

Châlons-sur-Marne, 31 kilomètres d'Épernay ; embranchement sur Mourmelon, Reims, etc. ;

Blesme, 45 kilomètres de Châlons; embranchement sur Chaumont;

Bar-le-Duc, 36 kilomètres de Blesme (combustible);

Lerouville, 35 kilomètres de Bar-le-Duc (motivé par la rampe de Lerouville);

Nancy, 64 kilomètres de Lerouville; tête de ligne de l'embranchement de Forbach (combustible);

Blainville, 23 kilomèt. de Nancy; tête de la ligne d'Epinal;

Saverne, 82 kilomètres de Blainville ;

Strasbourg, 44 kilomètres de Saverne; tête de ligne et d'embranchements (combustible).

La distance moyenne entre les dépôts est donc de 50 kilomètres; quatorze gares d'alimentation, réparties entre ces différents points, représentent avec ces derniers un total de vingt-cinq prises d'eau, dont l'espacement moyen est de 20 à 21 kilomètres.

Les distances entre les dépôts de combustible et matières grasses varient de 99 à 149 kilomètres. — IIe part., ch. XI.

La longueur totale du réseau exploité, y compris toutes les lignes secondaires, s'élevait en 1866 à 2473 kilomètres ; le nombre des ateliers correspondants est de douze, dont quatre sur la ligne principale à Paris (La Villette), Epernay, Nancy, et Strasbourg, les autres sur les embranchements : Montigny, Forbach, Flamboin, Troyes, Chaumont, Vesoul et Mulhouse, représentant une moyenne de un atelier pour 200 kilomètres. L'atelier principal des machines est celui d'Epernay, à 142 kilomètres de Paris, au point d'embranchement de la ligne de Reims qui va rejoindre les réseaux du Nord. L'atelier de Montigny est spécialement réservé au service du matériel de transport.

b) La longueur totale du réseau dans le Hanovre est de 950 kilomètres environ et comprend trois ateliers principaux : l'un à Hanovre — centre du réseau, — un autre à Lingen, à 210 kilomètres du premier, sur la ligne de Hanovre à Emdem, et le troisième à Göttingen, dans la direction de Cassel. La ligne d'Emden comprend, en outre, trois ateliers secondaires, l'un à l'extrémité (Emdem), 318 kilomètres de Hanovre, et les deux autres à Minden et Osnabrück, dont les distances, à partir de la tête de ligne, sont respectivement de 64 et 132 kilomètres. La moyenne des distances entre deux ateliers consécutifs est donc ici de 86 kilomètres. Sur la ligne de Hanovre à Harbourg, nous rencontrons deux ateliers secondaires : Uelzen, 96 kilomètres; Harbourg, 170 kilomètres, dont la distance moyenne est 74 kilomètres; et de même sur la ligne de Hanovre à Bremerhafen (avec ateliers à Brême, 122 kilomètres, et Gerstemunde, 183 kilomètres); — sur la direction de Cassel (atelier principal à Göttingen, 108 kilomètres, et secondaire à Cassel, 116 kilomètres), nous trouvons une moyenne de 93 et 83 kilomètres. On peut donc dire que l'écartement moyen des ateliers de réparation sur les lignes de Hanovre est de 85 kilomètres, quelques points spéciaux servant de têtes d'embranchement, — Lehrte, Nordstemmen, Wunstorf, — renferment encore des installations secondaires nécessitées par la position même de ces localités.

c) Le chemin I. R. du sud de l'Autriche comprenait en 1864 :

La ligne principale de Vienne à Trieste	576ᵏ,00
Et les embranchements de : Mœdling-Laxenburg. . .	3 ,80
— Wiener-Neustadt-Kanisa.	201 ,00
— Marburg-Villach.. . . .	167 ,00
— Pragen-Ofen et Stuhlweissenburg-Komorn. . . .	410 ,00
— Steinbruck-Sisseck et Agram-Carlstadt.. . . .	171 ,80
Représentant une longueur de réseau totale de.	1 528ᵏ,00

Dans ce réseau, on rencontre sur la ligne de Trieste six
dépôts principaux :

Vienne, tête de ligne.	40 machines.
Glognitz,) dépôts motivés par la présence)	15	—
Mürzzuschlag,) de la rampe du Semmering.)	24	—
Marburg, embranchement.	40	—
Laibach	45	—
Trieste, tête de ligne.	15	—

L'embranchement de Mœdling-Laxenburg est desservi par
un petit dépôt de 2 machines établi dans la première de ces
stations ;

Celui de Pragen-Ofen, par les dépôts de :

Stuhlweissenburg, embranchement sur Komorn.	24 machines.
Kanisa, servant également pour la ligne de Neus- tadt-Kanisa	24	—
Peltau [1]	16	—

Celui de Marburg-Villach, par un dépôt de 8 machines
établi à Villach ; et celui de Steinbruck-Sisseck par deux
dépôts établis :

A Sisseck	24 machines.
Et à Carlstadt	2	—

Nous trouvons ainsi un total de 13 dépôts, représentant
une moyenne de 1 dépôt principal par 127 kilomètres, auxquels il faut ajouter 11 dépôts secondaires répartis en divers
points, donnant un total de 24 dépôts pour 1 528 kilomètres,
soit 1 dépôt par 63^k,6.

Le service des ateliers était concentré principalement dans
les deux gares de Vienne et Marburg, ateliers principaux ;
des ateliers secondaires se rencontrent à Mürzzuschlag,

1. Depuis l'extension du Réseau en Hongrie d'une part, et dans le Tyrol
d'autre part, ce dépôt a été supprimé et remplacé par un dépôt de retour,
à Pragerof, des machines des trains de marchandises venant de Hongrie,
disposition qui a eu pour résultat de faire baisser les dépenses de la
traction.

Trieste et Stuhlweissenburg, ce qui représente une moyenne de 1 atelier par 300 kilomètres environ.

Les lignes du Tyrol, reliées au réseau par la nouvelle ligne de montagne du Pusterthal, de Villach à Franzensfeste, sont pourvues d'un atelier à Innsbruck, qui entretient le matériel des 306 kilomètres du Tyrol, y compris la ligne du Brenner.— Chap. VI, § 111. 294, 298 —.

Sur les 126 kilomètres qui comprennent la traversée du Brenner (fig. 3, pl. XXIX), les stations d'alimentation des machines sont réparties de la manière suivante :

Distances entre les stations.	Noms des stations.	Nature du ravitaillement.
kil. 0,0	Innsbruck	Eau et charbon.
9,0	Patsch	Eau
9,0	Matrei	Eau
4,6	Steinach	Eau
8,9	Gries	Eau
5,4	Brenner	Eau
7,9	Schelleberg	Eau
8,5	Gossensass	Eau
5,8	Sterzing	Eau
4,9	Freienfeld	
6,8	Grasstein	Eau
7,1	Franzensfeste	Eau et charbon.
10,2	Brixen	Eau
10,1	Klausen	
5,8	Waidbruck	Eau
8,2	Atzwang	
6,4	Blumau	Eau
7,6	Bozen	Eau et charbon.

d) Sur le chemin du Nord de l'Espagne, le service de la traction comprenait, en 1866, huit dépôts échelonnés comme suit :

1. Madrid. — Dépôt de 4 machines. — Service entre
Madrid et Avila. . . . . kil. 121
2. Avila. — Dépôt de 4 machines de rampe pour le
passage du Guadarama . . . .

3. Valladolid. — Rotonde de 22 machines. — Service
             entre Avila et Valladolid. . . .   kil.   128
      —   Service entre Valladolid et Burgos.   121
4. Miranda. — Remise de 4 machines. — Service
             entre Burgos et Miranda. . . .   89
      —   Service de Miranda à Olazagoïtia. .   75
      —   Service de Miranda à Quintanapalla.   75
5. Olazagoïtia. — Remise recevant les machines de
             Miranda et Irun.
6. Béasaïn. — Machines de rampe pour le passage des
             Pyrénées.
7. Irun. — Tête de ligne. — Service de Miranda à Irun.   179
8. Alar del Rey. — Tête de ligne. — Service entre
             Venta de Banos et Alar. . . .   91

Ateliers à Madrid, Miranda et Irun.

A partir du 1er juillet 1867, le nombre des dépôts a été restreint à trois, de la manière suivante :

1. Madrid. — Service entre Madrid et Valladolid. .   kil.   249
2. Valladolid. — Service entre Valladolid et Miranda.   210
      —   Et entre Venta de Banos et Alar. .   91
3. Irun. — Service des voyageurs entre Miranda
             et Irun   179
      —   Service des marchandises entre Burgos
             et Irun . . . . . . , ...   268

Des machines de réserve sont conservées à Avila (passage
du Guadarama) et à Béasaïn (passage des Pyrénées). A Miranda se trouve également un service de *réserve* recevant les
machines de Valladolid et d'Irun, et faisant les trains facultatifs de Miranda-Quintanapalla, 75 kilomètres, et Miranda-
Alsasua, 77 kilomètres.

TABLEAU RÉCAPITULA

RÉSEAU DE LA COMPAGNIE DU *Ch(*

Répartition des d(

GRANDES LIGNES & EMBRANCHEMENTS		DÉPÔTS DE LOCOMOTIVES					
			Surface en mètres carrés			Nombre de locomo	
DÉSIGNATION	Longueurs en mètres.	Nombre	totale	max.	min.	totale	max.
Vienne, *Penzing*, St-*Valentin*[a], *Linz*, *Welz*, *Lambach*[c], *Salzbourg*[c]	313403	14	19772	4418	226	127	32
Welz, *Neumarkt*, Passau	81238	2	1469	877	592	12	8
Neumarkt, Braunau, Simbach.	60512	2	1076	848	228	10	8
Linz, *Gaisbach*[b], Budweis	125864	3	1824	887	350	12	6
Gaisbach[b], St-*Valentin*[a].	20191	»	»	»	»	»	»
Linz (gares sud et ouest)	1286	»	»	»	»	»	»
Salzbourg[r], *Bischofshofen*[d], Wörgl . . .	192145	5	2530	959	165	22	9
Bischofshofen[d], Selzthal	98690	2	651	486	165	5	4
Lambach[c], Gmunden (voie étroite)	27424	2	550	297	253	4	2
Penzing, Heizendorf, Ebersdorf	23619	1	116	»	»	1	»
Totaux et moyennes.	944332	31	27938	4478	165	193	32

IE ORGANISATION

r Imperatrice-Elizabeth (1878)

es et prises d'eau.

	REMISES DE VOITURES ET VAGONS						SERVICE DE L'EAU D'ALIMENTATION. — RESERVOIRS.			
	Surface couverte en mètres carrés			Nombre de véhicules			Nombre	Surface couverte mèt. carrés	Capacité en mètres cubes	
	total	max.	min.	total	max.	min.			max.	min.
7	8558	1991	1093	235	55	24	24	6624	250	475
1	896	896	»	21	21	»	5	931	95	14
1	832	832	»	18	18	»	4	308	69	39
»	»	»	»	»	»	»	8	1843	47,5	47,5
»	»	»	»	»	»	»	»	»	»	»
»	»	»	»	»	»	»	»	»	»	»
2	816	408	408	20	10	10	10	1108	80	47,5
»	»	»	»	»	»	»	5	106	80	80
»	»	»	»	»	»	»	2	43	25	25
»	»	»	»	»	»	»	»	»	»	»
1	11102	1991	408	294	55	10	58	12427	250	14

CHAPITRE IX

DÉPÔTS

------

§ I.

OPÉRATIONS A EFFECTUER.

466. CONDITIONS GÉNÉRALES. — Les dépôts sont créés pour remiser et entretenir les machines en état de service. Ces machines se divisent en trois catégories :

a) Machines appartenant au dépôt et y rentrant périodiquement, au bout d'un certain nombre d'heures de travail, pour y être nettoyées et, s'il le faut, réparées, puis de nouveau allumées pour reprendre leur service ;

b) Machines faisant partie du matériel des sections voisines et s'arrêtant au dépôt, soit pour y séjourner quelques heures, en attendant le départ du train qu'elles doivent remorquer, soit pour y renouveler leurs approvisionnements.

c) Machines échelonnées à des distances de 50 kilomètres, en moyenne, pour faire la *réserve*, c'est-à-dire se tenir constamment prêtes pour aller au secours d'un train en détresse.

467. TRAVAUX EXÉCUTÉS DANS LES DÉPÔTS. — Les travaux d'entretien à effectuer dans les dépôts peuvent se diviser en trois séries :

PREMIÈRE SÉRIE. — Travaux de visite et d'entretien journalier des machines et tenders, tels que :

Nettoyage :

Lavage des chaudières [1];

Matage pour étancher les fuites légères ;

Redressage des barreaux de grille ;

Réfection des joints ;

Serrage des divers organes du mécanisme ;

Règlement de la course des tiroirs, relativement aux orifices d'admission. (Toutes modifications aux organes de la distribution, aux poulies, aux bielles, aux tiroirs, etc., sont généralement interdites dans les dépôts.)

Visite des tiroirs et des pistons ;

Rodage des robinets et soupapes ;

Renouvellement des garnitures de presse-étoupes.

DEUXIÈME SÉRIE. — Remplacement des pièces usées ou brisées, par des pièces de rechange préparées d'avance aux ateliers, telles que :

Pour les machines. — Balances des soupapes de sûreté ;

Soupapes de sûreté et leurs sièges ;

Régulateurs et leurs sièges ;

Cheminées ;

Mouvements de distribution ;

Tiroirs et pistons ;

Couvercles de boîtes à vapeur et de cylindres ;

Bielles ;

Presse-étoupes ;

Tuyauterie, robineterie et rotules ;

Pompes, injecteurs et accessoires ;

Roues, boîtes à graisse et ressorts de suspension ;

Traverses ;

Ressorts de traction ;

Tampons de choc ;

---

1. Le lavage des chaudières de machines doit s'opérer assez fréquemment pour que la production de vapeur se maintienne à un degré à peu près constant. — L'intervalle entre deux lavages dépend de la nature du service et la qualité des eaux : — à l'Est, en moyenne après 1000 kil. pour machines à marchandises et 1300 et 1500 kil. pour les machines à voyageurs.

Ressorts de choc ;

Attelages.

Pour les tenders. — Tuyauterie, robinetterie, soupapes de prise d'eau, roues, boîtes à graisse et ressorts de suspension ;

Attelages ;

Mouvements et sabots des freins.

TROISIÈME SÉRIE. — Travaux de petit entretien, tels que :

Pour les machines. — Remplacer les tubes à fumée, les entretoises, quand ce travail n'exige pas l'écartement des longerons ;

Arrêter les fuites aux chaudières, réparer les boîtes à vapeur et les cylindres.

Dresser la table du régulateur :

Changer l'enveloppe de la chaudière ;

Dresser les tables des tiroirs ;

Rapporter des bagues dans les presse-étoupes ;

Réparer la tuyauterie :

Remplacer les garnitures en métal blanc des tiroirs, colliers d'excentriques et coussinets.

Pour les tenders. — Réparer la caisse à eau, le mouvement des soupapes de prise d'eau et le frein [1].

L'exécution de ces divers travaux exigera, pour un dépôt secondaire, en dehors des établis d'ajusteur placés dans la remise, l'installation d'une petite forge à un ou deux feux ainsi que nous l'avons déjà dit, d'un magasin pour l'huile, le suif, le chanvre, le mastic et les pièces de rechange, coussinets, pistons et tiroirs.

On devra placer enfin dans la remise ou à proximité un pont à bascule sur lequel on puisse vérifier la charge de chaque roue séparément.

468. CLASSIFICATION. — L'importance d'un dépôt est en rapport avec le nombre de locomotives qui y séjournent. Ce

---

1. Chemins de fer de Paris à Lyon et à la Méditerranée. — Instruction concernant les travaux d'entretien des machines à effectuer dans les dépôts.

nombre varie dans des limites très étendues, puisqu'il s'étend depuis une locomotive jusqu'à cent et plus.

Pour une ou deux machines, il suffit d'une voie de garage, d'un petit magasin, d'une remise avec fosses et de deux étaux. L'installation est tellement simple qu'il n'est pas nécessaire de s'y arrêter. Nous passerons immédiatement aux indications qui se rapportent à trois dépôts de certaine importance.

A. Dépôts de troisième ordre. — Type : dépôt de Thionville, à la jonction de la ligne des Ardennes avec celle de Metz à Luxembourg. Ce dépôt, succursale du grand dépôt de Mohon, fait la *réserve* sur trois directions, avec une machine qui dépend de Mohon. Il entretient sa machine alimentaire et celle d'Hayange. Il reçoit temporairement douze machines.

La remise peut contenir six locomotives sur fosse. L'Annexe à la remise contient :

Un bureau   — $4^m,50 \times 2^m,65$;
Un magasin — $4^m,50 \times 2^m,75$;
Un chauffoir — $4^m,55 \times 4^m,20$;
Un dortoir   — $4^m,20 \times 7^m,80$ (à douze lits) ;

La machine fixe et sa chaudière.
Le personnel de ce dépôt comprend, en permanence :
1 Chef de dépôt ;
1 Chauffeur ;
5 Manœuvres et nettoyeurs.

Les fonctions du chef de dépôt consistent à visiter et à constater l'état des machines en passage ou en stationnement ; à prêter aide et assistance aux mécaniciens, s'il y a lieu d'effectuer une petite réparation ; à délivrer aux machines de passage les matières qui pourraient leur manquer ; à aller au secours des trains en détresse ; enfin, à surveiller l'état et la marche des machines d'alimentation de la circonscription du dépôt.

Le service du matériel de transport entretient au même point, mais indépendants du chef de dépôt :

3 Visiteurs ;

2 Graisseurs ;

3 Laveurs.

469. DÉPÔTS DE DEUXIÈME ORDRE — Type : dépôt de Givet, à la bifurcation des lignes du réseau de l'Est et du réseau belge.

Ce dépôt possède vingt locomotives. Il reçoit, en outre, par vingt-quatre heures, quatre locomotives du réseau français et douze locomotives venant de la Belgique.

Il fait la réserve pour toutes les lignes qui aboutissent à ce dépôt. Enfin, il a l'entretien de trois machines d'alimentation.

Le personnel dépendant de ce dépôt se compose comme suit :

1 Chef de dépôt, 1 sous-chef, 1 comptable, 1 magasinier ;

19 Mécaniciens et 18 chauffeurs ;

4 Chauffeurs de locomobile ;

6 Monteurs - ajusteurs ; 1 forgeron , 1 chaudronnier, 1 charron ;

1 Lampiste, 2 allumeurs de machines, 10 nettoyeurs et manœuvres.

La remise de ce dépôt — $42^m \times 36^m$ — peut contenir douze locomotives. Dans le fond et séparés par des cloisons, il y a : le bureau du dépôt, — $5^m,80 \times 5^m$; — le dortoir des mécaniciens français avec sept lits, $3^m,70 \times 5^m$; — le magasin principal, $5^m \times 6^m$; — le dortoir des mécaniciens belges avec six lits, — $5^m,80 \times 5^m$; — un second magasin, — $5^m \times 6^m$.

La lampisterie est logée à l'extérieur dans une guérite de $2^m \times 2^m$.

Comme outillage, on y trouve : sous un hangar, un appareil à engrenage pour descendre les roues; au fond de la remise: huit étaux montés, une forge fixe, une forge volante, une perceuse à main et un établi de menuiserie.

Dans le bâtiment de la pompe : un tour à banc de 2 mètres, avec plateau de $0^m,35$.

Le service du combustible se fait sur deux quais, l'un de $60^m \times 6^m$; l'autre de $111^m \times 6^m$; surface totale : 1 026 mètres carrés. Les manœuvres du combustible ont, pour s'abriter, une guérite de $2^m \times 2^m$. Il se trouve une bascule à vagons sur la voie qui longe le quai, et sur le quai même une bascule de la force de deux tonnes.

Le développement des voies affectées au dépôt est de 1630 mètres répartis sur huit branches parallèles ; — sur l'une d'elles, une grande plaque tournante de 12 mètres, mue par une locomobile.

Le service de l'eau occupe une machine locomobile de 4 chevaux, un réservoir de 100 mètres cubes, trois colonnes hydrauliques dans le dépôt, et deux colonnes-réservoirs en gare de Givet.

Le service du matériel de transport occupe, à Givet, pour le petit entretien, un bâtiment de $10^m \times 4^m$, qui contient : un bureau pour le chef visiteur, — $3^m \times 4^m$; un magasin-atelier, — $7^m \times 4^m$, — dans lequel se trouvent un étau monté, un établi, une forge volante.

Au dehors, un appentis, — $4^m \times 2^m$, qui sert de magasin de matières grasses.

Le personnel, indépendant du chef de dépôt, et sous les ordres de l'ingénieur du matériel roulant, comprend :

1 Chef visiteur et 2 visiteurs ;

1 Graisseur, 4 laveurs et 1 forgeron-ajusteur.

Les fonctions du chef de dépôt, sauf leur importance, sont analogues à celles du chef d'un grand dépôt. Nous en donnerons le détail, en parlant des fonctions de ce dernier agent.

470. Dépôts de premier ordre. — Type : dépôt de Nancy, à la jonction des lignes de Paris-Strasbourg avec l'embranchement de Metz, Thionville et Forbach, et près des têtes de lignes d'Epinal-Vesoul-Gray, Lunéville-Saint-Dié, Dieuze, etc.

Le nombre de locomotives attachées à ce dépôt est de 79 ;

Les locomotives qui s'y remisent temporairement sont au nombre de 44 en vingt-quatre heures.

Le personnel du dépôt comprend 332 agents sous les ordres du chef de dépôt, savoir :

2 Sous-chefs, 5 comptables et magasiniers ;

80 Mécaniciens et 76 chauffeurs.

Ouvriers d'ateliers : 33 monteurs ou ajusteurs, 5 tourneurs, 1 raboteur ;

3 Taraudeurs, 2 outilleurs, 6 chaudronniers, 2 forgerons ;

3 Charrons, 1 vannier, 18 aides.

Hommes de dépôt : 4 lampistes, 12 allumeurs de machines, 18 nettoyeurs ou laveurs, 16 manœuvres de combustible, 1 pointeur, 2 distributeurs, 4 aiguilleurs, 8 chauffeurs de machines fixes ou locomobiles, 5 hommes faisant fonctions de chauffeur, 1 éveilleur, 2 gardiens et 22 manœuvres ou employés divers.

La surface occupée par l'établissement total est de 37 750 mètres carrés.

Les bâtiments comprennent :

2 Remises-rotondes de 45 mètres de diamètre ;

La galerie de réunion des deux rotondes, — $20^m \times 5^m$;

Pavillon de la bascule à régler la répartition des charges. — $10^m \times 10^m$;

2 Pavillons annexés aux rotondes, — chaque $10^m,50 \times 6^m$;

1 Remise rectangulaire, — $60^m \times 47^m$;

Atelier et pavillon, — $50^m \times 13 \times$;

Hangar fermé contenant les bains, l'atelier du charron et les réservoirs.

Les voies ont un développement de 3 000 mètres, sur lesquelles on trouve 10 changements de voies, 7 petites plaques tournantes, 2 plaques de 6 mètres et 2 plaques de 11 mètres et $11^m,10$ de diamètre ; enfin, dans la remise rectangulaire, 1 pont roulant.

Les remises peuvent contenir 57 locomotives.

L'outillage de l'atelier se compose ainsi :

1 Machine fixe de 4 chevaux avec chaudière ;

1 Tour double à roues de locomotives, 3 tours ;

2 Perceuses, 1 raboteuse, 1 limeuse ; 2 meules à affuter ;

5 Étaux montés, 1 gros étau à chaud ;

2 Marbres, 1 forge à deux feux, 1 fourneau de chaudronnier et son équipage ;

1 Atelier de cémentation dans le bâtiment du réservoir.

Dans l'annexe du dépôt se trouvent : au rez-de-chaussée, les bureaux du chef et des sous-chefs de dépôt, celui des comptables ; au premier étage, le bureau du préposé au combustible, une pièce pour les archives.

Le bâtiment du magasin occupe 126 mètres carrés en deux étages ; un hangar qui contient : un magasin de 80 mètres carrés, l'atelier du charron, la lampisterie, une salle avec deux baignoires pour les mécaniciens, un petit magasin d'étoupes ; un autre hangar de $10^m \times 4^m,80$ pour l'outilleur.

Le lessivage avec deux fourneaux, l'un en plein air, l'autre dans un appentis.

Le dépôt dispose de deux appareils à lever les machines et d'un cric hydraulique pour descendre les roues, de trois réservoirs fournissant l'eau à quatre colonnes alimentaires.

En dehors des attributions du chef de dépôt, le service de l'entretien du matériel roulant occupe le personnel suivant :

1 Chef d'entretien ;

2 Forgerons, 2 frappeurs, 12 ajusteurs, 2 menuisiers, 1 sellier ;

1 Ferblantier, 1 peintre-vitrier, 1 manœuvre ;

1 Dégraisseur, 6 laveurs, 8 nettoyeurs, 3 visiteurs, 5 graisseurs.

Une remise-atelier de $50^m \times 12^m$ peut abriter 12 vagons à réparer. A chaque extrémité, deux chariots transbordeurs desservent des voies pouvant recevoir 30 véhicules. Elle renferme 11 étaux, 1 étau à chaud, 1 forge à deux feux, 1 petite perceuse à main et 3 établis.

Un hangar de $20^m \times 4^m$ contient la lampisterie, le bureau, le magasin, l'atelier de lessivage et l'atelier des peintres.

§ II.

INSTALLATIONS DIVERSES.

471. DISPOSITIONS D'ENSEMBLE. — Il résulte de leur double destination — 436 — la nécessité d'avoir dans les dépôts principaux :

1° Une remise pour les machines de la première catégorie, contenant l'installation nécessaire pour y exécuter les réparations du petit entretien, et, si possible, pour abriter les locomotives des autres dépôts ;

2° Des voies de service convenablement disposées pour pouvoir y laisser stationner, pendant un certain temps, un nombre donné de machines en feu, sans gêner la circulation des trains sur la voie, ou le service du matériel dans le dépôt; des plaques tournantes sur lesquelles on puisse retourner à la fois les machines avec leurs tenders (1re part., ch. VII, § 4);

3° Des réservoirs d'eau, des appareils d'alimentation et des quais à combustible placés à proximité des voies de service;

4° Des logements et dortoirs pour le personnel du dépôt, — chefs de dépôts, employés, mécaniciens et chauffeurs au besoin.

Dans les dépôts secondaires, le service moins actif permettra de réduire plus ou moins l'importance de ces diverses installations, en observant les conditions qui, dans tous les cas, doivent présider à leur établissement, et que nous allons développer.

La surface de terrain occupée par les dépôts dépend naturellement de la quantité de machines qui viendront y stationner ou y remiser. On commencera donc par se rendre compte.

en examinant le tableau de la marche des trains — ch. XII—, du nombre de locomotives que le service journalier amènera au dépôt pour y passer la nuit seulement et de celui des machines qui doivent y stationner [1]. Ces deux nombres permettront de déterminer l'étendue du terrain nécessaire au remisage, l'importance des magasins de combustible, des réservoirs d'alimentation, et la puissance des moyens d'alimentation. A l'égard de la première question, la surface à déterminer se composera de deux parties : l'une couverte et représentée par des remises où les machines pourront s'abriter : l'autre à découvert et consistant en voies de garage ou de stationnement. Il y a intérêt, au point de vue de l'entretien, de mettre à couvert toutes les machines appartenant au dépôt, et que leur service y ramène régulièrement pour passer la nuit. Aussi, quoique jusqu'ici, ce résultat n'ait généralement pas été atteint, on peut estimer environ à 60 pour 100, en moyenne, le nombre des places réservées dans les remises aux machines d'un dépôt. Nous ne saurions trop recommander à l'ingénieur chargé de l'étude d'un dépôt de chercher à se rapprocher le plus possible de cette limite, en donnant aux surfaces couvertes une étendue suffisante, à ménager les moyens de pouvoir dans l'avenir, soit par la création de nouveaux bâtiments, soit par le développement de ceux déjà existants, leur donner une extension proportionnelle à l'accroissement du service.

Nous avons déjà indiqué — 1re part., ch. IX, § 1 — la position relative à donner aux remises de voitures et de machines dans l'ensemble des installations de la station; nous n'y reviendrons pas ici et nous aborderons immédia-

---

1. On remarquera, à cet effet, que le travail des machines est nécessairement intermittent en raison des journées consacrées au nettoyage et aux réparations de l'entretien courant. Il résulte des données de l'expérience qu'une machine ne peut travailler que les deux tiers du temps, et doit en passer, par conséquent, un tiers au dépôt. Le nombre des machines nécessaires, établi d'après le tableau de la marche des trains, devra donc être augmenté du tiers. — (IIe part., chap. XII —.

tement l'étude particulière de chacune des divisions du dépôt.

472. REMISES DE MACHINES. — Les bâtiments de remisage doivent remplir les conditions suivantes :

1° Entrée ou sortie facile d'une machine sans en déplacer d'autres, la manœuvre d'une machine qui n'est pas en feu exigeant beaucoup de temps, employant beaucoup d'hommes et entraînant des frais assez considérables, si elle se renouvelle souvent; deux issues pour chaque voie à machines sont utiles, en cas d'accident à l'une d'elles (fig. 1, pl. L).

2° Ecoulement rapide et bien ménagé de la fumée et de la vapeur produites lors de l'allumage d'une machine ou sa mise en mouvement, afin d'éviter la gêne pour les ouvriers et l'oxydation des pièces des autres machines;

3° Abondance de lumière en tous sens pour faciliter le travail sous les machines et à toutes leurs pièces;

4° Espace suffisant autour de chaque machine pour que l'on puisse y déposer les pièces démontées, sans gêner les mouvements ou le travail aux machines voisines;

5° Dispositions propres à maintenir en hiver dans la remise une température assez élevée pour empêcher la congélation de l'eau [1].

Examinant d'abord les remises au point de leur disposition générale et de leur forme, nous distinguerons :

a) Remises rectangulaires occupées suivant leur longueur par une ou plusieurs voies parallèles communiquant entre elles à l'extérieur au moyen de changements de voie. — 1^{re}part., chap. IX, § 1, 5, pl. XXIX. —

b) Remises rectangulaires renfermant une série de voies parallèles, perpendiculaires à la longueur et qui communiquent avec une voie de service extérieure, à l'aide de plaques tournantes.

c) Remises rectangulaires analogues aux précédentes, mais desservie par un chariot roulant. (Pl. XXII, n° 493.)

1. *Guide du mécanicien, etc.*

d) Rotondes ou remises circulaires ou polygonales munies de voies rayonnantes desservies par une seule plaque tournante qui en occupe le centre. Cette disposition est représentée sur la figure, qui donne le plan d'une rotonde polygonale, — station de Montargis. (Chemin de Paris à Lyon et à la Méditerranée, section de Moret à Nevers.)

e) Demi-rotonde ou remise en fer à cheval desservie par une plaque tournante extérieure. — (Voir Ire part., pl. XXIX, 7, station du Mans.)

Les remises rectangulaires à voies transversales et à plaques tournantes, qui furent assez fréquemment employées dans les premières années de l'exploitation des chemins de fer, sont maintenant abandonnées. Le grand nombre des plaques tournantes augmente dans une proportion notable les frais de construction et d'entretien; leur faible diamètre nécessite la séparation de la machine et du tender pour les manœuvres d'entrée et de sortie, occasionne ainsi une perte de temps considérable,. en augmentant beaucoup les frais de main-d'œuvre.

On substitue très avantageusement à ce vicieux emploi des plaques tournantes, l'application d'un chariot roulant transbordeur auquel il devient possible de donner une longueur suffisante pour porter à la fois la locomotive et son tender — 432 —.

En fixant sur le chariot une petite machine avec sa chaudière, on obtient ainsi une grande rapidité d'entrée ou de sortie des machines. Dans l'un et l'autre cas, les plaques tournantes ou le chariot placés à l'extérieur et à découvert, sont d'un entretien délicat et coûteux, et le grand nombre de portes, — il en faut nécessairement une pour chaque voie, — rend le chauffage des remises à peu près impossible en hiver; aussi est-on conduit, dans les remises desservies par chariot, à placer ce dernier sous couvert, en lui faisant desservir deux séries de voies placées de chaque côté de la fosse du chariot, sous une même halle; il en résulte évidemment une augmentation des frais de couverture, mais

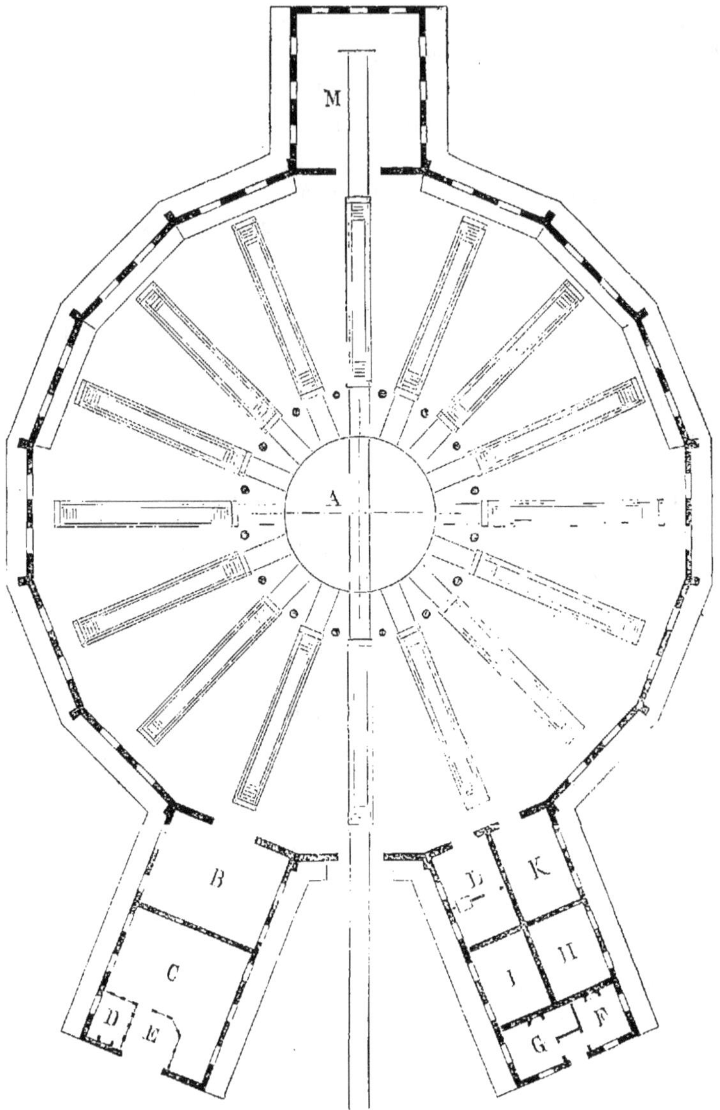

Remise de machines (Paris à Lyon). Échelle $\frac{1}{(0)}$

A. Rotonde avec plaque tournante de 12 mètres de diamètre.
   Distance du centre à l'axe des colonnes, 9m,40.
   Distance des colonnes aux piliers, 17m,55.
B. Atelier, 8m,50 sur 10 mètres.
C. Magasin, 10m,50 sur 10 mètres.
D. Bureau du garde-magasin.
E. Vestibule.
F. Bureau de l'outillage.
G. Bureau du chef de traction.
H. Dortoir, 6 mètres sur 4m,75.
I. Lampisterie, 6 mètres sur 4m,75.
K. Corps de garde 8m,60 sur 4m,75.
L. Bureau du chef et du sous-chef de dépôt.
M. Pesage des machines, 12 mètres sur 9m,89

qui se trouve largement compensée par l'économie réalisée sur les frais d'entretien.

Les remises à voies parallèles et à changements de voie sont très avantageuses au point de vue de la rapidité du service, les machines pouvant entrer et sortir sans exiger aucune manœuvre. Le grand inconvénient que présente cette disposition est la longueur de l'espace nécessaire pour l'établissement des changements de voie ; mais dans le cas particulier où l'on ne peut disposer que d'un terrain allongé et de peu de profondeur, — circonstance qui, d'ailleurs, se présente fréquemment dans les gares, — la remise dont il est question sera sans contredit la plus avantageuse.

Comme nous le verrons plus loin, elles présentent le minimum de surface couverte par machine—par suite de l'absence de chariot ou de plaque tournante.— Aussi conviennent-elles spécialement au remisage d'un petit nombre de machines, et trouveront-elles une application utile dans les dépôts secondaires.

Autre considération : Dans une remise rectangulaire, quand on travaille à la réparation d'une machine remisée, les ouvriers occupés à la réparation peuvent être blessés par un tamponnement, à la suite d'une fausse manœuvre sur les voies du service.

Les remises circulaires ont joui, dans ces dernières années, d'une grande faveur qui ne nous paraît pas justifiée dans tous les cas. Il est certain que la manœuvre des machines peut se faire très promptement avec une plaque tournante à deux voies, mise en mouvement par un moteur fixe ; mais la moindre avarie survenant à cet appareil peut compromettre la régularité du service de la traction, en rendant impossible, pendant un temps plus ou moins long, la sortie des machines enfermées dans la rotonde. D'autre part, la forme circulaire écarte toute possibilité de développement du bâtiment et ne peut convenir, en conséquence, que pour un nombre déterminé de machines ; il est facile de comprendre également que la forme de l'espace réservé à chacune d'elles ne se prête pas dans ce cas à toutes les circonstances ; plus le nombre des machines augmentera, plus elle se rapprochera de celle du rectangle, et mieux elle répondra, par conséquent, aux exigences du service ; la remise circulaire conviendra donc surtout pour un grand nombre de machines.

Pour les rotondes, comme pour les remises rectangulaires, on avait commencé par laisser la plaque tournante à découvert, et les mêmes inconvénients que nous avons signalés plus haut à ce sujet, ont conduit plus tard les constructeurs à la comprendre avec les fosses dans un même bâtiment couvert.

Les rotondes en fer à cheval et les demi-rotondes ont à l'égard des précédentes le désavantage d'être plus coûteuses de frais d'établissement relativement au nombre des machines abritées ; toutefois elles offrent la possibilité d'une extension ultérieure et, pour cette raison, elles peuvent convenir dans quelques cas particuliers, malgré leurs inconvénients très réels.

La combinaison du chariot transbordeur et des changements de voie — fig. 1, pl. L — réunit toutes les conditions de sécurité, de facilités de service et d'économie de premier établissement. S'il arrive une avarie au chariot, une partie des machines peut encore sortir par les voies libres ; enfin avec un chariot de réserve, on n'est jamais embarrassé.

473. COMPARAISON DES DIVERS SYSTÈMES DE REMISE. — En comparant les frais d'établissement de trois des principaux types dont nous venons de parler, on pourra apprécier plus complètement encore leurs mérites respectifs et les conditions particulières dans lesquelles l'un d'entre eux pourra trouver une application avantageuse.

Afin de rendre la comparaison plus facile en partant des mêmes données, nous avons supposé le cas d'une remise à construire pour seize machines, et, en appliquant les principes que nous développerons plus loin, nous sommes amené pour chacune d'elles aux conditions d'établissement suivantes :

1° Rotonde circulaire de seize fosses avec plaque tournante de 14 mètres. — Diamètre intérieur, 49^m,55.

Longueur des fosses	14^m,000
Ecartement des fosses du côté de la plaque tournante (axe en axe)	3 ,250
Ecartement des fosses du côté du mur d'enceinte	8 ,745
Passage entre les têtes des fosses et la plaque tournante .	1 ,275
Passage entre les têtes des fosses et les murs d'enceinte .	2 ,500

Murs de 7 mètres de hauteur et 0^m,500 d'épaisseur, maintenus par 16 contre-forts de 0^m,30 sur 0^m,40, et percés de 28 fenêtres de 2 mètres sur 5 mètres et de 2 portes de 3^m,30 sur 6 mètres. — La distance de la rotonde à l'axe de la voie de service est de 2^m,50.

2° Remise rectangulaire avec chariot roulant de 14 mètres.

Largeur totale de la remise dans œuvre.	50^m,000
Longueur totale de la remise dans œuvre	40 ,000
Longueur des fosses	14 ,000
Ecartement des fosses d'axe en axe	5 ,000
Espace ménagé entre les têtes des fosses et le chariot . .	1 ,500
Espace ménagé entre les têtes des fosses et les murs. . .	2 ,500

Hauteur des murs 7 mètres, épaisseur 0^m,500, avec 26 contre-forts de 0^m,30 sur 0^m,40, 20 fenêtres de 2 mètres sur 5 mètres et 2 portes de 3^m,50 sur 6 mètres. — Distance du mur à l'axe de la voie de service, 2^m,50.

3° Remise rectangulaire avec changements de voie.

Largeur totale de la remise dans œuvre	23^m,000
Longueur totale de la remise dans œuvre	50 ,000
Longueur des fosses	14 ,000
Ecartement des fosses d'axe en axe.	5 ,000
Espace ménagé entre les têtes des fosses et les murs. . .	1 ,500

Hauteur des murs, 7 mètres; épaisseur, 0^m,500, avec 26 contre-forts de 0^m,30 sur 0^m,40, 28 fenêtres de 2 mètres sur 5 mètres et 8 portes de 3^m,30 sur 6 mètres. — Distance du mur à l'axe de la voie de service, 2^m,50.

Les devis pourront s'établir ainsi :

1° *Rotonde circulaire.*

Terrain occupé [1], 5 983 mètres carrés à 1 fr. le mètre carré   5 983,00
Maçonnerie [2], 404 mètres cubes à 30 fr. le mètre cube .   12 120 ,00
Surface couverte, 2 007 mètres carrés à 70 fr. le mètre
 carré . . . .   140 490 ,00
Fenêtres et portes, 320 mètres carrés à 10 fr. . . . . .   3 200 ,00
16 fosses à visiter de 14 mètres à 500 fr. l'une . . . .   8 000 ,00
1 plaque tournante de 14 mètres de diamètre . . . .   20 000 ,00
Fondation, 145 mètres carrés à 35 fr . . . .   5 390 ,00
Développement de voies à l'intérieur, 250^m,40 à 16 fr. .   4 006 ,40
Développement de voies à l'extérieur, 160 mètres à 25 fr.   4 000 ,00
2 changements de voie avec accessoires, à 1 000 fr. . .   2 000 ,00

Total. . . . .   205 189^f,40

2° *Remise à chariot.*

Terrain occupé [3], 3 741 mètres carrés à 1 fr. le mètre
 carré . . . .   3 741^f,00
Maçonnerie, 716 mètres cubes à 30 fr. le mètre carré. .   21 480 ,00
Fenêtres et portes, 302 mètres à 10 fr. . . . . . .   3 020 ,00
Surface couverte, 2 091 mètres carrés à 60 fr. le mètre
 carré . . . .   125 460 ,00

A reporter . . .   153 701^f,00

1. Le terrain occupé a la forme d'un trapèze ayant pour bases : d'un côté, la longueur de la voie de service entre les deux embranchements qui conduisent à la remise; et de l'autre, une parallèle menée à cette ligne à 2^m,50 de distance de la rotonde. La même distance est observée pour les deux côtés non parallèles du trapèze.

Les courbes des voies d'entrée et de sortie sont supposées décrites avec un rayon de 180 mètres, tant pour la rotonde que pour les deux autres remises.

2. Nous n'entendons parler ici que de la maçonnerie en élévation; le cube des fondations étant, à peu de chose près, le même pour les trois cas.

3. La surface occupée est un trapèze ayant pour bases : d'une part, la longueur comprise sur la voie de service entre les deux croisements : d'autre part, la face opposée du mur de la remise prolongée de chaque côté de 2^m,50.

Report	153 701ᶠ,00
16 fosses à visiter, de 14 mètres, à 500 fr. l'une . . .	8 000 ,00
1 chariot roulant de 14 mètres, avec fosse de 46 mètres de long.	25 000 ,00
Développement des voies intérieures, 248 mètres à 16 fr. le mètre	3 968 ,00
Développement des voies extérieures, 88 mètres à 25 fr. le mètre	2 200 ,00
2 changements de voie avec accessoires à 1 000 fr. l'un	2 000 ,00
Total.	194 869ᶠ,00

3° *Remise à changements de voie.*

Terrain occupé [1], 6 509 mètres carrés à 1 fr. le mètre carré.	6 509ᶠ,00
Maçonnerie, 505 mètres cubes à 30 fr. le mètre cube. .	15 150 ,00
Fenêtres et portes, 438ᵐ,40 à 10 fr.	4 384 ,00
Surface couverte, 1,440 mètres carrés à 50 fr. le mètre carré.	72 000 ,00
16 fosses à visiter, de 14 mètres, à 500 fr. l'une. . . .	8 000 ,00
Développement des voies intérieures, 240 mètres à 16 fr. le mètre.	3 840 ,00
Développement des voix extérieures, 596 mètres à 25 fr. le mètre.	14 900 ,00
8 changements de voie avec accessoires, à 1 000 fr. l'un.	8 000 ,00
Total.	132 783ᶠ,00

Le tableau suivant donne la comparaison des frais d'installation par machine, établis d'après les devis précédents [2].

1. Rectangle ayant pour longueur celle de la voie de service entre les deux croisements extrêmes, et une largeur de 28 mètres.

2. Avec les grandes rotondes à quarante-sept machines de Lyon, le prix du remisage n'est que de 7 660 francs par machines (*Annexes*).

DÉSIGNATION.	ROTONDE.	REMISE à chariot.	REMISE à changements de voie.
Terrain occupé . . .	371,43	233,80	406,80
Maçonnerie.	757,50	1 238,75	946,85
Surface couverte. . .	8 975,25	8 050 »	4 774 »
Fosses à visiter. . .	500 »	500 »	500 »
Plaques tournantes . .	1 586,77	» »	» »
Chariots.	» »	1 562,50	» »
Voies intérieures. . .	250,05	248 »	240 »
Voies extérieures. . .	250 »	137,50	931,25
Changements de voie. .	125 »	125 »	500 »
Total . . . fr.	12 821 »	12 095,55	8 298,90

474. Dispositions et construction. — La limite inférieure d'écartement des fosses d'axe en axe dans les remises de locomotives ne doit pas descendre en dessous de $4^m,50$. En Hanovre, le règlement donne pour distance $4^m,81$ au minimum. Nous pensons qu'on fera bien de prendre en général une moyenne de 5 mètres.

La longueur nécessaire des fosses, pour une locomotive à 6 roues et son tender, est d'environ 14 mètres.

On laissera entre les extrémités des fosses et les parois des remises un passage libre de $1^m,50$ au minimum à $2^m,50$, du côté des établis d'ajusteurs.

Les dimensions suivantes sont adoptées sur les lignes du Hanovre :

Longueur intérieure des remises.

Chaque voie contenant une machine et son tender. . $11^m,60$

  —   deux machines et leurs tenders.   28 ,61

  —   trois machines et leurs tenders.   42 ,34

Largeur entre les murs.

Pour le cas d'une seule voie. . . . . $7^m,00$

  —   de deux voies . . . .   11 ,92

  —   de trois voies.. . . . .   16 ,64

1. A voies parallèles et à changements de voie.

Les fosses s'arrêtent à $1^m,20$ ou $1^m,50$ des murs d'enceinte, de manière à laisser un passage libre de $1^m,30$ en moyenne.

Pour les remises à chariot intérieur, la longueur des voies doit être de $15^m,70$ au minimum de chaque côté du chariot[1]. — Dans le cas de chariot extérieur, cette longueur atteint $18^m,85$.

Pour les remises circulaires, on comptera l'écartement des fosses sur la circonférence moyenne, mais en aucun cas la distance minimum d'axe en axe, du côté de la plaque tournante ne devra descendre au-dessous de $3^m,25$, cette largeur étant nécessaire pour le libre passage de la machine[2].

Entre la plaque tournante et les têtes des fosses, on laissera un espace suffisant pour la circulation.

Toutes les machines d'une même ligne n'ayant pas la même longueur, il s'ensuit qu'en prenant pour base du calcul les dimensions maxima, on perd toujours une plus ou moins grande portion de surface. Dans le but d'éviter cet inconvénient, le chemin de Berlin à Magdeboug vient d'installer des remises en forme de polygones irréguliers dans lesquelles la longueur des fosses varie avec celles des machines[3].

Cet exemple ne nous paraît pas bon à suivre, car l'économie qui en résulte est largement compensée par la complication plus grande de la construction.

D'ailleurs, « un point important dans la construction des remises », disaient les maîtres en la matière, « c'est de ne pas restreindre les dimensions d'après celles en longueur, largeur et hauteur des machines existantes. Lorsqu'on construit, il faut, au contraire, réserver de larges espaces sur les voies de remisage et dans tous les passages, ainsi qu'autour des chariots ou plaques tournantes. Faute de cette prévoyance, il arrive aujourd'hui sur beaucoup de chemins de fer que, dans les études du matériel, on ne peut plus profiter des pro-

---

1. Congrès de Dresde, 1865.

2. La largeur maxima des machines a été fixée à $3^m,05$ par les ingénieurs allemands, Congrès de Dresde, 1865.

3. *Organ für die Fortschritte*, etc., 186ᵉ cahier.

grès de l'art et satisfaire aux besoins de l'exploitation, comme on le ferait si on n'était pas entravé par les conditions fâcheuses dans lesquelles les constructions ont été établies [1]. »

Élévations. — Les parois verticales des remises de locomotives sont généralement formées de piliers isolés placés au droit des fermes et réunis par une maçonnerie de remplissage dans laquelle on doit ménager de hautes et larges ouvertures donnant toujours, dans l'intérieur de la rotonde, un éclairage suffisant, condition essentielle au service de l'entretien.

Les portes devront avoir au moins $3^m,50$ de large[2] et une hauteur d'au moins $4^m,80$. — 2ᵉ partie, 1ʳᵉ section, chap. 1, § 1, 9. — Ces portes sont tantôt à coulisses, tantôt à battants. Bien que ces dernières exigent un espace assez considérable pour leur manœuvre, elles ont sur les portes à coulisses deux avantages incontestables : — grande facilité de manœuvre ; — économie de construction et d'entretien.

Nous avons donné, page 98, le plan d'une remise de seize machines et de ses annexes, établie à Montargis, ligne de Paris à Lyon par le Bourbonnais.

475. TOITURE. — Lorsque la largeur de l'espace à couvrir n'excède pas 18 à 20 mètres, ainsi que cela se présente généralement pour les remises à changements de voie, on peut couvrir avec une ferme d'une seule portée. Mais dans les remises à chariot ou dans les rotondes, cette largeur est généralement beaucoup plus grande, puisqu'elle comprend l'espace occupé par le chariot ou la plaque tournante et deux locomotives, soit environ 50 mètres : on la divisera donc en travées par un ou deux rangs de colonnes.

Plusieurs systèmes de couverture pourront être employés dans ce cas : — former de l'espace à couvrir un seul vaisseau ;

---

1. *Guide du mécanicien*, etc., liv. V, ch. 1, § 1.

2. Le règlement des lignes de Hanovre porte $3^m,35$ de large et $4^m,66$ de hauteur au-dessus du niveau des rails.

— jeter sur les travées latérales un appentis au-dessus duquel s'élèvera le comble central : — couvrir chaque travée d'un comble à deux versants.

La première disposition reporte le sommet du comble à une très grande hauteur ; la troisième lui serait, dans tous les cas, de beaucoup préférable si elle n'entraînait la nécessité de construire des chéneaux intermédiaires dont l'entretien est dispendieux. Cependant, en disposant convenablement les pentes et en ménageant à l'eau un écoulement facile par l'intérieur des colonnes creuses en fonte servant de supports intermédiaires, on peut échapper en partie aux embarras de cette solution ; on arrive alors à la construction indiquée sur la planche XXI [1], représentant une coupe verticale de la remise de locomotives circulaire à Montargis.

Pour faciliter la ventilation des remises, il est nécessaire de ménager, à la partie supérieure des combles, une lanterne qui prendra une élévation suffisante, afin que l'air et la lumière pénètrent facilement par tous les côtés ; on fera bien de ne pas la garnir de châssis vitrés qui se couvrent rapidement de suie.

En revanche, on ménagera vers le bas et de distance en distance sur les travées latérales, dans la toiture, des châssis vitrés. L'entretien de ces châssis en état de propreté satisfaisant exige certaines précautions lors de la mise en place des carreaux. Ces derniers sont superposés à la manière des tuiles, mais ils ne doivent pas reposer les uns sur les autres ; il est nécessaire de laisser entre les carreaux un vide de quelques millimètres suffisant pour empêcher l'eau de remonter par l'action de la capillarité. On évitera ainsi des dépôts de poussière que l'on aurait ensuite beaucoup de peine à faire disparaître.

Les charpentes de remises sont en bois ou en fer. Quoique le premier de ces deux modes de construction semble au premier abord présenter quelques dangers dans un bâti-

---

1. *Bâtiments de chemins de fer*, par M. Pierre Chabat, architecte. 1866.

ment où se trouvent sans cesse plusieurs machines en feu, l'expérience a prouvé qu'il n'y avait pas d'inconvénient à le conserver. Cependant on emploie plus généralement aujourd'hui les charpentes mixtes en bois et fer, analogues à celles de la rotonde figurée sur la planche XXI.

Il existe également quelques exemples de charpentes en fer à grande portée, dans le but peu intéressant de couvrir de vastes espaces sans supports intermédiaires. Ainsi, la rotonde de Mohon, sur le chemin des Ardennes, dont le diamètre intérieur mesure 50 mètres, nous offre l'exemple d'un seul comble formé d'une série d'arcs en treillis convergents vers une lanterne centrale [1].

Ce mode de construction, qui ne manque pas d'ampleur, est coûteux. — Le résultat serait aussi complet et beaucoup moins dispendieux, si l'on avait soutenu les fermes par des colonnes intermédiaires.

Cette dernière disposition a été appliquée dans les rotondes du dépôt de la Guillotière, à Lyon. (*Annexes.*)

La travée intérieure, de 35 mètres de diamètre, est surmontée d'un dôme formé d'arcs en treillis aboutissant à une couronne centrale qui porte elle-même la lanterne [2].

Sur le chemin de Saarbrück, à la station de Saint-Jean, il existe également une remise avec charpente en fer d'une disposition particulière. La partie centrale est recouverte par une coupole reposant sur seize colonnes qui séparent autant de fosses de machines. Ces colonnes sont reliées au mur d'enceinte par des poutres en treillis supportant seize toitures à double pente entre lesquelles sont placées les gouttières dirigées suivant les rayons. (Voir page 111 le prix de revient de cette rotonde.)

La couverture des remises de locomotives doit se faire en tuiles ou en ardoises très épaisses et de bonne qualité; l'emploi du zinc ou de la tôle n'offre aucune garantie de durée;

---

1. *Bâtiments de chemins de fer*, par M. Pierre Chabat, architecte. 1866.
2. Exposition universelle de 1867. (Voir aux *Annexes.*)

toutes ces matières sont promptement attaquées par la vapeur et les gaz qui se dégagent des machines allumées.

476. VENTILATION. — Nous avons dit que les produits de la combustion devaient être expulsés rapidement au dehors pour ne pas gêner le travail des ouvriers et éviter l'altération des pièces des machines remisées. Dans certains cas, on leur offre simplement une issue par les lanterneaux qui surmontent la toiture. Cette disposition est très généralement insuffisante et devrait être complétée par une ventilation mécanique ; on pourrait rendre la position moins mauvaise en adaptant au-dessus de chaque fosse une cheminée d'allumage en tôle ou mieux en fonte, terminée à sa partie inférieure par un cône évasé [1]. Leur partie supérieure doit être assez élevée pour que, en aucun cas, la fumée, chassée par le vent, ne puisse rentrer dans le hangar par les ouvertures de la lanterne ou des châssis vitrés ; pour faciliter le tirage dans toutes les circonstances, on les surmonte d'un chapeau mobile armé d'une girouette. (Pl. XXI, page 108.)

477. DISTRIBUTIONS D'EAU, DE GAZ, DE CHALEUR. — Une remise de locomotives bien aménagée contient, en outre des appareils décrits plus haut :

1° Un système de tuyaux de distribution d'eau partant d'un réservoir placé à proximité de la remise et aboutissant à une prise d'eau par couple de fosses [2] ;

2° Un système de conduites de gaz qui permette d'avoir toujours, pendant la nuit, un éclairage aussi satisfaisant que possible.

1. On fait également usage, à Berlin-Magdebourg, de cheminées en terre cuite de $0^m,314$ de diamètre revêtues à l'intérieur d'un vernis vitrifié ; on les fixe à la toiture par des fils de fer de $0^m,01$. Leur hauteur totale est de 10 mètres, et leur prix de 350 francs y compris la pose. (*Organ*, 1865, 2e cahier.)

2. On trouvera dans la *Revue générale des chemins de fer* n° 9, 1879, l'indication de deux dispositions très ingénieuses adoptées par MM. Hayes et Johann, ingénieurs américains, pour le lavage des chaudières.

Le sol des remises doit être pavé dans l'intérieur des voies et garni en dehors d'un plancher placé au niveau de la face supérieure des rails.

Le chauffage des remises se fait à l'aide de réchauds dans lesquels on brûle du coke, quand on ne peut pas l'opérer au moyen d'une circulation de vapeur ou d'eau chaude.

Près de chaque fosse doit se trouver placé contre les parois de la remise et convenablement éclairé un établi d'ajusteur.

Pour la construction des fosses, nous renvoyons le lecteur à la première partie, chap. IX, § II, 335, et pour celles des bâtiments ainsi que leur entretien au chapitre X, § IV.

478. PRIX DE REVIENT. — Nous terminerons ce sujet par quelques exemples de prix de revient empruntés aux diverses lignes de chemins de fer en exploitation.

La remise rectangulaire de Nancy, à chariot roulant, contenant vingt-quatre locomotives et une machine fixe servant à alimenter le réservoir du dépôt, a coûté, non compris l'achat du terrain, 203 934^f,90, soit par machine (en supposant le nombre de vingt-cinq), 8 157^f,70. La surface étant de 2877 mètres, le prix du mètre superficiel couvert se trouve porté à 70^f,90.

Dans le même dépôt, le prix de la construction d'une rotonde, pour quatorze machines, a été de 133 000 francs, soit 9 500 francs par fosse.

A Wissembourg, une remise rectangulaire à changements de voie, de 73 mètres sur 20 mètres dans œuvre, — avec annexe contenant atelier, magasin et dortoirs, de 37^m,50 sur 9^m,60, — pour seize machines, a coûté 96 325 francs, non compris le matériel des voies, ce qui fait par machine 6 000 francs environ.

A Haguenau, la petite remise pour deux machines et un magasin-dortoir forme un bâtiment, en pans de bois et briques, de 20 mètres sur 10 mètres dans œuvre. Il a coûté 15 721^f,02, ce qui fait par mètre carré, 78^f,60 et par machine 7 860 francs.

La rotonde du dépôt de Saint-Jean, sur le chemin de Saarbrück, a coûté, — non compris le matériel des voies et les appareils d'alimentation, — 179431 francs, se décomposant ainsi :

Fouilles, maçonnerie de fondation et d'élévation. — Fondation de plaque tournante et canalisation. — Compris fourniture des matériaux, main-d'œuvre de taille et pose.	63 075f,00
Charpente en bois, compris lattis de la couverture et fourniture des bois.	12 337 ,00
Menuiserie, compris fourniture	2 850 ,00
Travaux de forge et petite serrurerie. — Châssis de fenêtres, conduites d'eau, etc	56 250 ,00
Plomberie, solins, gouttières, chéneaux et tuyaux de descente	5 475 ,00
Couverture en ardoises, 6409m,26	8 062 ,00
Vitrerie et peinture.	6 187 ,00
Plaque tournante.	15 000 ,00
Charpente en fer, 30 000 kilogrammes.	24 750 ,00
Fonte pour colonnes et sabots, 17 150 kilogrammes .	5 145 ,00
Total.	179 131f,00

Ce qui, pour seize machines, donne 11 195 francs[1].

1. Dans certains cas, on peut se trouver conduit à construire une remise provisoire. Dès lors, il devient intéressant de pouvoir être fixé à l'avance sur les frais d'une semblable installation. — Nous donnons, à cet effet, comme exemple, le prix de revient d'une remise provisoire pour huit locomotives, que nous avons construite sur le chemin de l'Est, à la station de Strasbourg (y compris quatre fosses à visiter) :

Terrassements.	280f ,00
Maçonnerie.	3 175 ,00
Pavage aux abords et taille des dés	250 ,00
Charpente.	2 810 ,00
Couverture en tuiles.	2 700 ,00
Menuiserie et cloisons extérieures.	1 080 .00
Serrurerie	290 ,00
Aqueducs.	850 ,00
Total.	11 435f,00

Il est intéressant d'ajouter ici les frais d'installation de la
remise et de ses dépendances représentées à la page 98
que l'on pourra comparer avec les frais détaillés plus haut.

Maçonnerie.	70311ᶠ ,38
Charpente	21815 ,48
Couverture.	19552 ,59
Menuiserie.	10760 ,16
Serrurerie	69075 ,19
Peinture et vitrerie.	20937 ,73
Ardoises.	473 ,58
Total	212376ᶠ ,11

La surface totale des bâtiments mesurant 2802ᵐ,85, le prix
de revient, par mètre carré, est de 73ᶠ,50. Par machine,
il sera de 13 275 francs.

479. REMISAGE DES VOITURES ET VAGONS. — Nous distinguerons deux sortes de remises :

1° Celles qui doivent servir à remiser les trains à voyageurs
au moment de leur arrivée dans les gares de formation ;

2° Celles qui sont destinées à abriter les voitures de réserve distribuées sur les différents points importants du
réseau.

Remisage des trains. — Abstraction faite du remisage sous
les halles de départ ou d'arrivée, — mauvaise solution de la
question, — on cherche à préserver les voitures au repos, des
détériorations provenant des influences atmosphériques et
des hommes, quand la dépense n'est pas excessive. C'est par
des remises spéciales fermées que l'on atteint ce but. La longueur des remises doit être telle que les trains ordinaires
puissent y être abrités en entier, sans que l'on soit obligé de
séparer les véhicules qui les composent. De là, nécessité de
n'employer, pour cet usage, que des remises à changements
de voies, et orientées parallèlement à la direction de la voie
principale. Le nombre des voies à placer sous la remise
dépend évidemment du nombre des trains qui pourront venir

y stationner en même temps, condition qui ressortira de l'examen du tableau de la marche des trains — chap. XII, § I. Le plus généralement, il suffira, pour répondre aux exigences du service, d'établir deux voies communiquant avec la voie principale par leurs deux extrémités, afin de permettre aux trains de direction opposée d'y arriver sans fausse manœuvre.

La distance des voies, d'axe en axe, doit être de 5 mètres au minimum, —cet écartement étant nécessaire pour que les agents chargés du nettoyage puissent placer leurs échelles sans gêner la circulation. — Des fosses seront ménagées sur certains points, pour faciliter la visite des châssis et l'entretien des freins. Il est également utile de placer à proximité de la remise une plaque tournante destinée à changer le sens de marche des véhicules munis de freins, et, dans certains cas, de toutes les voitures, pour ne pas les laisser constamment exposées du même côté à l'action du soleil.

La lumière doit pénétrer facilement de tous côtés, afin d'éclairer à la fois toutes les parties des véhicules et en faciliter la visite et l'entretien. Dans ce but, on perce les murs d'enceinte de larges baies descendant près du sol, et la toiture de châssis vitrés.

Pour diminuer les effets de la poussière sur les véhicules fraîchement nettoyés, le sol des remises doit être recouvert d'une aire en pierres ou en briques, dont l'entretien est beaucoup plus facile que celui d'un plancher, et moins exposé à l'action de la pourriture qui s'y développe rapidement.

Nous recommandons enfin l'installation, dans la remise :

1° Pour le lavage des voitures, d'une distribution d'eau communiquant avec un réservoir placé à 5 mètres au moins au-dessus du sol, pour obtenir une pression qui facilitera le nettoyage — chap. XI, § II — ;

2° D'un éclairage artificiel aussi complet que possible, afin que l'on puisse travailler dans la remise aussi bien de nuit que de jour ;

3° D'un système de chauffage par circulation, l'emploi du poêle présentant des dangers sérieux d'incendie.

Le refroidissement trop prompt de l'intérieur de la remise peut être facilement combattu par l'application d'une toiture à double enveloppe.

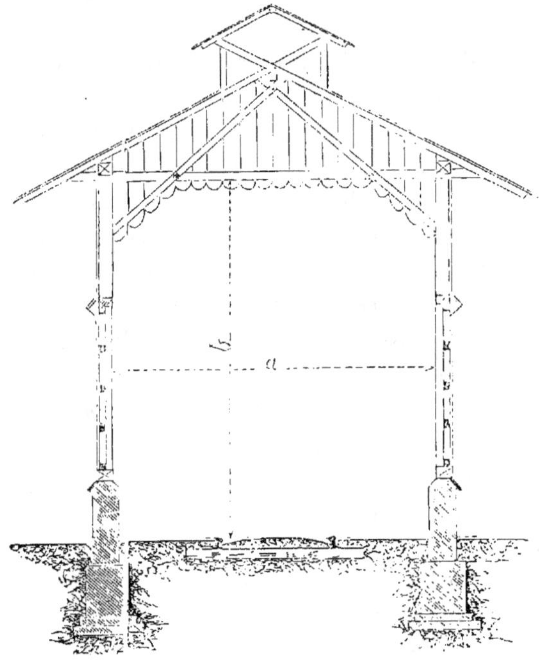

Remise de train. Echelle $\frac{1}{100}$.

Lorsqu'il suffit d'abriter un seul train, on peut se contenter d'une remise analogue à celle dont la figure 508 indique la coupe transversale. La construction se compose d'un soubassement en maçonnerie surmonté de parois en planches percées de fenêtres en nombre convenable. En lui donnant en largeur $a = 4^m,40$ et en hauteur libre au-dessus des rails $b = 4^m,60$, la remise répondra aux conditions du service.

480. REMISAGE DES VOITURES DE RÉSERVE. — La position de ces remises relativement aux installations de la gare, se

trouve suffisamment indiquée dans la première partie, chap. IX, § I.

La disposition de ces bâtiments est analogue à celle des remises de locomotives rectangulaires; comme ces dernières, ils se trouvent desservis, tantôt par des changements de voie, tantôt par un chariot roulant ou des plaques tournantes. Ce dernier arrangement a le grave inconvénient d'entraîner quelquefois la pose des plaques tournantes sur les voies principales, très grave, surtout, dans les stations de passage. — Il ne faut pas hésiter, alors, à employer le chariot roulant sans fosse, ou chariot à niveau —Ire partie, chap. VII, § V —.

Le chariot se place tantôt intérieurement, tantôt extérieurement à la remise. — Dans le premier cas, on le dispose entre deux rangées de voies. La longueur de ces voies est généralement calculée pour contenir deux véhicules et laisser un espace libre, soit 19 mètres environ.

En Allemagne, où les voitures sont généralement plus longues qu'en Angleterre et en France, les dimensions adoptées par les ingénieurs, pour ce genre de remises, sont les suivantes :

Longueur des voies . . . . . 19^m,00 de chaque côté. 38^m,00
Largeur du chariot placé au milieu 8 ,50 — 8 ,50
Espace libre de chaque côté pour
  la circulation et le travail . . 4 ,75 — 9 ,50

          Largeur totale du hangar dans œuvre . . . . . . 56^m,00

Sur les lignes du Hanovre, on construit les remises de voitures avec chariot extérieur, en appliquant les dimensions suivantes :

Longueur . . . . . 4^m,38 pour une seule voie.
    — . . . . 8 ,18 pour deux voies.
    — . . . . 14 ,02 pour trois voies.
Largeur . . . . . 10 ,512 pour un seul véhicule.
    — . . . . . 19 ,86 pour deux véhicules.
    — . . . . . 29 ,20 pour trois véhicules.

Les dimensions correspondantes de la porte sont $3^m,350$ en largeur et $4^m,234$ en hauteur, et la distance de la paroi intérieure du mur d'enceinte au milieu de la voie extérieure $2^m,117$ au minimum. L'épaisseur du mur — en briques — est de $0^m,360$ à $0^m,440$.

Voici les dimensions de la remise à voitures de la gare de Wissembourg, bâtiment à deux travées comprenant chacune trois voies desservies par un chariot roulant à fosse, décrit dans la 1re partie, chap. VI, § V, 277 ; pl. XXIII.

Nombre de voitures remisées, 24.

Longueur (suivant l'axe des voies) dans œuvre. . . .	$30^m,00$
Largeur de chaque travée (à 3 portes et 3 voies). . .	12 ,50

Prix de revient.

Terrassements.	179f,40
Maçonnerie-fondations.	2550 ,45
Maçonnerie en élévation	12 261 ,20
Charpente	3 131 ,16
Couverture	10 622 ,64
Menuiserie	2 057 ,44
Serrurerie	3 057 ,61
Peinture et vitrerie	576 ,00
Divers.	550 ,44
Total.	34 986 ,34

Ce qui donne, non compris le matériel des voies, par mètre carré de surface intérieure, $46^f,50$; par véhicule (à deux essieux), 1 460 francs.

Le prix du chariot est de 1 200 francs.

A Haguenau, une remise à deux voies, — pour six voitures, — de $21^m,75$ sur 9 mètres, dans œuvre, en pan de bois et briques a coûté :

Terrassements et maçonnerie.	3300f,00
Charpente	1 908 ,12
Couverture	2 544 ,50
Menuiserie	703 ,65
Serrurerie	1 006 ,77
Peinture et vitrerie	484 ,43
Total.	9 947f,47
Soit par mètre carré.	50 ,75
Et par voiture (à deux essieux)	1 657 ,50

Nous n'avons pas besoin d'ajouter que des dispositions devront être également prises pour assurer le chauffage de ces remises et leur éclairage, le lavage, le nettoyage, la visite et l'entretien des véhicules.

Lorsqu'il s'agit d'un dépôt de peu d'importance, devant contenir seulement un ou deux véhicules, il devient avant tout intéressant d'adopter une construction économique, et l'on peut avoir recours à de simples hangars, fermés latéralement par des cloisons en planches, en tôle ou en zinc, de manière à préserver simplement les véhicules de la pluie et des rayons du soleil.

L'administration supérieure impose quelquefois aux compagnies l'onéreuse obligation de tenir disponibles, dans certaines stations de passage, des voitures de réserve — 1re partie, ch. IX, § I —.

Lorsque le service du matériel est forcé de subir cette luxueuse précaution, et qu'il ne dispose pas d'une remise au point de réserve imposé, il fera bien d'abriter les véhicules sacrifiés aux rigueurs administratives sous des bâches descendant en dessous des boîtes à graisse, et arrangées pour pouvoir s'ouvrir et faciliter la visite des voitures.

De même que dans les dépôts de machines, le service du petit entretien du matériel roulant exige l'installation d'un petit atelier placé à proximité de la remise. Son outillage se composera de quelques feux de forge, établis d'ajusteur et de menuisier, et d'une petite machine à percer à main. On y installera également un fourneau, avec cuve de lessivage, pour le nettoyage des coussinets [1]. Enfin, pour compléter les dépendances du dépôt des voitures, on disposera un logement

---

1. Une ou deux fois au moins, par année, on doit enlever les boîtes à graissage pour les visiter et les nettoyer complétement. Pour effectuer ce nettoyage, on plonge les boîtes dans un bain alcalin, à une température élevée pour dissoudre les matières grasses. Puis, on les passe dans une dissolution légèrement acidulée pour les décaper, et l'on termine l'opération par un lavage à l'eau froide.

pour le chef du petit entretien, un corps de garde pour les hommes de service, un magasin de matières grasses et de peinture.

481. CHARIOT TRANSBORDEUR A VAPEUR. SANS FOSSE. — On a fait, depuis que ce livre a paru, plusieurs tentatives pour réaliser ce *desideratum* : faire un chariot à vapeur sans fosse, léger et bien résistant aux déformations.

Le plus récent chariot de cette espèce est celui que le chemin de fer du Nord vient de construire. Il se compose d'une grande plate-forme portée par trois doubles poutrelles qui s'appuient sur trois rangées de galets roulant sur trois rails fixes. La plate-forme, à peu près carrée est occupée, sur l'une de ses parties, par une machine à vapeur complète (chaudière et machinerie) et sur la seconde partie, par le tablier qui porte les rails carrés destinés à recevoir la locomotive à transborder. Le plan supérieur de ces rails se trouve à $0^m,135$ au-dessus du plan des rails de la voie fixe. Cette différence est rachetée par deux plans inclinés à charnière qui raccordent les rails fixes avec ceux du chariot.

La chaudière à vapeur est composée d'un cylindre vertical qui renferme le foyer et d'un cylindre horizontal où se trouvent les tubes. La machine à vapeur, à deux cylindres verticaux, met en mouvement un axe parallèle à la voie directrice du chariot, muni à l'une de ces extrémités d'un pignon cylindrique, et à l'autre d'un pignon conique. Celui-ci engrène avec une roue d'angle qui donne le mouvement à un axe parallèle aux axes des galets, et par conséquent perpendiculaire à la direction des rails de la voie directrice du chariot.

Le pignon cylindrique peut engrener avec une roue qui commande au treuil; le pignon cylindrique avec une roue qui commande l'axe des galets moteurs du chariot.

Des leviers sous la main du mécanicien permettent de faire embrayer la roue du treuil et de désembrayer la roue des galets moteurs.

Sur le treuil est enroulée une corde qui, par une poulie de

renvoi fixée à chacun des 4 angles, sert à faire franchir, par la machine à transborder, les plans inclinés à charnière qui terminent la voie mobile.

En désembrayant l'axe du treuil, on embraye l'axe des galets moteurs lequel axe est relié par des bielles d'accouplement à un second axe à galets moteurs.

La longueur totale du chariot est de $6^m,918$, non compris les patins inclinés, dans le sens des voies occupées par les machines à transborder, et de $6^m,863$ dans le sens transversal c'est-à-dire dans le sens de la voie des galets moteurs. La longueur des patins inclinés mobiles est de $1^m,20$ et celle des rails fixes sur le chariot est de $5^m,00$, qui est la largeur réelle du chariot proprement dit, non compris celle des deux trottoirs de 0,759 qui bordent la machine motrice à ses deux extrémités.

La largeur libre pour le passage du chariot est de $7^m,400$.

Ce chariot peut être utilisé pour le transbordement de toute espèce de véhicule. Il rappelle celui que l'on a employé à la manutention des vagons dans la gare des marchandises de Wurzbourg, signalé au n° 278, § V, chap. VII de la 1re partie.

482. MACHINE POUR PLAQUES TOURNANTES ET CHARIOTS. — La Cie d'Orléans emploie, pour faire mouvoir ces grands appareils des dépôts principaux, une machine à vapeur qui est séparée de sa chaudière, comme celle du chariot du Nord. — En cas de réparation de l'un des appareils, l'autre peut être ainsi utilisé, quand on a des rechanges en vue de cette éventualité.

La chaudière est verticale à foyer intérieur, avec tubes inclinés.

La porte du foyer est percée de trous que le machiniste peut démasquer à volonté pour brûler la fumée.

La cheminée reçoit la vapeur d'échappement de la machine. Cette machine est verticale, établie sur une seule plaque de fondation. La distribution du système Pius Finck permet de changer rapidement le sens de la marche du moteur.

Conditions d'établissement.

CHAUDIÈRE.

Timbre de la chaudière. . . . . kil.	6,5
Diamètre intérieur de l'enveloppe. . . . . . . mèt.	0,750
— du foyer. . . . . —	0,650
Épaisseur des tôles (*fer*). . . . . (Chaudière . —	0,008
(Foyer . . —	0,010
Nombre de tubes.	3
Diamètre des tubes (*intérieur*). . . . . mèt.	0,090
Épaisseur des tubes (*cuivre*) . . . . —	0,005
Surface de chauffe directe . . . . mèt. car.	3
Surface de la grille. . . . . —	0,3318
Capacité en eau . . . . mèt. cub.	0,184
Nombre de soupapes (*à ressort direct*)	2
Diamètre intérieur des soupapes . . . . mèt.	0,030

MACHINE.

Diamètre du cylindre . , ... mèt.	0,160
Course du piston. . . . . —	0,200
Nombre de tours de l'arbre du volant, par minute	120
Durée d'une demi-révolution de la plaque tournante environ (une minute et demie) . . . . . min.	1,5
Force nominale de la machine . . . . chevaux.	3

483. DÉPENDANCES. — *Voies de service.* — Le nombre et la longueur des voies de service dépendent de l'importance du mouvement des trains. Ces voies devront être disposées de manière à ne pas gêner le service de la voie principale, avec laquelle elles communiqueront par des changements de voie, et à ce que toutes les machines qui viendront y stationner ou s'y alimenter puissent exécuter leurs manœuvres sans se gêner mutuellement. Sur les voies de service des fosses à visiter, on disposera une grue roulante qui permette de soulever la machine et de la mettre sur tréteaux, lorsqu'il est nécessaire de remplacer les essieux ou les coussinets.

Accessoires. — A l'extrémité d'une des voies de service, on placera la grande plaque tournante destinée à changer l'orientation des machines attelées à leur tender, avant qu'elles se mettent en tête des trains.

Enfin, à proximité d'une de ces voies, on disposera les quais à combustible et les colonnes d'alimentation.

Les réservoirs, la machine alimentaire avec ses pompes, se placent généralement à côté de la remise.

Bureaux et logements. — Ces dépendances comprennent pour un dépôt d'une certaine importance :

1° Un bureau et un magasin en rapport avec le service du dépôt pour le distributeur qui tient la comptabilité du dépôt et délivre les matières autres que le combustible ; 2° un bureau pour le chef du dépôt ; 3° un corps de garde pour les hommes de service, avec un lit de camp et des appareils de chauffage, disposés de manière à sécher les vêtements mouillés ; 4° une cuisine et un réfectoire pour les agents de passage ; 5° un dortoir pour les mécaniciens et les chauffeurs qui, venant d'autres dépôts, passent la nuit hors du lieu de leur résidence, ou pour ceux qui ont besoin de repos et qu'il est souvent utile de ne pas laisser s'éloigner. Les chambrées doivent être de huit hommes au plus ; 6° un lavabo et une salle de bain renfermant trois à quatre baignoires. L'eau des bains est chauffée par une chaudière tubulaire verticale (qui peut être garnie de vieux tubes) et alimentée par des déchets de combustible ; 7° des lieux d'aisances pour les employés, ouvriers et manœuvres ; 8° un logement pour le chef et le sous-chef de dépôt, dont la présence à toute heure du jour et de la nuit est nécessaire, afin que le service ne soit jamais en souffrance.

Dans quelques cas, ces installations occupent des bâtiments isolés spéciaux ; mais le plus souvent on les réunit à la remise, ainsi qu'on peut le voir à la page 98.

CHAPITRE X

ATELIERS

---

§ 1.

INSTALLATIONS DIVERSES.

484. EMPLACEMENT. — Nous avons vu que le choix de l'emplacement des ateliers dépend souvent de circonstances spéciales, — chap. IX, § I, 457 à 461 —, mais qu'en général, on devait installer les ateliers au centre, aux carrefours des lignes à desservir, dût-on y établir une colonie pouvant par ses dispositions, attirer et retenir une population ouvrière suffisant à tous les besoins de l'établissement. L'exemple des ateliers et de la colonie ouvrière de Marbourg, sur le Réseau du Sud de l'Autriche — 463 — est à citer. Nous y reviendrons d'ailleurs, en parlant des *Institutions coopératives.* — 4ᵉ partie, ADMINISTRATION.

485. EXEMPLES DE RÉPARTITION. — Nous avons déjà donné, en parlant des Dépôts — 463 —, quelques exemples de répartition des ateliers. Citons, comme complément, la répartition des ateliers sur différents réseaux :

a) Chemin de fer Impératrice-Elizabeth. — 463, E —.

Emplacement des ateliers.	Superficie des ateliers. m. car.	Nombre d'ouvriers.
Vienne (tête de ligne)	13923	602
Lintz (embranchements).	6901	244
Salzbourg (embranchements)	4307	125
Passau (tête de ligne)	472	25
Budweis (tête de ligne)	160	6
Bischoffshofen (embranchement)	95	6
Saalfelden —	133	2
Wœrgl (tête de ligne)	92	7
Selzthal (tête de ligne)	95	3
Lambach (embranchement de la ligne à voie étroite)	680	20

Sans parler des petits ateliers, on trouve que chacun des
ateliers principaux dessert 315 kilomètres de ligne, en
moyenne.

Cette dernière valeur est un minimum, car il y a intérêt à
concentrer, dans de grands établissements, les moyens les
plus puissants qui donnent aussi les meilleurs produits, au
meilleur marché possible.

b) Réseau du Sud de l'Autriche. — 463, C —. Les deux
ateliers de Vienne et de Marbourg suffisent pour les grandes
réparations du matériel exploitant 1931 kilomètres, puisque
celui d'Innsbruck est affecté aux lignes du Tyrol (306 kil.)

Les moyennes de véhicules à réparer sont non seulement
en proportion de l'étendue des lignes en exploitation, mais
aussi en rapport avec l'âge du matériel.

Ainsi, dans la période de 1867 à 1877, les nombres maxima
de véhicules constamment en réparation, dans les ateliers du
chemin de fer du Sud de l'Autriche, pendant une année, ont été
les suivants :

	en 1867.	de 1868 à 1877.
Locomotives	65	107
Voitures	102	184
Vagons	573	900

Exemple qui vient encore une fois à l'appui de notre recommandation : en construisant des ateliers, se ménager les moyens d'agrandir les installations jugées suffisantes au moment de la construction.

c) Réseau du chemin de fer de Paris-Orléans. Longueur des lignes exploitées en 1878, 4381 kilomètres. — Ici c'est une question d'organisation des travaux dans les dépôts ; il n'y a que quatre ateliers pour les grandes réparations des machines et tenders, et trois ateliers pour les grandes réparations des voitures et vagons.

Dans ces ateliers, en outre des grandes réparations, on fait également des petites réparations, des modifications et reconstructions de matériel, et des travaux pour le compte des autres services de la Compagnie.

Les différents dépôts sont organisés pour effectuer la plus grande partie des petites réparations, ce qui donne une diminution dans le mouvement des grands ateliers et une économie dans les frais de transport du matériel.

Voici quel a été le mouvement de ces ateliers, en véhicules réparés, pendant l'année 1878.

ATELIERS.	MACHINES et Tenders.	VOITURES et Vagons.
Paris	299	5 100
Orléans	166	»
Tours.	364	2 759
Périgueux	261	2 891
	1 080	8 750

Ce nombre de 1080 machines et tenders réparés comprend 848 machines et 232 tenders.

Sur les 848 machines réparées, 302 seulement sont entrées aux ateliers : les 546 autres machines ont subi la réparation sans quitter le dépôt, leurs roues et leurs autres pièces à réparer ayant été seules envoyées aux ateliers.

La moyenne des sections du Réseau desservi par chacun de ces ateliers est de $4\,381 : 4 = 1\,095$ kilom. pour les machines et tenders et de $4\,381 : 3 = 1\,460$ kilomètres pour les voitures et vagons.

486. DISPOSITION GÉNÉRALE. — Les ateliers principaux sont, avant toutes choses, installés pour effectuer les grandes réparations des machines et du matériel de transport.

Par là même, cette installation répond à tous les besoins de la construction de ces véhicules, car la réparation peut conduire au remplacement complet de l'un quelconque, et quelquefois même de tous les organes successivement, de telle sorte que la machine ou le vagon ont été réellement reconstruits en totalité.

L'atelier principal présente donc toutes les ressources nécessaires au travail complet de la fonte, de l'acier, du fer, du cuivre et du bois, condition qui nécessitera l'établissement des divisions suivantes :

Forges, — travaux courants, roues, bandages, ressorts, etc. ;

Fonderie de cuivre, — et quelquefois de fonte ;

Chaudronnerie en fer et en cuivre, — chaudières, tubes, caisses à eau, etc. ;

Ajustage ;

Montage ;

Peinture ;

Carrosserie ;

Menuiserie ;

Sellerie ;

Force motrice ;

Ateliers de modèles.

Enfin, l'atelier principal devra comprendre en outre :

Un parc à roues de réserve ;

De vastes magasins, permettant d'avoir toujours disponible une quantité suffisante de matières brutes ou travaillées, pour parer aux éventualités et répondre à cette condition essentielle dans la réparation du matériel comme dans les autres branches de l'exploitation : — rapidité du travail;

Comme annexes, des divisions affectées à la construction ou à la réparation des voitures, des hangars convenablement aérés pour l'empilage et le séchage des bois ;

Enfin, des bureaux pour les dessinateurs, employés de la comptabilité, chefs d'atelier, ingénieurs, etc.

Les ateliers secondaires, dont la destination est de suppléer aux ateliers principaux, dans le cas de réparations de moindre importance à effectuer au matériel de la section à laquelle ils appartiennent, devront naturellement présenter, sur une échelle plus petite, une composition et une disposition analogues. Les circonstances locales et les exigences du service pourront seules, dans chaque cas particulier, déterminer leur importance relative, que nous ne saurions fixer ici d'une manière absolue. Toutefois, les principes généraux qui devront présider à l'installation des ateliers principaux seront également applicables aux ateliers secondaires.

Cela posé, dans l'établissement des ateliers de réparation, entrent en ligne de compte certaines conditions de relations.

Ainsi, l'atelier sera placé aussi près que possible de la ligne et de la station qui l'accompagne, de manière à réduire au minimum la distance à parcourir pour y arriver : mais il doit aussi être aménagé en vue d'un développement ultérieur et de la station et de l'atelier, pour lequel développement on réservera aux alentours une suffisante étendue de terrain libre, de telle sorte que les extensions ne se trouvent pas arrêtées par la présence de bâtiments, d'installations faisant partie d'un autre service ou d'un établissement étranger au chemin de fer.

La même considération servira de guide dans les dispositions intérieures, chaque bâtiment devant se trouver, autant que possible, indépendant des autres et construit en vue d'agrandissement possible, au moins dans un sens.

L'isolement des bâtiments rend d'ailleurs plus facile leur éclairage à l'intérieur, et apporte un obstacle sérieux à la propagation du feu en cas d'incendie.

La facilité et la rapidité de conduite du travail exigent aussi l'adoption d'un certain ordre dans la position respective des divers ateliers, de telle sorte qu'une pièce quelconque, devant sortir à l'état brut du magasin et passer successivement dans les ouvroirs d'élaboration, arrive à celui du montage, en poursuivant le chemin le plus direct, et sans donner lieu à des transports inutiles, qui augmentent les frais de main-d'œuvre, par conséquent les prix de fabrication et les dépenses d'entretien du matériel.

En conséquence, on disposera les divers bâtiments dans l'ordre suivant :

Magasins,

Forge ou fonderie, etc.,

Ajustage,

Montage.

Les magasins, renfermant à la fois la matière première et les pièces de réserve, doivent être situés à proximité de la forge et du montage, ou divisés en deux parties, affectées chacune à un service différent et occupant les deux extrémités de l'installation.

Le parc à roues sera toujours placé à proximité du montage et de l'ajustage où sont tournés les fusées et les bandages, les tours spéciaux affectés à cet usage pouvant communiquer *directement* avec le parc (chemin de fer de l'Ouest ; — ateliers de Batignolles).

Tous les ateliers seront, si faire se peut, installés au niveau des voies. On comprend l'importance de cet arrangement. Cependant, quelques ateliers, tels que la menuiserie, la sellerie, la fabrication des modèles et la petite serrurerie, pourront, au besoin, être placés au premier étage, pour économiser le terrain, mais ce sera au détriment de la bonne gestion du service des ateliers.

Enfin, on évitera les fausses manœuvres et les pertes de

temps, en ménageant, autour de tous les bâtiments, de larges espaces munis de voies de service rendant la circulation prompte et facile dans tous les sens.

Les bâtiments des bureaux se placent à proximité des divers ouvroirs ; les agents secondaires sont, par là, en fréquentes et rapides communications avec les chefs d'atelier.

Malheureusement, les diverses considérations que nous venons d'exposer n'ont pas toujours été observées par les constructeurs des ateliers de chemins de fer ; il est facile de s'en rendre compte à l'inspection de leurs plans. Sous prétexte de symétrie, ou de facilité de surveillance, ou d'économie de colletinage, on a souvent resserré l'ajustage et, quelquefois, les forges, entre les deux ateliers de montage des locomotives et des vagons, perpendiculairement à leur direction, de manière à rendre tout développement économiquement impossible.

Nous pensons que les ateliers, disposés comme l'indique la planche XII, — page 128, T. V. — conformément aux principes que nous venons de poser, satisfont à toutes les exigences de la question.

Un premier bâtiment renferme la forge C, l'atelier des roues D et celui des ressorts E, ainsi que la machine motrice B et le ventilateur F, qui fournit le vent aux feux de forge et au fourneau de la fonderie de cuivre G, placée extérieurement ; en A se trouvent les chaudières à vapeur, dont le bâtiment est également isolé. Parallèlement à la forge se trouve l'ouvroir d'ajustage I, communiquant avec celle-ci par une série de voies parallèles et de plaques tournantes traversant le parc aux roues H. A droite de l'ajustage est l'ouvroir de montage des locomotives K, et, vis-à-vis, celui des voitures M.

Tous les ouvroirs sont desservis par un même chariot roulant L, dont la fosse se développe entre eux sur toute la longueur du terrain occupé par les ateliers, disposition qui facilite la conduite des pièces détachées ou des véhicules sur tous les points.

Le chariot à fosse figuré sur la planche XXII et que nous

avons décrit — 1re part. 277 — est de construction économique et de roulement facile, — mais sa fosse est gênante pour la circulation. — On lui substitue le chariot sans fosse — 452 —, qui permet d'éviter le casse-cou.

A l'une des extrémités de l'ouvoir des voitures et vagons, un espace P est réservé pour le travail du bois aux machines, — le charronnage.

Une autre portion N est affectée spécialement au travail de la peinture, et séparée, à cet effet, du reste de l'atelier, par une cloison transversale.

La partie supérieure de ce bâtiment P M N est occupée par la sellerie, la menuiserie et la fabrication des modèles.

Enfin, en O, les magasins à rez-de-chaussée, — et les bureaux au premier étage, — complètent l'ensemble de l'installation nécessaire au service des ateliers.

On voit que le prolongement de tous les bâtiments est possible au moins dans un sens, et sans que, pour cela, il en résulte, dans l'ensemble du plan, un changement de disposition qui pourrait modifier l'ordre établi dans la distribution du travail et du service. — Des voies ferrées pénètrent en tous sens dans les ouvroirs; elles communiquent entre elles par des plaques tournantes ou par le chariot transbordeur, établissent une grande facilité de rapports entre tous les points intéressés aux échanges, simplifient considérablement e travail, abrègent le temps du transport et contribuent, en définitive, à diminuer les frais de main-d'œuvre.

487. IMPORTANCE DES ATELIERS — *Surface occupée.* — L'étendue à donner aux ateliers dépend de la longueur de la ligne et de l'importance du trafic. En thèse générale, l'espace affecté au service d'entretien doit être suffisant pour contenir à couvert et en état de réparation 25 p. 100 du nombre de machines en service, 8 p. 100 de celui des voitures et 3 p. 100 de celui des vagons.

Il faut, en outre, pouvoir loger à découvert, sur des voies ménagées à cet effet dans l'enceinte des ateliers, au moins

5 pour 100 du matériel de transport en circulation, et disposer les voies de service de manière que les véhicules puissent entrer et sortir des ateliers groupés sous forme de véritables trains.

Les dimensions des aménagements divers dépendent du nombre des véhicules à réparer et du temps de séjour de ces véhicules dans les ateliers.

Les renseignements à ce sujet sont très peu concordants; on considère 40000 kilomètres comme le maximum de parcours d'une machine dans une année et cependant plusieurs administrations laissent certaines machines parcourir au-delà de 50000 kilomètres en un an.

Nous avons indiqué plus haut — 454 — le mouvement du matériel entré en réparation dans divers réseaux.

Les ateliers de réparation doivent, en dehors des travaux du matériel roulant, venir en aide aux autres services de l'entreprise : — voie, — matériel fixe, etc., — petit matériel des stations, etc., — et pouvoir, en outre, effectuer les modifications que l'expérience aura fait juger nécessaires dans la construction du matériel roulant. Quelquefois enfin, on demandera aux ateliers de construire tout ou partie des machines ou des véhicules de transport, tantôt comme travail courant, tantôt comme travail accessoire pendant les époques de l'année où les travaux de réparations moins importants les exposeraient à un chômage partiel et momentané.

Aucune règle spéciale ne permet de fixer *à priori* l'importance relative des différentes divisions de l'atelier de réparation ; c'est l'expérience qu'il faut interroger, en prenant pour bases, parmi les dimensions adoptées par les diverses administrations, celles qui semblent donner, dans leurs dispositions, les résultats les plus satisfaisants au point de vue de la facilité du service et des extensions ultérieures.

Voici, d'après M. A. de Kaven [1], les dimensions convenables

1. *Vortraege über Ingenieur-Wissenschaften an der polytechnischen Schule zu Hannover*, von A. Kaven, Baurath. — II Abtheilung : 2° Abschritt. Hanovre. 1864, p. 141.

pour les ateliers d'une ligne de 700 à 800 kilomètres, employant cent vingt-cinq locomotives.

1 Forge principale à 32 feux, avec fours, marteaux et chaudières à vapeur . . .	mèt. car.	1298,00
2. Atelier des bandages	—	221,70
3. Ateliers des tours avec machine motrice.	—	2046,00
4. Ateliers des meules	—	22,17
.5. Petite forge pour la réparation des locomotives	—	221,70
6. 2 ateliers de montage des locomotives avec fosse à roues et grue de levage, à 15 places chacun	—	2430,00
7. Fonderie de cuivre à 3 fourneaux . . .	—	216,70
Passage	—	21,15
8. Chaudronnerie de cuivre	—	90,70
9. Petite forge pour la réparation des vagons.	—	102,30
10. 2 ateliers de montage de vagons à 15 places chacun	—	2430,00
11. Sellerie	—	44,76
12. Atelier de peinture	—	44,76
13. Parc à charbon pour la forge	—	27,54
14. Petit magasin pour la forge	—	27,54
15 Parc à charbon pour les feux de forge de réparations des locomotives et vagons. .	—	43,14
16. Parc à charbon pour l'atelier des bandages, avec place pour le ventilateur . .	—	46,38
17. Place pour la machine à vapeur et le chauffeur.	—	69,56
17. Escalier et réservoir	—	10,23
19 Bâtiment des chaudières. — 2 chaudières de 20 chevaux, dont une de réserve. . .	—	57,93
20 et 21. Bureau pour le contre-maître de l'ajustage et des tours	—	53,20
22. Atelier de dessin pour l'ajustage . . .	—	27,63
23. Atelier de dessin et de magasin pour la construction des vagons	—	116,98
24. Atelier de dessin pour les locomotives .	—	116,98
A reporter. . . .		9787,10

Report.		9787,10
25. 2 magasins pour l'alimentation des ateliers	mèt. car.	163,14
26. Magasins pour les produits achevés . .	—	125,23
27. Water-closets et urinoirs.	—	58,32
28. Portier	—	8,53
29. Cours (mémoire).	—	» »
30. Cour.	—	31,10
31. Menuiserie et fabrication des modèles .	—	1 008,80
Total	mèt. car.	11 185,22

Cette surface ne comprend que la partie couverte du terrain. Comme il est facile de s'en rendre compte en parcourant la liste précédente, elle correspond par fosse de machine et vagon à 392^{mq},50, auxquels il faudrait ajouter au moins 4 à 500 mètres carrés, pour la surface des cours, voies de service, chariot transbordeur, etc., ce qui donnerait un total de 8 à 900 mètres carrés par fosse double.

Dans la plupart des cas, — avec le matériel de transport du système anglais, — le nombre des voitures ou vagons en réparation est environ huit fois celui des locomotives.

Il y a 15 ans, on comptait en réparation 1 machine pour 4 véhicules de transport. La proportion des machines en réparation a diminué.

Prenant pour unité la superficie nécessaire à la réparation d'une machine et quatre véhicules de transport, on peut, jusqu'à un certain point, estimer de la manière suivante les surfaces nécessaires à l'installation d'un atelier de réparation, dans les conditions moyennes.

Pour une machine locomotive et quatre vagons en réparation :

Surface couverte.

Emplacement de la machine en montage, compris fosse, établi et espace nécessaire pour le travail. . . . . mèt. car.		120
A reporter . . .	—	120

Report. . . .		120
Forges, ajustage, chaudronnerie en fer et en cuivre.	mèt. car.	135
Vagonnage, atelier de montage, emplacement pour quatre vagons	—	180
Bureaux, magasins, etc.	—	15
Surface découverte.		
Parcs à charbon, cours, chemin de chariot, voies de service, etc	—	550
Surface totale. .		1000

Le développement de voies correspondant peut être estimé à 200 mètres.

Dans le cas où la réparation des machines et des vagons constituerait deux établissements distincts, on devra prendre pour chacun d'eux à peu près les deux tiers des quantités sus-indiquées, soit 650 mètres carrés de surface pour une machine ou quatre véhicules de transport en réparation, et 150 mètres de voies de service.

488. FORGES. — Le bâtiment de la forge contiendra un certain nombre de feux disposés le long des murs latéraux, et une quantité variable de fours à réchauffer et de machines-outils, dont nous donnerons plus loin la nomenclature. Il est de première importance que l'intérieur du bâtiment ne renferme aucun pilier, poteau ou colonne pouvant gêner la circulation et entraver la rapidité des manœuvres indispensables à la bonne exécution du travail. Dès lors, on devra jeter le comble d'un mur à l'autre sans employer de support intermédiaire, à moins que l'espace à couvrir ne s'étende démesurément en tous sens et n'entraîne la construction de fermes trop dispendieuses.

La dimension transversale du bâtiment de la forge ne doit pas descendre au dessous de 18 à 20 mètres dans œuvre [1], et nous considérons 24 mètres comme une bonne moyenne à

---

1. Les ingénieurs allemands ont fixé cette limite à 56 pieds ($17^m,58$).

adopter. Au chemin du Nord français, la largeur de 20 mètres est reconnue incommode ; à l'Est, elle est de 24 mètres, et, au chemin de Lyon, elle atteint 30 mètres.

La longueur du bâtiment dépendra nécessairement du nombre de feux de forge et de fours qu'il sera destiné à contenir. La distance d'axe en axe de feux de forge doubles ne descend pas en dessous de $9^m,42^1$. Nous verrons plus loin le rapport existant entre le nombre de feux de forge et des outils nécessaires, et celui des machines en réparation.

Les murs d'enceinte s'élèveront à $5^m,65$ au minimum[2], et, la grande largeur du bâtiment à couvrir nécessitant généralement l'emploi d'un comble à double inclinaison, on éclairera l'intérieur du bâtiment par des ouvertures latérales percées sur les deux murs longitudinaux au-dessous du niveau du toit. Le meilleur mode de construction de ces murs consiste à monter de distance en distance — $4^m,50$ à 5 mètres — de forts piliers en maçonnerie très résistants destinés à supporter la pression des fermes de la couverture et à réunir ces piliers par une maçonnerie de remplissage aussi légère que le comporte la nature des matériaux de la localité, et dans laquelle on ménagera les baies des portes et des fenêtres.

On sait d'ailleurs que, le travail de la forge n'exigeant pas une grande clarté, il n'y aura pas lieu de sacrifier à l'éclairage une place qui pourrait être utile à l'installation des appareils ; aussi se contente-t-on, dans certains cas, d'un éclairage par la partie supérieure, éclairage plutôt nominal que réel au bout de peu de temps, car les vitres sont promptement recouvertes d'une couche de poussière opaque.

Le mieux serait d'installer dans l'atelier de la forge, de nombreux becs de gaz ou un éclairage électrique s'il est économique afin de pouvoir suppléer en tout ou en partie au manque de lumière. Ce dernier moyen paraît même le meilleur mode d'éclairage, de l'avis de certains ingénieurs, qui proposeraient en conséquence de supprimer complètement les jours extérieurs.

1-2. Congrès de Dresde, 186?

La nature des travaux exécutés dans le bâtiment de la forge doit faire écarter autant que possible le bois de la construction des combles. Le fer présentera de grands avantages à ce point de vue et sera préféré toutes les fois que des circonstances particulières n'en rendront pas l'emploi difficile.

Une lanterne dans le comble sert à donner à la forge la ventilation nécessaire.

L'inclinaison de la toiture, qui dépend absolument de la nature des matériaux qui la constituent, doit être assez forte pour permettre un prompt écoulement des eaux de pluie, empêcher le séjour de la neige, et faciliter l'évacuation, par la lanterne, des fumées et des gaz. L'ardoise ou la tuile plate doivent être exclusivement employées à la confection de la couverture [1].

Le sol de l'atelier nécessite également une attention particulière; les pièces chauffées au rouge projetées souvent sans précaution sur le sol, se déforment facilement au contact d'une surface trop résistante; aussi ne conseillerons-nous pas l'emploi d'un pavage en pierre dure appliqué dans beaucoup de forges [1]; nous lui préférons une aire bien damée en argile, gravier et lait de chaux [2].

Le sous-sol de la forge sera sillonné par plusieurs systèmes de canalisation qu'il importe de combiner avec la distribution des appareils :

— Conduits de l'air lancé par le ventilateur à chacun des feux de forge et des fours. Ces conduits se feront en métal ou en maçonnerie revêtue intérieurement d'un enduit en ciment parfaitement dressé de manière à éviter les aspérités. Le plan d'ensemble du réseau des conduits devra être étudié en vue de réduire au minimum le nombre des changements de direction, et d'éviter les coudes brusques qui occasionnent des pertes de vitesse considérables.

— Distribution d'eau aboutissant pour chaque feu de forge

1. Voir 1re part., ch. II, § II; et ch. X, § V.
2. Voir 1re part., ch. X, 357, 359.

à un robinet, et partant, si possible, d'un réservoir assez grand et assez élevé pour avoir toujours une quantité notable d'eau en réserve, à une pression suffisante, — 5 mètres au minimum.

— Aqueducs pour l'écoulement des eaux.

— Canalisation pour le gaz.

La forge doit être desservie par une ou plusieurs voies de service, selon son développement.

458. AJUSTAGE. — Contrairement à la forge, l'atelier d'ajustage réclame un parfait éclairage. A cet effet, on troue les murs latéraux de fenêtres très rapprochées s'élevant jusqu'au voisinage des sablières, et descendant au niveau des établis disposés le long des parois latérales. Cette même condition condamne la construction des ateliers d'ajustage divisés par un plancher, en deux étages, celui du haut étant réservé au travail du bois et des modèles.

En voici les inconvénients : transmissions de mouvement généralement très rapprochées des planchers et, par conséquent, mal éclairées, difficiles, quelquefois dangereuses de surveillance et d'entretien. Il est bien préférable, au contraire, de n'avoir qu'un seul atelier, dans toute la hauteur du bâtiment, et de prendre encore des jours par la partie supérieure en ménageant des châssis vitrés dans la couverture.

Le meilleur système d'éclairage pour répartir uniformément la lumière, consiste à couvrir tous les ateliers par une série de toits à deux égouts, dont l'un presque vertical et *vitré* regarde du côté du Nord.

Le travail de l'ajustage exige moins de manœuvres que celui de la forge ; il s'effectue sur des établis, des tours, des outils de différentes espèces placés à poste fixe, mis en mouvement par des arbres de couche dont les supports doivent être tout à fait invariables. Il s'ensuit que ce travail se prête parfaitement à la disposition du bâtiment en trois allées parallèles : — celles de côté réservées à l'outillage, et celle du milieu au transport des pièces ouvrées ou brutes.

Ce transport doit pouvoir s'effectuer par des voies au niveau du plancher et par des treuils-chariots suspendus, à double mouvement, pour desservir les outils — (Iʳᵉ part., ch. VIII, § II, 299 —).

La dimension transversale du bâtiment ne sera pas inférieure à celle de la forge, 24 mètres en moyenne. — Le fer et le bois entreront sans inconvénient dans les constructions de la charpente des combles, ainsi que la tuile ou l'ardoise pour les parties non vitrées de la couverture.

La division du bâtiment en trois allées permet d'employer pour la toiture un système de trois combles à double inclinaison, ou de couvrir l'allée du milieu par un comble à deux égouts, et les bas côtés par des appentis. Dans le premier cas, les fermes reposent sur des colonnes creuses servant à l'écoulement des eaux des chéneaux intermédiaires.

Il est convenable à tous égards de maintenir la température des ouvroirs d'ajustage à un degré suffisant pour que le froid ne gêne pas le travail manuel. Cette condition essentielle exige l'installation d'un système de chauffage continu et de préférence à circulation de vapeur.

Enfin, l'administration fera bien de recouvrir le sol de l'ajustage en asphalte ou en bois, pour que les pièces en tombant ne se déforment pas [1].

489. **Montage des locomotives et tenders.** — La disposition intérieure d'un montage de locomotives comprend l'établissement d'une série de voies parallèles aboutissant à une voie transversale desservie par un chariot transbordeur. Quelquefois la voie du chariot et les voies de montage, distribuées symétriquement de chaque côté, sont comprises dans un même bâtiment; il en résulte la nécessité de couvrir tout l'espace correspondant à la fosse. Par mesure d'économie et si le climat le permet, on installe le chariot en dehors du bâtiment, celui-ci ne contenant qu'une rangée de

---

1. Iʳᵉ part., chap. X, § IV.

voies, et se trouvant situé à une distance suffisamment éloignée du chariot pour qu'il y ait entre eux la place d'un véhicule. Cet arrangement permettra en outre, en disposant symétriquement de l'autre côté le montage des vagons, ainsi que cela est indiqué page 128, pl. XXII, de faire servir le même chariot au service de tous les ateliers.

Cela posé, nous adopterons des dimensions de bâtiment telles qu'elles embrassent, outre les machines en montage, l'espace nécessaire :

1° Pour un établi d'ajusteur en face de chaque machine ;

2° Pour la circulation des ouvriers ;

3° Pour le dépôt des pièces démontées et le transport des machines même au moyen du treuil-chariot à chevalet qui doit pouvoir circuler au-dessus de chaque fosse et dans chaque travée.

En conséquence, la longueur du bâtiment se détermine d'après le calcul suivant :

Longueur de la machine.	8^{m},00
Place des roues enlevées.	5 ,00
Dépôt des pièces détachées.	1 ,50
Passage et établis le long du mur de fond.	3 ,00
Passage le long du mur de face.	1 ,50
Total dans œuvre . .	19^{m},00
Épaisseur des murs à 0^{m},50.	1 ,00
Total hors œuvre. . .	20^{m},00

La longueur du bâtiment dépend naturellement du nombre des voies de montage, celles-ci devant se trouver à l'écartement de 6 mètres, mesuré d'axe en axe [1].

Les ingénieurs allemands, au congrès de Dresde [2], ont

---

1. Ces dimensions correspondent au chiffre que nous avons donné plus haut pour la place occupée par une machine en montage : 6 × 20 = 120^{mq}.

2. *Organ für die Fortschritte des Eisenbahnwesens.* 1er supplément 1866, p. 87.

adopté les dimensions suivantes, qui diffèrent peu de celles
que nous venons d'indiquer :

Largeur minima intérieure pour un montage simple. . . 18^m,83
Écartement minimum des fosses (d'axe en axe). . . . 5 ,34

Dans le cas d'un montage double avec fosse à chariot au
milieu, ils ont fixé la longueur des voies de montage de chacune des rangées à :

15^m,69 pour les locomotives (1 machine).
6 ,28 largeur de passage du chariot.

Ce qui donne pour largeur totale d'un montage à double
rangée de machines 37^m,66.

Cette largeur de 6^m,28 pour le chariot est insuffisante;
il faut au moins 6^m,87 — 452 —.

490. ATELIERS DE SALZBOURG. Ces ateliers ont été installés
en vue de réparer et de renouveler le matériel roulant des
sections Ouest et Sud-Ouest du réseau — 465 — Ils ont été
ouverts en 1876. Le prix d'établissement s'est élevé à
780 000 francs, savoir : pour l'outillage et les installations
365 000 francs et pour la construction du bâtiment 415 000
francs.

L'atelier renferme 2 machines motrices de 15 chevaux,
9 feux de forge, un marteau pilon de 500 kilos, 5 tours à
roues et 51 machines-outils. Il peut occuper 150 ouvriers
d'état, sans compter les manœuvres.

Légende du plan de l'atelier (fig. 2, pl. L)

A. Montage de voitures et vagons.	K. Chaudronnerie.
B. Tours à roues.	L. Chaudières à vapeur.
C. Travail du bois.	M. Machine motrice.
D. Machine motrice et chaudière.	N. Tours et ajustage.
E Voie du chariot transbordeur.	O. Montage des locomotives.
F. Parc à roues.	P. Chaudronnerie.
G. Bascule	R. Voie du chariot transbordeur.
H. Forges et ateliers des ressorts.	T. Dépôt des machines.
I. Presse à caler les roues.	

Les flèches indiquent la direction des voies de raccordement avec la gare de Salzbourg.

491. MONTAGE DES VOITURES ET VAGONS. — Cet atelier diffère peu du précédent dans ses dispositions générales : — une ou deux rangées de places desservies par un chariot, extérieur ou intérieur.

Le Congrès de Dresde, déjà cité, a trouvé convenables les dimensions suivantes :

Longueur des voies pour deux voitures. . . .	$18^m,83$
Passage de service.	4 ,71
Passage du chariot	8 ,47
Passage de service.	4 ,71
Longueur des voies	18 ,83

La largeur totale d'un montage de vagons ainsi disposé atteint dans œuvre $55^m,55$.

L'écartement minimum, d'axe en axe des fosses, a été arrêté dans la même réunion à $5^m,02$.

Cette dernière dimension nous paraît un peu faible, et nous conseillons d'adopter pour le montage des vagons un entr'axe des fosses de $5^m,25$; la longueur variant naturellement avec celle des véhicules, mais devant être telle que sur la même voie on puisse en placer deux à la suite l'un de l'autre, en réservant 4 à 5 mètres pour la circulation et la place des établis d'ajusteurs.

Nous adopterons également pour la hauteur des murs d'enceinte du montage des machines la cote de $5^m,50$, nous rapprochant ainsi des limites un peu faibles des ingénieurs allemands ($5^m,34$ à $5^m,49$).

Les murs du montage des vagons sont souvent surmontés d'un étage (3 à 4 mètres) réservé à l'atelier de menuiserie, à la fabrication des modèles et à la sellerie, disposition gênante, et qu'il faut absolument proscrire quand c'est possible.

Quant au système de construction, nous conseillerons de composer les murs d'enceinte de piliers en croix supportant les fermes de la toiture, séparés par de hautes et larges baies descendant jusqu'à $0^m,50$ ou $0^m,60$ du sol, et distribuant la lumière avec profusion, condition nécessaire à la bonne exécution du travail. Les fenêtres, ainsi que les portes d'entrée, seront fermées par des châssis vitrés. Cet atelier, comme ceux dont nous avons déjà parlé, sera ventilé et chauffé par circulation de vapeur.

La composition du comble, ainsi que celle de la couverture, sera exempte, autant que possible, de matériaux combustibles. Sa disposition consistera en une série de toits à deux versants dont l'un, presque vertical et vitré, regardera du coté du Nord.

En vue de réaliser quelque économie, on pourra supporter le comble par des colonnes, mais l'entr'axe des travées ne sera pas inférieur à 6 mètres.

Le sol sera de même composition que celui de l'atelier d'ajustage. Chacune des voies de montage sera munie d'une fosse de $0^m,750$ à $0^m,850$ de profondeur [1], avec escalier pour y descendre, et d'une longueur de 8 mètres environ. Un conduit parcourant la longueur des bâtiments recevra l'eau de toutes les dépendances de l'atelier.

A l'une des extrémités on placera un pont à bascule disposé pour vérifier la charge des ressorts à chaque réparation nouvelle.

492. Bureaux. — Dans ce bâtiment doivent se trouver réunis :

1° Un bureau pour l'ingénieur des ateliers; — surface minima : 20 mètres carrés ;

2° Un bureau pour le sous-chef, ayant une superficie d'environ 15 mètres carrés;

3° Un atelier de dessin, dont la surface sera calculée à raison de 4 mètres carrés environ par dessinateur ;

4° Un bureau spécial pour le dessinateur archiviste;

5° Un bureau pour la comptabilité des ateliers.

---

1. *Technische Vereinbarungen*, etc.. Dresde 1865. — Voir aussi Ire part., chap. IX, 335.

Le bureau de dessin peut être, sans inconvénient, situé au premier étage, mais il est de toute importance qu'il soit parfaitement éclairé; les jours pris dans les murs, autant que possible du côté du nord; et les tables à dessiner rangées devant les fenêtres, parallèlement à leur façade.

Le chef du bureau ne doit pas être séparé des employés ou des dessinateurs; précaution importante, car elle donne à la fois facilité, surveillance, régularité, rapidité de travail nécessaires dans cette partie du service qui règle et précède toutes les autres. Chaque dessinateur a besoin d'une place suffisante pour pouvoir exécuter sans difficulté dans l'atelier non seulement des dessins d'ensemble de tous les types de véhicules, à une échelle suffisamment grande pour les rendre facilement intelligibles, mais encore toutes les pièces détachées en grandeur d'exécution.

Le bureau de l'archiviste renfermera des armoires à casiers suffisamment vastes pour pouvoir y classer avec ordre et facilité tous les dessins, en les réunissant en groupes concernant chacun des types du matériel roulant. Une capacité de 2 mètres cubes doit être réservée pour chacun de ces groupes.

Les armoires seront placées perpendiculairement au mur qui donne le jour, de manière que les étiquettes attachées à chacun des casiers soient parfaitement éclairées et promptement distinguées par l'archiviste. Le bureau contiendra également une table à dessin, sur laquelle tous les plans puissent être développés sans peine.

A proximité des ouvroirs et des bureaux, on placera des urinoirs et des water-closets pour le service spécial du personnel (1re partie, chap. X, § 1, 346, 347 —).

493. MOUVEMENTS DANS L'INTÉRIEUR DES ATELIERS. — Nous avons décrit — 1re partie, chap. VII — les appareils qui servent à établir la communication entre les diverses voies de service : — changements et croisements de voies, — plaques tournantes, — chariots transbordeurs. En parlant de ces der-

niers appareils appliqués au transport des vagons, nous avons dit qu'ils pouvaient être également appropriés au transport des machines, en les munissant de transmissions de mouvement convenables, et de moteurs spéciaux, placés à demeure sur le chariot.

Il nous reste à entrer dans quelques détails à ce sujet.

La première question intéressante pour l'ingénieur, c'est la profondeur de la fosse. La présence d'une fosse dans les ateliers est en effet une cause perpétuelle de danger pour le personnel du service et de retard dans la circulation. — Plus la fosse est profonde, plus graves sont les vices de cette disposition. Il y a donc grand intérêt à en réduire la profondeur et même à la faire disparaître.

Nous avons vu — 1re part., chap. VII, § V, — par quelle modification on est parvenu à tourner cet embarras en installant des chariots à niveau des voies.

La charge de ces chariots étant quelquefois considérable, la mise en mouvement de l'appareil exige un effort mécanique assez développé, que l'on obtient tantôt à bras d'homme, tantôt par moteur inanimé, et qu'il faut transmettre aux roues du chariot.

L'étude de la transmission de cet effort mécanique est importante, car cette transmission, placée près du bord et à l'extrémité du chariot, peut produire sur les essieux des efforts obliques qui augmentent les résistances, s'ils ne sont pas combattus par un entretoisement convenable.

Le choix du mode de transmission du mouvement au chariot n'est pas non plus indifférent. Après avoir employé tantôt une roue appliquée à une chaîne fixée au fond de la fosse, tantôt à un pignon engrenant avec une crémaillère, — disposition d'un entretien difficile et dispendieux, — on adopte aujourd'hui la transmission de mouvement directe à l'arbre des galets de roulement, telle qu'elle est indiquée au n° 277, 1re partie, chap. VII, § V ; le mouvement de l'appareil s'obtient par simple adhérence sur les rails de la fosse.

Le chariot transbordeur que nous avons décrit au n° 452 s'applique également au transport dans les ateliers.

494. ATELIERS DES VOITURES ET VAGONS A DORTMUND. — La Compagnie du chemin de fer de Cologne à Minden a établi un grand atelier de vagonnage à Dortmund, près du centre de son réseau. La fig. 3, pl. L, en indique les dispositions générales que nous empruntons à l'*Organ*, V° cahier, 1876.

Les voies $a\ a$ sont contiguës aux voies de garage et à la gare de triage situées à droite de la ligne Cologne-Minden.

Le sytème qui a servi de base aux dispositions adoptées consistait à isoler, autant que possible, les ateliers à feu du reste de l'établissement, et à réduire au minimum les transports intérieurs.

Les ateliers couverts occupent une surface de : 3 hectares, 27 ares ;
Les magasins : 0 — 32
Les parties découvertes : 7 — 17

L'ensemble : 10 hectares 70 ares.

Légende du plan.

A. Peinture (chauffé par calorifère à air chaud.)
D. Réparations de bâches et magasin à couleurs.
E. Atelier mécanique et outillage pour ferrures.
F. Forges de ressorts.
G. Fonderie de cuivre.
H. Machines à bois.
J. Chariots à niveau.
K_1. Chaudière à vapeur pour chauffer L et P.
K_2. Chaudière de la machine motrice.
L. Vernissage (chauffé par K_1)
MM₁ etc. Magasins.
N. Tours à essieux, réparations des roues, bandages etc.
O. Huiles.
P. Sellerie (chauffé par K_1.)
R. Ateliers de réparations (146 étaux, 98 établis de menuisier) ; peut contenir 260 à 300 véhicules en réparation.
S Forge.
V_1V. Habitations d'employés.

495. ECLAIRAGE DES ATELIERS. — On ne discute plus aujourd'hui l'utilité d'un bon éclairage des ateliers. Ce qu'il importe, dans un local où sont réunis un certain nombre d'ouvriers, c'est de tout voir, de pouvoir continuer et obtenir la perfection du travail, de nuit comme en plein jour, et d'éviter par là les erreurs, les pertes de temps, les fausses manœuvres.

Les procédés d'éclairage varient avec l'importance des locaux et la durée du travail. Depuis les lampes à pétrole et les lampes à huile de colza, jusqu'aux becs de gaz à simple et à double courant d'air, et même à la lumière électrique, tous ces moyens sont appliqués. Nous les étudierons d'une manière plus développée à propos de l'éclairage des stations et halles à marchandises. — 3ᵉ partie, EXPLOITATION. — Organisation du service des stations.

496. VEILLEURS DE NUIT. — Dans un atelier important, il faut établir un service de rondes régulièrement effectuées par un agent de confiance, chargé de s'assurer, par lui-même, que tout est en ordre dans chaque partie de l'établissement. Inutile d'insister sur l'utilité d'une semblable mesure.

Malheureusement, on ne peut pas toujours être certain que la ronde obligatoire se fait aux heures et aux endroits prescrits. Pour prémunir contre la paresse ou la mauvaise foi, on se sert d'appareils de contrôle qui sont tous fondés sur le même principe.

Appareils de contrôle.—Un itinéraire est tracé au veilleur, et en chaque point principal de la ronde qu'il doit faire, se trouve un appareil qu'il touche pour marquer l'heure de son passage. La trace qu'il laisse ainsi se trouve reproduite sur un disque en carton ou une bande de papier entraîné par un mouvement d'horlogerie.

Le contrôleur de Colin, par exemple, se compose de deux parties : un chronomètre portatif et un certain nombre de boîtes en fonte placées aux points que le veilleur doit visiter périodiquement.

Le chronomètre renferme un mouvement d'horlogerie qui, à travers une petite fenêtre, indique l'heure à laquelle le veilleur doit faire sa tournée. Ce mouvement fait en même temps tourner un disque en carton divisé en autant de circonférences qu'il y a de points à contrôler ; chacune de ces circonférences correspond à un poinçon spécial fixé dans chaque boîte de contrôle. En introduisant le chronomètre dans la boîte de contrôle, le poinçon de cette boîte laisse son empreinte sur le disque du chronomètre.

Nous avons vu, aux bureaux du matériel et de la traction des chemins de fer de l'Est, un contrôleur de ronde inventé par M. Napoli, et qui laisse l'empreinte du passage du veilleur sur une bande de papier entraînée par un mouvement d'horlogerie à poste fixe dont le déclanchement est opéré électriquement par le contact du bouton touché par le veilleur.

§ II.

OUTILLAGE.

497. Conditions générales. — L'importance de l'outillage d'un atelier dépend évidemment de la nature et de la quantité des travaux à exécuter. Fixer *à priori* et d'une manière précise, invariable, le nombre et l'espèce d'outils qui feront utilement partie de l'outillage d'un atelier de chemin de fer, est impossible, car chaque jour amène une invention, un perfectionnement. Dans chaque cas particulier, l'ingénieur chargé de cette installation devra commencer par se rendre compte de la nature des travaux qui se présentent dans l'atelier considéré, ainsi que de leur importance, conditions qui varieront naturellement avec la destination de l'atelier — principal ou secondaire — et le nombre des machines et véhicules de transport qui pourront y entrer pendant une période déterminée.

Dans un atelier secondaire, où le travail n'est pas toujours régulier ni continu, et où, par conséquent, des outils spéciaux seraient exposés à chômer une partie du temps, on emploiera avec avantage des machines-outils à usages multiples. Il n'en sera plus de même pour les ateliers principaux, où cet inconvénient n'est pas à redouter, et où l'on devra employer surtout des outils spéciaux, construits pour un but unique et parfaitement déterminé, qui présenteront toujours, relativement aux précédents, une supériorité incontestable en précision et en facilité de manœuvre.

Quel que soit d'ailleurs le cas, on devra toujours exiger d'un outil une grande célérité d'action, qualité essentielle, nous l'avons dit, dans les travaux de réparation d'un matériel aussi important que celui des chemins de fer; on donnera, d'ailleurs, la préférence aux machines simples et d'entretien facile.

Une autre condition, non moins importante, c'est la constitution robuste de la machine-outil, c'est la résistance relative de chacune des pièces qui la composent; le bâti devant posséder une masse suffisante pour annuler toutes les réactions du travail à effectuer, réactions qui, sans cette précaution, ne tarderaient pas à fausser les divers organes.

Dans la combinaison de l'ensemble, l'ingénieur recherchera donc à réaliser les conditions suivantes : Stabilité, — guidage parfait de l'outil travailleur, — une grande course de l'outil pour attaquer les pièces de fortes dimensions, — faculté de resserrer toutes les parties frottantes en cas d'usure, — enfin, facilité de montage et de démontage des pièces à travailler.

Telles sont les considérations qui pourront guider l'ingénieur dans le choix des outils.

Quant à leur répartition, il adoptera naturellement l'ordre répondant à la marche méthodique du travail, de manière à éviter toutes fausses manœuvres. Enfin, nous appellerons particulièrement son attention sur l'entretien de l'outillage, dont le service, qui doit être très régulier, réclame des soins scrupuleux et incessants.

Nous allons passer en revue l'outillage des diverses sections d'un atelier, en adoptant l'ordre suivant :

Travail de la fonte, — du fer et de l'acier, — du cuivre, du bronze et des alliages, — ajustage, — fabrication des roues, des ressorts, — chaudronnerie, — travail du bois.

498. TRAVAIL DE LA FONTE. — Le travail spécial de la fonte s'exécute dans un atelier particulier, la *fonderie*. L'entretien

du matériel roulant des chemins de fer n'exige pas la coulée de pièces d'un poids très considérable; ce sont généralement des boîtes à graisse, des moyeux de roues et quelques pièces de machines, telles que cylindres et plateaux, tuyaux, régulateurs, tiroirs, poulies d'excentrique, etc. Le choix des matières premières employées et leur mélange en proportion convenable présentent un grand intérêt. Il ne sera donc pas inutile de rappeler ici, en quelques mots, les principales conditions à observer dans les diverses opérations que comporte la fabrication des objets en fonte moulée, sans nous arrêter, toutefois, à la fabrication des modèles dont nous parlons plus loin.

Moulage. — Il existe quatre modes de moulage : en sable vert; — en sable d'étuve; — en terre et le moulage en coquille. Le moulage en terre ne convient qu'aux pièces de fortes dimensions; nous n'en parlerons donc pas ici. Parmi les trois autres procédés, c'est le premier que l'on emploiera le plus fréquemment. Il consiste à faire le moule en sable humide, dans lequel, sans l'avoir préalablement séché, on coule le métal. Il est important, pour que l'opération réussisse, de prendre certaines précautions, que nous allons rappeler en quelques mots.

Choix des sables. — Les sables doivent être à la fois un peu argileux et un peu siliceux; il suffit qu'ils aient assez de cohésion pour ne pas s'ébouler quand on retire le modèle ou quand ils reçoivent la pression du métal fondu.

On emploie rarement les sables neufs, même pour sables d'étuve, sans y ajouter une certaine proportion de sables vieux, c'est-à-dire ayant déjà servi. Cette proportion augmente d'autant plus que les sables neufs sont plus argileux[1]; on ne peut donc pas la déterminer à l'avance d'une manière absolue, et il importe au fondeur de rechercher, par une série d'essais, le mélange le plus convenable. Les proportions usuelles sont, pour le moulage en sable vert, de 2/3 à 1 5 de

---

1. Guettier, *De la fonderie en France.*

sable neuf pour 3/5 à 4/5 de sable vieux, et, pour le moulage en sable d'étuve, 1/3 à 1/4 de sable vieux, pour 2/3 à 1/4 de sable neuf.

Suivant la qualité des sables et le volume des modèles, on mêle au sable vert 1/20 jusqu'à 1/5 de houille broyée et tamisée, qui sert à décaper les pièces et à favoriser le dégagement des gaz; quelquefois, on le remplace par du poussier de charbon de bois. Dans les sables d'étuve, la proportion est moins forte. Les sables, mélangés en proportion convenable, sont séchés, broyés et tamisés, puis mouillés pour qu'ils puissent se lier dans le châssis. Les mélanges ainsi préparés sont broyés au rouleau à main ou à la machine, et, après cette opération, le sable vert doit être doux, coulant et, pour ainsi dire, moelleux au toucher, le sable d'étuve plus âpre, plus liant et plus résistant.

Les sables étant préparés, on pourra procéder au moulage, en observant les conditions suivantes :

1° *Moulage en sable vert* :

Serrer les sables, de manière qu'ils ne présentent pas une dureté suffisante pour résister à la pression du doigt, mais de telle sorte, cependant, qu'ils offrent assez de solidité pour ne pas s'ébouler au moment de la coulée ou céder sous la pression du métal, ce qui donnerait des pièces à surfaces inégales et sans ressemblance avec le modèle;

Avoir soin, en foulant les sables qui doivent reproduire les objets d'une certaine épaisseur, de donner un peu plus de dureté aux couches destinées à former le fond des moules afin qu'elles ne souffrent pas plus de la pression du métal que les couches supérieures;

Lier toutes les couches entre elles, de façon qu'elles forment des parois uniformément serrées, ou, autrement dit, éviter la juxtaposition de points mous, à côté d'endroits plus durs, ce qui amènerait des bosses à la surface des pièces;

Placer les coulées, ou jets destinées à l'introduction du métal dans les moules, de telle sorte que la fonte ne tombe pas, soit de trop haut, soit avec trop de rapidité, sur des parties qui pourraient être facilement endommagées;

Tirer de l'air, au moyen des aiguilles à air, sur tous les points où l'on peut atteindre le modèle, et même à travers les couches de sable qui l'environnent.

1° *Moulage de sable d'étuve* :

Serrer les portions de châssis assez solidement pour qu'elles puissent résister au séchage et supporter sans dégradations les manœuvres;

Sécher dans une étuve les moules avec d'autant plus de précautions qu'ils ont été plus serrés et que le sable contient plus d'argile ou plus d'eau;

Consolider toutes les parties du moule susceptibles de se crevasser;

Avoir soin, en refoulant, de lier intimement toutes les couches de sable entre elles, de manière à éviter les galettes qui pourraient se détacher et tomber pendant le séchage et le remoulage[1].

Fonte et coulée. — Les fontes de moulage sont ordinairement obtenues par un mélange de fontes brutes de provenances différentes, en proportions variables, suivant la qualité de ces dernières et la nature des produits à obtenir.

Les fontes de moulage doivent présenter les qualités suivantes — 1re part., ch. V, § IV — :

1° Prendre un degré de fluidité suffisant pour pénétrer dans toutes les anfractuosités du moule et en épouser exactement la forme dans ses détails les plus délicats;

2° Se figer lentement;

3° Après refroidissement, présenter une surface unie et exempte de soufflures;

4° Prendre peu de retrait;

5° Se laisser facilement travailler au burin et à la lime;

6° Être bien homogènes, compactes et tenaces.

Ce sont les fontes grises et les fontes truitées qui satisfont

1. Guettier. *De la fonderie en France.*

le mieux à ces conditions. La fonte grise possède le plus de ténacité et donne les meilleurs moulages ; elle offre également un frottement doux et convient particulièrement à la construction des pièces de machines; on ne devra pas, toutefois, oublier que sa ténacité est d'autant moins grande qu'elle a été obtenue à une plus haute température.

Une petite quantité de phosphore dans la fonte de moulage augmente ses propriétés plastiques, mais la rend plus cassante. La présence du soufre, au contraire, nuit beaucoup à la bonne exécution des pièces, et amène généralement des soufflures; on devra donc écarter avec soin toutes les fontes de nature sulfureuse et ne faire usage, pour la même raison, que de coke provenant de houilles exemptes de pyrite de fer.

Cela posé, la série des appareils et outils nécessaires au travail de la fonderie pourra se résumer de la manière suivante :

1° Travail des sables : — moulin à triturer les sables, mélangeur;

2° Travail du moulage : — une série de châssis à moules, — une étuve;

3° Travail de la fonte et de la coulée : — un cubilot, une série de poches de différentes grandeurs, une grue desservant le cubilot. (Ire part., ch. VIII, § II.)

La surface du bâtiment devra être, en outre, calculée pour contenir un magasin à sables, un parc à combustible et une réserve de fontes brutes suffisante pour assurer l'alimentation du cubilot. Il suffit que ce dernier soit établi en vue d'une production de 2000 kilogrammes par heure environ; deux à trois heures de travail par jour répondront alors, en général, aux besoins du service.

Le chargement du cubilot demande la construction, au niveau du gueulard, d'un plancher auquel on arrive par un escalier; puis d'un monte-charge, pour élever jusqu'à cette hauteur les matières premières et le combustible.

La fonderie doit former un bâtiment isolé, en raison des dangers d'incendie que présente son voisinage pour les constructions adjacentes. .Cependant, on ne s'éloignera pas trop de la forge, afin de pouvoir se servir du même ventilateur pour souffler les feux de forge et le cubilot.

499. TRAVAIL DU FER ET DE L'ACIER. — Nous comprendrons sous cette dénomination, le travail de la forge et de la chaudronnerie proprement dit, indépendamment des opérations spéciales de la fabrication des roues et des ressorts, que nous avons déjà traitées. — 2ᵉ partie, 1ʳᵉ section, chap. VI. —

La matière première qui sert de base aux opérations qui s'exécutent dans la forge est principalement le fer en barres. Il importe de rappeler ici, comme nous l'avons fait pour la fonte, les qualités et les défauts du fer.

Le fer du commerce présente deux textures bien distinctes : le *grain* et le *nerf*. Lorsque la cassure présente une surface plane à grains fins et lamelleux ou à gros cristaux brillants, c'est du *fer à grains*. Présente-t-elle, au contraire, des arrachements fibreux, le métal est du *fer à nerf*. La texture naturelle du fer paraît être celle du grain ; la seconde provient d'un arrangement particulier des molécules dû au mode de travail employé ; la température n'est pas, non plus, indifférente à la nature de la texture, et, à l'appui de cette assertion, nous renverrons le lecteur aux observations que nous avons exposées à propos du travail des essieux — 2ᵉ part., 1ʳᵉ sect. chap. VI. — Les fers obtenus au marteau sont habituellement des fers à grains, tandis que les fers laminés ont, généralement, une texture à nerf qui provient, sans aucun doute, du glissement des molécules refoulées par les cylindres. Ainsi, lorsque l'on étire une barre de fer à grains, on le transforme en fer à nerf ; en prenant plusieurs de ces barres ainsi travaillées, les soudant ensemble et les laissant refroidir lentement, le métal reprend sa texture première.

Le fer est peu ductile à froid ; par la compression et le martelage, on arrive à changer peu la forme et les dimensions de la pièce, mais on durcit la surface et l'on obtient ce qu'on appelle le *fer écroui*, dont la résistance et l'élasticité sont beaucoup plus considérables que celles du fer ordinaire. Un recuit et un refroidissement lent suffisent à lui faire perdre ses nouvelles propriétés.

Le fer à grains présente une résistance moindre à la traction que le fer à nerf, mais il possède une raideur plus considérable; il est moins flexible à froid et se brise avant d'avoir atteint une flèche aussi grande que le fer à nerf. Plus compacte et plus homogène que ce dernier, il supporte mieux le travail à chaud, rivure et soudage.

Il résulte de ces considérations que pour les pièces soumises à des efforts de traction, — boulons, brides, chapes, etc., — on devra faire usage de fer à nerf, tandis que dans la fabrication de celles qui devront résister à la torsion, à la flexion et au frottement, — corps de bielles, tiges de piston, coulisseaux, essieux, — on emploiera le fer à grains; il en sera de même pour les pièces de forme compliquée exigeant de nombreuses soudures.

Le fer du commerce peut présenter les défauts suivants :

Les criques ou gerces. — Fentes dirigées perpendiculairement à la direction de la barre, provenant d'un mauvais affinage, ou pour le fer de bonne qualité, de ce qu'il a été brûlé. La présence de ce défaut doit toujours faire rejeter le fer.

Les travers. — Fentes dirigées en tous sens provenant d'insuffisance de chauffage, — défaut qui peut disparaître par le travail de la forge.

Doublures. — Fentes intérieures remplies d'oxyde, de scories ou de matières étrangères.

Pailles. — Pellicules ou plaques tendant à se soulever de la surface. Si elles sont peu nombreuses, elles proviennent généralement de ce que le travail a été mal conduit, et rien ne s'oppose à ce que le fer puisse malgré cela être employé; mais il n'en est pas de même lorsqu'elles se présentent en grande quantité, car elles proviennent sans doute d'une qualité de fer défectueuse ou d'un mauvais affinage.

Les cendrures. — Points noirs formés par l'oxyde ou les scories; n'ont aucun inconvénient si la pièce ne doit pas être polie ; mais dans ce dernier cas, de même que pour les pièces soumises à des frottements, il faudra les rejeter.

L'essai sommaire du fer se fait à froid et à chaud — 1re partie, chap. V, §§ III, IV) — :

1° A froid : — en cassant la barre au marteau, après l'avoir entaillée à la tranche. Le nombre de coups nécessaires pour produire la rupture et l'examen de la cassure donnent une mesure de sa qualité. Si le fer est à grains, sa texture doit être fine et serrée, et la cassure, de couleur gris-blanc argenté. présentera des arrachements crochus. Les facettes larges et brillantes seront l'indice d'un fer de mauvaise qualité. S'il s'agit, au contraire, de fer à nerf, les fibres compactes et serrées, d'un blanc soyeux, annoncent un bon produit; une cassure terne, vue en tous sens, en motivera le rejet.

2° A chaud : en le soumettant à l'étirage, au perçage, au soudage, corroyage, etc., suivant sa destination ; dans ces opérations, il ne devra présenter aucun défaut.

Les essais de la tôle se font également à froid et à chaud en la repliant et l'emboutissant.

Le travail du fer, à chaud, s'effectue à des températures variables suivant sa qualité et l'opération qu'on veut lui faire subir. Les bons fers doivent se travailler à une température voisine du blanc, tandis que ceux de qualité inférieure ne peuvent supporter que des températures voisines du rouge.

On trouvera aux annexes un modèle de cahier des charges pour la fourniture des fers et fontes employés dans les ateliers.

500. OUTILS DE LA FORGE. — Une forge bien outillée renferme généralement les appareils suivants :

1° 2 fours à réchauffer pour utiliser les déchets et faire les grosses réparations ;

2° 2 ou 3 marteaux-pilons, l'un de 2000 à 3000 kilogrammes, les autres de 500 à 1000 kilogrammes, avec leurs grues de manœuvre ;

3° 1 martinet ;

4° 1 cisaille ;

5° 1 feu de forge à boulons ;

6° Un nombre suffisant de feux de forge ;

7° Des voies de service et des appareils de levage pour transporter les grosses pièces.

La disposition relative de ces outils doit être telle que le travail suive un ordre méthodique, ainsi que nous l'avons déjà dit plusieurs fois. Nous rappellerons aussi que l'intérieur du bâtiment de la forge doit être complétement libre — 488 — afin de faciliter le transport des pièces et la circulation autour des principaux outils, — marteaux, martinets, cisailles, — rangés dans l'axe du milieu. Les feux de forge et les fours à réchauffer trouveront naturellement leur place le long des murs d'enceinte.

Fours à réchauffer. — Pour activer le réchauffage du fer dans les fours, on fera bien de leur appliquer l'insufflation de vapeur, connue sous le nom de son propagateur. M. Chaumé-Delabarre, et dont nous avons déjà parlé.

Marteaux-pilons. — Les marteaux-pilons seront placés à proximité du four à réchauffer, afin que les pièces à forger n'aient qu'à faire un court trajet, évitant ainsi un refroidissement nuisible à l'opération et un ralentissement dans le travail général. Lorsque l'importance des pièces à forger le nécessitera, on desservira le marteau principal et le four à réchauffer par une grue à volée mobile (1re part., ch. VIII, § II).

Les essieux de machines ou de tenders et les longerons de châssis étant généralement exécutés dans les grands établissements métallurgiques [1], et livrés à l'atelier de chemin de fer, prêts à passer à l'ajustage, on voit qu'un marteau de 2 000 à 3 000 kilogrammes de puissance, ainsi que nous l'avons

---

1. Nous ferons ici exception pour les ateliers des chemins de fer anglais, qui sont de véritables ateliers de construction de machines, et travaillent comme tels pour l'industrie. Leur outillage répond naturellement à cette double destination ; et, par cela même, il ne saurait en être question dans cet ouvrage.

indiqué plus haut, sera suffisant pour répondre aux besoins du service.

Comme martinets, on emploiera avec avantage un marteau à cames ou un marteau à ressort, du genre de ceux de M. Schmerber.

Feux de forge. — Un feu de forge se compose d'une aire en fonte reposant sur un bâti en fonte, le métal remplaçant ainsi la maçonnerie employée autrefois à cet usage. Le contre-feu, — petit mur en briques de 0^m,45 sur 0^m,30 environ, — reçoit la tuyère par laquelle arrive le vent et qui doit être à circulation d'eau. A 0^m,60, au-dessus du foyer, se trouve la hotte qui conduit les produits de la combustion dans la cheminée. On fera cette hotte en tôle. En avant de chaque feu de forge se trouve un baquet en fonte ou en tôle rempli d'eau servant à refroidir les pièces et les outils. La hauteur d'un feu de forge est de 0^m,70 ; sa profondeur de 1 mètre sur 1^m,20 de large, et la distance du bord au nez de la tuyère, 0^m,80. Le diamètre de l'ouverture des tuyères varie de 0^m,03 à 0^m,05. Au dessus de chaque feu se trouve un réservoir destiné à alimenter le courant d'eau de la tuyère.

Avec deux feux de forge adossés, l'écartement des contre-feux est de 0^m,80.

L'espace à ménager entre les feux de forge est de 10^m,00 au minimum.

501. Chaudronnerie du fer et de l'acier. — Une heureuse innovation dans la fabrication des chaudières s'est introduite récemment dans les ateliers. Nous voulons parler de la rivure mécanique. Divers systèmes d'agents moteurs ont été appliqués : la vapeur, l'air comprimé, la pression hydraulique.

Les ingénieurs sont encore divisés sur le choix à faire entre ces divers procédés. Mais les produits que nous avons vus à l'Exposition de 1878 nous engagent à citer les appareils hydrauliques de M. l'ingénieur R. H. Tweddell, employés par la Compagnie d'Orléans pour ses travaux de chaudronnerie

Tout le monde connaît aujourd'hui les appareils hydrauliques *Armstrong* et leurs diverses applications. Nous en avons cité plusieurs exemples : Manutention des marchandises aux docks de Marseille ; 1re partie, chap. VIII, § II, 399.
— Transbordement des véhicules à Ruhrort ; IIe partie, chap. VII, § V, 401 —, etc. Il est donc inutile de revenir sur les détails de ces installations ; nous signalerons seulement les points spéciaux aux ateliers de chaudronnerie.

Pour employer des machines portatives, il faut se servir de l'eau à très haute pression. M. Tweddell se sert, à cet effet, d'un accumulateur différentiel, composé d'un tube fixe qui sert de guide au plongeur mobile chargé du poids nécessaire pour produire la pression de 100 atmosphères.

L'eau qui arrive à la base de l'accumulateur remplit seulement l'espace annulaire formé par la différence des diamètres du guide à sa partie inférieure et à sa partie supérieure. Le tube contient donc très peu d'eau, ce qui donne à chaque ouverture des robinets de travail aux machines une descente rapide du plongeur dont les poids ajoutent leur force vive à celle de l'eau qui agit sur l'outil.

La machine fixe à river est composée d'un bâtis fermé à l'une de ses extrémités et ouvert à l'autre. Les bras de ce bâtis sont formés de quatre plaques en fonte qui offrent une grande résistance à l'écartement.

A l'extrémité de l'ouverture entre les deux bras se trouvent les deux outils qui font la rivure. L'un est fixé à demeure sur l'un des bras, l'autre est mobile ; mais retenu par l'autre bras, il reçoit son mouvement d'un piston hydraulique mis en action par l'eau sous pression qui arrive de la conduite par un tuyau de communication.

Quand le rivet est placé dans le trou des pièces à réunir, un déplacement de levier fait arriver l'eau au cylindre ; celui-ci en tirant s'avance instantanément vers son antagoniste et la rivure est achevée et parfaite.

Le mérite des inventions de M. Tweddell se retrouve dans

ses outils portatifs dont nous avons reproduit les croquis dans les figures 1,2 et 3, pl. XLI.

Ces machines qui sont toutes trois disposées pour pouvoir être suspendues à une grue roulante, se composent de deux bras articulés à une extrémité et portant à l'autre extrémité deux outils ou bouterolles, destinés à former la tête du rivet.

Sur l'un de ces leviers repose l'extrémité d'un cylindre dans lequel se meut un plongeur portant une traverse munie de tirants qui, après avoir passé à travers deux guides placés de chaque côté du cylindre, viennent se fixer à l'autre levier, formant ainsi un levier du troisième genre dans lequel la puissance est appliquée à peu près aux deux tiers de sa longueur à partir du point d'appui. L'articulation des leviers est telle qu'on peut l'appliquer à la place des bouterolles et réciproquement ; la même machine permet de poser des rivets de petit diamètre à la plus grande distance ou des rivets de grand diamètre à la plus petite distance.

La disposition de la machine suspendue et à cadran, permet de lui donner toutes les positions exigées par le travail de rivetage le plus irrégulier.

La Compagnie d'Orléans avait exposé plusieurs specimens de rivures, à la main et à la pression hydraulique refendus après le travail. On pouvait constater que la rivure Tweddell ne laisse aucun vide dans les trous et le joint, ce que le rivetage ordinaire est loin de donner.

Le Mémoire de MM. D. Greigh et Max Eyth, lu et discuté dans la session de juin 1879 de l'*Instilution of mécanical Engineers* — 133 — confirme ce fait d'une manière absolument irréfutable.

Le travail de la chaudronnerie exige :

1° Un four à réchauffer les tôles;

2° Un certain nombre de tas ;

3° Une machine à poinçonner ;

4° Une machine à cisailler ;

5° Une machine à river (dans le cas où la nature des travaux à exécuter comporterait l'emploi de cet appareil);

6° Une machine à cintrer les tôles;

7° Une pompe à essayer les chaudières.

Tous ces outils fonctionnent dans les meilleures conditions, quand ils sont mus par l'eau sous pression.

502. Travail du cuivre, du bronze et des alliages. — Dans cet ordre de matières, les ateliers ont à exécuter les réparations des boîtes à feu, des entretoises, des tubes à air chaud, de la tuyauterie constituant le travail de la chaudronnerie en cuivre et la fabrication des coussinets de bielles, colliers d'excentriques, coussinets de boîte à graisse, qui sont du ressort de la fonderie de cuivre.

L'entretien des tubes formant un travail tout à fait spécial à l'exploitation des chemins de fer et nécessitant par son importance une installation particulière, nous traiterons cette question séparément — 521, 522 —.

Le cuivre pur du commerce est un métal rouge, très ductile à froid, se travaillant très bien au marteau, surtout en feuilles minces. Son poids spécifique atteint 8,75 et sa ténacité 25 kilogrammes par millimètre carré. On peut, sans altérer ses propriétés, l'étendre ou le rétreindre sur lui-même. — Le cuivre se forge au rouge clair; à cette température il s'étire et se lamine en feuilles. Frappé à froid, il durcit.

En pratique, il est prudent de ne pas l'exposer à un effort permanent supérieur à $3^k,500$ par millimètre carré.

La qualité du métal dépend essentiellement du mode d'affinage appliqué au cuivre rosette provenant des usines de production. Il importe, dans cette opération, de s'arrêter à une certaine période, et cette précaution demande une habileté toute particulière de la part des ouvriers chargés de ce travail.

Le cuivre affiné peut renfermer en dissolution une assez grande quantité de sous-oxyde de cuivre [1], qui, en certaine

1. *Traité de métallurgie* du docteur Percy, traduit par MM. Petitgand et Ronua, t. V.

proportion, paraît nécessaire pour conserver au métal son maximum de malléabilité.

Si l'on arrête l'affinage vers le moment où cette proportion d'oxydule se trouve au maximum, le métal présentera une cassure grenue, mate, terne, d'un rouge brique presque dépourvu d'éclat métallique; à cet état, il peut contenir 13 pour 100 de sous-oxyde. Les Anglais lui donnent le nom de *Dry copper* (cuivre-sec), les allemands *Ueber gaar*.

Dépasse-t-on au contraire le degré voulu, c'est-à-dire fait-on disparaître la presque totalité de sous-oxyde, le métal affecte alors une texture largement fibreuse et d'une couleur jaunâtre; mais, dans l'un comme dans l'autre cas, il n'offrira pas les conditions de malléabilité et de résistance requises pour son emploi. Une cassure à fibres fines et déliées, d'un aspect soyeux, à éclat métallique très prononcé et d'un rouge pâle tirant sur le rose, serait au contraire l'indice d'une opération bien conduite. Le métal contient alors de 2 à 3 pour 100 de sous-oxyde.

D'après M. le docteur Percy, le cuivre exposé à l'action des gaz réducteurs, — hydrogène, oxyde de carbone, gaz d'éclairage, — perd de sa malléabilité par suite de la porosité occasionnée par la réduction du sous-oxyde disséminé dans le cuivre[1]. Ne trouverait-on pas là une explication de la destruction de certains foyers de locomotives ?

Il ne suffira donc pas d'imposer au fournisseur la provenance du métal (Corocoro, — Chili, — lac Supérieur), puisqu'un excellent cuivre peut, mal affiné, ne donner jamais un produit satisfaisant; l'ingénieur attirera son attention sur cette condition, en lui rappelant les caractères que nous venons de mentionner et à l'aide desquels il pourra se rendre compte de la conduite de l'opération.

Comme première épreuve, on fait sur le cuivre une entaille au ciseau. Un des côtés de l'entaille est fixé dans les mâchoires d'un étau; — l'autre, pris dans les pinces d'une te-

1. *Traité de métallurgie* du docteur Percy, traduit par MM. Petitgand et Ronna, t. V., p. 42.

naille, est plié et replié sur lui-même jusqu'à ce qu'il se détache. — Le nombre de fois qu'il faut plier la pièce avant d'atteindre la rupture donne une appréciation relative de sa ténacité.

On peut faire plus, soumettre l'échantillon à la traction et calculer son coefficient de résistance.

Le cuivre doit subir le martelage à chaud et à froid sans s'égrener, et ne présenter ni gerces, ni criques. — Toute pièce affectée de pailles ou soufflures n'est pas admissible. — Enfin, par l'analyse, on s'assure que la matière ne contient ni plomb, ni antimoine, métaux que les fondeurs introduisent souvent lors de la coulée, et qui nuisent à la qualité du cuivre.

503. Outils pour le travail du cuivre : —
1° Chevalet,
2° Bigorne,
3° Enclume,
4° Tasseaux,
5° Marteaux, — à élargir, à rétreindre, etc., en bois ;
6° Forge,
7° Four à souder,
8° Tenailles,
9° Règles, compas, équerres ;
10° Banc à étirer.

Le four à souder se compose d'une enveloppe en tôle de forme cylindrique, divisée en deux parties par une cloison horizontale, munie en son milieu d'une grille. A la partie inférieure vient déboucher un tuyau de ventilateur ; la partie supérieure, garnie d'un revêtement en briques, forme fourneau.

Une des principales opérations de la chaudronnerie en cuivre, ce sera le remplacement des entretoises de la boîte à feu. Nous avons donné — ch. II, § I — la forme et les dimensions usuelles de ces pièces ; nous rappellerons que leur montage doit être fait avec le plus grand soin et exiger une surveillance très active. Lorsque l'entretoise est mise en place, il est nécessaire, avant de la river, de couper la partie supplémentaire qui a servi de tête pour la saisir et la visser dans les parois du foyer; ce travail se fait ordinairement à la scie, afin de ne pas ébranler les entretoises voisines en employant le burin. Dans les ateliers de réparation, à Esslingen, on effectue ce travail à l'aide d'un outil spécial, imaginé par Gross, contre-maître des ateliers, et consistant en une petite cisaille à main, à double lame, manœuvrée à l'aide d'une vis. Cet instrument agit plus promptement que la scie et donne un travail plus régulier[1].

Le perçage des plaques tubulaires, qui d'ordinaire se fait dans l'atelier d'ajustage avec la machine à percer radiale à grande portée, exige l'emploi d'un outil spécial, en raison du grand diamètre des trous, et demande une exécution très soignée. La position des trous est tracée avec la plus rigoureuse exactitude. Ordinairement le centre de chacun d'eux se perce à l'aide d'un foret qui pratique un trou destiné à servir de guide pour découper ensuite la circonférence. Cette double opération peut être remplacée par une seule, au moyen de la perceuse de MM. Rice et Evered, dont le porte-outil formant gaîne entoure un pointeau qui lui sert de guide et le maintient constamment dans la même direction[2].

Fonderie de cuivre. — Elle doit comprendre :

1° Un four à vent forcé renfermant un ou deux creusets ;

2° Des châssis pour les moules en sable et des moules en fonte pour les pièces coulées en coquille ;

3° Des lingotières pour le coulage des alliages blancs ;

4° Une étuve pour le séchage des moules ;

5° Un magasin à sables et des établis pour les mouleurs ;

6° Un tamis et un moulin à sables.

Le sable de moulage employé pour fonderie de cuivre doit être beaucoup plus sec que celui dont on se sert pour la

---

1. Voir la description de l'appareil dans l'*Organ.*, etc., 1867. p. 131.

2. Armengaud. *Génie industriel*, févr. 1866. p. 77.

fonte de fer[1], car la température moins élevée de la fusion du métal ne facilite pas autant le dégagement des vapeurs et des gaz. Il doit être tamisé à l'étamine avant son emploi, et desséché à l'étuve après le moulage.

Les creusets qui servent à la fonte sont d'une contenance de 25 kilogrammes environ, en terre réfractaire pour les alliages, et en plombagine pour le cuivre rouge. Les premiers supportent environ dix fusions ; les seconds peuvent servir jusqu'à cinquante et soixante fois.

Quand on coule le cuivre ou ses alliages dans les moules, il faut prendre les plus minutieuses précautions pour exclure du creuset, de la poche à couler, de la lingotière ou du moule la présence de l'air, qui paraît être la cause des rochages, soufflures qui détériorent les pièces coulées. — L'injection de gaz d'éclairage dans ces différents vaisseaux est recommandée comme efficace contre l'apparition de ces phénomènes si fréquents et si redoutés du fondeur.

S'agit-il de fondre un alliage en parties définies de plusieurs métaux, on commencera par fondre le moins fusible, et on introduira successivement les autres par ordre de fusibilité décroissante.

Dans la fabrication de certaines pièces, telles que les coussinets de boîtes à graisse, par exemple, il importe de conserver toujours exactement la même composition d'alliage. A cet effet, les bronzes provenant des coussinets usés ou brisés en service et qui, soumis à une seconde fusion, perdraient une certaine proportion d'étain, seront réservés pour les pièces de robinetterie, tandis que la fonte des coussinets ne se fera qu'avec des alliages nouvellement préparés et de composition bien déterminée. Dans le cas d'alliages blancs, l'emploi des pièces hors de service devient plus difficile, par

---

1. Les fondeurs en cuivre ou en bronze, de Paris, emploient avec grand avantage le sable très siliceux de Fontenay-aux-Roses, qui permet d'obtenir des moulages très fins, mais pour les petites pièces. Quand la fonte prend un grand volume et développe une grande chaleur, il faut un sable moins siliceux, moins fusible.

suite du nombre restreint de leurs applications. On pourra alors déterminer par quelques essais la proportion exacte des déchets qu'ils subissent dans une nouvelle fusion, et par suite la quantité de matière qu'il convient d'ajouter avant la refonte. Ainsi, sur le chemin de Berlin à Stettin, on ajoute aux vieux coussinets dont nous avons donné la composition — 1re sect. chap. VI, 389 — 5 pour 100 environ d'antimoine.

504. OUTILS DE L'AJUSTAGE. — Les opérations de l'ajustage s'effectuent à la main ou à la machine.

Pour l'ajustage à la main, il faut un certain nombre d'établis, avec étaux et tiroirs renfermant chacun un outillage assorti de règles, compas, marteaux, burins, limes, etc.

L'ajustage mécanique s'effectue à l'aide d'un certain nombre de machines-outils que l'on peut classer en différents groupes, suivant le travail à effectuer :

Perçage
et
alésage.
$\left\{ \begin{array}{l} \text{Machines à percer simples.} \\ \text{Machines à percer radiales.} \\ \text{Machines à aléser verticales.} \\ \text{Machines à aléser horizontales.} \\ \text{Machines à aléser les cylindres de locomotives} \\ \quad \text{sur place.} \\ \text{Alésoir universel.} \end{array} \right.$

Tournage,
taraudage
et filetage.
$\left\{ \begin{array}{l} \text{Tours doubles pour roues motrices.} \\ \text{Tours doubles pour roues de supports et de ten-} \\ \quad \text{ders.} \\ \text{Tours doubles pour roues de vagons [1].} \\ \text{Tours additionnels ou simples.} \\ \text{Tours pour fusées d'essieux.} \\ \text{Tours simples pour roues de machines et ten-} \\ \quad \text{ders.} \\ \text{Tours parallèles.} \\ \text{Tours à fileter.} \\ \text{Tours sphériques.} \\ \text{Machines à tarauder.} \end{array} \right.$

1. La quantité de ces outils doit être le double de celle des tours pour roues de machines.

<table>
<tr><td rowspan="9" style="text-align:center">Machines
à raboter
et tailler.</td><td>Machine à tailler les écrous.</td></tr>
<tr><td>Machines à mortaiser.</td></tr>
<tr><td>Machines à raboter [1].</td></tr>
<tr><td>Etaux limeurs.</td></tr>
<tr><td>Machines à planer.</td></tr>
<tr><td>Machines à tailler les coulisses.</td></tr>
<tr><td>Machines à fraiser.</td></tr>
<tr><td>Meules à aiguiser.</td></tr>
</table>

C'est aux outils de l'ajustage que doivent s'appliquer tout spécialement les deux conditions que nous avons signalées en commençant : — rapidité de marche, — résistance de l'outil aux efforts de réaction de la pièce à travailler. La précision indispensable à cette partie du travail exige un soin tout particulier dans le choix de l'outillage et dans son entretien, qui sollicitent toute l'attention de l'ingénieur dirigeant ce service.

Un point important à étudier, c'est la vitesse que doit prendre l'outil chargé d'effectuer le travail. Cette vitesse dépend de la nature de la matière et des dimensions de la pièce. Les changements de vitesse s'obtiennent à l'aide de cônes de transmission arbitrairement calculés. M. Mathias, ingénieur de la traction au chemin de fer du Nord a publié, dans les Mémoires de la Société des sciences de Lille, une Note relative au calcul rationnel de ces cônes que l'on consultera utilement, quand on aura une installation à étudier.

Il convient de rappeler ici l'opportunité de disposer dans l'atelier d'ajustage deux arbres de transmission pouvant se suppléer au besoin l'un l'autre, et d'avoir toujours une machine de réserve que l'on puisse substituer au moteur ordinaire dans le cas où celui-ci viendrait à cesser de fonctionner. Une locomotive usée, posée sur chevalets, remplit parfaitement cet office.

Tours. — Au-dessus des tours doivent être disposés des

---

1. La plus grande doit pouvoir raboter les longerons de locomotives, ce qui exige une course d'au moins 8 mètres.

poulies et treuils différentiels (1re part., ch. VIII, § II) pour soulever les pièces lourdes, les essieux en particulier, et les mettre en place. Malgré cette disposition, la mise sur pointes ne laisse pas que de demander un certain temps et une certaine habileté. Dans les ateliers du chemin de l'Est, en Bavière, ce travail est effectué par le tour lui-même, au moyen d'une disposition ingénieuse qui permet à un seul ouvrier de mettre en place les roues des locomotives les plus lourdes. Sur les deux plateaux, et près des bords du tour, sont articulées deux tringles. Ces tringles, dont la longueur est à peu près égale à la distance de leur point d'articulation au centre du plateau, formant bielles, se terminent par un crochet que l'on engage sous les fusées de l'essieu placé à proximité sur la voie de service. En mettant le tour en mouvement, la paire de roues se trouve entraînée, soulevée, et vient se placer d'elle-même dans l'axe du tour, si on a soin d'arrêter le mouvement de ce dernier à l'instant convenable [1].

Dans le tournage des grandes roues de locomotives, on éprouve toujours quelque difficulté à obtenir une grande régularité de mouvement lorsque l'on veut enlever en une passe une épaisseur de métal un peu forte. Il se produit des vibrations dans tout l'appareil), des *broutements* ; les outils s'enfoncent inégalement dans le métal, cassent souvent quand ils pénètrent trop avant et donnent difficilement une surface régulière. Ces effets sont surtout sensibles dans les tours où les essieux sont montés sur pointes, et lorsque les fusées extérieures et les boutons de manivelles nécessitent un porte-à-faux considérable des supports. On peut remédier à cet inconvénient en montant l'essieu sur ses fusées, disposition qui présente quelques difficultés lorsqu'elles sont extérieures aux roues. Une disposition plus commode, dans tous les cas, consiste à soulager les pointes du tour d'une partie du poids de l'essieu et des roues, en faisant reposer le premier en son milieu sur un support spécial monté sur un

1. *Organ*, etc., 1867, p. 7.

ressort dont on règle la tension suivant le cas, de manière à ne jamais faire supporter aux pointes un effort trop considérable. Le support d'ailleurs doit pouvoir se prêter à de petites irrégularités de diamètre, les parties centrales des essieux n'étant pas toujours exactement centrées [1].

505. TOUR A ROUES DE MACHINES DE L'OUEST. — Ce tour exposé en 1878 porte trois grands plateaux et six chariots pouvant recevoir chacun deux outils.

Les douze outils peuvent travailler à la fois, soit pour tourner et aléser les bandages, aléser les moyeux de roues ou tourner et aléser des pièces de très grandes dimensions.

Le poids de l'appareil est d'environ 32 tonnes.

Observation essentielle. — On relie l'atelier des tours avec le parc à roues, par des voies spéciales qui permettent des communications directes entre ces deux points, sans traverser d'autres parties occupées par les travaux d'atelier.

506. TOURNAGE DES ROUES. — C'est la partie du service d'entretien la plus importante. Nous avons signalé les difficultés que présente le tournage des bandages en acier ou en fer cémenté qui ont subi l'action des freins ; il nous paraît intéressant de rappeler que, pour enlever la croûte durcie qui résiste complétement à l'action de l'outil en acier, on se sert de meules en pierre pour user les parties à enlever. — La surface de ces dernières doit être dure et unie ; dans les meules à texture poreuse, la boue métallique produite par son action sur le bandage ne tarde pas à remplir les cavités et à former une surface lisse sans action sur la pièce à travailler [2].

L'emploi de bandages mixtes en fer et acier trempé amena

1. *Organ*, etc., 1867, p. 152.

2. *Organ fur die Fortschritte des Eisenbahnwesens*, 1866, p. 43. — Description d'un tour à meules fonctionnant dans les ateliers de réparation des voitures du chemin de Cologne à Minden.

le Great Western Railway à construire des tours à meules qui sont actuellement employés au rafraîchissage des bandages de toute espèce. Les meules sont montées sur des porte-outils analogues à ceux des tours ordinaires, de manière à pouvoir se déplacer latéralement et perpendiculairement, et reçoivent par l'intermédiaire de courroies un mouvement très rapide de sens contraire à celui de la roue à travailler.

Le rafraîchissage ainsi effectué est, pour des bandages faciles à tourner, moins économique que par la méthode ordinaire ; mais il n'en est plus de même lorsque les surfaces ont acquis une certaine dureté. Enfin il existe aux ateliers de Swindon un tour à meules construit par M. Armstrong sur le même principe que les tours doubles de Witworth, et qui présente, quel que soit le cas, une supériorité réelle, au point de vue économique, sur les tours à burins [1]. En présence de ces divers résultats, nous pensons que la question mérite un examen sérieux de la part des ingénieurs chargés de l'entretien du matériel roulant ; il est désirable que de nouvelles expériences viennent bientôt fixer d'une manière certaine l'opinion des praticiens à ce sujet.

Le conseil que nous donnions en 1868 est appuyé par l'expérience, car on a divers exemples de tour à meules pour le rafraîchissage des bandages ; en voici un, entre autres :

507. TOUR A MEULES D'ÉMERI. — La Compagnie des chemins de fer de l'État Autrichien avait envoyé à l'exposition universelle de 1878 un tour à meules d'émeri, composé d'un tour à plateau ordinaire pour roues de vagons, complété par deux supports sur lesquels sont montées deux meules d'émeri. Le support est disposé pour permettre à la meule d'émeri de se déplacer le long de la section transversale du bandage.

Les roues font une révolution par minute pendant que les meules en font 800.

La Compagnie estime que la dépense de rafraîchissage d'une

1. *Engineering*, 21 déc. 1866, p. 476.

paire de roues de vagon coûte 5 francs qui se décomposent ainsi :

Main d'œuvre. . . . . 3 fr. 35
Usure des meules . . . . 0 fr. 31
Frais généraux. . . . . 1 fr. 34

508. MACHINES A PERCER LES BANDAGES. — On sait que pour relier les bandages au corps de la roue, on pratique dans les bandages un trou plus ou moins profond, qui forme un point faible dans la résistance de l'appareil. On tend aujourd'hui à réduire le plus possible la profondeur de ce trou et comme, pour cela, on ne peut plus le percer de l'extérieur à l'intérieur, il faut renverser le sens du forage : c'est par l'intérieur de la roue que l'on attaque le bandage.

Nous indiquons ici deux machines employées à cet usage ; l'une fixe, l'autre mobile.

a) Machine fixe. Les fig. 2 à 4 de la pl. XXXVII représentent la machine fixe à percer intérieurement les bandages, exposée en 1878 par la Compagnie des chemins de fer de l'Ouest.

Ce qui caractérise cette machine, c'est la facilité qu'elle offre d'effectuer le travail sans déplacer les roues d'un même essieu ; de pouvoir percer des trous quelle qu'en soit la position, même au voisinage des manivelles et pour tout diamètre de roues ; enfin de n'occuper dans l'atelier que la place exigée par les roues elles-mêmes.

Les roues à percer reposent sur des galets qui servent à les faire tourner pour amener successivement, au dessus du foret, le point à percer. Le poids de cet outil est de 1100 kg.

b) Machine mobile. Elle est représentée en coupe par la fig. 5, pl. XXXVII, qui la montre fixée par une vis de calage sur le point du bandage à percer.

Une poulie à courroie transmet aux engrenages moteurs de l'outil perceur le mouvement pris sur la transmission de l'atelier.

c) On peut aussi utiliser pour ce travail les transmissions par câbles forés exposés par les américains en 1878.

109. APPAREILS POUR CONTRÔLER LE MONTAGE DES LOCOMOTIVES. — Il est important dans la construction des locomotives :

1° De s'assurer que les axes des essieux sont bien perpendiculaires aux axes des cylindres ;

2° Que les manetons de manivelles sur un même essieu sont sur deux rayons à 90° l'un de l'autre ;

3° Que les rayons des manivelles d'accouplement ont même longueur et même équerrage, conditions indispensables pour avoir un passage régulier et facile des points-morts, et par là éviter la rupture des bielles ou des tourillons.

Le premier point est résolu à l'aide de l'appareil représenté par les fig. 10 et 11 de la pl. XL, et employé par la Cie des chemins de fer de l'Ouest.

Cet appareil se compose d'un arbre A B qui se fixe entre les faces des plaques de garde, et d'un levier C D. A chaque extrémité de l'arbre se trouve une articulation horizontale et une articulation verticale.

Le style D, fixé à l'extrémité du levier C D, se meut dans un plan perpendiculaire à l'axe de l'essieu ; sa pointe se place, à une extrémité, en contact avec un fil tendu suivant l'axe des cylindres.

En faisant décrire au levier un arc de 180°, la pointe du style D doit se trouver encore en contact avec le fil d'axe des cylindres.

Un curseur, adapté à chaque pivot E (fig. 11) engagé dans les glissières des boîtes à graissage, permet par la lecture des chiffres indiqués sur les échelles, de déterminer la quantité dont il faut déplacer l'axe de l'arbre A B, pour le ramener à la position voulue.

L'appareil que l'on emploie au chemin de fer de l'Ouest, pour vérifier le calage des manetons de manivelle est fondé sur le principe suivant :

Si du point C (fig. 6, pl. XXXVII), centre de l'un des manetons, on décrit un arc de circonférence d'un rayon convenable, cet arc coupe la circonférence du bandage en deux points A et B. La même opération exécutée sur l'autre roue, avec le maneton qui a son centre en C′, on obtient deux autres points A′ B′.

Si les deux lignes D C et D C′ sont perpendiculaires entre elles, les deux autres lignes A B et A′ B′ doivent l'être également.

Cette condition se vérifie au moyen de deux règles que l'on pose l'une suivant A B, l'autre, à angle droit, sur la première, que l'on fixe sur la ligne A′ B′. Chacune d'elles porte un niveau à bulle d'air. Si l'on a eu soin de placer la règle A′ B′ dans une position verticale, il faut que le niveau à bulle d'air indique que la règle A B est bien horizontale. S'il n'en est pas ainsi, on fait tourner cette règle autour du point A jusqu'à ce qu'on lui trouve une position A B_1 perpendiculaire à A′ B′. On détermine alors le point de centre qui convient à cette condition.

510. Appareils pour le travail des roues. — Lorsque la première édition de ce livre a été publiée, la plupart des administrations de chemin de fer hésitaient encore entre les deux systèmes de roues ; roues à centre en fonte d'une part et roues à centre en fer forgé. Aujourd'hui ces dernières sont adoptées à peu près partout — 1ᵉ section, chap. VI, § VIII et 2ᵉ section chap. III, § III.

Nous aurions donc pu passer sous silence la question des roues à centre en fonte. Cependant, comme le cas peut se présenter où l'on aurait besoin d'avoir recours à ce procédé, nous reproduisons ici les détails que nous avions donnés à ce sujet.

Nous n'entendons parler ici que de la fabrication des roues en fer laminé et moyeu en fonte, en rappelant que nous en avons distingué deux espèces — 1ʳᵉ sect. chap. VI, § VIII — : les roues, sans faux cercle et les roues à faux cercle. Dans l'un comme dans l'autre cas, la première opération consiste, ainsi que nous l'avons vu, dans le cintrage des rais, lesquels, entaillés à leurs extrémités, sont introduits dans un moule spécial et portés à la fonderie, où s'effectue le coulage du moyeu — 465 —. De là, la pièce passe à l'ajustage, où le moyeu s'alèse et les faces se dressent. Le centre de roue ainsi travaillé revient à la forge, où l'on effectue le dressage des bras, la rivure des secteurs, le soudage des coins ou la pose du faux cercle, suivant le cas, et, enfin, l'embattage du bandage. Ces diverses opérations nécessitent, dans l'atelier spécial réservé à ce genre de travail, l'installation des outils et appareils suivants :

Machine à cisailler les barres de longueur,

Forme et mandrin pour cintrer les rais,

Petite machine à cintrer,

Forge à un ou deux feux pour chauffer les rivets et souder les coins ou le faux cercle,

Enclumes,

Matrice pour souder les coins,

Fosse à embattre les bandages,

Grue pour manœuvrer les roues montées pendant l'embattage,

Presse hydraulique pour caler les roues sur les essieux, avec sa grue à chariot [1],

Feu de forge circulaire pour enlever les bandages,

Four à réchauffer les barres droites,

Four à réchauffer les bandages mandrinés.

Les bandages sont généralement livrés prêts à embattre par les usines de production. Cependant, quelques ateliers reçoivent des barres droites profilées, les cintrent, les mandrinent et les soudent.

Ces diverses opérations demandent l'installation suivante:

---

1. Nous avons donné —1 sect. chap. VI. § VIII— le détail de cette opération pour le montage des roues de voitures et wagons; pour les roues de locomotives, la pression dépasse en général 80000 kilogrammes.

Un four à réchauffer à proximité de la machine à cintrer
et mandriner horizontale ou verticale,

Un feu de forge,

Un marteau-pilon de 4 à 500 kilogrammes,

Des grues à volée pour la manœuvre des pièces.

511. Machine a essayer les bandages montés. — On sait
que les épreuves de réception des bandages consistent généralement à soumettre au choc d'un mouton, ou à laisser tomber
sur une enclume très résistante, un bandage choisi dans un
lot de 25 ou 50 bandages provenant de la même fabrication [1]
— seconde partie, 1re section, ch. VI, § IX; 419 —.

Les vices de ce mode d'épreuve sautent aux yeux. En admettant que le bandage essayé résiste aux épreuves, il y a
beaucoup de chances pour que ceux du même lot ne répondent pas aux conditions imposées; et réciproquement, si le
bandage essayé ne donne pas les résultats imposés par le cahier
des charges, rien ne dit que les autres bandages du lot refusé
ne donneraient pas de meilleurs résultats que les bandages
acceptés.

Beaucoup d'ingénieurs renoncent au mode d'épreuves au
mouton, car elles ne donnent que des indications incertaines,
et ils adoptent de préférence le mode d'essai aux machines
analogues à celles que nous décrivons. — 528 —.

Mais au chemin de fer de l'Ouest, M. Mayer, ingénieur en
chef du matériel et de la traction, va plus loin. Il soumet
tous les bandages à un mode d'épreuve qui jusqu'à présent
fournit de très utiles indications.

1. La clause du cahier des charges du chemin de fer de l'Ouest qui pres-
crivait cette épreuve était ainsi conçue :

Un bandage sur cinquante, désigné par l'Agent de la Compagnie, sera
placé sur un point d'appui très résistant et soumis, sur son sommet, au
choc d'un mouton de 1000 kil. tombant d'une hauteur de 4 mètres. Le bandage essayé devra supporter ce choc et prendre la forme ovale sans qu'il se
manifeste aucune crique ou indice de rupture ; si le bandage ne répond pas
à ces conditions, le lot entier sera refusé.

Ce mode d'épreuve consiste à soumettre chaque bandage monté sur roue à un certain nombre de coups de marteau de forgeron. Les chocs ainsi obtenus font rompre les bandages qui présentent des défauts de fabrication.

De nombreux essais ont été faits pour déterminer le poids le plus convenable à donner au marteau, et le nombre de coups par bandage.

On s'est arrêté au nombre de seize coups frappés par un marteau de 8 kil. pour les bandages de vagons et de 11 kil. pour ceux de locomotives et tenders

La Compagnie a fait alors construire une machine qui donne des coups toujours égaux sur chaque pièce de bandages essayés. Cette machine est représentée en élévation longitudinale et latérale par les fig. 1 et 2, pl. XXXVI, en *plan* par la fig. 1, XXXVII, dessins dont nous devons la communication à l'obligeance de M. l'ingénieur en chef Mayer.

Le poids de cette machine est d'environ 1 900 kil. on peut y essayer 100 à 120 paires de roues par jour.

Sur 56 613 bandages essayés en deux ans et demi 249 bandages se sont rompus à l'épreuve.

512. Observation sur l'essai des bandages. — Nous reconnaissons très volontiers que le mode d'essai des bandages pratiqué au chemin de fer de l'Ouest à l'aide de la machine à marteaux est beaucoup plus efficace que ceux dont nous avons parlé.

Mais il nous semble qu'il y aurait plus à faire pour s'assurer de la bonne qualité et de la bonne fabrication du bandage.

On pourrait par exemple soumettre chaque bandage, avant sa pause sur la roue, à une machine qui serait composée d'une roue formée de plusieurs segments pouvant s'éloigner du centre, sous la pression de pistons de presse hydraulique, de cônes enfoncés par une pression instantanée ou de tout autre mode de transmission de mouvement.

Le bandage serait ainsi éprouvé sur tous ses points à la fois.

Il faudrait aussi soumettre chaque bandage à cette épreuve en lui faisant subir en même temps une brusque variation de température avec de l'eau bouillante et de l'eau froide, afin de se rapprocher des conditions de l'hiver, si funeste souvent aux bandages défectueux.

513. APPAREILS POUR VÉRIFIER LES ESSIEUX MONTÉS. — La stabilité des véhicules et la régularité du roulement exigent que les essieux soient parfaitement parallèles et que les roues soient bien symétriques relativement à leur axe de figure. Si ces conditions ne sont pas observées, les forces d'inertie des masses excentrées, c'est-à-dire dont le centre de gravité ne coïncide pas exactement avec le centre de figure ou de rotation de l'essieu, donnent lieu à des secousses de toute nature analogues aux mouvements que l'on cherche à combattre dans les locomotives, au moyen de contre-poids appliqués aux roues. Les efforts qui tendent à rendre irrégulier le mouvement des roues, augmentant avec le carré de la vitesse de marche du train, ont une bien plus grande importance dans les trains de voyageurs que dans les trains de marchandises.

L'*excentricité* d'un centre de roue est proportionnelle au poids du centre P et à la distance γ du centre de gravité G à l'axe de rotation géométrique.

Le produit P γ représente ce qu'on appelle le *balourd*, moment d'excentration ou excentricité.

On peut supposer l'excentricité rapportée, pour les roues des machines et celles des vagons à une distance invariable du centre, à $0^m,500$, par exemple ; elle est alors représentée par un nombre déterminé de kilogrammes. Si l'on dit qu'un centre de roue a une excentricité de 1 kilogramme, cela veut dire que pour rétablir l'équilibre sur le tour, il faudrait un poids de 1 kilog. à l'extrémité d'un levier de $0^m,500$.

514. APPAREILS DU CHEMIN DE FER DU NORD. — Pour mesurer et corriger les imperfections de construction et de montage du train de véhicules, M. Bricogne, ingénieur, inspecteur principal du matériel au chemin de fer du Nord, qui a bien voulu nous communiquer les renseignements qui suivent, a établi les appareils de précision que nous allons décrire.

a) Pour vérifier l'égalité de diamètre des bandages des roues d'un même essieu, on se sert de l'appareil représenté par les figures 4, 5 et 6 de la pl. XLI. Il se compose d'une simple règle en fer pouvant glisser dans son support sur l'essieu, et terminé d'un côté par une équerre dont on fait buter la pointe contre le bandage ; de l'autre côté, une deuxième équerre faisant fonction de curseur, glisse sur la règle de façon que sa pointe puisse s'appliquer contre le bandage, sur le même cercle que la pointe de l'équerre fixe et à l'extrémité du même diamètre.

b) Les figures 6, 7 et 8 représentent en élévation, profil et plan, la disposition adoptée pour vérifier le profil des bandages, leur devers latéral, la constance des diamètres d'un même bandage et la rectitude des fusées. L'essieu monté est amené sur un tour à coussinets, puis légèrement soulevé, pour dégager les tasseaux A et A' ; on le descend ensuite sur les coussinets. Un calibre muni de verniers convenablement disposés permet de vérifier les trois éléments que nous venons d'indiquer.

c) Pour mesurer le balourd ou moment d'excentration, l'essieu est monté sur un tour à pointes (fig. 11). S'il n'est pas en équilibre dans toutes les positions successives qu'on lui fait occuper, on mesure au moyen d'un curseur (fig. 15) l'importance du balourd, et, par conséquent, le poids de matière qu'il convient d'enlever suivant l'un des rayons, ou d'ajouter suivant l'autre, pour rétablir l'équilibre sur le diamètre qui présente le défaut constaté.

d) Le pesage simultané des deux roues du même essieu permet de reconnaître s'il y a symétrie dans l'ensemble de l'essieu monté de ses roues et si le centre de gravité de cet ensemble passe par son centre de figure. On cherche s'il y a égalité de poids sur les deux roues, en plaçant l'essieu sur deux bascules B B' (fig. 14 et 15) ; et on corrige les différences de poids en enlevant ou en ajoutant de la matière à l'un des corps de roues.

c) La vérification de la position de la face intérieure des bandages et de la position des boudins relativement au milieu des fusées s'effectue à l'aide d'un calibre muni de verniers V et V' (fig 9 et 10).

f) La dernière vérification résume les précédentes, en permettant de s'assurer que les additions de poids et suppression de matière n'ont point modifié les conditions générales de l'essieu monté, c'est-à-dire que les deux roues sont parfaitement en équilibre relativement au centre de figure. On suspend l'essieu par son milieu (fig. 13), afin de reconnaître si le centre de gravité se trouve rigoureusement dans le plan vertical perpendiculaire à l'axe de l'essieu et passant par son centre de figure.

Cette opération, que M. Bricogne a appliqué le premier au chemin de fer du Nord, est d'une nécessité absolue, du moment que l'on cherche à atteindre la perfection.

En effet, l'effort de traction qui entraîne l'essieu se compose de deux forces égales sur les deux fusées qui peuvent être assimilées à une seule force appliquée au centre de figure de l'essieu ; si le centre de gravité ne se trouve pas en ce même point, il se produit un couple qui tend à faire obliquer l'essieu et à appliquer les boudins contre les rails.

515. VÉRIFICATION DU PARALLÉLISME DES ESSIEUX ET DU MONTAGE DES PLAQUES DE GARDE. — Les essieux montés étant vérifiés et rectifiés au besoin, il faut les placer correctement sous les voitures de manière que les roues soient bien parallèles et que l'axe de l'essieu soit exactement perpendiculaire à celui de la voiture.

Il faut aussi que les deux plaques de garde d'un même essieu se trouvent dans des plans verticaux, perpendiculaires à l'axe de l'essieu.

On assure et on vérifie le montage des essieux et celui des

plaques de garde, à l'aide d'une fosse de construction spéciale (fig. 5 à 8, pl. XLII), munie de plaques en cuivre quadrillées, scellées dans le sol à des intervalles correspondants aux divers écartements d'essieux employés dans le matériel de transport. On reporte sur ces plaques quadrillées, au moyen de fils à plomb (fig. 11, 12, 13 et 14), la projection de l'axe des essieux, ou celle des axes des plaques de garde, suivant que l'on veut vérifier ou régler le montage de l'un ou de l'autre.

Les ressorts de suspension étant fixés au moyen de mains avec écrous de rappel, et les plaques de garde au moyen de boulons, on peut facilement corriger toutes les défectuosités du montage.

Pour mettre en évidence le degré de perfection qu'atteint le roulement dans une voiture montée, avec toutes les précautions que nous venons d'indiquer, on a mis, à la queue des trains express, au chemin de fer du Nord, des voitures ainsi établies, en ayant soin de peindre en blanc la surface de roulement des bandages. On a constaté qu'après 50 kilomètres de parcours, les boudins des roues n'avaient pas touché les rails. Sur la surface blanchie des bandages on ne trouvait d'enlevée à la couche de blanc qu'une largeur de 2 à 3 centimètres, ce qui démontrait que les essieux n'avaient aucun mouvement de lacet en ligne droite, et que dans les courbes, la conicité des bandages suffisait en partie pour maintenir l'axe de la voiture dans l'axe de la voie.

516. APPAREIL POUR PESER L'EXCENTRICITÉ DES CENTRES DE ROUE. — *(Chemin de fer de Paris-Lyon-Méditerranée.)* (Note autographiée de la compagnie.) — Pour monter le centre de roue sur son axe géométrique, on emboîte, dans le trou alésé, un manchon légèrement conique, terminé à chaque extrémité par deux tourillons exactement centrés avec le manchon et faisant saillie sur le moyeu.

L'axe de ces deux tourillons est l'axe géométrique de rotation de la roue. puisque le manchon conique occupe la place

de l'essieu autour duquel se fera plus tard la rotation de l'essieu monté.

Si l'on pouvait placer le centre de roue, ainsi disposé, entre
les deux pointes d'un tour butées contre des points de centre
ménagés sur les deux tourillons, on trouverait immédiatement la direction et la valeur du poids qui, placé à la distance convenable, ramènerait l'équilibre dans le cas où il
n'existerait pas. Mais l'effet du frottement enlève à cette disposition très simple toute son exactitude, et on a été amené
à construire une balance dont le fléau a la forme d'un cadre,
dans l'intérieur duquel vient se placer le centre de roue monté
sur le manchon (fig. 3 et 4 pl. XXXIX).

Les tourillons de l'axe reposent sur deux V, creusés dans
les côtés du cadre et disposés de telle manière que l'axe de
ces tourillons, qui représente l'axe réel de l'essieu monté,
coïncide aussi exactement que possible avec l'axe des couteaux de suspension de la balance dont le cadre forme le
fléau.

Le centre peut prendre toutes les positions angulaires, en
tournant à frottement doux sur les parois des V.

Au moyen de cette disposition on peut, comme nous allons
le voir, déterminer l'excentricité du centre de roue dans
toutes les positions.

Pour déterminer la direction de l'excentricité, on procède
de la manière suivante :

On place le centre de roue sur la balance dans une position quelconque et on rétablit l'équilibre au moyen d'une
tare en grenaille de plomb ; on trace la verticale des couteaux à la craie sur la jante du centre de roue ;

Laissant la tare, on fait tourner le centre jusqu'au réta-
blissement de l'équilibre ; on trace la verticale des couteaux à
la craie sur la jante de la roue ;

Au moyen d'un fil enroulé sur la roue, d'une trace à
l'autre, on prend la bissectrice de l'angle au centre formé par
les deux tracés et on la marque à la craie sur la jante.

Pour déterminer la grandeur de l'excentricité, on place la

trace de la bissectrice derrière le fil à plomb de l'appareil qui donne la verticale des couteaux ; on rétablit l'équilibre au moyen d'un poids p_1 placé dans un plateau et on indique, au moyen d'un signe sur le centre de roue, la trace de l'horizontale opposée au plateau chargé du poids p ; — cette trace coïncide avec la direction de l'excentricité.

On tourne le centre de 180°, et on rétablit l'équilibre, au moyen d'un poids p_1 placé dans le deuxième plateau.

L'excentricité est égale en grandeur à $\frac{p_1 + p_2}{2}$. — Si, p_1 et p_2 sont placés dans le même plateau, l'excentricité est placée sur la direction de l'horizontale opposée au plateau lors de la plus grande pesée, et elle égale, en grandeur, la moitié de la différence des deux pesées.

L'appareil du chemin de fer Paris–Lyon–Méditerranée pour peser l'excentricité des essieux montés (fig. 1 et 2, pl. XXXIX) repose sur le même principe.

517. PESAGE DES QUATRE ANGLES D'UNE VOITURE. — Les fig. 1,2,3 et 4 de la pl. XLII montrent l'appareil et les dispositions employées par M. Bricogne au chemin de fer du Nord pour régler rigoureusement les ressorts suivant la charge qu'ils ont à supporter.

Cet appareil se compose de trois couteaux de balance situés dans un même plan, et dont l'un G (fig. 3), se trouvant dans l'axe longitudinal du véhicule, permet la libre oscillation de la caisse suivant cet axe. La fig. 4 représente le plan d'ensemble en diagramme. Le pesage se fait en deux fois à chaque opération ; la voiture dégarnie de ses roues, boîtes à graissage et ressorts, repose sur les trois couteaux, de telle façon que l'un d'eux supporte le poids total qu'auraient à supporter les deux ressorts de l'essieu, et que les deux autres donnent la mesure du poids reposant sur chacun des ressorts de l'essieu.

La seconde opération est faite de la même manière, en renversant la position des appareils du pesage.

On connaît alors le poids exact qu'aura à supporter chacun des ressorts de la voiture.

En se servant de la connaissance des pressions exercées par les quatre angles d'une voiture, M. Bricogne établit par une formule empirique le degré de flexibilité que doit posséder tout ressort soumis à une pression donnée et l'angle que doit faire la main de suspension du ressort avec l'horizontale.

C'est au moyen de toutes ces intelligentes observations que M. Bricogne a pu dire que tout matériel peut être rendu très confortable s'il est convenablement monté.

Les appareils de pesage servent encore à lester certaines voitures par trop dissymétriques et à répartir le lest des fourgons à frein, de manière à avoir, autant que possible, le même poids sur les deux fusées d'un même essieu.

518. MESURE DE L'USÉ DES COUSSINETS. — L'instrument qui sert, dans les ateliers du Nord, à mesurer le degré d'usure du coussinet, sans autre démontage que celui du dessous de la boîte (fig. 9 et 10, pl. XLII), se compose d'un manche taraudé, dans l'intérieur duquel se loge une tige filetée A qu'on peut faire monter ou descendre en tournant la molette b qui sert d'écrou fixe. Cette tige, dans son mouvement, pousse un curseur B, dont la course est égale à la somme-limite des usures de la fusée et des coussinets, soit 27 millimètres.

L'instrument est terminé par deux bras en arcs de cercle r r' dont le diamètre est rigoureusement égal à celui de la fusée lorsqu'elle est neuve. Quand on place l'instrument au-dessous du corps de boîte, en faisant toucher ses branches aux arêtes de la boîte, les deux branches r r' embrassent exactement la fusée.

L'instrument porte une double graduation; celle du bas sert à mesurer l'usure du coussinet; l'autre indique l'usure de la fusée. Pour cette dernière mesure, on prend le diamètre de la fusée au moyen du compas-maître-de-danse C (fig. 10$_a$ et 10$_b$); on introduit l'une des branches de ce compas dans l'encoche i ménagée au bas du manche A (fig. 9$_a$ et 9$_b$). L'extrémité de l'autre branche, appliquée sur la graduation supérieure, indiquera exactement la diminution de diamètre, la distance du zéro à l'encoche *i* étant en effet égale au diamètre primitif. La limite réglementaire de cette usure est de 13 millimètres. On apprécie les dixièmes de millimètre au moyen d'un vernier.

Pour avoir l'usure du coussinet, il suffit de retrancher de l'usure totale indiquée par le bas du curseur, l'usure de la fusée précédemment mesurée.

519. RODAGE PRÉALABLE DES COUSSINETS. — Nous avons signalé cette sage précaution dans les Notes sur le matériel de transport, relevées à l'Exposition de 1878 — Suppl. tom. III —.

520. APPAREILS POUR LA FABRICATION DES RESSORTS. — Les explications données sur la méthode de fabrication des ressorts, 1re section, chap. VI, § II — sont suffisantes pour n'avoir pas à y revenir. En voici l'outillage :

1 Cisaille,

1 Laminoir,

1 Petite machine à percer,

1 Machine à fentes et étoquiaux,

1 Machine à poinçonner,

1 Machine à cintrer les feuilles,

1 Bassin à tremper,

1 ou 2 Grosses meules,

1 Marbre en fonte de 1 mètre de long, 1 mètre de large, et $0^m,040$ d'épaisseur, monté sur châssis, avec armoire pour les ajusteurs,

1 Tas en fer aciéré, avec entailles pour dégauchir les feuilles,

1 Marteau en acier fondu à panne transversale, du poids de $2^k,500$,

1 Paire de tenailles pour ajusteur,

Etaux d'ajusteur,

1 Four à réchauffer les extrémités des feuilles.

1 Four à tremper,

1 Four à recuire,

1 Presse à essayer les ressorts.

Four à chauffer les feuilles. — Il est important d'avoir la plus complète égalité de température dans toutes les parties du four, et cette condition exige la construction de fours spéciaux, à voûte très surbaissée, la grille étant placée parallèlement à la plus grande dimension de la sole; la flamme s'échappera par un certain nombre de carnaux également espacés, les deux extrêmes ayant une section un peu plus grande que les autres, afin de forcer la flamme à y passer et à chauffer ainsi les parties les plus éloignées. Les feuilles s'introduisent par deux portes latérales placées à chacune des extrémités du four, sur les petits côtés, et se posent sur la sole, parallèlement à la longueur de la grille. Le recuit peut se faire dans le même four, au-dessus de la grille, au moyen de petites ouvertures laissées à l'une des extrémités de celle-ci.

Nous ne connaissons pas encore d'application du système de chauffage et de recuit dans les bains métalliques, appliqués avec tant de succès par M. Limet à la fabrication des limes et des outils.

Four à recuire. — D'autres fois, au contraire, un four spécial se trouve affecté à cette opération. Ce sera généralement un four en tôle et fonte, ouvert à ses deux extrémités pour permettre à deux ouvriers d'introduire deux feuilles à à la fois. La grille, longue et étroite, formée par quatre barreaux, reçoit une couche de coke brûlé par un courant d'air forcé.

Presse à essayer. — Nous avons indiqué les divers systèmes de presses employés à cet usage, — presse à vis, presse à vapeur.

521. **Appareils Brisse pour poser les tubes.** — Les opérations suivantes sont nécessaires pour poser les tubes de chaudières et leur assurer un bon fonctionnement :

1° Le *laminage ou mandrinage* qui consiste à élargir le

tube à chacune de ses extrémités après son emmanchement dans les plaques, de manière à produire un contact parfait, un joint hermétique et résistant entre la surface extérieure du tube et les parois du trou ;

2° L'*affleurement* du tube qui a pour but de ne laisser dépasser au dehors des plaques tubulaires que la longueur nécessaire à la rivure ;

3° La *rivure* qui applique les bords du tube sur la plaque tubulaire.

Le mandrinage était obtenu, il y a quelques années, au moyen d'un tampon conique en fer que l'on enfonçait dans le tube à coups de marteau. Malgré toutes les précautions prises et les tampons enfoncés dans les tubes voisins pour éviter de les ébranler, il en résultait une ovalisation des trous, un ébranlement des plaques dans leurs attaches et par suite des chances de fuites.

L'affleurement se faisait à la scie et à la lime, d'une manière assez difficile et imparfaite.

On rivait les bords du tube au moyen du matoir et du marteau, ce qui présentait les même inconvénients que le mandrinage au tampon et au marteau.

Les divers appareils imaginés jusqu'à présent n'avaient trait qu'à une seule de ces trois opérations. De ce nombre est l'appareil Dudgeon qui permet le laminage du tube au moyen de galets presseurs roulant sur le pourtour intérieur du tube. L'invention de M. Brisse, chef d'ateliers à la Compagnie des chemins de fer de l'Est, comprend une série d'appareils qui ont pour but de faire, sans interruption, toutes les opérations relatives à la pose des tubes, en supprimant tout travail au marteau, au matoir, au burin et à la lime.

Ces appareils, représentés par les fig. 1 à 9, pl. XL, reposent sur l'emploi d'une tige A placée suivant l'axe du tube et servant de *point d'appui* à chacun d'eux. Cette tige est filetée à ses deux extrémités et porte un collet pénétrant dans la gorge d'une lanterne B sur le pourtour de laquelle six lumières sont disposées. Des secteurs striés ou peignes C sont

placés dans ces lumières. Un cône D porté par la partie filetée
de la tige, et qui est susceptible de se déplacer suivant l'axe de
celle-ci, permet d'éloigner plus ou moins ces secteurs de l'axe
et par suite de les appliquer et de les presser contre les
parois du tube. La tige A se trouve ainsi placée concentrique-
ment au tube, et donne un point d'appui pour le fonctionnement des autres outils.

Ces outils, employés dans les ateliers de l'Est à Épernay,
comprennent :

1° Un *appareil Dudgeon* perfectionné dont le cône presseur
des galets est monté sur la tige d'appui. Un écrou vissé sur la
partie filetée de cette tige permet de faire pénétrer dans le
tube le cône presseur et par suite d'éloigner plus ou moins
de l'axe les *galets mandrineurs*. Un écrou placé sur le cône,
en venant porter contre le support des galets, permet de rappeler le cône dès que le mandrinage est jugé suffisant.

Légende : fig. 1, 6 et 8.

Tige d'appui.

A. Tige servant d'axe aux appareils.	E. Ecrou fixant la tige A sur la lan-
B. Lanterne recevant six grains ou pei-	terne.
gnes C.	F. Ecrou à face sphérique servant à ap-
C. Grains ou peignes.	pliquer l'appareil
D. Cône pour le serrage des grains.	G. Ergot guidant le cône D.

Légende : fig. 1 et 3.

Appareil Dudgeon.

H. Douille conique réglant la position	J. Galets servant à mandriner le tube.
des galets.	K. Rondelle retenant les galets.
I. Lanterne recevant les galets.	L. Ecrou de rappel.

2° Un *appareil-coupeur* dont les lames, au nombre de trois,
sont disposées dans des lumières ménagées sur le contour
du support ou *porte-lames*. Un cône placé sur la tige d'appui et manœuvré comme le cône de l'appareil précédent, force
le support à avancer suivant l'axe du tube. Le porte-lames a
sa partie antérieure taillée à six pans; de manière à permettre aux lames de recevoir un mouvement de rotation sous

l'action d'une clef. Une bague fixée sur le porte-lames vient butter contre la plaque tubulaire; elle limite ainsi l'avancement des lames, et détermine la portion de tube qui doit dépasser la plaque tubulaire et qui est destinée à former la rivure.

Légende : fig. 6 et 7.

Coupeur.

O. Porte-lames.	S. Bague réglant la course de l'appareil.
P. Lames servant à couper l'extrémité du tube.	T. Ecrou et contre-écrou fixant la bague S sur le porte-lames.
Q. Rondelle fixant les lames.	U. Vis fixant la course de la bague S.
R. Vis fixant la rondelle Q sur le porte-lames.	

3° L'*Outil-riveur* qui consiste en un appareil du genre de l'appareil Dudgeon dont les galets sont coniques et ont leurs axes convergents en un même point de l'axe de la tige d'appui. Ces galets portent un renflement de manière à former une gorge qui presse l'extrémité du tube de dedans en dehors, le lamine et l'applique sur le bord du trou de la plaque.

Légende : fig. 8 et 9.

Riveur.

V. Siège des galets.	Y. Rondelle guidant les galets.
X. Galets formant la rivure.	Z. Contre-Rondelle.

522. ENTRETIEN DES TUBES — 73 à 82. — L'entretien et la réparation des tubes demandent une installation spéciale. Nous savons que l'on peut estimer de 250 000 à 300 000 kilomètres le parcours d'un tube; d'où il suit que, pour une machine faisant annuellement un parcours de 39 000 kilomètres, dont la garniture comprend 180 tubes, un renouvellement complet devient nécessaire au bout de huit à neuf années de service.

Ce travail demande trois opérations distinctes :

1° Le démontage de la partie tubulaire;

2° La réparation des tubes;

3° Le montage de la nouvelle garniture.

1° *Démontage des tubes.* — Comprend deux opérations : l'enlèvement des viroles et l'enlèvement des tubes.

Si les viroles sont peu adhérentes, on peut employer le chasse-virole à tringle ; dans le cas contraire, il faut avoir recours à l'action du burin. Nous avons vu l'inconvénient de ce mode d'enlevage, auquel on devra préférer l'appareil de M. d'Erlach, consistant en un boulon à talon, divisé, suivant sa longueur, en deux parties que l'on introduit séparément dans le tube, et que l'on réunit ensuite ; un écrou avec bague, appuyant sur la plaque tubulaire, permet de faire avancer le boulon dont le talon ramène la virole ; on ménage ainsi l'extrémité du tube, et l'on n'ébranle pas les joints des tubes environnants.

L'enlèvement des tubes demande les plus grandes précautions. Il se trouve facilité par la différence de diamètre de trous des deux plaques tubulaires. Lorsque cette différence n'est pas suffisante, il est nécessaire de *tréfler* le tube du côté de la boîte à feu, pour aider la sortie, et cette opération compromet à la fois non seulement l'extrémité du tube lui-même, mais, quelquefois aussi, le trou de la plaque tubulaire, lorsque l'opération n'est pas faite avec le plus grand soin.

Après avoir fait avancer le tube de quelques centimères, à l'aide du mandrin chasse-tube, on fixe, à l'extrémité libre, une corde sur laquelle on tire au moyen d'un treuil.

Sur le chemin rhénan, on fait usage d'un instrument spécial, espèce de pince-tenaille dont les longues branches aboutissent, par l'intermédiaire de deux bielles, à un levier dont le point de rotation se fixe aux parois de la boîte à fumée. En imprimant un mouvement de va-et-vient au levier, on fait avancer le tube d'une certaine quantité [1].

Quant à la méthode encore employée de faire tirer les tubes par une machine ou un vagon lourdement chargé et lancé à une certaine vitesse sur la voie, il faut en proscrire l'usage,

---

1 Voir l'*Engineer*, 16 février 1866.

comme tout à fait nuisible à la conservation de la plaque tubulaire et des assemblages des tubes environnants.

2° *Montage des tubes.* — Nous avons exposé la manière de procéder à cette opération et quelles sont les précautions à prendre pour la mener à bonne fin. La longueur exacte des tubes doit être déterminée par un montage provisoire, après lequel les extrémités, coupées de longueur, sont recuites dans un petit fourneau spécial, afin qu'on puisse les rétreindre, les emboutir et les mandriner, sans craindre d'altérer la résistance du métal. Dans le recuisage, il faut avoir soin d'enduire de suif les parties exposées au feu, afin d'égaliser la température et d'éviter les coups de feu.

Dans les ateliers de Crewe, on coupe les tubes sur place au moyen d'un outil spécial, imaginé par M. Romsbottom. Il se compose d'une tige dont l'extrémité, parfaitement tournée suivant le diamètre intérieur des tubes, sert de guide à un couteau attaché à un levier articulé sur la tige et pressé contre la surface intérieure du tube par un ressort. Un arrêt qui vient buter contre la plaque tubulaire fixe la position de la tige dans le tube ; il ne reste plus qu'à lui imprimer, au moyen de la poignée qui la termine, un mouvement de rotation pour couper le tube exactement à la longueur convenable [1] — 524 —.

Le tube une fois monté définitivement, on place la virole, qui doit pouvoir entrer à la main sur un tiers de sa longueur, et on la chasse avec le chasse-virole.

3° *Réparation des tubes.* — La première opération à faire subir aux tubes est le *décapage.* Tantôt on les plonge, pendant douze à dix-huit heures, dans un bain acide contenant environ 20 parties d'eau en poids pour 1 d'acide chlorhydrique du commerce ; puis on les rince à l'eau. Si l'on veut leur donner l'aspect de tubes neufs, il suffit de les plonger alors pendant quelques instants dans l'acide chlorhydrique non étendu, après quoi on les rince de nouveau en les frot-

---

1. *Organ der Fortschritte des Eisenbahnwesens.* 1867, 2° cahier.

tant avec un linge imprégné de sable. Comme il peut arriver que des traces d'acide persistent après ce chlorage, ce qui produirait l'oxydation ultérieure du métal, on fait chauffer le tube en le suspendant verticalement pendant quelques instants au-dessus d'un fourneau à coke. A chaque opération, on renouvelle le bain acide, et, lorsque les sédiments commencent à former une couche d'une certaine épaisseur, on nettoie le bassin après l'avoir vidé et, avec un peu de calcaire, neutralisé les résidus avant de les lancer dans les égouts.

Plus généralement, et lorsque les dépôts ne sont pas très adhérents, on se contente de les enlever par le choc et par le frottement des tubes les uns contre les autres, en les introduisant dans une sorte de tambour cylindrique rempli d'eau, auquel on imprime un mouvement de rotation autour de son axe. On arrive, par ce moyen, à un nettoyage tout aussi complet, et on évite l'emploi du bain acide, qui nuit toujours plus ou moins à la conservation des tubes.

Après le décapage, on peut classer les tubes en deux catégories : les uns, jugés irréparables, sont mis de côté ; les autres se trouvent simplement hors de service par suite de déchirures ou écrasement des extrémités, soit pour défauts ou ruptures. Dans tous les cas, on recèpe les mauvais bouts à la scie circulaire, on les dresse sur le poteau, et on fait revenir au marteau et au mandrin les bosses et enfoncements. Cela fait, à l'aide d'une presse hydraulique, on les essaye à 20 atmosphères, afin de mettre en évidence les défauts qu'ils pourraient encore présenter.

Si le tube, après cette opération, est reconnu bon, on arrondit l'extrémité, qu'il convient de rabóutir en la forçant sur un mandrin : puis, on la soumet à l'action de la fraise montée sur le tour. Les bouts de raboutissage, préparés à l'avance, sont classés méthodiquement dans des étagères. Avant le montage, on rafraîchit les parties à souder par deux ou trois tours de fraise à main, et on donne un léger coup de lime sur l'extrémité du tube, un peu au-dessus de la pénétration, pour permettre à la soudure d'adhérer extérieurement en augmentant la solidité de l'opération. L'extrémité raboutie devant se trouver montée du côté de la boîte à fumée (afin d'égaliser l'usure du tube), il s'ensuit que, pour que la saillie intérieure du joint ait le moins .d'influence possible sur le tirage, il faudra faire pénétrer le tube dans le bout de raboutissage. On maintient les deux parties en place à l'aide d'une tringle munie de deux rondelles échancrées, d'un écrou à manche et d'un ressort à boudin qui cède sous la pression du tube, lorsque celui-ci se dilate par suite de l'élévation de température.

Dans les ateliers de Witten (Bergisch-Märkische-Eisenbahn), le tube à souder est maintenu verticalement par un support spécial au-devant du four. Le support soutenant le petit bout, le tube le plus long pèse de tout son poids sur le joint, l'action de la pesanteur remplaçant ainsi la pression du ressort dont nous venons de parler.

Quand l'opération est terminée, on ébarbe la soudure mécaniquement, à la fraise ; on redresse le tube une seconde fois s'il est nécessaire, et on le soumet à l'essai sous la pression de 20 atmosphères ; puis, on le classe d'après son poids.

L'atelier de réparation des tubes devra donc contenir :

1 Scie circulaire pour recéper les tubes ;

1 Balance ;

1 Presse hydraulique pour essayer les tubes ;

1 Tour recevant alternativement les différentes fraises ;

Des établis garnis chacun d'un étau et ayant comme annexe un poteau à rouleau pour soutenir les tubes ;

1 Fourneau à chalumeau pour le soudage, ayant comme annexe un treuil horizontal pour le levage des tubes ;

1 Chevalet pour le redressage des tubes ;

.2 Auges à décaper, en bois de chêne, de la contenance de 1 500 litres, placées en dehors du bâtiment, pour que les vapeurs acides ne gênent pas les ouvriers ;

1 Cylindre horizontal à rotation pour le nettoyage des tubes ;

1 Fourneau de dessiccation des tubes décapés.

Tubes en fer. — Nous savons que l'emploi des tubes en fer tend à se généraliser dans certaines contrées [1]. Leur entretien nécessitera une installation particulière.

Comme pour les tubes en laiton, l'usure se produit principalement du côté de la boîte à feu, et les tubes démontés peuvent être également classés suivant leur état en un même nombre de catégories distinctes.

Le raboutissage des tubes en fer présente plus de difficulté que celui des tubes en laiton. La soudure des bouts peut se faire par deux procédés différents : brasure ou soudure directe. L'emploi de la brasure ne donne pas toujours de très bons résultats, et l'on a souvent remarqué que les tubes raboutés par ce procédé s'amincissent promptement à l'endroit du joint, effet que l'on doit sans doute attribuer en partie à l'action galvanique résultant du contact des deux métaux. Le raboutissage par soudure directe, employé depuis quelques années, sur les lignes du Hanovre, semble jusqu'ici devoir donner des résultats plus satisfaisants. Cette opération exige :

1° Un petit feu de forge ;

2° Un marteau très léger, du poids de $0^k,250$ environ ;

3° Un mandrin fixé horizontalement, dont le diamètre doit être un peu inférieur à celui du tube à travailler ;

4° Une matrice de même diamètre que le tube ;

5° Une série de marteaux ordinaires et une enclume.

Le feu de forge, l'enclume et le mandrin se trouvent placés parallèlement, à peu de distance les uns des autres, de ma-

---

1. Extrait d'un rapport de M. Prisse, ingénieur, directeur du chemin de fer d'Anvers à Gand, par Saint-Nicolas :

« Nous avons renouvelé deux foyers de cuivre ; ils avaient effectué chacun un parcours de 30 859 lieues (à 5 kilomètres), tandis que le parcours moyen de nos anciens foyers de fer n'était que de 3 537 lieues.

» Il n'est pas sans intérêt de constater en même temps, qu'à l'inverse de ce qui a lieu pour les foyers, l'emploi du fer pour les tubes des locomotives nous donne des résultats beaucoup plus avantageux que celui du cuivre. »

nière à éviter de faire parcourir trop de chemin au tube, dont l'autre extrémité est suspendue par une chaîne. Le principe de l'opération est d'introduire les deux pièces à souder dans le feu de forge et de les y souder à la plus basse température possible sans les en sortir. Pour cela, le forgeron commence par amincir les bouts à réunir, en les frappant sur la pointe de l'enclume et en les élargissant un peu, afin que le soudage puisse s'effectuer sans diminuer la section du tube. Cela fait, il introduit la partie mâle dans la partie femelle préablement chauffée, de manière que la contraction produite par le refroidissement les maintienne en contact et facilite leur manœuvre. Les parties extérieures au joint étant garnies et protégées par une couche de terre argileuse, la pièce ainsi disposée est introduite dans le feu de forge. Aussitôt qu'elle a atteint un degré suffisant de chaleur, le forgeron, par quelques coups de marteau, fait pénétrer complétement l'une dans l'autre les deux parties, et frappe ensuite doucement dans tout le pourtour du joint avec son petit marteau de 0^k,250. Cela fait, on retire le tube du feu et on le dresse au marteau successivement sur le mandrin et dans la matrice [1].

523. MACHINES A TRAVAILLER LE BOIS. — Ces machines composent l'outillage de l'atelier de charronnage et de menuiserie, spécialement affecté au service du matériel roulant. Nous avons vu que les parties des caisses les plus sujettes à se détériorer sont les pieds corniers, qui périssent souvent par suite de pourriture dans les assemblages inférieurs. Plus rarement on aura à remplacer des pieds intermédiaires ou des traverses. Quelquefois, par suite d'un choc violent, d'un déraillement ou de quelque autre accident fortuit, une partie de la caisse se trouvera complétement défoncée et exigera un remaniement plus ou moins complet : dans le même cas, il arrivera souvent que les traverses ou les longerons des châssis seront en partie brisés et demanderont à être remplacés. Dans

1. *Organ für die Fortschritte des Eisenbahnwesens.* 1866, 1er cahier.

les vagons à marchandises, les frises se trouvent fréquemment défoncées par le choc des pièces du chargement ou les coups de pieds des chevaux dans les vagons couverts. Enfin, il arrive qu'au bout d'un certain temps les bois qui les composent se resserrent par suite de leur dessiccation, et les planches se disjoignent. Alors, pour rétablir la continuité des parois, on les rapproche en rajoutant dans le haut une pièce supplémentaire qui complète la garniture. Lorsque ces diverses pièces, pieds droits, traverses, longerons, frises, etc., ne présentent qu'une avarie locale affectant une extrémité seulement, on peut se contenter de raporter une pièce appliquée à mi-bois ou à trait de Jupiter, en consolidant l'assemblage par des vis. On pourra également employer ce procédé pour la réparation de la longuerine formant le seuil des vagons et que le frottement des marchandises ou le piétinement des chevaux et des bestiaux ne tarde pas à user au droit de la porte. Lorsque, au contraire, l'avarie sera plus considérable et principalement dans les réparations des voitures où le travail doit être nécessairement fait avec plus de soin, on devra procéder au remplacement complet de la pièce.

S'il ne s'agissait que de réparations isolées, demandant une grande variété de travail, l'outillage à la main pourrait seul répondre à ce besoin. Mais il faut remarquer qu'il se présentera tel cas où l'on devra remplacer une série d'organes de même espèce qu'il importe, ainsi que nous l'avons déjà dit plusieurs fois, de faire tous rigoureusement sur le même modèle; d'autre part, à certaines époques de l'année, le chômage des travaux de réparation conduira nécessairement l'administration, pour occuper son matériel et ses ouvriers, à construire d'avance de nouveaux véhicules, ou à préparer des séries de pièces similaires destinées à des réparations ultérieures; l'exactitude et la célérité d'exécution nécessiteront alors l'emploi de machines-outils.

L'outillage de l'atelier doit pouvoir, en conséquence, confectionner les divers organes entrant dans la charpente de la caisse et du châssis; il se composera comme suit :

1 Scie à lames pour débiter les plateaux ;

Plusieurs scies circulaires ;

1 Scie à ruban ;

1 Machine à rainer pour les frises ;

1 Machine à percer double pour les trous des boulons ;

1 Machine à rainer et à pousser les moulures droites ;

1 Machine à faire les tenons ;

1 Machine à mortaiser verticale ;

1 Machine à mortaiser horizontale ;

2 Machines à raboter ;

Un certain nombre d'établis de menuisier pour les travaux à exécuter à la main.

Perçage. — Dans les machines à percer le bois, l'outil doit être disposé de manière à pouvoir être dégagé facilement ; généralement il remonte au moyen d'un contre-poids.

Les outils employés sont la mèche à cuillère et la mèche anglaise. Ils doivent faire de six à sept cents tours par minute, leur avancement réglé à raison de 2 à 3 millimètres par tour.

Rabotage. — Le rabotage des pièces de bois s'effectue au moyen de lames montées sur un arbre animé d'une grande vitesse (1700 tours par minute) et au-dessous desquelles s'avance la pièce à travailler portée sur des rouleaux. En donnant aux lames un profil convenable, on peut enlever à la surface de la pièce des moulures que l'on désire (machine à pousser les moulures droites). Le choc des lames sur la pièce de bois, ayant lieu simultanément sur toute la longueur de l'outil, produit des vibrations qui nuisent à la régularité du travail, lorsque les dimensions des pièces sont un peu considérables. La machine à corroyer les bois de M. Maréchal obvie à cet inconvénient par l'emploi de lames hélicoïdales et présente, en outre, l'avantage de rejeter en dehors les copeaux à mesure de leur production. Des dispositions ingénieuses permettant d'abaisser l'outil à la distance voulue pour enlever sur la pièce à raboter l'épaisseur de matière nécessaire, et d'aiguiser les lames sans les démonter, au moyen d'un affutoir annexé à l'appareil, rendent l'emploi de cette machine très avantageux [1].

Enfin, nous recommandons l'usage de la machine à raboter sur quatre faces à la fois, appliquée avec succès dans les ateliers de construction du matériel roulant du chemin de fer de l'Est, à Montigny.

524. FABRICATION DES MODÈLES. — L'atelier des modèles ne possède qu'un outillage relativement peu important; quelques tours et des établis de menuisier suffisent à tous les travaux qui s'y exécutent.

Le moulage des pièces et leur bonne exécution demandent un soin tout particulier. Aussi croyons-nous devoir rappeler ici les principales conditions de ce travail.

Le choix des matériaux présente une grande importance. Le bois doit pouvoir se travailler facilement dans tous les sens, donner des surfaces bien unies; il sera parfaitement desséché avant son emploi, sans quoi le modèle se fend ou gauchit après exécution et devient bientôt hors de service. Le sapin du Nord est le meilleur à employer pour le corps des modèles ordinaires; le chêne peut être réservé pour les pièces de consolidation; le sapin, le tilleul et le platane conviennent également à la confection des objets tournés de grande dimension ; le noyer servira aux petites pièces travaillées au tour.

La nécessité de racheter les effets du retrait du métal fondu conduit à donner aux modèles des proportions telles, qu'après le refroidissement les pièces soient ramenées aux dimensions voulues. Ce retrait varie suivant la forme et les dimensions des objets, suivant la qualité et la nature de la fonte, quelquefois aussi suivant le mode de moulage ; il descend rarement au-dessous de $0^m,007$ par mètre, et atteint accidentellement jusqu'à $0^m,015$ et plus.

1. Voir les dessins et la description de cet appareil dans la *Publication industrielle*, etc., Armengaud, 15e vol., p. 352.

Dans la plupart des ateliers on apporte une compensation aux effets du retrait de la fonte, par une addition de 0,009 à 0,010 aux cotes principales des modèles, quand les pièces sont de formes et dimensions ordinaires ; de 0,007 à 0,008, quand les surfaces sont grandes et leur épaisseur relativement faible.

Les fontes de première fusion et celles de deuxième fusion composées de fonte de première à retrait très prononcé donnent un retrait beaucoup plus marqué que les fontes de deuxième fusion ordinaires.

Les fontes noires ou très grises prennent moins de retrait que les fontes grises ordinaires, et les fontes truitées plus que ces dernières et moins que les blanches. Ainsi, en supposant la valeur de la contraction égale à 0,008 ou 0,009 avec les premières, elle sera succesivement pour les suivantes de 0,009 à 0,010, 0,010 à 0,012 et 0,012 à 0,015 et plus pour les dernières.

L'enlèvement du modèle, après le moulage, exige un certain évasement des parties verticales. Cette *dépouille* doit être plutôt forte que faible quand la forme rigoureuse des pièces ne s'oppose pas à un peu d'exagération.

Enfin il importe de mettre un soin tout particulier dans les joints des pièces qui composent un modèle, afin d'éviter les déformations ultérieures. On emploie pour cette jonction des pointes sans tête ou des vis ; mais il faut proscrire l'usage de la colle. Lorsque la pièce atteint de grandes dimensions, on la consolidera par des tirants et des équerres en fer.

525. NOMENCLATURE DE L'OUTILLAGE D'UN ATELIER. — Comme résumé des indications précédentes, nous terminerons par deux exemples de l'outillage d'un atelier de réparation ; l'un d'eux étant applicable à un atelier complet, l'autre à un atelier installé en vue de la réparation des locomotives et tenders et des roues du matériel de transport.

a) OUTILLAGE D'UN ATELIER DE RÉPARATION POUR UNÉ LIGNE POSSÉDANT ENVIRON 80 MACHINES ET 3000 VAGONS.

Forge.

26 Feux de forge ;

1 Four à souder pour employer les riblons ;

1 Four à tremper les ressorts avec ses accessoires ;

1 Four à souder les bandages desservi par une grue ;

1 Marteau à vapeur de 500 kilogrammes ;

1 Marteau à vapeur de 2500 kilogrammes ;

1 Machine à poinçonner ;

1 Machine à cisailler ;

1 ou 2 Meules à aiguiser.

Atelier des roues.

2 Feux à embattre les bandages avec accessoires ;

1 Presse hydraulique pour caler les roues ;

2 Machines à percer les bandages.

Ajustage.

2 Tours pour roues motrices de locomotives ;

4 Tours pour roues de support de locomotives ;

    (Avec l'emploi de bandages en acier, ce nombre est exagéré.)

20 Tours divers, tours ordinaires, tours à plateaux, à pointes ;

5 Machines à raboter, de diverses grandeurs (de $0^m,63$ à $5^m,65$) ;

8 Machines limeuses ;

2 Machines à raboter verticales de diverses grandeurs ;

1 Grande machine à percer radiale ;

6 Machines à percer verticales de diverses grandeurs ;

2 Machines à mortaiser, à forer ou à fraiser ;

3 Machines à fileter ;

1 Machine à tailler les écrous ;

1 Machine à tarauder ;

3 Meules à aiguiser ;

Chaudronnerie.

2 Feux de forge;
1 Machine à cisailler et à poinçonner (grande);
1 Machine à cisailler et à poinçonner (petit modèle);
1 Machine à cintrer les tôles;
2 Machines à percer verticales;
1 Meule à aiguiser.

Montage des machines.

28 Places de montage dont 10 avec fosses pour descendre
	les roues montées sur essieux;
Grue roulante pour levage des locomotives et tenders;
4 Petits feux de forge;
2 Meules à aiguiser;
2 Petites machines à percer;
1 Pompe à essayer les chaudières;
1 Manomètre à mercure à air libre;
Etablis d'ajusteurs;
1 Pont à bascule pour vérifier la charge des ressorts;
1 Machine à molette pour broyer le minium.

Montage des wagons.

Feux de forge, appareils de levage et établis d'ajusteur en
	nombre suffisant.

Menuiserie.

2 Scies circulaires de différentes grandeurs;
3 Scies à rubans de différentes grandeurs;
1 Grande machine à raboter les madriers;
1 Machine à raboter les frises;
2 Machines à percer et à mortaiser;
1 Petite machine à raboter;
1 Machine à faire les tenons;
1 Meule avec support;
1 Meule ordinaire.

Peinture.

1 Machine à molette pour broyer les couleurs.

Sellerie.

Etagères et tréteaux.

b) OUTILLAGE D'UN ATELIER DE RÉPARATION DE MACHINES
DESSERVANT UN RÉSEAU DE 600 KILOMÈTRES.

Forge.

1 Marteau-pilon ;
2 Forges à boulons ;
15 Feux de forge doubles ;
1 Marbre ;
1 Machine à arrondir les bandages :
1 Grande cuve à bandages ;
1 Grand four à bandages ;
1 Petit four à bandages ;
1 Petite cuve à bandages ;
1 Grue desservant les fours à bandages ;
1 Presse à caler les roues ;
1 Machine à percer radiale ;
1 Forge à souder les mises ;
1 Ventilateur pour les forges ;
1 Chaudière à vapeur (30 chevaux) ;
1 Four à souder ;
1 Grue desservant le marteau-pilon.

Ajustage.

2 Chaudières, dont une de réserve ;
1 Machine à vapeur de 30 chevaux ;
2 Marbres ;
6 Meules à aiguiser ;
1 Tour parallèle ;
1 Tour à fileter ;
1 Tour à essieux coudés ;

3 Petits tours à fileter ;

2 Tours à banc rompu et à fileter ;

3 Tours à chariot ;

6 Tours parallèles à fileter ;

2 Tours à boulons ;

1 Tour à cuivre ;

1 Tour à aléser les bandages ;

4 Tours à roues de locomotives ;

4 Tours à roues de vagons ;

1 Machine à aléser les cylindres ;

2 Étaux limeurs ;

6 Machines à raboter, de diverses grandeurs ;

6 Machines à tarauder ;

10 Machines à percer ;

7 Machines à mortaiser.

526. MACHINE POUR ATELIERS DE LEVAGE. — Les dépôts où se trouve un atelier de levage ont un certain nombre de machines-outils qu'il peut être économique de faire mouvoir par une machine.

La Cie du chemin de fer P. L. M. emploie à cet usage une machine demi-fixe du genre locomobile. Elle se compose d'une chaudière formée par deux cylindres, l'un vertical, l'autre horizontal, qui se pénètrent l'un l'autre. Le cylindre vertical renferme le foyer, et le cylindre horizontal, les tubes qui sont horizontaux.

La machine placée sur la chaudière est horizontale, à un seul cylindre. Sa bielle attaque directement l'arbre coudé moteur du volant-poulie qui fait 90 tours par minute.

Dimensions principales.

Surface de	Foyer	mèt. car.	1,100
chauffe.	Tubes		8,400
Cylindre.	Diamètre	mèt.	0,180
	Course		0,180

§ III.

LABORATOIRE D'ESSAIS ET USINE ANNEXE.

527. UTILITÉ. — Un atelier bien monté doit disposer d'un laboratoire muni des réactifs et des appareils convenables pour soumettre les matières employées à un contrôle sérieux.

Ce laboratoire peut suppléer celui du service central — 454, — pour certaines opérations. Il pourrait même être confondu avec ce dernier, mais à la condition d'organiser ce laboratoire en y adjoignant un atelier d'essais, muni d'un certain nombre d'appareils analogues à ceux que nous allons décrire :

528. MACHINE POUR ESSAIS DE BANDAGES ET D'ESSIEUX, — SYSTÈME THOMASSET. — Le bâti de la machine est formé de trois pièces assemblées bout à bout ; la première partie en B (fig. 1, pl. XXXVIII) porte tous les éléments de la machine qui fait résistance et mesurent cette résistance ; la seconde partie C forme un sommier contre lequel se butent les pièces à essayer ; enfin la troisième partie D porte tout le mouvement qui donne la puissance.

La première partie porte un levier coudé F L E mobile autour d'un point d'oscillation soutenu par la pièce qui repose sur le bâti, les deux branches F L et L E de ce levier étant à angle droit ; le petit bras est relié à une mâchoire E ; si on exerce un effort de traction sur cette mâchoire, le grand bras F reporte la pression qu'il reçoit sur un plateau G qui la transmet, par l'intermédiaire d'un diaphragme en caoutchouc, à de l'eau contenue dans une cuvette H ; celle-ci est en communication par un tuyau l avec une boîte à mercure K portant un tube vertical et une échelle graduée. Le mercure monte par la pression ; ses déplacements indiquent l'effort que subit l'objet en essai.

Deux tiges à œil M M (fig. 1 et 2) tirent sur un axe qui traverse la mâchoire E; elles sont reliées à une pièce en fonte N montée sur deux galets, et portant le bout des deux grandes vis P P qui reportent la pression sur cette pièce à l'aide de chapeaux. Les vis, en tirant sur la pièce N, transmettent la traction au levier. — Les deux vis, de même pas, sont entraînées par les deux roues droites égales RR et ne possèdent qu'un mouvement de rotation : elles font par suite avancer ou reculer, suivant leur sens de rotation, le sommier S qui porte les écrous des vis et à l'avant les becs de poupée de forme convenable et variable suivant les pièces à essayer.

La vis inférieure porte une roue à dents hélicoïdales T engrenant avec une vis à laquelle on imprime un mouvement de rotation à l'aide d'une paire d'engrenages X et Y montés, le premier sur l'arbre U, le deuxième sur un arbre parallèle Z qui est entraîné par un cône permettant de faire varier la vitesse dans de certaines limites.

L'arbre Z tournant, l'arbre U est entraîné et fait tourner les vis, le sommier S se déplace et, si le bandage ou l'essieu, entre le sommier S mobile et le sommier fixe qui fait partie du bâtis, est en place, il l'écrase; mais il prend son point d'appui sur les vis qui, à leur tour, transmettent l'effort au levier et la colonne mercurielle s'élève dans le tube. Une échelle graduée permet de lire à tout instant la valeur de la pression exercée par la machine.

529. MACHINE A ESSAYER LES PIÈCES A LA FLEXION. — Le piston du corps de presse hydraulique B (fig. 7 et 8, pl. XXXIX) est fixé à un sommier C portant à ses extrémités deux couteaux M et N destinés à presser les deux bouts de la barre à essayer; deux vis permettent de déplacer ces couteaux transversalement, de manière à faciliter l'essai de barres de différentes longueurs, ou sur différentes portées. Un sommier D porte un 3ᵉ couteau contre lequel s'appuie le milieu de la barre à essayer; il peut être éloigné ou rapproché suivant la hauteur de la barre; deux tirants F F (dans la figure, l'un d'eux est masqué par le bâti), relient ce sommier D à un sommier analogue E invariablement lié aux tiges F. Ce sommier porte une mâchoire H qui agit sur le petit bras du levier coudé; celui-ci transforme la traction de la mâchoire en une pression sur le plateau manométrique l, comme dans les appareils précédents.

Deux vérins L L servent à mettre en place la barre que l'on veut essayer.

530. MACHINE D'ESSAIS A LA TRACTION (fig. 9 et 10, pl. XXXIX). — Un bâti en fonte E porte à l'une de ses extrémités un corps de presse hydraulique A, dans lequel se donne l'effort de traction. La pression est fournie d'une manière continue et sans secousse par un compresseur sterhydraulique B qu'on manœuvre à la main, à l'aide de deux vis à volant. Un manomètre spécial R indique à chaque instant la pression de l'eau dans le corps de presse.

Le piston du corps de presse A est traversé par une vis C permettant, à l'aide de l'écrou à volant E, de rapprocher ou d'éloigner la mâchoire D et d'essayer ainsi toutes les longueurs d'éprouvettes sans qu'elles soient mises à longueur invariable. Une deuxième mâchoire F tire sur couteau un levier coudé à angle droit dont la grande branche G reporte la pression, par l'intermédiaire d'un couteau sur un plateau manométrique H reposant sur un diaphragme en caoutchouc. La pression est équilibrée par la colonne mercurielle K le long de laquelle une échelle munie d'un indicateur permet de lire à chaque instant la résistance réelle de la barre en essai.

Un appareil P posé sur l'éprouvette permet de mesurer l'allongement de la barre à 1/20 de millimètre près.

531. MACHINE A TRACTION VERTICALE. — La Cie des chemins de fer de Paris-Lyon-Méditerranée, a exposé, en 1878, un appareil destiné à soumettre des pièces métalliques à des efforts de traction pouvant aller jusqu'à 100 000 kilogrammes (fig. 3,

pl. XXXVIII). (Note autographiée de M. Marié, Ingénieur en chef du matériel de la traction.)

La pièce, placée verticalement, est actionnée à son extrémité inférieure par une presse hydraulique qui produit l'effort de traction et pourvoit aux allongements de la pièce et de ses attaches. La pièce est attachée, par son extrémité supérieure, à un système de leviers aboutissant à une romaine graduée qui mesure exactement l'effort produit.

Le cylindre de la presse hydraulique est renfermé dans le bâti en fonte qui forme la base de la machine.

Le piston est rappelé dans le mouvement inverse de celui des efforts à produire par un contrepoids qui se meut dans une fosse ménagée dans les fondations. Pour éviter sur ce contrepoids les réactions brusques qui ont lieu, par suite du recul du piston dû à la détente moléculaire du cylindre et du bâti, lors de la rupture des pièces essayées, le piston et le contrepoids sont reliés par l'intermédiaire de ressorts en rondelles Belleville logées dans l'intérieur du contrepoids et qui amortissent les chocs.

Le bâti contenant le cylindre hydraulique est surmonté de deux piliers en fonte réunis, à la partie supérieure, par un chapiteau portant le système des leviers qui transmettent les efforts à la balance romaine. Ces leviers sont eux-mêmes équilibrés par d'autres leviers à contrepoids.

Le déplacement du poids curseur de la romaine s'effectue au moyen d'une vis, et la lecture des efforts de traction correspondant à chaque position du poids peut se faire, soit directement sur le levier de la romaine, soit sur un système de cadrans gradués, à mouvement différentiel, dont l'un indique les tonnes et l'autre les poids de 10 en 10 kilogrammes.

532. MACHINE A TRACTION HORIZONTALE. — La même Cie avait exposé, par un dessin mural à l'échelle de 0^m20, la disposition générale d'une machine analogue à la précédente dans laquelle les pièces à essayer sont horizontales.

Les efforts de traction peuvent aller jusqu'à 100 000 kilogrammes, et la longueur des pièces à essayer jusqu'à 30 mètres.

Dispositions communes aux deux appareils. — Dans les deux machines l'effort, variable de 0 à 100 000 kilogrammes, est mesuré à 0,005 près.

La pression est produite, soit par un accumulateur, soit par une pompe à trois pistons, soit enfin par un compresseur système Thomasset.

Ces appareils ne donnent aucun choc et peuvent maintenir la pression sans variation sensible aussi longtemps qu'on le veut.

Deux cathétomètres, disposés spécialement, un pour chaque machine permettent de mesurer les allongements à un millième de millimètre près.

533. BARREAUX D'ÉPREUVE WITHWORTH. — On enlève dans la masse à essayer une barre ayant la forme indiquée par la fig. 4, pl. XXXVIII.

On donne à la partie centrale A la longueur D et la section adoptées pour tous les essais comparatifs. Les deux extrémités de la barre sont filetées sur un diamètre beaucoup plus grand que celui de la partie D.

La barre étant mise en place, engagée dans les écrous à mâchoires, on donne la pression dans le cylindre de la presse hydraulique.

En poussant la pression D jusqu'au degré voulu, on peut observer les différents phénomènes de l'allongement, de la diminution de section de la partie centrale et enfin de la rupture — fig. 5, pl. XXXVIII —.

534. USINE ANNEXE. — Afin d'utiliser les déchets, on peut annexer aux ateliers d'un grand réseau, une usine disposée pour fabriquer certains produits que l'industrie fournit à des prix parfois trop élevés, et en qualité souvent défectueuse.

Ces considérations ont engagé la Cie d'Orléans à créer, à

Vitry (près Paris), une usine dans laquelle on prépare les produits suivants :

1° Huile à graisser les locomotives.

2° Huile à graisser les voitures et vagons.

3° Graisse à vagons.

4° Bouchons fusibles pour boîtes à graissage.

5° Liquide antitartrique.

6° Peinture hydrofuge.

7° Enduits pour bâches, toitures et rideaux de vagons.

8° Phosphure de cuivre.

Voici les résultats de l'Exploitation de l'usine de Vitry pendant l'année 1878.

(Extrait du Compte-Rendu des opérations du Service du Matériel et de la Traction, communiqué par M. Forquenot, ingénieur en chef.)

Le chiffre d'affaires s'est élevé à . . . . . . 1 393 335^f,56

dont en matières . . . . 1 344 086^f,02

en main-d'œuvre et frais génér.   49 249^f,54

	Prix du commerce.	Prix de l'usine.	Différence en bénéfice.	Quantité produite.	Économie réalisée.
Huile à graisser (locomotives) 100 kil.	91^f, »	72^f »	19^f, »	814 100^k	154 679^f
Huile à graisser (voitures et vagons) .	65 »	54 »	11 »	152 200	16 742
Graisse pour vagons.	45 »	38 »	7 »	147 300	10 311
Liquide antitartrique.	20 »	5 »	15 »	507 600	76 140
Eau seconde.	35 »	14 »	21 »	8 600	1 806
Peinture hydrofuge	72 »	42 »	30 »	23 500	7 050
Enduit pour bâches, rideaux . . .	155 »	108 »	47 »	56 800	26 696
Toile enduite pour bâches. . . mèt.	3, 20	2, 40	0, 80	40 400	32 320
d° pour rideaux.	3, 15	9, 08	1, 07	6 000	6 420
d° pour toitures de vagons.	10, 50	8, 20	2, 30	3 900	8 970
Total de l'économie réalisée. . . .					311 131

Du chiffre d'économie réalisée il faut déduire le montant des frais de l'usine savoir :

1° Amortissement 10 0/0 sur le capital de 154857^f.   15 485^f

2° Loyer annuel 5 0/0. . . . .   7 712

3° Intérêts de fonds de roulement 5 0/0 sur 200000^f.   10 000

Total à déduire. . .   33 227

Reste économie nette. . .   307 907

L'économie réalisée a été en 1876. . . 129 168 fr.

—   en 1877. . . 262 426

Le phosphure de cuivre fabriqué à l'usine de Vitry ne figure pas parmi les produits portés au tableau. Le poids de ce phosphure de cuivre préparé et dosé en 1877 a été de 4 780 kil. Au titre de 9 p. 100 de phosphore. Ce phosphure revient, au maximum, à 5 francs le kilogramme. (Note de MM. de Ruolz et de Fontenay, déjà citée.) — 139 —.

Divers procédés mécaniques ont été introduits pour obtenir un emploi plus profitable des matières. Tels sont :

La fabrication mécanique des bâches et des rideaux de vagons en toile enduite, au moyen des machines à coudre, système Coignard ; on réalise une économie de 20 pour 100 sur la main-d'œuvre ;

Le battage et le cardage mécaniques de la laine, du crin et de l'étoupe, qui ont réduit les déchets de 4 1/2 à 2 pour cent, et qui présentent un avantage au point de vue de l'hygiène par l'entraînement complet des poussières, au moyen d'un ventilateur ;

Le lavage des étoffes de voitures, au moyen de l'essoreuse à force centrifuge de M. Legrand. On l'utilise aussi pour remplacer le battage des tapis, qui produit une poussière gênante et malsaine pour les ouvriers.

Comme utilisation des déchets, on peut noter :

L'épuration des vieilles huiles et graisses, qui ont servi au graissage des locomotives et des vagons, lesquelles rentrent pour la majeure partie dans la consommation. Les eaux mères alcalines provenant du traitement de ces matières sont en outre utilisées pour le nettoyage du matériel ;

Les vieux zincs, provenant du matériel ou des débris d'ateliers, sont refondus et employés à la composition des bronzes. Les résidus par oxydation, provenant de cette refonte, sont à leur tour utilisés à la fabrication de la peinture hydrofuge, ainsi que les autres oxydes métalliques formant le résidu de la cuisson des huiles ;

Les vieux tampons graisseurs des boîtes à huile, dont le nettoyage présentait des difficultés, sont passés au feu. La partie métallique est réemployée et la matière grasse est

transformée en noir de fumée, qui sert à la fabrication des
enduits et peintures.

Tous les déchets, en général, sont utilisés et transformés
dans l'usine spéciale de Vitry

535. OBSERVATION. — L'utilisation économique des déchets
est très intéressante, et parfaitement pratiquée à l'usine de
Vitry. Mais la question envisagée d'un point de vue plus
élevé, et abstraction faite des coalitions de fournisseurs ainsi
que des difficultés relatives à la qualité des fournitures, suffisamment bien résolues à l'aide d'un bon système de contrôle,
il resterait à savoir si une Compagnie de chemins de fer ne
doit pas avoir de préoccupations plus importantes, au point
de vue des intérêts du public, que celle de réaliser quelques
économies, en se chargeant de fabriquer elle-même les
produits qu'elle peut obtenir de l'industrie privée.

Sinon, en poussant le système à ses dernières limites,
pourquoi ne ferait-elle pas elle-même l'exploitation des
houilles qu'elle consomme ? Pourquoi ne fabriquerait-elle
pas elle-même le papier, les plumes, les crayons et toutes
les fournitures de bureau nécessaires à ses écritures ?

CHAPITRE XI.

ALIMENTATION DES MACHINES.

I

DISPOSITIONS D'ENSEMBLE.

536. ALIMENTATION DES MACHINES. — Sous cette désignation, nous comprenons tout le service de ravitaillement des locomotives en activité.

L'objet du présent chapitre est d'étudier :

1° Les matières consommées ;

2° Leurs qualités ;

3° Les installations propres à la distribution de ces matières.

Nous les examinerons dans l'ordre suivant :

§ I. Dispositions d'ensemble.

§ II. Eau.

§ III. Combustibles.

§ IV. Matières grasses.

D'après la nature de leur service, les machines, emportant du point de départ leur provision d'eau, de combustible et de matières grasses, ne peuvent fournir qu'un certain parcours, au bout duquel il est nécessaire de renouveler leur approvisionnement.

Nous avons donné aux n⁰ˢ 464 et 465 quelques exemples de répartition des stations de ravitaillement.

On peut compter pour calculer les distances de ravitaillement sur les consommations moyennes suivantes :

Eau — 40 litres d'eau par mètre carré de surface de chauffe et par heure de marche.
Combustible — 5 kilogr.   d°   d°
Matières grasses — $0^k,800$ à $1^k,20$ par heure de marche.

537. STATION D'ALIMENTATION. — L'établissement d'une station de ce genre réclame de l'ingénieur de chemin de fer une étude attentive des diverses questions intéressant à la fois le service de la locomotion et celui de l'exploitation.

Pour la locomotion, il s'agit en effet de trouver, dans la localité de la station projetée, de l'eau en quantité correspondant à la consommation présumée, et de qualité convenable pour la production économique de la vapeur et la conservation des appareils de vaporisation.

Il faut aussi que les dispositions soient prises pour que les machines puissent faire leur ravitaillement avec le moins de perte de temps possible et sans fausse manœuvre.

En ce qui touche l'exploitation, nous avons à distinguer deux cas : la station de dépôt, — la station d'alimentation. — Dans la première, avons-nous vu [1], les installations du service de la locomotion sont groupées sur un point de la station qui ne paraît pas devoir être envahi par les développements ultérieurs du service des marchandises ou des voyageurs. La figure 430, pl. XXVIII, 1re partie, représente une station de cette classe remplissant les conditions que nous venons de rappeler.

Le service de la locomotion trouve dans cette disposition toutes les installations nécessaires à l'alimentation et à l'appropriation des machines soit au départ, soit à l'arrivée : — En prenant son combustible en q, le machiniste renouvelle son eau à la colonne alimentaire annexée, et, au moyen de la

____

1. 1re partie, 2e vol., chap. IX, § 1.

fosse à visiter *f*, il nettoie sa grille, passe la revue du mécanisme intérieur et fait le graissage.

Dans le cas dont il s'agit, le ravitaillement de la machine est complet : eau, — combustible, — matières grasses.

538. MAGASINS ET QUAIS A COMBUSTIBLES. — Les dispositions ne sont pas toujours semblables à cette dernière, ou à son analogue représentée par la fig. 431, pl. XXVIII, 1re partie. On réunit souvent dans un bâtiment particulier toutes les dépendances relatives à l'approvisionnement des machines. La figure ci-dessous nous renseigne sur une installation qui

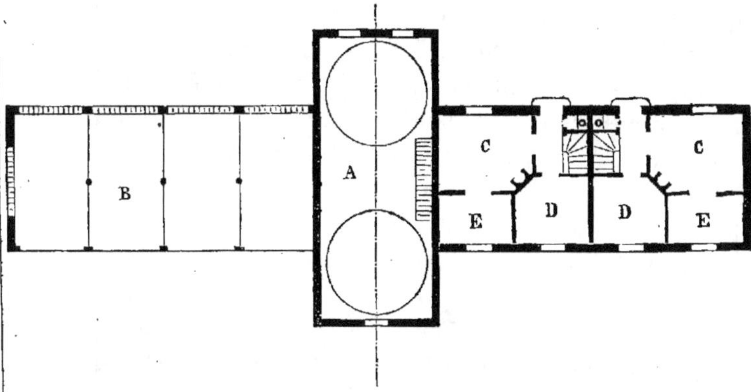

Magásin et réservoir. (Franz.-Joseph.; Autriche.) Echelle $\frac{1}{100}$

présente certains avantages, surtout lorsque le service des magasins est distinct de celui de la traction :

A. Bâtiment des réservoirs et de la machine alimentaire.

B. Hangar à combustible.

C. D. E. Habitations d'un garde-magasin et d'un machiniste-chauffeur.

Ce bâtiment, qui doit être accessible, par une voie au moins, pour recevoir le combustible, peut se placer à l'extrémité du quai de ravitaillement.

Dans tous les dépôts se trouve un parc, réservé à l'emma-

gasinage des combustibles destinés à l'alimentation des ma
chines.

Sur les lignes françaises, les parcs à combustibles se com
posent en général d'une enceinte découverte, divisée e
compartiments distincts, de manière à faciliter l'inventai
des matières qu'elle contient. Au moment de l'entrée dans
parc, le combustible passe sur un pont-bascule (1re parti
chap. VIII, § III). A sa sortie, il doit aussi subir le contrô
du pesage ou du mesurage. Il faut donc, dans le magasi
une bascule sur laquelle on puisse tarer et peser les caiss
ou paniers qui servent à transporter le combustible sur
machine.

L'usage d'abandonner le combustible à découvert nou
semble sinon nuisible, du moins peu économique, surto
avec l'emploi de la houille crue, qui s'est généralisé aujou
d'hui. Certaines qualités de houille s'altèrent plus ou moi
au contact de l'air et perdent une partie de leurs propriét
calorifiques par un séjour trop prolongé à l'humidité. Auss
si elle n'était pas aussi coûteuse et souvent gênante, préfèr
rions-nous la méthode suivie en Allemagne, qui consiste
abriter les réserves de combustible sous des hangars cou
verts, dont les parois en planches et à claire-voie laisse
cependant à l'air une grande facilité de circulation en to
sens. Cette disposition est celle du magasin à combustible
la figure précédente, sur lequel nous avons cependant à fai
quelques réserves. En emmagasinant le combustible au nivea
du sol, on réalise une perte de main-d'œuvre assez considé
rable représentée par le produit du poids du combustib
qui passe par le magasin, multiplié par la hauteur à laquel
il faut l'élever à bras d'homme pour le charger dans
tender [1]. Les installations bien comprises doivent être con
binées pour permettre un prompt déchargement des vagon
un arrimage convenable du combustible sur la plate-form

---

[1]. La hauteur du tablier des tenders au-dessus du rail varie de 1m, 250
1m,270 ; celle des parois d'enceinte, 2m,600 à 2m,750.

et un chargement commode sur le tender. A cet effet, on dispose, parallèlement aux voies des machines et des vagons du dépôt, les bordures de quais à combustible, qui, du côté des machines, s'élèvera à 1ᵐ,70, et du côté des vagons à 0ᵐ,95 ou 1 mètre (Iʳᵉ partie, chap. VIII, § IV,). La figure ci-dessous donne la coupe verticale d'un quai à combustible du chemin

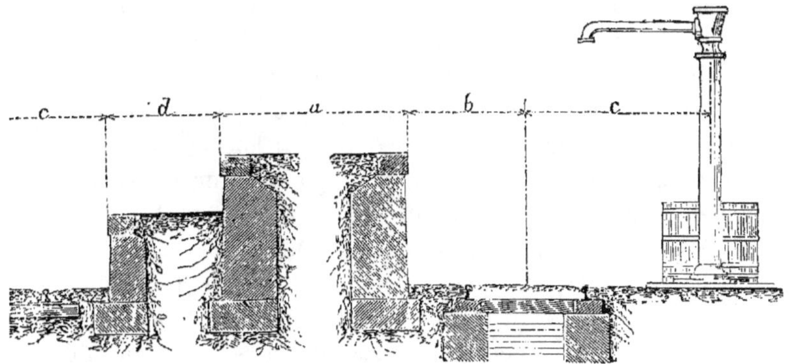

Quai à combustible. (Paris-Lyon.) Echelle $\frac{1}{100}$

de Paris à Lyon. A gauche se trouve la voie par laquelle on amène le combustible dans des vagons spéciaux ; à droite, la voie servant à la circulation des machines. La distance b et c des bords du quai aux axes des deux voies est de 1ᵐ,60 ; la largeur totale du quai a est de 8ᵐ,50, et sa longueur de 30 à 50 mètres, suivant l'importance du dépôt. L'espace d, de 1ᵐ,50, est réservé au déchargement du combustible. La distance c de l'axe de la voie des machines à l'axe de la colonne alimentaire est de 2ᵐ,44.

On dispose généralement, au point où viennent stationner les machines, une ou deux fosses à piquer le feu, et de l'autre côté de la voie une prise d'eau, afin que toutes les opérations — approvisionnement du combustible, remplissage des soutes à eau, piquage du feu — effectuées pendant le stationnement, puissent se faire simultanément et avec le moins de perte de temps possible. Lorsque la colonne d'alimentation ne trouve pas sa place à l'opposite du quai, comme il est indiqué sur le croquis, on la place dans le quai même, en conservant la distance de 2^m, 44, à partir de l'axe de la voie. Ces quais à houille ne sont pas couverts ; leur surface doit être ou pavée ou dallée, ou recouverte d'un enduit, — 1re partie, chap. VIII, § IV —.

Le transport du combustible du magasin au quai et sur la machine se fait à l'aide de caisses ou, mieux, de paniers en osier ; l'emploi de ces appareils offre le double avantage de faciliter la manutention ainsi que le contrôle et la comptabilité, car leur capacité correspond à un poids de combustible de 40 à 50 kilogrammes, que l'on peut considérer comme sensiblement constant, en ayant soin de le déterminer exactement pour chaque nouvelle espèce de combustible, et de le vérifier de temps en temps. Les paniers en osier offrent sur les caisses l'avantage d'une durée beaucoup plus grande, et sont presque exclusivement employés aujourd'hui.

Quand le mouvement de ravitaillement est considérable sur un point donné, on peut employer, avec avantage, un procédé de chargement mécanique. Ainsi M. Wendt, ingénieur de la traction, a établi aux stations de Mlawka et de Dirschau des grues à trémies (analogues à celles que l'on emploie pour noyer le béton dans les fondations), avec lesquelles le charbon pris sur le sol est déposé dans le tender par la grue. (Organ etc. 1876, 6e cahier.)

539. Position des colonnes alimentaires. — Dans une simple station d'alimentation, la machine ne vient généralement que renouveler sa provision d'eau. L'installation réclamée pour ce service est plus simple que la précédente. Il suffit d'un appareil versant de l'eau dans le tender.

La construction de cet appareil est subordonnée à plusieurs exigences énumérées au paragraphe 1 du chapitre IX du service de la voie. Il peut tantôt consister en un robinet adapté au réservoir R construit à l'extrémité du trottoir de la station (fig. 128, pl. XXVIII, 1re part.), disposition commode pour l'alimentation, mais gênante pour le service et la surveillance de la gare (1ʳᵉ partie). Tantôt l'eau est versée dans le tender au moyen d'un tuyau se détachant d'une colonne G reliée au réservoir par une conduite souterraine (fig. 429, pl. XXVIII, 1ʳᵉ part.

Dans la station que représente cette figure, avec son trottoir débarrassé de réservoir, et, par conséquent, plus librement accessible à son extrémité, la surveillance est plus commode, les manœuvres plus faciles que dans la précédente.

Mais la position de la fosse à visiter vers l'extrémité du trottoir, dégagée de tout obstacle, a ses dangers pour le personnel circulant dans la gare ; aussi faut-il en éclairer l'intérieur pendant la nuit. Le bâtiment du réservoir forme une masse qui rappelle le voisinage de la fosse.

Telles sont en résumé les conditions générales d'une station d'alimentation. Mais, pour en arrêter le projet définitif, il faut s'assurer que la localité fournira constamment la quantité d'eau réclamée par le service, et que ce liquide pourra être employé sans inconvénient par les machines ; — c'est la question que nous allons examiner.

§ II.

EAU.

540. **IMPORTANCE DE LA PURETÉ DE L'EAU.** — Nous avons déjà signalé l'influence de la qualité de l'eau, relativement à la sécurité et à l'économie du service des machines.

Par l'élévation de température, les sels maintenus jusquelà en dissolution dans l'eau se déposent et forment contre les parois de la chaudière et des tubes une croûte épaisse, persistante, parfois très adhérente, mauvaise conductrice de la chaleur, isolant les parois du contact de l'eau, et qui amène fatalement la détérioration du métal quand la cause première, l'impureté de l'eau, n'est pas combattue. Cet effet se manifeste principalement sur les parois de la boîte à feu, autour desquelles la proximité du foyer entretient toujours une température plus élevée, qui favorise le dépôt des matières salines. Quelque soin que l'on apporte dans le nettoyage des chaudières, l'emploi d'eaux impures a pour résultat inévitable de diminuer notablement la durée des foyers, et d'occasionner par là des frais d'entretien considérables, puisque leur remplacement occasionne toujours une dépense qui peut varier de 8000 à 10000 francs au moins. La rupture des tubes, les déchirures fréquentes des parois du foyer, qui viennent parfois interrompre le service, et dont on ne saurait prévoir toujours les conséquences, les fuites dans le corps cylindrique de la chaudière, surtout vers la partie la plus rapprochée de l'axe de la voie, sont autant d'accidents attribuables, le plus souvent, à l'impureté de l'eau d'alimentation.

L'eau d'alimentation de la gare de Vienne (Autriche), amenée par une conduite de 3 400 mètres, est chargée d'une proportion considérable de sels : chlorure de sodium, sulfate de chaux, carbonate de chaux, carbonate de magnésie et autres substances. L'emploi de cette eau, non préparée, produit des incrustations dans la chaudière tellement considérables et adhérentes, qu'au bout de quelques mois de service, et malgré des lavages répétés, l'intervalle des tubes, celui des entretoises des parois du foyer et enfin celui des armatures du ciel étaient promptement bouchés.

La consommation du combustible devenait dès lors de plus en plus grande et les foyers brûlés étaient détruits en 3 ans ou 3 ans et demi, tandis qu'ils ont une durée de 10 à 12 ans dans les autres dépôts.

La réparation des machines du dépôt de Vienne coûtait, pour un même parcours, trois fois plus que celle des autres machines [1].

Au point de vue de l'économie d'entretien et de la sécurité

1. Note sur le service du Matériel et de la Traction des chemins de fer du Sud-de-l'Autriche, par M. Gottschalk. Mémoire de la Société des ingénieurs civils, 3e cahier, 1873.

du service, il importe donc d'avoir, à tout prix, de l'eau à peu près exempte de matières étrangères.

La nature de l'eau dépend généralement de la composition du sol qui la fournit ; tel cas peut se présenter où il deviendra presque impossible de se procurer de l'eau satisfaisant aux conditions demandées ; c'est alors qu'on aura recours à l'emploi d'appareils épurateurs dont l'installation, quoique très dispendieuse, peut cependant amener, dans certains cas, une économie dans le service de l'entretien.

D'autres fois, on se contentera de faire usage de substances dites *désincrustantes*, que l'on introduit dans les chaudières au moment de leur mise en feu.

Il importe donc que l'ingénieur, en arrivant dans la localité, commence par examiner la qualité de l'eau qui peut lui être fournie, soit par les sources souterraines, soit par les rivières voisines, et, pour cela, nous rappellerons en quelques mots la nature des différentes eaux naturelles, les diverses substances qu'elles peuvent contenir en dissolution, et enfin, les moyens d'analyse qui serviront à déterminer la nature et les proportions relatives des matières nuisibles.

541. MATIÈRES EN DISSOLUTION. — L'eau, — composé binaire formé par la combinaison de deux gaz, l'oxygène et l'hydrogène, dans la proportion de 2 parties d'hydrogène pour 1 partie d'oxygène, — ne se rencontre à l'état pur qu'après avoir été distillée et, par là, débarrassée des matières qu'elle a entraînées. Les propriétés dissolvantes dont elle jouit à l'égard de la plupart des corps solides et gazeux sont cause d'une altération quelconque de l'eau, soit qu'elle ait filtré au travers des couches du sous-sol pour aller former plus loin une nappe souterraine ou venir sortir au jour en source jaillissante, soit qu'elle coule en masse plus ou moins considérable à la surface de la terre, sous forme de ruisseau, de rivière et de fleuve ; on y retrouvera toujours, en la soumettant à l'analyse, des traces de matières étrangères em-

pruntées aux terrains qu'elle a traversés. Il est facile de s'en assurer par l'évaporation d'une quantité d'eau déterminée ; on constatera, en effet, à la fin de l'opération, l'existence d'un résidu solide plus ou moins abondant, atteignant, au minimum, de 1/10 000 à 5/10 000 de son poids [1].

Parmi les substances solides ainsi entraînées par l'eau, il faut placer en premier lieu le carbonate de chaux, dont la proportion dominante se constate facilement dans la plupart des dépôts recueillis sur les parois des chaudières. Le sulfate de chaux, moins fréquemment rencontré, apparaît cependant en proportion assez importante dans les eaux de certaines localités, et constitue alors à son tour, mais plus rarement, la majeure partie des résidus. Du chlorure de sodium, des sels de potasse et de soude, et une foule d'autres matières minérales et organiques qui accompagnent le plus souvent, mais en faible proportion, ces deux substances principales, présentent moins d'intérêt au point de vue de l'alimentation des chaudières ; aussi jugeons-nous inutile de nous y arrêter, pour nous occuper immédiatement de la question capitale.

Le carbonate de chaux, — élément principal des dépôts les plus communs, — possède une très faible solubilité dans l'eau pure. Il semblerait, par cela même, devoir être écarté des résidus laissés par l'évaporation de ce liquide. Mais, grâce à la présence du gaz acide carbonique en dissolution, l'eau acquiert la propriété de dissoudre une proportion assez considérable du sel en question ; de telle sorte que le carbonate

[1]. Analyse par M. Stingl de l'eau du Dépôt de Vienne — 160,540 —.

Chlorure de Sodium.	1.1459
Sulfate de soude.	0.0375
Sulfate de chaux.	0.8971
Carbonate de chaux.	2.7510
— de magnésie.	1.6562
Silice.	0.1090
Oxyde de fer et alumine.	0.0145
Substances organiques.	1.6420
Total pour 10 000 parties.	8.2732

de chaux, qui résisterait à l'action de l'eau pure, se trouve dissous à la faveur d'un accès d'acide carbonique, que les eaux naturelles renferment souvent en assez grande abondance. Aussi, lorsque ce gaz, par une cause quelconque, abandonne l'eau, celle-ci se débarrasse, à son tour, du carbonate de chaux sous forme de précipité.

Nous pouvons de suite conclure que les eaux aérées, celles des fleuves et des rivières, dans lesquelles le contact de l'air a facilité le dégagement d'une partie de cet acide carbonique libre, seront toujours moins impures que les eaux de puits [1].

542. ANALYSE SOMMAIRE DES EAUX. — La présence de l'acide carbonique libre ou à l'état de carbonate, dans une eau naturelle, se reconnaît facilement à l'aide de l'eau de chaux, qui le précipite à l'état de carbonate de chaux. L'oxalate d'ammoniaque sert à déceler la chaux, en donnant un précipité blanc d'oxalate de chaux.

Quant au sulfate de chaux, quelques gouttes d'azotate de baryte permettront facilement de le reconnaître, en donnant un précipité blanc de sulfate de baryte.

A l'aide de ces diverses réactions, il sera facile à l'ingénieur de procéder tout d'abord à une analyse sommaire des eaux dont il disposera.

---

1. Les eaux stagnantes, celles des marécages entre autres, qu'une exposition prolongée à l'air a pu débarrasser de la majeure partie de leurs sels métalliques, deviennent cependant d'un emploi dangereux par la forte proportion de matières organiques qu'elles renferment. Concentrées dans la chaudière à mesure de l'évaporation successive de l'eau, ces substances finissent par former un dépôt gélatineux qui reste en suspension, tuméfie la masse liquide et arrête l'ébullition. Aussi, croyons-nous devoir appeler l'attention des ingénieurs sur cette question, qui n'a pas encore été étudiée d'une manière complète.

Nous signalerons également le danger que présentent, pour la sûreté des chaudières, les eaux grasses ; ce fait, qui se rencontre fréquemment dans les eaux de certaines houillières et dans celles qui ont servi à la condensation des machines fixes, a été signalé par M. Farcot. *Compte rendu de la Société des ingénieurs civils.* Séance du 28 juin 1876.

Voici les instructions remises, à ce sujet, aux agents de la Compagnie des chemins de fer du Midi, lors de l'établissement des appareils d'alimentation :

« On fera bouillir, pendant plusieurs heures, 2 litres d'eau clarifiée par la filtration ou par dépôt.

» Les carbonates de chaux et de magnésie, maintenus en dissolution par l'acide carbonique, se précipiteront et seront recueillis et pesés ensemble sur un filtre.

» La chaux en combinaison à l'état de sulfate de chaux sera ensuite précipitée par l'oxalate d'ammoniaque.

» On déterminera ainsi, d'une manière suffisamment approximative, la quantité de carbonate de chaux, de carbonate de magnésie et de sulfate de chaux, seules matières qui incrustent les chaudières, en dissolution dans l'eau.

» Comme moyen de contrôle, il conviendra d'évaporer à sec une autre quantité d'eau de 2 à 3 litres, afin de déterminer le poids total des matières fixes. »

543. ESSAIS HYDROTIMÉTRIQUES. — Pour arriver à un résultat plus exact d'analyse, on aura recours à l'hydrotimètre[1].

Lorsqu'on verse une quantité, même très petite, $0^{gr},10$ pour 1 litre, de dissolution alcoolique de savon dans de l'eau distillée, et qu'on agite le mélange, on le fait mousser ; mais l'eau est-elle impure, le phénomène ne se produit qu'après décomposition complète par le sel métallique des matières calcaire tenues en dissolution. Cette propriété a été mise à profit par MM. Boutron et Boudet pour servir de guide dans l'étude préliminaire des eaux.

Voici comment se prépare la liqueur titrée qui sert aux essais :

On découpe en petits copeaux 100 grammes de savon de Marseille, que l'on dissout dans 1600 grammes d'alcool à 90°

---

1. Mot si mal fait qu'on n'en peut déterminer les éléments : il faut peutêtre y voir ὑδωρ, humidité, et μετρον, mesure. (LITTRÉ, Dictionnaire de la langue française.)

alcoométriques [1] ; à cette dissolution, on ajoute, après l'avoir filtrée, 1000 grammes ou 1 litre d'eau distillée. On obtient ainsi 2700 grammes de liqueur d'épreuve qu'il s'agit ensuite de titrer. Pour cela, on en introduit $2^{c.\,m.\,cub}$,4 dans une petite burette graduée en 23 divisions, dont la première ne compte pas. D'un autre côté, on a fait dissoudre 0^{gr},25 de chlorure de calcium dans un litre d'eau. En prenant 40 centimètres cubes de cette liqueur chlorurée et y versant les 23 divisions de la burette de la liqueur d'épreuve, il faut que la précipitation du sel calcaire soit complète, et qu'il se produise, par l'agitation, une mousse persistante. Si ce résultat n'est pas obtenu du premier coup, on ajoute à la liqueur d'épreuve, soit de l'eau, soit du savon.

S'agit-il de faire l'essai d'une eau quelconque ? — on en prend 40 centimètres cubes, dans lesquels on verse la liqueur titrée, jusqu'à ce que l'on obtienne une mousse persistante ; le nombre de divisions sorties de la burette donne le degré *hydrotimétrique* de l'eau, c'est-à-dire le poids de résidu solide par litre, les proportions étant calculées de telle sorte que 1 division de la liqueur titrée corresponde à 0^{gr},01 de dépôt pour 1 litre de l'eau soumise à l'essai. Il suit de là que, si cette eau contient plus de 0^{gr},23 de matières solides par litre, ce que l'on reconnaît à l'absence de mousse, même après épuisement complet de la liqueur titrée, — il faut employer une seconde burette, ou, mieux, recommencer l'expérience en ne prenant que 10 ou 20 centimètres cubes d'eau au lieu de 40, et quadruplant ou doublant les résultats obtenus.

Toutefois, les indications fournies par ce procédé d'analyse ne sont pas toujours rigoureusement exactes, et se trouvent altérées par la présence de certaines substances particulières. Ainsi, l'acide sulfhydrique et les sulfures arrêtent la production de la mousse, tandis que les substances organiques font mousser des eaux souvent très chargées de carbonate de chaux.

---

1. Cette quantité correspond à 1910 c. m. cub. à 15 degrés centigrades.

Il importe donc de ne pas s'arrêter aux indications de l'hydrotimètre, et de faire suivre ces essais d'une analyse qualitative et quantitative des résidus laissés par l'évaporation d'un poids déterminé de l'eau à essayer.

544. Épuration. — Une eau marquant plus de 25° à l'hydrotimètre doit être considérée comme impropre à l'alimentation des chaudières ; si l'on ne peut pas changer la position de la prise d'eau, il convient d'aviser à un moyen d'épuration.

Un réservoir de dépôt, où l'on pourra faire séjourner l'eau d'alimentation avant son emploi, assez longtemps pour donner aux matières étrangères le temps de se déposer en partie, sera quelquefois suffisant. Nous ferons remarquer, toutefois, que le grand espace nécessaire à une installation de ce genre entraînant des frais considérables, en rendra l'usage très restreint, et que l'on trouvera, la plupart du temps, une économie à lui substituer un moyen d'épuration chimique permettant d'agir plus promptement et sur de moins grandes masses à la fois.

Les réactifs nécessaires à l'épuration des eaux d'alimentation nous sont indiqués par la nature des substances tenues en dissolution : — pour le bicarbonate, un lait de chaux ; — pour le sulfate, de la baryte. — On peut voir une application de ce système dans quelques dépôts du chemin de fer du Nord. Les eaux essentiellement chargées de bicarbonate de chaux marquent, avant l'opération, 31° à 32° à l'hydrotimètre. Par l'emploi de chaux dans la proportion de 25 à 35 kilogrammes par 100 mètres cubes d'eau à épurer, ce degré peut être réduit à 8 ou 9° au plus. Les eaux extraites du puits où donne la source alimentaire sont refoulées dans un réservoir à l'aide d'un tuyau recourbé à son extrémité supérieure, qui dirige le jet de liquide contre la paroi du fond ; l'agitation résultant de ce mode d'injection suffit pour opérer le mélange de l'eau avec le lait de chaux qui descend en même temps d'un réservoir supérieur muni d'un agitateur maintenant constamment la chaux en suspension. On laisse reposer le mélange pendant six à huit heures; puis, le liquide décanté est conduit dans les réservoirs d'alimentation en lui faisant traverser, sur son chemin, des filtres à laines et à éponges [1].

On voit que par cette disposition le réservoir d'épuration doit se trouver à une hauteur suffisante pour alimenter les réservoirs du dépôt, ce qui exige une construction élevée et, par conséquent, coûteuse. D'autre part, l'interposition des filtres dans le trajet de la conduite ralentit considérablement la vitesse d'écoulement. Aussi, dans les nouvelles applications, le réservoir d'épuration alimenté par une première pompe est-il placé à une faible distance du sol. L'eau, après avoir passé par les filtres, est recueillie dans une citerne, d'où une deuxième pompe l'extrait pour la conduire dans les réservoirs d'alimentation. L'expérience a prouvé que les frais d'exploitation des deux systèmes sont identiques; l'avantage reste donc à la seconde disposition, en raison de l'économie qu'elle permet de réaliser dans les frais d'installation.

Sur le chemin de Thuringe, on épure par un procédé analogue des eaux contenant 1/300 à 1/200 de matières solides (ce qui représente 33 degrés à 50 degrés hydrotimétriques). La présence dans ces eaux d'une quantité notable de sulfate de chaux nécessite, outre le lait de chaux, l'emploi d'un réactif spécial, le carbonate de soude, qui précipite la chaux à l'état de carbonate, et donne avec l'acide sulfurique du sulfate de soude soluble qui reste dans le liquide.

Les quantités de réactifs employées se déterminent, d'après l'analyse de l'eau, en partant des données suivantes :

1° 68 parties de sulfate de chaux en dissolution dans l'eau exigent pour leur décomposition 53 parties de carbonate de soude (correspondant à 59 parties de soude à 90 pour 100 ou 63 parties de soude à 84 pour 100);

2° 50 parties de bicarbonate de chaux ou 42 parties de carbonate de magnésie représentent environ 22 parties d'acide

---

1. Mémoire de M. Chavès, inspecteur du service des eaux, au chemin de fer du nord. — *Mémoires et compte rendu de la Société des ingénieurs civils*, 1861.

libre qui nécessitent pour leur neutralisation 28 parties de chaux vive.

L'eau à épurer est recueillie dans de grands bassins et chauffée jusqu'à 30 degrés pendant qu'on y introduit le lait de chaux, puis le carbonate de soude, en agitant chaque fois pour faciliter le mélange. Après un repos de neuf heures, on décante le liquide.

L'expérience a montré que, dans cette opération, le sulfate de chaux se trouve complétement neutralisé, tandis que la proportion de carbonate décomposé atteint en moyenne 70 pour 100 seulement ; le carbonate de magnésie semble résister presque complétement à ce traitement [1].

Il importe d'éviter l'emploi d'un excès de soude ; après l'épuration, l'eau conserve cet excès à l'état libre, qui produit dans la chaudière une émulsion exaltée encore par la présence des matières grasses. Afin de se trouver à l'abri de cet inconvénient, il convient donc d'employer toujours une proportion de carbonate de soude un peu plus faible que celle indiquée par le calcul.

Un troisième procédé spécialement applicable aux eaux fortement *séléniteuses* repose sur l'emploi du chlorure de baryum. Cette méthode coûteuse n'avait pas été appliquée jusqu'ici sur une grande échelle ; depuis quelque temps le chemin rhénan l'a essayée dans quelques-unes de ses stations. Voici ce que les expériences ont indiqué :

L'eau soumise à l'essai [2] contenait, pour 1000 parties, 0,283 de matières solides :

---

1. *Organ far die Forstschritte des Eisembahnwesens.* 18e Supplém., 1866.

2. On opéra sur 12mc, 366 d'eau échauffée à 28 ou 30 degrés, dans laquelle on versa 8 kilogrammes de chlorure de baryum préalablement dissous dans l'eau chaude ; après avoir agité le mélange pour faciliter la combinaison, on laisse reposer de neuf à dix heures et on décante. Dans cette opération, le chlorure de baryum décompose le sulfate de chaux, donne du chlorure de calcium qui reste en dissolution, et du sulfate de baryte qui se dépose.

Epurée par le chlorure de baryum et évaporée à sec, cette
même eau abandonne un résidu de. 0, 190
Traitée par la soude et évaporée, elle ne donne pour résidu
que. 0, 067
____

Différence à l'avantage du second procédé 0, 123

Cette supériorité ressort aussi de la comparaison des frais
de traitement.

L'épuration de 12^{mc}, 366 d'eau par le procédé du chemin de
Thuringe représente en dépense :

Carbonate de soude, 2^k,50 à 0^f,50. . . . . 1^f,23
Chaux . . . . 0 ,06
____

     Total. . . . . 1^f,29

Par le chlorure de baryum :

Chlorure de baryum, 8 kilogr. à 0^f,30 =. . . . . 2^f,45
____

Différence en faveur du premier traitement. . . . . . . 1^f,17 [1].

Les procédés physiques ou mécaniques sont également,
dans certains cas, appliqués à l'épuration des eaux d'alimentation. A ce système se rattache l'appareil de M. Schau (chemin de l'Est autrichien), analogue à celui de M. Wagner,
manufacturier à Paris et consistant en une série de plateaux
sur lesquels arrive l'eau d'alimention et où elle dépose une
partie de ses sels.

545. PROCÉDÉ DE LA COMPAGNIE D'ORLÉANS. Le traitement
des eaux se fait au moyen du lait de chaux.

Les appareils comprennent : ·

1° Un réservoir de 1 mètre cube qui reçoit la chaux et l'eau
en proportions convenables ;

2° Un réservoir de 100 mètres cubes, placé au dessous du
précédent ;

1. *Organ für die Fortschritte des Eisenbahnwesens*, 1er supplém., 1866.

3° Un jeu de filtres, en dessous de ce réservoir ;

4° Une citerne capable de contenir 150 mètres cubes d'eau.

Une machine fait fonctionner simultanément l'agitateur dans le petit réservoir et les pompes élévatoires.

L'eau à épurer est refoulée dans le réservoir de 100 mètres cubes, à la hauteur de son bord supérieur et reçoit, à sa sortie du tuyau, un filet de lait de chaux dont le débit est réglé à volonté par un robinet.

Quand le réservoir est plein, on laisse reposer l'eau pendant 15 à 16 heures, et on la décante ensuite dans la citerne, en la faisant passer à travers les filtres.

De là, elle est envoyée, au moyen d'une autre pompe, au réservoir d'alimentation.

En dernier lieu, les filtres ont été supprimés et remplacés par une simple décantation au moyen d'un syphon.

L'eau marquant 23° à l'hydrotimètre avant l'épuration ne marque plus que 6° après cette opération dont la dépense est sans importance, eu égard aux avantages qu'on en retire par la conservation des chaudières.

546. PROCÉDÉ BERENGER. — La filtration des eaux traitées par le lait de chaux est difficile. Pour accélérer l'opération qui portait sur 500 mètres cubes par jour[1], M. Berenger, inspecteur de la Traction au chemin de fer du Sud-de-l'Autriche, a eu l'idée de filtrer le mélange, immédiatement après la réaction.

Douze filtres suffisent à l'épuration de cette masse d'eau. Chacun d'eux est formé d'une cuve en tôle de 1 mètre de diamètre et 1 mètre de hauteur, dont le fond est muni d'un ajutage à tuyau, et qui est fermée par un couvercle mobile muni d'une tubulure. Dans cette cuve on superpose des couches de petit coke et de copeaux de bois. Le couvercle étant fixé sur la cuve, l'eau à filtrer, refoulée par une pompe, entre par la tubulure d'en haut, descend à travers les couches fil-

1. Note de M. Gottschalk déjà citée — 540 —.

trantes et sort par l'ajutage d'en bas communiquant par un tuyau à la colonne ascendante qui conduit au réservoir.

La matière filtrante sert 8 à 10 jours. Elle peut être revivifiée par un bon lavage et enfin employée comme combustible.

547. MATIÈRES DÉSINCRUSTANTES. — La mise en œuvre de l'un quelconque des procédés que nous avons décrits — 544 à 546 — motive une installation qui ne peut pas toujours être imitée. Nombreuses sont les tentatives faites dans le but de remplacer ces procédés par l'emploi de substances dites *désincrustantes*, qui, introduites dans les chaudières au moment de leur nettoyage ou dans les réservoirs d'alimentation, ont la propriété, soit d'empêcher la formation de dépôts adhérents, soit de désagréger les dépôts déjà formés. Les unes, telles que la sciure de bois, les détritus de bois de teinture, agissent mécaniquement en produisant une agitation continuelle qui divise les dépôts. D'autres, le carbonate de soude, le chlorure de baryum, exercent une action chimique sur les substances maintenues en dissolution. Enfin la mélasse, les pommes de terre réunissent ces deux qualités. En dehors de ces produits simples, on fait usage d'une foule de compositions, dont les éléments sont généralement empruntés à la série des substances précédentes, et qui varient d'une application à l'autre. Ainsi, sur le chemin de Thuringe, dans les dépôts où l'eau ne donne pas plus de 33 degrés hydrotimétriques, on a remplacé l'épuration à la chaux et à la soude par la composition suivante que l'on introduit dans les réservoirs :

4^k,05 de cachou.

2 ,00 de soude caustique.

0 ,25 de chlorhydrate d'ammoniaque.

Le cachou est d'abord dissous dans 41^{lit},22 d'eau, puis mélangé avec la soude et 110 litres d'eau chaude pour faciliter la dissolution. Le sel ammoniac est ajouté dans le réservoir.

Sur plusieurs lignes de l'Allemagne, on a également obtenu de bons résultats avec la composition de M. A. Weigel, de Berlin, qui renferme sur 100 parties :

> 41 de chlorure de fer.
> 28 de chlorhydrate d'ammoniaque.
> 4 de chlorure de baryum.
> 27 de matières insolubles.

Liquide antitartrique de la Compagnie d'Orléans. — L'usine de Vitry, — 534 —, prépare un liquide spécial destiné à empêcher les matières incrustantes de durcir dans les chaudières. Ce liquide est obtenu par voie de macération à chaud, de produits tinctoriaux (Orseille et Campêche) avec de l'eau et du carbonnate de soude. Le liquide est concentré à 10 degrés au pèse-sels.

Il coûte à l'usine 4^f,90 les 100 litres.

Glycérine. — M. l'ingénieur Asselin, fabricant de produits chimiques à St-Denis (Seine), a proposé aux industriels qui produisent de la vapeur, une matière qu'il a indiquée comme désincrustante ou antitartrique, la glycérine.

Lors d'une communication qu'il a faite à la Société des ingénieurs civils, le 24 janvier 1873, M. Asselin conseillait de mettre en une seule fois, dans la chaudière, un kilogramme de glycérine pour 3 000 kilogrammes de combustible à brûler dans une période de 2 à 4 semaines.

La glycérine ainsi appliquée n'a pas donné dans les chemins de fer où elle a été essayée de résultats marqués. On y a donc renoncé.

Beaucoup de ces substances ont l'inconvénient de faire *primer*[1] les machines; d'ailleurs, aucune d'elles n'est complétement efficace dans tous les cas, et il importe de faire de nombreux essais avant de donner à l'une d'elles la préférence.

Rappelons, à ce propos, un fait cité par C. Polonceau en 1851.

---

1. Entraînement de l'eau par la vapeur.

·et qui peut trouver dans certains cas une application utile :
c'est la propriété des eaux pures de dissoudre en partie les
anciens dépôts formés par les eaux impures. Elle a été mise à
profit sur le chemin de fer d'Alsace, dont les eaux d'alimentation étaient incrustantes dans toute l'étendue d'une section et
pures sur l'autre ; les machines, mises complétement hors de
service dans la première section, pouvaient encore faire et pendant longtemps, un bon service sur la seconde [1]. Cette action
peut être également mise à profit pour le nettoyage des chaudières recouvertes d'incrustations. En les remplissant d'eau
suffisamment pure (ou chargée d'une faible proportion de
carbonate de soude, dans le cas où les dépôts sont principalement composés de sulfate de chaux), et maintenant les chaudières en ébullition pendant douze heures environ sans faire
marcher la machine, on trouvera au bout de ce temps les
dépôts presque complétement détachés, et il ne restera plus
qu'à les enlever par le trou d'homme ou les poches de lavage.

548. PRISES D'EAU. — On peut établir entre les eaux d'a-
limentation deux catégories :

— Eaux courantes, — fleuves et rivières ;
— Eaux de source — 1re part., ch. X, 348 —.

La pureté des premières, relativement aux secondes — 514 —
devra, dans tous les cas où l'on en aura le choix [2], leur assurer
la préférence. Le plus souvent même, l'excès de dépense qui
résulte des travaux effectués pour aller chercher à une certaine
distance des eaux fluviales, au lieu de prendre des eaux de

---

1. *Mémoires et compte rendu de la Société des ingénieurs civils.* —
Séance du 19 septembre 1851.

2. Sur le chemin de Saint-Pétersbourg à Varsovie, presque tous les réservoirs puisent leur eau en rivières, et depuis huit ans aucune réparation
de tubes ou de boîtes à feu n'a été occasionnée par les dépôts de matières
calcaires dans l'intérieur des chaudières qu'ils alimentent. A côté de cela,
toutes les machines du dépôt de Wilna, qui, dans cette localité et à Orany,
ne trouvent que de l'eau de puits, sont promptement attaquées par les
incrustations. (*Organ für die Fortschritte des Eisenbahnwesens*, 1867.)

source plus voisines, se trouve largement compensé par la réduction des frais d'entretien et de réparation des chaudières de locomotives [1]. Les sources présentent encore le grand inconvénient de donner un débit variable qui s'accorde mal avec la régularité de service nécessaire à l'exploitation de la ligne.

Nous avons pu constater par expérience personnelle, à deux reprises différentes : sur les lignes d'Alsace, que les prises d'eau basées sur le produit de drainages pouvaient, au bout d'un certain temps, devenir insuffisantes.

La prudence conseille donc d'étudier très attentivement l'alimentation des sources sur lesquelles on projette d'établir une prise d'eau, et les moyens de les maintenir au volume minimum exigé par le service de la station. Le lecteur trouvera dans la première partie — chap. X, 348, — l'indication des procédés par lesquels on arrive à cette détermination.

Quant à la quantité d'eau nécessaire au service journalier du dépôt, voici comment on pourra la fixer.

Nous avons donné plus haut — 536 — les moyennes de consommation d'une machine en marche normale. En multipliant les nombres du tableau par la distance kilométrique qui sépare deux stations d'alimentation consécutives et par le nombre de trains qui viendront s'y approvisionner pendant une journée entière, on obtiendra un chiffre qui représentera

1. La composition des eaux est très variable, même de provenances très voisines. Après plusieurs années d'exploitation, la Compagnie de l'Est, abandonnant les puits de ses stations bordant la Marne, a reporté ses prises d'eau dans cette rivière. Voici quelques-uns des résultats obtenus :

NOMS DES STATIONS	DEGRÉS HYDROTIMÉTRIQUES DE LA PRISE D'EAU	
	ancienne	nouvelle
Meaux	Puits. . . 32	Marne. . . 20
La Ferté-sous-Jouarre	— 73	— 19
Château-Thierry	— 38	— 19
Epernay	— 32	— 18
Châlons-sur-Marne	— 24	— 17
Mourmelon.	— 41	Ruisseau . 18

la consommation d'eau du dépôt en vingt-quatre heures. Mais il convient de remarquer :

1° Que l'une quelconque de ces stations doit pouvoir suppléer au besoin à la suivante ou à la précédente, dans le cas où des circonstances particulières mettraient ces dernières dans l'impossibilité de fonctionner ;

2° Qu'il peut arriver tel cas où la consommation d'une machine vienne à dépasser les quantités précédemment indiquées ;

3° Que le service des stations, principalement dans les dépôts, — lavage et nettoyage des machines et du matériel roulant, — alimentation des machines fixes et service des ateliers ; — et dans les stations principales, — service du personnel, — lavage des cours, — entretien des chevaux de roulage et des écuries, — que ce service, disons-nous, exige une quantité d'eau assez considérable.

Pour ces diverses raisons, il convient de doubler les chiffres obtenus par le calcul[1] résultant de la consommation kilométrique et du nombre de machines en circulation.

549. Appareils de distribution d'eau. — Le choix de la source étant fait, la consommation de la station fixée à l'aide du calcul précédent, le niveau de l'eau exactement relevé, il s'agit de passer à l'étude des appareils d'alimentation.

L'eau est recueillie dans un réservoir élevé à un certain niveau, où elle arrive tantôt par la pression naturelle, tantôt par refoulement mécanique, et d'où elle est distribuée ensuite par des tuyaux et des bouches, aux tenders des machines et aux diverses parties de la station.

1. La consommation d'une prise d'eau ordinaire sur le chemin de fer de l'Est varie le plus généralement de 20 à 60 mètres cubes par vingt-quatre heures. Dans certains dépôts, elle s'élève à 250 mètres cubes (Mulhouse Nancy et Epernay).

Sur les lignes du Hanovre, la station de Hanovre consomme en moyenne, à elle seule, 246 mètres cubes par jour, tandis que la moyenne de consommation des soixante prises d'eau de la ligne ne dépasse pas 16 mètres cubes.

Deux questions principales se présentent tout d'abord :

1° Quelle doit être la capacité du réservoir pour une consommation déterminée ?

2° Dans quelles conditions sera possible l'alimentation du réservoir, ou quelle force de moteur faudra-t-il appliquer, en cas contraire, pour y élever l'eau ?

Capacité des réservoirs. — Aucune règle ne permet de fixer pour une consommation d'eau déterminée la capacité du réservoir à employer. On peut, en effet, pour une même dépense journalière et suivant que le débit plus ou moins grand de la pompe permettra un remplissage plus ou moins prompt du réservoir, donner à ce dernier des dimensions très variables; diverses considérations, indiquées par la pratique, influent toutefois sur le choix de ses dimensions. Ainsi, dans le cas où l'eau provient de machines élévatoires à vapeur, il est avantageux de n'avoir qu'un seul chauffeur pour le service de plusieurs stations alimentaires, condition qui ne peut être réalisée qu'en faisant fonctionner les pompes tous les deux ou trois jours seulement dans chacunes d'elles, et en établissant, par conséquent, des réservoirs capables de contenir la provision de ce laps de temps. Des raisons d'entretien feront, dans les grands dépôts, également préférer un travail intermittent à un travail continu; et si, à cette raison, nous ajoutons la nécessité de pouvoir faire face aux circonstances imprévues, telles que les avaries survenues à l'appareil moteur ou à la pompe et les mettant dans l'impossibilité de fonctionner pendant un certain temps, nous comprenons la nécessité de donner toujours aux réservoirs une grande capacité, relativement à la quantité d'eau nécessaire au service journalier de la station.

On peut considérer un volume de 50 mètres cubes comme moyenne de capacité pour les simples prises d'eau. Dans les dépôts, on la portera à 100, 150, quelquefois 200 mètres cubes.

Nous ajouterons que l'entretien des réservoirs nécessitant des nettoyages périodiques et des réparations plus ou moins fréquentes, on devra le diviser en parties distinctes par des cloisons étanches, ou mieux, remplacer le réservoir unique par plusieurs réservoirs de moindre capacité, de manière à n'avoir jamais à les vider simultanément. Cette disposition se prête d'ailleurs à l'emploi d'un type unique pour tous les réservoirs d'une même ligne, et répond ainsi aux conditions économiques que nous avons déjà recommandées à plusieurs reprises.

Nous citerons, comme exemple, le chemin de Saint-Pétersbourg à Moscou, dont les réservoirs, tous du même modèle, ont une capacité de $64^{mc},097$.

Les stations ordinaires, qui ne disposent que d'une pompe et d'une machine de 3 chevaux, n'en ont qu'un seul, tandis qu'à des distances moyennes de 53 kilomètres environ des dépôts, — on en place deux, desservis à la fois par deux pompes et une machine de 6 chevaux.

Au chemin de fer du Nord, le nombre des types employés est de six ; ils ont tous même hauteur (4 mètres), et leur diamètre seul varie de 3 mètres à 9 mètres.

Outre le nombre de réservoirs nécessaires au service, il importe d'ajouter, dans les dépôts principaux, des réservoirs supplémentaires, qui peuvent suppléer à l'un des premiers, dans les cas d'arrêt imprévu.

Altitude des réservoirs. — Dans une simple station d'alimentation, l'élévation du réservoir au-dessus du niveau des rails doit être suffisante pour vaincre la résistance due au frottement dans les tuyaux, et déterminer à l'extrémité de la conduite d'eau une vitesse d'écoulement qui permette un prompt remplissage du tender.

Dans les dépôts, indépendamment de cette première considération, il importe d'avoir toujours une pression assez considérable pour faciliter le nettoyage des chaudières et le lavage des vagons. Pour ces diverses considérations, on placera le fond du réservoir à 5 mètres au moins au-dessus du niveau des rails. Dans plusieurs cas, cette hauteur se trouve atteindre 7, 8, et quelquefois 9 mètres ; mais on descend rarement au-dessous de la limite que nous avons indiquée [1], et nous croyons devoir engager les ingénieurs à la considérer comme un minimum dans tous les cas

550. ALIMENTATION DES RÉSERVOIRS. — Ainsi que nous l'avons dit plus haut, il peut se présenter deux cas principaux :

1° L'eau provient d'une source supérieure. — Si la différence des niveaux est assez grande pour vaincre les frottements dans la conduite et produire une vitesse d'écoulement suffisante pour le débit de la consommation locale, on n'aura qu'à relier directement le réservoir à la source par une conduite, à l'extrémité de laquelle on disposera un robinet à flotteur, de manière à maintenir autant que possible dans le réservoir le niveau constant. Nous donnons plus loin — 588 — le calcul qui permet de déterminer les dimensions du tuyau et la hauteur de charge satisfaisant à ces conditions.

2° L'eau provient d'une source dont le niveau, inférieur à celui du réservoir, exige l'emploi de moyens mécaniques pour l'élever à la hauteur nécessaire. C'est le cas de l'emploi des machines élévatoires, pompes, etc. Pour ne parler que des pompes, ces engins sont mis en mouvement par un moteur animé ou inanimé.

D'après les observations que nous avons énoncées plus haut, le débit des pompes devra se calculer pour pouvoir remplir le réservoir dans le moins de temps possible, sans toutefois dépasser certaines conditions économiques. Un travail de six heures, en moyenne, doit suffire, le plus généralement, à effectuer ce remplissage pour des réservoirs de dimension ordinaire (50 à 100 mèt. cub.); ces chiffres correspondent à un débit de 8 à 16 mètres cubes par heure. Nous verrons plus loin comment on calculera, d'après ces données, les dimensions de la pompe.

La limite théorique de hauteur d'aspiration est, comme on

---

1. Sur les lignes de Hanovre, le règlement porte 15 pieds (1ᵐ,66) comme limite inférieure.

le sait, de 16ᵐ 33 ; mais l'imperfection des appareils industriels ne permet pas de dépasser 7 mètres.

D'ailleurs, la nécessité absolue d'éviter les rentrées d'air
dans le tuyau d'aspiration et la difficulté d'obtenir des joints
parfaitement étanches devront engager le constructeur à
diminuer le plus possible cette hauteur. Les mêmes conditions s'opposent à l'emploi de conduites d'aspiration trop
longues et demandent à ce qu'on rapproche le plus possible
la pompe de la source.

D'autre part, il sera toujours avantageux, pour économiser
les frais de premier établissement et faciliter l'entretien, de
profiter de l'espace couvert situé au-dessous du réservoir
pour y installer les pompes et l'appareil moteur.

Appelons H la hauteur de l'eau, h la perte de charge totale
exprimée en hauteur d'eau, due au frottement de l'eau dans
le tuyau, P le poids de l'eau à fournir pendant le temps T qui
représente le nombre d'heures de travail journalier de la
pompe:

Le travail à effectuer sera exprimé en kilogrammètres par
l'expression $\frac{P \times (H + h)}{T \times 3\,600}$; on tiendra compte du déchet de
rendement de l'appareil alimentaire en affectant cette valeur
d'un coefficient variable entre $\frac{1}{0,50}$ à $\frac{1}{0,70}$; enfin, divisant le
résultat par 75, on aura ainsi, exprimée en chevaux, la force
nécessaire pour effectuer le travail déterminé :

$$F = \frac{P \times (H + h)}{T \times 3\,600 \times 75} \times \frac{1}{0,60} .$$

Quoique la quantité P d'eau consommée pendant une période
de temps déterminée, varie généralement d'un dépôt à l'autre,
on ne devra pas cependant multiplier outre mesure le nombre
des types de pompes et de machines alimentaires ; les conditions d'économie de premier établissement et d'entretien courant s'opposent à cette diversité, et le problème se réduit à la
recherche d'un ou deux types au plus qui puissent satisfaire
aux divers cas prévus, en faisant varier seulement la durée du
travail ou la vitesse du moteur, sans arriver toutefois à altérer
son rendement.

551. Moteurs. — Pour des consommations d'eau restreintes, dans les stations de peu d'importance, l'installation d'un moteur à vapeur peut être superflue, et l'on se contente d'une pompe à bras.

Lorsqu'on dispose d'une chute d'eau, on pourra faire manœuvrer les pompes par une turbine ou une roue hydraulique; il sera même avantageux quelquefois d'appliquer la chute d'eau directement à l'alimentation du réservoir, en l'employant sous forme d'un bélier hydraulique.

L'utilisation de la force du vent est également un procédé économique, mais qui ne saurait trouver d'application que dans une contrée où le vent souffle régulièrement, et encore devra-t-on se ménager les moyens de faire marcher la pompe à la main, afin de pouvoir suppléer le moteur, dans les moments de calme périodiques ou accidentels.

Une semblable disposition ne saurait suffire, en général, à l'alimentation d'un dépôt de quelque importance; dans ce cas, l'emploi d'une machine à vapeur peut seul répondre, d'une manière satisfaisante, aux besoins du service. On rencontre sur les chemins du Hanovre des applications de ces diverses dispositions qu'il nous paraît intéressant de citer ici comme exemples.

Le réseau comprenait, en 1864, soixante prises d'eau, dont la consommation annuelle atteignit 325 à 350 mille mètres cubes. Ces stations s'alimentaient : 1° par l'action directe de la pesanteur; 2° par des pompes mues à la main ou au moyen de moulins à vent, de machines à vapeur; 3° enfin par les distributions d'eau des villes voisines.

A Dransfeld, le réservoir est en communication, au moyen d'une conduite de 1600 mètres de long, avec une source qui fournit en vingt-quatre heures 150 mètres cubes, pouvant alimenter ainsi par jour quarante tenders. La charge d'eau, au-dessus du réservoir, est de $58^{m},70$.

Le tiers des stations ne possède que des pompes à main, soit parce que leur importance ne comporte pas une installation plus coûteuse, soit parce que la présence d'un nombre plus ou moins grand d'ouvriers employés à d'autres travaux permet d'effectuer ce travail dans des conditions très économiques pendant les intervalles du service.

Douze réservoirs sont desservis par des moulins à vent.

Dans les dépôts importants, les pompes sont mues par des machines à vapeur spéciales.

A Hanovre, le mouvement est communiqué aux pompes par les moteurs des ateliers de réparation. Un réservoir de 230 mètres cubes distribue l'eau dans toutes les parties de la station. Ici, la source qui alimente les pompes ne pouvant suffire à la consommation annuelle, qui est de 89750 mètres cubes, on a demandé à la distribution d'eau de la ville le complément nécessaire.

552. CHAUFFAGE DE L'EAU D'ALIMENTATION. — L'abaissement de la température, pendant la saison d'hiver, en congelant l'eau des réservoirs, peut entraver l'alimentation des machines et troubler le service de la traction. Dans certains cas, une simple enveloppe en bois préserve l'eau de la gelée, mais, dans les contrées où le froid est un peu vif, on doit recourir à des installations particulières et ménager les moyens de chauffer le réservoir aussitôt que la température descend au-dessous d'une certaine limite.

On fait souvent servir à cet usage la chaleur perdue de la chaudière à vapeur qui alimente le moteur, mais la quantité de chaleur ainsi utilisée n'est pas toujours suffisante, circonstance qui conduit quelquefois à installer un foyer spécial. Dans ce cas, le principe de l'installation consiste à établir une circulation continue de l'eau à réchauffer entre le réservoir et le foyer, en mettant à profit la différence de densité de l'eau froide et de l'eau chaude.

Les procédés de chauffage affectent des formes très variées.

En Hanovre, les réchauffeurs sont de longs cylindres inclinés, autour desquels circule la flamme d'un foyer extérieur ; de chacune de leurs extrémités part un tuyau vertical s'arrêtant, l'un à la partie supérieure, l'autre au fond du réservoir qui leur est superposé. Le cylindre est fermé par des couvercles en fonte boulonnés, enlevés de temps en temps pour nettoyer l'intérieur.

Sur le chemin de Saint-Pétersbourg à Varsovie, les deux réservoirs de chaque dépôt communiquent, par un double système de tuyaux en cuivre rouge, avec un réchauffeur vertical à foyer intérieur ; le tuyau de conduite des gaz chauds se divise également en deux branches qui, après avoir traversé chacun des réservoirs, viennent se réunir de nouveau à la partie supérieure pour déboucher dans l'atmosphère [1].

Sur le chemin du Central-Suisse, l'appareil de chauffage est disposé d'une façon analogue. Le réchauffeur se compose d'un corps de chaudière tubulaire vertical ; mais le foyer, placé directement au-dessous, sans double enveloppe, laisse à désirer au point de vue d'une bonne utilisation de la chaleur.

Sous ce rapport, on rencontre, sur quelques lignes de France, des installations qui nous semblent préférables. Le fond du réservoir est muni d'une double enveloppe, dans laquelle vient déboucher le conduit des gaz chauds, qui part lui-même d'un foyer cylindrique vertical complétement entouré d'eau. Les produits de la combustion traversent ensuite la masse d'eau à échauffer par plusieurs tuyaux obliques, qui viennent se réunir pour déboucher dans l'atmosphère à la partie supérieure. Deux tuyaux mettent en communication le réservoir avec la double enveloppe du foyer, et établissent une circulation d'eau assez complète [2].

Sur la ligne de Stargard à Posen, le réservoir d'alimentation communique, par une large tubulure, avec une petite chaudière horizontale à foyer intérieur, dont la cheminée le traverse dans toute sa hauteur.

La circulation d'eau est assurée par un tuyau supplémentaire qui part du fond du réservoir et débouche à la partie inférieure de la chaudière. Avec cette disposition, quarante

1. *Organ für die Fortschritte des Eisenbahnwesens*, 1867. IV⁰ cahier.
2. Armengaud, *Publication industrielle*. t. XIV.

minutes suffisent pour échauffer jusqu'à l'ébullition 7 à 8 mètres cubes d'eau [1].

553. ACCESSOIRES DES RÉSERVOIRS. — *Tuyaux de prise d'eau.* — *Colonnes alimentaires.* — Lorsque adoptant, pour le plan de la station d'alimentation, la disposition représentée par la figure 428, pl. XXVIII, 1er partie, on place le bâtiment du réservoir *r* à l'alignement du quai, l'eau descend directement du réservoir dans le tender ; on adapte, à cet effet, au réservoir, un tuyau de distribution muni d'une soupape et faisant saillie sur la paroi du château-d'eau [2].

Les tenders peuvent être munis d'un panier de remplissage, placé dans l'axe, ou de deux paniers disposés à l'arrière, vers les bords longitudinaux — 218, 219 —.

Dans le premier cas, le tuyau de distribution de l'eau doit atteindre l'aplomb de l'axe de la voie et, par conséquent, mettre obstacle à la circulation des trains. Ce tuyau ne peut donc être maintenu fixe dans sa position pour l'alimentation, — il doit s'effacer le long du réservoir à l'aide d'une rotule.

Dans le second cas, il suffit que le tuyau de distribution s'approche du plan tangent aux parois des véhicules. Dans cette position, il n'est pas atteint par le train et peut, en conséquence, être fixé à demeure sans nécessiter la complication d'un joint de rotation.

A ce tuyau fixe, en saillie de $0^m,75$ sur la paroi du réservoir, est liée une manche en cuir qui descend obliquement dans le panier du tender. — Quand le remplissage est achevé, la manche retirée du panier est appliquée contre la paroi du réservoir et s'égoutte dans une auge, qui déverse son eau dans un canal d'écoulement (Nord-France).

Sur les lignes du Hanovre, on rencontre des tuyaux de distribution dont les bras, munis d'une double articulation,

---

1. Rohrbeck, *Eisenbahn Zeitung*, X. Jahrgang, n° 30.

2. On donne quelquefois à cette disposition le nom bizarre de *grue-applique*, qui n'a aucun sens.

peuvent se développer de manière à atteindre les tenders placés sur les rails voisins de la voie contiguë au réservoir.

Le maintien de ces tuyaux à grande portée exige un système assez compliqué de tirants et demande une résistance de construction pour tenir ce porte-à-faux de 5 mètres. Quoi qu'il en soit, c'est une solution intéressante dans certains cas particuliers, quand on ne peut pas mieux faire.

Le bâtiment se trouve-t-il, au contraire, à une certaine distance de la voie, il faut avoir recours aux *colonnes d'alimentation*, ou *grues hydrauliques à colonne*, appareils que l'on installe à proximité de la voie à desservir. Dans la figure 429, pl. XXVIII, atlas de la 1ᵉʳ partie, la colonne G déverse son eau dans le tender arrêté sur la fosse *f*. Comme les tuyaux de distribution adaptés aux châteaux-d'eau, ceux adaptés aux colonnes alimentaires seront articulés ou fixes, suivant la position des paniers des tenders. Les colonnes d'alimentation sont réunies aux réservoirs par des conduits en fonte d'un diamètre suffisant pour débiter en quelques minutes la quantité d'eau nécessaire à l'approvisionnement de la machine. Cette condition n'est pas toujours facile à remplir; tel cas se présente où la grande distance qui sépare les deux appareils et la faible différence de niveau qui produit l'écoulement ne permettront d'atteindre le résultat demandé qu'en adoptant des diamètres de tuyaux hors de toute proportion avec le but à atteindre. La difficulté est tournée en surmontant la colonne d'alimentation d'un réservoir de 6 à 10 mètres cubes de capacité. Dès lors, il suffira de calculer le diamètre du tuyau de conduite pour que, dans l'intervalle du passage de deux trains consécutifs, ce réservoir supplémentaire puisse être complétement rempli.

L'orifice du tuyau de distribution d'eau doit être fermé par une soupape à la portée du machiniste sur sa plate-forme.

Le réservoir aura toujours un *trop-plein*, avec avertisseur mécanique ou électrique, pour éviter que le moteur fonctionne inutilement.

En étudiant l'établissement de ses distributions d'eau, l'ingénieur ne négligera pas d'en disposer les parties exposées à l'influence atmosphérique de manière à pouvoir les vider complétement quand l'écoulement a cessé, et les soustraire à l'action de la gelée. Dans le même but, il assurera le chauffage des colonnes-réservoirs en y adaptant un système analogue à celui des réservoirs principaux, pour y maintenir, pendant l'hiver, la température de l'eau à 20° ou 25° centigrades.

554. CONSTRUCTION ET ENTRETIEN DES APPAREILS DE DISTRIBUTION D'EAU. — *Réservoirs*. Traçons en quelques mots le programme à suivre lorsqu'il s'agit d'établir cette catégorie d'appareils :

— Construction simple et économique ;

— Commodité d'accès à toutes les parties, afin de réduire les frais d'entretien et de faciliter les réparations ;

— Précautions à prendre contre l'évaporation ou le froid au moyen de couvertures, d'enveloppes et, au besoin, d'appareils de chauffage dans les pays où le froid est rigoureux ;

— Altitude suffisante au-dessus des rails pour donner un écoulement rapide de l'eau à l'extrémité du tuyau de distribution, malgré les pertes de charge résultant des frottements dans la conduite.

Formes et matières employées. — La première de ces conditions nous conduit à étudier la construction du réservoir, au point de vue de la forme et de la matière à employer.

La forme cylindrique satisfait le mieux aux conditions d'économie et de résistance, ainsi qu'il est facile de s'en rendre compte en considérant qu'elle répond au minimum de surface d'enveloppe pour un même volume ; d'autre part, l'égalité de résistance des parois verticales qui résulte de la forme adoptée permet la suppression de tous tirants diagonaux. Enfin, les fonds sphériques offriront également une supériorité incontestable sur les fonds plats, ces derniers exigeant de fortes armatures ou un soutènement par supports qui gêne l'accès et l'examen des différentes parties du réservoir, tandis que les premiers trouvent, dans leur constitution même, une résistance suffisante et sont accessibles en tous leurs points.

L'emploi de la tôle se prête particulièrement à l'exécution de cette forme économique, et quoique certains ingénieurs, se basant sur l'altérabilité de cette matière au contact de l'eau, croient pouvoir donner la préférence aux réservoirs carrés en plaques de fonte boulonnées, la résistance de la tôle, qui permet de réduire l'épaisseur des parois et de diminuer ainsi le poids du réservoir, la facilité de réparations qui résulte de son emploi, et enfin la possibilité de la soustraire à l'action de la rouille par une couche de peinture extérieure et intérieure convenablement entretenue, nous font considérer cette matière comme supérieure à toute autre pour la construction des réservoirs. La figure ci-dessous représente un réservoir cylin-

Réservoir [en tôle à fond sphérique. (Midi-Ouest.)   Échelle $\frac{1}{100}$

drique et à fond sphérique, en tôle, de 150 mètres cubes, construit suivant la disposition en question.

Construction. — La partie cylindrique est formée, comme on peut le voir sur la figure, qui représente une coupe verticale de la paroi du même réservoir, d'une suite d'anneaux en tôle de 1^m,050 de hauteur et de deux diamètres différents, emboîtés les uns dans les autres avec recouvrement de 0^m,040. L'épaisseur des anneaux, proportionnelle à la hauteur de charge d'eau qu'ils ont à supporter, augmente naturellement de haut en bas, et se détermine à l'aide de la formule suivante :

$$e = \frac{1000\ H}{2\ R} \times D + 0^m,0025,$$

dans laquelle e représente l'épaisseur de l'anneau considéré ;

H, la hauteur de la colonne d'eau au-dessus du plan inférieur de l'anneau ;

D, le [diamètre intérieur du réservoir ;

R, la tension maxima par unité de surface à laquelle on voudra faire travailler la tôle employée[1].

Le fond, qui affecte la forme d'une calotte sphérique dont le rayon de courbure $r = $ D, est formé de deux segments concentriques dont l'épaisseur est la même que celle de l'anneau inférieur ou mieux un peu plus forte.

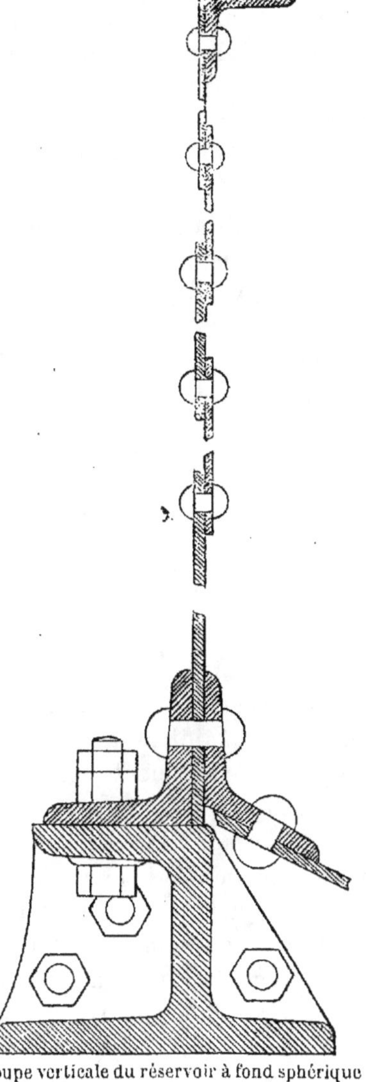

Coupe verticale du réservoir à fond sphérique en tôle, et de support en fonte. Échelle $\frac{1}{5}$

1. Il importe de ne pas prendre pour valeur de R avec des tôles de qualité ordinaire plus du dixième de la charge de la rupture ; on fera donc bien de ne pas compter sur plus de 3 à 4 kilogrammes par millimètre carré.

Si r diffère de D, on prend $e = r \dfrac{1000\,H}{2\,R} + 0,0025$.

Le bord supérieur du cylindre est consolidé par une cornière circulaire, nécessaire pour empêcher les déformations des parois qui, vu leur faible épaisseur, seraient, sans cela, trop flexibles.

A l'extérieur de la virole inférieure, on rive une seconde cornière qui sert à soutenir le réservoir sur son support, suivant la disposition indiquée sur la figure de la page 243.

Dans l'exemple en question, l'épaisseur des tôles passe par la série suivante :

Fond sphérique.	$0^\mathrm{m},007$
1er anneau.	$0\ ,006$
2e —	$0\ ,005$
3e —	$0\ ,004$
4e —	$0\ ,004$
5e —	$0\ ,003$

Il ne faut négliger aucun détail de construction car on a vu des cas de rupture de réservoir (gare de Reims, le 15 décembre 1869).

Nous rappellerons ici que le travail de la chaudronnerie doit être conduit avec soin ; que les trous des rivets doivent être bien exactement centrés, de manière à se correspondre rigoureusement après le montage, forés à la machine à percer et non pas à la poinçonneuse ; et qu'enfin il convient de placer les feuilles de tôle de manière qu'elles travaillent dans le sens du laminage [1]. La rivure doit être faite également avec le plus grand soin. Aussitôt que le travail est achevé, et après en avoir vérifié la bonne exécution par un remplissage provisoire, on recouvre l'extérieur et l'intérieur d'une ou

---

1. A l'appui de cette recommandation, que nous avons déjà indiquée au sujet de la construction des chaudières de locomotives, nous rappellerons que les essais de traction des tôles donnent des différences très notables entre les résistances à la traction selon qu'elle est exercée dans le sens du laminage ou dans le sens perpendiculaire.

deux couches de peinture au minium, sur lesquelles on passera, à l'extérieur, une teinte de fond (grise ou noire).

Le prix de revient d'un réservoir en tôle peut s'établir de la manière suivante :

RÉSERVOIR DE 50 MÈTRES CUBES.

Matières.

		Prix moyen pour 100 kilogr.		
Tôles.	1 653^k	35^f,00	578^f,55	
Cornières.	330	25 ,00	82 ,50	
Rivets	88	60 ,00	52 ,80	
Plomb pour joints	100	70 ,00	70 ,00	
	2 171^k		713^f,85	713^f,85

Main-d'œuvre.

Main-d'œuvre à l'atelier	265^f,00	
Montage sur place.	200 ,00	
	465^f,00	465 ,00
Frais généraux.		465 ,15
Prix de revient total.		1 644^f,00

ou par 100 kilogrammes, 0^f,75.

Dans le cas où l'on voudrait galvaniser les fers, on ajouterait la dépense y relative, soit :

Fers.	2071^k à 0^f,15.	315^f,60	
Rivets.	88 à 0 ,30.	26 ,40	
		342^f 00	

Tableau des poids des réservoirs cylindriques à fond sphérique de 100, 125 et 150 mètres cubes.

DÉSIGNATION DES PIÈCES.	100 m. c. 6m,000 3m,070		125 m. c. 6m,000 4m,080		150 m. c. 6m,000 5m,090	
	Nombre.	Poids.	Nombre.	Poids	Nombre.	Poids
I. — Tôles.		k.		k.		k.
Tôles rectangulaires de 1m,6105 de largeur, 1m,050 de hauteur et 0m,003 d'épaisseur.	12	475	12	475	12	475
Tôles rectangulaires de 1m,6105 de largeur, 1m,050 de hauteur et 0m,004 d'épaisseur	12	632	24	1265	24	1265
Tôles rectangulaires de 1m,6105 de largeur, 1m,050 de hauteur et 0m,005 d'épaisseur.	12	790	12	790	12	790
Tôles trapézoïdes de 1m,0125 de grande base, 0m,951 de petite base, 1m,250 de hauteur et 0m,006 d'épaisseur.	12	924	12	924	—	—
Tôles trapézoïdes de 0m,949 de grande base, 0m,669 de petite base, 1m,247 de hauteur et 0m,006 d'épaisseur.	6	471	6	471	—	—
Tôles rectangulaires de 1m,6105 de largeur, 1m,050 de hauteur et 0m,006 d'épaisseur.	—	—	—	—	12	950
Tôles trapézoïdes de 1m,0125 de grande base, 0m,951 de petite base, 1m,250 de hauteur et de 0m,007 d'épaisseur.	—	—	—	—	12	10·0
Tôles trapézoïdes de 1m,949 de grande base 0m,669 de petite base, 1m,244 de hauteur, et 0m,007 d'épaisseur.	—	—	—	—	6	550
Fond rond de 1m,371 de diamètre développé.	1	78	1	75	1	80
Poids total des tôles.		3370		4009		5190
II. — Cornières.						
Cornière supérieure de 60/60 mm. et 0m,0065 d'épaisseur moyenne . . . . met.	18,846	125	18,846	125	18,846	125
Cornière intérieure du fond du réservoir de 85/85 mm. et de 0m,0145 d'épaisseur moyenne.	18,846	300	18,846	300	18,846	300
Cornière extérieure du fond du réservoir de 100/100 mm. et de 0m,0145 d'épaisseur moyenne.	18,883	410	18,883	410	18,883	410
Poids total des cornières.		835		835		835
III. — Rivets et boulons.						
Rivets de 10 mm. pour cornière du haut (entre tête et rivure, 10 mm.).	240	5,520	240	5,520	240	5,520
Rivets de 10 mm. pour les 1er et 2e rangs (entre tête et rivure, 6, 7 et 8 mm.).	1044	22,968	1044	22,968	1044	22,968
Rivets de 12 mm. pour les 2e, 3e et 4e rangs (entre tête et rivure, 8, 9 et 10 mm.).	756	26,838	1512	53,648	1512	54,248
Rivets de 15 mm. pour les tôles du fond (entre tête et rivure, 13 mm.).	898	56,574	898	60,164	—	—
Rivets de 12 mm. pour les 4e et 5e rangs (entre tête et rivure, 12 et 12 mm.).	—	—	—	—	756	28,728
Rivets de 15 mm. pour les tôles du fond entre tête et rivure, 14 mm.)	—	—	—	—	898	62,474
Rivets de 18 mm. pour les cornières du fond (entre tête et rivure, 33 mm.).	420	63,000	420	65,100	—	—
Rivets de 18 mm. pour les cornières du fond (entre tête et rivure, 34 mm.).	—	—	—	—	420	66,360
Rivets de 18 mm. pour la cornière intérieure du fond (entre tête et rivure, 20 mm.).	420	54,600	420	54,600	—	—
Rivets de 18 mm. pour la cornière intérieure du fond (entre tête et rivure).	—	—	—	—	420	54,600
Boulons reliant la cornière extérieure du réservoir à la couronne en fonte.	48	27,000	48	27,000	48	27,000
Boulons reliant les segments de la couronne en fonte entre eux.	36	21,000	36	21,000	36	21,000
Poids total des rivets et boulons		277,000		310,000		343,000
Poids total du fer	—	4482	—	5145	—	6368
Poids des 2 segments en fonte (à 1 k. l'un)	—	1572	—	1572	—	1572
Poids total du réservoir.	—	6054	—	6717	—	7940

555. Accessoires du réservoir. — *Supports et couverture.*
Le réservoir représenté par la figure de la page 242 repose
sur un cadre en fonte formé de plusieurs segments boulonnés entre eux, et portant lui-même sur une construction en
maçonnerie ou en fer, à laquelle on donnera la hauteur suffisante pour obtenir la pression d'eau nécessaire (5 à 7 mètres
en général, ainsi que nous l'avons dit plus haut). L'emploi du
bois doit être proscrit dans ce cas, tant pour le cadre de support du réservoir que pour la partie basse de la construction
elle-même, en raison de l'humidité constante produite par
les fuites des conduites ou du réservoir. Le meilleur support
sera une tour de maçonnerie circulaire ou octogonale, s'il
s'agit d'en placer plusieurs côte à côte. L'espace compris sous
le réservoir, éclairé par quelques baies percées dans les
murs, reçoit le plus souvent la machine alimentaire et les
pompes ; il est clos de manière à y conserver, en hiver, une
température suffisante pour arrêter l'action du froid sur les
appareils.

La partie haute de la construction consiste souvent en un
revêtement en planches fixé sur des consoles faisant partie
de la construction inférieure. On maintient ce revêtement à
distance des parois du réservoir, de manière à la mettre à
l'abri de l'humidité et à laisser, tout autour de ce dernier,
un espace libre suffisant pour la circulation de l'air ; on le
recouvrira d'une légère toiture avec couverture en zinc
(fig. 14, pl. XLVII).

Chaque réservoir doit être muni d'un tuyau de refoulement,
d'un tuyau d'alimentation et d'un tuyau de trop-plein. On
emploie généralement à cet usage des tuyaux en fonte à
brides, dont le diamètre intérieur dépend des conditions de
l'alimentation. Le diamètre du tuyau de refoulement est
généralement égal aux deux tiers de celui du piston de la
pompe ; quant à celui d'alimentation, variable avec la longueur de la conduite et la hauteur du réservoir, il sera
calculé pour débiter environ 50 à 60 litres par seconde.

Une difficulté se présente dans le montage des tuyaux pour

obtenir des joints étanches entre ceux-ci et le fond du réservoir, tant en raison de l'inclinaison de la paroi que de l'effet de flexion qui se produit sous l'influence des variations de charge et de température. On évitera ces inconvénients en formant la partie centrale du fond du réservoir par une plaque circulaire en fonte de 1^m,20 de diamètre recevant les brides de toutes les colonnes qui doivent traverser le fond, d'autre part en remplaçant les joints au mastic ou au plomb par des rondelles en caoutchouc maintenues dans une rainure pratiquée à la surface des brides. L'emploi de ces rondelles donne aux joints une compressibilité suffisante pour céder à la pression du fond du réservoir, et permet, en outre, d'appliquer des tuyaux bruts de fonte en évitant le dressage des brides, opération toujours très dispendieuse, mais rendue indispensable par l'emploi du mastic, si l'on veut obtenir un joint solide et régulier. Au point de départ du tuyau d'alimentation, on placera sur le fond du réservoir une crépine en tôle de cuivre perforée, afin de retenir les matières étrangères entraînées par l'eau d'alimentation.

Sur le tuyau de trop-plein viendra se brancher un tuyau de vidange aboutissant à une soupape qui devra pouvoir se manœuvrer de l'extérieur. On disposera finalement:

1° Sur le tuyau d'alimentation, un robinet à clapet, permettant d'intercepter au besoin les communications de la pompe avec le réservoir;

2° Sur le tuyau de prise d'eau, un robinet à clapet manœuvré de l'intérieur du bâtiment.

Soupapes. — Obtenir des soupapes parfaitement étanches est une condition toujours très difficile à réaliser. Il importe donc de mettre le plus grand soin à leur construction, car les réparations de ces organes gênent considérablement le service; il faut, par conséquent, s'efforcer d'en éloigner le plus possible le retour. A ce point de vue, la soupape à clapet garnie en caoutchouc est celle qui donne les meilleurs résultats pour les distributions d'eau à la température ordinaire.

Comme organe de transmission, une tige filetée avec volant à manette offre l'avantage de ne permettre qu'une ouverture ou une fermeture graduelle, et d'empêcher les manœuvres brusques qui, produisant des coups de bélier, occasionnent la rupture des joints et quelquefois même des tuyaux.

Lorsque les tenders viennent s'alimenter directement au réservoir, le tuyau de prise d'eau traverse le mur du bâtiment et vient se terminer au dehors par un tuyau en cuivre rouge de même diamètre, de 1 à 2 mètres de long, dont l'extrémité située à 3ᵐ,30 environ au-dessus du niveau des rails reçoit une manche en cuir ou en toile que l'on introduit dans le panier du tender. Ce tuyau est muni d'une soupape dont le volant de manœuvre doit être placé à la portée du mécanicien. S'agit-il d'alimenter des tenders à un seul panier, le tuyau en fonte sera composé de deux proportions recourbées à angle droit et réunies par un joint à presse-étoupe, de manière à permettre à celles de dessous de tourner autour d'un pivot reposant dans une crapaudine fixée au mur du bâtiment.

Une lanterne à deux feux (blanc et rouge), adaptée sur l'appareil et pouvant tourner sur elle-même en même temps que le bras mobile, servira de signal pendant la nuit pour indiquer la position du tuyau d'alimentation.

556. COLONNES ALIMENTAIRES. — Les colonnes alimentaires sont des tuyaux verticaux boulonnés par leur base sur une plaque en fonte au niveau des rails, et qui, mises en communication avec le réservoir au moyen d'une conduite, servent de prise d'eau pour l'alimentation des tenders. Leur diamètre doit être quelque peu supérieur à celui de la conduite. La plaque de fondation sert à rattacher la colonne par des boulons à un massif de maçonnerie fortement établi dans le sol; au-dessous de la plaque de fondation, la colonne se prolonge en se recourbant pour recevoir l'extrémité du tuyau de conduite.

La partie supérieure porte un ajutage latéral sur lequel

vient s'adapter une manche en cuir. La figure de la page 213 n° 538, donne l'ensemble d'un appareil de ce genre. Quand l'écoulement d'eau doit atteindre l'axe de la voie, la colonne d'alimentation se prolonge transversalement en formant un bras tournant qui s'efface parallèlement à la voie pour livrer passage aux trains. La question se complique alors d'un élément important. La fonction du bras exige entre les deux parties, dont l'une est fixe et l'autre mobile, un joint difficile à entretenir. Le plus généralement l'un des tuyaux porte un stuffing-box dans lequel l'autre peut tourner à frottement doux. Cette disposition est celle que l'on peut voir sur la figure, de la page 254. La garniture en chanvre suiffé ne reste pas longtemps étanche; bientôt il faut resserrer les boulons, puis finalement les remplacer.

Les colonnes d'alimentation employées sur le chemin de Paris-Lyon-Méditerranée ont l'avantage de ne pas nécessiter de presse-étoupes ; elle se composent des pièces suivantes :

— Une colonne enveloppe fixe, en fonte, avec une plaque de fondation ;

— Une colonne mobile, également en fonte, tournant à frottement doux dans la colonne enveloppe par l'intermédiaire d'un collier en bronze alésé, fixé à la partie supérieure de la colonne fixe, et d'une crapaudine annulaire et conique en bronze, faisant corps avec la plaque de fondation et le tuyau d'amenée de l'eau.

La colonne mobile se termine à la partie supérieure par un vase fermé, sur lequel sont fixés le tube d'alimentation en cuivre rouge, et un support destiné à recevoir une lanterne.

Malgré la légèreté du tube en cuivre, son poids, ajouté à celui de la manche en cuir, produit un effort oblique sur le collier et la crapaudine en bronze. Il serait utile, pensons-nous, de l'équilibrer par un contre-poids en arrière et sur le prolongement du tube horizontal, disposition que l'on rencontrait dans la colonne alimentaire des chemins d'Alsace.

Parmi les diverses dispositions proposées pour améliorer

le joint du bras mobile, nous citerons celle du Bergisch-Marckische Eisenbahn, dont un modèle figurait à l'Exposition universelle de 1867, et qui est représenté en coupe sur la figure ci-dessous. On peut lui reprocher toutefois d'exiger

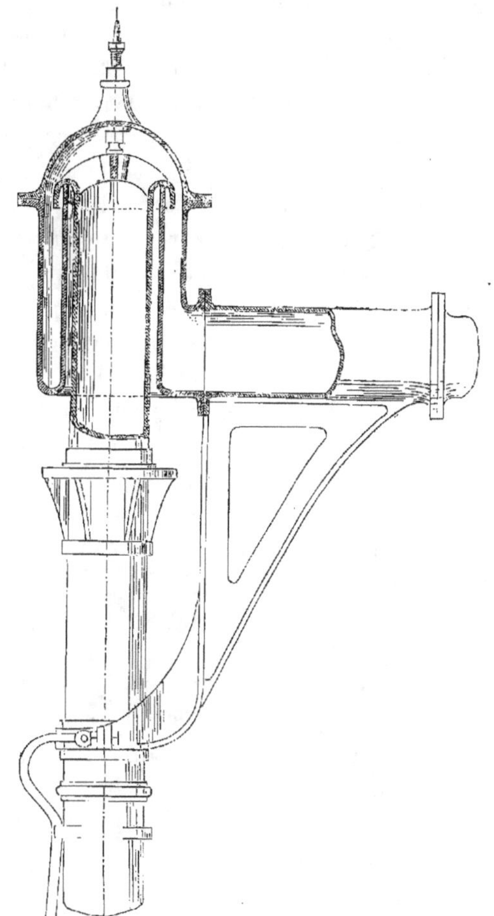

Colonne alimentaire. (Chemin de Berg-Mark.) Échelle $\frac{1}{20}$

l'emploi de pièces de fonte d'une forme un peu compliquée, et, par conséquent, d'une fabrication difficile.

Outre la soupape de prise d'eau qui se place le plus souvent à la partie supérieure de la colonne, il est nécessaire de séparer celle-ci de la conduite par un robinet-vanne, manœuvré à l'aide d'une manivelle. On peut alors, au moyen d'un robinet placé au bas de la colonne, vider celle-ci complétement après le remplissage du tender, condition essentielle pour empêcher la congélation de l'eau et la rupture de la colonne en hiver. Pour assurer l'ouverture et la fermeture de ce robinet, on le rend solidaire avec la manivelle de la vanne ou bien on le fait manœuvrer par le bras mobile au moyen d'une transmission spéciale. Sur certains chemins, on remplace le robinet ordinaire par un cylindre creux qui glisse dans une gaîne venue de fonte avec le tuyau de conduite et communiquant avec lui par un petit ajutage. Ce cylindre monte et descend avec la vanne; il porte une petite ouverture qui, lorsqu'elle coïncide avec l'orifice de l'ajutage, donne passage à l'eau de la colonne.

Il importe également de placer à la partie inférieure de la colonne une soupape, à laquelle on donne le nom de *crachoir*, destinée à céder sous la pression de l'eau lorsque le mécanicien ferme la soupape de prise d'eau : sans cette précaution, il se produit un coup de bélier capable de briser la conduite ou la colonne.

Pour faciliter l'entretien des colonnes d'alimentation, nous recommandons les précautions suivantes :

— Ménager sous la plaque de fondation un vide de hauteur et de largeur suffisantes pour que les ouvriers puissent y travailler à l'aise en montage et en réparation : ce vide doit être accessible du regard établi à côté de la colonne;

— Disposer tous les assemblages de manière à permettre le démontage de chaque pièce principale sans nécessiter celui des pièces voisines;

— Concentrer autant que possible sur un point de l'appareil tous les organes susceptibles de dérangement, tels que valves, clapets, soupapes, afin de pouvoir les visiter rapidement en enlevant une plaque de recouvrement librement accessible et indépendante de toutes les autres pièces.

Pour prémunir les colonnes contre les effets du froid, en hiver, on les recouvre d'un manteau de paille enduite d'argile. On ferait mieux de les envelopper d'une gaine en tôle, à demeure, laissant un intervalle de 0^m,10 rempli de matière mauvaise conductrice.

557. COLONNES RÉSERVOIRS. — Nous savons que ce genre d'appareils doit satisfaire aux conditions suivantes :

— Avoir une capacité au moins égale à celle d'un tender ;

— Communiquer avec le réservoir principal par un tuyau de conduite pouvant débiter assez d'eau pour que dans l'intervalle du passage de deux trains le réservoir soit rempli à nouveau ;

— Être muni d'un appareil de chauffage permettant de maintenir toujours la température de l'eau à un degré assez élevé pour éviter la congélation dans les tuyaux ou dans le réservoir, et donner aux tenders de l'eau à 20° ou 25° cent.

La figure de la page suivante montre le type de colonne-réservoir employé sur le chemin de fer de l'Ouest et qui répond assez bien à ces diverses conditions. La partie supérieure A du dessin, celle qui comprend le réservoir, représente une coupe faite suivant un plan vertical perpendiculaire à la voie ; la partie inférieure B est la coupe de la base de la colonne et du foyer, par un plan vertical parallèle à la voie et en conséquence perpendiculaire au premier.

La colonne proprement dite, en fonte, reçoit à sa base le tuyau de conduite partant du réservoir principal, et renferme un petit foyer en tôle, dont les gaz s'échappent par deux tuyaux verticaux jusque dans le réservoir placé au-dessus de la colonne, et de là dans l'atmosphère, après avoir traversé la masse d'eau dans toute sa hauteur. Les parois du réservoir sont en tôle ; un plateau circulaire, venu de fonte avec la colonne à laquelle il est réuni par huit nervures, sert de fond à la cuve en tôle ; il porte, du côté de la voie, la soupape de prise d'eau, dont la tige de manœuvre se termine par un volant placé à portée du mécanicien. Au-dessous de la

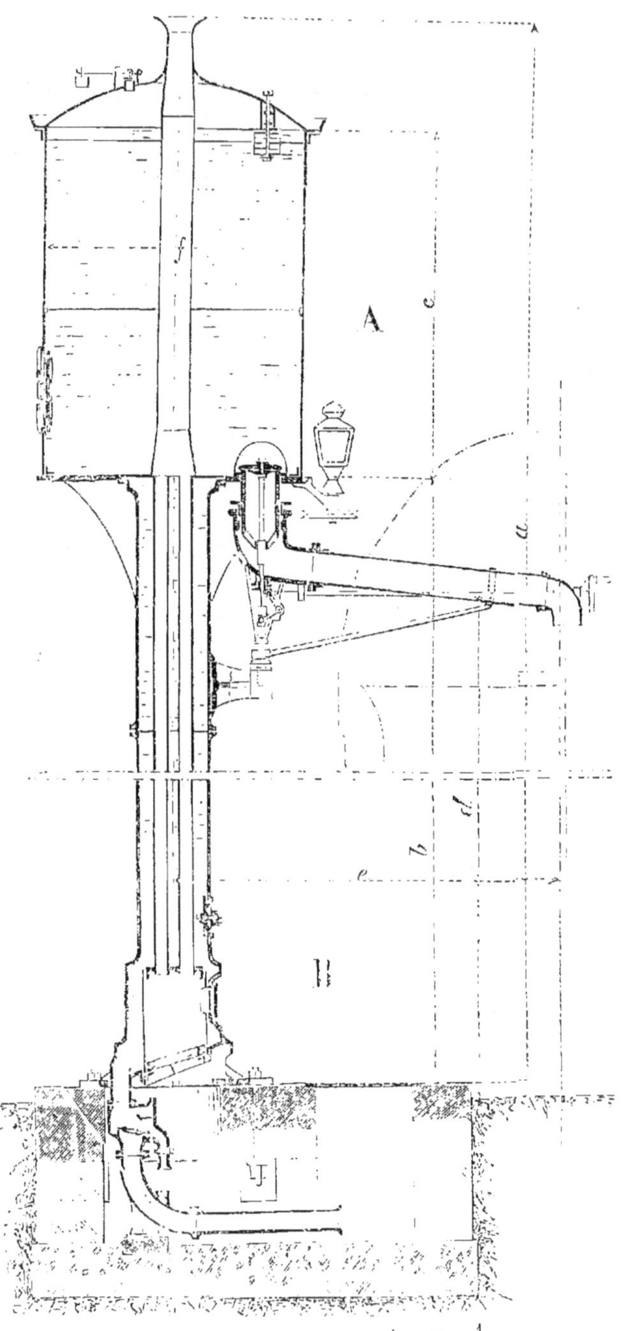

Colonne-réservoir (ouest). Échelle $\frac{1}{50}$

soupape, on voit le joint presse-étoupe, qui réunit la partie fixe du tuyau avec le bras mobile ; ce dernier, au moyen d'une gorge pratiquée dans la bride qui le termine et sur laquelle s'enroule une chaîne sans fin, imprime en tournant un mouvement de rotation à une lanterne à feux colorés, qui indique, pendant la nuit, la position du bras relativement à la voie. Le réservoir contient 5 et 1/2 mètres cubes. Il se vide en 1 minute.

Dimensions principales.

Hauteur totale, *a*.	6^m,900
Hauteur de la colonne, *b*.	3 ,200
Hauteur du réservoir, *c*.	2 ,250
Diamètre moyen, *f*.	1 ,745
Hauteur de la manivelle de soupape et du tuyau d'alimentation, *d*.	3 ,300
Distance de l'orifice du tuyau à l'axe de la colonne, *e*. .	2 ,050

Dans certaines stations du chemin du Nord, la colonne-réservoir, placée sur un quai intermédiaire, porte deux tuyaux d'alimentation pouvant desservir ainsi les trains marchant en sens opposés.

558. TUYAUX DE CONDUITE. — Les tuyaux qui constituent l'ensemble d'une distribution d'eau établissent une communication permanente entre le réservoir et les différentes colonnes d'alimentation situées quelquefois assez loin du château d'eau; c'est le cas le plus général. Mais indépendamment de ce service spécial, la conduite est souvent appelée à desservir différentes parties de la station : remises de locomotives, — remises de vagons, — ateliers de réparation, cours et bâtiments de la station (service des voyageurs et des marchandises). — Cette installation peut donc faire l'objet d'une étude importante confiée aux soins de l'ingénieur; nous ne pouvons lui donner ici tous les détails relatifs à ce genre d'établissements [1]; il suffira d'en indiquer les conditions générales.

---

1. Consulter les ouvrages de MM. d'Aubuisson, Dupuis, Darcy, Mary, etc.

Tracé de la conduite. — Dans la fixation du tracé, on cherche à réduire autant que possible la longueur de la conduite en réunissant les divers points à desservir par des lignes droites. D'autre part, il importe de réduire au minimum le nombre des types différents de tuyaux. Enfin, on doit éviter les coudes et les changements brusques de direction, qui produisent des pertes de charge considérables.

Partant de ces principes, nécessairement subordonnés au plan général de la station, le tracé sera mené dans son plus long parcours en dehors des voies principales, maintenu entre les voies les moins fréquentées; quand il faudra traverser les voies, ne pas les prendre en écharpe, mais normalement, afin de réduire la longueur de voie à remanier en cas de réparation dans la conduite: aux changements de direction, établir des coudes à grands rayons et des regards pour y faciliter les réparations.

Calculs des dimensions des tuyaux. — Le mouvement de l'eau dans les tuyaux produit un frottement du liquide contre les parois qui diminue d'une certaine quantité la vitesse due à la charge initiale déterminant l'écoulement. Des expériences entreprises à diverses époques par plusieurs ingénieurs distingués ont servi à établir des tableaux donnant les débits et les pertes de charges correspondant à des charges initiales et des diamètres connus. Ces tableaux permettent de résoudre toutes les questions qui peuvent se présenter dans l'étude d'une distribution d'eau :

— Calculer la hauteur de charge nécessaire pour produire à l'extrémité d'une conduite de longueur et de diamètre donnés un débit déterminé.

— Déterminer le diamètre à donner à une conduite, connaissant sa longueur, la charge initiale et le débit à l'extrémité libre.

— Fixer le débit d'une conduite, connaissant son diamètre, sa longueur et la charge initiale.

Nous remarquerons que la perte de charge due au frottement croit avec la vitesse et en raison inverse du diamètre du tuyau. Il y aura donc lieu, chaque fois que se présentera une question de cette espèce, d'examiner s'il sera plus économique soit d'augmenter la résistance et le travail de la force motrice en réduisant le diamètre des tuyaux, soit d'employer une large conduite dont les frais d'établissement seront généralement plus coûteux.

Supposons qu'il s'agisse d'établir une conduite de 4 300 mètres devant débiter $0^{mc},01157$ par seconde, soit $41^{mc},652$ à l'heure. Les tables indiquent pour ces conditions et pour une vitesse de $1^{m},2613$, avec une perte de charge par mètre de $0^{m},0213$, le diamètre de $0^{m},108$. Le travail correspondant par seconde sera de :

$$0^{mc},01157 \times 1\,000 \times 91^{m},59 = 1\,059^{kgm},69,$$

soit en chevaux, $14^{chev.},125$.

En admettant que la consommation par cheval et par heure soit de 3 kilogrammes, et que le prix du combustible soit de 25 francs la tonne, la dépense annuelle en combustible pour un travail de douze heures par jour sera de $4\,640^f,12$.

D'autre part, le mètre de conduite de $0^m,108$ revenant à $15^f,30$, la dépense d'installation sera de. .	65 790f,00
En ajoutant le prix d'achat de l'excédant de $14^{chev.}$, 125 à donner au machines [1], à raison de 1 200 fr. par cheval.	33 900 ,00
On aura pour total.	99 690f,00
Frais annuels : Intérêt à 5 pour 100.	4 959f,50
Dépense de combustible.	4 640 ,00
Total	9599f,50

Si d'autre part, nous choisissons dans le même tableau un diamètre de $0^m,135$ correspondant à une vitesse de $0^m,8073$ et donnant une perte de charge de $0^m,00713$ et que nous

---

1. On suppose deux machines d'égale force pouvant se suppléer l'une l'autre en cas de réparations.

appliquions le même raisonnement, nous trouverons pour les frais d'établissement de la conduite :

4 300 mètres à raison de 17f,35 par mètre. 74 820f,00
Excès de puissance des machines, 9 chev., 46 . . . . 11 352 ,00

Total. 86 172f,00

Frais annuels : Intérêt à 5 pour 100. . . . . . . 4 308f,60
Dépense de combustible. . . . . 1 553 ,80

Total. 5 862f,40

On voit, par l'inspection de ces résultats, que la conduite de 0m,135, malgré son prix d'achat plus élevé, donnera finalement une économie annuelle de 3 700 francs. Cet exemple montre suffisamment l'importance de la question pour que nous n'ayons pas besoin d'y insister plus longtemps.

Forme et nature des tuyaux. — La fonte, la tôle et le plomb sont employés à la fabrication des tuyaux ; mais les tuyaux en fonte sont les plus importants par la variété de leurs applications. Le plomb est spécialement réservé pour les petites conduites de 0m,050 à 0m,030 de diamètre ; la tôle, promptement altérée par l'eau, ne peut être employée à cet usage que revêtue d'une couche de bitume[1]. Mais ce genre de tuyaux ne s'applique avec avantage que pour les conduites d'un grand diamètre — 0m,600 à 0m,800, — alors qu'il devient difficile d'obtenir des tuyaux en fonte d'épaisseur régulière sans augmenter de beaucoup leur poids.

On trouve, dans certaines localités, des tuyaux en poterie très résistants, qui fournissent le moyen d'établir à frais réduits des conduites d'eau réclamant peu d'entretien, à la condition que le sol qui les porte ne soit point sujet aux tassements.

Les assemblages des tuyaux en fonte seront, en général, à emboîtement, sauf une certaine proportion, qui seront simple-

---

1. Tuyaux en tôle bitumée, système Chameroy et Cie.

ment à brides ou à compensation, afin de faciliter les réparations (Ire partie, ch. VIII, § II, 300).

Les tuyaux en fonte se trouvent, dans la plupart des usines, avec des diamètres déterminés qu'il importe de connaître, afin d'éviter des frais de modèles.

Les plus usités sont ceux de 0^m,081, 0^m,108, 0^m,135 et 0^m,162. Le tableau suivant donne, pour chacun d'eux, la perte de charge en fonction de la dépense, d'après les tables de Darcy.

Diamètres.	Formule pour le calcul des tuyaux.	
	neufs.	en service courant.
0^m,081	$J = 618,6 \ Q^2$	$J = 1237,2 \ Q^2$
0 ,108	$J = 138,02 \ Q^2$	$J = 276,04 \ Q^2$
0 ,135	$J = 43,49 \ Q^2$	$J = 86,98 \ Q^2$
0 ,162	$J = 17,01 \ Q^2$	$J = 34,02 \ Q^2$

J est la pente par mètre de longueur, que l'on obtient en divisant la longueur L de la conduite par la charge totale H.

$$J = \frac{L}{H}.$$

Q est le volume d'eau débité en une seconde.

L'épaisseur des tuyaux de conduite, déterminée d'après la formule du N° 554, serait généralement trop faible pour donner un bon résultat; on la calcule d'après la relation :

$$e = \frac{10\,330\ n}{R} \times \frac{d}{2} \times a = k \times n \times d \times a$$

e étant l'épaisseur, d le diamètre, k, R et a ayant les valeurs du tableau suivant :

NATURE DES MATÉRIAUX	$\frac{R}{10^6}$	k	a
	k		millimètres
Fonte coulée horizontalement	2, 5	0, 002 00	10
— — verticalement	3,25	0, 00: 60	8
Fer —	6, »	0, 000 86	3
Cuivre rouge	3, 5	0, 001 47	2
Plomb	0, 4	0. 012 92	3
Zinc	0,83	0, 006 20	4
Bois de chêne	0,16	0, 032 30	27
Pierres naturelles	1,40	0, 003 63	30
— artificielles	0,90	0, 005 38	40

Les valeurs de k sont calculées pour des valeurs de d exprimées en millimètres.

Prenons, par exemple, $n = 10$ atm., $d = 200 \, ^m/_m$, les tuyaux étant en fonte coulée verticalement ; on aura

$$c = 0,0016 \times 10 \times 200 + 8 = 11 \, ^m/_m.$$

Réception de tuyaux. — Les tuyaux doivent être parfaitement conformes au type adopté, les brides des différents tuyaux exactement de même diamètre et pouvant se raccorder facilement. On les vérifie à l'aide de jauges en zinc. *Il importe d'exiger du fabricant que les tuyaux de fonte soient coulés debout* afin d'avoir la plus grande uniformité d'épaisseur. On vérifiera la nature de la fonte, qui doit être de bonne qualité, douce au burin et à la lime, exempte de soufflures, gravelures gouttes froides et autres défauts. (Ire part., chap. V, § IV.)

Les coutures doivent être abattues à la limes et les bavures soigneusement ébarbées, surtout à l'intérieur des emboîtements ou à la surface des brides.

L'ingénieur examinera avec soin les différentes parties du tuyau, afin de s'assurer qu'on n'a pas eu recours à l'emploi du plomb ou du mastic pour dissimuler des défauts de fonte.

En général, on accorde une tolérance de quelques millimètres ($0^m,003$) sur les diamètres, et une tolérance de $1/400$ environ sur la longueur. La tolérance sur le poids pourra atteindre également 2 pour 100 en plus ou en moins.

Chaque tuyau doit être essayé au moyen d'une presse hydraulique à la pression de 10 atmosphères maintenue pendant cinq minutes, et pouvoir supporter cet essai sans se briser ni suinter.

S'agit-il de tuyaux en tôle, on examinera avec soin la qualité du métal, qui doit présenter une coupe grasse. Les tôles aigres, à nerfs feuilletés, qui se fendraient ou se déchireraient à la machine à percer ou à la cisaille, ne pourront entrer dans la composition de ces tuyaux. Ces tuyaux seront essayés avant le bitumage à l'usine, à l'aide de la presse hydraulique, sous une charge de 15 atmosphères. Tout suintement qui ne pourrait pas être arrêté par une réparation convenable présentant toute garantie de durée, suffira pour faire rebuter le tuyau.

Pose des tuyaux. — La longueur des tuyaux en fonte ou en tôle n'excède guère $2^m,50$ à 3 mètres, et l'on est obligé de réunir entre eux par joints à emboîtement ou à brides. Le joint à emboîtement rigide présente un inconvénient, celui de ne pas céder aux tassements, aux effets des trépidations incessantes du sol et à ceux de la dilatation. Dans le cas spécial qui nous occupe, les meilleurs joints sont ceux à emboîtement flexible, à caoutchouc, quand cette matière est convenablement fabriquée et judicieusement employée.

La pose des conduites exerce une influence considérable sur leur conservation, et cette opération mérite à cet égard une attention toute particulière. Les tuyaux se placent dans des tranchées à une profondeur suffisante pour qu'ils se trouvent à l'abri de l'action de la gelée. Si le sol qui reçoit la conduite est mobile ou peu résistant, les tassements qui se produisent ne tardent pas à faire ouvrir les joints. Il faut donc, avant tout, préparer un sol parfaitement solide, soit par un damage convenablement effectué, soit, dans le cas où cette opération ne serait pas suffisante, en établissant une fondation en empierrement ou en maçonnerie qui répartit la pression des tuyaux sur une plus grande surface.

Pour faciliter la visite et l'entretien, on devra poser la conduite dans des rigoles en maçonnerie ou en planches recouvertes de dalles ou madriers faciles à enlever en cas de réparation.

Sur tous les points élevés d'une conduite, on doit ménager une ventouse par laquelle l'air emprisonné peut s'échapper.

559. POMPES. — Il n'entre pas dans le cadre de notre programme de donner ici la construction de ces appareils, pour laquelle nous renvoyons le lecteur aux traités spéciaux ; la grande diversité de types employés et le peu de différence qui existe entre leurs rendements respectifs rendent, d'ailleurs, difficile toute appréciation préalable sur la préférence à accorder à l'un plutôt qu'à l'autre. Engageons seulement l'ingénieur à porter son attention, dans le choix de l'appareil, sur la simplicité de construction, qui est toujours une garantie de facilité d'entretien, pourvu qu'elle n'ait pas été obtenue aux dépens de la solidité de l'ensemble.

En supposant que l'on ait à élever un volume V d'eau pendant un nombre d'heures t ; en prenant le nombre de coups par minute égal à n, et en estimant à 0,80 le coefficient de rendement de la pompe, le diamètre d et la course c du piston, pour une pompe à simple effet, dépendront de la relation suivante :

$$ n \ \frac{\pi\, d^2}{4} \times c \times 60 \times t \times 0,80 = V^{1}. $$

On prend, en général, entre d et c le rapport

$$ c = 2d, \text{ ou à peu près.} $$

Il devient alors facile, en se donnant l'une ou l'autre de ces deux quantités, de calculer la seconde. On voit qu'en faisant varier n ou t, le volume V pourra passer par une série de valeurs différentes, sans qu'il soit nécessaire de changer les conditions d'établissement de l'appareil. Cette question est d'une grande importance, puisqu'elle permettra de réduire, dans la plupart des cas, à un ou deux le nombre des types nécessaires à l'alimentation des réservoirs de différentes capacités échelonnés sur tout le parcours de la ligne. L'ingénieur se trouvera, toutefois, limité dans cette voie, par deux conditions qu'il importe de rappeler ici.

La première, c'est que la vitesse du piston, qui, pour un même type, dépend du nombre de tours n de la manivelle motrice, ne doit jamais dépasser $0^m.200$ à $0^m.250$ par seconde.

La deuxième, c'est que la pompe et surtout le moteur puisse se reposer au moins pendant la moitié du temps, ce qui ne permet pas de compter sur plus de douze heures de travail.

---

1. Il est clair que pour une pompe à double effet le volume V serait le double pour un même temps.

Ces deux conditions se traduiront par les relations :

$$n \leq \frac{0{,}25 \times 60}{2c}, \text{ et } t \leq 12.$$

Il importe, enfin, de ménager à l'eau des passages aussi larges que possible. — En donnant aux tuyaux d'aspiration et de refoulement le même diamètre, environ les trois quarts de celui du piston; aux soupapes, la même section que ces tuyaux; enfin, à l'eau le moins possible de variations brusques de vitesse et de direction, on obtiendra de la pompe le plus grand effet utile.

Sans vouloir entrer dans tous les détails de la construction des pompes, nous indiquerons cependant que notre expérience personnelle nous a fait donner la préférence aux pompes à piston plongeur, conjuguées, comme étant celles dont l'entretien est le plus facile, et qui donnent à la machine motrice le travail le plus régulier.

L'entretien des pompes demande beaucoup de travail. Les garnitures des pistons et des boîtes à étoupe exigent de fréquents renouvellements, surtout lorsqu'elles n'ont pas été faites avec le plus grand soin ; mais les organes les plus délicats, et sur lesquels l'ingénieur doit porter tout spécialement son attention, ce sont les clapets. Il importe qu'ils soient placés dans des chapelles bien dégagées, de manière à pouvoir être facilement visités et retirés, lorsque, par suite de l'interposition d'un corps étranger, ils refusent de fonctionner. Pour rendre leurs mouvements plus doux et empêcher leur rupture par suite de brusques soubresauts, on devra ménager au-dessus de chacun d'eux un espace libre servant de réservoir d'air ; l'élasticité de cet air amortit les chocs que produit nécessairement dans la masse liquide incompressible le va-et-vient du piston. Dans le même but, on donnera à ces organes une grande surface, afin de diminuer la vitesse de passage de l'eau.

560. MOTEURS. — La force du moteur pourra se déterminer approximativement d'après le calcul que nous avons donné

plus haut — 550 —: mais dans la prévision d'une augmentation de travail à effectuer par suite de l'extension probable du service de l'exploitation, on devra prendre un moteur capable de produire un travail beaucoup plus considérable.

Nous avons vu que pour les prises d'eau de peu d'importance, une pompe à bras pourrait suffire dans plusieurs cas.

Il résulte des expériences de M. Chavès [1] qu'un homme, dans une journée de dix heures, — dont cinq de travail effectif et cinq de repos, — produirait, avec une pompe à balancier, 75 000 kilogrammètres, et avec une pompe à manivelle et volant, 145 000 kilogrammètres ; ce qui équivaudrait à $2^{kgm},08$ par seconde ou $0^{ch},028$ dans le premier cas, et $3^{kgm},95$ par seconde ou $0^{ch},053$ dans le second.

Cette supériorité de rendement devra assurer la préférence aux pompes à manivelle. Nous ajouterons que, dans ce cas, les meilleurs résultats sont donnés par une manivelle de $0^m,33$ à $0^m,35$ de rayon avec effort de 6 kilogrammes à l'extrémité et une vitesse de quarante à cinquante tours par minute.

Dans le cas où l'on fait usage des moulins à vent comme moteur, le travail transmis à l'extrémité des ailes est exprimé en kilogrammètres par la formule de Coulomb et Smeaton : $T = 0,13 \times O \times V^3$, O étant la surface de l'une des quatre ailes, V la vitesse du vent [2].

Si l'importance de l'alimentation exige l'installation d'un moteur à vapeur, on aura à choisir entre une machine fixe et une machine locomobile.

La machine fixe, plus coûteuse d'installation, et qui réclame la construction d'une chaudière à vapeur spéciale, conviendra surtout aux dépôts de quelque importance. On

1. Notes sur les machines à élever l'eau dans les chemins de fer par M. Chavès. — *Mémoires et compte rendu de la Société des ingénieurs civils.*

2. Voir sur la question de l'emploi des moteurs à vent, *Des Ingénieurs Taschenbach*, p. 390. (6e édit.)

pourra l'atteler directement à la pompe, en économisant ainsi une transmission qui absorbe beaucoup de travail en frottements; cependant cette disposition n'est pas toujours avantageuse, parce qu'elle oblige à réduire la vitesse de la machine à celle du piston de la pompe et à la faire travailler dans de moins bonnes conditions ; par compensation, on pourra employer une machine à condensation et à forte détente. Le meilleur type à adopter pour la chaudière fixe sera la chaudière à foyer intérieur avec retour de flamme sur les côtés ; sa capacité doit être aussi grande que possible et le fourneau construit de telle sorte qu'en fermant toutes les ouvertures, la chaleur puisse se conserver pendant plusieurs heures et maintenir la chaudière en état de pression pendant les repos de la machine. On économisera, par cette disposition, beaucoup de temps et de combustible.

La machine locomobile, ou mieux demi-fixe, a l'avantage d'une grande facilité d'installation ; elle demande peu de place, et convient parfaitement à des prises d'eau moins importantes. La transmission du mouvement à la pompe s'opère ici par poulies et courroies [1].

Terminons cette question par quelques exemples de pompes choisis parmi les types des différentes lignes en exploitation.

Sur le chemin de fer de l'Est, nous trouvons comme types principaux :

Une pompe à double effet de $0^m,170$ de diamètre et $0^m,320$ de course, appliquée dans des cas très différents.

Ainsi, pour des consommations par vingt-quatre heures de :

20m.c., une seule pompe donnant 20 coups par minute, travaille 2 h. tous les 2 jours.
30   —   26   —   —   2 h. 1/2 tous les 2 j.
140   —   27   —   —   6 heures par jour.
160   —   28   —   —   7 heures par jour.

[1]. Le lecteur qui voudrait entrer dans des détails très circonstanciés sur cette question pourra consulter avec fruit le mémoire de M. Chavès cité plus haut, travail très intéressant par l'importance des faits relevés dans le service considérable des eaux d'alimentation au chemin de fer du Nord.

D'autre part, une pompe à simple effet de 0^m,205 de diamètre sur 0^m,500 de course, appliquée à des consommations par vingt-quatre heures de :

23^{mc}, en donnant 20 coups par minute, travaille 6 heures tous les 3 jours.
65   —   18   —   —   4 heures par jour.
80   —   15   —   —   7 heures par jour.
100   —   20   —   —   10 heures pour 2 jours.
120   —   20   —   —   6 à 7 heures par jour.

Les moteurs sont, dans le premier cas, des locomobiles de 3 à 4 chevaux ; dans le deuxième, des machines fixes horizontales de 4 chevaux.

Comme exemple de pompe à bras appliquée à un petit dépôt, une pompe de 0^m,080 de diamère sur 0^m,250 de course à deux plongeurs peut suffire, en travaillant cinq heures de deux jours l'un et en donnant cinquante coups à la minute, à une consommation de 20 mètres cubes par vingt-quatre heures.

Sur le chemin de Saint-Pétersbourg à Varsovie, on emploie deux types de pompes.

Les premières, à simple effet, et appliquées seulement aux réservoirs des stations de prise d'eau, ont un diamètre de 0^m,165, une course de 0^m,400, mises en mouvement par des machines de 3 chevaux, et donnent, en marchant à trente-cinq tours par minute, un débit de 0^{mc},174 dans le même temps, représentant 80 pour 100 de l'effet théorique.

Les secondes, à double effet, alimentent les réservoirs des dépôts ; leur diamètre est également 0^m,165 et leur course est de 0^m,609. Leur débit, à quinze tours par minute, atteint 0^{mc},313. La machine à vapeur de 6 chevaux, qui leur donne le mouvement, a 0^m,203 de diamètre de piston, et même course que la pompe sur laquelle elle agit directement.

En 1865, on avait aux chemins de fer de l'Ouest, deux pompes verticales de 0^m,130 de course commandées par une machine demi-fixe, à chaudière tubulaire, marchant à la pression de six atmosphères. La course du piston à vapeur était la même que celle des pompes, avec un diamètre de 0^m,180. La surface totale de chauffe de la chaudière etait de $4^{mq},6$. Les manivelles des pompes donnaient quarante tours par minute, et le débit réel s'élevait à 15 mètres cube par heure, le maximum de hauteur de refoulement ne dépassant pas 40 mètres [1].

L'installation des appareils de prise d'eau du chemin de fer de Paris à Lyon et à la Méditerranée est disposée de la manière suivante :

1° Une machine à vapeur horizontale montée sur bâti en fonte, avec arbre coudé à deux volants munis chacun d'un bouton de manivelle;

2° Un système de deux pompes, à simple effet, et un réservoir d'air, assemblé sur une base solide qui porte les tubulures d'aspiration et de refoulement.

La machine à vapeur est toujours placée au niveau du sol du bâtiment qui la contient.

Le bâti des pompes se place à des profondeurs qui dépendent du niveau des eaux d'aspiration.

La détente à coulisse dont ces machines sont pourvues leur permet de conduire des pompes dont le débit peut varier de 12 à 20 mètres cubes à l'heure. Les dimensions principales de ces machines, pour 12 mètres cubes à l'heure, sont les suivantes :

Diamètre du cylindre à vapeur.	$0^{m},300$
Course du piston	$0^{m},600$
Nombre de tours du volant.	16
Diamètre des pompes.	$0^{m},150$
Course du piston des pompes.	$0^{m},300$
Poids total de la machine.	6 300 kilogr.

Le type de pompes mues par machines à vapeur adopté lors de la construction des chemins de fer du Midi comprend :

---

1. Voir, pour le détail de cette installation, M. Armengaud, *Génie industriel*, mai 1865, p. 226.

1° Une pompe à double effet, avec plongeur et piston à clapet montés sur la même tige :

La course du plongeur est de. . . . .   0^m,500

Le diamètre du corps de pompe dans la partie alésée. .   0 ,250

Le diamètre intérieur du tuyau d'aspiration est de. . .   0 ,135

Celui du tuyau de refoulement. . . . .   0 ,108

2° Une machine à vapeur horizontale :

Le diamètre du piston est de. . . . .   0^m,150

La course du piston est de. . . . .   0 ,250

Le nombre de tours de l'arbre de la machine varie de soixante à quatre-vingts et cent, tandis que la pompe marche toujours à dix-huit tours par minute.

La commande se fait par un système de roues dentées dont les rapports varient suivant la hauteur d'élévation, fixée elle-même entre les limites de 15 et 25 mètres. Les chaudières sont timbrées à 6 atmosphères. Il y en a de deux dimensions :

1° Diamètre. . . . .   0^m,75

   Longueur. . . . .   5 ,00

2° Diamètre. . . . .   0 ,85

   Longueur. . . . .   6 ,00

NOTA. On trouvera aux Annexes des détails sur les poids et sur les prix moyens des divers appareils ou constructions relatifs à la distribution des eaux.

561. MACHINE D'ALIMENTATION DE L'OUEST. — Nous avons représenté sur la planche XLVIII l'ensemble du type des nouvelles machines d'alimentation des réservoirs petit modèle des chemins de fer de l'Ouest.

Les fig. 1 et 2 et 3 de cette planche, suffisamment détaillées, n'ont pas besoin d'explication pour faire comprendre le fonctionnement de l'appareil.

La Bâche à eau B est alimentée au moyen d'un tuyau muni d'un robinet de 15 ^m/^m. Ce tuyau est branché sur la conduite de distribution, dans le cas où la machine se trouve placée sous le réservoir d'eau, et sur la conduite de refoulement dans le cas contraire.

La pompe est à un seul corps de 100 $^{m}/_{m}$ de diamètre et à deux pistons ayant 300 $^{m}/_{m}$ de course.

Le réservoir d'air n° 1 de la planche XLVIII, annexé au tuyau de refoulement, est employé lorsque la machine d'alimentation est placée dans le bâtiment du réservoir d'eau, ou bien, lorsque le contraire a lieu et que la hauteur comprise entre le dessus de la poutre A supportant la pompe et l'axe horizontal de la conduite de refoulement est égale ou supérieure à 3^{m},400.

Dans ce second cas et si cette hauteur est inférieure à 3^{m}400, on emploie un réservoir placé au niveau du sol et en dessus du coude de la conduite de refoulement.

Les cotes entre parenthèses se rapportent au cas où la machine est placée dans le bâtiment du réservoir. Alors les bielles extérieures sont plus courtes de 300$^{m}/_{m}$ que celles indiquées pour l'autre disposition.

Conditions d'établissement.

MACHINE.

Diamètre du cylindre à vapeur	mèt.	0.150
Course du piston		0.240

CHAUDIÈRE.

Pression effective de la vapeur par centim. car.	kg.	5.5
Nombre de tubes		13.
Diamètre extérieur des tubes	mèt.	0.065
Epaisseur des tubes (en laiton)		0.003
Longueur des tubes entre les plaques tubulaires.		1.600
Surface de chauffe des tubes	mèt. car.	4.240
— du foyer		1.050
— totale		5.290

POMPE.

Diamètre du corps de pompe	mèt.	0.100
Course des pistons		0.300

562. ÉJECTEUR FRIEDMANN. — Dans les stations d'alimen-

tation il peut arriver que le moteur total ou partiel demande de grandes réparations.

Pour ne pas laisser chômer le service pendant la réparation, il faut employer des appareils de rechange ou des pompes à bras ou une locomobile, ou bien encore transporter de l'eau en tenders ou en vagons-citernes.

Toutes ces solutions sont très coûteuses. M. Gottschalk, directeur du service du Matériel et de la traction des chemins de fer du Sud-de-l'Autriche —464— a eu l'idée[1] de leur substituer l'emploi d'un éjecteur, système Friedmann, descendu au fond du puits et refoulant l'eau par la vapeur provenant d'une locomotive en service, celle de secours, par exemple. L'éjecteur se compose d'un tuyau d'aspiration dans lequel l'eau s'élève jusqu'à une tubulure où débouche l'extrémité du tuyau qui amène la vapeur. Ce tuyau se termine en forme de tuyère comme dans l'injecteur Giffard. Cette tuyère débouche dans l'axe d'une seconde tuyère, celle-ci dans une troisième, celle-ci dans une quatrième tuyère qui arrive par un col rétréci à un double coude qui s'appuie sur le fond de l'appareil. Le second coude est surmonté d'un tuyau de refoulement conduisant l'eau que fournit l'éjecteur directement dans le réservoir.

Ce moyen d'alimentation, coûteux comme dépense de vapeur, est très utile comme expédient, car il peut fournir 40 à 50 mètres cubes à l'heure, pourrait être utilisé pour l'alimentation régulière de stations intermédiaires. Il a donné les résultats reproduits dans le tableau ci-dessous:

	STATIONS		
	W. Neustadt	Kanizsa	Kufstein
Longueur de la conduite de vapeur. . . . . mètres	17,700	34,800	26,75
— — de refoulement . . . . —	14,500	24,500	20,25
Hauteur — du — . . . . —	12,400	22,600	15,45
Pression moyenne de la vapeur dans la locomotive. atm.	5,9	5,3	6,7
Quantité d'eau montée en une heure. . . . mèt. cube	31,6	32,8	33
Température de l'eau dans le puits. . . . degrés. c.	10	11	14
— — à l'entrée dans le rés. —	21,5	28	34
Quant. de comb ajouté dans le f. p. m. c. d'eau élevés. k.	2.973	3.668	3.458
Pression à laquelle l'eau cesse de fonctionn.r. atm.	3,5	4,3	4,3

1. *Mémoires de la société des Ingénieurs civils*, 1ᵉʳ cahier 1877.

563. PULSOMÈTRE HALL. — (fig. 10 et 11 pl. XLVII.) — Le pulsomètre est un appareil destiné à élever les liquides par l'action directe de la vapeur sur ces liquides. De même que dans l'éjecteur, l'emploi direct de la vapeur n'est pas très économique, surtout si l'on n'a pas l'utilisation de la chaleur emmagasinée dans l'eau élevée ; mais dans certains cas spéciaux, les éjecteurs, pulsomètres ou pulsateurs, peuvent rendre des services. Ainsi, combinés avec les machines solaires de M. Mouchot, il y aurait un parti à en tirer en maintes circonstances. Quand la vapeur se condense, l'appareil aspire le liquide à élever, et quand ce liquide est introduit dans le pulsomètre, la vapeur par pression le refoule dans le tuyau d'élévation. La hauteur d'aspiration est donc limitée par la densité du liquide à élever, et le degré de vacuité de l'appareil. Quant à la hauteur de refoulement, elle dépend du rapport entre la densité de ce liquide, et la pression de la vapeur agissant comme force motrice.

L'appareil est en fonte et coulé d'une seule pièce, l'épaisseur des parois est de 1 centimètre. Il se compose :

1° de deux chambres A, A, en forme de poires, accolées et se réunissant à la partie supérieure ;

2° d'une chambre d'aspiration, D, située au-dessous des chambres A, A, et portant trois clapets d'aspiration, un clapet a à l'extrémité du tuyau d'aspiration et deux clapets a' à l'entrée dans les poires. — La figure 10 représente une demi-coupe faite par l'axe du tuyau d'aspiration ; la figure 11 est une demi-coupe par l'axe du tuyau de refoulement — ;

3° d'un réservoir à air B, placé entre les deux chambres, et communiquant avec la chambre C ;

4° d'une chambre de refoulement C dans laquelle se trouvent les deux clapets de refoulement r ;

5° d'une petite chambre de vapeur, à la partie supérieure, contenant une soupape en cuivre s, qui, en oscillant, peut fermer alternativement la communication des chambres A A avec la chambre à vapeur.

L'appareil est complété par trois tuyaux : le tuyau d'aspiration, le tuyau de refoulement, et enfin le tuyau qui amène la vapeur à la partie supérieure.

La soupape oscillante à vapeur c met alternativement en communication l'une des deux poires avec le générateur. Supposons l'appareil en marche : la poire de gauche, par exemple, est remplie d'eau, la soupape c la met en communication avec la vapeur. Celle-ci revient agir à la surface du liquide, le presse et commence à le chasser par la soupape r dans le tuyau de refoulement ; le niveau de l'eau dans la poire baisse progressivement et la surface de contact de l'eau et de la vapeur va constamment en grandissant à cause de la forme même du compartiment A.

Dès que la vapeur se trouve en contact avec le liquide, il se produit une condensation qui est d'autant plus active, que la surface du contact de l'eau et de la vapeur est elle-même plus étendue. A un instant donné cette condensation sera telle que la vapeur n'arrivera plus en assez grande quantité pour maintenir sa pression ; la différence de pression qui s'établira alors entre l'intérieur de la poire et la chambre à vapeur fera osciller la soupape à vapeur c qui fermera l'orifice de la poire de gauche ; la vapeur agira aussitôt sur l'eau de la poire de droite, pour la chasser par la soupape correspondante et le tuyau de refoulement. Pendant ce temps, la condensation de la vapeur dans la poire de droite continue, un vide partiel s'y crée, et l'eau, pressée par la pression atmosphérique, soulève le clapet d'aspiration pour remplir la poire de gauche. En même temps que l'eau s'introduit ainsi par l'effet du vide, une petite quantité d'air pénètre également par un reniflard dans la partie supérieure de la poire. Cet air se trouve comprimé par l'eau aspirée et forme un matelas fluide contre lequel vient s'amortir la puissance vive de l'eau. La poire de droite est vidée par le tuyau de refoulement pendant que la poire de gauche se remplit par l'aspiration, et, en quelques instants, la soupape à vapeur c revient fermer l'orifice de droite en rouvrant l'orifice de la poire de gauche remplie d'eau, sur laquelle la vapeur vient

agir de nouveau en reproduisant la même série de phénomènes.

564. HYDROTROPHE HECK. — Cet appareil représenté par
les figures 12 et 13, pl. XLVII, n'est qu'une modification du
pulsomètre Hall au point de vue de la construction. La
vapeur entre par l'ouverture N ; la boule S règle l'admission
de la vapeur ; t t sont des regards pour inspecter les clapets
a a et r ; C est le tuyau d'aspiration et D le tuyau de refoulement. Les clapets en caoutchouc du pulsomètre ont été
remplacés ici par des soupapes à siège conique ; les soupapes
de refoulement sont placées horizontalement ; elles peuvent
toutes être facilement visitées et réparées.

565. PULSATEUR BRETONNIÈRE. — Les pulsomètres peuvent
rendre de grands services dans certains cas particuliers. Mais
la vapeur agit sans détente et se trouve en contact direct
avec le liquide pour le refouler ; elle se condense aussi en
partie sur la fonte froide avant d'exercer son effet utile. Ces
diverses causes diminuent notablement l'effet utile.

Le pulsateur (fig. 14, pl. XLVII) est d'une installation aussi
simple que le pulsomètre, mais il est un peu plus économique de consommation, parce que les divers organes qui
composent l'appareil sont disposés de manière à pouvoir
faire détendre la vapeur et éviter le contact direct de celle-ci
avec le liquide à élever.

Supposons le pulsateur amorcé, ce qui est facile, si l'on a
de l'eau dans une bâche au-dessus de l'appareil : l'espace
C D M placé au-dessus du diaphragme d d est rempli d'eau ;
on admet la vapeur par le tuyau V ; la soupape S est disposée
de façon à laisser pénétrer la vapeur dans l'espace situé au-
dessous du diaphragme d d ; la soupape S', qui est maintenue
soulevée à l'aide d'un ressort en hélice, se fermera brusquement sous l'action de la pression exercée par la vapeur ;
celle-ci agira donc sur le diaphragme dont la partie flexible
se tendra suivant la ligne ponctuée d_1 d_1 figurée dans le

dessin. Au centre du diaphragme se trouve un plateau p qui, s'appuyant sur la tige de la soupape S, comprime par son poids un ressort spirale et maintient celle-ci ouverte. Sous l'action de la pression de la vapeur, le diaphragme entraîne le plateau central, et le ressort n'étant plus comprimé par le poids du plateau, exerce une pression verticale ascendante et applique parfaitement la soupape sur son siège. La vapeur cessera donc d'être admise, mais la quantité introduite se détendra en produisant un nouveau soulèvement du diaphragme. A mesure que la vapeur augmente de volume, l'eau contenue dans l'espace M D C, au-dessus du diaphragme, se trouve refoulée par celui-ci, soulève la soupape Σ' et passe dans le tuyau d'évacuation. Cette expulsion de l'eau continue jusqu'à ce que la pression de la vapeur soit devenue égale à celle de l'atmosphère augmentée de la colonne refoulée.

A ce moment, la soupape S' s'ouvrira sous l'action du ressort à hélice dont la tension est réglée de manière à être un peu plus grande que la pression sur la soupape de la vapeur à la fin de la détente. La vapeur détendue pénètre alors dans l'espace annulaire A en formant Giffard, l'eau qui se trouve dans le tuyau d'aspiration est entraînée par la vapeur qu'elle condense ; elle soulève la soupape Σ' et pénètre dans l'espace C où elle est d'ailleurs appelée par l'augmentation de volume de l'espace C D M ; elle vient peser sur la surface du diaphragme et hâte ainsi l'expulsion de la vapeur. Enfin, quand la hauteur de la colonne d'eau élevée par aspiration dans l'espace C D M sera devenue suffisante pour vaincre par son poids sur le plateau p la pression qu'exerce la vapeur motrice sur la surface inférieure de la soupape S, celle-ci s'ouvrira brusquement, et la série de mouvements que nous venons de décrire recommencera pour se reproduire indéfiniment.

Le robinet p qui met en communication la partie de l'appareil supérieure à la soupape Σ' avec la partie inférieure à cette soupape, sert à amorcer le pulsateur en aidant à l'évacuation de l'air.

Les robinets r r' servent de purgeurs pour évacuer l'eau provenant de la condensation de la vapeur.

§ III.

COMBUSTIBLES.

566. GÉNÉRALITÉS. — Nous avons jeté un coup d'œil rapide ch. I, § II) sur les propriétés principales des corps combustibles et sur les phénomènes qui accompagnent leur combinaison avec l'oxygène de l'air atmosphérique, phénomènes dont l'ensemble constitue ce que l'on appelle la *combustion*. Nous avons classé ces subtances en trois groupes principaux : combustibles solides, liquides et gazeux, dont les premiers seuls ont trouvé jusqu'ici une application au chauffage des locomotives. Sans nous arrêter aux propriétés particulières qui permettent de diviser les combustibles solides en un certain nombre de catégories bien distinctes, et que nous développerons plus loin avec quelques détails, faisons remarquer que leur nature et leurs qualités exercent une influence marquée sur les dispositions adoptées pour la construction de l'appareil de vaporisation des machines locomotives. De là, nécessité pour l'ingénieur, avant d'aborder l'étude du matériel, d'examiner avec soin, sous ce double point de vue, les combustibles que la nature ou l'industrie mettent à sa disposition dans les contrées que la ligne traversera. Ces connaissances acquises, il fera entrer en ligne de compte, d'une part, le prix d'achat, d'autre part, les qualités calorifiques de chacun d'eux, les conditions de leur emploi, et ce n'est qu'après une étude approfondie de ces diverses questions qu'il devra faire son choix. Nous examinerons donc, à ce double point de vue, chacun des combustibles employés.

Des différents combustibles. — Les combustibles solides que la nature met à notre disposition peuvent se diviser en trois groupes :

Anthracites et houilles ;

Lignites et tourbes ;

Bois.

Le premier groupe possède une puissance calorifique plus
considérable que les deux autres — 18 —, condition qui lui
assurela préférence quand le choix est possible. Mais le terr
rain houiller ou anthraxifère ne se rencontre pas dans toutes
les contrées, et là où il existe, on ne trouve pas toujours des
couches de houille ou d'anthracite dont la puissance permett
d'y asseoir une exploitation régulière. Il se présentera donn
tel cas où la proximité de grandes forêts, la présence de tourr
bières d'une certaine importance, concordant avec l'absenco
de gisements houillers, devront faire adopter le chauffagg
au bois où à la tourbe, les frais de transport à grande distanco
pouvant élever considérablement le prix de revient de ll
houille. C'est ainsi qu'aux États-Unis, par exemple, le bois o
l'anthracite constituent la majeure partie du combustibl
employé au chauffage des locomotives ; que, dans certaines
parties de l'Allemagne, de la Suisse, et en Russie, les machines
ont longtemps brûlé du bois et de la tourbe, tandis qu'en An
gleterre, en France et en Belgique, la houille seule aliment
la consommation des chemins de fer.

La nature sulfureuse de la houille, la production considé
rable de fumée qui accompagne sa combustion, et rend so
emploi incommode pour le personnel de l'exploitation et pou
les voyageurs, avaient fait presque partout écarter son empl
de l'alimentation des machines locomotives : dès l'origine des
chemins de fer, on lui avait substitué le coke. Quelques ad
ministrations de chemins de fer fabriquaient elles-mêmes
leur coke et l'on rencontre encore dans plusieurs dépôts des
installations destinées à cet usage. Si le coke a l'avantage d
ne pas produire de fumée, il a aussi l'inconvénient de coûte
beaucoup plus cher que la houille, de s'allumer difficilement
et de remonter la pression de la vapeur plus lentement qu
les autres combustibles. Composé presque exclusivement d
carbone, il présente une dureté beaucoup plus grande que l

)houille, propriété nuisible à la conservation des tubes et des soarois de la boîte à feu.

Le prix élevé du coke, tendant sans cesse vers une augmentation, a engagé les ingénieurs dans une nouvelle étude pour l'emploi de la houille crue; après avoir appliqué cette dernière en premier lieu aux machines à marchandises, on a été bientôt entraîné à l'utiliser sur les machines à voyageurs: nous avons vu par quels moyens on était parvenu jusqu'ici à éviter plus ou moins complétement la production de la fumée.

Pendant un certain temps, on a employé exclusivement la houille en morceaux; cependant, en présence de l'augmentation de prix de ce combustible et de l'accroissement du service de l'exploitation, on a cherché à tirer parti pour le même usage des menus de houille que l'on peut se procurer à un prix relativement peu élevé, mais dont la combustion s'effectue difficilement sur les grilles ordinaires. Les premiers essais ont été tentés, ainsi que nous l'avons vu, — grille Bélisaire, chemin de fer du Nord, — pour brûler la houille en petits morceaux et de médiocre qualité, en apportant un changement dans la construction du foyer; puis les avantages qui en sont résultés ont été tels, que cette méthode s'est généralisée, à la condition que les machines comportent une grille de foyer suffisamment grande.

D'autre part, l'essai des *combustibles agglomérés* a donné de bons résultats; toutes les administrations n'ont pas hésité à les adopter pour le chauffage des machines; plusieurs d'entre elles se sont décidées à les fabriquer elles-mêmes avec des menus achetés à bas prix. Mais c'est encore un produit qui disparaîtra, comme le coke, de l'alimentation normale.

Les tourbes sont généralement employées à l'état cru; mais il importe de les soumettre auparavant à la compression et à une dessiccation prolongée, soit en les exposant à l'air libre, soit en les chauffant dans une étuve, afin de les priver de l'énorme quantité d'eau qu'elles contiennent, et qui s'oppose à leur combustion. Pendant cette dessiccation, certaines tourbes se désagrègent, défaut qui nécessite, pour les employer, leur transformation en briquettes.

Le bois, appliqué au chauffage, exige également un séchage prolongé sous des hangars parfaitement aérés. Or, la coupe des bois ne peut se faire qu'à une certaine époque de l'année, et l'exploitation de la tourbe est souvent interrompue pendant les mois d'hiver. Si l'on ajoute à cela que ces deux espèces de combustibles sont d'un poids relativement faible, et possèdent une puissance calorifique moins considérable que les houilles, on se rendra compte de la nécessité de construire, indépendamment des installations nécessaires pour en effectuer le séchage, de vastes hangars où on puisse emmagasiner la provision nécessaire à la consommation de plusieurs mois. Le volume de matière à transporter par les tenders augmentera considérablement, et pour ne pas multiplier les dépôts de combustible sur la ligne, on sera conduit à donner aux caisses de ces véhicules des dimensions plus considérables; quelquefois même on ajoutera au convoi un ou plusieurs fourgons supplémentaires pour transporter le combustible. Enfin, avons-nous dit, l'emploi de ces combustibles légers produit une excessive abondance de flammèches, entraînées au dehors par le courant des gaz chauds, nécessitant l'application à la machine d'appareils particuliers —104—, qui sont une certaine sujétion, en tout cas, une aggravation de poids, et une complication de plus ajoutée à la locomotive.

567. HOUILLES. — La nature des houilles varie non seulement suivant le lieu de production, mais encore souvent avec la profondeur du point d'extraction, et les différentes circonstances de leur gisement. Entre la houille maigre, anthraciteuse, s'allumant difficilement, brûlant avec une flamme courte, et se rapprochant, par sa composition, de l'anthracite proprement dite, et la houille grasse maréchale, riche en produits gazeux, se boursouflant, s'agglutinant au feu, et donnant un coke léger et bulleux, il existe une série

d'espèces intermédiaires qui se rapprochent plus ou moins de ces deux types extrêmes. Toutes ne sont pas également propres à l'usage qui nous occupe : pour qu'une houille puisse être appliquée avec avantage à la production de la vapeur, il faut qu'elle remplisse les conditions suivantes :

— Brûler avec une flamme longue, et sans donner une fumée trop abondante ;

— Ne pas s'agglutiner sur la grille, ni augmenter de volume en se boursouflant ;

— Conserver, autant que possible, sa forme primitive pendant la combustion ;

— Ne pas se réduire en poussière, de manière à passer au travers de la grille, lorsque le chauffeur vient à piquer le feu ;

— Ne pas donner plus de 8 à 10 pour 100 de cendres.

Les houilles demi-grasses à longue flamme répondent généralement bien à ces conditions; les houilles maigres à longue flamme sont également employées au même usage ; leur menu convient particulièrement, ainsi que nous le verrons plus loin, à la fabrication des agglomérés.

Voici, d'après Regnault, les compositions de quelques houilles grasses à longue flamme de diverses provenances :

	Rive-de-Gier.	Mons.	Commentry.	Epinac.
Carbone. .	84,83	84,67	82,72	81,12
Hydrogène.	5,61	5,29	5,29	5,10
Oxygène et azote.	6,57	7,94	11,75	11,25
Cendres.	2,99	2,10	0,24	2,53
	100,00	100,00	100,00	100,00

Les houilles maigres contiennent moins de carbone et une plus forte proportion d'oxygène.

Nous avons vu — 18 — que la puissance calorifique des houilles était comprise entre 7200 et 8600 : la limite inférieure s'applique aux houilles sèches à longue flamme, et la valeur *maxima* aux diverses variétés de houille grasse. La puissance calorifique des houilles ordinaires brûlées sur les grilles, comprise entre ces deux limites, peut être estimée à 7800 environ.

Si, partant de ce chiffre, nous cherchons à déterminer la quantité de vapeur d'eau que pourra produire 1 kilogramme de houille, nous trouverons que, puisqu'il faut pour vaporiser 1 kilogramme d'eau prise à zéro, à la pression de 8 atmosphères par exemple, une quantité de chaleur représentée par :

$$\lambda = 606,5 + 0,305 \times 170 = 658 \text{ unités de chaleur}[1],$$

1 kilogramme de houille devra vaporiser :

$$\frac{7\,800}{658} = 11^{k},8 \text{ d'eau dans ces conditions.}$$

Mais ce calcul ne tient pas compte des nombreuses imperfections des appareils industriels, de la nécessité de conserver aux gaz une température de 200 à 250 degrés au sortir de la chaudière, de l'influence de la nature des parois métalliques sur la transmission de la chaleur[2], enfin du soin plus ou moins grand apporté à la conduite du feu, qui influe nécessairement sur la nature de la combustion et fait varier la puissance calorifique avec la proportion plus ou moins grande d'oxyde de carbone qui prend naissance. Aussi est-il prudent de ne pas compter sur plus de 8 kilogrammes d'eau vaporisée dans les chaudières de locomotives par kilogramme de charbon dépensé sur la grille.

La densité des houilles varie de 1,28 à 1,40.

Quant au poids d'un hectolitre de houille, il varie de 75 à 90 kilogrammes; pour les qualités moyennes, on peut prendre 80 à 85 kilogrammes.

Réception. — Analyse. — Comme on le voit par le tableau précédent, les houilles ne sont jamais pures ; nous ajouterons que la proportion de matières étrangères qui constituent les cendres est généralement de beaucoup supérieure à celle indiquée par ces analyses; on peut l'évaluer en moyenne, à 7

---

1. Formule de Regnault (14. *Vaporisation*).
2. Chap. I, §II. *Pouvoir conducteur. Pouvoir absorbant. Pouvoir émissif.*

ou 8 pour 100. Les houilles employées aux opérations industrielles renferment, en effet, toujours une quantité plus ou
moins considérable de schiste entraîné dans l'abatage, et dont
on ne peut les séparer qu'au prix d'une main-d'œuvre coûteuse, inadmissible pour les conditions économiques de
l'exploitation des chemins de fer[1]. Mais, d'autre part, il
importe également que la proportion de matières étrangères
ne dépasse pas un certain chiffre au-delà duquel l'emploi du

1. Ce désaccord a été constaté d'une manière très évidente dans les
essais du concours de chaudières à vapeur ouvert à Mulhouse, en 1859. Le
charbon employé (houille de Ronchamps, grasse et dure), analysé par
M. l'ingénieur en chef Rivot au laboratoire de l'École des mines, a donné
pour composition :

D'une part :

Carbone	88,00
Hydrogène	5,10
Oxygène	2,00
Azote	1,10
Eau hygrométrique	0,40
Cendres siliceuses	3,40
Total	100,00

Et d'autre part :

Matières volatiles	25,60
Carbone fixe	71,00
Cendres	3,40
Total	100,00

Sur la grille, cette même houille a donné, en moyenne, 19,2 pour 100 de
résidus solides :

Cendres et scories	13,8
Escarbilles	5,4

   19,2

Pour expliquer ce désaccord qui existe entre les analyses et des essais
faits avec beaucoup de soin, il faut supposer, ce qui est fort admissible,
que les échantillons pris dans les tas étaient des morceaux de houille
exempts de matières étrangères apparentes, et que ces tas contenaient des
parties schisteuses dont la proportion ne pouvait être établie que par
l'analyse d'une grande masse de combustible. (*Bulletin de la Société
industrielle de Mulhouse*, février 1860. — Rapports des experts sur le
concours de chaudières de 1859.)

combustible ne serait plus avantageux ; dans ce but, et afin d'arriver à un combustible de composition régulière, il convient de fixer au fournisseur une limite supérieure pour la teneur en cendres. En lui accordant une bonification proportionnelle à la réduction de cette quantité *maxima*, et lui imposant, d'autre part, une retenue pour le cas où il la dépasserait, on arrive généralement à obtenir des houilles de bonne composition moyenne. Une analyse devra, d'ailleurs, accompagner chaque réception de houille, afin de vérifier exactement la teneur du combustible. Cette opération, très délicate, demande à être exécutée avec le plus grand soin.

La préparation de l'échantillon est, d'après ce que nous venons de voir, la partie la plus difficile ; car la composition peut varier beaucoup d'un morceau à l'autre. On commence donc par choisir, au pourtour du tas, une série de morceaux qui, par leur aspect, représentent sensiblement la composition moyenne de l'ensemble de la livraison ; sur le tas formé avec ces premiers échantillons, on procède à la même opération, et ainsi de suite, jusqu'à réduction de toutes les prises d'échantillons à quelques morceaux seulement ; on les broie de manière à en obtenir une poudre de composition à peu près homogène. Cela fait, on prend environ 10 grammes de cette poudre dans une capsule de platine, tarée à l'avance, que l'on introduit dans le moufle d'un fourneau chauffé au rouge. Quand la charge de la capsule commence à brûler, on a soin d'écarter les cendres qui, en recouvrant la surface, arrêtent la combustion, et l'on continue à chauffer jusqu'à ce que la masse ne présente plus aucun point noir. On fait plusieurs pesées pour s'assurer que la capsule ne perd plus rien par la combustion ; alors, du poids définitif de la capsule, on déduit par différence le poids des cendres [1].

---

1. Au lieu de ce procédé long et minutieux, on peut avoir recours à celui qui nous a été indiqué par M. P. P. Dehérain : on prend 2 grammes de houille pulvérisée sur une nacelle en platine tarée à l'avance. La nacelle, placée dans un tube en porcelaine chauffé au rouge, est exposée à un

La houille transportée par eau, celle qui a voyagé à découvert, ou qui est restée exposée à l'humidité pendant un certain temps, absorbe une quantité d'eau assez considérable dont il faut tenir compte dans l'opération précédente, en soumettant, au préalable, à une chaleur ménagée l'échantillon que l'on veut analyser, et calculant par différence le poids de l'eau qu'il contient. Il importe, d'ailleurs, de connaître la proportion d'eau, pour déduire du poids total de la livraison celui de l'eau renfermée, si l'on ne veut s'exposer à payer comme combustible une quantité d'eau qui peut atteindre jusqu'à 5 ou 6 pour 100.

Emploi de la houille. — Dans les foyers des chaudières fixes, on brûle ordinairement, en moyenne, 1 kilogramme de houille par décimètre carré de grille et par heure. Les dimensions restreintes des grilles de locomotives par rapport à la surface de chauffe obligent à porter cette consommation à 3 kilogrammes par décimètre carré et par heure. Or, la combustion de ces 3 kilogrammes de houille exige 53 mètres cubes d'air qui, pour passer au travers de la grille — en supposant le rapport du vide au plein de 0,40 au maximum — devraient être animés d'une vitesse de 51 mètres par seconde, tandis que, en réalité, la plus grande dépression produite par le tirage des machines locomotives ne dépasse pas $0^m,060$ à $0^m,080$, correspondant à une vitesse de 30 à 35 mètres par seconde[1]. De là, combustion incomplète de la houille, perte

courant continu de gaz oxygène, qui produit très rapidement le départ des matières combustibles. Un quart d'heure suffit, en général, pour une incinération.

Quant à la production d'oxygène, elle s'effectue très facilement en calcinant un mélange de chlorate de potasse et de bioxyde de manganèse, dans une marmite dont l'ouverture est bordée d'une rigole de $0^m,003$ à $0^m,004$ de profondeur garnie de mercure. Cette ouverture est bouchée par un couvercle en fonte à rebord vertical et muni d'une tubulure. La hauteur du rebord du couvercle de la marmite plongé dans le mercure, règle la pression du gaz. L'oxygène est recueilli dans un grand sac de caoutchouc, qui sert de réservoir et de gazomètre.

1. Notice sur les appareils fumivores appliqués aux foyers des machines

de chaleur, par suite de la formation de l'oxyde de carbone, et production de fumée. C'est à ces inconvénients que doivent obvier les appareils fumivores dont nous avons parlé plus haut — 71, 84 à 89 —, en introduisant dans le foyer un supplément de gaz comburants. Mais, indépendamment de leur application, il y a certaines précautions à observer dans l'emploi de la houille sur les grilles des foyers, afin de tirer de ce combustible le meilleur parti possible :

Tenir la couche de houille sur la grille entre $0^m,15$ et $0^m,30$, selon la nature de la houille ;

Renouveler fréquemment le chargement et le mouiller ; n'introduire à la fois dans le foyer qu'une très petite quantité de combustible sur les points où le feu semble se dégarnir, et en s'abstenant, par conséquent, d'en mettre une couche sur toute la surface de la grille. La houille menue devra être jetée au-dessous de la porte, afin de tenir l'épaisseur de la couche, sur ce point, plus forte que du côté de la plaque tubulaire.

En opérant de cette façon, on arrive à brûler la fumée aussi complétement que possible, et on évite de faire usage de l'échappement pour activer le feu, opération qui a pour inconvénient d'entraîner, par un tirage trop énergique, les escarbilles dans la boîte à fumée.

Enfin, lorsque la fumée deviendra très abondante dans le foyer, on laissera la porte de chargement ou les ouvertures du foyer Bonnet entr'ouvertes pendant quelques instants, de manière à introduire un peu d'air pour compléter la combustion.

568. LIGNITES. — On désigne sous le nom de *lignites* des houilles de formation récente, qui présentent encore des traces plus ou moins sensibles de texture végétale. Quelques espèces — lignites ligneux — nous montrent le bois encore à

à vapeur, etc., par M. Tarek. — *Mémoires et comptes-rendus de la Société des ingénieurs civils*, 1866. 1er trimestre.

peine décomposé; d'autres, au contraire, se rapprochent de la houille maigre à longue flamme — lignites parfaits.

Enfin, certaines espèces, très riches en carbures d'hydrogène, tendent à se transformer en véritables bitumes.

La composition des lignites se rapproche de celle des houilles proprement dites, et n'en diffère que par une moins forte proportion de carbone — 60 à 70 pour 100 — et une beaucoup plus grande quantité d'oxygène — 20 pour 100 —.

Voici, d'après Regnault, la composition de quelques types de lignites :

	Lignite parfait (Bouches-du-Rhône)	Lignite imparfait (Cologne)
Carbone.	63,88	63,29
Hydrogène.	4,58	4,98
Oxygène et azote.	18,11	26,24
Cendres	13,43	5,49

Comme on le voit, la proportion de cendres que contiennent les lignites est très variable, ce combustible se trouvant souvent mélangé avec une quantité assez considérable de produits étrangers [1].

La quantité d'hydrogène en excès ne dépasse pas 3,32 pour 100 dans les espèces ordinaires, et la capacité calorifique varie de 5000 à 6800 environ.

Les lignites brûlent avec une flamme longue, en produisant d'autant moins de fumée qu'ils se rapprochent plus des houilles. Certaines qualités ont l'inconvénient de donner une quantité considérable d'étincelles incendiaires, et sur le chemin de Saxe, par exemple, on a été obligé de renoncer à leur emploi pour cette raison, malgré les résultats avantageux qu'on espérait en retirer.

Dans certaines parties de l'Allemagne, en Wurtemberg, en Bavière, en Prusse, en Autriche, on les emploie, tantôt seuls,

---

1. A Bouxwiller, en Alsace, il existe un gisement de lignite argileux employé à la préparation de l'alun, et contenant jusqu'à 58 pour 100 de matières étrangères : les parties les moins impures employées comme combustible laissent encore 33 pour 100 de cendres.

tantôt en mélange avec la houille et le coke. Sur ces diverses lignes, la consommation moyenne par kilomètre varie entre les limites extrêmes de 15 à 34 kilogrammes par kilomètre de parcours [1].

569. COKE. — Le coke est le résidu solide de la distillation des houilles.

Un bon coke de chauffage doit être :

Dense et compacte, de manière à donner un effet calorifique maximum avec le moindre volume, mais sans arriver à une combustibilité difficile ;

Non friable, afin de ne pas donner un déchet trop considérable dans le transport ;

Autant que possible exempt de produits sulfurés :

Chargé, au plus, de 10 pour 100 de cendres en moyenne.

Toutes les houilles ne conviennent pas également à la fabrication du coke. Le coke des houilles maigres est généralement trop friable ; celui des houilles grasses est trop léger quand il est cuit rapidement, ou trop dur quand la carbonisation est trop lente [2].

On arrive à faire d'excellents cokes avec des mélanges convenablement choisis de houilles grasses et maigres. L'emploi de ces mélanges, en faisant entrer dans la fabrication du coke des houilles moins chères que les houilles grasses, permet d'arriver à une réduction dans le prix de revient.

Pour obtenir un produit satisfaisant aux conditions que nous avons indiquées plus haut, il convient d'observer, dans a fabrication du coke, les principes suivants :

La houille destinée à cette fabrication sera préalablement lavée et pulvérisée ;

Les fours employés à la distillation recevront une élévation suffisante pour obtenir, par la charge du combustible, un coke dense et homogène :

1. *Deutsche Eisenbahn-Statistik für das Betriebs Jahr* 1864.

2. Voir notre Mémoire : De la fabrication du coke sur les bassins de la Ruhr et de Saarbruck.

L'opération sera conduite avec beaucoup de lenteur, afin de rendre le coke moyennement compacte;

L'extinction du coke au sortir du four doit se faire avec la moindre quantité d'eau possible, de telle sorte que tout le liquide soit complétement évaporé à l'aide de la chaleur communiquée par le combustible et que celui-ci, après refroidissement, soit parfaitement sec.

La perte des houilles à la distillation varie dans des limites assez étendues, suivant leur provenance; en général, la proportion de coke est d'autant plus forte que la houille contient moins de produits gazeux. Les houilles des mines de la Loire donnent de 58 à 60 pour 100 de coke, celles de Saarbruck 65 pour 100; les houilles de Mons, les mélanges des charbons de Charleroi et de Liége jusqu'à 77 et 80 pour 100.

Lorsqu'on aura observé dans la préparation du coke les conditions que nous venons d'indiquer, le volume du coke obtenu ne différera pas beaucoup de celui de la houille employée, et le poids du mètre cube variera dans ce cas de 400 à 450 kilogrammes.

La proportion de cendres contenue dans le coke peut être estimée à 10 pour 100 en moyenne. Il importe de suivre, à cet égard, le même système que pour la houille, et d'observer les mêmes précautions pour en faire l'analyse lors de la réception. Ici encore le poids de l'eau devra être soigneusement déterminé par un essai spécial, car la nature poreuse du coke le rend susceptible d'absorber une grande quantité d'eau; nous avons eu plusieurs fois l'occasion de constater la présence de 5, 6 et quelquefois 12 pour 100 d'eau dans des cokes transportés par bateaux.

Le chargement du coke sur la grille doit être fait en petites quantités, en maintenant l'épaisseur du combustible à $0^m,30$ de hauteur environ vers la plaque tubulaire, et, du côté de la porte, $0^m,50$ pour les machines à marchandises, et, $0^m,60$ à $0^m,65$ pour les machines à voyageurs à petits foyers.

Lorsqu'on dépasse sensiblement cette épaisseur, on fait produire à la masse en question une grande proportion d'oxyde de carbone, qui, s'il n'est pas brûlé par un afflux d'air supplémentaire, est entraîné dans la cheminée, sans avoir dégagé la chaleur qu'il peut donner.

Les morceaux de coke doivent être tous réduits à une moyenne grosseur, afin de ne pas laisser de trop grandes cavités entre eux.

570. COMBUSTIBLES AGGLOMÉRÉS. — On désigne sous le nom d'*agglomérés* des combustibles en morceaux plus ou moins volumineux, fabriqués au moyen de menus de houille agglutinés par une certaine quantité de brai ou de goudron à l'aide d'une forte pression.

La consommation de ces combustibles a pris, dans ces dernières années, une extension considérable; aussi, en raison de l'importance qu'ils ont acquise, entrerons-nous dans quelques détails sur leur fabrication.

Toutes les escarbilles, tous les menus de houille peuvent être employés à la fabrication des agglomérés, mais avec plus ou moins d'avantage, suivant leur provenance.

Avant leur emploi, ces menus doivent être lavés, de manière à ne pas contenir plus de 7 à 8 pour 100 de cendres, et moins s'il est possible [1].

La pression dans les appareils compresseurs doit s'élever, par centimètre carré, de 100 à 150 kilogrammes, de manière à obtenir une parfaite liaison des matières et une densité qui atteigne celle de la houille — 1,20 à 1,40 — : cette pression, dépend naturellement de la nature de la houille et de la matière employée pour agglutiner les parcelles charbonneuses. Cette matière, c'est le brai provenant de la distillation des goudrons de gaz, et que l'on mélange au menu en proportion variable, suivant que l'on fera usage de brai plus ou moins *gras*, c'est-à-dire retenant une plus ou moins grande quantité

1. Au chemin de fer du Midi, ou fait usage de menus de charbon maigre de Cardiff non lavés, et les briquettes ne contiennent cependant que 5 à 6 pour 100 de cendres.

de goudron. L'emploi du *brai sec*[1] a, sur les brais gras, l'avantage de fournir immédiatement des briquettes dures, dégageant peu d'odeur et de fumée et ne se ramollissant que sous une température supérieure à 50 ou 60 degrés: mais il exige un effort de compression plus énergique. Nous ferons remarquer, enfin, que la proportion de brai s'élèvera d'autant plus que celui-ci sera plus sec et la houille moins collante; généralement elle varie de 7 à 10 pour 100; pour des houilles moyennement grasses agglutinées au brai sec, la proportion convenable se tient entre 8 et 9 pour 100.

Le mélange des substances se fait au moyen de bassines munies d'agitateurs, et dans lesquelles on maintient la température à un degré suffisant pour conserver au brai sa liquidité pendant toute la durée de l'opération — 90 à 100 degrés pour le brai sec.

Lorsqu'on fait usage de brai gras, on commence par fondre ce dernier et on le verse dans la houille menue au fur et à mesure de l'introduction de la matière dans les compresseurs; mais, lorsqu'on traite le brai sec, il faut d'abord le broyer : le chauffage n'a lieu qu'après le mélange avec la houille.

Une fois le mélange terminé et la pâte suffisamment homogène, on procède au moulage par compression, au moyen d'appareils spéciaux, qui peuvent être classés en deux catégories, d'après le principe sur lequel ils sont basés.

Dans les uns, la matière est comprimée dans des moules à fond mobile montés sur un plateau circulaire ou rectangulaire animé, dans le premier cas, d'un mouvement de rotation, dans l'autre, d'un mouvement de va-et-vient, et venant successivement se placer :

1° Sous un distributeur qui les remplit de la pâte préparée;

2° Sous un piston compresseur qui oblige la pâte à prendre la forme du moule en s'agglutinant;

---

1. Goudron de houille, concentré jusqu'à 280 ou 300 degrés, et dont on a retiré, par distillation, 30 à 40 pour 100 de matières volatiles.

3° Sous un appareil démouleur qui fait sortir les briquettes des moules.

Parmi les nombreuses dispositions brevetées qui reposent sur ce mode d'action, nous citerons principalement la machine de M. Mazeline, dans laquelle ces diverses opérations s'exécutent à l'aide de la vapeur[1], et celle de M. Revollier, appliquée par la société des mines de la Loire, et dans laquelle le moulage et le démoulage se font par pression hydraulique[2].

Dans le second type de machines à agglomérer, la pression nécessaire est obtenue par le simple frottement de la pâte contre les parois d'un moule légèrement conique — machine Jaclot — ou dans un cylindre allongé — machine Evrard.

La première de ces deux dispositions se trouve actuellement employée par la Compagnie du chemin de fer du Midi. La machine en question se compose de deux tambours dont la jante est formée de vides et de pleins égaux, distribués sur toute la circonférence. Les deux tambours sont à peu près tangents et montés de telle sorte que les pleins de l'une des circonférences correspondent aux vides de l'autre.

Tandis que les deux tambours ainsi disposés et mis en mouvement par une transmission à engrenage tournent en sens contraires, l'un vis-à-vis de l'autre, la matière à agglomérer, distribuée par trémie supérieure, descend entre les deux tambours et vient remplir successivement tous les moules; là, elle se trouve pressée par les pleins de l'autre roue qui l'obligent à sortir par l'extrémité opposée. Une faible conicité du moule[3] suffit pour déterminer une résistance convenable et

1. Voir la *Publication industrielle* de M. Armengaud, t. XIV, pl. I.

2. *Idem*, t. XVII, pl. XII, t. XIII.

3. Les dimensions des moules sont les suivantes :

Longueur	0m.165
Largeur, dans le sens de la circonférence extérieure.	0 ,075
— à 0m, 065 de la circonférence extérieure.	0 ,067
— à la circonférence intérieure.	0 ,067
Conicité, 75-67.	0 ,008
Largeur transversale (sans conicité).	0 ,100

pour obtenir une pression très énergique. La briquette moulée sort au fur et à mesure de la rotation, en avançant de $0^m,01$ environ par tour de roue et avec une consistance suffisante pour être employée sans autre manipulation. Lorsque la briquette atteint la longueur de $0^m,10$ à $0^m,12$, on approche de chaque tambour un couteau qui, en une seule révolution, coupe et détache toutes les briquettes fabriquées.

Chaque arbre porte en général deux tambours, dont l'ensemble forme un appareil double produisant, en dix heures, cinquante tonnes de briquettes.

La force absorbée par la machine peut être estimée à 25 ou 30 chevaux [1].

La seconde disposition est celle de M. Evrard, dont la machine a été appliquée dans plusieurs localités de France et de Belgique.

La Compagnie de Lyon, qui a intallé pour sa propre consommation trois usines de fabrication d'agglomérés, a adopté pour la construction de ses machines le principe de ce système. Chacune d'elles comprend seize cylindres horizontaux de $0^m,110$ de diamètre sur $0^m,600$ de longueur, recevant chacun un piston compresseur. Le mouvement de va-et-vient est communiqué aux seize pistons à la fois par un seul arbre vertical muni d'un excentrique. A la partie supérieure se trouve un malaxeur chauffé par la vapeur circulant sous une double enveloppe, et dans lequel vient tomber le mélange de menus et de brai préparé dans une cuve spéciale. A la sortie du malaxeur, la matière tombe sur une première table tournante où quatre couteaux la divisent en autant de portions égales et la font tomber sur une seconde table animée également d'un mouvement de rotation ; ici la pâte se trouve de nouveau divisée en parties égales et tombe finalement dans les cylindres en traversant une lumière percée à leur partie supérieure.

1. *Mémoires et compte rendu de la Société des ingénieurs civils*, séance du 4 septembre 1863.

Le mélange comprimé sort d'une manière continue par l'autre extrémité du cylindre [1], et arrive sur une table à bascule qui la divise en pains de 0^m,20 à 0^m,25 de longueur, chargés immédiatement sur des vagonnets pour être transportés aux magasins. La machine produit 12 tonnes à l'heure.

Une disposition de machine analogue est employée par M. Dehaynin. Elle produit 10 tonnes à l'heure et absorbe une force de 80 chevaux. Son poids total est de 65000 kilogrammes. Dans cet appareil, le moteur est directement attelé sur l'arbre vertical et placé à la partie inférieure au-dessous des cylindres mouleurs. Sa position ne nous paraît pas avantageuse pour la facilité des réparations, et nous préférons la disposition adoptée par le chemin de fer de Lyon [2].

D'après M. Gruner, ingénieur en chef des mines, le prix de revient de fabrication par tonne de briquettes peut s'établir ainsi :

Brai.	4^f,50	à	5^f,50
Main-d'œuvre	0 ,80	à	1 ,30
Frais généraux et entretien.	1 ,00	à	1 ,20
Total.	6 ,30	à	8^f,00

Lorsque l'administration entreprend pour son propre compte la fabrication des briquettes, il y a lieu, pour les fournitures de houilles menues, d'observer les conditions déjà citées plus haut.

Pour ce qui regarde les brais, on s'assurera qu'ils remplissent bien les conditions désirées, en vérifiant leur température de fusion. Pour le brai sec spécialement, il importe qu'il ne fonde pas au-dessous de 120 à 130 degrés, qu'il soit

1. La compression qui résulte du simple frottement de la pâte sur les parois du cylindre est tellement énergique que, dans les premiers essais, il y eut souvent rupture de l'extrémité du cylindre au moment de l'action du piston. Pour éviter cet inconvénient, on compose cette portion du cylindre de deux segments, dont l'un est maintenu sur l'autre par un ressort qui cède sous l'excès de pression.

2. Ces diverses machines ont figuré à l'Exposition universelle de 1867.

parfaitement dur et solide à la température ordinaire, et se laisse facilement concasser et réduire en poudre ; carbonisé dans un creuset de platine, il doit laisser, comme résidu, au moins 45 à 46 pour 100 de charbon boursouflé.

Dans le cas où il s'agirait, au contraire, de recevoir des briquettes du commerce, on procédera à l'analyse par calcination d'un poids donné de matière. On constatera également, en cassant quelques échantillons, que l'agglomération a été faite dans de bonnes conditions, que la texture est homogène, fine et serrée ; enfin on vérifiera le poids de quelques-unes des briquettes pour s'assurer que la densité est bien conforme à celle indiquée par le cahier des charges qui sert de base au marché.

Emploi des briquettes. — En dehors d'une économie très sensible dans le prix d'achat, les briquettes présentent sur les autres combustibles plusieurs avantages. La consommation en poids est généralement la même que celle du coke, quoique plus souvent un peu inférieure pour les combustibles agglomérés ; leur densité, qui égale celle des houilles, et leurs formes régulières facilitent le transport et l'arrimage. Il en résulte, pour cette dernière opération, une économie de près de 10 pour 100. Leur dureté et leur cohésion les rendent moins susceptibles de se briser dans le transport ; le déchet est évalué dans ce cas en général à 1 ou 2 pour 100 seulement [1].

L'épaisseur de combustible dont il faut couvrir les grilles avec l'emploi des briquettes est la même que pour la houille en morceaux.

Lorsque les briquettes sont fabriquées avec des houilles dures et au brai sec, leur combustion s'opère à peu près sans fumée, ainsi que nous l'avons vu plus haut, mais il n'en est pas de même lorsque les houilles renferment au delà de 15

---

1. Des essais entrepris par les soins de la marine impériale ont permis de les assimiler sous ce rapport aux charbons en roche des meilleures provenances (Newcastle, Cardiff, etc.)

à 20 pour 100 d'éléments volatils, et l'on est obligé d'avoir recours alors à l'emploi des appareils fumivores.

EMPLOI DES DÉCHETS DE COMBUSTIBLES. — M. Regray, ingénieur en chef du matériel et de la traction aux chemins de fer de l'Est, a fait établir à la Villette un atelier à agglomérer les déchets pulvérulents qui sortent de la boîte à fumée des locomotives.

L'ensemble des appareils employés est décrit par M. Gambaro, chef du service des combustibles de la Compagnie des chemins de fer de l'Est, dans la Revue générale des chemins de fer, 1878, cahier N° 2.

571. TOURBES. — Produite par la décomposition des végétaux aquatiques de l'époque actuelle, la tourbe occupe, sur certains points où la configuration du sol facilite le séjour des eaux, des espaces d'une étendue souvent considérable. La France renferme quelques tourbières; mais c'est en Allemagne et en Russie que ce combustible se rencontre en plus grande abondance.

Composition de la tourbe. — L'origine végétale de la tourbe se manifeste dans sa texture, qui emprunte l'aspect d'un véritable feutre formé de fibres végétales, finement entrelacées, et plus ou moins serrées, suivant l'ancienneté de sa formation. En général, les parties supérieures d'une tourbière sont d'un tissu plus lâche que les couches inférieures.

La quantité d'eau contenue dans la tourbe à l'état naturel est considérable, car après une exposition prolongée à l'air libre, elle peut en renfermer encore jusqu'à 30 pour 100.

Le poids du mètre cube de tourbe sèche peut être évalué à 514 kilogrammes; humide, elle pèse 785 kilogrammes.

La composition de la tourbe diffère de celle des houilles par une augmentation dans la proportion d'oxygène, qui atteint jusqu'à 30 pour 100 avec certains échantillons; la quantité d'hydrogène est à peu près la même, et le carbone varie de 20 à 65 pour 100: les tourbes contiennent généralement 10 à 15 pour 100 de cendres.

Exploitation et préparation. — La tourbe s'exploite à ciel ouvert. Suivant sa nature, on la découpe à l'aide d'un louchet en morceaux rectangulaires — tourbe compacte, — ou bien on l'enlève à la drague — tourbe limoneuse. — Au sortir de la tourbière, elle renferme, ainsi que nous venons de le dire, une grande quantité d'eau qu'il importe d'éliminer pour en tirer un produit combustible. A cet effet, on laisse les morceaux exposés à l'air pendant quelques mois. Cette dessiccation présente avec certaines tourbes — très compactes — l'inconvénient de les désagréger et de les faire tomber en poussière, d'où résulte une perte sensible au transport. Les tourbes fibreuses acquièrent, d'autre part, dans cette opération, une légèreté qui rend leur emploi très incommode, principalement pour l'alimentation des machines locomotives. Ces inconvénients ont conduit à fabriquer de la tourbe comprimée.

Le chemin de fer de l'État en Bavière, qui exploite pour son usage depuis une trentaine d'années les tourbières d'Haspelmoos, essaya, en 1847, de comprimer la tourbe au moyen d'un simple piétinement exécuté par les ouvriers sur le lieu de l'exploitation ; mais les résultats ne lui parurent pas satisfaisants, et il installa, sur les plans de l'ingénieur en chef des machines, M. Exter, une préparation mécanique pouvant produire jusqu'à 10 000 mètres cubes de tourbe par année, au prix de 2^f,80 par mètre cube.

La préparation de la tourbe comprimée demande deux opérations distinctes : désagréger la tourbe, avec addition d'eau, donnant une sorte de bouillie dont on retire par décantation les matières terreuses ; — laisser déposer la tourbe que l'on comprime dans des moules, ou que l'on soumet à une dessiccation, à l'air libre, après l'avoir divisée en morceaux. La valeur de ce procédé est contestable ; en général, on doit limiter l'exploitation aux tourbes assez pures pour passer immédiatement à la désagrégation et au moulage. Quel que soit d'ailleurs le procédé, il importe, à chaque réception, de constater, par des essais rigoureux, les quantités d'eau et de cendres contenues dans la tourbe préparée.

Emploi de la tourbe. — L'emploi de la tourbe comme combustible pour les machines locomotives a l'inconvénient de produire beaucoup de fumée et d'étincelles, et de développer une quantité de chaleur relativement faible, ce qui oblige à augmenter la provision de route, et nécessite le plus souvent l'addition de fourgons supplémentaires. Mais si l'on donne au foyer des dimensions suffisantes, en augmentant en conséquence le diamètre des tubes, et en adoptant les appareils à arrêter les flammèches, on arrive à pallier une partie de ces inconvénients, et à obtenir, dans certains cas, des résultats assez avantageux, au point de vue de l'économie du chauffage.

D'après les résultats comparés de chauffage au bois, au coke et à la tourbe, pendant une période de neuf ans (1846-1854) sur le chemin de l'État en Bavière, 100 pieds cubes (2^{mc},486) de tourbe de quantité et de siccité moyennes, équivaudraient à 312^k,50 de coke, et 3^{mc},135 de bois blanc.

A cette époque, on trouva que le prix du chauffage à la tourbe revenait à la moitié de celui au coke, et aux deux tiers du chauffage au bois. Mais cette supériorité économique, qui dépendait de circonstances particulières[1], ne s'accuse pas d'une manière aussi évidente dans la plupart des cas. Ainsi, sur le chemin de l'État en Bavière, la consommation de l'année 1861-1862 a donné les résultats suivants :

Dépense par kilomètre.

	Houille.	Tourbe.
Machines à voyageurs. .	6^k,76, soit 0^f,166	16^k,93, soit 0,172
Machines à marchandises.	10 ,18, soit 0 ,249	20 ,28, soit 0 ,207

La moyenne de consommation de la tourbe en 1864 sur les lignes allemandes qui font usage de ce combustible peut

---

1. Le prix du coke s'élevait à 47^f,00 la tonne, tandis que la tourbe ne revenait qu'à 3^f,10 le mètre cube, ou environ 5^f,00 la tonne.

s'évaluer à $27_k,3$ par kilomètre pour la tourbe comprimée, et $0^{mc}068$ par kilomètre pour la tourbe simplement desséchée.

572. Bois. — Les bois sont presque essentiellement composés de *cellulose* et de *ligneux*, substances organiques renfermant du carbone, de l'hydrogène et de l'oxygène, dont les proportions atomiques peuvent être représentées par la formule $C^{12}H^{10}O^{10}$. On rencontre également dans le bois une très forte proportion d'eau qui, au bout d'une année de dessiccation, s'élève encore à 18 ou 20 pour 100. La proportion de carbone dans les bois employés comme combustible varie de 38 à 40 pour 100. On peut diviser ces bois en deux espèces distinctes :

— Les bois durs : — chêne, hêtre, frêne, orme, etc. ;

— Les bois blancs : — sapin, pin, peuplier, bouleau, saule, tremble, etc.

Les derniers sont d'un prix généralement moins élevé, et, quoique moins riches en ligneux et plus légers que les premiers, donnant à volume égal une moindre quantité de chaleur, ils sont préférés à ceux-là pour l'alimentation des foyers ; leur texture, moins serrée, rend la combustion plus facile.

Le mesurage des bois se fait au *stère*. Le stère du bois dont le diamètre varie entre $0^m,02$ à $0^m,03$ et entre $0^m,06$ à $0^m,07$, pèse 250 à 350 kilogrammes. Les bûches de $0^m,08$ à $0^m,20$ de diamètre ayant une année de coupe pèsent 350 à 400 kilogrammes le stère. — La puissance calorifique du bois dans ces conditions est de 2800 à 3000.

La coupe des bois doit se faire en automne ou en hiver. La proportion d'eau contenue dans le bois s'élève alors à 40 pour 100 environ, et le bois doit être conservé à l'air et à couvert pendant une année au moins avant de pouvoir être employé avantageusement. Lorsqu'on empile les bois pour les faire sécher, on doit laisser à l'air une circulation facile dans tous les sens ; cette condition est très importante, et il importe de ne pas la négliger.

Le transport des bois s'effectue quelquefois par flottage; cette opération a l'inconvénient de faire perdre au bois une partie de ses qualités comme bois de chauffage. Le bois dur flotté, par exemple, n'est pas plus avantageux que le bois tendre ordinaire, au point de vue calorifique.

Les clauses du cahier des charges devront donc mentionner comme conditions essentielles de la livraison :

— Un an de coupe et de dessiccation à couvert ;

— Proportion maxima d'eau fixée à 20 pour 100. On vérifiera cette dernière condition par un essai effectué sur une certaine quantité d'échantillons.

Il importe enfin de s'assurer que les bois livrés ne sont pas pourris, ce dont on pourra se rendre compte facilement en faisant débiter un certain nombre de bûches.

Emploi du bois. — Le bois doit être fendu en menus morceaux avant son introduction dans le foyer, afin de faciliter le dégagement des gaz et multiplier les points de contact entre l'air et le combustible.

Le bois partage avec la tourbe et le lignite l'inconvénient d'émettre une grande quantité d'étincelles; aussi est-on obligé, sur toutes les machines où on l'emploie, d'installer des appareils à arrêter les flammèches. A côté de cela, le bois présente l'immense avantage, — constaté sur toutes les lignes qui en font usage, — de ne pas détériorer les parois des boîtes à feu et des tubes, ce qui le rend très précieux au point de vue de l'économie des frais d'entretien et de réparation, et doit lui assurer la préférence dans le cas où le prix d'achat n'est pas très élevé.

On a reconnu, sur le chemin Central-Suisse, que 1 mètre cube de bois de sapin équivalait à 176 kilogrammes de coke pour le chauffage des locomotives. Sur la ligne du Sud-Est, le rapport n'était que de 1 mètre cube de bois pour 122 kilogrammes de coke. Et enfin nous avons vu que, sur le chemin de l'État de Bavière, on n'estimait qu'à 99^k,7 la quantité de coke équivalente à 1 mètre cube de bois.

La consommation de bois, par kilomètre de parcours,

peut s'estimer en moyenne à $0^{mc},080$. Dans certains cas, elle devient notablement inférieure à ce chiffre. — Sur le Central-Suisse [1], par exemple, la consommation n'atteignait pendant un certain temps que $0^{mc},031$ de bois de sapin ou de hêtre.

Le chemin du Nord-Est [2] ne dépensait que $0^{mc},054$ de bois par kilomètre pour des machines à voyageurs marchant à 30 kilomètres et remorquant 30 tonnes de charge brute (non compris le tender) sur rampes de 12 pour 1000 et en courbes de 270 mètres de rayon. Dans les machines à marchandises remorquant 170 tonnes à la vitesse de 22 kilomètres, la consommation ne dépassait pas $0^{mc},099$. — Au Sud-Est Suisse, enfin, les machines consommaient sur rampe de 1/100, en courbes de 360 mètres et à la vitesse de 30 kilomètres, $0^{mc},072$ de bois de sapin par kilomètre.

§ IV.

MATIÈRES GRASSES.

573. SUPPLÉMENT AU CHAP. VIII, N° 480 ET SUIV DE LA 1ʳᵉ SECTION. — Nous complétons par les indications suivantes, l'étude des matières grasses employées dans l'industrie des chemins de fer — Tome III —.

HUILE A GRAISSER LES LOCOMOTIVES. La Compagnie d'Orléans se sert d'un mélange d'huile brute de colza, de saindoux, de cire et d'huile de résine, dans des proportions que l'on fait varier suivant les saisons.

La proportion de l'huile de résine, employée principalement pour diminuer le prix de revient du mélange, varie entre 25 et 30 pour 100. Le mélange est opéré dans des cuves en tôle munies d'agitateurs et chauffées au moyen de la vapeur.

1. En 1856, avant le percement du Hauenstein.
2. En 1856.

HUILE POUR BOITES A GRAISSAGE. Elle ne contient que de l'huile brute de colza et de l'huile de résine. Le mélange se fait à chaud. La proportion de l'huile de résine peut s'élever à 50 et 60 pour cent.

GRAISSE POUR BOITES A GRAISSAGE. Elle est fabriquée avec suifs inférieurs, des matières saponifiées provenant du traitement des vieilles graisses, du carbonate de soude et de l'eau.

BOUCHONS FUSIBLES. Dans les boites à graissage mixte, lorsque, par une cause quelconque, les fusées prennent une température supérieure à 100 degrés, la Compagnie d'Orléans place entre le coussinet et le réservoir supérieur de la boîte qui renferme de la graisse solide — 1re section, chap. VI, § VI, 384 — un bouchon, en matière fusible, composée de 1/3 stéarine et 2/3 de savon de Marseille, d'après le procédé de M. de Fontenay, ingénieur chimiste de la Compagnie, l'un des inventeurs du bronze phosphuré.

574. APPAREIL POUR ESSAI DES HUILES DE GRAISSAGE. CHEMINS DE FER P. L. M. — (fig. 5 et 6, pl. XXXIX.) —
Cet appareil se compose d'un essieu de vagon, monté exactement dans les mêmes conditions de charge et de suspension que les essieux en service.

Les bandages de ses roues reposent sur un autre essieu monté qui, recevant le mouvement de rotation, l'entraîne à son tour et lui communique des mouvements de trépidation et des chocs analogues à ceux qui se produisent en marche dans les trains.

Pour obtenir ces mouvements de trépidation et ces chocs, les roues de l'essieu inférieur sont légèrement excentrées (de $2^{m/m}5$) dans le plan vertical perpendiculaire à l'essieu.

Le nombre de tours faits par cet essieu est constaté par un compteur de tours et sa vitesse est donnée, à chaque instant, par un pendule conique marchant à une vitesse angulaire dix fois moindre que l'essieu inférieur et muni d'un cadran divisé, qui indique approximativement la vitesse en kilomètres par heure de la circonférence de roulement de la roue.

La charge des ressorts peut être variée par l'addition ou la suppression de rondelles en fonte.

Comme l'effort, considérable au démarrage, ferait tomber les courroies des poulies lors de la mise en marche, on a dû recourir au moyen suivant :

Les ressorts qui chargent chaque boîte à graisse de l'essieu supérieur peuvent être chacun soulevés en leur milieu par une vis de levage, commandée elle-même par deux vis sans fin montées sur le même arbre horizontal. En tournant le volant monté sur cet arbre, on soulage l'essieu inférieur de toute la charge des ressorts et on peut facilement le mettre en marche. On lâche alors peu à peu les ressorts, et grâce à l'inertie des pièces en mouvement, la rotation continue sans que les courroies glissent.

La comparaison et le classement des différentes espèces d'huiles se fait en constatant les charges et les vitesses que l'on peut donner à l'essieu supérieur, sans atteindre le chauffage.

Nous considérons comme les meilleures, celles qui supportent la plus grande charge et la plus grande vitesse, sans que la température s'élève trop ; nous admettons, ce qui ne doit pas être loin de la vérité, que ces huiles sont en même temps celles qui donnent le moindre frottement et la moindre dépense.

Dans tous les cas, nous estimons, dit la Compagnie des chemins de fer P. L. M. qui a donné ces indications lors de l'Exposition universelle de 1878, que la qualité la plus importante est celle d'éviter les chauffages et par conséquent d'assurer la sécurité de la marche.

575. APPAREIL POUR DÉTERMINER LE POUVOIR LUBRIFIANT DES CORPS GRAS. — *Chemins de fer de l'Est.*

Cette machine se compose d'un disque en fer tournant sur son axe à une vitesse uniforme. Un second disque repose, par des saillies en bronze, sur le plateau, et peut le presser plus ou moins fortement au moyen d'une romaine qui appuie sur une broche servant à centrer les deux plateaux l'un sur l'autre. — Une petite grue à main permet, quand on a relevé la romaine et retiré la broche, de déplacer le second plateau et d'étaler la matière grasse à essayer sur le premier disque. Ce dernier, en tournant, tend à entraîner le second plateau, et la force qui tend à déterminer ce mouvement dépend de la pression exercée par centimètre carré, du coefficient de frottement des surfaces en contact, et du pouvoir lubrifiant du corps gras interposé.

Par conséquent, si, à l'extrémité d'un diamètre du second disque se relie le ressort d'un dynamomètre enregistrant, on pourra se rendre compte du travail absorbé par le frottement des plateaux jusqu'à usure complète du corps gras; évaluer ce travail en kilogrammètres; noter, au moyen d'une pendule, la durée de l'opération; relever, à l'aide d'un thermomètre, l'élévation de température produite par l'échauffement des plateaux. En un mot, on pourra faire toutes les constatations répondant aux exigences de la pratique et pouvant servir de terme de comparaison du pouvoir lubrifiant du corps essayé, avec celui d'un autre corps gras essayé précédemment.

Le dynamomètre consiste en un ressort supportant un poids x à son extrémité. Ce ressort passe sur un excentrique disposé sur le bâti de telle sorte que le déplacement du second plateau amène le mouvement angulaire de l'excentrique, fait varier le bras de levier à l'extrémité duquel agit le poids x et, par suite, la résistance à vaincre.

L'appareil enregistreur est disposé comme il suit: — une poulie S montée sur l'arbre de l'excentrique qui sert de crémaillère à un style K et le fait mouvoir proportionnellement aux déplacements angulaires de l'excentrique et, par suite, proportionnellement aux résistances à vaincre. Le style K, qui consiste en une petite chape oscillant autour d'un axe a portant une molette b, s'appuie sur une bande de papier H qui se déroule d'un mouvement uniforme. Le style trace à chaque instant une courbe dont les ordonnées sont proportionnelles aux résistances à vaincre, et la molette b pressée par le contre-poids LL, découpe la bande de papier à mesure que la courbe se trace.

Le mouvement uniforme du papier H est obtenu au moyen d'une vis sans fin V montée sur l'arbre de la machine et qui commande une roue d'engrenage montée sur un arbre portant un cylindre qui appuie la bande de papier contre un second cylindre divisé. Ce dernier cylindre reçoit le mouvement de rotation au moyen d'engrenages et fait avancer la bande d'un millimètre à chaque tour du premier plateau. Un appareil à encrage G, mû par engrenages, sert à diviser en millimètres la bande de papier. Les temps indiqués par une pendule électrique sont inscrits sur cette bande toutes les demi-minutes.

Le mouvement uniforme du premier plateau est obtenu par l'emploi d'un régulateur à force centrifuge qui fait fonctionner un embrayage électrique. Pour cela, la douille de ce régulateur commande, par l'intermédiaire d'un levier, un ressort r qui oscille entre deux contacts métalliques très rapprochés.

Lorsque la vitesse de la machine augmente ou diminue, le régulateur rétablit le courant électrique entre la lame oscillante et l'un des deux contacts. Ces derniers sont reliés respectivement à des électro-aimants placés à chacune des extrémités d'une vis portant deux poulies folles et une fourchette déterminant la montée ou la descente de la courroie sur deux cônes renversés. Des courroies, l'une à brins parallèles, l'autre à brins croisés, passent sur les poulies folles et sur les poulies placées sur l'arbre moteur. Suivant que le courant passe dans l'un ou l'autre des *électro-aimants* la poulie folle correspondante est attirée et entraîne l'électro-aimant dans son mouvement. La vis tourne alors dans un sens déterminé, la fourchette se déplace à droite ou à gauche suivant le sens de la rotation de la vis, et la courroie monte ou descend sur les deux cônes renversés et permet ainsi de compenser les écarts de vitesse provenant de la force motrice ou ceux occasionnés par les frottements de plateaux. Les deux contacts électriques étant très rapprochés, il en résulte que la moindre variation de vitesse amène le changement de contact et, par suite, la variation de sens de la rotation de la vis. La vitesse du plateau est donc rendue ainsi rigoureusement uniforme.

Lorsque le second plateau tend à être entraîné définitivement par suite d'une trop grande adhérence, il vient buter, par ses appendices, contre un taquet; un petit appareil de déclanchement abandonne le levier P, et le contrepoids tombe, en débrayant dans sa chute la courroie qui transmet le mouvement de l'arbre intermédiaire b à l'arbre de la machine, en la faisant passer sur la poulie folle.

Cette machine fournit tous les éléments nécessaires pour comparer les matières lubrifiantes :

1° La courbe décrite sur le diagramme indique, par son plus ou moins de régularité, comment s'est comporté le corps gras pendant l'expérience, et permet de déduire le travail absorbé par le frottement. Une bonne lubrification donnera une courbe régulière, ayant des ordonnées qui vont en croissant de la ligne des abscisses les plus petites aux abscisses les plus grandes, — tandis qu'une courbe irrégulière accusera un produit sans propriétés onctueuses et prédisposant au grippage des surfaces frottantes. — Cette courbe indiquera en même temps la durée de l'expérience.

2° Le résidu de la matière grasse recueilli sur les plateaux aide, par son aspect, à l'étude chimique ou organoleptique du produit.

3° Un thermomètre, baigné dans une cuvette à mercure et appliqué immédiatement sur le plateau B, donne l'élévation de température.

On peut, du reste, déterminer par le calcul le coefficient du frottement de la machine et prendre, si l'on veut, le nombre trouvé pour base de toute expérience typique.

Cette machine, exposée en 1878, a été imaginée et construite dans les ateliers de la Compagnie de l'Est en 1867. Elle a fonctionné d'une manière régulière, depuis cette époque, au laboratoire de chimie du service du Matériel et de la Traction.

CHAPITRE XII

GESTION DU SERVICE DE LA LOCOMOTION.

576. Si l'on pouvait juger de l'importance d'un service par le nombre et la gravité des questions que ce service est tenu de résoudre, s'il fallait le classer parmi les autres branches de l'exploitation d'un chemin de fer en raison des dépenses que sa gestion entraîne, le service de la locomotion viendrait à coup sûr au premier rang.

On peut, en lisant les premiers chapitres de cette deuxième partie, se rendre compte des difficultés techniques innombrables que l'ingénieur de la locomotion a pour mission de vaincre chaque jour. Il s'agit de lever toutes ces difficultés, en se prémunissant contre tout incident que la sagesse humaine est capable de prévoir, et en répartissant dans de justes limites, la responsabilité qui incombe à chacun.

Le côté financier n'a pas moins d'importance que le côté technique ; car ici, comme dans toute entreprise industrielle, il s'agit de faire bien, avec la moindre dépense possible et les frais de locomotion entrent souvent pour plus d'un tiers dans la dépense totale d'exploitation.

Si l'on décompose le coût de traction d'un train sur 1 kilomètre de longueur dans un grand réseau, on arrive à la sub-

division suivante, ce qui donne pour différents pays la justification de ce qui vient d'être dit :

	France.	Italie.	Belgique.	Autriche.
Administration centrale	0f,20	0f,23	0f,07	0f,125
Exploitation proprement dite . .	0 ,80	1 ,03	0 ,64	1 ,146
Locomotion	0 ,85	1 ,01	1 .18	0 ,980
Entretien et surveillance de la voie	0 ,40	0 ,63	0 ,65	0 ,919
	2f,25	2f,90	2f,54	3f,170

Lorsqu'il s'agit, comme dans certains réseaux, du parcours
de plusieurs dizaines de millions de trains-kilomètre, qui
portent à 20 ou 30 millions les dépenses de la traction, on
voit que le chapitre de la gestion de ce service mérite une
attention toute particulière.

C'est par une étude incessante des conditions du service,
que l'ingénieur introduit chaque jour les modifications, les
perfectionnements techniques et administratifs dont les conséquences amènent des réductions dans le prix de revient, et
des améliorations dans la situation du personnel.

§ I.

UTILISATION DES MACHINES.

577. Effectif du matériel. — Nous avons précédemment
indiqué quelques moyennes résultant du relevé de l'effectif
fait sur certains chemins choisis comme types ; mais il ne faudrait pas tirer de ces indications des conséquences absolues
relativement à l'importance du nombre de véhicules nécessaires à l'exploitation d'une ligne. — C'est à l'ingénieur de
suivre dans chaque cas particulier les indications du calcul
basé sur le trafic probable de la ligne.

Nous verrons, en traitant du service de l'exploitation,
comment on procède pour obtenir les résultats cherchés :
espèces de trains ; — leur nombre ; — leur composition ; — les
véhicules en réserve.

Les nombres que comportent ces indications dépendent de conditions particulières très complexes, telles que changements de types des machines, accroissement de puissance, augmentation de trafic, auxquelles viennent encore s'adjoindre les extensions de réseau par voie de constructions nouvelles, de rachat ou de location.

Prenons comme terme de comparaison le réseau exploité par l'État belge, à différentes époques :

ANNÉES	Étendue en kilom. exploités	TRAFIC total	TRAFIC par kilomètre	de locomotives total	de locomotives par kilom.	de voitures total	de voitures par kilom.	de véhicules divers total	de véhicules divers par kilom.	de vagons total	de vagons par kilom.
		fr.	fr.								
1855	611	23 010 000	37 700	207	0,33	1 045	1,71	411	0,67	4 589	7,51
1863	749	33 886 435	45 266	272	0,36	1 292	1,72	569	0,76	7 678	10,25
Augmen. p.100	22,5	—	20,00	—	11,00	—	0,6	—	13,5	—	26,73
1878	2210	94 205 915	42 635	1 080	0,484	2 379	1,08	828	0,38	30 038	13,52
Augment.p.100	196	—	—	—	34,7	—	—	—	—	—	31,31
Dimin. p. 100	—	—	5,81	—	—	—	59,25	—	100	—	—

On voit, d'après ce tableau, que les modifications dans les rapports entre l'étendue kilométrique et l'importance du matériel ne sont proportionnelles ni au développement des lignes, ni à celui du trafic. Il faudrait pousser plus loin encore les investigations et se rendre compte des unités de trafic transportées, des unités de puissance de traction et de possibilité de transport.

La prudence conseille donc de s'en tenir aux nombres minima que l'exploitation la plus restreinte comporte, sauf à ménager des marchés pour accroître le matériel au fur et à mesure de l'augmentation du trafic.

578. MATÉRIEL EN RÉPARATION ET EN RÉSERVE. — Le rapport du matériel en réparation au matériel en service varie

avec son état de vétusté et les difficultés de l'exploitation. A ce point de vue, les chemins de fer ont réalisé de notables progrès dus aux perfectionnements introduits dans la construction du matériel et dans l'entretien journalier. Voici, sur un effectif de 1278 locomotives, les proportions des machines à divers états :

MACHINES	EN SERVICE	EN RÉPARATION	EN RÉSERVE	TOTAL
A 1 essieu moteur	109	57	13	159
A 2 essieux moteurs	302	62	12	376
A 3 essieux moteurs	616	79	39	734
A 4 essieux moteurs	8	1	»	9

D'un autre côté, les proportions varient avec les saisons et, par conséquent, avec l'importance temporaire du trafic.

Nous avons relevé, au printemps, dans cinq dépôts faisant un service actif sur un autre réseau, les nombres ci-dessous :

	En service.	En état.	En visite et entretien.	En réparation.	Totaux.
Machines. .	91	18	13	11	133
Tenders. .	81	28	6	»	115

La règle la plus sûre est basée sur le nombre maximum de kilomètres qu'une machine doit fournir en une année. Il existe en effet une certaine limite de parcours qu'une machine ne franchit pas sans se détériorer au point que les réparations deviennent extrêmement coûteuses, et qu'il y a perte plutôt que bénéfice à dépasser ce maximum.

Au chemin de fer d'Orléans, on considère comme limite raisonnable un parcours annuel de 38000 à 39000 kilomètres. Et cependant les exigences du service ont fait élever les parcours des locomotives à trains de voyageurs et mixtes à 41809 kilom. en 1877, et à 40178 kilom. en 1878.

Dans cette même période, le parcours des machines à marchandises a été respectivement 27261 kilom. et 25029 kilom.

D'un autre côté, nous avons vu — 415 — que certaines machines des chemins du Midi ont effectué dans une année plus de 50000 kilomètres et que certaines machines d'Orléans plus de 58000 kilomètres.

Il faut considérer ces parcours comme exceptionnels dans l'état actuel des chemins de fer.

Les données qui précèdent n'ont donc rien d'absolu ; elles pourraient induire en erreur l'ingénieur qui ne tiendrait pas compte des circonstances particulières à chaque cas spécial ; mais en tablant largement, on peut compter en réparation :

Machines à 1 essieu et à 2 essieux moteurs (grande vitesse). 1/3 à 1/4
Machines à 2 essieux moteurs (moy. vit.). . . . . 1/5 à 1/6
Machines à 3 et 4 essieux moteurs. . . . . 1/8 à 1/10
Voitures. 1/10
Vagons 1/20

579. CHARGES DES MACHINES. — D'après ce que nous avons vu au chap. V, la charge que peut traîner une machine dépend des éléments suivants :

— Type de la machine ;
— Adhérence ;
— Puissance de vaporisation ;
— Inclinaison et courbure de la ligne à parcourir ;
— Vitesse du train ;
— État atmosphérique.

Tous ces éléments entrant en compte, l'ingénieur connaissant l'effort de traction théorique de chaque type, et sa puissance de vaporisation, doit prendre en considération l'influence des rampes et des courbes que les locomotives auront à franchir sous ces différentes vitesses.

Sur une ligne d'une certaine étendue, *à fortiori* sur un grand réseau, le tracé de la route à parcourir comporte souvent des variations en courbure et en inclinaison, qui peuvent modifier très sensiblement la charge à imposer à une machine, d'une extrémité à l'autre de cette ligne.

D'ailleurs, le trafic varie sur une même ligne, d'un point à un autre, d'un sens en sens contraire, d'une saison à l'autre.

On fractionne alors chaque réseau   chaque ligne en section pour chacune desquelles on calcule la charge que chaque type de machine peut remorquer, sous les différentes vitesses imposées par le service de l'exploitation.

Mais, dans la réglementation même de ces vitesses, l'ingénieur de la locomotion doit intervenir et arrêter le livret de marche des trains de manière à faire coïncider. les plus grandes vitesses possibles avec les parcours en pente, en palier, en alignement droit, et les plus faibles vitesses avec les plus fortes rampes et les courbes de plus petit rayon.

En tenant compte de toutes ces considérations on arrive à tirer des machines, des matières consommées et du personnel, le maximum d'effet utile. Mais quelque soin que le service de la locomotion apporte dans l'étude de la traction des trains, il n'arrivera pas à utiliser complétement la puissance de ses machines, s'il n'est pas énergiquement secondé par le service de l'exploitation pour obtenir des gares un chargement aussi complet et aussi régulier que possible du matériel de transport.

La fixation de l'unité qui sert de mesure au calcul des charges est une des difficultés du problème. La seule unité qui laisse le moins de chances d'erreur ou de contestations, c'est la tonne de charge brute comprenant la tare des véhicules et le poids du chargement. C'est également la seule unité qu'il y ait lieu d'adopter pour évaluer le prix de revient de l'exploitation d'un chemin de fer ; nous reviendrons sur ce point.

Ces principes étant admis, l'application n'est plus qu'une étude de détails, spéciale à chaque cas particulier, et, il faut le dire, une question d'appréciation personnelle. Les exemples suivants en fourniront la preuve.

580. CHEMINS DE L'EST. (*Anciennes dispositions.*) — Les diverses sections du réseau sont réparties entre huit *profils,*

caractérisés par le degré d'inclinaison des pentes et des rampes qui les affectent, suivant le sens de la marche des trains qui les parcourent, une même section pouvant appartenir à deux profils différents, s'il s'agit d'un train impair ou d'un train pair.

Ces profils sont les suivants :

Profil A	Palier ou pente
B	Rampe inférieure à 2 $^m/_m$
C	— de 2 à 4 $^m/_m$
D	— de 4 à 6
E	— de 6 à 8
F	— de 8 à 10
G	— de 10 à 12
H	— de 12 à 16

Ces profils sont annexés au tableau de la charge des trains disposé comme suit :

Série des machines	NUMÉROS des machines	NATURE et vitesse des trains à l'heure.	Profil A Charge		Profil B Charge		Profil D Charge		Profil F Charge		Profil H Charge	
			min.	max.	min.	max.	min.	max.	min.	max.	min.	max.
1	91 à 100	*Mixtes* 20 à 32 kil.	27	32	20	26	15	18	10	12	6	7
	304 à 361	*Marchandises* 15 à 30 kil.	28	36	24	31	18	24	12	18	8	13
7	0120 à 0163	*Mixtes* 32 à 36 kil.	26	32	24	28	18	22	12	14	8	10
	0212 à 0241	*Marchandises* 15 à 30 kil.	36	48	33	44	28	35	20	27	13	19

La charge des trains de voyageurs, omnibus, poste et express, est fixée d'après le type des machines, le profil de la section et la saison. Chaque voiture est comptée pour une unité.

L'unité pour les trains mixtes ou de marchandises est de 10 tonnes, et toute fraction d'unité sera comptée pour une unité.

. Le décompte d'un train mixte ou de marchandises comprendra :

1° Le poids du matériel, ou poids mort, chaque véhicule, vagon ou voiture, étant compté pour 5 tonnes ou demi-unité;

2° Le poids total des marchandises transportées, dont l'indication pour chaque vagon devra figurer sur la feuille de route du chef de train.

Le chargement en bestiaux d'un vagon sera compté comme suit, quel que soit d'ailleurs le nombre des bestiaux :

Chevaux, bœufs, vaches, etc. . . . . 5 tonnes.
Moutons, veaux, porcs, etc. . . . . 3 —

Toute voiture à voyageurs, tout fourgon à bagages, attelé à un train de marchandises figurera sur la feuille de route pour un chargement de *trois tonnes*.

Exemple : — Un train de 29 véhicules ayant 268 tonnes de charge utile vaudra $\frac{29}{2} + \frac{268}{10} = 42$ unités, — c'est-à-dire 26 unités 8/10 pour la charge en marchandises, plus 29 vagons à 1/2 unité, soit 14 unités 1/2 de vagons, en tout 41 unités 3/10, valant 42 unités.

Limites de charge. — Les limites de charge des trains mixtes ou de marchandises, selon la puissance des machines et les profils, sont fixées aux tableaux.

Les charges minima doivent être traînées en tout temps. — Les charges maxima ne peuvent jamais être dépassées.

La charge des trains se trouvera donc toujours comprise entre ces minima et maxima, et sera déterminée chaque jour par le service de la traction.

Dans ce but, les chefs de dépôt remettront chaque jour, à neuf heures du matin, aux gares de départ et aux gares de relais de machines, un double bulletin détaché d'un livre à trois feuillets, indiquant, pour chacun des trains, la série des machines qui le remorquera et le nombre d'unités en sus des minima que cette machine pourra traîner sur les différents profils du relai.

Le premier feuillet sera détaché par le chef de gare, et sera adressé à M. le chef du mouvement à Paris ; le deuxième feuillet, annoté au dos, s'il y a lieu, par le chef de gare et timbré, sera rendu immédiatement pour être affiché dans le dépôt, et envoyé à la fin de la journée au chef de la traction, pour être transmis à M. l'ingénieur de la traction à Paris.

Ces bulletins devront porter l'empreinte du timbre du dépôt et celle du cachet de la gare.

Au 1ᵉʳ avril, date où commence habituellement la charge d'été pour les trains, les maxima pourront être obligatoires tous les jours jusqu'au 1ᵉʳ novembre, sur la proposition de M. l'ingénieur de traction et d'après l'ordre de M. l'ingénieur en chef du matériel et de la traction.

Trains supplémentaires. — Lorsqu'il sera fait des trains supplémentaires, les chefs de dépôt auront à fournir au service de l'exploitation, dans l'heure qui suivra la demande du train supplémentaire, la série de la machine et la surcharge que cette machine pourra traîner dans son parcours.

Si, pour une cause quelconque, le chef de dépôt jugeait nécessaire de changer les surcharges indiquées sur le bulletin déjà remis à la gare, il devra envoyer un deuxième bulletin annulant le précédent.

Observations relatives aux mécaniciens. — Les mécaniciens sont tenus de satisfaire à l'enlèvement de tous les vagons tant que la surcharge indiquée par le chef de dépôt n'est pas atteinte. Toutefois, lorsque, par suite de dérangements dans la machine ou de circonstances atmosphériques imprévues ou de toute autre cause, ils croiront devoir refuser ou même faire différer des vagons, ils devront en consigner les motifs sur la feuille de route du chef de train.

Les mécaniciens peuvent accepter une surcharge plus considérable que celle indiquée par le chef de dépôt, tant que cette surcharge ne dépasse pas le maximum porté au tableau de charge.

Bulletin de mise en tête des trains. — Tout mécanicien devant prendre un service de train quelconque, mixte ou de marchandises, régulier ou supplémentaire, établira un bulletin de mise en tête du train qui portera la date et le numéro du train, les noms du mécanicien et du chauffeur, le numéro de la machine et du tender et le nombre d'unités de surcharge que peut prendre la machine dans son parcours.

Ce bulletin de mise en tête sera remis par le mécanicien à l'agent de l'exploitation chargé du service du train; il devra être conforme aux indications portées sur l'état affiché au dépôt.

Ce bulletin est joint par le chef du train à la feuille de route du train; les chefs de gare y portent la surcharge à l'arrivée et au départ du train de leur gare, comme il est indiqué par ces mots :

Surcharge réelle

De à unités.

Le mécanicien, arrivé au bout de son parcours, réclamera le présent bulletin, et le joindra à la feuille de route.

Trains partant des gares intermédiaires. — En ce qui concerne les trains réguliers et supplémentaires partant des gares intermédiaires, telles que la Ferté-sous-Jouarre, Ronchamp, Haguenau, etc., les surcharges seront fixées en temps utile par les chefs de dépôt qui fournissent les machines ou, à défaut, par les mécaniciens de ces trains.

Tous les trains pour lesquels il n'aura pas été indiqué de surcharge ne pourront être composés qu'à la charge minima du tableau ci-joint.

Trains de vagons vides. — Le nombre de vagons vides d'un train ne pourra, dans aucun cas, surpasser une fois et demie le nombre minimum d'unités indiquées pour la charge de la machine.

Doubles tractions. — Pour les trains en double traction, la charge ne devra pas excéder la somme des charges minima fixées pour chaque machine, réduite de 5 unités, quel que soit l'état du temps ; elle pourra même encore être moindre, à cause de l'état des attelages si le chef de dépôt l'exige.

Le tableau des charges présente quelques anomalies apparentes provenant de ce que pour classer le profil de certaines sections et déterminer la charge correspondante on a du tenir compte de certaines exigences du trafic et admettre que les machines peuvent donner accidentellement un *coup de collier*.

Pour compléter le système adopté par la Compagnie de l'Est, on a arrêté des allocations de combustible variables avec les charges. A cet effet, des allocations fixes furent établies pour la remorque des charges minima et des allocations supplémentaires, variables suivant les profits, pour chaque unité de charge en sus des minima.

581 CHEMINS DE L'EST. (*Nouvelles dispositions.*) — Les progrès de toute nature introduits dans le matériel roulant, les changements de régime et de lignes ont amené dans les dispositions adoptées en 1864 diverses modifications que nous reproduisons ci-dessous.

I. — *Organisation des trains. Création des trains-types.* Les trains de toute nature, appelés à circuler sur toutes les lignes du réseau de manière à satisfaire tous les besoins de l'Exploitation, ont leur marche tracée conformément à dix types désignés par des numéros qui représentent leur vitesse nominale.

Ce sont les trains dits :

1° Trains-types à 20 kil. (dont la vitesse vraie varie suivant les inclinaisons du profil de) 12k à 25k à l'heure.

2°	—	25	d°	15 à 30
3°	—	30	d°	20 à 35
4°	—	35	d°	25 à 40
5°	—	40	d°	30 à 45
6°	—	45	d°	35 à 50
7°	—	50	d°	40 à 55
8°	—	55	d°	45 à 60
9°	—	60	d°	50 à 65
10°	—	65	d°	55 à 70

Les trois premiers sont affectés aux trains de marchandises, les deux suivants aux trains mixtes, deux aux trains de voyageurs omnibus, et les trois derniers aux trains directs, express et poste, sans pourtant que cette règle soit absolue.

La variation de la vitesse réelle de marche, dans les limites assignées à chaque train-type, correspond à la variation d'inclinaisons que rencontre un train sur un même profil (défini comme actuellement par les lettres A. B. C. D. E. F. G. H. I. K.) de telle sorte que la vitesse la plus faible est employée pour franchir la rampe la plus forte de ce profil.

En conséquence, chaque ligne du réseau a été examinée au point de vue des variations d'inclinaison, et l'on a calculé pour chacune d'elles les durées de marche de chaque train-type de station à station dans les deux sens. Ces nombres sont réunis dans un Livret portant le nom de : *Livret des Horaires des trains-types*.

Chaque train porte mentionné sur le livret de marche l'indication du ou des trains-types d'après lesquels sa marche a été tracée.

II. — *Classement des profils du Réseau*. Les principes qui ont servi au classement des profils du Réseau sont ceux exposés au § 29 de l'Ordre Général 7 ; ils ne sont pas changés. Le tableau des profils du Réseau, § 30, subit seul quelques modifications qui sont la conséquence des charges imposées aux machines.

Ces modifications sont les suivantes :

Sont classés au profil A : Blainville à Lunéville, Pagny-sur-Moselle à Frouard, Charleville à Carignan.

Sont classés au profil B : Carignan à Chauvency, Troyes à Montiéramey, Jessains à Maranville.

Sont classés au profil C : Charleville à Givet, Chauvency à Pierrepont, Longuyon à Cons-la-Grandville, Givet à Charleville, Sillery à Chalons, Gretz à Mortcerf.

Sont classés au profil D : Montiéramey à Jessains, Mort-cerf à Coulommiers, Reims à Sillery, Chalindrey à Chaumont.

Est classé au profil E : Pothières à Sainte-Colombe.

Est classé au profil G : Ceintrey à Vezelise.

Un tableau complet, indiquant le classement du Réseau en profils se trouve placé en tête de chaque livret de marche du nouveau service.

III. — *Charge des machines.* Les limites de charge des trains mixtes ou de marchandises définies dans l'ordre général 7, § 35, ne pouvant plus s'appliquer à la nouvelle organisation des trains-types, ont été calculées à nouveau pour chaque série de machines, chaque train-type et chaque profil, et réunies dans un livret portant le nom de *Livret de charge des machines.* (Livret A.)

Les indications des trains-types 20, 25, 30, 35 et 40 kilom. remplacent celles portées à l'ancien tableau sous la rubrique: « Mixtes 28 à 32^k ». « Mixtes 32 à 36^k » et « Marchandises, 15 à 30^k. » de sorte que pour être fixé sur la nature des trains à remorquer, il suffit de se reporter au livret de marche en vigueur. (Voir plus loin les mesures de transition. Art. V.)

En conséquence des nouvelles charges imposées aux machines, différents paragraphes de l'ordre général 7 se trouvent modifiés et remplacés.

Le § 36 reste maintenu, sauf les exceptions indiquées pour la transition de l'ancienne organisation à la nouvelle (art. V).

Le § 37 est également maintenu et s'applique à tous les trains-types. Les tableaux de l'annexe 1 concernant les charges et nombre de véhicules à la descente des fortes pentes sont remplacés par d'autres qui se trouvent dans le livret des charges des machines.

Le § 38 est remplacé par le suivant :

Le nombre des véhicules des trains de marchandises et mixtes correspondant aux divers trains-types ne doit pas dépasser les limites suivantes :

Pour les profils A B, le nombre maximum d'unités fixé pour le train type 25 ;

Pour les profils C D, le nombre maximum d'unités fixé pour le train-type 25 augmenté de 3 unités ;

Pour le profil E, le nombre maximum d'unités fixé pour le train-type 25 augmenté de 5 unités ;

Pour le profil F, le nombre maximun d'unités fixé pour le train-type 25 augmenté de 7 unités ;

Pour les profils G H I K, le nombre maximun d'unités fixé pour le train-type 25 augmenté de 9 unités.

Dans le § 40, la liste des points du réseau où se trouvent des machines de renfort est remplacée par la suivante :

De Flamboin à Maison-Rouge, lorsque la charge dépasse celle indiquée pour la machine du train au profil D ;

De Nançois à Loxéville, de Lérouville à Loxéville, d'Épinal à Douxnoux, lorsque la charge dépasse celle indiquée pour la machine du train au profil E ;

D'Épernay à Germaine, de Reims à Germaine, d'Amagne à Lannois, de Joppécourt à Audun-le-Roman, d'Aillevillers à Bains, lorsque la charge dépasse celle indiquée pour la machine du train au profil F ;

De Blainville à Einvaux, lorsque la charge dépasse celle indiquée pour la machine au profil G ;

De Tournes à Maubert-Fontaine, de Verdun à Eix, Abancourt, lorsque la charge dépasse celle indiquée pour la machine du train au profil II.

Le § 42 est remplacé par le suivant :

La charge d'un train remorqué par deux machines dont l'une est machine de renfort peut être égale à la somme des charges autorisées pour chacune des deux machines.

Le nombre de véhicules a pour limite la somme des limites indiquées pour chacune des deux machines, sans dépasser le chiffre de 75 véhicules.

Le § 43 est remplacé par le suivant :

Les machines de renfort peuvent être attelées en queue des trains de toute nature pour franchir les rampes.

Pour tous les trains des types de 20, 25, 30, la machine de renfort doit être attelée en queue.

En aucun cas, la vitesse d'un train poussé ne doit dépasser 25^k. à l'heure.

Le § 44 est remplacé par le suivant :

Quand une deuxième machine en feu est attelée à un train, sa puissance peut être utilisée, et le train est alors considéré comme remorqué en double traction.

Lorsqu'un train en double traction s'engage sur une des sections de renfort citées au § 40, la deuxième machine devient machine de renfort.

Si la puissance des deux machines est insuffisante, la machine spéciale de rampe doit être attelée en queue, les deux machines conservant alors leur position en tête du train.

Sur les rampes d'inclinaison égale ou supérieure à 10$^{m/m}$ par mètre, la deuxième machine peut être attelée en queue. Dans ce cas, la vitesse de marche ne doit pas dépasser 25^k. à l'heure.

Le § 45 est remplacé par le suivant :

En cas de double traction, la limite de charge des trains est fixée comme suit, quel que soit l'état du temps :

Sur les profils A, B, C, D, E, F, la somme des charges minimum de chaque machine, réduite de 5 unités;

Sur les profils G, H, I, K, la somme des charges minimum de chaque machine.

Toutefois les charges des trains en double traction, quels que soient leurs types, ne doivent pas dépasser les charges maximum fixées au livret pour la série X, train-type 20, sur les divers profils. Cette charge peut même être diminuée si les chefs de dépôt craignent pour les attelages.

Le § 46 est remplacé par le suivant, qui annule également le § 3 de l'annexe 11.

Le nombre des véhicules des trains en double traction ne peut dépasser une fois et demie le nombre des véhicules afférent à la machine la plus forte comme si elle était seule à remorquer le train. Ce nombre ne peut en aucun cas dépasser 75 ; il peut même être réduit si les chefs de dépôt craignent pour les attelages.

IV. — *Allocations de combustible.* Les allocations de combustible fixées par l'ordre de service 61 s'appliquent aux nouveaux minimum indiqués sur le livret de charges des machines pour les divers types de trains, sauf les exceptions suivantes :

Pour les machines faisant partie des séries VII, VIII, IX, X et pour le train-type 25 seulement, la base des allocations reste la même que la base actuelle des trains de marchandises 15 à 30 indiquée au tableau de l'Ordre Général 7, même si les profils sur lesquels ces machines font le service sont déclassés ;

Par exemple :

Une machine série VIII faisant le service d'un train-type 25 de Paris à la Ferté (section profil B, non déclassée) aura pour base d'allocation le minimum de charge 39 unités, au lieu de 42 que porte le livret de charges (Livret A).

Une machine série VIII faisant le service d'un train-type 25 (section déclassée de B en C) conservera pour base d'allocation le minimum actuel de 39 unités.

L'allocation des machines mixtes faisant les trains de marchandises, indiquée au paragraphe B de cet ordre de service, se rapporte aux machines mixtes faisant les trains-types 25 et 30. Les autres allocations pour ces mêmes machines se rapportent aux trains-types 35 et au-dessus.

L'allocation de combustible pour double traction, indiquée au paragraphe C n'est applicable que lorsque le nombre d'unités de surcharge du train dépasse celui offert pour la machine titulaire.

Modèle du Livret des charges de machines

Correspondant aux trains-types et aux profils.

PROFILS DU RÉSEAU.

TRAINS IMPAIRS	Indice des lignes.	TRAINS PAIRS	Indice des lignes.
Profil A.			
Nancy à Champigneulle	13	Chaumont à Blesme. .	10
Flamboin à Montereau.	43	Montereau à Flamboin	43
. . . .	. .	. . . .	. .
. . . .	. .	. . . .	. .
Profil H.			
Verdun à Eix-Abeau-court.	4	Neuves-Maisons à Ludres	14
Tournes à Maubert-Fontaine. . . .	5		
Jarville à Ludres. .	14		
Profils à fortes pentes.			
Ludres à Neuves-Maisons	14	Maubert-Fontaine à Tournes. . . .	5
. . . .	. .	Ludres à Jarville. .	14
. . . .	. .	. . . .	. .

CHARGES DES MACHINES

Série 1. — *Machines 1 à 78.*

Profils	Train-type 25			Train-type 30			Train-type 35			Train-type 40		
	Charge		Nomb. max. de véhic.	Charge		Nomb. max. de véhic.	Charge		Nomb. max. de véhic.	Charge		Nomb. max de véhic.
	min.	max.		min.	max		min.	max.		min.	max.	
A. .	26	34	34	22	29	34	20	25	34	18	20	34
H. .	8	13	22	7	10	20	6	8	16	5	6	12

TABLEAU

des charges et nombre de véhicules des trains selon les séries de Machines, parcourant les sections dites à fortes pentes, c'est-à-dire classées dans le sens inverse aux profils G, H, I, K.

SÉRIES de machines	Trains-types	PROFIL G Descente		PROFIL H Descente		PROFIL I Descente		PROFIL K Descente	
		Charge maxim.	Nombre max. de véhic.	Charge maxim.	Nombre max. de véhic.	Charge maxim.	Nombre max. de véhic.	Charge maxim.	Nombre max. de véhic.
I, II, III.	25	24	48	21	42	»	»	»	»
	30	21	42	18	36	»	»	»	»
IV.	»	»	»	»	»	»	»	»	»
V.	25	28	56	25	50	»	»	»	»
	30	19	38	16	32	»	»	»	»
	35	16	32	13	26	»	»	»	»
VI.	25	34	68	27	54	»	»	»	»
	30	25	50	19	38	»	»	»	»
	35	19	38	16	32	»	»	»	»
VII.	20	37	74	31	62	»	»	»	»
	25	33	72	30	60	»	»	»	»
	30	27	54	22	44	»	»	»	»
VIII.	25	39	75	33	66	28	56	24	48
	30	31	62	27	54	22	44	16	32
IX.	20	57	75	51	75	39	75	34	66
	25	55	75	49	75	37	75	31	62
	30	42	75	34	68	27	54	24	48
X.	20	60	75	54	75	42	75	34	68
	25	58	75	52	75	39	75	33	66
	30	43	75	34	68	28	56	25	50

582. CHEMINS DE PARIS A LYON ET A LA MÉDITERRANÉE. — *Instruction sur l'établissement et l'usage des livrets fixant les charges des machines.*

Art. 1. La charge que peut traîner une machine varie : avec le type de la machine, suivant son adhérence et sa puissance de vaporisation; avec la section de la ligne, suivant ses rampes et ses courbes; la vitesse du train, et enfin avec l'état atmosphérique suivant l'état du rail, le vent, etc.

Nous allons examiner successivement ces diverses causes de variations de charge.

Art. 2. L'effort d'une machine c'est la tension qu'elle peut imprimer à la barre d'attelage d'un train remorqué à niveau. L'effort maximum possible dépend de l'adhérence et de la puissance des cylindres ; mais cette dernière, pour une admission suffisante de vapeur, étant toujours supérieure à l'adhérence, l'adhérence représente seule la limite de l'effort que la machine peut imprimer au train.

Nous avons admis 0,14 pour le coefficient d'adhérence, en bon rail, ce coefficient est souvent en réalité supérieur ; mais il convient, pour la sécurité du service, de ne pas se baser sur l'effort limite extrême.

Le travail de la machine c'est le produit de l'effort par la vitesse.

Le travail possible de la machine dépend de la puissance de production de la chaudière [1].

Nous avons, dans le travail de la fixation des charges, déterminé d'abord par l'adhérence, pour chaque type et chaque cas, la tension maxima qui correspond à la puissance de démarrage ; puis nous avons fixé, par la production de vapeur le travail limite, eu égard à la vitesse, et nous en avons conclu une dernière limite de charge, pour chaque vitesse, inférieure toujours à la limite trouvée par l'adhérence. C'est cette dernière charge limite que nous avons inscrite sur les livrets.

Lorsque deux ou plusieurs machines sont attelées à un train, la charge du train est à peu près égale à la somme des charges des machines, et nous avons admis cette égalité en général.

Art. 3. *Influence de la section. — Des rampes.* — Dans une même section, la rampe est invariable. Pour conserver à peu près aux machines un travail constant, nous avons admis que la vitesse des trains doit varier avec la rampe : elle doit être, dans les petites rampes, supérieure à la vitesse

---

1. Les machines Crampton qui traînent une faible charge, mais à grande vitesse, produisent dans l'unité de temps un travail à peu près équivalent à celui de nos grosses machines à marchandises, qui traînent des charges très fortes, mais à petite vitesse.

moyenne du train, inférieure au contraire dans les rampes fortes. On peut encore augmenter la vitesse du train avant d'attaquer la rampe forte et la diminuer graduellement sur la rampe, de manière à profiter de l'inertie pour aider à la remonte.

Nous avons pu, en supposant l'emploi de ces deux moyens, diminuer sensiblement l'influence des rampes fortes sur les limites de charge.

D'un autre côté, nous avons dû tenir compte des courbes et des autres circonstances défavorables de la section.

Nous avons, en définitive, tenant compte de ces divers éléments, assimilé chaque section à une section fictive de rampe uniforme; l'influence des rampes sur les charges variant avec la vitesse, nous avons fixé, pour chaque section, des rampes fictives différentes pour les trains de différentes vitesses; ces rampes fictives sont inscrites au livret des charges dont il est parlé plus loin, en tête de chaque tableau spécial à chaque section.

Quelquefois, dans l'intervalle d'une section de relai ordinaire de machines, les différences de rampes sont trop condérables pour permettre une charge constante et complète des machines sans exagérer les vitesses; dans ce cas nous avons partagé la section de relai en plusieurs sections de charge. Il en résulte sans doute de nombreuses coupures; mais on peut toujours, si le besoin l'exige, se dispenser de tenir compte de ces coupures, et composer un train à tonnage constant pour un parcours de relai, comprenant plusieurs sections de charge; il faut alors lui donner la charge correspondant à la section la plus difficile. L'on peut encore donner au train, dans chaque section de charge, des vitesses moyennes différentes, ce qui permet, en diminuant la vitesse sur les sections les plus difficiles, d'augmenter la charge constante du train.

Art. 4. *Influence de la vitesse.* — Nous avons dit que la vitesse d'un train, dans une section de marche, doit être variable avec la difficulté de la ligne.

La vitesse moyenne d'un train s'obtient en divisant la distance parcourue (en kilomètres) par le temps (en heures) du trajet, dont on a déduit préalablement :

1° Une minute à chaque départ pour prendre la vitesse ;

2° Une minute à chaque arrêt pour ralentissement ;

3° Le temps fixé pour l'arrêt à chacune des stations que le train doit desservir ;

Et 4° une minute pour chaque ralentissement sans arrêt.

Indication des vitesses moyennes sur les tableaux de marche des trains. — Vitesses variables avec les variations du profil. — Les marches typographiques des trains indiqueront à l'avenir, par section de relai ou de charge, la vitesse moyenne du train calculé comme il vient d'être dit.

Vitesses variables avec les variations du profil. — Sur les sections à profil variable, les heures de passage des trains dans les gares seront fixées de manière à tenir compte des variations de vitesse moyenne choisie.

Art. 5. *Influence atmosphérique.* — Les conditions atmosphériques peuvent modifier sensiblement la puissance des machines : l'état du rail modifie l'adhérence : le froid, le vent augmentent la résistance et peuvent diminuer la puissance de production de vapeur en augmentant les pertes. Les charges indiquées dans le livret se rapportent toutes à un bon rail, dans une bonne saison ; nous verrons plus loin (art. 8) comment il sera tenu compte des circonstances atmosphériques défavorables.

Art. 6. *Définition de la charge d'un train.* — La charge d'un train s'exprime en tonnes et représente le poids approximatif des véhicules et de la charge utile. L'ordre de service n° 10 du matériel et de la traction, dont un extrait est rapporté ci-après, fixe les règles à suivre pour l'établissement de la charge, (ou poids brut) de chaque train.

Art. 7. *Du livret.* — Le livret suivant indique la charge qu'on peut remorquer sur chaque section de charge. pour chaque type de machines et pour toutes les vitesses croissant de 5 en 5 kilomètres de 15 à 80 kilomètres (ex. : pages 332 à 334).

Sections de charge. — Une page double du livret est consacrée à chaque section de charge ; cette page est divisée en deux tableaux, un pour la charge des trains pairs, l'autre pour la charge des trains impairs de la même section.

Types des machines. Vitesse des trains. Charges correspondantes. — Les types des machines sont inscrits dans la première colonne verticale ; les vitesses des trains dans la première ligne horizontale, et les charges, correspondant aux types des machines et aux vitesses sur la section considérée, sont inscrites à la rencontre de la ligne où se trouve le type de la machine et de la colonne qui porte en tête la vitesse choisie.

Rampes fictives. — Les rampes fictives déterminées pour les divers trains de la section sont inscrites en tête de chaque tableau.

Sections sans indication de charge. — Nous n'avons pas indiqué de charges pour les sections où la déclivité est assez grande pour que les trains descendent par la seule action de la gravité ; les charges, dans ce cas, illimitées en ce qui concerne la traction, seront soumises seulement aux restrictions suivantes :

1° Le nombre des vagons pleins ou vides des trains de voyageurs ne peut dépasser vingt-quatre ;

2° Le nombre des vagons pleins ou vides des trains de marchandises, quel que soit le nombre de machines, sera au plus, dans les cas ordinaires, de soixante et dix vagons ; ce nombre pourra cependant être porté à quatre-vingts vagons, lorsque les besoins exceptionnels du trafic l'exigeront.

Avis à donner aux gares concernant les types des machines. — Les chefs de gare de formation de trains doivent être avisés en temps utile, par le service de la traction, du type des machines qui doivent remorquer les trains.

D'après la répartition des machines groupées par type dans les dépôts, et le roulement adopté pour les machines qui remorquent les trains réguliers, l'avis donné au chef de gare peut être donné en général au commencement de chaque service pour les trains réguliers.

Les chefs de dépôt devront aviser spécialement les chefs de gare où se forment les trains :

1° Des modifications apportées en cours de chaque service au roulement de machines communiqué au commencement de ce service;

2° Des retours de machines (avec indication de leur type) qui permettront de renforcer la charge des trains réguliers;

3° Du type des machines chargées de remorquer les trains facultatifs ou spéciaux qui seront demandés.

Les avis spéciaux du chef de dépôt, pour les trois cas qui précèdent, devront parvenir au chef de gare trois heures au moins avant l'heure fixée pour le départ du train.

Art. 8. Nous avons dit que les charges portées aux livrets correspondent à la bonne saison et au bon rail.

Réductions apportées aux charges. — Il peut être apporté à ces charges :

1° Des réductions permanentes pour une saison, par l'ingénieur en chef, sur la proposition de l'ingénieur chef de traction.

2° Des réductions temporaires et exceptionnelles par les chefs de dépôt.

Les réductions permanentes ne doivent être appliquées que dans les cas extrêmes, lorsqu'il est bien établi que les circonstances atmosphériques ne peuvent permettre de remorquer les charges normales.

Ces réductions s'opèrent en même temps sur toutes les charges de la section et par fractions de 0,05, 0,10, 0,15 ou 0,20 de ces charges; elles ne dépassent jamais 0,20

L'Ingénieur de traction propose ces réductions à l'ingénieur en chef, qui les approuve s'il y a lieu, et en donne avis aux services de l'exploitation et du trafic. L'avis indique :

1° L'époque à laquelle la réduction devra commencer;

2° Les sections auxquelles elle s'applique;

3° Le chiffre de la réduction adoptée.

Lorsque les circonstances motivent la suppression ou la modification de la réduction, avis nouveau est donné par l'ingénieur en chef du matériel et de la traction aux services intéressés.

Réductions exceptionnelles. — Lorsque, pour une cause quelconque, exceptionnelle, imprévue, telle que neige, verglas, tempête, etc., le chef de dépôt juge, pour un train à faire dans une section voisine, que la charge normale ou frappée déjà de réduction permanente doit subir une réduction exceptionnelle, il en avise immédiatement le chef de la gare de formation. Cet avis doit indiquer :

1° La date normale et le numéro du train à réduire ;

2° Le coefficient de réduction exceptionnelle ;

3° Le motif de cette réduction.

Les coefficients de réduction exceptionnelle croissent par cinq centièmes (0,05, 0,10, 0,15, 0,20...) sans autre limite que celle de l'appréciation du chef de dépôt.

La réduction exceptionnelle annule et remplace la réduction permanente. — La réduction exceptionnelle comprend, pour le train en question, la réduction permanente qu'elle annule et remplace.

Un double de l'avis de réduction exceptionnelle est transmis par voie hiérarchique du chef de dépôt au sous-chef de traction, et à l'Ingénieur de traction.

Les réductions permanentes ou exceptionnelles ne doivent être demandées qu'en cas de réelle nécessité.

Les agents de la traction doivent s'efforcer constamment d'obtenir, en même temps que la régularité dans la marche, l'emploi aussi complet que possible de la puissance des machines.

Nécessité d'une surcharge pendant le trajet. — Lorsque la nécessité d'une surcharge se présente à une station intermédiaire où il n'existe pas de dépôt, le chef de gare peut requérir du mécanicien l'acceptation de cette surcharge ; celui-ci, toutefois, peut la refuser si les circonstances provenant de l'état du temps, de la composition du train ou de l'état de la machine sont de nature à justifier ce refus. La réquisition du chef de gare est consignée sur le bulletin de traction, annotée par le chef de dépôt et le sous-chef de traction, et appréciée par l'ingénieur de traction.

Nécessité d'une réduction de charge pendant le trajet. — Réciproquement, lorsque, pour une cause imprévue, la nécessité d'une réduction de charge se présente en un point de la section où il n'y a pas de dépôt, le mécanicien peut requérir du chef de gare ou du chef de train la réduction de la charge qu'il remorque. Comme dans le cas précédent, la réquisition du mécanicien est consignée sur le bulletin de traction et transmise par voie hiérarchique à l'ingénieur chef de traction, qui apprécie.

EXTRAIT DE L'ORDRE DE SERVICE DU 14 MARS 1863.

Poids à compter pour les véhicules vides et les machines froides. — Les poids à compter dans le tonnage des trains pour les véhicules vides et les machines froides de différents types, sont les suivants :

VÉHICULES A GRANDE VITESSE, VIDES.

Voitures à trois essieux. — Voitures à voyageurs de toutes classes et fourgons à bagages. . . . . 8 tonnes.
Voitures du Bourbonnais à deux essieux. — Voitures à voyageurs de toutes classes, fourgons à bagages. . . 7 —
Voitures du Grand-Central et de Besançon, à deux essieux. — Voitures à voyageurs et fourgons à bagages. 6 —
Breacks.— Écuries.— Trucks. . . . . 5 —

Les bureaux ambulants, vides, à six roues, sont assimilés pour le poids aux voitures à six roues, et les bureaux ambulants à quatre roues, aux voitures du Bourbonnais.

VÉHICULES A PETITE VITESSE, VIDES.

Vagons plats et plates-formes, vagons-tombereaux, vagons fermés, vagons à bestiaux, etc. . . . . 5 tonnes.

MACHINES FROIDES ET TENDERS.

Une machine froide et son tender, quel qu'en soit le type :

Vide d'eau et de combustible. . . . . 50 tonnes.
Chargée d'eau et de combustible. . . . . 60 —
Machine seule, vide. . . . . 35 —
Tender seul, vide. . . . . 15 —

Nous reproduisons, à titre d'exemple du livret, un extrait des tableaux donnant pour chaque section de rampes fictives les charges correspondant aux divers types de machines et aux différentes vitesses imposées aux trains.

VÉHICULES A GRANDE VITESSE.

Tonnage utile. — Le tonnage utile des véhicules de grande vitesse, lorsqu'ils ne circulent pas à vide, est compté, suivant leur nature, pour les poids moyens suivants :

Voitures à voyageurs. . . . . 2 tonnes.
Fourgons à bagages. . . . . 4 —
Breacks, écuries et trucks à équipages. . . . . . 5 —

VÉHICULES A PETITE VITESSE.

Le tonnage utile des véhicules de petite vitesse, c'est-à-dire le poids des marchandises transportées, est extrait des feuilles de chargement; il est compté en tonnes, en négligeant pour chaque véhicule les fractions de tonnes.

Il résulte en général de la supression des fractions une perte moyenne de 500 kilogrammes par vagon; cette perte est compensée par une augmentation de 500 kilogrammes sur le poids des vagons vides.

Tonnage brut. — Le tonnage brut s'obtient en additionnant le poids des véhicules au tonnage utile.

DE LYON A ARLES RAMPES FICTIVES EN MILLIMÈTRES

- $1^m,00$ pour les express et postes.
- $1^m,25$ pour les voyageurs ord.
- $1^m,50$ pour les marchandises.

Charges en tonnes, que les machines des divers types peuvent remorquer à différentes vitesses.

Vitesses en Kilomètres	15	20	25	30	35	40	45	50	55	60	65	70	75	80
Machines à roues libres.														
Séries :														
1 à 40 51 à 76 101 à 170 219 à 223	314	285	258	237	225	215	194	178	160	145	125	110	90	80
201 à 218	262	243	208	175	144	117	97	75						
Machines à 4 roues couplées														
Séries :														
286 à 337 351 à 383 522 à 563 586 à 618 811 à 850	452	424	370	340	300	258	228	192	175	155	135	110		
451 à 468	558	500	440	380	330	280	240	200	180	155				
501 à 521	430	390	340	297	250	210	180	150	120	110				
564 à 585 631 à 645 619 à 630	425	390	355	341	301	272	240	208	182	160				
701 à 800 951 à 982	555	510	465	425	365	324	280	245	215	185				
Machines à 6 roues couplées.														
Séries :														
1001 à 1051 1244 à 1267 1309 à 1326	635	579	504	410	366	304	264	222						
1101 à 1150 1224 à 1243 1268 à 1308 1327 à 1364 1397 à 1400	680	630	580	510	430	380	330	280						
1201 à 1223	385	351	317	276	244	198	175							
1401 à 1777 2000 à 2006	875	770	690	615	510									
1901 à 1920	575	480	390	315										
1998 à 1999	1200	1110	1030											

D'ARLES A LYON. RAMPES FICTIVES EN MILLIMÈTRES

$1^m,25$ pour les express et postes.
$1^m,50$ pour les voyageurs ordin.
$2^m,00$ pour les marchandises.

Charges en tonnes, que les machines des divers types peuvent remorquer à différentes vitesses.

Vitesses en kilomètres :	15	20	25	30	35	40	45	50	55	60	65	70	75	80
Machines à roues libres.														
Séries : 1 à 40 / 51 à 76 / 101 à 170 / 219 à 223	275	250	230	218	205	187	175	155	150	140	125	105	85	70
201 à 218	230	212	187	155	129	106	87	70	57	47				
Machines à 4 roues couplées.														
Séries : 286 à 337 / 351 à 383 / 522 à 563 / 586 à 618 / 841 à 850	400	370	335	315	285	240	220	185	160	145	125	100		
451 à 468	495	450	405	349	305	270	230	190	170	144				
501 à 521	380	340	300	265	235	195	160	140	120	100				
564 à 585 / 631 à 645	375	340	320	312	288	258	230	200	176	155				
619 à 630 / 701 à 800 / 951 à 982	490	450	420	384	338	298	260	229	200	175				
Machines à 6 roues couplées :														
Séries. 1001 à 1054 / 1244 à 1267 / 1309 à 1326	550	518	448	387	329	267	238	203						
1101 à 1150 / 1224 à 1243 / 1268 à 1308 / 1327 à 1364 / 1397 à 1400	615	570	520	460	400	340	300	255						
1201 à 1223	339	312	283	248	213	180	156							
1401 à 1777 / 2000 à 2006	775	715	619	535	465									
1901 à 1980	515	435	360	290										
1998 à 1999	1095	1030	945											

DE MARSEILLE A LA JOLIETTE.

Les charges ne sont pas limitées en ce qui concerne le service de la traction.

DE LA JOLIETTE A MARSEILLE.   RAMPES FICTIVES EN MILLIMÈTRES $22^{m},00$ { pr les express et postes. / pr les voyageurs ordin. / pour les marchandises.

Charges en tonnes, que les machines des divers types peuvent remorquer à différentes vitesses.

Vitesses en kilomètres :	15	20	25	30	35	40	45	50	55	60	65	70	75	80
Machines à roues libres. Séries :														
1 à 40														
51 à 76														
101 à 170	32	31	29	28										
219 à 223														
201 à 218	15	15	12	8										
Machines à 4 roues couplées. Séries :														
286 à 333														
351 à 383														
522 à 563	47	45	43	40										
586 à 618														
841 à 850														
451 à 468	65	63	59	48										
501 à 521	40	36	30	26										
564 à 585														
631 à 645	37	36	35	33										
619 à 630														
701 à 800	62	61	60	55										
951 à 982														
Machines à 6 roues couplées. Séries :														
1001 à 1054														
1244 à 1267	76	74	65	56										
1309 à 1326														
1101 à 1150														
1224 à 1243														
1268 à 1308	82	8	76	69										
1327 à 1364														
1397 à 1400														
1201 à 1223	34	33	31	26										
1401 à 1777	122	112	100	89										
2000 à 2006														
1901 à 1980	85	74	63	50										
1908 à 1999	195	170	185											

583. CHEMINS DE FER DE L'OUEST. — M. l'ingénieur en chef E. Mayer a bien voulu nous communiquer les instructions qui suivent touchant le règlement des charges des machines. — *Ordre de service général n° 253, du 20 mai 1878.*

La composition et la charge des trains sont réglées conformément aux tableaux n°s 1 et 3 ci-annexés, d'après leurs vitesses et d'après les catégories des lignes sur lesquelles ils doivent circuler.

A cet effet, les lignes du réseau sont divisées en huit catégories indiquées au Tableau n° 2 ci-annexé.

Les catégories sont établies non seulement eu égard aux rampes, mais aussi d'après la nature du trafic qui se produit dans un sens plutôt que dans l'autre, et en tenant compte des saisons pendant lesquelles les trains sont les plus chargés.

Les poids indiqués au tableau n° 1 comprennent le poids du matériel et le poids du chargement.

Les vagons à réparer, ceux qui sont affectés au service de la traction et les machines froides doivent compter en poids et en nombre dans la composition des trains.

Le poids des véhicules de toute nature doit être calculé suivant la tare inscrite sur ces véhicules.

Les vitesses dont il s'agit au présent ordre de service sont obtenues en divisant l'espace à parcourir exprimé en kilomètres par la durée du parcours exprimée en heures, cette durée étant préalablement diminuée des arrêts, du temps perdu à chaque station pour ralentissement et reprise de vitesse et pour les ralentissements au passage des aiguilles abordées en pointe et des embranchements.

Lorsqu'un train sera remorqué par deux machines, la charge de ce train pourra exceptionnellement atteindre la somme des deux poids maximum fixés pour chacune des machines, sans que, toutefois, le poids total du train soit supérieur à la plus forte des charges inscrites dans les tableaux ci-annexés, pour les machines de la plus forte série et pour chacun des profils que le train doit rencontrer sur son parcours.

Tout vagon de marchandises, entrant dans la composition des trains qui marchent dans une partie quelconque de leur parcours à trente-neuf kilomètres et au-dessus, sera compté de la manière suivante :

Comme une voiture, lorsqu'il sera vide ou chargé de moins de 2 T. ;

Comme une voiture et demie, lorsqu'il sera chargé de 2 à 4 T. ;

Comme deux voitures, lorsqu'il sera chargé de plus de 4 T.

En outre, dans les mêmes trains, les nombres indiqués au tableau n° 1 ne s'appliquent pas aux bureaux ambulants, aux voitures-coupés et aux autres véhicules exceptionnels qui feront l'objet d'instructions spéciales.

S'il s'agit d'un train de voyageurs, la composition maximum est, en outre, fixée par les ordonnances et arrêtés ministériels spéciaux [1].

Dans les trains marchant à trente-huit kilomètres et au-dessous, le poids des voitures à voyageurs, des trucks et des écuries devra être calculé de la manière suivante lorsque ces véhicules sont chargés :

Voitures à Voyageurs.   Poids indiqué par la tare augmenté de. . . .   3 ^{T}

Trucks   d°   2 ^{T}

Écuries   d°   500 ^{k} par tête de cheval.

Le poids des chargements de marchandises et de bestiaux sera relevé sur les feuilles de chargement qui devront, à cet effet, toujours être additionnées.

Le poids des animaux sera compté de la manière suivante, sur les feuilles de chargement :

Un Cheval. . . . .   500 kilog.

Un Ane ou Mulet. . . . .   300 —

1. Les dispositions particulières à la composition des trains de voyageurs, mixtes, troupes, etc., devront, en conséquence, toujours être observées.

Un Bœuf ou une vache. . . . . 600 kilog.
Un Veau. . . . . 70 —
Un Porc. . . . . 100 —
Un Mouton ou une Chèvre. . . . . 35 —

Les tableaux n°ˢ 1 et 3 indiquent la charge normale des trains ; néanmoins, le service de la traction aura toujours la faculté de diminuer cette charge, lorsque le mauvais temps rendra cette mesure indispensable. Il pourra de même augmenter le chargement des trains, toutes les fois que cela sera possible, sans nuire à la régularité du service.

Le Chef de dépôt devra, dans ces deux cas, remettre au Chef de gare de départ une note écrite fixant le poids maximum que les trains pourront atteindre jusqu'au prochain dépôt.

Les Chefs de dépôt sont seuls juges de l'adjonction du pilote.

A chaque changement de service, les chefs de dépôt devront faire connaître par écrit au Chef de gare où ils résident, les séries de machines qui seront fournies à chaque train partant et à chaque train de passage qui change de machine.

Les Chefs de dépôt devront également, à moins d'empêchement résultant de cas fortuits, aviser les Chefs de gare deux heures avant le départ du train :

1° Lorsque la série de machines précédemment annoncée comme devant faire un train se trouvera changée ;

2° Lorsqu'une machine devra partir pour un train en double attelage.

En cas de service extraordinaire, les Chefs de gare et les Chefs de dépôt se mettront d'accord sur la nature des machines qui pourront être employées.

Modèle de l'Annexe à l'ordre de service général n° 253.

(Exemples du mode de réglementation des charges des trains sur les différentes lignes du réseau, pour des trains marchant à différentes vitesses).

TABLEAU N° 1.

NATURE DES TRAINS ET DES MACHINES	CATÉGORIES DES LIGNES															
	N° 1		N° 2		N° 3		N° 4		N° 5		N° 6		N° 7		N° 8	
	du 1er avril au 31 oct.	du 1er nov. au 31 mars	du 1er avril au 31 oct.	du 1er nov. au 31 mars	du 1er avril au 31 oct.	du 1er nov. au 31 mars	du 1er avril au 31 oct.	du 1er nov. au 31 mars	du 1er avril au 31 oct.	du 1er nov. au 31 mars	du 1er avril au 31 oct.	du 1er nov. au 31 mars	du 1er avril au 31 oct.	du 1er nov. au 31 mars	du 1er avril au 31 oct.	du 1er nov. au 31 mars
1° Trains marchant de 76 à 80 k. à l'heure. (Vitesse calculée, ralentissements non compris.)																
161 à 168	7	6	6	5	5	4	4	3	»	»	»	»				
169 à 176	8	7	7	6	6	5	5	4	4	3	»	»				
369 à 490	10	9	9	8	8	7	7	6	6	5	5	5				
694 à 897	11	10	10	9	9	8	8	7	7	6	6	6				

TABLEAU N° 1.

NATURE DES TRAINS ET DES MACHINES	CATÉGORIES DES LIGNES														
	N° 1		N° 2		N° 3		N° 4		N° 5		N° 6		N° 7		N° 8	
	Nombre de véhicules	Poids	Nombre de véhicules	Poids	Nombre de véhicules	Poids	Nombre de véhicules	Poids	Nombre de véhicules	Poids	Nombre de véhicules	Poids	Nombre de véhicules	Poids	Nombre de véhicules	Poids
2° Trains marchant de 20 à 24 k. à l'heure. (Vitesse calculée, ralentissements non compris)																
101 à 176.	»	110	»	100	»	90	»	80	»	80	»	70	»			
281 à 311 (anciennes).	32	200	30	185	26	170	24	155	24	150	24	145	15	85		
262 à 264 (anc.), 266 à 273 (anc.), 321 à 328 (anc.), 491 à 418, 422, 423, 429 (anc.), 1421 à 1428 (anc.), 281 à 311 (transf.).	35	220	35	205	30	190	30	175	25	165	24	150	15	90		
1 à 98, 337 à 348 (anc.), 369 à 400.	40	260	40	245	35	225	32	210	30	190	26	175	16	105		
201 à 250, 262 à 264 (transf.), 266 à 273 (transf.), 321 à 328 (transf.), 337 à 348 (transf.), (401, 418, 422, 423, 429) (transf.), 1424 à 1428 (transf.), 691 à 897.	45	300	42	280	40	255	35	235	32	210	30	190	18	115		
1001 à 1010 (anciennes), 1571 à 1512 (anciennes).	50	360	50	320	45	280	40	250	35	225	30	200	20	130		
1431 à 1446, 1471 à 1512 (transformées), 1513 à 1522.	50	400	50	370	50	335	45	305	40	270	35	240	24	160		
1001 à 1010 (transf.) 1011 à 1083, 1541 à 1575, 1601 à 1652 (anc.).	50	450	50	410	50	370	50	330	45	295	40	260	25	175	»	100
1601 à 1652 (transformées). 1653 à 1701.	50	475	50	430	50	390	50	350	46	310	42	270	28	185		
1904 à 2126.	50	500	50	435	50	410	50	375	50	325	45	285	30	200		

TABLEAU N° 2.

LIGNES de Paris à Dieppe (par Pontoise) Paris au Havre	N° des Catégories	LIGNE de Paris à Brest	N° des Catégories
TRAINS DESCENDANTS			
Asnières à Pontoise	2	Asnières à Viroflay	3
Pontoise à Chars	3	Paris (Montparn.) à Viroflay	2
Chars à Liancourt	6	Viroflay à Saint-Cyr	4
Liancourt à Gisors	3	Saint-Cyr à Épernon	1
Gisors à Gournay	4	Épernon à Chartres	2
Gournay à Serqueux	6	Chartres à la Loupe	3
Serqueux à Bures	3	La Loupe au Mans	1
Bures à Dieppe	1	Le Mans à Sillé	3
Achères à Pontoise	4	Sillé à Rouessé	1
Paris à Rouen	1	Rouessé à Voutré	3
Rouen à Motteville	2	Voutré à Montsurs	1
Motteville au Havre	1	Montsurs à la Chapelle-Anth^so	3
Raccordement d'Eauplet	2	La Chapelle-Anthe^so à Laval	1
Raccordement de Darnetal	7	Laval à Saint-Pierre-la-Cour	4
		St-Pierre-la-Cour à Rennes	1
		Rennes à Montauban	3
		Montauban à Hiniac	4
		Hiniac à Pleyber-Christ	6
		Pleyber-Christ à Brest	3
TRAINS MONTANTS			
Dieppe à Bures	4	Brest à Landivisiau	3
Bures à Serqueux	6	Landivisiau à Saint-Brieuc	6
Serqueux à Gournay	4	Saint-Brieuc à Rennes	3
Gournay à Gisors	3	Rennes à St-Pierre-la-Cour	3
Gisors à Liancourt	6	St-Pierre-Lacour à Laval	1
Liancourt à Boissy	2	Laval à Sillé	3
Boissy à Pontoise	3	Sillé au Mans	1
Pontoise à Asnières	2	Le Mans à Nogent	1
Pontoise à Achères	4	Nogent à la Loupe	4
Havre à Harfleur	1	La Loupe à Maintenon	1
Harfleur à Saint-Romain	5	Maintenon au Perray	3
Saint-Romain à Rouen	1	Le Perray à Paris	1
Rouen à Paris	1		
Raccordement d'Eauplet	2		
Raccordement de Darnetal	7		

Circulaire N° 102 du 21 mai 1878 réglant l'application de l'ordre de service du 20 mai 1878.

Afin de faciliter au personnel l'application des dispositions de l'ordre de Service général, n° 253, relatif à la composition et à la charge des trains, des tableaux (mod. A), spéciaux à chaque ligne, sont publiés en même temps que cet Ordre de Service.

Ces tableaux indiquent, d'après les bases établies par l'Ordre de Service général n° 253 :

1° La classification des machines par série, en chiffres romains.

2° La catégorie de profil à laquelle appartient chaque portion de ligne.

3° La charge possible sur chacune de ces portions de ligne, selon le type des trains et les machines qui peuvent les remorquer.

4° Les différentes vitesses, en pleine marche, qui correspondent aux types de trains.

5° La charge que les trains de tous les types peuvent conserver de bout en bout.

Les types sont désignés, sur chaque section de ligne, par une lettre de l'alphabet et le livret de la marche des trains (mod. 259) reproduit, pour chaque train, la lettre correspondant au type d'après lequel sa marche est réglée ; on se renseigne sur la charge que les trains peuvent atteindre suivant la machine qui les remorque, en se reportant au tableau (mod. A) et en opérant comme il est indiqué à l'exemple suivant :

Exemple : Rechercher la charge à donner au train 23 de Paris au Mans, type L, remorqué par la machine 870.

La première page du tableau (mod. A) (section de Paris au Mans) indique que la machine 870 appartient à la série VII. — La composition résultant de l'emploi de ces machines étant déterminée pages 23 à 26, on se reporte à ces pages et on trouve, à la page 25, le type L avec l'indication des charges possibles et des vitesses sur chaque profil.

On est donc, en même temps, renseigné sur la charge et sur le nombre de freins à introduire dans le train.

Si le train 23 était remorqué par la machine n° 262 *(ancienne)*, on constaterait d'abord, sur la première page, que cette machine appartient à la série V, et on se reporterait ensuite à la page 17, où on trouverait la charge qui peut être donnée à un train du type L, remorqué par une machine de la série V.

Des tableaux spéciaux, établis par le Service du Matériel et de la Traction, déterminent les pertes de temps dont il doit être tenu compte à chaque arrêt, pour ralentissement et reprise de vitesse et pour les ralentissements aux passages des aiguilles abordées en pointe et des embranchements. Il a été tenu compte de ces pertes de temps dans le tracé de la marche des trains.

L'Ordre de Service général n° 253 prévoit que des instructions spéciales détermineront les conditions dans lesquelles doivent être comptés les véhicules exceptionnels dans les trains dont la vitesse, sur une partie quelconque de leur parcours, excède 38 kilomètres à l'heure.

Jusqu'à nouvel avis ces véhicules seront comptés comme suit :

Les bureaux ambulants, les salons de luxe et les voitures cellulaires : *pour une voiture*.

Les voitures coupés, les voitures de première classe à quatre compartiments et les voitures mixtes n°° 11 001 à 11 006 : *pour une voiture 1/3*.

Cette nomenclature sera complétée chaque fois qu'il sera mis en service d'autres véhicules ne devant pas être comptés comme voitures ordinaires.

CHEMINS DE FER DE L'OUEST

EXPLOITATION

Tableau Mod. **A.**

MOUVEMENT GÉNÉRAL

Vitesse, Composition et Charge des Trains

Sur la Section

DE PARIS AU MANS

I MACHINES Nᵒˢ **101** à **138.**

II	—	**161** à **168.**
III	—	**169** à **176.**
IV	—	**281** à **311** (anciennes).
V	—	**262** à **264** (anciennes) — **266** à **273** (anciennes) — **422, 423, 429** (anciennes) — **1424** à **1428.**
VI	—	**1** à **98** — **337** à **348** (anciennes) — **369** à **400.**
VII	—	**201** à **250** — **262** à **264** (transformées) **337** à **348** (transformées) — **1424** à **1428** (transformées) — **707** à **897.**
VIII	—	**1001** à **1010** (anciennes) — **1471** à **1512** (anciennes).
IX	—	**1431** à **1446** — **1471** à **1512** (transformées).
X	—	**1001** à **1010** (transformées) — **1011** à **1058.**
XI	—	**1601** à **1652** (transformées) — **1653** à **1701.**
XII	—	**1904** à **2066.**

Ligne de **Paris au Mans**

VII *(a)*. **Machines** N°ˢ 201 à 250. — 262 à 264 transf. transf. — 401 à 418, 422, 423, 429 transf.

SECTIONS	Numéro du Profil	TYPE G Charge possible sur chaque profil	
		du 1ᵉʳ avril au 31 octob.	du 1ᵉʳ nov. au 31 mars
		Nombre de véhicules	Nombre de véhicules

TRAINS

SECTIONS	Numéro du Profil	du 1ᵉʳ avril au 31 octob. Nombre de véhicules	du 1ᵉʳ nov. au 31 mars Nombre de véhicules
Paris (St-Lazare) à Viroflay Embr. (R. G.).	3	(¹) 15	13
Paris (Montparnasse) à Viroflay (R. G.)	2	(²) 14	13
Viroflay (R. G.) à Saint-Cyr. . . .	4	(⁴) 14	13
Saint-Cyr à Epernon.	1	(¹) 15	14
Épernon à Chartres.	2	(²) 14	13
Chartres à La Loupe.	3	(³) 15	13
La Loupe au Mans.	1	(¹) 15	14

Vitesses correspondantes sur chaque section.

(¹) 61 à 68 k. à l'hʳᵉ.
(²) 61 à 68 k.   id.
(³) 53 à 59 k.   id.
(⁴) 53 à 59 k.   id.

Charge possible de bout en bout.

14 v. | 13 v.

TRAINS

SECTIONS	Numéro du Profil	du 1ᵉʳ avril au 31 octob. Nombre de véhicules	du 1ᵉʳ nov. au 31 mars Nombre de véhicules
Le Mans à Nogent-le-Rotrou. . .	1	(¹) 15	14
Nogent-le-Rotrou à La Loupe. . .	4	(⁴) 14	13
La Loupe à Maintenon. . . .	1	(¹) 15	14
Maintenon au Perray.	3	(³) 15	13
Le Perray à Paris (Montp. et St-Lazare)	1	(¹) 15	14

Vitesses correspondantes sur chaque section.

(¹) 61 à 68 k. à l'hʳᵉ.
(³) 53 à 59 k.   id.
(⁴) 53 à 59 k.   id.

Charge possible de bout en bout.

14 v. | 13 v.

— **266 à 273** transf. — **321 à 3 28** transf. — **337 à 348**

— **1424 à 1428** transf. — **707 à 897.**

CHARGE

des Trains

TYPE L Charge possible sur chaque profil				TYPE R Charge possible sur chaque profil	
du 1er avril au 31 octobre		du 1er novembre au 31 mars		En toutes saisons	
Nombre de véhicules	Tonnage	Nombre de véhicules	Tonnage	Nombre de véhicules	Tonnage

DESCENDANTS

Nombre de véhicules	Tonnage	Nombre de véhicules	Tonnage	Nombre de véhicules	Tonnage
(3) 30	»	30	»	(3) 40	235
(2) 30	»	30	»	(2) 30	210
(4) 28	»	28	»	(4) 35	235
(1) 20	»	18	»	(1) 35	225
(2) 30	»	30	»	(2) 30	210
(3) 30	»	30	»	(3) 40	235
(1) 20	»	18	»	(1) 35	225

Vitesses correspondantes sur chaque section.

(1) 39 à 44 k. à l'heure.
(2) 32 à 38 k.   id.
(3) 32 à 38 k.   id.
(4) 32 à 38 k.   id.

Charge possible de bout en bout.

20 v. | » | 18 v. | »

Vitesses correspondantes sur chaque section.

(1) 32 à 38 k. à l'hre.
(2) 32 à 38 k.   id.
(3) 25 à 31 k.   id.
(4) 20 à 24 k.   id.

Charge possible de bout en bout.

30 v. | 210 t.

MONTANTS

Nombre de véhicules	Tonnage	Nombre de véhicules	Tonnage	Nombre de véhicules	Tonnage
(1) 20	»	18	»	(1) 42	275
(4) 28	»	28	»	(4) 35	235
(1) 20	»	18	»	(1) 42	275
(3) 30	»	30	»	(3) 40	235
(1) 20	»	18	»	(1) 42	275

Vitesses correspondantes sur chaque section.

(1) 39 à 44 k. à l'heure.
(3) 32 à 38 k.   id.
(4) 32 à 38 k.   id.

Charge possible de bout en bout.

20 v. | » | 18 v. | »

Vitesses correspondantes sur chaque section.

(1) 25 à 31 k. à l'hre.
(3) 25 à 31 k.   id.
(4) 20 à 24 k.   id.

Charge possible de bout en bout.

35 v. | 235 t.

584. MOUVEMENT DES MACHINES. — Au service du *mouvement* incombe le devoir de déterminer les espèces de trains à mettre et maintenir en circulation, trains ordinaires ou facultatifs, leur nombre, les points d'arrêt et leur durée, les heures de départ, etc. Ces dispositions, arrêtées après une entente préalable avec le service de la traction, se traduisent par un *Graphique*, tableau de la marche des trains, analogue à celui que représente la pl. XXIV, page 346, emprunté à la Compagnie des chemins de fer de l'Ouest, lignes de Bretagne.

Par l'étude de ce tableau, l'Ingénieur de la Traction détermine le ou les types de machines à mettre en mouvement.

L'ensemble des parcours des trains le renseigne ensuite sur le nombre de machines nécessaire au service du mouvement, en basant ses calculs sur les parcours habituels des machines, savoir :

Machine à marchandises. . .	3000 à 3500 kilom. par mois.
Machine mixte.	4000 à 4500 — —
Machine de train rapide. . .	5000 à 7000 — —

Tableau du service des machines. — A l'aide des calculs qui précèdent, l'Ingénieur fait dresser le *Graphique* du service des machines.

Ce tableau général représente l'ensemble du mouvement de toutes les machines sur la ligne, étudié en vue de faire exécuter par les mécaniciens de même catégorie le même service à tour de rôle. Il doit permettre de suivre le service de chaque mécanicien et de s'assurer : 1° qu'en marche normale il est obligé de s'absenter le moins possible de son domicile; 2° que son service est partagé par des repos suffisamment prolongés ; 3° que le temps de stationnement de la machine est suffisant pour réparer les petits dérangements du mécanisme, etc.

De tous les services de trains, celui des marchandises est le plus pénible ; aussi, le chef de dépôt, qui règle le roulement des mécaniciens, doit, tout en donnant satisfaction aux nécessités de l'exploitation et sans exagérer les dépenses de conduite, faire en sorte qu'à chaque relai — 150 kilomètres au maximum, — le mécanicien trouve un arrêt aussi long que possible — six ou huit heures au moins, — et qu'à son retour au dépôt on puisse lui accorder un repos de douze à quinze heures, de manière à rentrer dans les parcours mensuels indiqués plus haut pour les divers types de machines.

La planche XXIII, page 347, représente le tableau graphique du service des machines pour deux groupes de lignes du chemin de fer du Nord. Chaque groupe est divisé en service des trains de voyageurs et en service des trains de marchandises. Les figures 524 et 526 se rapportent au premier, les figures 525 et 527 au second.

Chaque figure est partagée en deux sections à peu près symétriques par une ligne horizontale ponctuée —·—·—; la section supérieure réservée pour les départs dans un sens et les retours dans l'autre, et l'inférieure affectée aux retours dans le premier sens et aux départs dans la direction contraire. Chaque type de machines est indiqué par un tracé d'une ponctuation particulière, ainsi que le montre la légende.

Les lignes horizontales figurent la machine en marche ; les lignes verticales les stationnements. Les nombres inscrits aux extrémités des lignes brisées donnent les heures de départ et d'arrivée ; ainsi M8. indique le départ d'une machine à huit heures du matin ; 1.30 S indique son arrivée à une heure trente minutes du soir. Enfin, les nombres portés sur les lignes horizontales désignent les numéros des trains.

La disposition de ce tableau permet d'embrasser dans leur ensemble la marche des machines appartenant à plusieurs dépôts, leurs relais, la nature de leur service, le nombre de machines qui doivent quitter un dépôt, les heures de départ, le nombre de machines qui y sont attendues et le moment de leur arrivée ; le service de réserve y est également marqué.

Il s'applique à un service tel que ceux de la Compagnie du

chemin de fer du Nord ou de Paris-Méditerranée, organisé sans roulement fixe pour les mécaniciens ou les locomotives. Les machines partent et font à tour de rôle le service qui se présente, les mécaniciens prenant le repos de trois jours par mois, quand le moment est le plus propice.

Les tableaux graphiques ainsi arrangés ne représentent pas la marche complète d'une machine ou d'un mécanicien entre deux descentes de service.

Le tableau page 348 bis offre, à ce point de vue, tous les renseignements désirables. Il permet de voir jour par jour, heure par heure, tous les mouvements d'un mécanicien, depuis l'entrée jusqu'à la descente de service, y compris les heures de réserve, de manœuvres de gare, les repos, etc.

585. FEUILLE DU SERVICE DES MACHINES. — Le tableau de marche des machines étant établi pour toute la période fixée par l'ordre de marche des trains, le roulement des locomotives et du personnel se trouve ainsi complétement arrêté. L'application s'en effectue au moyen de la *feuille du service des machines* dressée tous les soirs par le chef de dépôt et affichée dans la remise; elle désigne pour le lendemain les machines, les mécaniciens et les chauffeurs qui feront le service des trains, des manœuvres, de la réserve.

Ces feuilles, divisées en colonnes, portent les indications suivantes :

Numéros des machines et des tenders;

Noms des mécaniciens et des chauffeurs ;

Désignation des trains ;

Lieux de départ;

Heures de l'allumage des machines ;

Heures de départ ;

Lieux de relai;

Parcours : avec trains — en double traction — service de la voie — haut le pied ;

Nombre d'heures de mouvement dans les gares ou de réserve;

Note. — Les nombres placés au-dessus des traits forts sont les numéros des trains, le premier étant l'indice de la ligne.

DÉPOT DE MOHON. — Voyageurs

Time axis (top, left→right): MINUIT · I · II · III · IV · V · VI · VII · VIII · IX · X · XI · MIDI · I · II · III · IV · V · VI · VII · VIII · IX · X · XI · MINUIT

This is a graphical locomotive/train-roster chart (graphique de roulement); the legible station and time labels along the lines, read top to bottom, are:

1	Charleville. · 8.44 · Soissons. · 1.33 · Reims · 2.31 · Charleville.
2	Charleville. · 2.14 · Reims · Reims. · 3.36 · Soissons · Soissons. · 8.37
3	2.07 · Charleville · Charleville · 6.35 · Givet
4	Givet · 6.39 · Charleville. · Charleville. · 6.39 · Givet. · 6.42 · Charleville.
5	Charleville. · 7.43 · Longuyon. 8.65 · Longuyon. 9.66 · Longuyon. 9.07 · Longwy.
6	Longwy. 8.62 · Longuyon. 7.32 · Charleville. 6.21 · 8.83 · Charleville. 7.33 · 7.36 · Charleville. 7.17 · Sedan. 7.18 · Charleville.
7	Nouzon. · Charleville · 7.13 · Thionville.
8	Thionville. 7.12 · Longuyon. · 7.42 · Thionville · 7.42 · Charleville
9	REPOS
10	Charleville. 6.37 · Givet · 6.14 · Charleville. · 7.31 · Longuyon. 8.69 · Longwy. · Manœuvres à Longwy
11	Manœuvres à Longwy. · 8.09 · Longuyon. 7.31 · Thionville
12	Thionville. · 7.16 · Charleville · 9.5 · Réserve de 3 heures du soir à minuit
13	Réserve de minuit à 5 heures du matin. · Charleville · 2.43
14	2.43 · Soissons. · Soissons. · 2.43 · Reims. · Reims. 8.33 · Charleville.
15	Charleville. 7.34 · Sedan. 7.47 · Charleville. 2.A · Charleville 7.15 · Sedan. · 7.14 · Charleville. · 6.81 Reville 6.16 · Charleville.
16	Charleville. · 7.11 · Thionville. · 7.20 · Charleville.
17	Charleville · 2.38 · Soissons. · 2.35 · Charleville.
18	Réserve à Mohon de 5 heures du matin à 5 heures du soir · Charleville · 7.35 · Sedan. 7.22 · Charleville.
19	Dépôt
20	Id.
21	Id. · MALADIES, REMPLACEMENT, TRAINS SPÉCIAUX.

Time axis (bottom, left→right): MINUIT · I · II · III · IV · V · VI · VII · VIII · IX · X · XI · MIDI · I · II · III · IV · V · VI · VII · VIII · IX · X · XI · MINUIT

Fourn. imp. R. Nézière

Observations.

Ces feuilles sont divisées en plusieurs sections consacrées l'une au service des voyageurs, l'autre au service des marchandises, la troisième aux réserves et manœuvres.

Copie de cette feuille est adressée tous les jours à l'ingénieur de la traction, mais avec les rectifications que motivent les changements apportés dans l'exécution. Cette feuille doit être rigoureusement d'accord avec la *feuille de route* des mécaniciens dont nous parlerons plus loin.

A la feuille de service des machines de chaque dépôt est annexé un tableau résumant les parcours effectifs de toutes les machines en service, savoir :

— Service régulier pour chaque type de machines ;

— Service des machines de manœuvres de gare ;

— Réserve, soit pour trains réguliers, soit pour trains supplémentaires, etc. ;

— Service supplémentaire. — Trains réguliers remorqués en remplacement d'un autre dépôt. — Trains supplémentaires, double traction, haut le pied, service de la voie, etc.

La récapitulation de ce tableau peut prendre cette forme :

JOURNÉE DU	PARCOURS EN KILOMÈTRES					HEURES	
	Trains.		Double traction.		Seules ou haut le pied.	de manœuvre.	de stationnement.
	Voyag.	March.	Voyag.	March.			
Service régulier	2 893	1 075	—	—	—	56ʰ 30′	82ʰ
Service supplémentaire.	—	85	—	—	—	—	—
Service accidentel.......	—	—··	25	110	84	—	—
Total général..	2 893	1 160	25	110	84	56ʰ 30′	82ʰ

586. AVIS DE PUISSANCE DE TRACTION. — Il importe avant tout de tirer des machines tout le parti possible, en leur demandant le maximum de travail qu'elles sont en mesure de fournir. Le service de la locomotion doit donc renseigner à temps utile le service de l'exploitation, sur la charge que les machines désignées pour le service peuvent remorquer.

Cet avis porte : le numéro du train ; — sa date au départ ; — les numéros des machines ; — les surcharges, les charges normales ou réduites.

Cet avis est établi en double expédition détachée d'un registre à souche. L'une des expéditions revêtues de la signature du chef de gare, avec mention de son avis, est rendue au chef de dépôt, l'autre est transmise par le chef de gare au service du mouvement (IIIe partie). Lorsque, par une circonstance quelconque, la charge normale d'un train portée au tableau, ou indiquée par un avis spécial, doit être exceptionnellement réduite, le chef de dépôt en donne avis au chef de gare, par écrit, une heure au moins avant le départ du train. Cet avis mentionne : le motif de la réduction ; — la limite extrême de la charge que la machine pourra remorquer.

Réciproquement, le chef de dépôt avise le chef de gare, et par le même procédé, lorsqu'il dispose d'une machine d'une puissance de traction supérieure à celle indiquée aux tableaux de marche normale ou aux avis précédents.

Lorsqu'il y a lieu de faire partir un train spécial ou irrégulier, ou lorsque la composition d'un train dépasse le nombre de voitures fixé pour une seule machine, le chef de la gare de formation doit le plus tôt possible adresser au chef de dépôt voisin une demande de machine — IIIe partie —. Le temps laissé pour préparer une machine ne peut généralement pas être inférieur à quinze minutes.

Pour faire une traction économique, les agents de l'exploitation et de la locomotion doivent s'attacher à faire à pleine charge les trains réguliers et facultatifs, sauf à différer les marchandises voyageant à longs délais. Comme il a été indiqué précédemment, la charge des trains en double traction n'est pas égale à la somme des puissances de traction de chaque machine isolément. Il y a, en outre, à faire intervenir la question des attelages, particulièrement importante sur les lignes à rampes prononcées. En certains cas spéciaux, on trouve grand avantage, quand une rampe avoisine un dépôt, dans l'adjonction d'une machine de renfort, poussant le train à l'arrière et le quittant pour revenir *seule*, quand le train a franchi le point culminant de la rampe [1].

587. CONSTATATION DU TRAVAIL DES MACHINES. — *Feuille de route et bulletin de mise en tête.* — Tout mécanicien quittant le dépôt reçoit du chef de service :

1° Une feuille de route détachée d'un registre à souche et disposée pour recevoir :

Un numéro d'ordre;

La date, le numéro du train, son point de départ et celui d'arrivée;

Les numéros de la machine et du tender; les noms du mécanicien et du chauffeur;

Les heures de départ et d'arrivée, prescrites et réelles;

Le nombre de kilomètres parcourus;

Les observations du mécanicien sur les incidents de route;

Le visa du chef de dépôt.

2° Un bulletin de mise en tête qui porte :

Le numéro du train, sa date de départ;

Les numéros de la machine et du tender;

Les noms du mécanicien et du chauffeur;

Les heures de départ et d'arrivée, prescrites et réelles;

Les charges et surcharges, s'il y a lieu.

Ce bulletin de mise en tête est remis par le mécanicien à l'agent de l'exploitation chargé de la direction du service à effectuer.

Bulletin de traction, de parcours ou de manœuvres. — Tout travail de machine est constaté par un bulletin com-

1. Dans d'autres cas, on peut tourner la difficulté, éviter la double traction et donner aux machines leur pleine charge en transportant au sommet de la rampe, au moyen d'une machine spéciale affectée à ce service, une avance de vagons que l'on ajoute aux trains ordinaires remorqués par une machine suffisante pour traîner cette surcharge sur le reste de la ligne, mais trop faible pour franchir la rampe avec le train complet.

prenant, pour chaque relai de machine, les mentions suivantes :

Numéro et date de départ du train ; — noms des mécaniciens et chauffeurs; numéros des machines et tenders ; — charge portée au bulletin de mise en tête ; — le parcours des machines;

Heures d'arrivée et de départ aux points d'arrêts; nombre et charge des vagons; — nombre de minutes employées en manœuvres par chaque machine dans chaque gare d'arrêt et totalisées pour chaque machine ;

Indication des temps perdus ou gagnés dans le relai ;

Motifs de retard.

Ces indications sont portées, par le chef de train, sur le bulletin remis par lui au mécanicien à la fin du relai.

Sur certaines lignes, celles de la Compagnie d'Orléans, notamment, tous les trains sans exception donnent lieu à l'établissement d'une *feuille de marche* et d'une *feuille de mouvement du matériel,* comme nous le verrons au cours de la IIIᵉ partie.

Ces feuilles constatent : la date et le numéro du train ;— les noms des chefs de train et garde-frein; les noms des mécanicien, chauffeur et graisseur de route ; les numéros des machines.

Sur la feuille de marche, qui doit servir au règlement de compte entre les services, se trouve, en face du nom de chaque point d'arrêt, l'indication exacte de l'heure d'arrivée et de départ, les motifs de modification d'allure de marche, la durée des arrêts.

La feuille de mouvement de matériel indique le roulement des voitures et vagons entrés et sortis, depuis et y compris le départ, dans les stations, jusques et y compris l'arrivée à destination.

Ces feuilles sont pièces historiques et comptables du train ; elles doivent donc être établies contradictoirement avec le plus grand soin, et signées par les représentants des deux services en présence.

Machines au service de la voie. — Les machines que le service de la voie emploie pour certains travaux de construction ou de ballastage circulent en se conformant aux ordres de service particuliers dont nous parlerons plus tard. — IIIe part. —

Ces parcours donnent lieu à l'établissement des feuilles de service qui portent : la date ; — la section où s'effectue le travail ; — les noms du chef de section et du piqueur ; — le numéro de la machine, les noms du chef de train, du mécanicien et du chauffeur ; — la désignation du dépôt d'où relève le mécanicien ; — le numéro d'ordre des trains ; — la nature du chargement ; l'indication des heures et des points de départ et d'arrivée ; — la durée et la cause des stationnements ; — les parcours de la machine, avec vagons chargés ou vides, haut le pied ; — la durée de l'emploi de la machine, celle de stationnement sans travail ; — la désignation des vagons employés, la durée de leur emploi, leur parcours avec charge et à vide.

Cette feuille journalière est signée par le chef de train, le mécanicien et le piqueur.

588. MACHINES DE SECOURS. — Lorsque les chefs de gare ont besoin d'une machine pour manœuvrer ou pour aller au secours d'un train en détresse, ils détachent d'un livre à souche un bulletin de demande. Il importe de constater le temps qui s'est écoulé entre le moment où la demande de la machine de secours parvient aux chefs de dépôt et celui où cette machine est prête à partir. Pour couvrir sa responsabilité, le chef de dépôt ou le mécanicien de réserve isolé se fait délivrer par le chef de gare un bulletin qui peut être ainsi conçu :

CHEMIN DE FER DE   , GARE DE   .

Le chef de gare soussigné reconnaît que la machine de secours demandée au dépôt à   heure   minutes, pour le train n° a été mise à la disposition de la gare à   heure   minutes.

Le

Le chef de gare :

Chaque fois qu'une machine de secours est demandée, le chef de dépôt est chargé de dresser immédiatement un rapport sur l'accident. Ce rapport peut prendre la forme suivante :

Matériel et Traction   CHEMIN DE FER DE....   Journée
                                                              du
ᵉ section   DÉPÔT DE...   18

Rapport sur la détresse du train nº. . . . .

Desservi par le dépôt de
Mécanicien :   Machine nº
Chauffeur :   Tender nº

Causes de la détresse.   }

Lieu de la détresse. . } Poteau kilométrique ;
                         { Entre les gares de   et de

Secours porté par le dépôt { Machine   Mécanicien
de   { Tender   Chauffeur

Heure de la détresse. . . . .
Retard du train au moment de l'accident. . . . . .
Heure de la demande de secours par le mécanicien.. .
Heure de transmission de la dépêche au dépôt. . . .
Heure à laquelle la machine a été mise à la disposition de
    la gare.. . . . .
Heure de départ de la gare.. . . . .
Heure d'arrivée sur le lieu de l'accident. . . . . .
Heure de départ du train secouru . . . .

Retard occasionné par la détresse aux trains ci-après :

(¹)   Nº   . . . .
                             Nº   . . . .
                             Nº   . . . .
                             Nº   . . . .

Observations du chef de dépôt :

A   , le   18 .
                                    Le chef de dépôt :

(¹) Indiquer le lieu de départ ou d'arrivée.

589. Manœuvres de gares. — Le travail des machines, manœuvrant dans les gares pour la composition ou la décomposition des trains et les mouvements des véhicules, peut s'effectuer tantôt par des *machines de gare* spéciales, tantôt par les machines de réserve ou de secours, tantôt enfin par les machines des trains.

La durée des manœuvres compte au débit du service de l'exploitation du moment où la machine est mise à disposition jusqu'à celui de sa rentrée au dépôt, sous déduction des temps d'arrêt motivé par une cause dépendant du mécanicien ou de la machine.

Nous verrons à la IIIe partie, les diverses applications de ce principe.

Pour constater la durée des manœuvres, on installe dans chaque gare un registre à souche à double expédition indiquant :

Le nom de la gare ; — le numéro d'ordre du bulletin de manœuvre ; — le nombre de minutes à porter au débit de la gare.

Ces bulletins sont signés par le chef de gare, le chef de dépôt ou par le mécanicien.

Une des expéditions est remise au mécanicien ou au chef de dépôt, l'autre est adressée au service de l'exploitation.

Tous les bulletins de manœuvre recueillis par le mécanicien sont remis à son dépôt avec sa feuille de route, et portés, par journée, sur un registre renfermant pour tous les mécaniciens et chauffeurs du dépôt les indications suivantes :

Noms du mécanicien et chauffeur ; — numéros des machines et des trains ; — les noms de toutes les gares et stations desservies par le dépôt, et, sous chaque nom, le nombre de minutes y consacrées aux manœuvres ; — le total de tous ces nombres de minutes.

590. Renseignements divers. — Nous avons dit, en parlant de la feuille de service, que le dépôt établit, pour le bureau de la statistique, les feuilles journalières résumant le parcours kilométrique et le travail des machines. Il se sert, à cet effet, de tous les documents dont nous venons de parler.

Les dépôts adressent chaque jour, au bureau de la statistique de l'ingénieur de la locomotion, des feuilles spéciales :

1° Pour tout le travail effectué ;

2° Par nature de travail, d'après la classification suivante :

Trains de voyageurs ; — trains de marchandises ; — *machines seules :* — manœuvres de gare ; — trains pour le service de la voie.

Ces feuilles indiquent en tête : le numéro de la section ; — la nature des trains ; — la date de la journée.

Dans les colonnes : les numéros des trains ; — les noms des mécaniciens et des chauffeurs ; — les numéros des machines ; — les noms des stations ; — l'indication des heures de départ et d'arrivée prescrites et réelles ; — le nombre de voitures ; — le temps perdu ou gagné ; — observations.

Pour contrôler l'emploi de la puissance des machines, on dresse également un état journalier récapitulatif des bulletins de mise en tête qui donne dans les colonnes :

Les numéros des trains, réguliers et supplémentaires ; — les parcours ; — le numéro des machines ; — les noms des mécaniciens ; — l'indication des charges disponibles ; — l'importance des charges utilisées.

Mutations du personnel, des machines et tenders. — Il est indispensable que l'ingénieur de la locomotion connaisse chaque jour l'état du personnel, du matériel disponible ou en réparation. Il reçoit donc tous les jours des dépôts un état de mutation des machines et tenders reçus ou expédiés.

La situation journalière du personnel, mécaniciens et chauffeurs, divisée en : Présents ; — malades ; — en permission ; — absents ; — mis à pied.

Périodiquement, un état récapitulatif du personnel et des machines, renfermant dans les colonnes :

Le nombre de mécaniciens et chauffeurs ; — le nombre par espèces de locomotives, en service régulier, en repos, disponibles, en petite réparation ; — l'indication des machines et tenders devant rentrer prochainement aux ateliers de grande réparation.

Enfin, chaque dépôt où s'effectuent des réparations doit envoyer périodiquement à l'ingénieur de la locomotion un état spécial des machines et tenders en réparation.

Cet état porte dans ses colonnes : les dates, les numéros des commandes ; — les numéros des machines et tenders disponibles ; — les numéros des machines et tenders en réparation ; — le détail du travail à exécuter ; — les noms des ouvriers exécutant le travail ; — la durée probable du travail ; — la date de son achèvement.

§ II.

DÉPENSES DU SERVICE DES MACHINES.

591. COMBUSTIBLE. — C'est une grosse question, et, il faut bien le dire, c'est encore l'inconnu, mais son importance est considérable.

Chaque locomotive de puissance moyenne, en effet, brûle environ 10 kilogrammes de houille, sur un parcours de 1 kilomètre, à la tête d'un train.

Or, sur les chemins de fer français seulement, le parcours annuel des trains doit bientôt dépasser 150 millions de kilomètres.

Les locomotives françaises, à elles seules, vont, chaque année, consommer 1 500 000 tonnes de houille et occasionner une dépense de plus de trente millions de francs.

Si l'on parvenait à réduire d'une fraction, même minime, la consommation de combustible, l'exploitation des chemins de fer réaliserait une économie d'une grande valeur, car elle représenterait les intérêts à perpétuité d'un capital considérable.

592. UNITÉ DE COMPARAISON. — Pour se rendre compte des dépenses du service de la locomotion, on a longtemps pris pour unité de travail le parcours d'un train sur un kilomètre de ligne. Tous les sous-détails ont été rapportés à cette unité, celui du combustible comme les autres.

A l'origine des chemins de fer, les bases des tracés des grandes lignes différaient peu les unes des autres comme inflexions en plan et en profil ; — on employait indifféremment les mêmes types de machines pour la traction des différentes espèces de trains. Dès lors on pouvait comparer entre elles les consommations de ces machines ; — mais l'extrême variété des profils, et les progrès réalisés ont conduit à créer des types spéciaux de machines pour les différents besoins, et à modifier la nature du travail imposé à chaque machine.

Les locomotives ne sont donc plus comparables entre elles au point de vue de la consommation ramenée au kilomètre de train.

Depuis longtemps, la Compagnie des chemins de fer du Sud de l'Autriche a décidé, en principe, que l'unité de travail du service de la locomotion serait la tonne kilométrique de charge brute, disposition plus rationnelle que le kilomètre de train, surtout pour les lignes à profils très prononcés.

C'est l'unité introduite par M. l'ingénieur en chef Gottschalk, dans ses comptes-rendus sur l'exploitation du Semmering et du Brenner auxquels nous ferons quelques emprunts, et qui ne tardera probablement pas à passer dans la pratique de tous les chemins de fer.

L'adoption de cette unité de comparaison constitue un véritable progrès, mais ne résout pas encore le problème. C'est par la mesure directe du travail effectué que l'on se rapprochera de la véritable évaluation de la consommation et par suite du coût réel du transport des hommes et des choses.

593. ALLOCATIONS DE COMBUSTIBLE. — La charge des machines étant réglée, une étude de chaque cas particulier permet d'évaluer la quantité de combustible que l'on peut accorder à un type de machines faisant un service déterminé.

Ces allocations peuvent varier d'ailleurs pour une même section et pour les mêmes types de machines. — Il suffit d'un ordre de service lancé à propos pour modifier les dispositions antérieures.

Le tableau suivant extrait de la Note très intéressante et déjà citée, sur l'exploitation du Brenner, publiée par M. l'ingénieur Kramer, fait ressortir l'influence de la saison et de la rampe sur les consommations de combustible (rapporté au coke).

MOIS	Ligne du Brenner Mach. à marchandises Kil. de coke consommé.		Ligne du Brenner Machine à voyageurs Kil. de coke consommé.		Section en plaine Mach. à marchandises Kil. de coke consommé.	
	par Tr. kil.	p.100t.à1k.	par Tr. kil.	p.100t.à1k.	par Tr. kil.	p.100t.à1k.
Janvier	26,4	19,1	11,7	15.3	20,6	6,1
Février	26,6	18,0	11,2	14,8	19,4	6,2
Mars	25,8	17,6	11,9	14,1	20,1	5,5
Avril	24,1	16,1	11,8	14,2	18,3	4,9
Mai	21,7	15,5	12,9	15,1	17,2	5,2
Juin	19,7	15,3	12,3	14,1	14,9	4,4
Juillet	20,2	15,4	11,4	13,6	15,9	5,9
Août	20,8	15,0	11,3	13,0	15,9	5,2
Septembre . . .	21,1	15,2	12,2	13,0	14,5	4,2
Octobre	22,1	15,7	12,4	13,3	20,1	5,5
Novembre . . .	23,5	16,5	12,9	14,9	18,5	5,1
Décembre . . .	24,5	16,3	12,4	15,2	17,6	5,2

Les quantités de combustible brûlées sur la section du Brenner se rapportent au parcours kilométrique de *toute* la section, rampes et pentes; et comme la consommation est à peu près nulle à la descente, il faut doubler les chiffres du tableau, pour calculer la quantité de combustible réellement brûlée pour gravir les rampes du Brenner.

Sur les lignes en plaine, les allocations varient également

suivant les saisons, mais dans des proportions plus réduites.

En principe, il s'agit d'obtenir du mécanicien qu'il tire de la machine tout ce qu'elle peut donner, en brûlant le minimum de combustible, autrement dit, que l'effet utile soit proportionnel à la consommation, à la dépense.

Quel que soit le procédé employé pour atteindre ce but, il doit être basé sur une association des intérêts de l'administration et du personnel. Si l'administration du chemin de fer demande au personnel l'emploi complet de ses moyens physiques et intellectuels, nécessaire pour arriver au prix de revient le plus bas possible, il est juste que ce personnel recueille, à son tour, une partie des bénéfices réalisés par l'administration et, comme conséquence, par le public qui, tôt ou tard, sera appelé à participer aux résultats obtenus, par des réductions dans les tarifs des prix de transport.

On est arrivé par des essais et des tâtonnements aux combinaisons que nous voyons appliquées par les différentes administrations, et qui pourraient se grouper de la manière suivante :

a). — Allocation fixe pour les parcours de la locomotive seule, et variable d'après le nombre d'unités transportées, sans toutefois qu'elle dépasse un maximum.

b). — Allocation fixe pour le parcours de la locomotive, plus un certain nombre d'unités, et variable selon le nombre d'unités transportées.

c). — Allocation fixe pour le transport d'un train moyen, avec bonification pour les surcharges.

d). Allocation fixe pour le remorquage des trains, quelle qu'en soit la composition.

594. CHEMIN DE FER DE L'ÉTAT BELGE. — Le premier système a été adopté par l'État belge ; il est réglé par des ordres de service qui émanent de la direction centrale, sans que les allocations soient obligatoires au delà d'un certain temps.

Voici, comme exemple, les allocations maxima de houille arrêtées pour un trimestre d'automne.

Pour l'allumage de la locomotive.	kilogr.	50,000
Par heure de feu.	—	30,000
Par locomotive-kilomètre : trains express. .	—	3,200
Par voiture	—	0,300
Par locomotive-kilomètre : trains omnibus .	—	2,300
Par voiture	—	0,280
Par locomotive-kilomètre : trains à marchan-dises	—	2,500
Par vagon	—	0,210

Le charbon maigre sera réduit de deux dixièmes de la quantité consommée et le charbon gras d'un dixième.

Les machinistes seront passibles d'une retenue lorsque leur consommation réelle dépassera le total des allocations, augmenté d'un dixième.

Le taux de la prime comme de la retenue est fixé à 40 centimes par 100 kilogrammes.

Les chefs d'atelier recevront une prime de 8 centimes par 100 kilogrammes lorsque le total général des consommations faites par les machinistes placés sous leurs ordres sera inférieur au total de leurs allocations.

Ils subiront, par contre, une retenue semblable, lorsque ce total dépassera celui des allocations majorées d'un dixième.

Les primes seront réduites au marc le franc lorsque leur total annuel, diminué du total des retenues infligées, dépassera l'allocation budgétaire. Elles se liquideront toutefois trimestriellement. Leur calcul se fera comme suit :

· A la fin de chaque trimestre, la différence entre le total des allocations et celui des consommations, depuis le commencement de l'exercice, sera établi, et les primes ou les retenues seront calculées à raison de 40 centimes ou de 8 centimes par 100 kilogrammes.

Le total des primes à payer, diminué du total des retenues, sera comparé, suivant que l'on fera la liquidation du premier, des deuxième, troisième ou quatrième trimestres de l'exercice, au quart, à la moitié, aux trois quarts ou au montant même de la somme accordée au budget pour le payement de ces primes.

Lorsque la somme à payer sera inférieure à celle dont on dispose, les primes seront maintenues intégralement ; lorsqu'elle lui sera supérieure, les primes seront réduites au marc le franc, de manière à rester dans les limites prescrites.

Les retenues ne subiront, en aucun cas, de réduction.

Il sera toutefois tenu compte des primes ou des retenues opérées pour les consommations des trimestres précédents.

Les allocations maxima, désignées à l'article 1er, seront modifiées trimestriellement, s'il y a lieu.

595. CHEMIN DE FER DE L'OUEST (FRANCE). — Par l'article 1er, il est accordé aux mécaniciens une prime de 8 francs et de deux francs aux chauffeurs, par tonne de combustible économisé sur les quantités inscrites aux tableaux d'allocation.

Les excédants de consommation de combustible donnent lieu, pour le mécanicien, à une retenue de 5 francs par tonne.

Ce tableau est divisé en deux parties, qui s'appliquent l'une à la saison d'été, — 15 mars au 31 octobre ; — l'autre à la saison d'hiver, — 1er novembre au 14 mars.

Il fixe comme suit, pour chaque catégorie de machines et pour chaque section du réseau, les allocations fixes et variables :

| DÉSIGNATION des MACHINES | LIGNES DU | | | | | | | |
| | Trains express. | | Voyageurs ordin. | | Trains mixtes. | | Trains de marchandises. | |
	Machine et 5 voitures	Pour chaque voiture en plus	Machine et 5 voitures	Pour chaque voiture en plus	Machine et 30 tonnes	Pour chaque tonne en plus	Machine et 50 tonnes	Pour chaque tonne en plus
Mach. n°	6k,25	0k,450	6k,00	0k,400	5k,50	0k,040	—	—
Mach. n°	—	—	—	—	—	—	7k,00	0k,0350

Enfin il accorde pour *allumages* :

75 kilogrammes par machines à voyageurs et mixtes de toutes séries ;

100 kilogrammes par machines à marchandises ;

20   —   par heure, au delà de trois heures de *stationnement ;*

50 kilogrammes par heure de manœuvre.

596. CHEMIN DE FER DE L'EST. — On adopte le troisième système. Voir ci-après un type d'ordre de service réglant les allocations de combustibles à partir du 1er novembre 1879. Cet ordre de service se rapporte aux dispositions reproduites au N° 581 et adoptées pour le règlement des charges des machines.

A. — DÉSIGNATION DES MACHINES

DÉPOTS	Crampton et Roues libres — Coke Houille et Briquettes	MIXTES 1 à 78 — Houille et Briquettes	MIXTES Ordinaires et 261 à 285 — Houille et Briquettes	MIXTES Ordinaires et 261 à 285 — Houilles menues	MARCHANDISES 0 1 à 0 241 — Houille et Briquettes	MARCHANDISES 0 250 à 0 450 et 1000 à 1001 — Houille et Briquettes	MARCHANDISES 0 250 à 0 450 et 1000 à 1001 — Houilles menues	ENGERTH — Houilles et Briquettes	ENGERTH — Houilles menues	OBSERVATIONS
1ʳᵉ section.										
Paris	9, »	»	10,25	12,25	»	17,50	»	»	»	Trains-types 30 et au-dessous : 14 k. 50.
Épernay	»	»	10,75	»	»	18, »	»	»	»	Trains-types 30 et au-dessous : 14 k. 50.
Châlous	»	»	»	»	11, »	»	»	»	»	
Bar-le-Duc	»	»	»	»	10,50	»	»	»	»	
Verdun	»	»	9,25	»	»	16,50	18,50	21,50	23,50	
Sézanne	»	10, »	»	»	»	»	»	»	»	
Nogent–Vincennes	»	»	11,50	»	»	»	»	»	»	Coke ou Briquettes } 1 k. de coke n° 2 (de cornues) ne comptera que pour 0 k. 85.
2ᵉ section.										
Flamboin	»	»	11,50	»	[1]11,50	»	»	»	»	[1] 14 k. 50 pour trains-types 30 et au-dessous.
Troyes	»	»	10,50	»	15,50	»	»	»	»	Machines 501 à 510.
	»	»	»	12,25	»	»	»	»	»	
Chaumont–Chalindrey	9, »	»	10, »	»	15,25	»	»	»	»	
Blesme	»	»	»	»	16, »	»	»	»	»	
Gray	»	9, »	»	»	15,50	»	»	»	»	
3ᵉ section.										
Nancy	8,50	»	9,75	»	17, »	18, »	»	24, »	25,50	Service exclusif de Banlieue.
	»	»	10,25	»	»	»	»	»	»	
Cirey	»	»	»	»	12, »	»	»	»	»	
Cornimont	»	»	»	»	11,50	»	»	»	»	
Épinal	»	9,50	»	»	16,00	18, »	»	»	»	
Vesoul–Belfort	»	»	9,50	»	[2]16,75	»	»	»	»	[2] Trains-types 35 et au-dessous : 10 k. 50.
Lérouville–Aillevillers	»	»	»	»	13,50	»	»	»	»	

4e section

Reims-Amagne. . .	»	»	9,75	»	»	17,25	19, »	»	»
Mohon	»	»	9,75	11,50	»	17, »	19, »	22,50	24,50
Givet	»	»	»	»	»	15,25	17, »	»	»
Longuyon. . . .	»	9,25	»	»	»	»	»	22,50	25, »

Machines de gare remorquant des trains de marchandises : 15 k.

B. — *Machines mixtes faisant les trains-types 30 et au-dessous.*

| » | » | 15,50 | 17, » | » | » | » | » | » |

C. — *Machines en double traction.*

1k de moins que l'allocation pour trains.

D. — *Machines haut le pied accouplées non comme aide.*

| 5,50 | 6, » | 6, » | 7, » | 7, » | 8, » | 9, » | 9, » | 10, » |

E. — *Machines par heure de manœuvre (6 kilomètres).*

| 50, » | 60, » | 70, » | 80, » | 80, » | 90, » | 100, » | 100, » | 110, » |

F. — *Machines par heure de stationnement.*

| 12, » | 15, » | 20, » | 25, » | 20, » | 20, » | 25, » | 25, » | 30, » |

G. — *Machines spéciales pour manœuvres de gare.*

La Villette . . . . . { par heure de manœuvre . . Coke 80k » Houille 90k » Houilles menues 100k »
{ » de stationnement. Coke 15 » Houille 20 » Houilles menues 25 »

Dans les autres dépôts. { » de manœuvre . . Coke 65 » Houille 75 » Houilles menues 85 »
{ » de stationnement. Coke 15 » Houille 20 » Houilles menues 25 »

Pour les machines brûlant des houilles menues, 1k de gailleterie ou de briquettes comptera pour 1k 10.

Les allocations portées au tableau d'autre part pour les machines mixtes sont applicables.

1° — A. — aux trains-types 35 et au-dessus ;
2° — B. — aux trains-types 30 et au-dessous :

Allocations supplémentaires pour surcharges. — Une allocation supplémentaire de 0ᵏ,500 par véhicule et par kilomètre est accordée lorsque la charge dépassera les limites ci-après :

1° *Trains-types 55 et au-dessus.*

Machines à roues libres . . 10 véh. sur la lig. de Paris à Avricourt ;
                              8 —   les autres lignes.
Mach. mixtes de toutes séries. 12 véh. sur la lig. de Paris à Avricourt ;
                              10 —   les autres lignes.

2° *Trains-types 45 et 50.*

Machines à roues libres.
{
14 véh. sur les profils A et B
12 — sur le profil C
11 — — D
10 — — E
8 — — F
7 — — G
}

Machines mixtes de toutes séries.
{
18 véh. sur les profils A et B
16 — sur le profil C
14 — — D
12 — sur les profils E et F
10 — sur le profil G
7 — — H
}

Les mécaniciens des trains de voyageurs ne pourront jouir du bénéfice de l'allocation supplémentaire pour surcharge que s'ils font constater sur leur feuille de route la composition du train de telle à telle gare, par le chef de train. (Toute indication de charge non certifiée par le Chef de train sera considérée comme non avenue.)

Pour les trains-types 40 et au-dessous, l'allocation supplémentaire, par kilomètre et par unité de surcharge en sus des minima du tableau de la charge des trains est fixée à :

0ᵏ,600 sur les profils A et B ;
1 ,000   —   C et D ;
1 ,500   —   E et F ;
2 ,000   —   G, H et I ;
2 ,500   —   K et L :

597. Chemin de fer du Nord. — La prime des mécaniciens pour l'économie de combustible est de 4 francs par 1000 kilogrammes de combustible économisé sur les quantités fixées pour chaque kilomètre parcouru, y compris le stationnement et l'allumage. — Elle est de deux francs pour le chauffeur.

Ces quantités varient avec le type des machines et leur charge habituelle.

Ainsi, pour les mach. à trains de voyag. à 12 voitures et au-dessous. de 6ᵏ à 8ᵏ,50.
Excédant d'allocations pour   1 à 3 voitures en sus. . . . 1ᵏ,03
            —   4 —   et au delà . . 3ᵏ,00
Pour les machines à marchandises, selon le type de la machine et la
    nature du combustible . . . . .10 à 18ᵏ,00.

L'allocation d'hiver dépasse généralement de 1 kilogramme celle d'été.

Le compte des machines de réserve est tenu à part. — On leur alloue 250 kilogrammes pour allumage et 10 kilogrammes par heure de réserve. — L'allocation pour l'allumage n'est pas accordée quand la machine de réserve a parcouru 100 kilomètres.

Les machines à voyageurs allant à vide ont une allocation de 4ᵏ,500 par kilomètre
Et celles à marchandises . . . . 6 ,000   —

Le gros coke retiré du foyer appartient aux mécaniciens, qui peuvent l'employer pour l'allumage.

Tout excédant sur les allocations donne lieu à des retenues de 66 centimes par 1000 kilogrammes pour le mécanicien, de 33 centimes pour le chauffeur, à moins de justification.

598. Compagnie d'Orléans. — Les allocations sont déterminées à chaque saison et pour chaque dépôt. — La quantité économisée est payée au mécanicien, à raison de 10 francs les 1000 kilogrammes. — Mais avant de régler définitivement avec le mécanicien et de lui payer la valeur de l'économie réalisée, il y a différents décomptes à établir :

1° Lorsqu'une machine à voyageurs ou une machine

mixte remorque un train de marchandises, il lui est alloué un demi-kilogramme de combustible en supplément par kilomètre.

2° L'allocation de chaque machine est réduite d'un demi-kilogramme de combustible par kilomètre, lorsqu'une seconde machine est nécessaire à un train de voyageurs ou à un train de marchandises qui n'a que sa charge maxima de vagons, lorsque l'une des machines est à marchandises, l'autre à voyageurs.

3° La réduction de l'allocation est d'un kilogramme par kilomètre, lorsque deux machines à marchandises remorquent un train de marchandises, quelle qu'en soit la charge.

599. CHEMIN DE FER DU HANOVRE. — Le règlement concernant la délivrance et l'emploi des matières combustibles et grasses, ainsi que le décompte du parcours, porte ce qui suit :

§ 7. — Pour chaque locomotive, il est établi comme suit un poids normal de combustible suffisant pour parcourir 1 mille :

1° Locom. à voyag. à un essieu moteur, 140 liv. coke.   9^k,45 par kil
2° Locomotive à deux essieux moteurs, 160 liv.   10 ,80   —
3° Locomotive à trois essieux moteurs, 250 liv.   16 ,10   —

Lorsque le combustible est de la houille ou de la tourbe, ces allocations sont multipliées par les coefficients suivants : 1,166 pour la houille, et 2,333 pour la tourbe.

§ 8. — Ces allocations comprennent l'allumage des machines et les stationnements au dépôt d'une durée inférieure à trois heures.

Pour la réserve d'une durée supérieure à trois heures et le service de manœuvre, l'allocation est de 55 kilogrammes de coke.

Il n'est rien alloué pour le stationnement entre deux trains dans une station autre que le dépôt de la machine.

§ 9. — Il est alloué pour l'allumage un panier de bois et un panier de copeaux.

§ 10. — Tous les six mois, le décompte de chaque mécanicien est arrêté. — Sur les différences entre la consommation et les allocations, le mécanicien reçoit quatre cinquièmes de silbergroschen pour chaque centner de coke économisé ; — 2 francs par 1 000 kilogrammes, — et le chauffeur un cinquième, soit 50 centimes par tonne.

§ 11. — Par contre, lorsque les consommations dépassent les allocations, on leur fait subir comme amende une retenue équivalente à la prime d'économies. — Cette retenue s'opère sur les primes d'économie d'huile, et si celles-ci ne sont pas suffisantes, sur les primes de parcours, arrêtées chaque mois, et dont on retient la moitié jusqu'à parfait payement de l'amende.

600. ALLOCATIONS DE MATIÈRES GRASSES. — Comme celles de combustibles, les économies dans la consommation de l'huile, de la graisse, et du suif pour graissage donnent lieu à des primes. — Un graissage convenable exige l'emploi de 15 à 25 grammes de matière par kilomètre, selon le type.

Les allocations sont fixées comme suit, sans considération de saisons :

Ouest.	Machines à marchandises, par kilomètre	gram.	20
—	Machines ordinaires ou mixtes de toutes séries	—	18
—	Machines des trains express.	—	22

Prime : 30 centimes par kilogramme économisé. — Amende équivalente pour excédant.

Orléans.	Mach. à voy. ou mixtes (un ou deux essieux mot.).	gr.	20
—	Machines à marchandises (trois essieux moteurs).	—	25
—	(quatre essieux moteurs).	—	40

Prime : 30 centimes par kilogramme économisé. — Amende équivalente pour excédant de consommation.

La consommation moyenne par kilomètre de parcours des trains a été, en 1878, gram. 22,06

Nord. L'allocation de graissage est établie en argent sur les bases suivantes relatives au parcours de 100 kilomètres par une machine à voyageurs.

$$
\begin{array}{lll}
0^k,800 \text{ huile à} & 1^f,10 & 0^f,88 \\
0\ ,500 \text{ suif à} & 1\ ,10 & 0\ ,55 \\
0\ ,450 \text{ graisse à} & 0\ ,70 & 0\ ,32 \\
\hline
\text{Totaux}\quad 1^k,750 & & 1^f,75
\end{array}
$$

D'après cela les allocations de graissage sont les suivantes pour 100 kilomètres :

$$
\begin{array}{lr}
\text{Machines ordinaires.} & 1^f,75 \\
\text{Machines Crampton} & 2\ \text{»} \\
\text{Machines à trois essieux moteurs} & 2\ ,20 \\
\text{Machines à trois et quatre essieux moteurs.} & 3\ \text{»} \\
\text{Machines à quatre, cinq et six essieux mot.} & 4\ \text{»}
\end{array}
$$

La prime accordée est de 30 pour 100 de la valeur économisée.

Les matières consommées en excédant sur les allocations donnent lieu à une retenue d'un dixième.

Est. Les allocations d'huile, de suif et de graisse destinées aux machines et aux tenders sont : 1° pour chaque kilomètre parcouru :

$$
\begin{array}{lll}
\text{Machines à roues libres} & \text{gram.} & 18 \\
\text{Machines mixtes} & - & 20 \\
\text{Machines à marchandises} & - & 22 \\
\text{Machines Engerth} & - & 26 \\
\text{Machines Sturrock.} & - & 30
\end{array}
$$

2° Par heure de stationnement :

$$
\begin{array}{lll}
\text{Machines de réserve} & \text{gram.} & 50 \\
\text{Machines spéciales} & - & 50
\end{array}
$$

3° Par heure de manœuvre :

$$
\begin{array}{lll}
\text{Machines spéciales faisant les manœuv. de gare.} & - & 120
\end{array}
$$

Hanovre. Les allocations sont les suivantes :

Machines à un essieu moteur par kilomètre . . .	gram.	22,00
Machines à deux essieux moteurs	—	26,55
Machines de réserve, en service de 15 à 16 heures par jour.	—	1 500,00

Pour chaque kilogr. de matières économisées, le mécanicien et le chauffeur reçoivent le sixième de sa valeur, soit chacun 15 centimes par kilogr.

Si, par contre, il est constaté que la machine a chauffé en quelque point par défaut de graissage, le mécanicien et le chauffeur sont punis.

601. BOIS D'ALLUMAGE. — La dépense moyenne du bois d'allumage ramenée au kilomètre de parcours des trains sur le réseau d'Orléans, s'est élevé, en 1878, à . . centimes 0,10.

602. SERVICE DE L'EAU. — Sous cette rubrique on comprend les dépenses pour combustibles consommées par les machines fixes, le coût de réparations des appareils, les dépenses du personnel pour la conduite des machines, etc.

Sur le réseau d'Orléans, les dépenses de ce chapitre se sont élevées, en 1878, à fr. 321 208,44, pour mètres cube d'eau : 3 648 437.

Le mètre cube d'eau consommée a coûté. . centimes 8,80.

603. ENTRETIEN ET RÉPARATIONS DES LOCOMOTIVES ET TENDERS. — Ces dépenses se groupent en deux catégories : frais de main-d'œuvre ; — valeur des matières employées.

On parvient à concilier la réduction de ces dépenses avec la conservation du matériel, en y appliquant le principe de la participation du personnel aux économies constatées. Parmi les efforts tentés dans cette voie, nous pouvons citer le mode de répartition des bénéfices réalisés dans le service de la traction du chemin de fer de l'Est. Le système est suffisamment développé dans l'ordre de service que nous insérons ici, pour nous dispenser de toute autre explication.

ORDRE DE SERVICE

FIXANT LES DÉPENSES DE MAIN-D'ŒUVRE ET DE MATIÈRES DANS LES DÉPÔTS AVEC APPLICATION DE PRIMES.

(Janvier 1866.)

Article premier. Le parcours de 1000 kilomètres par le
machines à roues libres,

Le parcours de 900 kilomètres par les machines mixtes,

Le parcours de 750 kilomètres par les machines à mai
chandises et de gare,

Le parcours de 700 kilomètres par les machines Engert
étant pris pour unité, il est alloué aux dépôts désignés à l'ai
ticle 2 une somme de 78 francs par unité de parcours, pou
pourvoir aux dépenses ci-après :

1° Main-d'œuvre pour l'entretien et la réparation des machines, et pour tout le service intérieur des dépôts.   60 pour 100
2° Consommation des matières et objets divers   . . . 40 pour 100

Il est, en outre, alloué à chaque dépôt, pour toutes les ma
nipulations de combustible, un supplément d'allocation main
d'œuvre de 60 centimes par tonne livrée, soit aux machines
soit à divers. Il ne sera tenu aucun compte des frais de déchargement ; étant entendu, toutefois, que l'approvisionnement, c'est-à-dire l'excédant des entrées sur les sorties, ne
dépassera pas 100 tonnes par mois ; passé ce chiffre, il es
alloué 40 centimes par tonne approvisionnée.

Eu égard à la différence des salaires, à la diminution de
frais généraux résultant de la proximité d'un atelier ou d'une
situation exceptionnelle, et enfin à cause de la nature de
parcours de certains dépôts, les allocations ci-dessus seront
modifiées, savoir :

Pour le dépôt de La Villette, augmentation de 30 pour 100
sur l'allocation main-d'œuvre ;

Pour le dépôt d'Epernay,
— de Montigny.
— de Forbach,   diminution de 10 pour 100
— de Gray.   sur l'allocation totale.
— de Flamboin.

L'allocation de 78 francs n'est applicable qu'à un parcours équivalant à 180 unités par mois. Elle sera augmentée de 8 centimes par chaque unité de parcours en moins. Au contraire, elle sera réduite de 8 centimes par unité de parcours en plus. Toutefois, elle ne pourra être inférieure à 73 francs par unité.

Les parcours de machines se composent :

1° Des parcours avec train ;

2°   —   en double traction ;

3°   —   haut le pied ;

4°   —   de manœuvres de gare comptées à 6 kilomètres par heure ;

5°   —   de ballastage fait pour le compte du service des travaux.

Il ne sera tenu aucun compte des parcours pour essais de machines réparées dans les dépôts. De même, les parcours des machines sans feu ne donneront lieu à aucune allocation.

La dépense de main-d'œuvre comprend :

1° Les sommes payées à tous les agents, employés, ouvriers, monteurs, ajusteurs, forgerons, lampistes, aiguilleurs, etc., et manœuvres divers ; en un mot, le salaire de tout le personnel du dépôt, excepté :

Les appointements et primes diverses des chefs et sous-chefs de dépôt ;

Les appointements et primes diverses des mécaniciens et chauffeurs, commissionnés ou en régie ;

Les appointements et primes des chauffeurs de machines fixes exclusivement affectées à l'alimentation des réservoirs ;

2° La main-d'œuvre des différentes pièces de machines exécutées dans les ateliers, sur la demande des dépôts.

Sont assimilées aux pièces de machines :

Les plaques et cornières en cuivre rouge de 10 à 15 millimètres d'épaisseur, devant servir à la réparation des foyers ;

Les plaques de tôle de 10 à 15 millimètres d'épaisseur, découpées suivant gabarits, des portes extérieures de foyers et de boîte à fumée.

Ne sont pas considérés comme pièces de machines : les boulons divers, les barreaux de grilles, les viroles, les goupilles, les petites clavettes, les vis, etc., etc., et, en général, les objets fabriqués au dehors ; ces objets sont compris dans la dépense matières spécifiée ci-dessous.

Tous les mois, il sera dressé, en double expédition par chaque atelier et pour chaque dépôt, une facture des pièces de machines livrées à ce dépôt. Cette facture indiquant, outre la valeur réelle, le prix de main-d'œuvre des pièces de machines à porter au débit du dépôt, sera adressée à l'ingénieur en chef du matériel, à Paris, et au chef de traction.

Les pièces de consommation courante, robinets, boîtes à graisse, pistons, injecteurs Giffard, etc., seront facturées aux dépôts, sur série de prix de main d'œuvre fixés à l'avance.

Seront livrés aux dépôts exempts de toute charge de main-d'œuvre, savoir :

La réparation des roues et des ressorts ;

Les tubes de chaudière neufs ou raboutés ;

Les entretoises de foyer ;

Le métal antifriction pour doublage de coussinets, tiroirs, colliers d'excentriques, etc. ;

Enfin, toutes les pièces de fonderies brutes (bronze et fonte).

La consommation des matières comprend :

L'huile à graisser, le suif, la graisse, l'huile à brûler, l'essence ;

Le déchet de coton ou étoupes, le chanvre, le minium, le mastic ;

Le fer, la tôle, le fer à cornière, les fagots d'allumage, etc. ;

En un mot, toutes les matières délivrées par les magasins des dépôts.

Le chiffre de la dépense matières sera déterminé, chaque mois, par le montant total des sorties sur la balance du magasin de chaque dépôt, déduction faite des valeurs combustibles, coke, houille, briquettes et pièces de machines.

ART. 2. Sont compris dans l'allocation de 78 francs, fixée à l'article 1er, l'entretien, la réparation, le renouvellement du mobilier et de l'outillage.

Les dépôts de réserve n'étant plus considérés que comme succursales des grands dépôts, ces derniers jouiront du bénéfice du parcours et de la manipulation du combustible des dépôts auxiliaires ; mais ils auront à leur charge l'entretien des machines et tenders, l'entretien des machines fixes, les dépenses main-d'œuvre et matières de toute leur circonscription.

Les circonscriptions des grands dépôts sont limitées comme suit :

PREMIÈRE SECTION.

Dépôt de *La Villette*.   Entre Paris, La-Ferté-sous-Jouarre et Coulommiers inclus, y compris le dépôt de Gretz.

— *Epernay*.   Entre Château-Thierry et Vitry-le-Français inclus.

— *Bar-le-Duc*.   Entre Sermaize et Nançois-le-Petit inclus.

Dépôt de *Nancy*.   Entre Lérouville, Lunéville, Saint-Dié, Epinal et Remiremont inclus.

— *Montigny*.   Entre Pont-à-Mousson, Romilly, Esch, Ottange et Luxembourg inclus, y compris Thionville.

— *Forbach*.   Entre Forbach, Faulquemont et Sarreguemines inclus.

DEUXIÈME SECTION.

Dépôt de *Troyes*.   Entre Romilly, Bar-sur-Seine et Bar-sur-Aube inclus.

Dépôt de *Chaumont*.   Entre Chaumont, Blesmes, La Ferté et Maranville inclus.

— *Gray*.   Entre Gray, Camplitte et Vellexon inclus.

— *Flamboin*.   Entre Nangis, Nogent-sur-Seine, Provins et Montereau inclus.

TROISIÈME SECTION.

Dépôt de *Strasbourg*.   Entre Strasbourg, Avricourt, Dieuze, Wissembourg, Niederbronn, Schlestadt, Sainte-Marie, Barr, Wasselonne et Kehl inclus.

— *Mulhouse*.   Entre Colmar, Bâle, Wesserling et Ronchamp inclus.

— *Vesoul*.   Entre Lure, Port-d'Atelier et Xertigny inclus.

QUATRIÈME SECTION.

Dépôt de *Reims*.   Entre Reims et Rethel inclus, Laon, Soissons et Châlons exclus.

— *Mohon*.   Entre Charleville, Launois, Longwy inclus, et Thionville exclu.

— *Givet*.   Entre Givet et Charleville exclus.

ART. 3. Des primes seront accordées pour l'entretien et la conservation en bon état des machines dans les dépôts.

Après un parcours de :

60 000 kil. et jusqu'à 120 000 pour les roues libres,

50 000   —   100 000 pour les mixtes,

35 000   —   70 000 pour les marchandises et gares,

30 000   —   60 000 pour les Engerth,

la prime sera de 4 francs par 1000 kilomètres, à répartir comme suit :

Mécaniciens	2f,00
Chauffeurs	1 ,00
Dépôt	1 ,00
	4f,00

Après un parcours de :

120000 kil. et jusqu'à 180000 pour les roues libres,
100000   —   150000 pour les mixtes,
70000   —   100000 pour les marchandises et gares,
70000   —   80000 pour les Engerth,

la prime sera de 6 francs par 1000 kilomètres, à répartir comme suit :

Mécaniciens.	3ʰ,00
Chauffeurs	1,50
Dépôt	1,50
	6ʰ,00

Pour tout parcours supérieur à ceux ci-dessus, la prime sera de 8 francs par 1000 kilomètres et répartie dans la même proportion.

Toutefois, il ne sera accordé de primes aux mécaniciens et aux chauffeurs conduisant accidentellement une machine primée qu'autant qu'ils auront fait, avec la même machine et consécutivement, un parcours minimum de :

5000 kil. avec une machine à roues libres,
4000   —   mixte,
3000   —   marchandises, gare et Engerth.

La part des primes afférentes au dépôt, *laquelle est égale à la moitié de la somme des primes réalisées par les mécaniciens*, sera, après déduction faite des retenues mentionnées à l'article 4, répartie comme suit :

2/3 entre les chefs et sous-chefs de dépôt ;

1/3 entre les ouvriers, au nombre de six au moins, qui auront le plus contribué, par leur travail, leur assiduité et leurs soins, au bon entretien des machines.

Le règlement des primes d'entretien de machines aura lieu tous les trimestres. Ces primes seront payées en même temps que celles de combustible et de graissage.

ART. 4. A part les amendes qui pourraient être infligées aux divers agents du service pour négligence ou défaut de soins, des retenues seront opérées sur les primes d'entre-tien. Savoir :

	Mécaniciens.	Chauffeurs.	Dépôts
1° Pour chaque détresse de train résultant d'avaries aux machines et tenders, *quelles qu'elles soient* :			
Pour tous les trains-postes et express .	20f,00c	10f,00c	20f,00c
Pour tous les autres trains	10 ,00	5 ,00	10 ,00
La retenue sera doublée pour le mécanicien, lorsqu'il n'aura pas fait demander le secours dans un délai de quinze minutes, à partir du moment de la détresse.			
2° Pour tout retard de trains de voyageurs excédant vingt minutes, résultant du fait des machines et tenders, pouvant être imputé au service de la traction	5 ,00	2 ,50	5 ,00
3° Pour toute machine qui, ayant été obligée d'être remplacée soit par une réserve, soit par la machine d'un autre train, sans pour cela avoir occasionné de détresse, aura, par ce fait, donné lieu à des parcours inutiles ou inutilisés	5 ,00	2 ,50	3 ,00
Il ne sera pas opéré de retenue pour les parcours sans feu ; mais à la condition que ce fait n'aura pas nécessité l'adjonction d'une deuxième machine au train.			
4° Pour toute machine devant rentrer en réparation, quelle qu'en soit d'ailleurs la cause, avant d'avoir fait le parcours minimum donnant droit à prime, par chaque 1000 kilomètres parcourus en moins	»	»	3 ,00

5° Tout dépôt qui, dans le courant d'une année, aura rentré aux ateliers de réparation plus d'une machine par 250 unités de parcours, sera passible d'une retenue sur les primes réalisées pendant le deuxième semestre.

Art. 5. Le chiffre de la dépense, main-d'œuvre et matières, sera établi à la fin de chaque semestre, c'est-à-dire au 30 juin et au 31 décembre.

Indépendamment des primes d'entretien accordées à l'article 3, il est alloué aux chefs et sous-chefs de dépôt une part des économies réalisées sur les allocations fixées à l'article 1er, savoir :

Pour économies de main-d'œuvre et sur la manipulation du combustible . . . . . . , . .	5 pour 100.
Pour économies de matières.	15 pour 100.

Dans le cas où les dépenses excéderaient les allocations, une retenue proportionnelle aux primes ci-dessus pourrait être opérée sur les primes d'entretien.

La répartition des primes entre les chefs et sous-chefs de dépôt et les chefs de dépôts auxiliaires, sera basée sur l'importance des dépôts, et le mérite de chaque agent. MM. les chefs de traction adresseront à cet effet leurs propositions à l'ingénieur de la traction.

604. FRAIS D'ENTRETIEN ET DE RÉPARATION. Les dépenses de réparation des locomotives et tenders au chemin de fer d'Orléans, ont porté en 1878 sur 848 machines et 232 tenders. Elles se sont élevées à la somme de fr. 2 421 824,66 ce qui porte la moyenne kilométrique à . . . . centimes 8,32.

605. TRAITEMENT DES MACHINISTES, ÉLÈVES-MACHINISTES ET CHAUFFEURS. — Le traitement de ces agents se compose des trois parties : Appointements fixes; — Indemnités; — Primes variables.

Appointements fixes. — Les machinistes sont ordinairement classés selon leur mérite. Cette division en catégories permet aux chefs de service de récompenser le zèle et les soins apportés par les agents dans l'accomplissement de leurs fonctions, en les faisant passer d'une classe à la classe supérieure, sans les déplacer au besoin.

Le nombre de classes varie entre trois et cinq. A chaque classe se trouve affecté un chiffre particulier d'appointements, qui varie de 125 francs à 225 francs par mois.

On divise les chauffeurs commissionnés en deux ou trois classes, aux appointements de 85 francs à 133 francs par mois.

Ces appointements fixes ne sont affectés généralement d'aucune retenue pour les causes qui sont l'objet de primes variables; mais ils peuvent subir une retenue par application des amendes encourues pour infractions au service et aux règlements.

Indemnités. — Les agents astreints à passer un certain nombre d'heures en dehors de leur dépôt reçoivent une indemnité proportionnée à l'importance du déplacement.

Le nombre d'heures consécutives d'absences du domicile varie selon les conditions d'exploitation de chaque administration et l'importance des appointements fixes.

Dans certaines compagnies, on distingue entre un demi-déplacement et un déplacement entier. — Le premier est affecté aux absences de huit à seize heures et motive une indemnité de 1 fr. 50 c. pour le mécanicien; le second s'applique aux absences de seize à vingt-quatre heures et produit une indemnité, pour le chauffeur, de 2 fr. 50 c., et pour le mécanicien, de 3 francs.

L'État belge ne prend en considération qu'une absence de vingt heures consécutives, qui, sous le nom de *découcher*, donne droit à une indemnité qui s'élève, pour les mécaniciens, à 1 fr. 50 c., et, pour les chauffeurs, à 1 franc par découcher [1].

Au chemin de fer du Nord, tout mécanicien retenu plus de vingt heures hors de son dépôt, soit avec les trains de voyageurs, soit avec ceux de marchandises, a droit à une indemnité de 2 francs; retenu par le service plus de quarante heures hors de son dépôt, il touche deux déplacements, soit 4 francs.

1. Arrêté royal du 1er octobre 1863.

— Pour le chauffeur, ces indemnités sont de 1 fr. 50 c. et 3 francs.

Envoyés dans un dépôt pour service spécial, les mécaniciens et chauffeurs touchent une indemnité de 2 francs et 1 fr. 50 c. pour les huit premiers jours, de 1 fr 50. et 1 franc pour les jours suivants, jusqu'à la fin du mois. — Au delà du premier mois, point d'indemnité.

606. PRIMES VARIABLES. — Il y a pour toute entreprise industrielle intérêt de premier ordre à tirer de son matériel et du personnel qu'elle utilise tout le parti possible, et à ramener au minimum la consommation des matières.

Le moyen le plus efficace pour atteindre ce double but, nous l'avons déjà dit — 593 — c'est d'établir dans l'organisation de l'entreprise un système qui fasse participer les agents, de qui dépend l'emploi des matières consommées et l'usage du matériel mis en mouvement, aux économies réalisées avec leur concours.

A cet égard, les chemins de fer ont largement appliqué ce grand principe de la participation de la main-d'œuvre aux bénéfices qu'elle procure au capital. — On rencontre aujourd'hui sur toutes les lignes un système de *primes* qui intéresse le mécanicien et le chauffeur :

1° Dans les économies qu'ils peuvent faire sur la consommation du combustible et des matières grasses ;

2° Dans la régularité de marche des trains remorqués ;

3° Dans le nombre de véhicules remorqués ;

4° Dans la durée du service régulier des machines, correctif des abus que la première des dispositions pourrait introduire sous le rapport de l'entretien du matériel.

Mais une convention librement consentie par les parties en cause n'a d'efficacité qu'à la condition de satisfaire, dans une mesure juste et équitable, les intérêts que cette convention a pour but de régler. — Si, contre son attente, l'une des parties se trouve lésée par l'application des clauses du contrat intervenu, elle ne tarde pas à désirer s'affranchir des conditions qui la lient, n'apportant plus dans l'accomplissement des engagements contractés toute la sollicitude et tout le soin désirables.

Quels sont ici les intérêts en présence ?

Pour l'administration, il s'agit, avant toutes choses, de prendre les mesures nécessaires pour que tous les trains partent et arrivent aux heures prescrites. En second lieu, l'administration doit être soucieuse d'accomplir la tâche qu'elle s'est imposée avec le moins de frais possible.

Ainsi, d'une part, avoir son matériel en parfait état pendant le maximum de temps, et d'autre part réduire au minimum ces frais d'entretien et de consommation : tel est son but.

Pour les mécaniciens et chauffeurs, ils doivent être intéressés non-seulement à assurer la marche régulière des trains, mais encore à ce que cette marche régulière soit le moins possible onéreuse à l'administration dont ils dépendent, tout en ménageant leur santé et leurs forces.

C'est par expérience et moyennant une observation soutenue des faits que l'on parvient à concilier ces divers intérêts, à établir un système convenable de primes, qui, indépendamment de la satisfaction que tout homme doit rechercher dans l'accomplissement du devoir, engagent les agents du service à rechercher les moyens de réaliser un légitime bénéfice, tout en apportant dans l'accomplissement des obligations contractées la consciencieuse observance des règles de l'art et des prescriptions administratives.

L'ensemble de ces diverses primes produit une bonification variable entre le cinquième et le quart du traitement total, et qui peut être considéré comme un supplément d'appointements destiné à former le noyau de l'épargne que chaque agent doit s'efforcer de réaliser pour conquérir son indépendance et constituer ses ressources contre les mauvais jours.

607. RÉGULARITÉ DE MARCHE. — Les primes pour économies de consommation manqueraient leur but si, pour réaliser

ces primes, les mécaniciens ne s'efforçaient pas de conserver à leur train la vitesse réglementaire et de suivre l'ordre de marche prescrit pour les arrivées aux points d'arrêt obligatoires. Aussi presque toutes les administrations stipulent-elles des amendes pour chaque train en retard, et, par contre, quelques-unes accordent aux mécaniciens et chauffeurs des primes de régularité de marche.

Ainsi, la Compagnie du Nord bonifie aux mécaniciens pour trains arrivés à l'heure :

Trains de voyageurs, ordinaires et mixtes. . . .   0f,015 par kilom.
Trains de marchandises, suivant le type de mach. .   0f,020 à 0f,035 —

Le tiers de ces primes est alloué au chauffeur.

Tout train arrivé après cinq minutes de retard fait perdre le droit à la prime de régularité ; de même pour tout retard en route non regagné, alors que la charge le permettait.

A l'Ouest, le temps qu'un mécanicien a *réellement* perdu, c'est-à-dire autrement que par le fait de l'exploitation, dans le trajet total ou partiel d'un train, peut donner lieu à une amende de 20 centimes par minute de retard et, de plus, à la suppression de la moitié des primes d'économies du train.

L'administration du Hanovre applique, comme suit, les primes de parcours d'après la charge remorquée :

Au mécanicien, pour chaque essieu monté transporté à 1 kilomètre,

Dans les trains de voyageurs. 0f,00037
Dans les trains de marchandises . . . .   0 ,00027

Au chauffeur, la moitié de la prime allouée au mécanicien ;

Sur les profils à pente prononcée, — $0^m,015$ à $0^m,022$, l'allocation est portée au double ;

Le personnel de deux machines attelées à un train se partage la prime de parcours de ce train ;

Ces primes ne sont acquises que pour les trains remorqués avec la régularité prescrite au tableau de marche. — Si le train est en retard par quelque cause que ce soit, sauf celles dues aux arrêts dans les stations, le mécanicien subit sur ses primes une retenue de 6 centimes, le chauffeur de 3 centimes par minute de retard.

Le service de réserve ou de manœuvre donne également lieu à une bonification de 5 centimes par heure pour le mécanicien, et de 25 millièmes pour le chauffeur, — mais seulement dans le cas où ces divers services sont effectués avec des allocations de combustible.

Pour le dire en passant, ce service est considéré comme une sorte de punition, car on en charge les mécaniciens dont les machines sont en grande réparation.

La Compagnie de l'Ouest accorde une indemnité pour travail supplémentaire aux mécaniciens et chauffeurs qui, par suite de circonstances exceptionnelles, auront effectué dans le mois un parcours supérieur à un minimum déterminé d'avance.

Cette indemnité est fixée, pour les mécaniciens, à 2 francs, et pour les chauffeurs à 1 franc, par fraction de 100 kilomètres parcourus au delà du minimum.

La Compagnie d'Orléans alloue des primes pour temps regagné dans le parcours, lorsque le retard provient du fait de l'exploitation : — affluence de voyageurs, — affluence des bagages ou des marchandises, — manœuvre de voitures et vagons, — formation du train, — allumage du train, etc., etc.

Ces primes sont de 15 centimes par minute regagnée aux trains express et postes, aux trains ordinaires de voyageurs à partir de la sixième minute, et aux trains de marchandises à partir de la onzième minute.

Dans la Compagnie de l'Est, des amendes sont infligées pour chaque détresse de train résultant d'avaries aux machines et tenders ; pour tout retard excédant vingt minutes, résultant du fait des machines et tenders ; pour toute machine qui aura dû être remplacée par une machine et donné lieu à des parcours inutiles ; enfin, pour toute machine devant rentrer en réparation avant d'avoir fait le parcours minimum donnant droit à la prime.

608. NOMBRE DE VÉHICULES REMORQUÉS. — La prime que l'administration du Hanovre alloue par essieu transporté rentre dans cette catégorie. Cependant il s'agit ici d'une surcharge au delà des minima fixés pour chaque machine.

A l'Est, la prime consiste dans un supplément d'allocation de combustible.

La Compagnie d'Orléans tient compte au mécanicien, qui accepte des voitures au delà de la charge normale du train, d'une prime de 1 centime par voiture et par kilomètre en marche inférieure à 60 kilomètres à l'heure ;

Pour les trains marchant à 60 kilomètres, la prime est de.   0f,015
Et pour les trains ayant une vitesse plus grande. . . . . .   0 ,020

609. PRIMES DE RAMPES (Est). — En dehors de l'allocation pour surcharge, il est accordé une prime de rampe aux mécaniciens et chauffeurs des machines à roues libres, desservant les trains-types 55 et au-dessus, composés de 10 véhicules, lorsqu'ils gravissent sans le secours d'une machine de renfort les rampes de : Nançois-le-Petit à Loxéville ; Lérouville à Loxéville ; Flamboin à Maison-Rouge.

Cette prime est de 1 fr. pour les mécaniciens ; 0f50 pour les chauffeurs.

La prime de rampe n'est pas applicable aux autres trains de voyageurs, ni aux trains mixtes, de bestiaux ou de marchandises.

610. DURÉE DES MACHINES EN SERVICE. — Ainsi que nous l'avons indiqué à plusieurs reprises, il est important pour une administration de maintenir aussi longtemps que possible son matériel en service. La durée dépend essentiellement des soins qu'apporte le personnel de conduite dans son entretien. Aussi plusieurs administrations accordent une *prime d'entretien* aux mécaniciens qui auront effectué un certain parcours avec la même machine au delà d'un minimum déterminé, sans que cette machine ait exigé d'autres réparations que celles d'entretien courant pouvant être faites dans un délai de cinq jours. La Compagnie de l'Ouest alloue au mécanicien une prime de 6 francs par 1000 kilomètres de parcours au delà de :

25000 kilomètres pour les machines à 1 essieu moteur.
20000   —   à 2 essieux moteurs.
15000   —   à 3 essieux moteurs.

La Compagnie de l'Est accorde des primes pour l'entretien et la conservation en bon état des machines dans les dépôts.

Ces primes sont réparties par quart entre le mécanicien pour deux quarts, le chauffeur un quart, le personnel du dépôt un quart.

La prime est de 4 francs pour 1000 kilomètres de parcours effectué par chaque machine ayant fait les parcours suivants :

A. Mach. à 1 essieu mot., au delà de 60000 kil. et jusqu'à 120 000 kil.
B. —   à 2   —   de 50000   —   100000 —
C. —   à 3   —   de 35 000   —   70000 —
D. —   à 4   —   de 30 000   —   60000 —

La prime est de 6 francs par 1000 kilomètres parcourus entre les limites suivantes, conformément aux désignations ci-dessus :

A. . . . . . . de 120000 kilomètres à 180000 kilomètres.
B. . . . . . . de 100000   —   à 150000   —
C. . . . . . . de 70 000   —   à 100000   —
D. . . . . . . de 60000   —   à 80000   —

La prime est de 8 francs par 1000 kilomètres pour tout parcours supérieur à ces derniers.

Les mécaniciens et chauffeurs conduisant *accidentellement* une machine primée, n'ont droit à ces primes qu'autant qu'ils ont conduit cette machine sans interruption sur des parcours de :

5000 kilomètres, pour machine à 1 essieu moteur.
4000   —   à 2 essieux moteurs.
3000   —   à 3 et 4 essieux moteurs.

611. Retenues et amendes. — S'il est juste de récompenser le zèle, il est également convenable de punir tout agent qui, par manque de soin ou de bonne volonté, n'aura pas convenablement accompli la tâche dont il s'était chargé.

Ainsi, tout retard, dans la Compagnie d'Orléans, donne lieu à une retenue qui varie de 15 à 30 centimes par minute, selon qu'il affecte les trains de marchandises, — à partir de la onzième minute, — ou les trains de voyageurs, — à partir de la sixième minute.

Pour les trains express et postes, les retards se comptent après la première minute.

Les bris d'attelage sont retenus à raison de 1 franc par pièce cassée.

Chaque refus de charge en dessous de la charge normale motive une retenue de 1 centime par voiture du train ordinaire, de 1 centime et demi lorsqu'il s'agit de trains marchant à 60 kilomètres à l'heure et de deux centimes si le cas se rapporte à un train marchant à une vitesse supérieure.

Enfin, la vitesse exagérée, des surcharges occasionnant des excédants de consommation, des renouvellements d'approvisionnements en des points autres que les stations de ravitaillement prescrites, des retards encourus dans un certain nombre de parcours, etc., etc., donnent lieu à des amendes qui se prélèvent sur les primes.

612. Comptabilité. — Toutes les opérations qu'effectue le mécanicien : prise de combustible, de matières grasses; mise en tête des trains, parcours effectués, etc., etc., exigent des formalités d'écritures et la production de pièces destinées au dressement des comptes de dépenses en matières, en traitement et primes. Nous parlerons de ces différentes pièces, à propos des fonctions des comptables et gardes-magasin.

613. Résultats statistiques. — *Conduite.* — Sur les lignes de la Compagnie des chemins de fer du Sud de l'Autriche, les dépenses de conduite des machines se sont élevées, en

1877, à 0ʳ,182 par kilomètre de train. En 1860, cette dépense était de 0ʳ,254.

La réduction considérable des frais de conduite n'a pas été obtenue en diminuant la rétribution du personnel. Bien au contraire, car les traitements et primes ont été augmentés, mais les frais de conduite ont diminué par suite de la meilleure utilisation des machines.

En 1878, au chemin d'Orléans, le personnel de la conduite des locomotives se composait ainsi :

Machinistes de toutes classes.	678
Élèves machinistes.	82
Chauffeurs.	592
	1 352

Ce qui représente 1 agent pour : 3,240 kilom.

Le parcours moyen effectué par les machinistes composant le personnel de la conduite des machines a été, en 1878, de 43 634 kilomètres par an.

$$3636 \quad — \quad \text{par mois.}$$
$$121 \quad — \quad \text{par jour.}$$

Les dépenses de ce personnel, dans le même exercice, se sont élevées à la somme de fr. 3 697 127,25.

Répartis de la manière suivante :

Appointement (75,91 %)	fr. 2 806 557,25
Frais de déplacements, indemnités (7,53 %). .	278 418,90
Primes acquises (16,56 %)	612 120,32

Retenues et amendes. — Les retenues et amendes infligées au personnel de la conduite des machines, en déduction des primes acquises, se sont élevées, en 1878, à la somme de fr. 8 260,14.

qui se décompose comme suit :

1° Retards dans la marche des trains (1044 retards) et exagération de vitesse.	fr.	7 603,25
2° Réduction de charge des trains sur la demande des machinistes.	—	46,89
3° Ruptures d'attelage par suite de démarrages brusques.	—	610.00

Les amendes encourues par 3126 agents, pour infractions à la discipline, mauvais service, pertes d'outils, etc., se sont élevées à   fr. 13 391.

Cette somme a été versée au fonds de secours distribué aux ouvriers, en secours de diverses natures. — Voir : *Institutions coopératives*, 4ᵉ partie, ADMINISTRATION. —

Dépenses des dépôts. — Ces dépenses qui comprennent les traitements des chefs et sous-chefs de dépôt, des employés et distributeurs, les salaires du personnel employé à l'entretien courant des machines et tenders en service, les matières diverses consommées pour cet entretien, les frais de chauffage et d'éclairage, ainsi que l'entretien et le renouvellement du mobilier et de l'outillage se sont élevées, en 1878, pour le chemin de fer d'Orléans, à   fr. 1 895 956,64 ce qui donne pour la moyenne kilométrique : centim. 6,41

Frais généraux. — Sous cette rubrique, on comprend toute la partie des frais d'administration, celle des dépenses fixes et variables, dont l'application directe ne peut être faite à un seul compte.

Sur le réseau d'Orléans, cet article de dépenses s'est élevé, en 1878, à   fr. 789 890,12 soit pour 1 kilomètre parcouru par les machines : centim. 2,67.

Combustibles. — L'article de la dépense de traction le plus important est celui du combustible ; il y a là un vaste champ ouvert aux recherches, surtout en présence de l'augmentation toujours croissante du prix de la houille.

Dans certains pays, comme l'Italie, par exemple, où la houille consommée provient d'importations, et qui peuvent produire d'autres combustibles, les ingénieurs ont grand intérêt à faire des essais en vue d'alimenter les machines avec le combustible rencontré dans la localité ou tout au moins à proximité.

Ainsi, les lignes du réseau de la haute Italie, qui ont longtemps brûlé des charbons anglais à raison de 50 francs la tonne en moyenne, ont introduit, depuis 1864 et 1865, l'alimentation à la tourbe et au lignite anglais. Cette dernière matière leur coûtait, à cette époque, 28 fr. 80 c. la tonne rendue en magasin, et encore provenait-elle d'une localité assez éloignée du centre de l'exploitation.

Divers. — A côté de la question d'achat de matières, il en est d'autres qui doivent fixer très sérieusement l'attention des ingénieurs. Le profil de la ligne, par exemple, a une influence encore plus grande sur les frais de traction. M. Desgranges a publié, dans les *Bulletins de la Société des ingénieurs civils*, des détails très intéressants sur les frais d'exploitation du passage du Semmering comparés à ceux de la ligne entière, et a fait ressortir l'énorme influence que cette traversée des Alpes exerce sur les dépenses de transport. Le successeur de M. Desgranges dans la direction du service du matériel et de la traction des chemins de fer du Sud de l'Autriche, M. l'ingénieur en chef Gottschalk, a complété ces indications par la publication des résultats obtenus jusqu'à 1877, indications auxquelles nous avons emprunté les chiffres reproduits plus loin.

Nous en avons un autre exemple fourni par les lignes qui traversent les Alpes italiennes. Voici un tableau des frais de traction par kilomètre de trains, que nous extrayons du compte rendu très complet et très intéressant de l'exploitation des chemins de fer de la haute Italie pour l'année 1865 et qui a pour but de faire ressortir les différences entre les dépenses de traction dans la traversée des Apennins, passages de la Porretta (ligne de Florence), des Giovi (ligne de Gênes), et celles de même nature sur le réseau en plaine.

	EN PLAINE	PASSAGE DES GIOVI	PASSAGE DE LA PORRETTA
TRAINS......... kilomètres...	5 250 295 T. K.	88 485 T. K.	143 368 T. K.
LOCOMOTIVES... kilomètres...	5 816 139 L. K.	222 979 L. K.	172 660 L. K.
Frais généraux.	0f,0261	0f,0198	0f,0214
Conduite.	0 ,1308	0 ,4818	0 ,3098
Combustible	0 ,4254	2 ,1577	1 ,2101
Service de l'eau	0 ,0105	0 ,0109	0 ,0078
Réparation des machines. .	0 ,1332	1 ,0896	0 ,1085
Réparation des voitures . .	0 ,1260	0 ,1355	0 ,1174
Nettoyage et éclairage. . .	0 ,0802	0 ,2400	0 ,1481
	0f,9322	4f,1353	1f,9231

Le tableau suivant fait ressortir pour les mêmes circonstances les consommations de matières par kilomètre de train :

CONSOMMATION DE..	CHARBON.	BOIS d'allumage.	CORPS GRAS pour locomotives
En plaine. . . .	10k,100	0k,320	0k,028
Aux Giovi . . .	35 ,545	0 ,457	0 ,141
A la Porretta . .	53 ,532	0 ,536	0 ,078

Il résulte de l'étude comparative des frais dans ces diverses circonstances que la traction coûte :

1° En plaine, par kilomètre de ligne, 3 712 francs, et que la différence des dépenses par train-kilomètre et par locomotive-kilomètre n'est que de 0f, 0907.

2° Au passage des Giovi, par kilomètre de ligne, 60 983 fr. et par locomotive-kilomètre un tiers du train-kilomètre. Cette différence tient à ce que les trains, composés ordinairement de trente-six véhicules au départ de Gênes doivent être divisés en trois tronçons à Pontedecimo. La machine remorque successivement les trois tronçons jusqu'à Busalla, et parcourt ainsi 60 kilomètres, tandis que le train n'a parcouru que 30 kilomètres.

3° Au passage de la Porretta, par kilomètre de ligne 6892 francs, et par train-kilomètre $6^f,3262$ de plus que par locomotive-kilomètre. Ce résultat peut être attribué, d'une part, à l'emploi des locomotives puissantes, système Beugniot, — chap. VI, § IV —, qui remorquent jusqu'à vingt-cinq véhicules, et de l'autre, à l'infériorité du mouvement du trafic qui existe entre la Toscane et la Haute-Italie, relativement à celui que donne l'importation par le port de Gênes; les trains faiblement chargés qui traversent la Porretta peuvent franchir ce passage sans être décomposés.

Nota. — On est arrivé au même résultat sur les sections du Semmering et du Brenner, en augmentant la puissance de traction des machines et en appliquant aux trains lourdement chargés la double traction, avec la seconde machine en queue, système qui fonctionne depuis plus de 10 ans, sans donner lieu à aucun accident.

Chemins de fer de l'Est. — Dépense du service des machines, en 1878, rapportée au kilomètre de train.

1° Traitement des Ingénieurs, chefs de service, personnel des bureaux, frais généraux de la traction et des ateliers.	centim.	4,529
2° Traitement des chefs et sous-chefs de dépôt, des mécaniciens et des chauffeurs	—	12,286
3° Combustible des machines.	—	25,635
4° Primes d'économie de combustible	—	1,818
5° Frais de manutention et d'emmagasinage des combustibles.	—	0,799
6° Graissage des machines.	—	1,258
7° Service de l'eau.	—	1,291
8° Éclairage des machines, menues dépenses des dépôts.	—	0,966
9° Nettoyage des machines	—	0,817
10° Entretien et réparation des machines et tenders	—	13,007
Total. . .		63,396

Il serait à désirer que toutes les administrations s'entendissent pour adopter les mêmes subdivisions, de manière à rendre les détails comparables.

Les renseignements donnés par la Compagnie des chemins de fer du Midi sont plus sommaires que les précédents.

Chemins de fer du Midi. — Dépense du service des machines en 1879, rapportée au kilomètre de train.

Frais généraux, services centraux.	centimes	1,797
Mécaniciens et chauffeurs.	—	16,494
Personnel des dépôts.	—	4,182
Graissage, nettoyage et éclairage des machines.	—	3,759
Alimentation.	—	1,935
Dépenses diverses des dépôts.	—	2,323
Combustibles.	—	33,906
Entretien et réparation des machines et tenders.	—	15,961
Total. . .		80,357

Chemins de fer du Sud de l'Autriche. — Les dépenses de la traction des trains sont considérablement accrues par l'augmentation de l'inclinaison des lignes.

Voici, comme exemple, un tableau, relatif à l'exercice 1877, des dépenses de la traction et d'entretien des machines sur le réseau des chemins de fer du Sud de l'Autriche, dans lequel à l'aide des renseignements publiés par M. le Directeur Gottschallk, nous avons rapproché des chiffres relatifs à la totalité du réseau, ceux qui se rapportent au Semmering, — chap. VI, § IV. —

Indication des imputations	Ligne principale et embranchements	Section du Semmering
	centimes	centimes
Conduite	17,40	27,90
Combustible.	22,80	42,40
Graissage.	3,20	5,20
Eau.	1,20	1,70
Réparations.	19,30	31,70
Frais généraux . . .	4,40	3,30
Totaux. . .	68,30	112,20

L'influence des rampes ressort également des tableaux qui se rapportent aux lignes du Tyrol — chap. VI, § IV. —

Indication des imputations	Ligne du Tyrol	Section du Brenner
	centimes	centimes
Conduite	16,60	22,10
Combustible.	20,50	51,90
Graissage.	3,20	4,80
Eau	0,60	0,60
Réparations.	10,40	15,30
Frais généraux. . .	5,60	3,70
Totaux. . .	56,90	98,40

Pour être tout à fait composables, il faudrait que tous les documents fournis se rapportassent à la même unité de poids traîné, et donnassent les quantités consommées (matières et main-d'œuvre), car les prix de ces choses varient très sensiblement d'une ligne à l'autre.

§ III

DÉPENSES DU SERVICE DU MATÉRIEL DE TRANSPORT.

614. LIVRAISON DU MATÉRIEL AU SERVICE DE L'EXPLOITATION. — Le service de la Locomotion doit livrer au service de l'Exploitation, sur ses réquisitions, toutes les voitures et tous les vagons dont ce service peut avoir besoin. Tous ces véhicules sont livrés en bon état de fonctionnement. La livraison d'un service à l'autre donne lieu à un procès-verbal de prise en charge, signé par l'agent de l'Exploitation à ce qualifié, mais le service de la Locomotion conserve la responsabilité de l'entretien de ce matériel.

615. RÉFORME DU MATÉRIEL AVARIÉ. — Les chefs de dépôt, s'il y a lieu, et les chefs du petit entretien ainsi que les visiteurs ont donc à veiller sans cesse sur l'état de tous les véhicules en mouvement ; ils retirent de la circulation tous les véhicules qui paraissent nécessiter une visite ou une réparation, en observant les formalités prescrites.

616. AVARIES. — De quelque nature, de quelqu'importance soit-elle, toute avarie est constatée contradictoirement entre les agents du service de la Locomotion et ceux du service de l'Exploitation à ce qualifiés, les chefs de gare ou de station, les chefs de train, par exemple.

Cette constatation se traduit par l'établissement d'un *bulletin d'avarie* qui donne les indications suivantes :
— Nom de la gare, de la station où la constatation a lieu ;
— La date ;
— Le numéro du train ;
— Le signalement du véhicule, par série et numéro ;
— L'indication détaillée de l'avarie ;
— La cause de l'avarie, si c'est possible.

Un état semblable, mais en double expédition, est dressé quotidiennement pour la constatation des avaries reconnues sur les véhicules échangés entre les diverses administrations mises en contact par les *gares de transit*, — 4° partie, EXPLOITATION.

617. RAPPORTS DES AGENTS DU PETIT ENTRETIEN. — Les chefs du petit entretien, les chefs visiteurs et les visiteurs isolés adressent chaque jour à l'ingénieur, un rapport de constatation des véhicules réformés pour avarie.

Ce rapport contient en tête :
— La désignation de la gare et la date ;
Dans les colonnes :
— Le numéro des trains ;
— La série et le numéro du véhicule ;
— Le lieu de l'avarie :

— Le point où le véhicule est envoyé en réparation ;
— Le service auquel on doit attribuer l'avarie ;
— La cause de l'avarie ;
— Le détail de l'avarie.

Ils adressent aussi à l'atelier désigné un bulletin d'avis d'expédition avec l'indication de la réparation à faire.

618. RAPPORTS DES CHEFS D'ATELIER. — Comme pour les machines et tenders, l'ingénieur de la locomotion doit connaître constamment l'état du matériel roulant en service, en réparation et en réserve.

Les chefs d'atelier lui adressent en conséquence et périodiquement :

1° Un avis de réparation des véhicules donnant :
— La date d'entrée en réparation ;
— Le numéro de la commande ;
— L'indication du véhicule ;
— La nature de la réparation demandée ;

2° Un état de situation du matériel roulant divisé par espèces et séries de véhicules indiquant chacune :
— Les véhicules en réparation ;
— L'époque probable de l'achèvement ;
— Le montant probable des frais de réparation ;
— Les véhicules réparés depuis le dernier rapport ;
— Le nombre des véhicules disponibles.

619. PROCÈS-VERBAL DE DESTRUCTION DE MATÉRIEL. — Lorsqu'à la suite d'une avarie grave, ou bien lorsqu'un véhicule est arrivé au point où les frais de réparation seraient trop élevés relativement aux services qu'il peut rendre, s'il ne doit pas être remplacé dans sa série, ou bien enfin s'il doit être remplacé par un véhicule d'une autre série, l'ingénieur de la Locomotion, sur l'avis du chef d'atelier, propose à la Direction la destruction du véhicule en question.

Sur la décision de la Direction, l'agent en cause procède à la destruction du véhicule et dresse un procès-verbal de constatation, visé par l'ingénieur en chef. Cette pièce doit être réunie à l'inventaire dressé à la fin de chaque exercice.

620. RÉSULTATS STATISTIQUES. — Les dépenses de ce paragraphe ne suivent pas l'influence fâcheuse du profil de la ligne exploitée, comme celles de la traction proprement dite; elles sembleraient même être moindres pour les lignes à fortes rampes, que pour les lignes en plaine. Et cependant, l'usure des bandages résultant de l'emploi continu des freins devrait accroître les frais normaux d'entretien des roues et essieux. Quoi qu'il en soit, voici les chiffres afférents à ce chapitre de l'exploitation des sections du Semmering et du Brenner, en 1877 :

Indication des imputations	Ligne de Vienne à Trieste et embranchements	Section du Semmering
	centimes	centimes
Réparations de voitures. . .	9,20	5,10
— de vagons . . .	13,90	10,30
Graissage	1,20	0,90
Frais généraux.	1,60	0,50
Totaux. . . .	25,90	16,80

Indication des imputations	Ligne du Tyrol	Section du Brenner
	centimes	centimes
Réparations de voitures. . .	11,40	7,20
— de vagons . . .	11,80	10,00
Graissage	1,10	0,90
Frais généraux.	2,00	0,70
Totaux. . . .	26,30	18,80

Chemin de fer de l'Ouest. — Les dépenses de cette rubrique dépendent plutôt de la nature du trafic. Elles sont plus élevées pour les lignes où la circulation des voyageurs l'emporte sur le trafic des marchandises.

Ainsi, dans l'ancien réseau de l'Ouest où les lignes de banlieue sont presqu'exclusivement fréquentées par les voyageurs, les frais d'entretien du matériel de transport à voyageurs sont six fois plus élevés sur les lignes de banlieue que sur les grandes lignes, tandis que les frais d'entretien des vagons à marchandises n'y sont que la moitié environ des frais correspondants sur le reste du réseau.

Le tableau suivant, relatif à l'exercice 1875, fait ressortir ces différences.

Désignation des imputations	Lignes de banlieue	Grandes lignes
	centimes	centimes
Entretien et réparation des voitures	29,24	5,47
Entretien et réparation des vagons.	0,67	10,51
Graissage	1,49	1,79
Frais généraux	0,42	0,24
Totaux. . . .	31,82	18,01
Renouvellement de matériel. .	0,19	5,15

Chemins de fer du Midi. — En 1879, les frais, par train-kilomètre, du service du matériel de transport se sont établis comme suit :

Entretien et réparation des voitures et vagons . . cent. 16,440
Graissage. — 1,250

Total : cent. 17,690

Les frais généraux sont compris dans ceux de la traction cités plus haut. — 613 —

Chemins de fer de l'Est. — En 1878, les dépenses de ce paragraphe se sont élevées, pour un train-kilomètre, à

cent. 35,598

Chemins de fer d'Orléans. — En 1878, ces dépenses, rapportées au kilomètre de véhicule, se résument ainsi :

Réparations des voitures et vagons . . . . cent.   0,5196
Petit entretien, nettoyage. . . . .   —   0,1995
Service de route. Traitement des graisseurs. . .   —   0,1012
     —   Matières grasses (0gr., 488). . .   —   0,0240
Frais généraux. . . . .   —   0,0518

                        Total.   cent.   0,8961

L'adoption de cette dernière unité de comparaison, le kilomètre de véhicule, est un premier pas dans le système de statistique adopté par les chemins de fer. Encore un effort, et l'unité de poids remorqué servira de terme universel de comparaison. Encore faudrait-il tenir compte de la vitesse qui produit les chauffages des boîtes à graisse. On en viendra donc à la vraie unité : le kilogrammètre.

§ IV.

APPROVISIONNEMENTS.

621. IMPORTANCE DES APPROVISIONNEMENTS. — Chaque année, à l'approche de la clôture de l'exercice, les chefs de service dressent un état des objets et matières qui leur seront nécessaires dans le courant de l'année suivante. Toutes ces pièces sont groupées par l'agent général des magasins qui, d'après les existences probables en fin d'exercice, détermine l'importance des acquisitions à faire.

L'ingénieur de la locomotion a pour mission principale de veiller à ce que rien ne manque en cours d'exercice ; il doit par conséquent, se faire rendre compte périodiquement des consommations courantes et des existences en magasin, s'assurer que les approvisionnements sont suffisants, et, dans le cas contraire, prendre toutes mesures pour en ramener l'importance au niveau des besoins.

Il y a lieu de distinguer entre les matières de consommation journalière ou d'alimentation et celles d'entretien.

Dans la première catégorie, nous distinguons : les divers combustibles, les corps gras, les matières employées pour faire les joints, celles destinées au nettoyage, à l'éclairage, etc.

Dans la seconde, nous comprenons les métaux et matières brutes de toutes sortes ; les bandages, roues et essieux, boîtes à graissage et coussinets, ressorts, tuyaux, lampes, etc., les barreaux de grille, entretoises de foyer, tubes, etc.

622. COMBUSTIBLES. — Nous avons cherché à établir aux paragraphes précédents les consommations kilométriques des machines en combustible ; mais ces éléments ne suffisent pas pour établir les prévisions des quantités nécessaires à la consommation générale. Indépendamment de l'alimentation des machines remorquant les trains, il faut répondre aux nécessités des machines faisant le service de réserve ; — des machines de secours ; — des retours haut le pied ; — des manœuvres de gares ; — des divers services : ateliers, machines fixes, etc., etc.

Le chiffre de parcours des trains étant connu, on augmente cette quantité de 10 à 12 pour 100, ce qui peut donner le mouvement total des machines. En le multipliant par 11 kilogrammes par kilomètre, on aura le montant en poids du combustible nécessaire à la circulation des locomotives ; celui des autres services peut s'établir à raison de 6 à 8 pour 100 du précédent. Au moyen de ces deux chiffres, on connaîtra l'importance totale du combustible qu'il s'agit d'approvisionner. C'est environ par 1000 kilomètres de parcours pour les machines, 13 200 kilogrammes de combustible, houille ou briquettes.

Les prix du combustible sont essentiellement variables d'un point à un autre. Voici un aperçu des prix moyens de la tonne de 1000 kilogrammes au lieu de production :

PROVENANCE	HOUILLE		Agglomérés	Coke lavé
	Tout venant	Gros		
BELGIQUE.				
Charleroi	13ᶠ à 14ᶠ,50	21ᶠ à 22ᶠ	—	24ᶠ
FRANCE.				
Nord.	13 à 14	—	—	—
Pas-de-Calais . . .	12 à 13	22ᶠ	—	—
Saint-Etienne . . .	12 à 13	19ᶠ à 22ᶠ	20ᶠ à 24ᶠ	22ᶠ,50 à 24ᶠ
Blanzy.	14 à 15	20 à 23	20 à 24	22 à 24
Gard.	12 à 13	19 à 20	23 à 24	—
ANGLETERRE.				
Newcastle.	10 à 12	—	—	19 à 20
Cardiff.	12 à 13	—	—	—
PRUSSE.				
Saarbruck.	9 à 11	14 à 24	—	18 ,50 à 20
Ruhr.	8 à 9	—	—	—
Centre de la France.				
Prix moyen des combustibles :				
Français	17ᶠ,14	—	17ᶠ,14	
Etrangers.	26ᶠ,44	—	26ᶠ,44	35

623. MATIÈRES DIVERSES. — Pour les matières autres que le combustible d'alimentation, le tableau suivant, relevé sur les comptes d'une grande exploitation, indique l'importance de la consommation de ces matières et leurs prix, consommation ramenée à l'unité de parcours, soit 1000 kilomètres de trains.

Consommation des principales matières, pour un parcours de 1000 kilomètres de trains.

DÉSIGNATION.	UNITÉ.	QUANTITÉS.	PRIX de l'unité.
			fr.
Acier pour outils	Kilogramme.	1,176	1,47
Acier pour ressorts	—	8,131	0,67
Antimoine	—	0,655	1,13
Bandages en fer et en acier (1) .	—	57,178	0,70
Bois de chêne	Mètre cube.	0,265	108,81
Bois de sapin	—	0,119	63,72
Bois d'essences diverses . . .	—	0,043	75,22
Bronze de toutes natures . . .	Kilogramme.	18,592	2,79
Caoutchouc	—	0,186	10,01
Céruse	—	2,019	0,76
Couleurs diverses	—	4.233	2,20
Crin	—	0,151	4,15
Cuirs divers	—	0,513	4,54
Cuivre rouge	—	6,435	2,80
Cuivre jaune	—	0,609	2,01
Drap pour l'entretien des voitures	Mètre linéaire.	0,230	12,20
Étain	Kilogramme.	0,649	2,25
Étoffes diverses	Mètre linéaire.	0,881	2,72
Étoupes, chiffons, déchets de coton	Kilogramme.	6,075	0,53
Fagots d'allumage	Pièce.	23,129	0,10
Fers de toutes natures	Kilogramme.	97,950	0,30
Fonte	—	45,795	0,30
Galons en soie et en laine . . .	Mètre linéaire.	2,910	0,60
Graisse pour voitures et vagons .	Kilogramme.	26,312	0,61
Huile à graisser	—	21,244	0,86
Huile d'éclairage	—	7,712	1,12
Huiles diverses	—	2,020	1.05
Limes neuves	Pièce.	2,533	1,05
Mérinos pour rideaux	Mètre linéaire.	0,800	3.03
Minium	Kilogramme.	1,177	0.47
Plomb	—	1,579	0,52
Suif	—	4,230	1.06
Tôles au bois et à la houille . .	—	29,405	0.30
Tubes en laiton pour chaudières .	—	11,817	2.35

(1) Pour locomotives, tenders, voitures et vagons.

624. PIÈCES DE RECHANGE. — Nous rangeons dans cette catégorie les pièces qui peuvent être immédiatement remplacées, sans nécessiter la rentrée de la machine aux ateliers, telles que excentriques, pistons, tiroirs, ressorts, etc., etc.

Nous croyons devoir prémunir l'ingénieur contre la tendance à constituer une avance de pièces de rechange trop importante. C'est avant tout l'expérience du chemin à exploiter qu'il consultera, car les résultats varient avec les conditions de tracé du chemin, la nature du ballast, l'état de la voie, etc., etc.

Il existe toute une série de pièces que l'on fait bien de ne pas approvisionner, car il suffit d'un très léger changement de dimensions pour rendre ces pièces impropres au service immédiat. Mieux vaut faire chômer une machine pendant vingt-quatre heures que d'avoir en magasin des quantités considérables de matières qu'un perfectionnement peut transformer inopinément en matériaux de rebut.

Bandages de roues et essieux de machines, tubes, foyers, chaudières, etc. Comme nous l'avons indiqué précédemment, l'usure des roues proprement dites est insignifiante ; celle des bandages est considérable, mais encore dépend-elle de la qualité du métal et de l'état de la voie. Avec une avance de 5 pour 100, surtout à l'entrée de l'hiver, on peut se trouver garanti contre toutes les éventualités. Mais il faut avoir soin de ne les aléser ou tourner qu'au moment de l'emploi.

Quant aux roues de vagons, il n'est pas nécessaire d'en avoir un approvisionnement, si on a soin de donner à tout le matériel les mêmes fusées et les mêmes boîtes ; les roues des véhicules en réparation suffisent dans ce cas pour remplacer les roues avariées.

Les essieux coudés qui, à l'époque des machines légères — 1848, 1852, — fournissaient des parcours de 250000 et 270000 kilomètres, ne dépassent pas aujourd'hui 150000 kilomètres. C'est un cinquième à remplacer chaque année. Quant aux essieux droits, ils atteignent au moins 300 000 kilomètres avant de nécessiter un remplacement.

Les foyers en cuivre donnent en moyenne un parcours de 210000 kilomètres. — A 30 000 kilomètres par an, la durée d'un foyer est de sept années. — C'est donc un septième des foyers à remplacer chaque année. Pour les tubes en laiton, les limites sont en moyenne 180000 kilomètres en six années.

625. QUANTITÉS EN APPROVISIONNEMENT. — Cette question ne peut pas être tranchée en thèse générale. Avant tout, il faut assurer le service. Quant aux voies et moyens, c'est une affaire spéciale à chaque cas particulier : position géographique ; — proximité ou éloignement des centres de production ; — transports plus ou moins difficiles ; — situation temporaire du crédit, de l'industrie, etc., etc.

Pour les combustibles en particulier, les approvisionnements trop considérables entraînent à des pertes d'intérêt, des déchets importants, enfin à des manipulations coûteuses que l'on peut éviter en déchargeant directement les vagons dans les tenders. Il peut en être de même des corps gras.

Cependant, pour les matières de consommation journalière, la prudence conseille de ne pas réduire les approvisionnements au-dessous des quantités nécessaires aux besoins d'un mois.

Quant aux autres matières, une avance de six mois étant largement suffisante, l'ingénieur en consultant l'état des marchés, les dispositions des producteurs, décidera ses commandes en partant des données du tableau qui précède.

Nous revenons sur cette question au paragraphe V.

626. TRANSPORT, CONSERVATION. — Tout transport motivé par une demande spéciale ou par un besoin permanent, quelles qu'en soit d'ailleurs la provenance et la destination, doit toujours être précédé ou du moins accompagné d'un avis d'expédition ou d'une facture. Les combustibles minéraux se transportent à découvert, mais en leur faisant subir le moins de manutentions possible pour éviter les déchets.

Le renouvellement des approvisionnements se fait ordinairement dans les dépôts où les machines terminent leur course et où elles séjournent assez longtemps pour s'y ravitailler. Ces points d'approvisionnement peuvent être éloignés de 150 kilomètres en moyenne. La répartition des points de distribution varie d'après le sens que doit parcourir la matière, et il y a intérêt à opérer le ravitaillement dans les dépôts les plus rapprochés des points de production. Ainsi, le réseau de l'Est s'approvisionnant sur les houillères de la Sarre, les machines du dépôt de Forbach prennent là tout le combustible pour faire le relais de Forbach à Nancy et le retour : ensemble 252 kilomètres. Les machines du dépôt de Strasbourg s'alimentent à Nancy ; celles de Mulhouse à Strasboug, et ainsi de suite, en s'éloignant du point d'arrivage du combustible sur la ligne.

On emploie avec succès, pour le transport et la conservation de l'huile, des vases en tôle, car, dans les vases en bois, il y a coulage considérable. Il faut seulement avoir la précaution de faire étamer la tôle, sans quoi les huiles subissent une certaine altération provenant de la combinaison de leurs acides avec l'oxyde de fer, qui les rend impropres à l'éclairage.

Les réservoirs sont munis de robinets de distribution, de bondes de vidange et d'indicateurs de niveau pour vérifier les contenances.

Toutes les matières, a-t-il été dit, sont disposées avec méthode et clarté, étiquetées par nature et quantité. Le combustible se range en grands tas distincts, de capacité uniforme, 100 tonnes, par exemple. On fera bien de leur donner une hauteur constante, mais pas supérieure à 3 mètres.

Les paniers à coke, houille ou briquettes doivent avoir des dimensions telles, que le poids de leur contenance soit exactement de 50 kilogrammes.

627. DISTRIBUTION. — La distribution des matières ne se fait que sur remise de bons délivrés par les ingénieurs, chefs de dépôt ou d'atelier. Cependant celle des combustibles, corps gras et autres matières employées par les mécaniciens, chauffeurs et graisseurs, a lieu sur remise de bons dont ces agents sont comptables.

En Allemagne, on délivre à chaque mécanicien un certain nombre de bons donnant droit à un poids déterminé de combustible ; il y a deux sortes de bons : 250 et 1200 kilogrammes. La désignation du mois et le nom du mécanicien sont imprimés sur les bons. Avant de délivrer la matière, le distributeur s'assure que le mécanicien a inscrit, sur le bon qu'il remet, le jour du mois et le numéro de la machine.

Les bons non utilisés sont rendus par le mécanicien à la comptabilité, qui en crédite son compte, débité définitivement des bons remis en échange des matières.

La distribution des matières grasses s'effectue de même.

Aux chemins rhénans, chaque graisseur reçoit, au commencement du mois, un livret renfermant quatre séries de chacune six bons, qui donnent droit à la remise de 108 livres d'huile réparties en bons de 10, 5, 2 et 1 livres d'huile.

Au verso, chaque bon porte l'indication des matières qui peuvent être nécessaires pendant le service, mèches, savon noir, huile d'éclairage, graisse de vagons, suif, déchet. En voici la forme :

RECTO.

VERSO.

Monat	Hierauf können verabfolgt werden :
Bremser	— Ellen Lampendochte.
Gut für	— Pfund grüne Seife.
Pfd. Schmieröl.	— Pfund Brennöl.
	— Pfund Wagenschmiere
	— Pfund Putzwolle.
	— Pfund Talg.

Le graisseur peut recevoir du distributeur la quantité d'huile correspondant à la contenance du livret : mais s'il veut les matières indiquées au verso, il lui faut la signature de l'inspecteur à ce désigné.

En Belgique, les bons de combustible sont réunis sur une feuille dont la souche porte le numéro du mécanicien, l'indication du dépôt, le mois, la signature ou la marque du titulaire ; puis au-dessous viennent cinquante coupons rangés par ordre sous cette forme :

48	49
N°	N°
COKE 400 kilogrammes	COKE 400 kilogrammes
LOCOMOTIVE N°	LOCOMOTIVE N°

En suivant ces diverses dispositions, le contrôle est aussi complet que possible.

En France, chaque mécanicien reçoit un livret de bons à souche, en blanc ; chaque fois qu'il a besoin des matières qu'il est autorisé à recevoir, il remplit les indications voulues et remet le bon au distributeur. Celui-ci joint tous les bons délivrés dans la journée au relevé de ses sorties, et se trouve ainsi déchargé des matières sorties du magasin. Mais si le distributeur perd l'un de ses bons, comment en débiter la partie prenante ?

Voici le modèle des bons employés au chemin de fer du Nord.

Nous le faisons suivre de l'instruction des chemins de fer P. L. M. relative à cette question.

CHEMIN DE FER DU NORD

Left part (souche):

CHEMIN DE FER — N° ——— — 2me DIVISION.

DU NORD — — — TRACTION.

SOUCHE DE BULLETIN DE LIVRAISONS FAITES AUX MÉCANICIENS

Dépôt d	N° de la Machine
	Mécanicien
Le 188	Chauffeur

DÉLIVRÉ : Coke . . . . . paniers.

Charbon . . . paniers.

Briquettes . paniers.

Huile . . . . kilogr.

Suif . . . . . kilogr.

Graisse . . . kilogr.

Right part (bulletin):

CHEMIN DE FER — N° ——— — 2me DIVISION.

DU NORD — — — TRACTION.

BULLETIN DE LIVRAISONS FAITES AUX MÉCANICIENS.

Dépôt d	N° de la Machine
	Mécanicien
Le 188	Chauffeur

DÉLIVRÉ : Coke . . . . paniers.

Charbon . . paniers.

Briquettes . paniers.

Huile . . . . kilogr.

Suif . . . . . kilogr.

Graisse . . . kilogr.

Déchets de coton . .

Chiffons . . . .

Signature du Mécanicien :

Chemins de fer de Paris à Lyon et à la Méditerranée. — Instruction n° 121 modifiant l'ordre de Service n° 24, en ce qui concerne la distribution des combustibles et des matières grasses aux machines locomotives.

Art. 1er. — Aux termes de l'ordre général n° 24 en date du 22 mai 1863, les distributions de combustibles et de matières grasses aux machines locomotives sont constatées sur un bon modèle 2102, tiré d'un carnet à souche affecté personnellement au mécanicien, dont il porte le nom, que le mécanicien conserve et qu'il emploie quelle que soit la machine avec laquelle il se présente au quai de distribution.

Art. 2. — A l'avenir, les distributions seront constatées par un bon tiré d'un carnet à souche affecté à la machine, portant son numéro et qui restera constamment dans le coffre de l'outillage. Ce bon sera signé par le mécanicien qui conduira la machine au quai de distribution.

Art. 3. — Le bon mod. 2102 (1864) papier jaune est annulé et remplacé par un nouveau bon à souche mod. 2102 (1868), dont un spécimen est placé à la fin de la présente instruction.

Art. 4. — Les bons mod. 2102 (1868) sont reliés en carnets contenant chacun 200 bons ; la couverture en carton entoilé est assez solide pour résister à une année d'usage dans les coffres de tenders ; elle a au maximum 0^m15 de hauteur et 0^m23 de largeur, afin qu'elle puisse entrer dans les boîtes à règlements ; le dos du carnet est assez flexible pour rendre facile le développement à plat des feuillets et par suite le timbrage.

Art. 5. — Les carnets sont numérotés par série de 1 à 10 000 ; le numéro est placé sur la couverture et sur la feuille du premier bon.

Les 200 bons formant chaque carnet sont foliotés de 1 à 200.

Art. 6. — Les carnets sont commandés à l'Économat par la Division des combustibles qui les délivre en blanc aux ingénieurs de Traction sur leur demande.

Art. 7. — Lorsqu'un chef de dépôt a besoin d'un carnet

pour en munir une machine, il adresse directement à l'Ingénieur de Traction dont il relève, la demande d'un carnet, en lui indiquant en même temps le numéro de la machine.

Art. 8. — L'Ingénieur de Traction fait porter le numéro de la machine sur chacun des bons et des 200 souches des carnets, dans les compartiments à ce destinés. Ces numéros sont placés au moyen d'un timbre composteur spécial dont les chiffres ont dix millimètres de hauteur.

Ce timbrage doit être exécuté avec soin pour que les numéros soient tous très lisibles. L'Ingénieur de Traction adresse directement le carnet timbré au Chef de dépôt.

Art. 9. — En service normal, le chef de la division des combustibles et chaque Ingénieur de Traction doivent avoir des carnets en approvisionnement pour un service de trois mois.

Art. 10. — Le chef de la division des combustibles tient note sur un registre spécial des numéros des carnets en blanc délivrés à chaque Ingénieur de Traction.

L'Ingénieur de Traction enregistre sur un livre spécial pour chaque carnet délivré : le numéro du carnet, le numéro de la machine et le nom du dépôt.

Art. 11. — Le carnet appartient à la machine, il la suit dans tous ses déplacements ; il est placé sur le tender qui accompagne la machine, dans la boîte en fer qui contient les instructions et règlements. Si la machine change de tender, le carnet passe sur le nouveau tender.

Ce carnet n'est pas porté sur l'inventaire de l'outillage du tender.

Art. 12. — Lorsqu'un mécanicien veut faire distribuer à une machine du combustible ou des matières grasses, il imprime son nom au moyen d'une griffe dans la case du bon, qui correspond : dans le sens vertical, à l'indication de la matière demandée, et dans le sens horizontal, à l'indication de la quantité qu'il en veut recevoir.

Le mécanicien appose sur le bon autant de fois sa griffe qu'il veut recevoir de matières différentes.

Les griffes sont apposées avec soin au milieu des cases de manière à ce qu'elles soient très lisibles ; en cas d'erreur, une signature est annulée en apposant une seconde fois la griffe dans la même case, en renversant les lettres.

NOTA. — Voir le spécimen de bon placé à la fin de la présente instruction et dans lequel tous les cas sont représentés.

Art. 13 — Après avoir apposé sa signature sur le bon dans les cases qui correspondent à la nature et à la quantité des matières qu'il demande, le mécanicien remet le carnet aux agents de service sur le quai de distribution. Ces agents, après s'être assurés que le numéro de la machine qui se présente est bien conforme à celui porté sur le carnet, apposent sur la souche et le volant du bon, dans les cases à ce destinées, un timbre indiquant : le nom du magasin et la date de la journée. Ils détachent le volant qu'ils conservent, remettent le carnet au mécanicien et procèdent à la distribution.

Les quantités livrées restent en blanc sur la souche ; le mécanicien peut les remplir lui-même s'il le juge convenable pour se rendre compte ; mais dans aucun cas ces inscriptions ne peuvent faire foi, si elles présentent des différences avec les indications du volant.

Les timbres apposés par les agents des combustibles doivent être, comme ceux des mécaniciens, inscrits avec soin dans les cases, de manière à ce que les caractères soient très lisibles.

Art. 14. — Tout mécanicien ou chauffeur autorisé qui se présente au quai de distribution sans le carnet de la machine ne reçoit aucune livraison.

Tout mécanicien ou chauffeur autorisé qui se présente au quai sans sa griffe, signe son nom à la main dans les cases où il aurait dû apposer sa griffe.

Dans les deux cas qui précèdent, les mécaniciens sont punis pour leur négligence.

Les agents de la division des combustibles qui délivreront des matières sans bon, qui recevront des bons incomplets ou délivreront des matières différentes de celles indiquées sur les bons, seront sévèrement punis.

Les chefs de dépôt et gardes-magasins signaleront immédiatement sur leurs rapports journaliers les infractions commises, sans quoi ils en seront eux-mêmes rendus responsables.

Les agents de service de la comptabilité qui vérifient les bons doivent signaler toutes les infractions aux instructions qui précèdent.

Art. 15. — Les bons remis aux agents du service des combustibles sont déposés par eux, aussitôt la distribution faite, dans une boîte fermée à clef, dont le couvercle porte une fente par laquelle les bons peuvent être introduits ; la clef de cette boîte reste dans les mains du garde-magasin.

A la fin de la journée, le garde-magasin rassemble les bons, en dresse un bordereau mod. n° 2101, qu'il remet avec les bons à l'appui au chef de dépôt ainsi qu'il est indiqué au § 11 de l'Ordre de service n° 24.

Art. 16. — Les magasins de combustibles ne font pas de distribution de matières grasses et d'échange d'essuyages pendant la nuit (de 6 h. du soir à 6 h. du matin). Les mécaniciens ont donc à se pourvoir pendant le jour des matières grasses et des essuyages nécessaires à leur service de nuit.

Cependant, pour les cas d'urgence, un approvisionnement de 30 kilogrammes d'huile est laissé à la disposition du chef de dépôt. Cet approvisionnement est néanmoins compris dans le stock du magasin de combustibles. Le chef de dépôt doit justifier de son emploi par des bons mod. 2102 qu'il remet au garde-magasin des combustibles Ces bons sont timbrés lors de leur remise par le garde-magasin et figurent dans le bordereau des livraisons de la journée.

Art. 17. — On a remarqué que le système de distribution décrit ci-dessus supprime toutes indications écrites à la main ; de plus, les distributions de matières grasses et les échanges d'essuyages étant supprimés pendant la nuit, les fonctions de distributeur deviennent inutiles. En conséquence, ces emplois sont supprimés. Le garde-magasin fait lui-même toutes les écritures ; les coketiers font la distribution matérielle et reçoivent les bons sous la surveillance et la responsabilité du garde-magasin. Dans les magasins dont l'importance comporte un emploi de chef d'équipe et qui sont les magasins de : Paris, Dijon, Vaise, Nevers, Saint-Étienne, Lyon-Guillotière, Valence, Arles et Marseille, les chefs d'équipe font eux-mêmes la distribution manuelle des matières grasses et l'échange des essuyages.

Art. 18 — Sauf en cas d'urgence constatée, les mécaniciens doivent prendre le chanvre et faire l'échange des essuyages exclusivement dans les magasins de combustibles annexés à leur dépôt.

Art. 19. — La présente instruction, exécutoire à partir du 1er janvier 1869, annule et remplace toutes les dispositions contraires contenues dans les ordres de service et instructions antérieurs et spécialement dans l'ordre de service n° 24 (1863) et dans l'instruction n° 54 (1864).

Art. 20. — MM. les chefs de division et ingénieurs de Traction sont chargés, chacun en ce qui le concerne : 1° de faire distribuer la présente instruction à tous ceux de leurs agents qui peuvent se trouver dans le cas de l'appliquer ; 2° de veiller à son exécution.

Paris, le 10 décembre 1868.

L'ingénieur en chef du Matériel et de la Traction.

E. MARIÉ.

SPÉCIMEN DE BON MOD. 2102 (1868)

P.-L.-M.— Mod. 2102 (1868)

NUMÉRO DE LA MACHINE

1345 (a)

MAGASIN ET DATE

MONTEREAU
30—JR—69 (b)

Reçu :

	PANIERS	KILOGR.
Houille.....		
Coke......		
Agglomérés		
Huile		
Suif...........		
Graisse.........		
Chanvre........		

N° DE LA MACHINE 1345 (a)

Magasin
Date MONTEREAU 30—JR—69 (b)

PANIERS de 50 Kilog.	HOUILLE	COKE	AGGLOMÉRÉS	KILOGes	HUILE	SUIF	GRAISSE	CHANVRE
10	(c) J. RICHARD.			1				(l) J. RICHARD.
20				2				
30				3	(g) J. RICHARD.			
40		(d) J. RICHARD		4				
50				5				
60				6				
70			(e) J. RICHARD.	7			(k) J. RICHARD.	
80				8				
90				9				
100			(f) J. RICHARD.	10		(h) J. RICHARD.		

(a, a) Numéro de la machine imprimé à l'avance par les soins des Ingénieurs de Traction.
(b, b) Timbre indiquant le nom du magasin et la date de la livraison, imprimé sur les bons au moment de la distribution par les Agents du Service des Combustibles.
(c) Demande de 10 paniers de houille par le mécanicien J. Richard.
(d) — de 40 — de coke par le — —
(e) — de 70 — d'agglomérés par le — —   (annulée)
(f) — de 90 —
(g) Demande de 3 kilog d'huile par le mécanicien J. Richard.
(h) — de 10 — de suif par le — —
(k) — de 7 — de graisse par le — —
(l) — de 1 — de chanvre

628. ÉTATS PÉRIODIQUES DE SITUATION. — Nous avons fait ressortir au chapitre XII, § II de la première partie, l'importance de la production de ces états. Dans le service de la traction, cette production est plus utile encore, notamment pour les approvisionnements de combustible. Ici l'ingénieur a besoin de constamment connaître le mouvement de cette partie importante de son service. Il doit donc recevoir tous les jours un état récapitulatif portant les indications suivantes pour chaque dépôt :

Quantités en magasin la veille; quantités reçues pendant la journée, quelle qu'en soit la provenance; quantités délivrées dans la journée; — quantité restant en magasin à la fin de la journée.

En outre, il est régulièrement remis à la comptabilité une situation mensuelle résumant, jour par jour, les entrées et sorties de magasin, les balances de chaque compte et les soldes existant à la date de ces états.

Il n'est pas besoin d'insister sur l'importance de la rigoureuse exactitude des indications et des chiffres mentionnés sur ces pièces. L'ingénieur doit porter une extrême attention sur les mouvements des magasins, veiller à ce qu'il ne se glisse aucune négligence et, soit par lui-même, soit par les inspecteurs, vérifier de temps en temps les indications des pièces comptables.

Les déficits de magasins, même de ceux les plus régulièrement tenus, sont presque inévitables. On fait donc bien, à certaines époques de l'année, de relever sommairement les existences, de les comparer aux écritures. Il faut sans tarder signaler les manquants et, au besoin, en faire l'objet de sorties journalières et mensuelles, afin de ne pas laisser de doutes sur les quantités réellement en magasin et permettre de porter au compte de qui de droit les déchets régulièrement produits.

629. OBSERVATION SUR LA STATISTIQUE. — Les questions qui concernent les *commandes* et *marches*, le *contrôle* et les *réceptions* du matériel, les *travaux de construction* et *réparations dans les ateliers*, ont été traitées au chapitre XII du service de la voie. Nous nous abstiendrons donc de les reproduire ici.

Quant à la *statistique*, nous renouvelons le vœu exprimé dans cette même partie de notre ouvrage, de voir toutes les administrations adopter un mode de statistique uniforme et de permettre de comparer entre eux les résultats des efforts de tous dans la recherche du progrès.

Nous demanderions donc que, dans chaque service de Locomotion, on pût établir le prix de revient des objets suivants, — achat et entretien, — par unité de parcours, soit 1000 kilomètres, et pour chaque catégorie de véhicules :

Grille, — foyer, — tubes, — chaudières et accessoires ;

Mécanisme ;

Châssis, — suspension et traction ;

Roues, — essieux et bandages ;

Garnitures de voitures et vagons ;

Consommations diverses.

§ V.

BUDGET.

630. ÉLÉMENTS DU BUDGET. — Pour établir le chiffre des dépenses de la locomotion à effectuer dans le courant d'un exercice, il est nécessaire de connaître la nature et le nombre de trains qui pourront circuler dans le cours de cet exercice. — Connaissant, par rapprochement, les quantité de véhicules à mettre en mouvement, on détermine l'importance du matériel et du personnel fixe ou en régie nécessaires au service des machines et des véhicules de toute nature.

Pour le personnel de conduite, on peut compter sur

3300 kilomètres à 6000 kilomètres de parcours par mois, selon qu'il est attaché au service des marchandises ou des voyageurs. — Quant au matériel, il peut fournir les parcours suivants :

Machines à voyageurs, au minimum de	35 000 à 40 000
Machines à marchandises, —	25 000 à 30 000
Voitures à voyageurs, —	35 000 à 40 000
Vagons à marchandises, —	20 000 à 25 000

En affectant ces premières supputations, d'un coefficient variable avec les circonstances particulières où se trouve chaque ligne, on parvient assez exactement à l'évaluation des dépenses de ce chef.

Mais l'appréciation est plus difficile quand il s'agit des réparations à effectuer. On procède soit par l'examen particulier de chaque véhicule, faisant entrer en ligne de compte le temps de service et l'état de ses pièces, soit par analogie avec les exercices précédents. Enfin, on arrive plus rapidement à cette évaluation en prenant la moyenne des dépenses des chemins placés dans des conditions analogues, et en appliquant aux parcours prévus le prix de revient de la locomotion. Cette méthode, commode assurément, nous parait sujette à erreurs et ne peut conduire qu'à une approximation. L'ingénieur ne l'admettra que comme telle, et s'imposera, en cours d'exercice, un contrôle plus rigoureux que s'il a procédé par la méthode précédente.

Voici, en résumé, le détail des frais de traction et d'entretien du matériel sur diverses lignes pendant une année, rapportés au kilomètre parcouru :

NOMBRE DE KILOMÈTRES	DU CHEMIN. — 793 k. T. k. 3 410 452	1231 k. T. k. 11 191 132	1816 k. T. K. 5 182 145	2533 k. T. K. 21 161 935	2850 k. T. k. 14 543 917
	fr.	fr.	fr.	fr.	fr.
Frais généraux	0,02700	0,22850	0,02600	0,02320	0,02810
Conduite	0,14500		0,11400	0,13275	0,13400
Primes			—	0,01431	
Service de l'eau	0,02600	0,01780	0,01000	0,01283	0,01080
Combustible	0,37900	0,43120	0,47300	0,32253	0,22650
Graissage des machines	0,05200	0,02470	—	0,01712	0,02350
Nettoyage des machines	0,02100		0,03900	0,00895	0,08170
Éclairage et divers		0,28160	0,04400	0,01544	
Entretien et réparation des mach.	0,21200		0,14900	0,13226	0,10170
Entretien et répar. des voitures.	0,13800	0,20700	0,06800	0,18973	0,15670
Entretien et répar. des vagons.			0,04700		
Roues et essieux	—	—	0,01200	—	—
	1,04800	1,190800	1,00900	0,86912	0,76300

631. CLASSIFICATION DU BUDGET. — On peut diviser le budget du service de la locomotion de la manière suivante :

CHAPITRE Ier.

Direction du service.

Personnel.

Art. 1er. — Ingénieurs, chefs de service et employés.

Art. 2 — Chefs de dépôt, chefs d'atelier.

Art. 3. — Chefs de petit entretien

Art. 4. — Frais de déplacement.

Art. 5. — Primes, indemnités.

Art. 6. — Secours, Gratifications.

Matières

Art. 7 — Chauffage, éclairage.

Art. 8. — Imprimés, frais de bureau. — Dépenses diverses.

Art. 9. — Entretien du mobilier. — Réparations. — Loyers. — Ports de lettres et paquets. — Assurances.

CHAPITRE II.

Conduite et alimentation.

SECTION Ire. — *Personnel.*

Art. 10. — Mécaniciens.

Art. 11. — Chauffeurs.

Art. 12. — Déplacements

Art. 13. — Primes.

Art. 13 bis. — Divers.

Art. 14. — Retenues.

SECTION 2. — *Consommation.*

Art. 15. — Combustible minéral.

Art. 16. — Bois.

Art. 17. — Huile à graisser.

Art. 18. — Suif.

Art. 19. — Graisse.

Art. 20. — Huile d'éclairage.

Art. 21. — Déchets et chanvre

Art. 22. — Consommation des machines fixes.

CHAPITRE III.

Entretien des locomotives.

SECTION Ire. — *Personnel.*

Art. 23. — Traitements des agents commissionnés.

Art. 24. — Monteurs, ajusteurs, forgerons, etc.

Art. 25. — Lampistes, manœuvres, etc.

Art. 26. — Nettoyeurs.

Art. 27. — Manipulation du combustible.

Art. 28. — Divers

Art. 29. — Retenues.

632. RAPPORT SUR LE BUDGET. — Les considérations générales développées à ce sujet en parlant de la gestion du service de la voie, se rapportent également à la locomotion. L'ingénieur se préoccupera donc de suivre dans tous leurs sous-détails la marche de chacun des articles du budget par nature de travaux. A l'appui du projet de budget, il rendra compte de ses prévisions sur les questions suivantes :

Parcours des trains; — des locomotives; — des voitures; — des vagons.

Répartition des parcours entre les divers services : — traction; — exploitation; — voie.

Composition moyenne des trains.

Frais généraux; — direction du service; — part des frais d'administration; — fonds de roulement.

Combustibles et matières grasses : nature; — quantités; — prix; — transports; — manipulation; — service de l'eau.

Conduite des machines : nombre moyen de mécaniciens de toutes classes, élèves, chauffeurs. — Traitements, déplacements, primes, etc; — agents, commissionnés et en régie.

Dépenses des dépôts; — entretien courant; — magasins.

Entretien du matériel de transport; — travaux courants, nettoyage, graissage, etc.

Réparations des machines et tenders.

Grandes réparations : travaux de transformation; — constructions nouvelles.

Réparations du matériel de transport; — grandes réparations; — travaux de transformation; constructions nouvelles.

Magasins; — approvisionnements courants; — marchés.

Ces objets forment autant d'articles de dépense à imputer au débit du service de la locomotion. — Son crédit se compose :

— Des transports pour les autres services ;

— Des travaux effectués pour les autres services ou lignes étrangères ;

— Des parcours du matériel effectués sur les lignes étrangères ;

— Des objets vendus ;

— De la balance à imputer au compte général d'exploitation.

L'unité à laquelle se rapportent toutes les dépenses de la locomotion, c'est le parcours du train-kilomètre — 592 —. L'ingénieur doit donc suivre attentivement les variations de toutes ses dépenses relativement au prix de revient de cette unité. En partageant son budget par douzièmes — (Iʳᵉ partie, budget) — et en comparant les dépenses mensuelles avec le montant de ses prévisions budgétaires, il se rendra compte des modifications survenues en cours d'exécution, et, en temps utile, portera remède aux perturbations imprévues ; en tout cas, il couvrira sa responsabilité en signalant à la direction les causes perturbatrices et en proposant les voies et moyens d'y faire face.

§ VI.

COMPTABILITE. — STATISTIQUE.

633. CONSIDÉRATIONS GÉNÉRALES. — Les services que peut rendre une comptabilité bien organisée ne sont plus l'objet

d'aucun doute, et leur importance, surtout en exploitation de chemin de fer, n'est contestée par personne. Mais, pour en retirer toute l'utilité désirable, il faut que tous les éléments de la comptabilité, au lieu de rester disséminés entre un grand nombre de mains, soient fortement concentrés et viennent *tous* converger vers un centre commun dont l'unique mission est de grouper et de contrôler ces éléments les uns par les autres, de vérifier les résultats, en les rapprochant des données économiques qui régissent le service ; c'est le seul moyen d'éviter les doubles emplois ou les omissions. Ainsi : établissement des éléments de la comptabilité dans les diverses branches du service ; — contrôle et groupement au service central, par les soins d'un chef de comptabilité, sous les ordres de l'ingénieur de la locomotion.

On rencontre souvent en comptabilité un écueil : la minutie. Cette manie des infiniment petits fait perdre de vue les questions d'ensemble, sans pour cela rendre les services que que l'on croirait pouvoir en tirer. Aussi faut-il éviter la recherche de détails qui, tout en ayant leur importance relative, absorbent dans leur constatation des forces intelligentes qui pourraient être mieux utilisées au point de vue de l'intérêt final. C'est à l'ingénieur qu'il appartient de fixer les limites des détails à atteindre, car lui seul peut en mesurer la valeur par leur influence sur les conditions techniques et économiques de l'exploitation.

Les principes qui peuvent guider un agent comptable dans l'organisation générale de la comptabilité ont été longuement déduits au paragraphe III chapitre XI du Service de la voie. Il ne reste à développer ici que les détails d'écritures appropriés au service de la locomotion. Divisons-les en deux catégories : Comptabilité du service actif ; — Comptabilité du service central.

COMPTABILITÉ DU SERVICE ACTIF.

Pour éviter toute confusion, les dépenses se scindent en deux branches :

Dépenses de matières; dépenses de personnel.

Cette division permet de classer très distinctement les frais de toute nature, de suivre très rigoureusement l'application des dépenses, et d'en faire apprécier l'importance relative.

634. DÉPENSES DE MATIÈRES. — *Magasins.* — La demande d'approvisionnements forme le point de départ de la constitution du magasin. L'agent chargé de la gestion, après s'être entendu avec le chef du dépôt ou de l'atelier qu'il doit alimenter, adresse à l'ingénieur un bulletin de *demande d'approvisionnements.* Ce bulletin identique à la souche dont on le détache, porte, en tête. la désignation du magasin demandeur. Dans les colonnes, il indique :

La désignation des objets ; — les quantités; — le prix de la dernière fourniture; — le nom du dernier fournisseur; — des observations, s'il y a lieu.

L'ingénieur, à qui cette demande est adressée. s'en sert à titre de renseignement pour les commandes à effectuer et donne les ordres nécessaires pour faire parvenir au magasin les objets demandés, en les tirant soit directement des fournisseurs, soit d'autres magasins mieux approvisionnés.

Suivons la livraison du fournisseur, les autres ne donnant lieu qu'à un contre-passement d'écritures.

635. ENTRÉES. — L'agent du magasin reçoit du fournisseur les matières annoncées, accompagnées d'une facture en double expédition. Avant de les accepter définitivement. il doit les faire examiner par les agents compétents. Dès qu'elles sont reconnues propres au service. il en passe écriture comme suit : Toute livraison d'objets de même nature facturés au même prix est inscrite au *livre d'entrée* du magasin avec un *numéro matricule.* Si les objets livrés sous la même dénomination comportaient des prix différents. ils seraient affectés de numéros matricules spéciaux pour chaque catégorie de prix. Ce livre est à souche. Sur la partie qui reste attachée et qui constitue le registre proprement dit. l'agent indique : en tête.

le nom du magasin qui reçoit, la date et la provenance de la livraison, le numéro de la commande et le numéro d'ordre de la réception ; — dans les colonnes, le folio du grand-livre : *le numéro matricule*, le nombre et la désignation des objets, les poids ou mesures, le prix de l'unité et le montant.

La feuille détachée, et destinée à la comptabilité centrale contient, indépendamment des indications précédentes, des colonnes pour l'inscription des numéros des chapitres et articles à désigner ultérieurement par le chef de service.

Le garde-magasin ou le distributeur établit, à l'aide du livre d'entrée, le *livre des numéros matricules*, ou journal grand-livre, dans lequel sont inscrites, sous un seul muméro d'entrée : en tête, la date et l'indication de l'objet reçu ; et, dans les colonnes, les sorties, par dates, numéros de commande, quantités et valeurs. Rappelons à ce propos la recommandation faite — 628 — au sujet des déchets de magasin, l'agent préposé devant veiller à ce que ce total des sorties ne dépasse jamais le montant des entrées, et, d'un autre côté, à ce que l'approvisionnement soit épuisé au moment où le total des sorties indiquées atteint le montant des entrées.

Ce numéro matricule est inscrit sur l'étiquette de classement de l'objet en magasin.

Après l'introduction au journal grand-livre matricule, les objets reçus sont inscrits au *grand-livre du magasin*. Dans ce grand-livre, chaque matière a son compte ouvert par nature d'objets ; en tête s'inscrit la dénomination de l'objet ; dans les colonnes, on trouve, à l'entrée comme à la sortie : les dates, les numéros d'entrée ou de sortie, les numéros matricules, les quantités, la provenance ou la destination ; les poids ou mesures, le prix de l'unité, la valeur, enfin les totaux mensuels en quantités et valeurs.

Dans toute comptabilité de matières, la question dominante, c'est la poursuite de tout objet depuis son entrée au service jusqu'à sa disparition. On obtient ce résultat par l'emploi du numéro matricule. Ce numéro accompagne en effet l'objet, la matière, depuis son entrée dans le magasin jusqu'à extinction complète, se reproduisant chaque fois que le même objet, la même matière, d'ailleurs divisible ou non, quitte le point où son entrée a été inscrite.

636. SORTIES. — En parlant de la distribution des matières — 627, — on a reproduit les différents types de *bons* qui sont remis au garde-magasin en échange des objets délivrés en détail aux mécaniciens, graisseurs, etc.

Quant aux matières destinées à l'entretien et à la réparation et qui sont fournies périodiquement par certaines quantités et autant que possible à jour fixe aux dépôts ou aux ateliers, on fait usage du *bon de livraison*.

Cette pièce, établie et signée par la partie prenante, porte : en tête, sa provenance et la désignation du magasin mis en réquisition ; — dans les colonnes, l'indication de la destination des objets demandés, le numéro des commandes, les numéros matricules et la désignation des objets, les quantités, poids ou mesures, le prix et le montant.

L'agent de magasin emploie également ce modèle pour y inscrire les bons de distribution qu'il a reçus dans la journée.

Tous ces bons de livraison sont alors classés par parties prenantes, — ateliers ; — traction, — etc., et annexés à la facture de chacune de ces parties. Cette pièce se détache du livre de sortie, dont la souche et le bulletin-facture reproduisent exactement les dispositions du registre à souche pour les entrées, avec l'addition d'une colonne sur le bulletin pour indiquer la destination de l'objet livré.

De là, les écritures se reportent au compte ouvert au grand-livre.

L'agent de magasin envoie à la comptabilité centrale les bons de livraison et les factures qui concernent le service de la traction ou les services étrangers.

Les bons de livraison concernant les ateliers leur sont rendus complétés de toutes leurs écritures, de manière à éviter le travail de la copie de ces pièces en double expédition. Nous verrons l'usage qu'en font les ateliers.

Si nous récapitulons les opérations matières du magasin, nous voyons qu'il possède par ses livres d'entrée et de sortie le moyen de connaître le total des valeurs reçues, celui des valeurs distribuées, et, par conséquent, le solde total dont il est débiteur; que, par le livre des numéros matricules, il peut établir le solde de chaque objet séparé, et qu'enfin, par le grand-livre, il est facile de faire ressortir le solde des matières par nature d'objets, ou comprises sous la même dénomination.

Ces balances s'établissent généralement à la fin du mois sauf celle du combustible, que l'on doit arrêter plus fréquemment, tous les dix jours par exemple.

637. DÉPÔTS. — La *demande d'approvisionnements* est soumise à l'ingénieur qui l'apprécie et l'adresse, revêtue de son visa, au magasin le mieux placé pour délivrer les objets demandés, et choisi de manière à éviter les parcours inutiles.

Le magasin expédie les objets désignés sur la *demande* en les accompagnant d'une facture divisée en deux parties: la première porte : en tête, la désignation du point de départ de l'envoi, le numéro d'ordre, le numéro du train et la date de l'expédition ; dans les colonnes, les numéros matricules, la désignation des objets et matières, les quantités, poids ou mesures. La seconde, qui se détache de la précédente, est un récépissé que la partie prenante doit signer pour la décharge du magasin, et qui indique le montant de la facture.

Le chef de dépôt retourne ce récépissé au magasin après en avoir reconnu l'exactitude. Les objets reçus sont classés, étiquetés avec le numéro matricule émanant du magasin, et inscrits sur la feuille du *mouvement des matières*. Quand les objets sont directement livrés par les fournisseurs, le magasin du dépôt donne à ces objets un numéro matricule d'une série particulière pour éviter la confusion avec les numéros matricules des magasins.

Cette feuille de mouvement des matières, qui a son analogue dans le service des magasins, porte en tête la désignation du service en cause et la date de l'arrêté de compte ; dans les colonnes s'inscrivent respectivement : du côté des entrées ou du côté des sorties, — la désignation des parties versantes ou prenantes ; — les numéros matricules ; — la désignation des objets reçus ; — les quantités, poids ou mesures ; les prix et sommes totales sont inscrits à la comptabilité centrale, où cette feuille arrive tous les dix jours.

Comme le magasin, le dépôt établit sa balance mensuelle par compte ouvert à chaque matière.

Cette pièce indique, dans les colonnes :

Le folio du grand-livre ; — l'indication des comptes ouverts ; — les quantités, poids et valeurs restant à la date de la dernière balance ; — les quantités, poids et valeurs reçus depuis la même date ; — les totaux de ces mêmes quantités réunies ; — les quantités poids et valeurs employés depuis la dernière balance ; — enfin, les quantités, poids et valeurs restant à la date de la présente balance.

Ces pièces, adressées à la comptabilité centrale, permettent de contrôler le mouvement des matières et de redresser les erreurs au besoin.

638. CONSOMMATIONS DES LOCOMOTIVES. — Cette partie capitale de la comptabilité des dépôts a pour objet de renseigner très régulièrement, en même temps que les consommations, les parcours effectués par chaque machine.

Un compte est donc ouvert dans le dépôt à chaque locomotive. On y inscrit : en tête, le numéro de la machine ; — dans les colonnes : la date, le numéro du tender, les noms des mécaniciens et chauffeurs ; — le numéro des trains, l'itinéraire, — départ, arrivée, — le nombre de kilomètres parcourus par les trains suivant leur nature : voyageurs, express, omnibus, mixtes, marchandises, ballast, machines isolées, mouvements de gare ; les heures de stationnement, de réserve, etc.; — les charges remorquées ; les quantités de matières délivrées dans chaque dépôt : combustibles et corps gras.

Les machines sont souvent montées par différents mécaniciens et chauffeurs. Comme vérification et complément de renseignements, les décomptes de ces agents sont portés sur cette même feuille, résumés pour chacun d'eux, en ce qui concerne les parcours, charges et consommations. — Les totaux de ces diverses répartitions doivent correspondre exactement aux totaux respectifs du compte général de la machine.

Pour éviter toute contestation, le relevé de ces documents est affiché sur la feuille d'attachements des mécaniciens et chauffeurs, ce qui permet encore à chaque intéressé de vérifier et redresser au besoin les indications qui le concernent.

639. Consommations des machines fixes. — Les machines qui servent à l'alimentation des réservoirs, à la mise en mouvement des outils dans les ateliers, occasionnent des dépenses qu'il faut enregistrer. A cet effet, un compte leur est ouvert, à chacune en particulier, dans lequel on inscrit, jour par jour : les heures d'allumage et d'extinction ; — la durée de la marche ; — les quantités de consommations telles que : combustibles, corps gras, matières diverses. Ce compte est arrêté chaque mois, et aux quantités on applique les prix d'unité, ce qui donne le montant des dépenses de chaque machine.

Si la machine a fait mouvoir une pompe d'alimentation, ce décompte permet de déduire facilement le prix de revient du travail produit.

640. Inventaire de l'outillage. — Tous les objets quelconques affectés aux travaux du service et qui ne sont point de consommation courante, entrent sous le nom d'outillage, dans un inventaire qui porte respectivement, aux entrées et aux sorties, dans les colonnes :

La date ; — la désignation des parties versantes (ou prenantes);

Les quantités ; — la désignation des objets ; — les poids ou mesures ; — les prix ; — les sommes totales ; — et des observations, s'il y a lieu.

Ces inventaires se dressent par ordre alphabétique et par grandes subdivisions analogues à celles du tableau du N° 623.

On les établit à la fin de chaque exercice ; mais pour éviter les oublis ou erreurs et pour faciliter les recherches, on relève, tous les trois mois : 1° un état des objets à retrancher de l'inventaire, c'est-à-dire de ceux qui ont disparu par l'usure, qui ont été détruits ou vendus et non remplacés ; 2° un état des objets à ajouter à l'inventaire, comprenant les objets qui entrent au service sans avoir pour but un simple remplacement.

641. ATELIERS. — Un travail quelconque ne peut être entrepris sans un *bon de commande* signé de l'ingénieur. Cette pièce forme le point de départ de toute opération de l'atelier, — c'est le numéro de ce bon de commande qui est renseigné sur le bon de livraison remis au magasin pour en tirer les matières nécessaires à l'exécution de la commande ; c'est ce numéro qui accompagnera la commande dans toutes ses phases, et permettra de lui imputer tous les frais qu'elle occasionnera.

Comme le magasin doit être crédité des sorties de matières, la comptabilité centrale porte au débit de l'atelier le montant des bons de livraison. Ces bons mêmes, tenant lieu de journal à ses écritures, sont copiés au grand-livre, où un compte est ouvert à chaque espèce de matières : à l'entrée, c'est la réception ; à la sortie, c'est l'inscription au *prix de revient*.

Pour établir chaque prix de revient, on se sert des éléments suivants. A, détails des opérations : — 1° matières employées : quantités, poids ou mesures, prix de l'unité et valeur, le tout fourni par les sorties de magasin : — 2° main-d'œuvre : nombre d'heures et de journées, en régie ou à la tâche, — prix et valeur, — donnés par les feuilles d'attachements. Les matières délivrées par le magasin ne sont pas toujours sorties avec chaque prix de revient. Les excédants restent en charge à l'atelier et sont mentionnés pour rappel dans des carnets tenus par les contre-maîtres, qui en demeurent comptables.

B, en ajoutant aux dépenses relevées la part de frais généraux imputable à chaque travail terminé, on obtient le prix de revient de l'objet fabriqué ou de la réparation effectuée.

Dans les frais généraux sont confondus : les dépenses de direction, de surveillance et d'entretien des établissements en général, d'une part, et les frais de l'atelier en particulier, d'autre part. Ces derniers englobent notamment les frais d'outillage, d'alimentation des machines motrices, l'entretien, etc., etc.

Cette partie des dépenses, qui a une très grande influence sur les prix de revient, est souvent estimée proportionnellement à la main-d'œuvre seulement. C'est une méthode très inexacte, et qu'il vaut mieux remplacer par une évaluation des dépenses générales, réparties proportionnellement à l'importance des travaux.

Ces éléments servent à établir les *factures*, dont le montant est imputé au débit des parties prenantes, et, par contre, au crédit de l'atelier constructeur.

Nous rappellerons ici le livre des travaux en marchandage dont l'intérêt consiste à contrôler la gestion des chefs d'atelier, relativement aux travaux à la tâche, en faisant ressortir le taux des journées propres à la confection d'un travail à prix débattu. Le résultat définitif de ce renseignement est de connaître exactement le prix de revient de la main-d'œuvre et de le renfermer dans des limites justes et équitables pour tous.

Il a été dit que les attachements de la main-d'œuvre se relevaient par le pointeur, qui inscrit au compte de chaque ouvrier le numéro de la commande et le nombre d'heures y consacrées.

Le dépouillement des feuilles d'attachements est opéré par la comptabilité centrale. Comme contrôle, l'atelier reprend également cette opération, pour faire ressortir les prix de revient, comme il a été dit plus haut.

Chaque mois, l'atelier doit établir un compte-rendu de ses opérations ; ce compte-rendu porte à son débit le solde débiteur des matières existant à la fin du mois précédent ; — il y ajoute toutes les entrées du mois courant, ce qui forme le montant du débit total de son compte.

Le solde créditeur est composé de tous les travaux terminés et facturés au débit des parties prenantes. La différence entre ces deux comptes constitue le solde débiteur de l'atelier.

Ce compte-rendu indique également le montant des travaux en cours d'exécution, matières et main-d'œuvre.

Enfin, toutes les écritures des ateliers sont complétées par l'établissement de la balance mensuelle, analogue à celle qui a été indiquée précédemment.

642. DÉPENSES DE PERSONNEL. — On distingue dans cette catégorie de dépenses celles qui se rapportent au personnel à poste fixe, *commissionné*, de celles qui proviennent des frais de main-d'œuvre effectuée par le personnel variable, *en régie*.

Dans chaque classe, on inscrit chaque jour sur la feuille *d'attachements*, partagée elle-même en diverses sections par nature de fonctions, les nom et prénoms de chaque agent, le nombre d'heures de travail, la nature des travaux, le mode de travail, — en régie ou à la tâche, — et le numéro de la commande, s'il s'agit d'un travail particulier.

Pour éviter les réclamations, ces attachements sont reportés sur un état affiché chaque jour, et mis ainsi à la disposition de tout intéressé, qui peut relever immédiatement les erreurs, s'il y a lieu.

Ces attachements ainsi contrôlés servent à dresser la feuille de paye et le décompte de tous les ayants droit.

Quand il s'agit d'enregistrer simplement les dépenses de main-d'œuvre courante, les feuilles d'attachements n'exigent pas d'autres renseignements que ceux indiqués plus haut.

Mais le personnel de conduite des machines, qui a droit à diverses primes, motive des dispositions d'attachements un peu plus compliquées.

Il est donc ouvert, pour chaque mécanicien et pour chaque chauffeur, un compte spécial. A l'aide des feuilles de route et des bons délivrés par le mécanicien, on porte : le travail effectué pour chaque espèce de trains et pour chaque machine ; — les consommations ; — les allocations ; — et les différences en plus et en moins.

D'après ces documents et suivant le système de primes adopté, on établit le décompte en argent de chaque intéressé, décompte dans lequel doivent entrer : les primes de régularité de marche, d'économies diverses, les déplacements, les retenues pour amendes diverses, etc.

Quant aux comptes de primes d'entretien, ils s'arrêtent par trimestre et d'après les données indiquées précédemment : c'est-à-dire qu'un compte est ouvert à chaque machine ; on y porte l'indication des mois, le nombre de kilomètres parcourus : — 1° pendant le mois ; 2° depuis sa mise au service ; — la répartition de la prime d'entretien entre les mécaniciens et les chauffeurs.

Dans la catégorie des dépenses de personnel entrent encore : — les états de déplacements, déjà décrits ; les états des amendes infligées ;

Enfin, à l'appui de toutes les pièces, l'état de mouvement du personnel, à l'entrée et à la sortie, pendant tout le mois.

COMPTABILITÉ DU SERVICE CENTRAL.

643. CENTRALISATION. — ÉCRITURES COMMERCIALES. — Il faut, a-t-il été dit plus haut, que rien n'échappe aux investigations de la direction du service ; et, par conséquent, que tous les éléments se groupent en un seul point pour y être coor-

donnés selon les lois de la répartition adoptée. A cet effet les agents du service actif adressent au service central les pièces désignées ci-après :

A — A l'ingénieur de la locomotion ;

1° Les demandes d'approvisionnement, de mobilier, d'outillage, de fournitures de bureau et de matières autres que celles dont le chef de service peut s'alimenter directement auprès des magasins ;

2° Les bulletins d'admission, de mutation et de renvoi des agents placés sous leurs ordres ;

3° Les bulletins de commande et de travaux à la tâche ;

4° Les feuilles de retard des trains, les avis d'accidents et d'avaries graves, les bulletins de service de secours, les rapports sur les cas de détresse.

5° Les demandes de permis de circulation hors service.

B — Au chef de la comptabilité :

1° Feuilles de service des mécaniciens et chauffeurs ;

2° Feuilles de route ;

3° Feuilles d'attachements de tout le personnel ;

4° Bulletins de maladie et de reprise de service ;

5° Feuilles de mouvement des matières, avec toutes les pièces à l'appui ;

6° Balances de fin de mois ;

7° États de consommations des machines fixes ;

8° Bulletins de changements de roues ;

9° Situation des matières de consommation en approvisionnement ;

10° Situation des roues et des tubes ;

11° Feuille des objets à ajouter et à retrancher de l'inventaire.

Toutes ces pièces sont des copies ou extraits des livres tenus dans les dépôts, ateliers ou magasins.

La comptabilité du service central a deux centralisations à opérer. D'une part, elle tient la comptabilité de chaque magasin, dépôt, ou atelier séparément ; d'autre part, elle les groupe pour en faire entrer les éléments dans la comptabilité générale de l'exploitation.

On a déjà vu que chaque établissement est débité du montant des matières entrées, et crédité des matières sorties. L'imputation des dépenses de main-d'œuvre s'effectue de même.

Le dépouillement des feuilles d'attachements sert à opérer cette imputation. A cet effet, chaque partie prenante a, chaque mois, son compte ouvert où elle est créditée de chaque heure ou de chaque opération, et débitée du montant payé.

Les dépenses de magasins, de dépôts et d'ateliers doivent se grouper finalement dans le compte général de la traction. Au débit de ce compte sont donc portées :

— Les avances faites par la caisse centrale qui paye les factures des fournisseurs et la feuille de paye de tous les agents de la locomotion ;

— Les matières fournies et non encore réglées.

Le crédit de ce compte est couvert : 1° par les imputations de toutes les dépenses du service, aux différents chapitres et articles du service de la locomotion compris dans le budget général de l'exploitation ; 2° par le montant des factures à porter au débit des autres services ou des étrangers.

La seconde centralisation des écritures consiste à ramener toutes les écritures à la forme de comptabilité purement commerciale. Elle utilise, à cet effet, les livres suivants :

1° Un livre de factures, dans lequel sont inscrites toutes les factures des fournisseurs, avec leur numéro d'ordre, les quantités et montant, — avec une colonne pour inscrire le numéro des bordereaux, et une autre le folio du grand-livre;

2° Un livre de bordereaux, dans lequel on inscrit tous les certificats de payement (1ʳᵉ PARTIE, dernière annexe), — avec un numéro de renvoi au livre de factures.

Ces bordereaux sont adressés à la comptabilité générale de l'administration qui fait les ordonnancements et les mandats de payement.

3° Un livre-journal, qui reçoit l'inscription des écritures

relevées mensuellement au débit et au crédit de chaque partie prenante ;

4° Enfin, le grand-livre, qui renferme un compte ouvert à chaque partie prenante, et que l'on arrête tous les mois.

644. RENSEIGNEMENTS DIVERS. — STATISTIQUE. — Un certain nombre de documents intéressant la sécurité, l'art du constructeur, l'étude des questions économiques, la recherche des améliorations de service, sont établis par les soins de la comptabilité. Tels sont, entre autres :

— L'état mensuel des parcours des machines ;

— La situation des machines et tenders divisés en état de service, en réparation, en réserve ;

— La situation des essieux montés pour machines et tenders, tant en service qu'en approvisionnement ;

— La situation des tubes de chaudières, en service et approvisionnement, et divisés en série — (chap. 11, § 1, 80) ;

— Les bulletins de réparation et de mutation des essieux, indiquant, tant pour les essieux remplacés que pour les essieux remplaçants, la date ; — les numéros des essieux moteurs, de support (avant ou arrière), etc. ;

— Les numéros des machines ou tenders ; — l'espèce de réparation effectuée ;

— Le bulletin par machine des tubes remplacés, indiquant : la date ; — les numéros des tubes remplacés ; — la nature de l'avarie qui a motivé ce remplacement ;

— La situation des véhicules du matériel de transport dans les ateliers de réparation.

Ces états sont divisés en deux sections, réservées, l'une à l'entrée, l'autre à la sortie. Dans chacune des divisions sont inscrits, dans les colonnes et par séries séparées, les numéros de chaque véhicule passant par l'atelier. A l'aide de ces indications, on peut suivre la marche de chaque véhicule, et en apprécier la valeur au point de vue du service qu'il est susceptible de rendre à l'exploitation.

645. RECETTES DU SERVICE DE LA LOCOMOTION. — Dans quelques administrations, le service fonctionne comme une entreprise à laquelle le service de l'exploitation paye certains prix fixés par la direction générale, question sur laquelle nous reviendrons en étudiant les 3e et 4e parties. Moyennant ces allocations, la comptabilité du service de la locomotion peut établir ses comptes en *recettes* et *dépenses* et faire ressortir les *bénéfices* ou les *pertes* que chaque exercice a réalisés.

FIN DE LA DEUXIÈME PARTIE.

ANNEXES

A

PROGRAMME

DE

CAHIER DES CHARGES

POUR LA FOURNITURE

DES MACHINES LOCOMOTIVES.

Article 1ᵉʳ. *Objet du cahier des charges.* — Type des machines.

Art. 2. *Puissance de traction.* — Conditions du travail des machines. — Vitesse. — Inclinaisons de la voie. — Consommation maxima par kilomètre. — Charge à remorquer.

Art. 3. *Conditions d'établissement.* — Position des cylindres relativement au châssis, et de ce dernier relativement aux roues.

— Indication des dimensions principales :

Longueur et largeur de la grille.
Surface de la grille.
Hauteur du ciel du foyer au-dessus de la grille, à l'avant.
Hauteur du ciel du foyer au-dessus de la grille, à l'arrière.
Nombre de tubes à air chaud.
Diamètre intérieur.
Epaisseur.
Longueur entre les plaques tubulaires.
Epaisseur des parois du foyer.
Epaisseur de la plaque tubulaire d'arrière

Epaisseur de la plaque tubulaire d'avant.
Surface de chauffe du foyer. .
Surface de chauffe des tubes.
Surface de chauffe totale.
Diamètre intérieur moyen du corps cylindrique.
Epaisseur de la tôle.
Longueur totale du corps cylindrique.
Pression effective, exprimée en kilogr. par centimètre carré.
Longueur de la boîte à fumée.
Largeur de la boîte à fumée.
Epaisseur des parois de la boîte à fumée.
Diamètre de la cheminée.
Hauteur de la cheminée au-dessus des rails.
Diamètre intérieur des cylindres.
Course des pistons.
Nombre des essieux.
Nombre d'essieux accouplés.
Diamètre des roues motrices (mesuré au contact).
Diamètre des roues de support (mesuré au contact).
Ecartement des essieux d'axe en axe.
Ecartement total des essieux extrêmes.
Ecartement intérieur des bandages des roues.
Hauteur minima des pièces du bâti ou du mécanisme au-dessus
    des rails.
Largeur maxima des parties saillantes.
Ecartement d'axe en axe des tampons.
Ecartement d'axe en axe des chaînes de sûreté.
Hauteur des tampons au-dessus des rails.
Répartition du poids sur chaque essieu.
Poids total de la machine à vide.

Dans le cas de machines tenders, on indiquera, en outre :

    La capacité des caisses à eau.
    La capacité des soutes à combustibles.

Art. 4. *Construction du foyer.* — Nature et provenance du
matériel à employer pour les parois et la plaque tubulaire.
— Écartement et diamètre des entretoises. — Percement de

trous de la plaque tubulaire. — Conicité. — Nombre et position des bouchons de lavage. — Cadre.

Art. 5. *Chaudière.* — Dimensions des tôles. — Mode de rivure. — Précautions à prendre pendant la construction. — Nature et composition des tubes. — Échantillons de tubes à présenter à l'ingénieur en chef du matériel. — Constatation par l'analyse et avant l'emploi de leur composition, conformément à la spécification. — Écartement, d'axe en axe, des tubes, et leur position par rangs horizontaux ou verticaux. — Mode de montage, avec ou sans viroles, et dimensions des viroles et leur conicité.

Art. 6. *Mécanisme.* — Qualité du métal des cylindres, tiroirs, pistons ; tiges de pistons, de tiroirs et d'excentriques, transmissions de mouvement, levier de mise en marche, coulisse, glissières, coulisseaux, etc. — Nature et composition des bronzes ou alliage devant servir à la fabrication des coussinets de bielles, colliers d'excentriques, etc. — Spécification spéciale pour la fourniture des bronzes et laitons.

Art. 7. *Appareils d'alimentation.* — Nombre des pompes alimentaires ou d'injecteurs. — Leurs dimensions principales. — Construction des soupapes. — Nature des tuyaux d'alimentation.

Art. 8. *Appareils de sûreté ; — Accessoires.*

— Apareils à niveau d'eau.
— Manomètre métallique.
— Soupapes de sûreté.
— Sifflet.
— Robinets à niveau d'eau.
— Bouchons fusibles.
— Cendrier et registres. — Souffleur.
— Grille à flammèches.
— Couvercle sur la cheminée.
— Trou d'homme.
— Robinets de vidange.

Indiquer les diamètres des soupapes de sûreté et les charges de balances.

Art. 9. *Suspension et traction.* — Ressorts de suspension. — Dimensions et nombre des feuilles. — Charge qu'ils auront à supporter. — Épreuves. — Spécification pour la fourniture des aciers à ressorts.— Appareils de choc et de traction.— Attelage. — Répartition du poids de la machine sur ses roues.

Art. 10. *Roues, essieux, boîtes à graisse et plaques de garde.* — Mode de construction des roues. — Dimensions des bandages. — Qualité des matières. — Pression de calage. — Formes et dimensions des essieux :

> Diamètre au milieu.
> Diamètre à la portée.
> Diamètre au calage.

Nature et qualité du métal à employer.

Art. 11. *Enveloppe et peinture.* — Mode d'enveloppe de la chaudière. — Foyer. — Corps cylindrique. — Boîtes à fumée. — Distance à laquelle doit être placée l'enveloppe. — Peinture. — Nombre des couches et des ponçages. — Couleur définitive.

Art. 12. *Exécution conforme aux plans.* — Toutes les pièces semblables des machines à construire seront faites exactement sur le même modèle et sur les mêmes dimensions. En conséquence, le constructeur se conformera rigoureusement aux plans et aux calibres approuvés par l'ingénieur du matériel.

Aucun changement ni modification ne pourront être apportés sans l'autorisation écrite de l'ingénieur du matériel et la remise d'un plan indiquant le changement ou la modification.

Tous les pas de vis seront pris dans la série dont les types seront remis par l'ingénieur du matériel et d'après des étalons désignés par ce dernier.

Art. 13. *Essais des matériaux.* — L'administration pourra s'assurer de la qualité des matériaux et de la bonne exécution des machines, procéder à toutes les épreuves qui paraîtraient nécessaires.

L'entrée des ateliers de construction sera toujours accordée aux agents de l'administration chargés de surveiller la fabrication et la construction des machines.

Art. 14. *Modifications pendant le cours de la construction.* — Si, pendant le cours de ces constructions, il se présentait des modifications avantageuses constatées par l'application sur des chemins en cours d'exploitation, l'administration aurait le droit de les adopter pour les machines non livrées. Si les changements indiqués en cours d'exécution étaient de nature à modifier le prix ou entraînaient le sacrifice de quelques pièces déjà confectionnées, l'administration devrait en être prévenue, et le constructeur ne pourrait mettre ces changements à exécution qu'après avoir reçu le consentement écrit de l'administration.

Art. 15. *Conditions de livraison.* — Lieu de livraison. — État de la machine livrée. — Époques fixées par le traité. — Délai accordé. — Dommages-intérêts en cas de non-exécution de ces conditions.

Art. 16. *Réception.* — Essais provisoires. — Manière dont ils seront exécutés. — Conditions auxquelles la machine devra satisfaire dans ces essais. — Modifications et changements à la charge du constructeur. — Délai de garantie. — Réception définitive après un parcours effectif de 12 000 18 000 kilomètres. — Garantie spéciale pour les roues, essieux et bandages. — Réparations à la charge du constructeur pendant le délai de garantie.

Art. 17. *Mode de payement.* — Prix des machines. — Répartition des versements.

Art. 18. *Jugement des contestations.* — Juridiction à laquelle il sera fait appel en cas de contestation. — Frais d'enregistrement du cahier des charges et du marché, à la charge de la partie qui succombera.

B

PROGRAMME

D'UN

CAHIER DES CHARGES

POUR LA FOURNITURE

DES TUBES A AIR CHAUD.

Article 1er. *Objet de la spécification.*

Art. 2. *Désignation des types employés.*

Art. 3. *Composition des tubes.* — Dans le cas de tubes en laiton, on spécifiera la composition de l'alliage.

Art. 4. *Mode de construction des tubes.*

Art. 5. *Mode de réception des tubes.*

Lors de la réception des tubes, il sera fait une vérification minutieuse de chacun des tubes livrés et tous devront satisfaire aux conditions suivantes :

1° Avoir les dimensions rigoureuses des dessins et présenter les poids moyens suivants, par mètre courant, pour chacun des types, avec une tolérance de 2 pour 100 en dessus et en dessous.

. . .kilog. pour tubes de . . . centim. de diamèt. extérieur.

. . .idem   — . . . . . . — . . . .

etc. . . . .

2° Être parfaitement ronds et présenter une épaisseur constante dans chaque section, en ne laissant voir (dans le cas où il s'agirait de tubes soudés) aucune trace de soudure aux extrémités sur une longueur de 6 à 8 centimètres.

Pour les tubes à diamètre variable, on vérifiera la bonne répartition du métal, soit en pesant les tubes sur une bascule par leurs deux extrémités, soit en mesurant l'épaisseur en divers points.

3° Présenter la composition chimique ci-dessus énoncée, avec tolérance de 1 po ur 100 en dessus et en dessous.

4° Résister à une pression de 20 atmosphères à la presse hydraulique sans qu'il se manifeste aucun suintement sur les soudures ou sur le corps du tube.

Si le nombre de tubes qui ne satisferait pas à cette condition dépassait 2 pour 100, la livraison entière pourrait être refusée.

5° Satisfaire aux épreuves mécaniques suivantes :

. . . . ,

(On indiquera le nombre et la nature des épreuves, le nombre de tubes qui y seront soumis [1].)

Toute livraison qui ne satisferait pas aux conditions ci-dessus pourra être refusée.

Les tubes prélevés pour essai ne seront payés au constructeur que si la livraison est acceptée.

1. Chap. I, § I., 73.

Chemin de fer de***.

—

DIVISION DU MATÉRIEL.

—

Bronzes et laitons.

C

SPÉCIFICATION GÉNÉRALE

POUR LA

FOURNITURE DES BRONZES ET LAITONS.

Numéros d'ordre des titres.	COMPOSITION DES ALLIAGES.				APPLICATIONS.	Observations.
	BRONZES.		LAITONS.			
	Cuivre.	Etain.	Cuivre.	Etain.		
1	80	20	»	»	Bagues d'articulation pour têtes de bielles fermées, etc. Bagues pour boîtes à galets.	
2	82	18	»	»	Coussinets pour locomotives, tenders, transmissions et outils de machines. Glissières pour têtes de pistons. Tiroirs de régulateurs et de distribution. — Tables de cylindres rapportées. Bagues de presse-étoupes et de fonds de boîtes à étoupes.	
3	84	16	»	»	Coussinets de voitures et vagons. Glissoirs de porte-sabot de frein. Colliers d'excentriques. Boulets de soupapes. Boisseaux de robinets. — Corps, cloches et valets de sifflets. Presse-étoupes. Rappliques pour boîtes à graisse et glissières de plaques de garde. Boîtes à graisse formant coussinets. Plongeurs de pompes.	
4	86	14	»	»	Toutes pièces frottantes taraudées, écrous de chariots de tour. Boîtes à étoupes rapportées. Couvercles de graisseurs. Lanternes de pompes, sièges de boulets, sièges de soupapes, etc. Clefs de robinets jusqu'au type 9. Toutes pièces composant les rotules. Corps de pompes, boîtes à boulets et couvercles. Godets graisseurs.	
5	90	10	»	»	Volants pour échappement, régulateurs, etc. Niveau d'eau. — Cuvettes de soupapes de sûreté. Bouchons de toute sorte. — Tampons de lavage. Ornements et supports divers. Écrous de robinets, rondelles de robinets. Petites clefs de robinets depuis le n° 9.	
6	»	»	70	30	Raccords de tuyaux lorsqu'ils sont soudés. — Écrous borgnes. Tubes à air chaud. — Corps de balances. Corps de pompes. — Boîtes à boulets de pompes et couvercles. Supports divers et ornements.	

Vu et approuvé :

L'INGÉNIEUR EN CHEF DU MATÉRIEL.

.... le ..... 18..

L'INGÉNIEUR DES ATELIERS.

D

SPÉCIFICATION GÉNÉRALE

POUR LA FOURNITURE

DES ACIERS A RESSORTS

Dimensions. - Les dimensions et le poids des aciers, par mètre courant, seront en tous points conformes aux indications de la commande.

II. *Provenance des matières. — Mode de Fabrication. —* La provenance et la qualité des matières premières, ainsi que le mode de fabrication, devront toujours être agréés par l'ingénieur en chef du matériel, avant qu'il puisse être donné suite aux commandes.

Pendant l'exécution des commandes, la Compagnie pourra faire procéder à toutes les épreuves qui lui paraîtront nécessaires pour s'assurer de la qualité des produits; ces épreuves seront à la charge du fournisseur.

La marque de fabrique du fournisseur sera visiblement poinçonnée, à chaud, à l'une des extrémités de chaque barre.

III. *Épreuves de réception. — Nombre de pièces soumises aux essais. — Nature des épreuves. — Mode d'exécution. —* Dans le cas où les feuilles essayées ne rempliraient pas les conditions spécifiées, le lot d'acier pourra être refusé.

Les frais des essais de réception seront toujours réglés par le marché.

Malgré la réception faite en suite des essais ci-dessus, la Compagnie conserve le droit de refuser toutes les barres qui présenteraient des défauts de fabrication reconnus au moment de la mise en œuvre.

...... le ... 18..

L'ingénieur des ateliers :

Vu et approuvé :

L'ingénieur en chef du matériel :

E

CHEMIN DE FER DE***.

DIVISION DU MATÉRIEL

ELÉMENTS DU CALCUL

DE LA RÉGLEMENTATION GÉNÉRALE DES BALANCES DE SOUPAPES
DE SURETÉ.

Voir le tableau ci-contre.

Désignation des types	NUMÉROS des BALANCES	SÉRIES des MACHINES	S. Surface de chauffe	N. Pression absolue de la vapeur dans la chaudière ou numéro du timbre	DIAMÈTRE DES SOUPAPES d'après la formule administrative $d=2,6\sqrt{\dfrac{S}{n-0,412}}$	DIAMÈTRE D. existant	DIAMÈTRE conventionnel entrant dans les calculs de la balance $=D+0,002^{mm}$ (¹)	LONGUEUR du petit levier	LONGUEUR du grand levier	Rapport des leviers	Pression totale effective de la vapeur sur une soupape (Diamètre $=D+0,002$) (²)	Pression totale effective de la vapeur sur une soupape rapportée à l'extr. du levier	POIDS DE LA SOUPAPE réel	POIDS DE LA SOUPAPE rapportée à l'extrémité du levier	Pression produite sur une soupape par le poids propre du levier, rapportée à l'extrémité de ce levier (³)	Poids de la balance (³)	Poids à suspendre... d'après le calcul	Poids à suspendre... en pratique
			m.q.	atm.	mm.	mm	mm.	mm	mm.		k.	k.	k.	k.	k.	k.	k.	k.
1	1-700	17-50	78,15	7	89,54	100	102	80	720	1:9	506,440	56,270	1,300	0,140	1,190	5,200	49,740	50,000
		51-121 : 201-274	74,10	7	87.17	100	102	75	675	1:9	506,440	56,270	1,300	0,140	1,400	5,200	49,530	
		340-359	85,57	7	93,70	100	102	80	720	1:9	506,440	56,270	1,300	0,140	1,400	5,200	49,530	
		501-520	61,86	7	79 63	100	102	73,5	661,5	1:9	506,440	56,270	1,300	0,140	1,425	5,200	49,505	
	1001-1160	122-133	100,55	7	101,58	110	112	72	792	1:11	610,625	55,510	1,145	0,130	1,520	5,200	48,660	
		171-200	62,58	7	80,09	110	112	72	792	1:11	610,625	55,510	1,145	0,130	1,520	5,200	48,660	
		275-296 : 301-338	126,60	7	113,98	110	112	72	792	1:11	610,625	55,510	1,145	0,130	1,520	5,200	48,660	
		297-300	66,80	7	82,75	110	112	72	792	1:11	610,625	55,510	1,145	0,130	1,520	5,200	48,660	
2	801-1000	134-145	97,71	8	93,31	110	112	72	792	1:11	712,400	64,760	1,145	0,130	1,755	6,000	56,875	57,000
		1-12 : 165-170	95,50	8	92,30	110	112	72	792	1:11	712,400	64,760	1,145	0,130	1,755	6,000	56,875	
		146-163	99,00	8	93,86	110	112	72	792	1:11	712,400	64,760	1,145	0,130	1,755	6,000	56,875	
		401-436	125,50	8	105,74	110	112	72	792	1:11	712,400	64,760	1,145	0,130	1,755	6,000	56,875	
	1500-1600	541-550	93,95	8	91,52	100	102	80	720	1:9	590,860	65,650	1,300	0,140	1,400	6,000	58,110	
		551-565	123,68	8	104,93	110	112	72	792	1:11	712,400	64,760	1,145	0,130	1,755	6,000	56,875	
3	701-800	360-369	194,46	8	131,61	130	132	85	935	1:11	990,245	90,02	1,680	0,150	2,650	6,000	81,220	82,000
		370-399	195,32	8	131,87	130	132	85	935	1:11	990,215	90,020	1,680	0,150	2,650	6,000	81,220	
4	1214-1234	566-585 : 437-444 / 586-595	167,00	9	114,63	110	112	92	1,012	1:11	814,100	74,010	1,415	0,130	2,600	7,100	64,110	66,000
	1261-1500	524-535	61,50	9	69,60	100	102	100	900	1:9	675,260	75,030	1,415	0,130	1,400	7,100	66,490	
		651-662	94,00	9	86,00	100	102	80	720	1:9	675,260	75,030	1,300	0,140	1,400	7,100	66,490	
		663-677	85,50	9	82,03	100	102	80	720	1:9	675,260	75,030	1,300	0,140	1,400	7,100	66,490	
5	1235-1260	601-610	221,00	9	131,80	130	132	92	1,012	1:11	1131.730	102,885	1,680	0,150	2,600	7,100	93,055	94,000

(¹) Page 177. — (²) La pression exercée sur la soupape par le poids propre du levier, rapportée à l'extrémité de ce levier, peut être obtenue directement en suspendant le levier sur une broche placée dans le trou du piton d'articulation, et en faisant porter l'autre extrémité du levier sur le plateau d'une balance. — (³) Toutes les balances à 9 atmosphères, types 4 et 5, sont supposées munies de volants au lieu d'écrous.

F

PROGRAMME

DE

CAHIER DES CHARGES

POUR LA FOURNITURE

D'UN TENDER

Article 1er. *Objet du cahier des charges.*
Art. 2. *Conditions d'établissement.*

Capacité des caisses à eaux.
Capacité des caisses à combustibles.
Nombre d'essieux.
Écartement des essieux.
Diamètre des roues au p int de contact.
Hauteur et écartement des tampons.
Largeur maxima des parties saillantes de la caisse.

Art. 3. *Mode de construction.* — Attache de la caisse sur le châssis. — Emploi de boulons. — Toutes les caisses doivent pouvoir être montées sur les divers châssis. — Choix de la tôle. — Qualité. - Épaisseur pour le fond et pour les parois. — Dimensions des cornières, plates-bandes, etc.. qui réunissent les diverses parties. — Armatures intérieures des caisses. — Main-courante. — Mode d'attache. — Nombre et dimensions des paniers. — Épaisseur de la tôle de cuivre. — Mode de construction des longerons.

Art. 3. *Accessoires.* — Tuyaux à rotule. — Soupapes de prise d'eau. — Cloche.

Art. 4. *Roues et essieux : suspension et traction.* — Nature et qualité du métal employé pour les essieux. — Dimensions.

Diamètre au milieu.

Diamètre à la portée.

Diamètre au calage.

Mode de construction des roues et des bandages. — Dimensions des bandages. — Qualité de la matière. — Boîtes à graisse. — Type adopté. — Ressorts de suspension. — Mode d'attache. — Nombre et dimensions des feuilles. — Qualité de la matière. — Ressorts de choc et de traction. — Construction. — Qualité des matières. — Bande initiale.

Art. 5. *Des freins.* — Mode de construction. — Montage. — Qualité des matériaux.

Art. 6. — Le constructeur doit se conformer rigoureusement aux dimensions des plans qui lui sont remis.

Uniformité de type pour les pas de vis.

Art. 7. *Essai des matériaux.* — Épreuves. — Entrée des agents de la Compagnie dans les ateliers du constructeur. — Modifications proposées pendant le cours de la construction. — Changements qui en résulteront dans les conditions du marché.

Art. 8. *Peinture.* — Nombre et nature des couches. — Couleur de la couche définitive.

Art. 9. *Conditions de livraison.* — Délai. — Retard. — Dommages et intérêts. — État dans lequel les tenders seront livrés. — Lieu de réception. — Frais de montage à la charge du constructeur.

Art. 10. *Réception.* — Parcours à effectuer avant la réception définitive. — Délai de garantie. — Réparations.

Art. 11. *Règlement.* — Prix des tenders. — Versements successifs.

Art. 12. *Jugement des contestations.* — Juridiction à laquelle il sera fait appel en cas de contestation. — Enregistrement du cahier des charges et du marché à la charge de la partie qui succombera.

G

EMPIRE OTTOMAN
MINISTÈRE DES TRAVAUX PUBLICS.

CHEMIN DE FER

DE

SCUTARI A ISMIDT

PROJET DE CAHIER DES CHARGES

POUR LA FOURNITURE DE 6 LOCOMOTIVES A 6 ROUES COUPLÉES,
AVEC LEURS TENDERS A 4 ROUES.

Article 1er. *Objet du cahier des charges.* — Le présent cahier à pour objet la fourniture au Gouvernement Ottoman de 6 machines locomotives à 6 roues couplées et de leurs tenders à 4 roues destinés à l'exploitation de la ligne de Scutari a Ismidt sur laquelle se rencontrent des rampes qui s'élèvent jusqu'à 20 $^m/_m$. et des courbes dont le rayon minimum descend jusqu'à 250^m.

Art. 2. *Types adoptés.* — Les machines et tenders seront exécutés conformément aux plans d'ensemble remis par le constructeur et approuvés par le représentant du Gouvernement.

Art. 3. *Description sommaire.* — Les locomotives à fournir sont portées sur trois paires de roues couplées, les cylindres sont extérieurs et le mouvement de distribution intérieur.

Ces machines porteront tous les accessoires nécessaires au service tels que : appareils d'alimentation, rotules, tendeurs d'attelage, chaines de sûreté, sablière, robinet et tuyau réchauffeur et souffleur, appareil complet de choc et de traction, jette-feu, cendrier fermé, capuchon de la cheminée, grille contre les flammèches, échappement variable, un écran en tôle à lunettes, sifflet d'avertissement, niveau d'eau à tube en cristal, trois robinets de jauge de chaudière, manomètre gradué jusqu'à 11 atmosphères (système Bourdon) plomb fusible au ciel du foyer, trois porte-disques à l'avant de la machine placés en triangle, un assortiment complet de clés en fer pour le service de la machine, y compris les clés à douille pour les écrous de presse-étoupe de tiges de piston et de tiroirs, plaques d'indication du N° d'ordre et du nom de la machine, du nom du constructeur, de celui du gouvernement, robinets de vidange, autoclaves et bouchons de lavage, purgeurs, chasse-pierres et marche-pieds, etc., enfin toutes les pièces nécessaires au bon fonctionnement de la machine.

Elles porteront en outre un appareil à contre-vapeur, système Le Chatelier et un changement de marche à vis.

L'attelage sera du système Stradal ou de tout autre équivalent.

Les tenders seront portés sur deux essieux; leur châssis a ses longerons placés extérieurement aux roues, les ressorts de suspension sont extérieurs aux roues, les ressorts de suspension sont extérieurs aux longerons. La soute à eau et la soute à charbon, forment un seul morceau de chaudronnerie, indépendant du châssis auquel il est fixé au moyen d'équerres.

Ces tenders sont munis d'un frein à manivelle à quatre sabots. (En fonte).

Chaque tender devra être pourvu de tous les accessoires nécessaires au service, tel que, porte-ringards, clapets de prise d'eau avec mouvement à vis, trois robinets de jauge divisant la hauteur de la caisse en quatre parties égales, deux paniers de prise d'eau, rotules, coffre à agrès placé à l'arrière, caisse à outils, caissons à bidons et à outils tampons de choc, chaînes de sûreté, crochets d'attelage, chasse-pierres à l'arrière, un porte-disque et deux porte-lanternes disposés en triangle, tampons de connexion, ressort et tendeur d'attelage, mailles de sûreté à l'avant, marche-pieds.

Les principales conditions d'établissement sont les suivantes :

Machines.

Diamètre des cylindres.   0,450
Course des pistons.   0,650
Diamètre des roues   1,300
Timbre de la chaudière (pression effective par cent^{re} carré). . . . .   8^k

Grille		
	Longueur.	1^m. 500
	Largeur.	1^m. 000
	Surface.	1^m. 500

Tubes		
	Diamètre extérieur.	0^m. 050
	Nombre.	197
	Longueur entre les plaques tubulaires.	4^m. 250

Surface de chauffe		
	du foyer.	7^{m2}. 250
	des tubes.	126^{m2}. 250
	totale.	134^{m2}. 100

Poids approximatif de la machine		
	vide.	31,000^k
	en service. . . .	31,500^k

Traction d'après 1,6 du poids. . . . .   5,750^k
Traction d'après 0,70 $\dfrac{rd^2 1}{D}$ . . . .   5,670^k

Train remorqué sur palier vitesse   30^k 805$_t$
    idem   sur rampe de 5^{m,m} de   20^k 430 »
    idem   d°   10^{m,m} 15^k 280 »
    idem   d°   15^{m,m} 10^k 200 »

(Non compris le poids de la machine et du tender.)

Tenders à 4 roues.

Volume d'eau contenu dans la caisse. . . . . . .   6^{m3}.580
Volume en combustible. . . . .   6^{m3}.300
Poids approximatif du tender vide. . . . . .   10,000^k
     d°   d° en service.   21,000

Art. 4. *Conditions générales.* — Les machines à fournir seront rigoureusement identiques entre elles : une pièce quelconque devra pouvoir s'adapter indistinctement à l'une des machines, sans qu'il soit nécessaire d'y retoucher en aucune manière.

Les matériaux entrant dans la construction des machines seront de la meilleure qualité et de premier choix.

Le constructeur garantit le gouvernement ottoman contre toutes les réclamations de porteurs de brevets d'inventions relatifs à la présente fourniture de machines.

Tous les écrous, en fer forgé, susceptibles d'être souvent manœuvrés, seront cémentés et trempés à l'extérieur.

Tous les écrous en général, les têtes de vis et de boulons seront rigoureusement conformes aux types de la série Cail.

Toutes les pièces entrant dans la construction d'une machine seront poinçonnées du n° de cette machine suivi de la lettre D ou G, suivant que ces pièces seront situées du côté droit ou gauche de la machine.

Art. 5. *Bati et roues des machines et tenders.* — Les roues des machines et des tenders seront entièrement en fer forgé et d'une seule pièce.

Le diamètre de la jante des roues des machines est fixé après tournage à la côte rigoureuse de 1^m,190.

La jante ne devra pas présenter de trace de feu, afin que le bandage s'applique rigoureusement sur toute sa surface.

Le diamètre de roulement sera de 1.300 ; la largeur du boudin des roues motrices sera de 5$^m/_m$ inférieur à la largeur des boudins des autres roues.

Le diamètre des 6 roues de chaque machine devra être rigoureusement le même.

Le diamètre de la jante des roues des tenders est fixé, après tournage, à la cote rigoureuse de 990 $^m/_m$.

Le diamètre de roulement sera de 1^{m}100. Les roues d'un même essieu devront avoir rigoureusement le même diamètre.

Les bandages des roues montées des machines seront placés sur les corps de roues avec un serrage de 0^{m}001. Les bandages des roues montées des tenders seront placés sur les corps de roues avec un serrage de $0^m,00075$.

Les bandages seront en acier fondu ou en fer aciéreux d'Allevard ou de Niederbron ; le profil et les dimensions des bandages des roues des machines et des tenders seront les mêmes que ceux adoptés sur la ligne française de Paris à Lyon, sauf l'inclinaison de la surface extérieure qui sera appropriée aux courbes de la ligne.

Ils seront réunis à la jante au moyen de vis placées à l'intérieur de la jante.

Les essieux seront en fer corroyé de première qualité.

Les fournisseurs de bandages et d'essieux devront être agréés par le gouvernement ottoman. Ils contracteront vis-à-vis du gouvernement un engagement relatif au nombre de kilomètres que ces bandages et essieux devront fournir au minimum. Les manivelles des essieux couplés seront disposées de manière que la manivelle de gauche étant verticale et en haut, la manivelle de droite soit horizontale et en avant.

Les essieux ne devront présenter aucun raccordement à vive arrête.

Les arrêts de calage seront eux-mêmes raccordés par des congés ayant pour rayon la saillie des arrêts.

Les fusées seront martelées à petits coups de marteau pesant au plus (500 gr.) pour durcir la partie frottante.

Cette opération devra précéder un dernier coup de plane destiné à enlever les petites inégalités que laissera le marteau.

Les boutons de manivelles motrices et couplés seront en fer corroyé, cimentés au paquet et trempés.

Tous les diamètres d'alésage des boutons de manivelles seront rigoureusement égaux entre eux sans tolérance aucune sur les jauges arrêtées.

Le montage des roues sur les essieux et des boutons de manivelles sur les roues, se fera à la presse hydraulique et l'on devra, tout en prenant toutes les précautions d'usage, employer, pour les faire entrer, une pression minima de (40 000 k.) quarante mille kilogrammes pour les boutons de manivelles, et 70 000 à 80 000 pour les essieux.

Tout calage qui serait obtenu par des pressions moindres, serait un motif de refus des roues montées.

Les écartements intérieurs des bandages seront rigoureusement conformes aux jauges adoptées pour chaque genre d'essieux.

Les contre-poids à placer sur les roues pour équilibrer une partie du poids des pièces mobiles, seront calculés, d'après la méthode de ...... et seront placés le plus près possible de la jante.

Ces contre-poids viendront de forge avec les corps de roues.

Une clavette de calage, prise moitié dans l'essieu, moitié dans le moyeu, sera parfaitement ajustée à frottement dur sur chaque portée de calage.

Il est entendu que les portées de calage de chaque type d'essieu seront rigoureusement conformes, sans aucune tolérance, aux jauges adoptées.

Toutes les boîtes à graisse de la machine seront en fer forgé, cementées et trempées.

Les coussinets seront en bronze, au titre de 82/18 ; on ménagera dans le dessous des boîtes un réservoir d'huile avec tampon graisseur.

Les dessous de boîtes seront en fonte, alésés sur un diamètre de (0,002) deux millimètres plus grand que les coussinets.

Les coussinets seront ajustés avec un jeu latéral de $0^m,002$ sur les fusées et sans aucun jeu dans les boîtes ; ils porteront deux trous de graissage et des pattes d'araignée.

Les trous de graissage des réservoirs à huile dans les boîtes à graisse, seront disposés de façon à ce que le remplissage des réservoirs et la pose des mèches se fassent commodément.

Ces boîtes seront munies d'un couvercle mobile en tôle.

Dans le montage des boîtes à graisse, le constructeur

devra laisser, entre la plaque de garde et la boîte, un jeu de (0,030) millimètres en dessus de la boîte et (0,030) millimètres en dessous.

Pour la vérification du montage des machines, les boîtes porteront à l'extérieur un cercle concentrique à la fusée, obtenu par un coup de grain d'orge au moment de l'alésage.

On appliquera le système de plans inclinés de M. Forquenot pour le passage des courbes.

Le parallélisme des essieux ne pourra, dans aucun cas, être obtenu par des inégalités d'épaisseur dans les glissières ou dans les boîtes, ou par application de cales ; les boîtes seront d'ailleurs parfaitement symétriques par rapport à l'axe des essieux.

Les glissières des boîtes seront en fonte de deuxième fusion, grise dure et serrée.

Chacun des six systèmes de glissières de boîtes à graisse portera un coin de serrage placé sur la glissière d'avant.

Ce coin sera en fer forgé cémenté et trempé, la tige filetée sera indépendante du coin. Dans le taraudage des tiges de suspension, en approchant du corps lisse, on aura soin de diminuer graduellement la profondeur du filet, dans le but de rendre ces tiges moins sujettes à la rupture.

La douille des tiges de suspension sera cémentée et trempée ainsi que les boulons d'articulation.

Les ressorts seront en acier fondu, ils seront formés de lames ayant (90/12 $^{m}/_{m}$) quatre-vingt-dix millimètres de largeur sur douze d'épaisseur. Leur longueur sera de (0^{m}, 850) d'axe en axe des points de suspension.

Toutes les feuilles d'un même ressort seront rigoureusement cintrées sur le même rayon de fabrication.

Les 6 ressorts d'une même machine sont identiques entre eux.

La traverse d'avant sera en bois de chêne, armée à l'extérieur et par dessus par une plaque en tôle.

Elle recevra deux tampons de choc et un crochet de

traction à ressort en spirale, un tendeur d'attelage et deux chaînes de sûreté.

La traverse d'arrière sera en tôle et cornières.

Le tablier du mécanicien sera en tôle striée tout au pourtour de la machine.

Les longerons seront découpés dans des plaques en fer forgé d'une seule pièce et sans soudure avec les plaques de garde. Ils seront reliés aux traverses d'avant et d'arrière par des équerres en fer.

Ils seront solidement entretoisés l'un à l'autre, surtout entre les cylindres, de manière à constituer un tout parfaitement invariable.

Les chasse-pierres en fer forgé seront fixés aux longerons et solidement arc-boutés.

Les couvre-roues motrices porteront :

1° Le nom de la machine,

2° Le nom du constructeur, et la date de construction.

Sur la rampe du mécanicien sera fixé un cadre en laiton permettant de placer une plaque portant le nom du mécanicien.

Art. 6. *Chaudière.* — La chaudière sera en tôle de fer fort de 13 $^m/_m$ d'épaisseur, correspondant à une pression de 8 k. effectifs.

Les fournisseurs des tôles de fer et de cuivre seront agréés par le gouvernement ; chaque tôle de fer sera essayée avant sa mise en œuvre, et la résistance qu'elle devra présenter ne sera pas inférieure à 35 kil. dans les deux sens.

Chaque virole sera composée d'une seule feuille de tôle.

Les assemblages longitudinaux seront faits par rivets disposés en quinconce. La plaque du timbre devra être de 8 kil. effectifs.

Chaque machine sera munie d'une garniture de barreaux de grille en fer et d'un cendrier.

Le cendrier sera complétement fermé avec tôle mobile à l'avant mu par levier et bielle à portée de la main du mécanicien et porte à glissières à l'arrière.

Indépendamment des 4 autoclaves longitudinaux placés aux angles au bas de la boîte à feu, le cadre du bas du foyer portera sur sa face supérieure (8) bouchons de lavage verticaux de (0ᵐ,025) de diamètre.

Il y aura en outre :

1° Un bouchon de lavage à la partie inférieure de la plaque tubulaire de la boîte à fumée, en dessous des tubes.

2° Deux autoclaves en dessous du corps cylindrique, l'un près de la boîte à fumée, l'autre près de la boîte à feu.

3° Des bouchons de lavage à l'arrière de la boîte à feu un peu au-dessus du ciel de foyer, placés convenablement entre les fermes.

La chaudière sera reliée au bâtis au moyen de supports à dilatation libre; mais dans l'étendue de la boîte à fumée, elle sera invariablement fixée aux longerons par l'intermédiaire de l'appendice de la boîte à fumée.

L'ajustage de ces supports sera fait avec assez de précision pour qu'il n'y ait pas nécessité d'interposer des cales de remplissage, dans aucun des supports.

L'axe de la chaudière sera rigoureusement établi dans l'axe du châssis.

L'ensemble de la chaudière sera enveloppé de feuilles de tôle de (0ᵐ,002) d'épaisseur, retenues par des cercles en feuillard.

Le régulateur, système Crampton, sera placé à l'avant du dôme de prise de vapeur. Il sera à double tiroir.

La plaque tubulaire du foyer, en cuivre rouge de première qualité, aura 25ᵐ/ₘ d'épaisseur à l'endroit où s'assemblent les tubes et jusqu'à 20ᵐ/ₘ (0ᵐ,20) au-dessous du corps cylindrique; à partir de ce point, cette épaisseur se réduira d'une manière continue jusqu'à l'arrête inférieure de la plaque où elle sera de 13ᵐ/ₘ.

Le côté de la porte de chargement aura 13ᵐ/ₘ d'épaisseur sur toute sa hauteur.

Les côtés latéraux et le ciel de foyer auront (0ᵐ,013) d'épaisseur.

Le foyer se composera seulement de trois pièces ; les deux plaques avant et arrière et la tôle de pourtour, assemblées par des rivets en fer.

Les entretoises seront en cuivre rouge de première qualité et creuses, espacées de 10 centimètres, leur diamètre sera de 23 millimètres dans les angles du foyer et au pourtour du ciel et de 22 millimètres partout ailleurs.

L'alésage des trous des tubes à fumée sera conique.

L'inclinaison du cône sera de (1/40) un quarantième.

La plaque tubulaire de la boîte à fumée sera en fer laminé, de première qualité ; elle aura ($0^m,018$) 18 millimètres d'épaisseur.

Elle devra être emboutie avec un congé intérieur de ($0^m,015$) 15 millimètres au minimum.

Les angles des bords relevés des plaques d'arrière et d'avant du foyer en cuivre présenteront un congé de ($0^m,015$) 15 millimètres de rayon minimum.

Les armatures du ciel de foyer seront en tôle à deux flasques solidement réunies par des rivets et des entretoises en fonte.

La partie supérieure de la boîte à feu sera armée de 2 cornières reliées par quatre tirants aux deux fermes du ciel de foyer qui se trouvent en correspondance.

Les parois verticales extrêmes de la chaudière seront armées très solidement.

La chaudière sera garnie des pièces suivantes :

Un robinet réchauffeur double.

Un robinet de vidange sur le flanc de gauche de la boîte à feu, immédiatement au-dessus du cadre inférieur.

Un robinet de manomètre.

Un robinet souffleur.

Un robinet et appareil système Le Châtelier dernier type, pour la marche à contre-vapeur.

Un appareil Giffard pour l'alimentation (type Lyon Méditerranée) et une pompe d'alimentation avec robinet d'épreuve.

Un robinet d'introduction de vapeur pour l'injecteur.

Deux clapets de retenue à la suite des tuyaux d'introduction.

Une cuvette de soupapes sur rehausse. Cette cuvette portera deux soupapes avec leurs supports de leviers, leviers, balances, arrêts de balances, le raccord du manomètre et un sifflet d'avertissement.

La chaudière portera en outre :

Un niveau d'eau à tube en cristal garni d'un écran portant un trait de repère, placé à trois centimètres au-dessus du ciel du foyer.

Trois robinets de jauge de la chaudière dont le plus bas doit être à trois centimètres au-dessus du ciel du foyer.

Un robinet graisseur du régulateur.

Un mouvement d'échappement variable.

Un capuchon sur le pavillon de la cheminée.

Tous ces différents mouvements et appareils, seront à la portée de la main du mécanicien, ainsi que le mouvement des purgeurs de cylindres, celui de la trappe de cendrier et le changement de marche à vis.

Tous les boisseaux de robinets seront en bronze (84/16) à quatre-vingt-quatre parties de cuivre rouge et seize d'étain. Les clés, les écrous, les rondelles en bronze, (90/10, quatre-vingt-dix de cuivre rouge et dix d'étain).

Le manomètre sera à diaphragme Bourdon.

Tous les écrous placés à l'intérieur, soit de la chaudière soit de la boîte à fumée, seront en bronze (90.10) de quatre-vingt-dix de cuivre rouge sur dix d'étain, excepté les écrous des armatures du ciel du foyer qui seront en fer.

Les supports de main-courante, de tringle de régulateur et généralement toutes les pièces s'adaptant à la chaudière seront montées sur goujons à embase permettant le montage par dessus les enveloppes, sans entailler la garniture de tôle.

On placera sur l'arrière du corps cylindrique, un écran avec retours et toiture en tôle, avec lunettes vitrées pour abriter le mécanicien.

Les tubes seront en laiton composé de (70) soixante-dix parties de cuivre rouge première qualité sur (30) trente de zinc pur, sans soudure, à épaisseur constante de ($0^m,00225$) deux millimètres et quart, et ($0^m,050$) cinquante millimètres de diamètre intérieur.

Ils seront essayés à la presse hydraulique à la pression de vingt atmosphères, avant la pose.

Il y aura des viroles dans la boîte à feu et dans la boîte à fumée. Ces viroles seront en acier de ($0^m,0025$) deux millimètres et demi d'épaisseur et de ($0^m,040$) quarante millimètres de longueur. Elles présenteront exactement la même inclinaison (au quarantième) que les trous des plaques tubulaires.

Les tubes seront en outre matés dans la boîte à feu et dans la boîte à fumée.

On prendra les plus grandes précautions pour que ces deux opérations, pose de viroles et matage des tubes, n'altèrent pas la forme des trous des plaques tubulaires.

La cheminée ne pourra présenter aucune partie s'élevant au-delà de $4^m,300$ au-dessus du rail. Elle sera garnie d'un capuchon en tôle avec tringle à poignée.

Le pavillon du haut sera en tôle de fer de ($0^m,004$) d'épaisseur.

Chaque côté de la cheminée aura une plaque encadrée portant le N° de la machine, et dont les chiffres et le cadre seront en laiton.

Le devant de la boîte à fumée sera garni d'un porte-disque.

Une grille à flammèches sera placée dans l'intérieur de la boîte à fumée immédiatement au-dessus des tubes.

L'échappement sera variable.

Les portes de la boîte à fumée seront doubles pour éviter la déformation.

La partie intérieure aura ($0^m,006$) millimètres d'épaisseur, celle extérieur ($0^m,007$) d'épaisseur.

Les tôles de la boîte à feu extérieure seront rivées dans le bas des angles à des appendices venus de forge, avec le cadre du bas du foyer.

Les entretoises seront creuses suivant le système appliqué à la Compagnie des chemins de fer du Nord.

Les tubes à fumée seront montés par rangées verticales.

Les balances seront du type dit à fourreau et ne pourront pas être serrées au-delà de la pression de 8 kilog⁵ effectifs.

Des freins de retenue seront appliqués aux boisseaux des robinets de vidange et de retenue.

La tuyauterie sera en cuivre rouge ; tous les tuyaux seront essayés avant la pose, à la pression de (15) atmosphères ; les brides des tuyaux seront en fer.

Les chaudières seront essayées à chaud, à la pression normale, avant le montage.

Les entretoises de foyer seront filetées à la machine à tarauder Sellers. Les entretoises débouchant sous des supports ou autres pièces montées sur la chaudière, seront rivées avant la pose de ces pièces qui seront fixées par une rivure spéciale.

Les têtes des entretoises devront être démasquées au moyen de trous percés dans les pièces qui les recouvrent, de manière à ce que l'on puisse toujours les vérifier.

Les angles arrondis des cadres en fer du bas du foyer seront mortaisés suivant calibres et les trous des rivets nécessaires à leur assemblage seront percés au foret.

Art. 7. *Mécanisme.* — Les cylindres seront en fonte grise, dure, à grain serré, ils devront présenter une surface parfaitement rabotée dans les parties par lesquelles ils s'assemblent soit avec les longerons, soit avec l'appendice de la boîte à fumée.

La masselotte sera au moins de 0ᵐ,40 de hauteur (quarante centimètres) pour assurer la bonne qualité de la fonte.

Les tables des tiroirs seront disposées pour y rapporter, après leur usure, des tables de frottement en bronze.

Chaque cylindre portera deux robinets purgeurs, un robinet graisseur de boîte à vapeur.

Les lumières et tubulures, d'admission et d'échappement ne devront présenter aucun étranglement.

Les couvercles seront disposés de manière que le piston étant à fin de course, il y ait un jeu absolu de ($0^m,005$) millimètres à l'avant et ($0^m,007$) millimètres à l'arrière du cylindre.

Pour vérifier le maintien absolu de ce jeu, l'indication des fonds du cylindre sera portée sur les glissières par des traits parfaitement gravés, ainsi que l'indication des fins de course correspondant à un trait semblable, marquée sur l'axe des coulisseaux.

Les pistons seront du système dit système suédois.

Les segments seront en fonte de même nature que celle du cylindre.

L'emmanchement de la tige du piston dans le plateau se fera à chaud et le cône renforcé de la tige dépassera le corps du plateau d'une quantité suffisante pour faire une bonne rivure.

Les clavettes seront en acier fondu non trempé.

Les têtes de piston seront en fer corroyé, cémenté et trempé elles seront garnies de coulisseaux rapportés en fonte de même nature que celle des cylindres.

L'extrémité de la tige du piston offrira un cône renforcé pour augmenter la force de l'emmanchement dans la tête du piston.

Les glissières des tiges de piston seront en acier fondu. Elles s'assembleront d'un côté avec les couvercles d'arrière des cylindres et de l'autre aux supports de glissières.

Chaque glissière supérieure portera deux godets graisseurs.

Toutes les têtes de bielles motrices et d'accouplement seront en fer corroyé.

Le système de clavetage de bielles et d'accouplement sera tel qu'un serrage égal des bielles d'accouplement ne change pas leur longueur.

Les boutons de connexion des bielles d'accouplement et de bielles motrices seront en fer corroyé, cémenté et trempé.

Les bielles d'accouplement porteront une articulation à boulon sphérique.

Tous les tourillons et boulons d'articulation du mécanisme de transmission de mouvement aux tiroirs seront cémentés et trempés, de même que les douilles des pièces qu'ils unissent.

Les colliers d'excentriques seront en fer, avec bague intérieure en bronze et pattes pour rapporter la tige à fourchette.

Les fourchettes d'excentriques, la coulisse de distribution et le coulisseau seront entièrement trempés, les tiges des tiroirs seront en acier.

Les tiges des pistons seront en fer forgé.

Les tiroirs seront en bronze au titre de (82/18) quatre-vingt-deux parties de cuivre rouge et dix-huit parties d'étain, ainsi que les coussinets des bielles motrices et d'accouplement.

Ce titre sera le même que celui des coussinets des boites à graisse de machines et de tenders.

Le montage des cylindres sur le châssis sera fait avec une grande précision et sans l'interposition d'aucune autre espèce de cale de remplissage.

Les boulons fixant les cylindres aux châssis seront emmanchés sans jeu dans les trous qui devront être alésés simultanément dans les deux pièces.

Le changement de marche se fera au moyen d'un appareil à vis commandé par un volant.

Art. 8. *Tenders-Châssis et roues.* — Le châssis se compose d'un cadre en tôle, fortifié par deux traverses longitudinales, deux transversales et par les ferrures nécessaires à la consolidation de l'assemblage.

Les plaques de garde ne seront pas rapportées.

On suivra pour la fabrication des centres de roues, des essieux et des bandages, pour le montage de ces pièces l'une sur l'autre, les prescriptions déjà mentionnées dans l'article 5 pour les roues des machines.

Les boites à graisse et les glissières seront en fonte de deuxième fusion, grise, dure et serrée. Les couvercles bien ajustés devront être garnis de cuir et fermer très exacte-ment.

Les boîtes seront ajustées sans jeu appréciable dans les glissières.

Les coussinets seront en bronze au titre de (82/18) quatre-vingt-deux parties de cuivre rouge sur dix-huit d'étain ; ils auront un jeu latéral de (0,002) millimètres sur les fusées

Le tender portera des chasse-pierres à l'arrière.

La caisse à coke et à eau, en tôle bien consolidée et bien étanche, sera munie de deux paniers de prise d'eau en cuivre rouge, recouverts par un couvercle à charnière; elle sera garnie d'une caisse à agrès régnant sur toute la largeur à l'arrière, d'une caisse à outils placée sur les soutes à eau, de deux caissons à bidons et outils, placés à l'avant du tender de chaque côté.

Un porte-disque au centre et en haut du panneau d'ar-rière.

Deux porte-lanternes aux angles supérieurs des panneaux d'arrière.

Trois robinets de jauge sur le panneau de gauche à portée de la main du mécanicien, divisant la capacité en 4 parties égales.

Un autoclave de vidange au-dessous.

Deux prises d'eau en bronze de (84/16) quatre-vingt-quaire parties de cuivre rouge sur seize d'étain, avec soupape et mouvement à vis, à portée du mécanicien.

Les soupapes seront couvertes d'un filtre en cuivre rouge.

Trois porte-ringards sur le côté, en haut de la caisse.

Deux raccords de rotules en bronze (84/16).

Et généralement de toutes les pièces nécessaires au ser-vice.

Entre la caisse et le châssis, est interposé un plancher en bois de chêne de première qualité de (0,030) trente milli-mètres d'épaisseur.

La caisse à eau et à coke portera 4 agrafes afin de pou-voir l'enlever de dessus son châssis.

Le frein est à 4 sabots en fonte. Toutes les articulations, écrous, tourillons et coulisseaux du frein seront en fer corroyé, cémenté et trempé au paquet.

Art. 9. *Outillage du tender*. — Le constructeur devra livrer, avec chaque tender, l'outillage spécial du mécanicien, qui comprend :

Une lance.

Un pique-feu.

Une râclette de cendrier.

Une fourche à tirer le mâche-fer.

Une tringle à tubes.

Une pelle à charbon.

Un chasse-tampons.

Six tampons en fer pour les tubes à fumée.

Six tampons en bois.   d°.

Un écouvillon et sa tige,

Un vérin à chariot de 10000 kg. avec sa rallonge et son cliquet de chariot.

Un cric à double-noix de 6000 k.

Une chaîne en fer en crochet de quatre mailles.

Une chaîne sans crochet de cinq mailles.

Une prolonge à deux crochets.

Une grande pince à talon.

Une petite pince à talon (aciérée).

Deux coins en chêne pour caler les roues.

Une masse en fer avec manche.

Une massette en cuivre avec manche.

Un marteau rivoir.

Un marteau à casser la houille.

Une clé anglaise, 38 centimètres.

Une série de clés doubles à fourche (déjà désignées).

Deux clés à garniture.

Une clé spéciale pour les écrous de ressorts.

Une rallonge pour les écrous de ressorts.

Deux burins.

Deux becs d'âne.

Un chasse-goupille (grand).

        d°   (petit).

Un tourne-vis.

Deux tire-fond de cylindre.

Une pince à fil de fer.

Un tire-bourre.

Un tire-étoupes.

Une grosse épinglette.

Une petite   d°

Une lime plate.

Une lime bâtarde.

Deux manches de limes.

Un assortiment d'une douzaine d'écrous.

Un assortiment d'une douzaine de rondelles.

Un assortiment de douze goupilles.

Six cadenas s'ouvrant à la même clé et leur clé.

     Nota. *Varier les clés pour chaque tender.*

Un balai et son manche.

Fil de fer.

Chanvre peigné.

Corde molle.

Déchet de coton

Ficelle.

Art. 10. *Peinture des machines et des tenders. 1° Machines.* — L'intérieur et l'extérieur de la chaudière et de son enveloppe, et généralement de toutes les parties à peindre, recevront deux couches au minium de plomb pour préserver les surfaces de l'oxydation.

Toutes les parties intérieures des bâtis et les rampes recevront, outre les deux couches au minium ci-dessus mentionnées, une couche de noir au vernis.

Toutes les parties apparentes de la machine seront peintes avec le même soin que ceux apportés aux machines sortant des meilleurs ateliers.

2° *Tenders.* — L'intérieur et l'extérieur de la caisse à eau et à coke, des caisses à outils et à effets et généralement toutes les parties à peindre recevront deux couches au minium de plomb.

L'extérieur de la caisse à eau et des rampes recevra, outre les deux couches au minium ci-dessus mentionnées, une couche de noir au vernis.

L'extérieur de la caisse à eau et à coke sera terminée avec les mêmes soins que ceux apportés dans les meilleurs ateliers.

La peinture ne sera appliquée qu'après la réception des machines et tenders par le gouvernement ottoman dans les ateliers du constructeur.

Art. 11. *Qualité des matières.* — Les matières employées dans la fabrication des locomotives et des tenders seront de la meilleure qualité en usage pour chacune des parties de la construction.

Les tôles pour chaudières seront en tôle de fer fort, première qualité, suivant le cas.

Pour les autres tôles de la machine et du tender, on prendra des tôles puddlées de qualité supérieure, ainsi que pour le devant de la boîte à fumée.

Le cuivre du foyer sera de qualité supérieure, ainsi que les entretoises des flancs du foyer.

Les longerons du châssis seront en fer ordinaire laminé, de bonne qualité, sans criques, pailles ni doublures.

Les fontes seront toutes de deuxième fusion, grises, dures et serrées, de première qualité, moulées avec soin, sans souf-flures, gouttes froides ou autres défauts.

Les bronzes auront la composition suivante :

Coussinets de boîtes à graisse, de bielles, tiroirs, bagues d'excentriques et en général pièces à frottement, 82/18.

Clapets de retenue d'eau de tenders, robinets, bagues de presse-étoupes, soupapes de sûreté et leurs sièges, et en général pièces de frottement sujettes à se rompre, 84/16.

Sifflets, godets graisseurs, pièces des injecteurs et en général pièces non sujettes à frottement continu, 90/10.

Tubes à fumée 70 de cuivre et 30 de zinc.

Autres pièces en laiton 65 de cuivre et 35 de zinc.

Les ressorts seront en acier fondu de première qualité.

Les pièces du mécanisme et du frein seront en fer forgé de 1re qualité.

Les boutons et rivets seront en fer nerveux de qualité supérieure.

Tous les écrous de même diamètre devront pouvoir se remplacer en donnant un serrage facile et sans jeu.

Art. 12. *Surveillance à l'usine.* — La fabrication à l'usine ne commencera pas avant l'approbation de tous les plans d'ensemble et de détails et l'agrément des fournisseurs par le gouvernement.

Les agents du gouvernement ottoman auront toujours l'entrée libre dans les ateliers du constructeur.

Ils pourront faire toutes les vérifications et épreuves qu'ils jugeront utiles pour s'assurer que toutes les conditions du marché sont exactement remplies.

Ils refuseront toutes les pièces défectueuses ou ne remplissant pas les conditions prescrites, et pourront suspendre tout travail qui ne leur paraîtrait pas convenablement fait, s'opposer au montage des pièces qu'ils reconnaîtraient défectueuses et faire démonter celles déjà placées.

L'exercice du droit de surveillance ne pourra en aucune façon dispenser le constructeur des conséquences du contrôle réservé au gouvernement ottoman lors des réceptions provisoires et définitives.

Les pièces refusées seront marquées d'un poinçon spécial et mises de côté pour être présentées à toutes réquisitions des agents du gouvernement ottoman, ou cassées en leur présence, au choix du fournisseur.

Art. 13. *Réception provisoire.* — La réception provisoire aura lieu dans les ateliers du constructeur aux différentes époques qui seront mentionnées dans l'article 19.

Art. 14. *Responsabilité du fournisseur.* — L'approbation des plans et l'agrément donnés, par le gouvernement, la surveillance exercée à l'usine par les agents du gouvernement ottoman, les vérifications et épreuves, les réceptions à l'usine et au lieu de livraison n'auront dans aucun cas pour effet de diminuer la responsabilité du fournisseur, laquelle demeurera pleine et entière jusqu'à l'expiration du délai de garantie.

Il sera fourni un certain nombre de pièces de rechange ordinaires ; le prix en sera établi par kilogramme.

L'oubli qui pourrait être fait dans le présent cahier des charges de quelques pièces ou de quelques prescriptions n'exempte pas le constructeur de livrer, aux prix fixés, les machines et tenders complétement terminés et munis de toutes les pièces nécessaires à leur bon fonctionnement.

Art. 15. *Epreuves.* — Le gouvernement ottoman aura le droit, autant qu'il le jugera nécessaire, de faire des essais sur rails, et ces essais seront faits aux frais du gouvernement ottoman en présence du constructeur ou de ses agents.

Les machines devront fonctionner avec facilité et donner d'aussi bons résultats que les meilleures machines sorties des ateliers les mieux organisés.

Toutes les modifications, réparations et changements auxquels donneraient lieu ces essais pour vice de construction ou mauvaise qualité de matières, seront à la charge du constructeur qui devra se conformer en tous points aux prescriptions du représentant du gouvernement ottoman.

Art. 16. *Propriété du gouvernement ottoman après réception.* — Après la réception provisoire à l'usine, les machines reçues, comprises dans les procès-verbaux de réception, seront, par ce seul fait, la propriété du gouvernement ottoman, soit qu'on les expédie immédiatement, soit qu'on les remise dans les hangars du constructeur.

La réception définitive ne se fera qu'après un parcours effectué de 10 000 kilomètres en service ordinaire, lequel devra être fait dans un délai de quatre mois à partir de la réception provisoire, sauf le cas des grandes réparations nécessitées par des vices de construction ou la mauvaise qualité des matières.

Art. 17. *Garantie.* — Toutes les pièces venant à casser par vice de construction ou de mauvaise qualité de matières, ou à être avariées, ou présentant des défauts, tous les ressorts brisés pendant le délai de garantie, seront remplacés aux frais du constructeur.

Art. 18. *Frais d'épreuves et de réceptions.* — Tous les frais de main-d'œuvre et d'appareils pour les épreuves et réceptions à l'usine, sauf le traitement des agents réceptionnaires, seront à la charge du constructeur.

Art. 19. *Livraison.* — Pénalités en cas de retards.

La livraison des 6 machines et des 6 tenders aura lieu sur la ligne de Scutari à Ismidt dans les délais suivants : 2 machines et 2 tenders par mois, à partir du
de manière que la livraison totale soit terminée le
        terme de rigueur.

En cas de retard dans les livraisons, il sera retenu, au profit du gouvernement ottoman, une indemnité de 250 francs par machine avec son tender et par semaine de retard, et sans qu'il soit besoin de mise en demeure préalable.

Art. 20. *Rétrocession.*— La présente fourniture ne pourra être rétrocédée, en tout ou en partie, sans l'agrément exprès du gouvernement ottoman.

Le constructeur ne pourra non plus faire fabriquer tout ou partie de la commande dans un autre atelier que dans le sien, sans l'autorisation spéciale du gouvernement ottoman.

Art. 21. Le constructeur garantit que le poids de la machine ne dépassera pas 31 000 kilogrammes, et que celui du tender ne dépassera pas 10 000 kilogrammes. Tout excédant ne sera pas payé. En cas d'excédant dépassant 2 0/0, les machines et tenders pourront être refusés.

Art. 22. *Paiement.* — Les paiements seront effectués à
                par les soins du gouvernement ottoman, en
espèces sans escompte, aux conditions suivantes :

3/10 à la commande,

3/10 au montage des foyers des machines et des caisses à eau des tenders,

1/10 après la réception à l'atelier,

2/10 à l'arrivée sur rails de la ligne de Scutari,

1/10 quatre mois après l'arrivée, ou après le parcours de 6 000 kilomètres, stipulé à l'Art. 16.

Art. 23. *Jugements et Contestations.* — Toute difficulté entre le gouvernement ottoman et le constructeur, concernant le sens ou l'exécution des clauses du marché, sera portée devant le Tribunal de Commerce de

H

APPLICATION DU SYSTÈME COMPOUND

AU

CHEMIN DE FER BAYONNE-BIARRITZ.

M. Mallet nous a communiqué quelques détails sur l'exploitation, en 1878, du chemin de fer de Bayonne à Biarritz, exclusivement desservi par des machines Compound. Longueur : 8 kilomètres ; parcours de l'année : 124 416 kilomètres.

Exploitation . . .	45447^f,77	soit par kil.	0^f,365
Voie.	11 291 ,13	—	0,091
Traction	42 166 ,82	—	0,339
Divers.	1 177 ,00	—	0,009
Administration. .	8 476 ,00	—	0,069
Total . . .	108 558^f,72	—	0^f,873

Détail des frais de traction.

Personnel	7885,21	soit par kil.	0^f,064
Combustible.	14 959,57	—	0 ,120
Eau	800,00	—	0 ,003
Réparation des machines.	11 423^f,89	—	0 ,091
Fournitures diverses . .	3 988 ,40	—	0 ,032
Réparation des voitures. .	3 109 ,75	—	0 ,025
	42 166 ,82	—	0 ,339

Dans le combustible est comprise la dépense de l'atelier, de sorte que celle des locomotives ne s'élève qu'à 3^k,85 par kilomètre, soit, à 28^f la tonne, à 0^f,108 au lieu de 0^f,120.

La recette totale a été de 259 748^f,20 impôts compris, soit 229 242^f,08 impôts déduits ; l'exploitation est donc faite à moins de 48 %.

En 1879, les résultats ont encore été plus favorables :

	parcours	consommation	moyenne
Avril.	8 896^{km}	33 327^{kg}	3^{kg},746
Mai	9 168	30 930	3 ,373
Juin	8 992	27 279	3 ,033
Juillet	12 000	38 143	3 ,178
Août.	13 008	50 557	3 ,812
Septembre	13 066	51 557	3 ,945
	65 130	231 793	3^{kg},559

La moyenne des six mois les plus chargés de l'année ne dépasse pas 3^k,6, tout compris : allumage, stationnement, etc., pour l'ensemble des quatre machines dont la quatrième dépense plus que les autres, étant de dimensions plus fortes, — 25^t en service au lieu de 19^t,5, — la moyenne pour les petites est seulement de 3^k,4.

Pour rapporter la dépense au tonnage on peut partir de ce point que dans la saison d'été les machines traînent toujours 4 voitures; la machine n° 4 en traîne généralement 6 les dimanches et fêtes, au moins à certains trains. Mais ne comptons que 4; c'est donc $4 \times 9 = 36$ tonnes à quoi il faut ajouter 60 voyageurs par train, ce que donne la recette moyenne de la saison, soit $60 \times 75 = 4500^k$ (y compris les bagages). Le train moyen serait donc de 4^t,5 tonnes, plus 19 de machine ou 69,5, ce qui donnerait une dépense de 60 grammes de charbon par tonne kilométrique brute ; mais il faut remarquer que la résistance des trains est assez considérable tant à cause du faible diamètre des roues qu'à cause de la grande surface exposée au vent. Si on cherche la résistance en appliquant la formule des ingénieurs de l'est on trouve, en se donnant une vitesse moyenne de 33 kilomètres à l'heure et en remarquant que la surface résistante des voitures de Biarritz est de 9,5 mètres carrés :

$$R = 1,80 + (0,08 + 33) \cdot \frac{0,080 \cdot 9,5 \cdot 33^2}{50} = 6,12$$

On doit donc assimiler le train à un train de 7,5 [illegible]

$= 49^{t},6$, soit $49,6 + 19 = 68^{t},6$ avec la machine, de sorte que la dépense par tonne kilométrique brute ressort à

$$\frac{3^{k},6}{68,6} = 52,5 \text{ grammes de charbon.}$$

Ce résultat est remarquable surtout si l'on tient compte du profil. En effet, la résistance due à la gravité représente, en moyenne, $2^{k},15$ par tonne pour aller et retour, de sorte que la résistance totale est de $8^{k},27$ par tonne pour le train. On a donc

$$\left. \begin{array}{lll} \text{Train} & 40,5 \times 8,27 & = 335 \\ \text{Machine} & 19 \times (13+2,15) & = 288 \end{array} \right\} \ 643 \text{ kil.}$$

C'est donc par kilomètre un travail de 643000 kilogrammètres. La dépense de charbon cherchée pour le travail seul doit être diminuée du *quantum* relatif à l'allumage évalué à 6 %, il reste donc $3^{k}35$. Le travail par kilog. de charbon est $\frac{643000}{3,35} = 192000$ kgm., mais un cheval représente 270000 kgm. par heure, il en résulte que la dépense moyenne par cheval est de $\frac{270000}{192000} = 1^{k},406$.

I

CHEMINS DE FER DE ***

CAHIER DES CHARGES

POUR LA FOURNITURE DES COLONNES ALIMENTAIRES.

Article 1er *Nomenclature des pièces*. — Les colonnes destinées à l'alimentation des locomotives dans les gares et aux stations sont formées chacune des pièces dont le détail suit :

1° Pièces en fonte;

2° Pièces en fer.

La présente fourniture comprend, en un mot, toutes les pièces, généralement quelconques, nécessaires à la parfaite exécution des colonnes alimentaires complètes.

Art. 2. Toutes ces pièces seront exactement conformes aux plans cotés qui seront remis aux fournisseurs par l'ingénieur en chef de la Compagnie.

Un double du plan général, signé par le fournisseur, sera déposé à l'administration du chemin de fer, pour servir de pièce justificative en cas de contestation.

Art. 3. *Qualité des matériaux*. — Toutes les pièces en fonte seront en fonte grise à grain fin et régulier, de bonne qualité, pouvant se travailler facilement; elles devront être parfaitement ébarbées et dépouillées complétement du sable de moulage.

Tout le fer employé dans la fabrication des colonnes sera de première qualité, nerveux et bien soudant, sans aucun défaut, comme paille, crique, brûlure, etc.

L'acier sera de la première qualité. Le bronze sera au titre de 82 parties de cuivre et 18 parties d'étain, sans autre métal.

Art. 4. *Détails d'exécution.* — Les parties filetées seront corroyées et les pas de vis parfaitement nets.

Les faces des brides en fonte, tant des tuyaux que de la colonne, seront parfaitement dégauchies. Les trous seront percés à froid, suivant des gabarits que le fournisseur établira d'après les plans, et qui seront vérifiés par un agent de la Compagnie.

Tous les trous devront être alésés et ajustés avec soin et précision.

Art. 5. *Pas de vis.* — Tous les pas de vis seront pris dans la série dont les tarauds-mères seront acquis par le fournisseur chez le constructeur qui lui sera désigné par la Compagnie du chemin de fer de.....

Art. 6. *Surveillance. Epreuves.* — La Compagnie aura le droit de faire surveiller la fabrication des colonnes par des agents de son choix, qui auront la libre entrée des ateliers des fournisseurs; ils pourront procéder, aux frais desdits fournisseurs, à toutes les épreuves et vérifications qui leur paraîtront nécessaires, soit pour constater la qualité des matières employées, soit pour s'assurer de la bonne exécution du travail et faire rejeter les pièces en construction dont la qualité ou l'exécution leur paraîtrait vicieuse, sans que l'exercice de ce droit dispense en aucune façon les fabricants du contrôle réservé à cet égard à la Compagnie lors des réceptions provisoires et définitives. (1ʳᵉ Partie, chap. V, § 4.)

Tous les tuyaux de conduite d'eau, le robinet-vanne et la colonne alimentaire seront essayés à la presse hydraulique, à une pression de dix atmosphères, en présence d'un agent de la Compagnie. Les pièces qui présenteraient des suintements ou jets d'eau seront rejetées.

Les pièces rebutées seront marquées, pour être représentées aux agents de la Compagnie toutes les fois qu'ils le réclameront, à moins que les fournisseurs ne préfèrent les faire casser en présence desdits agents.

Art. 7. *Poids normaux*. — Le poids normal des pièces de détail sera constaté, pour les pièces de chaque espèce, lors de la livraison de la première colonne, rigoureusement conforme aux dessins.

Une tolérance en plus ou moins de 3 pour 100 pour les pièces de fonte et de 1 pour 100 pour les pièces de fer est stipulée sur les poids normaux fixés comme il vient d'être dit. Au-dessous de cette tolérance, les pièces seront rejetées; au-dessus, elles pourront être acceptées, mais l'excédant de poids ne sera pas payé.

Art. 8. *Réception provisoire*. — La réception provisoire de chacune des pièces en blanc composant la colonne alimentaire aura lieu à l'usine, dès qu'il aura été constaté par les agents de la Compagnie, contradictoirement avec le fournisseur, que les diverses pièces dont se composent les colonnes satisfont aux conditions du présent cahier des charges.

Les appareils complets seront entièrement montés à l'usine dans la position qu'ils doivent occuper sur le lieu d'emploi; ils seront mis en état de fonctionner pour être présentés à la réception. On leur fera subir les épreuves suivantes [1] :

On fermera complétement le robinet-vanne et le robinet de vidange, et on remplira d'eau la colonne mobile, en levant le couvercle du réservoir supérieur. La crapaudine, non graissée, devra former joint étanche, quelle que soit la position de la volée, ce que l'on vérifiera par le niveau de l'eau dans le tube; on ouvrira ensuite le robinet de vidange, et, dans cette position, l'eau de la colonne devra s'écouler par ce robinet.

Chaque pièce reçue sera marquée du poinçon de la Compagnie et du numéro d'ordre de la colonne.

La Compagnie ne sera tenue d'envoyer un agent pour vérifier et recevoir provisoirement les travaux à l'usine que lorsque le constructeur aura terminé quatre colonnes au moins.

---

1. Paris-Lyon-Méditerranée.

Art. 9. *Peinture*. — Toutes les parties brutes de la fonte recevront, après vérification et réception provisoire, une bonne couche de peinture à l'huile de lin, composée de :

50 pour 100 oxyde rouge de fer ;
33 pour 100 minium pur ;
17 pour 100 blanc de céruse.

Les parties tournées et ajustées, après avoir été bien polies et essuyées, seront enduites d'une bonne couche de peinture au blanc de céruse, broyé à l'huile de lin, à l'exception des parties taraudées, qui seront bien graissées et enveloppées avec soin dans du papier huilé. Cette opération aura lieu à l'usine, après la réception provisoire.

Imédiatement après la réception provisoire, toutes les pièces ajustées et tournées seront soigneusement emballées dans des caisses en bois, et chaque caisse portera en peinture à l'huile le numéro d'ordre de la colonne à laquelle elle appartient.

Art. 10. *Livraison*. — Les colonnes alimentaires, complétement achevées et provisoirement reçues, seront livrées en parfait état par le fournisseur, et à ses frais, sur les points de la ligne du chemin de fer et aux époques désignés dans le traité.

Les époques de livraison ainsi stipulées sont de rigueur ; tout délai donnera lieu à des dommages-intérêts.

Montage. — Le fournisseur sera tenu de faire suivre à ses frais l'opération du montage, lequel sera exécuté aux frais de la Compagnie, sauf le travail d'ajustement, de réparation ou de rectification qui pourrait résulter d'une imperfection de pièces échappée à l'observation lors de la réception provisoire, ou qui serait le résultat d'une détérioration occasionnée par suite du transport.

Art. 11. *Réception définitive*. — La réception définitive n'aura lieu qu'après un an de service, et, pendant ce délai, toute pièce qui viendrait à être mise hors de service ou à se détériorer par suite d'un vice de construction ou par défaut des matières employées serait remplacée aux frais du fournisseur.

Art. 12. *Sous-traités*. — Le fournisseur ne pourra sous-traiter, pour l'exécution de tout ou partie du marché, sans le consentement écrit de la Compagnie.

Art. 13. *Conditions de payement*. — Le prix de chaque colonne alimentaire, complète dans toutes ses parties et satisfaisant à toutes les clauses et conditions spécifiées ci-dessus et dans le traité, sera payé, savoir :

Cinq dixièmes, après la réception provisoire à l'usine ;

Trois dixièmes, après la livraison sur la ligne ;

Deux dixièmes, après la réception définitive.

Tous les payements seront faits au siège de la Compagnie du chemin de fer de***, au comptant, sans escompte.

Fait double, à ***.

I

CHEMIN DE FER DE ***

CAHIER DES CHARGES

POUR LA FOURNITURE DES TUYAUX EN FONTE.

Article. 1er. *Objet du cahier des charges.* — Le présent cahier des charges a pour objet la fourniture à la Compagnie des chemins de fer de….. de tuyaux en fonte pour conduites d'eau et de gaz.

Art. 2. *Formes et dimensions.* — Les tuyaux auront exactement la forme et les dimensions indiquées par les dessins qui seront remis au fournisseur par l'ingénieur en chef.

Si la Compagnie juge convenable de modifier en cours d'exécution la forme des tuyaux, le fournisseur sera tenu de se conformer, pour les tuyaux restant à fournir, aux nouveaux dessins qui lui seront remis, sans indemnité pour nouveaux frais de modèles.

Art. 3. *Modèles.* — Le fournisseur sera tenu de soumettre à l'approbation de l'ingénieur en chef son mode de moulage, ainsi que ses modèles, sans que cette formalité diminue en rien sa responsabilité. Il sera également responsable de tout retard provenant du refus d'approbation des modèles.

Art. 4. *Spécification.* — Les tuyaux à livrer se composeront :

De tuyaux droits cylindriques ;

De tuyaux droits coniques ;

De tuyaux coudés suivant différents angles ;

De tuyaux avec tubulures droites ou courbes.

Ces tuyaux seront généralement terminés d'un côté par un emboîtement, de l'autre par un cordon. Quelques-uns seront terminés par une bride à l'une ou à leurs deux extrémités, ou par deux cordons.

Les tuyaux droits cylindriques porteront tous des renflements situés près de l'emboîtement pour recevoir des robinets.

Art. 5. *Qualité des matières.* — La fonte sera de bonne qualité, douce au burin et à la lime, exempte de soufflures, gravelures, gouttes froides et autres défauts.

Art. 6. *Fabrication.* — Les tuyaux seront moulés avec le plus grand soin et coulés debout. Les coutures seront abattues à la lime et les bavures soigneusement ébarbées, notamment dans l'intérieur des emboîtements et à l'extérieur du bout mâle sur la partie qui pénètre dans l'emboîtement. Toutes les surfaces suivant lesquelles les brides devront être en contact avec d'autres surfaces seront également soigneusement ébarbées.

Il est interdit de masquer les défauts avec du plomb, du mastic ou tout autre moyen.

Pour que les brides des tuyaux de même diamètre se raccordent les unes avec les autres, le fournisseur devra faire découper en double des patrons en zinc de ces brides. Ces patrons seront examinés et poinçonnés par l'agent de la Compagnie, qui gardera l'un d'eux et remettra l'autre au fournisseur.

Art. 6. *Longueur, diamètre et poids normaux.* — Il sera accordé sur les diamètres une tolérance de 3 millimètres (0^m,003) en plus ou en moins, et sur les longueurs une tolérance de un quatre-centième (1/400) de la longueur en plus ou en moins.

Le poids normal des tuyaux sera déterminé par la pesée contradictoire des dix premiers tuyaux de chaque dimension reçus après l'autorisation de fabriquer donnée par l'ingénieur en chef.

Il sera accordé sur le poids ainsi trouvé, pour chaque

tuyau, une tolérance de 2 pour 100 en plus ou en moins. Entre ces limites, les tuyaux seront payés pour leurs poids réels ; en dehors de ces limites, les tuyaux pourront être refusés et, s'ils sont reçus, ils le seront pour leur poids réel, s'ils pèsent moins que le poids inférieur de tolérance, et pour le poids supérieur de tolérance s'ils pèsent plus que ce poids.

L'excédant du poids total de la fourniture sur le poids normal augmenté de 1 pour 100 ne sera pas payé au fournisseur.

Art. 8. *Marque de fabrique*. — Chaque tuyau portera extérieurement une marque indiquant l'usine et l'année de fabrication. Ces marques seront déterminées par la Compagnie.

Art. 9. *Epreuves*. — Les tuyaux seront soumis, au moyen d'une presse hydraulique, à une pression intérieure de dix atmosphères, maintenue pendant cinq minutes. Tous les tuyaux qui se briseront ou qui suinteront sous cette pression seront refusés.

Art. 10. *Surveillance dans les usines*. — Les agents de la Compagnie auront toujours libre entrée dans les ateliers du fournisseur. Ils pourront faire faire toutes les vérifications qu'ils jugeront utiles, indépendamment de celles stipulées dans le présent cahier des charges, pour s'assurer que toutes les conditions de qualité de matières et de fabrication sont exactement remplies.

Art. 11. *Responsabilité du fournisseur*. — La surveillance exercée à l'atelier du fournisseur, les vérifications, épreuves et réceptions faites par les agents de la Compagnie, n'auront, dans aucun cas, pour effet de diminuer la responsabilité du fournisseur, laquelle demeurera pleine et entière jusqu'à l'expiration du délai de garantie prévu par l'article 16 et l'accomplissement intégral de toutes les clauses du marché.

Art. 12. *Réception à l'usine*. — Une réception des pièces sera faite à l'usine, au fur et à mesure de la fabrication. Elle aura pour objet de vérifier, compter et peser toutes les

pièces satisfaisant aux conditions du marché. Jusqu'
moment de la réception, les tuyaux devront être conserv
en lieu sec et préservés, autant que possible, de l'oxydatio

Toutes les pièces reçues à l'usine seront marquées, par
soins de l'agent réceptionnaire, du poinçon de la Compagn

Art. 13. *Propriété de la Compagnie après la réception.*
Après la réception à l'usine, les tuyaux seront, par le se
fait de cette réception, la propriété de la Compagnie, qu'i
soient expédiés immédiatement ou empilés dans l'usine.

Art. 14. *Transport.* — Les pièces reçues à l'usine seror
au choix de la Compagnie, transportées immédiatement a
lieux de livraison, ou empilées dans l'usine jusqu'à ce que
Compagnie ait donné l'ordre de les transporter.

Art. 15. *Réception aux lieux de livraison.* — Les pièc
rendues au lieu de livraison seront examinées et comptées
nouveau. Toutes les pièces détériorées dans le transport, e
envoyées par mégarde, ou qui ne seraient pas aux conditio
énoncées dans le marché seront refusées.

Art. 16. *Garantie.* — Nonobstant les réceptions à l'usi
et aux lieux de livraison, les pièces qui, dans le transpor
avant ou après la pose, viendraient à se casser ou à se dét
riorer, seront rendues au fabricant aux lieux de livraison.

Il en sera de même des pièces qui, dans les deux premièr
années de leur mise en service, viendraient à s'altérer. C
pièces seront reconnues contradictoirement et rendues au
lieux de livraison au fabricant qui devra en tenir compte à
Compagnie au prix de la fourniture.

Art. 17. *Réception définitive.* — La réception définitiv
aura lieu à l'expiration du délai de garantie après une cor
statation détaillée des fournitures, faite contradictoireme
avec le fournisseur et, sur sa demande, adressée à l'ingénieu
en chef. Cette constatation sera faite dans le délai d'un moi
à partir du jour de la demande du fournisseur.

Art. 18. *Procès-verbaux de réception.* — Les réceptions
l'usine et aux lieux de livraison seront constatées par de
procès-verbaux dressés en double original et portant l

signature de l'agent réceptionnaire et celle du fournisseur ou de son représentant agréé par l'ingénieur en chef. Un original sera remis au fournisseur, l'autre restera à la Compagnie.

Les procès-verbaux de réception à l'usine mentionneront le nombre et le poids des pièces. Les procès-verbaux aux lieux de livraison indiqueront seulement le nombre des pièces ; le poids sera calculé proportionnellement à ce nombre d'après le poids des réceptions à l'usine

Art. 19. *Rebuts.* — Les pièces refusées seront marquées d'un poinçon spécial, comptées et mises de côté, pour être présentées à toute réquisition aux agents de la Compagnie ou cassées immédiatement sous les yeux de ces agents, au choix du fournisseur.

Art. 20. *Frais d'épreuves et de réception.* — Tous les frais de main-d'œuvre ou d'appareils pour les épreuves et les réceptions, sauf le traitement des agents réceptionnaires, seront à la charge du fournisseur.

Art. 21. *Force majeure.* — Ne seront pas considérés comme force majeure justifiant des retards de livraison, les difficultés de transport, ni les circonstances qu'une surveillance vigilante aurait pu empêcher ou qu'une activité redoublée aurait pu compenser.

Art. 22. *Rétrocession.* — La fourniture ne pourra être rétrocédée, en tout ou en partie, sans l'agrément formel et par écrit de la Compagnie.

Le fournisseur ne pourra non plus faire fabriquer dans une autre usine que la sienne sans une autorisation spéciale.

Art. 23. *Indemnités en cas de retard.* — Faute par le fournisseur d'avoir opéré les livraisons dans les délais prescrits, il subira, pour chaque mois de retard et sans qu'il soit besoin de mise en demeure, un rabais de 2 p. 100 sur le prix des fournitures en retard.

Les délais compteront à partir du jour fixé par la soumission. Dans le cas où les livraisons seraient en retard de plus de deux mois, indépendamment de la retenue ci-dessus, la

Compagnie aura la faculté de se dégager complétement de ses conventions avec le fournisseur et de traiter avec publicité et concurrence pour les fournitures en retard, sans préjudice des dommages et intérêts qui pourraient résulter pour elle, soit du retard dans les livraisons, soit d'une élévation dans les prix, de manière à être couverte de tout le tort résultant de la non-exécution du marché.

Art. 24. *Payements*. — Les payements seront effectués à.... ou à...., en traites ou en espèces, au choix de la Compagnie.

Ils s'effectueront à raison de :

75 pour 100 de la valeur des pièces dans les deux mois qui suivront la réception à l'usine ;

20 pour 100 dans les deux mois qui suivront la réception aux lieux de livraison ;

5 pour 100 dans les deux mois qui suivront l'expiration du délai de garantie et l'accomplissement intégral de toutes les clauses du marché.

Art. 25. *Notifications*. — L'ingénieur en chef a qualité pour faire faire toute notification au fournisseur. Toute notification peut être faite au fournisseur par l'un quelconque des agents de la Compagnie, dont le certificat fera foi jusqu'à preuve contraire.

Si plusieurs fournisseurs se sont associés pour la fourniture, toute notification faite à l'un quelconque d'entre eux sera valable à l'égard de tous les autres et de la Société.

Art. 26. *Timbre et enregistrement*. — Les frais fixes de timbre et d'enregistrement seront à la charge du fournisseur. Le montant en sera retenu sur le premier mandat qui lui sera délivré par la Compagnie.

Art. 27. *Jugement des contestations*. — Les contestations qui pourraient s'élever entre les parties au sujet du présent marché ou des conventions qui pourraient en être la suite, seront portées devant le tribunal de commerce de.....

TABLEAU DES POIDS APPROXIMATIFS ET LONGUEURS DES TUYAUX DE FONTE.

Diamètre en millimètres	Longueur utile. (m.)	POIDS par mètre. (k.)	PRIX DU JOINT par tuyau pose comprise. (fr.)	PRIX DU JOINT par mètre pose comprise. (fr.)
30	1	5,600	0,60	0,60
35	1,25	6,500	0,75	0,60
40		7,800	1	0,80
45	1,50	10	1,50	1
50		11.300	2	1
54	2,00	12,800	2,50	1,25
60		14,500	3	1,50
68		17,500	3,75	1,875
81		22	4	1,60
100		28	4,50	1,80
108		30	4,50	1,80
120		35	4,75	1,90
125		35	4,75	1,90
135		36,500	5	2
150		44	5,25	2,10
162		45	5,50	2,20
190	2,50	55	6	2,40
216		65	7	2,80
250		82	8	3,20
300		105	9	3,60
325		118	9,50	3,80
350		131	10	4
400		154	12	4,80
500		210	15	6
600		281	18	7.20

Diamètre en millimètres	Longueur utile. (m.)	POIDS par mètre. (k.)	PRIX DU JOINT par tuyau pose comprise. (fr.)	PRIX DU JOINT par mètre pose comprise. (fr.)
30		5	0,35	0,35
40	1	6,900	0,40	0,40
50		9,500	0,55	0,55
60		10,500	0,70	0,56
70	1,25	13,000	0,90	0,72
80		16,400	1,20	0,80
100	1,50	22,500	1,80	1,20
125		29	2,20	1,466
150		31,500	2,80	1,60
160	1,75	38	3,00	1,705
180		45	3,60	2,057
200		55	4,00	2
250		68	4,80	2,40
300		85	6,20	3,10
350	2	115	7	3,50
400		135	8	4
500		167	10	5
600		220	12	6

Diamètre en millimètres	Longueur utile.	POIDS par mètre. (k.)	POIDS de la rondelle de caoutchouc (k.)	POIDS des deux boulons. (k.)
30		6	0,020	0,200
35		8	0,022	0,200
40		9	0,025	0,200
45	1 m.	10,500	0,027	0,200
50		11	0,031	0,200
55		11,500	0,034	0,200
60		12	0,038	0,200

POIDS APPROXIMATIFS DES TUYAUX ET RACCORDS DE DESCENTE CYLINDRIQUES

DÉSIGNATION des tuyaux.	1 pouce ou 0,027m.		1 pouce 1/2 ou 0,041 m.		2 pouces ou 0,054m.		2 pouces 1/2 ou 0,068m.		3 pouces ou 0,081m.		3 pouces 1/2 ou 0,095m.		4 pouces ou 0,110m.	
	Longueur	Poids	Longueur	Poids	Longueur	Poids	Longueur	Poids	Longueur	Poids	Longueur	Poids	Longueur	Poids
Tuyaux entiers.	1 00	4 00	1 00	5 00	1 00	6 00	1 00	7 50	1 00	9 00	1 00	11 50	1 00	12 50
Demi-bouts.	0 65	2 50	0 65	3 50	0 65	4 50	0 65	6 95	0 65	7 20	0 65	8 00	0 65	8 50
Quarts-bouts.	0 32	1 50	0 32	2 00	0 32	2 25	0 32	3 00	0 32	3 70	0 32	4 30	0 32	5 20
Huitièmes-bouts. . . .	0 16	0 75	0 16	1 40	0 16	2 00	0 16	1 55	0 16	1 90	0 16	2 70	0 16	2 80
Seizièmes-bouts. . . .	0 08	»	0 08	»	0 08	1 20	0 08	1 00	0 08	1 50	0 08	1 80	0 08	2 50
Coudes 11	»	1 40	»	1 40	»	1 50	»	2 50	»	3 50	»	4 00	»	5 50
Coudes 18	»	1 00	»	1 60	»	1 20	»	2 00	»	3 00	»	3 50	»	4 00
Dauphins	0 45	2 50	0 45	2 90	0 51	4 30	0 54	5 50	0 54	7 20	0 54	8 60	0 54	10 30
Embranchements simples	»	»	»	»	0 20	3 00	0 25	4 50	0 30	5 00	0 35	6 00	0 35	7 50
Culottes simples. . . .	»	»	»	»	0 20	3 00	0 25	4 50	0 30	6 00	0 35	6 00	0 35	8 00

DÉSIGNATION des tuyaux.	5 pouces ou 0,135m.		6 pouces ou 0,160m.		7 pouces ou 0,190m.		8 pouces ou 0,220m.		9 pouces ou 0,250m.		10 pouces ou 0,270m.		12 pouces ou 0,320m.	
	Longueur	Poids	Longueur	Poids	Longueur	Poids	Longueur	Poids	Longueur	Poids	Longueur	Poids	Longueur	Poids
Tuyaux entiers.	1 00	16 50	1 00	20 00	1 00	23 80	1 00	29 40	1 00	30 70	1 00	40 00	1 00	55 40
Demi-bouts.	0 65	11 50	0 65	12 50	0 65	15 00	0 65	18 00	0 65	20 00	0 65	26 00	0 65	36 00
Quarts-bouts.	0 32	6 10	0 32	7 60	0 32	10 00	0 32	11 75	0 32	13 00	0 32	16 50	0 32	26 00
Huitièmes-bouts. . . .	0 16	3 90	0 16	4 50	0 16	5 50	0 16	7 00	0 16	9 40	0 16	10 00	0 16	14 00
Seizièmes-bouts. . . .	0 08	3 35	0 08	3 10	0 08	3 90	0 08	4 80	0 08	5 20	0 08	6 00	0 08	8 00
Coudes 11	»	6 30	»	9 50	»	12 50	»	16 00	»	13 50	»	20 00	»	22 00
Coudes 18	»	5 00	»	6 50	»	8 00	»	10 50	»	11 50	»	15 00	»	16 00
Dauphins	0 54	15 00	0 54	16 00	0 54	25 00	0 54	35 00	»	»	»	»	»	»
Embranchements simples	0 35	11 00	0 35	12 00	0 60	31 00	0 60	33 00	0 60	51 00	0 60	38 00	0 60	40 00
Culottes simples. . . .	0 35	12 00	0 35	13 00	0 60	32 00	0 60	33 00	0 60	55 00	0 60	40 00	0 60	42 00

NOTA. — La tolérance d'usage dans les poids ci-dessus est de 1.20 en plus ou en moins.

K

PROGRAMME

DE

CAHIER DES CHARGES

POUR LA FOURNITURE DU COMBUSTIBLE.

Article 1ᵉʳ. Objet du cahier des charges. — Nature du combustible. — Provenance.

Art. 2. Composition du combustible. — Teneur moyenne en cendres. — Tolérance accordée en dessus et en dessous de cette limite. — Retenue à faire sur le prix d'achat dans le cas ou la proportion de cendres dépasserait la limite supérieure. — Allocation due au fournisseur dans le cas où la proportion de cendres descendrait au-dessous de la limite inférieure. — Conditions de rejet de la fourniture.

Art. 3. Réception. — Nombre d'analyses à effectuer par livraison de quantité déterminée. — Méthode employée. — Analyses contradictoires. — Établissement de la teneur moyenne pour la fourniture du mois courant.

Art. 4. Époques de livraison. — Lieu de livraison. — État du combustible à la livraison.

Art. 5. Mode de payement. — Primes. — Retenues.

Art. 6. Jugement des contestations.

L

TYPE DE MARCHÉ

POUR LA FOURNITURE DE COKE.

Article 1er. M.M.   s'engagent à livrer à la Compagnie du chemin de fer,   qui l'accepte, une quantité de

Art. 2. La réception et la constatation de la qualité du coke seront faites au lieu de chargement dans les vagons de la Compagnie du chemin de fer.

Le coke sera livré exempt de menu ; tout morceau qui pourra passer à travers une grille percée d'ouvertures de six centimètres de côté sera refusé.

Art. 3. Le charbon concassé au degré convenable sera enfourné le plus tôt possible après l'extraction ; la durée de la cuisson et des opérations accessoires sera de quarante-huit à quatre-vingt-seize heures.

Art. 4. Les précautions seront prises pendant et après l'extraction pour que la propreté du charbon ne laisse rien à désirer.

La proportion de cendres, c'est-à-dire de résidus laissés après combustion complète du coke, ne devra pas excéder en moyenne six pour cent de son poids. Cette évaluation se fera au moyen d'échantillons pris chaque jour contradictoirement sur toute la fourniture et partagés en trois parts, l'une destinée à la Compagnie du chemin de fer,   l'autre à

et la troisième

mise en réserve.

A la fin de chaque mois, la Compagnie du chemin de fer fera connaître à   la proportion moyenne de cendres trouvées par elle dans les échantillons remis dans le mois.

fera connaître dans le délai d'un mois les observations qu'
avoir à présenter sur le résultat des incinérations. En cas de désaccord, il sera fait une expérience contradictoire sur les échantillons mis en réserve. Les résultats obtenus par cette expérience serviront de base au règlement définitif.

Art. 5. La teneur moyenne en cendres fixée à six pour cent (6 %) par l'article précédent pourra être dépassée en dessus ou en dessous de un demi pour cent (1/2 %), c'est-à-dire qu'elle pourra atteindre 6,50 % ou descendre à 5,50 %, sans qu'il soit fait de retenue ni accordé de prime au fabricant.

Au delà de 6,50 %, et jusqu'à 7, il sera fait une retenue de quarante centimes (0,40) par tonne de coke sur le prix de vente fixé ci-après, cette retenue continuant à augmenter de 0,40 pour chaque demi pour cent en plus.

Au dessous de 5,50 % et pour chaque demi pour cent en moins, il sera alloué au fabricant une prime de quarante centimes par tonne.

Dans le cas ou le coke contiendrait une quantité de cendres supérieure à huit pour cent, la Compagnie de chemin de fer aurait le droit de le refuser, la constatation et le refus pourront être faits par vagon, et en quelque point que se trouve le vagon si l'expédition a déjà eu lieu ; et alors les frais de transport, magasinage, etc., et autres frais accessoires seront à la charge du fabricant ou prélevés sur la valeur du coke s'il est vendu à des tiers.

Art. 6. La Compagnie du chemin de fer ne prétend payer que le poids du coke anhydre. En conséquence, et pour tenir compte de l'eau dont il est impossible de purger complète-ment le coke, il sera livré par
, un fort poids montant à trois pour cent.
veillera à ce que l'extinction soit faite avec la plus petite quantité d'eau possible.

La Compagnie du chemin de   aura en outre le droit de constater par des expériences contradictoires la quantité d'eau contenue dans le coke en l'exposant dans un four, à une température qui ne devra pas excéder cent soixante degrés, aussi longtemps que le poids de l'échantillon diminuera. Dans le cas où la quantité d'eau trouvée dépasserait trois pour cent, la Compagnie du chemin de fer d..... aura le droit de déduire du prix du coke la valeur de cet excédant pour les parties auxquelles s'applique la constatation.

Les expériences seront faites sur des échantillons pesant vingt kilogrammes environ pour les incinérations et cinquante kilogrammes pour les dessications : ces échantillons pourront être pris sur un ou plusieurs vagons. Elles seront faites par M.   ingénieur chargé du service du combustible en résidence à   ·   ou par la personne déléguée par lui. Elles seront faites en présence des parties ou en leur absence après avis donné.

Art. 7. Les essais d'incinération et de dessication sont faits et les moyennes fixées pour les fournitures d'un mois, sans que le fournisseur puisse se prévaloir des essais précédents pour faire changer les chiffres du mois dont il s'agit.

Art. 8. Le prix du coke est fixé à la somme de
par tonne de mille kilogrammes, comprenant les frais de chargement dans les vagons de la Compagnie du chemin de fer   au quai de chargement de
et les frais de transport jusqu'à

Les payements auront lieu sur facture remise en double expédition par chaque quinzaine et pour la quinzaine précédente.

Ces payements seront effectués à   au comptant sans escompte dans les dix jours qui suivront la remise des factures.

Les droits d'entrée en   seront à la charge de la Compagnie du chemin de fer.

Art. 9. Dans le cas de retard ou d'insuffisance dans les

livraisons fixées ci-dessus, la Compagnie du chemin de fer
aura le droit de se procurer auprès d'autres fournisseurs aux frais, risques et périls de
les quantités de
coke dont   serait en retard de livraison. La différence de prix sera mise à la charge de
sans préjudice de dommages et intérêts
s'il y a lieu.

Ce droit sera acquis à la Compagnie du chemin de fer
par le seul fait de retard dans les livraisons et sans qu'il soit
besoin de sommation ou mise en demeure préalable; néanmoins il ne pourra être exercé que dans le mois qui suivra le
retard de livraison et jusqu'à concurrence de la quantité en
retard.

Si elle n'use de ce droit, la Compagnie du chemin de fer
aura la faculté de reporter l'arriéré sur les mois suivants même après l'expiration du délai du présent marché.

Art. 10. Les contestations qui pourraient s'élever au sujet
de l'exécution du présent marché seront portées devant le
tribunal de commerce de la Seine.

Art. 11. Les frais d'enregistrement seront à la charge de
celle des parties qui y aura donné lieu.

Fait double à

M

ESSAI DES CHARBONS

L'appareil Audouin pour l'essai des charbons, se compose :

1° d'un four A en terre réfractaire,	4° d'un Barillet D
2° d'une cornue B	5° de deux condensateurs E E
3° d'une rampe de brûleurs C	6° d'un gazomètre F
	7° d'un épurateur G

L'essai se fait de la manière suivante : on place 100 grammes de la houille à essayer dans une nacelle, dont on doit connaître la tare, et que l'on introduit dans la cornue B.

On chauffe au moyen de la rampe C : la température du four doit être portée jusqu'au cerise clair.

Le gaz sortant de la cornue traverse le barillet et les condensateurs, et se rend au gazomètre dont l'aiguille indique combien de litres de gaz ont été produits par la distillation des 100 grammes de charbon. Avant l'opération, on s'assure que l'aiguille du gazomètre soit au zéro.

On retire ensuite la nacelle avec le coke produit par la distillation, on la pèse pour en avoir le poids du coke en déduisant la tare ; on connaît ainsi le rendement en gaz et en coke, de 100 grammes de charbon, et on en déduit le rendement par 100 kilos ou par tonne.

La quantité de gaz produite par la distillation de 100 grammes n'étant pas suffisante pour faire des essais photométriques, lorsqu'on veut faire des expériences sur le pouvoir éclairant, il faut faire deux distillations comme celle que nous venons de décrire pour avoir au gazomètre une quantité suffisante de gaz.

Avant tout essai, il faut faire une distillation préalable, pour purger les appareils de l'air ou du gaz qui pourrait encore rester d'une opération précédente.

N

PROJET

DE

CAHIER DES CHARGES

POUR LA FOURNITURE DES

FERS DE FORGE, FERS SPÉCIAUX, TOLES DE FER ET FONTES.

———

§. I. — *Objet du cahier des charges.*

Article 1er. Le présent cahier des charges a pour objet la fourniture des fers de forge, fers spéciaux, tôles de fer et fontes employés pour la construction du matériel de la Compagnie.

Art. 2. Moyennant les prix indiqués sur la soumission ou la commande, le constructeur est chargé à ses frais, risques et périls :

De la fabrication des fers de forge, fers spéciaux, tôles de fer ou pièces en fontes ;

De l'expédition, du transport et de la livraison de ces matières chargées en vagons sur les voies de la Compagnie dans la gare de son réseau, désignée dans la soumission ou la commande ;

Des dépenses de toutes natures relatives à la réception et aux épreuves et de la construction de tous les appareils et gabarits nécessaires pour ces opérations.

Art. 3. La Compagnie remet au constructeur, en même temps que chaque commande, la nomenclature détaillée des pièces à fournir. Cette nomenclature donne les formes et dimensions de ces pièces et leur classification au point de vue de la nature et de la qualité des matières, d'après les catégories définies ci-après.

La Compagnie remet, en outre, au constructeur, des dessins cotés des pièces dont les formes et dimensions ne seraient pas suffisamment définies par la nomenclature. Le constructeur, avant de commencer l'exécution, doit revoir et vérifier les cotes de détail, afin de s'assurer, autant que possible, qu'il n'y a pas d'erreurs commises sur les dessins qui lui sont remis.

Les pièces livrées par le constructeur doivent avoir exactement, sans aucune tolérance, les formes et dimensions indiquées par la nomenclature ou les dessins.

La Compagnie se réserve le droit de modifier, en cours d'exécution, la forme, les dimensions ou la qualité des matières des pièces commandées, sauf à prendre livraison des pièces finies au moment ou la modification sera notifiée au constructeur. Ce dernier livrera, sur les nouvelles formes et dimensions arrêtées, les pièces restant à exécuter, sans aucune indemnité : il lui sera tenu compte seulement, soit en plus, soit en moins, de la différence de valeur, estimée au prix de revient, entre les pièces anciennes et les pièces nouvelles.

§ II. — *Conditions communes aux fers et aux tôles.*

Art. 4. Les fers en général se classent, d'après leur texture, en fer à grain ou à nerf ou mixte : la texture n'a pas besoin d'autre définition elle se reconnaît à la cassure.

Le grain doit être uniforme, demi-fin, de couleur grisplombé; il ne doit pas présenter de facettes brillantes et larges. Le nerf doit être blanc, sans éclat, délié et allongé, les fibres ne doivent être ni courtes ni noirâtres.

La texture du fer à fournir est indiquée sur les soumissions ou les commandes.

La texture des tôles doit être à nerf fin parfaitement homogène.

Art. 5. Les fers et les tôles sont classés, au point de vue de la qualité de la matière, en catégories qui sont différentes suivant qu'il s'agit : de fers de forge, de fers spéciaux ou de tôles ; ces qualités ou catégories sont définies et constatées par des épreuves à froid et à chaud qui ont pour but de mesurer : la ténacité, l'élasticité, l'homogénéité, la ductilité et la soudabilité du métal.

Art. 6. La ténacité et l'élasticité du métal sont constatées par des épreuves de traction à froid. Ces épreuves sont faites sur des morceaux pris dans les pièces à essayer, ajustés en forme de barreaux.

Les barreaux d'épreuves ont la forme d'un prisme à base carrée ou rectangulaire ou d'un cylindre à base circulaire terminés à leurs extrémités par des appendices de forme convenable pour l'application des efforts de traction. La longueur de la partie prismatique régulière, soumise à la traction, doit être d'au moins $(0^{m},200)$ deux cents millimètres. La section du prisme ou du cylindre doit être au minimum de $(500^{m/m^2})$ cinq cents millimètres carrés, à moins que l'échantillon à essayer ait une section inférieure à ce minimum, auquel cas la section sera maintenue aussi grande que possible.

Art. 7. Les barreaux d'épreuves sont soumis au moyen de poids agissant directement ou par l'intermédiaire de leviers, à des efforts de traction croissant jusqu'à ce que la rupture ait lieu.

La charge initiale par millimètre carré de section variable suivant la qualité des fers, doit être maintenue en action pendant au moins cinq minutes.

Des charges complémentaires, égales à $(0^{k},500)$ cinq cents grammes environ pour chaque millimètre carré de la section primitive du barreau, sont ensuite ajoutées à des intervalles de temps d'environ une minute.

On note, pour chaque charge, l'allongement correspondant

à une longueur primitive de (0^m,200) deux cents millimètres exactement mesurés.

Art. 8. Les pièces, dans lesquelles doivent être découpés les barreaux ou les morceaux destinés aux épreuves à froid ou à chaud, sont choisies par les agents de la Compagnie, dans chaque lot présenté à la réception. Les barreaux ou morceaux doivent être détachés des pièces et numérotés en leur présence : à cet effet, les tôles et fers spéciaux leur seront présentés une première fois avant la rognure.

Art. 9. Le nombre des épreuves à froid ou à chaud dépend de l'importance du lot présenté à la réception. Il est déterminé, dans chaque cas, par les agents de la Compagnie qui pourront exiger les nombres d'épreuves ci-après indiqués, savoir :

Pour une pièce unique ou pour un lot de (1 à 10) une à dix pièces de la même nature, une épreuve à froid et une épreuve à chaud de chaque espèce ;

Pour un lot de (11 à 20) onze à vingt pièces de la même nature, deux épreuves à froid et deux épreuves à chaud de chaque espèce, et ainsi de suite, le nombre des épreuves de chaque espèce, croissant de un quand les nombres de pièces de la même nature croissent de dix.

En ce qui concerne les tôles, chaque épreuve à froid portera sur deux barreaux découpés, l'un dans le sens du laminage, l'autre dans le sens perpendiculaire. En outre, si, dans un lot de tôles de même qualité présentées simultanément à la réception, il y a des tôles d'épaisseurs différentes, on considérera les tôles de chaque épaisseur comme formant autant de lots distincts.

Par exception à ce qui précède, les nombres d'épreuves ci-dessus indiqués, pourront être réduits lorsque les pièces présentées à la réception, proviendront d'une même fabrication continuée sans interruption en allure régulière telle que la constance et l'identité de la qualité puissent être considérées comme parfaitement assurées.

L'ingénieur en chef de la Compagnie est seul juge de l'application de la présente exception.

Art. 10. Toutes les épreuves sont faites, dans les ateliers du constructeur, par les agents de la Compagnie..........; elles peuvent en outre être renouvelées, si la Compagnie le croit nécessaire, dans ses ateliers à ...., sur des barreaux ou morceaux expédiés à cet effet de l'usine du constructeur : dans ce cas, les résultats des épreuves renouvelées à .... sont admis définitivement.

Art. 11. Les lots présentés à la réception, qui ne satisferont pas aux épreuves et autres conditions prescrites par le présent cahier des charges, seront refusés.

Les pièces refusées sont marquées d'un signe indélébile afin qu'elles ne puissent plus être présentées à la réception, à moins que le constructeur ne puisse justifier de leur emploi pour des fournitures autres que celles de la Compagnie.

Les pièces acceptées sont marquées du poinçon de la Compagnie et, en outre, d'une marque spéciale personnelle à l'agent de la Compagnie qui a procédé à leur réception.

Toute pièce, qui ne porterait pas lesdites marques, ne serait pas reçue dans les magasins ou ateliers de la Compagnie.

Art. 12. Pour constater l'homogénéité du métal, on détache un certain nombre de pièces, en les frappant à porte-à-faux sur une enclume avec un marteau à devant, après incisions au burin d'une partie de la section.

La cassure doit dénoter un fer parfaitement homogène à nerf, ou à grain fin, ou mixte, d'après les indications de la soumission ou de la commande.

Art. 13. Pour éprouver si le fer se soude bien et si son grain ne change pas sensiblement par l'action des chaudes, on tronçonne un certain nombre de barres en leur milieu et on réunit ensuite les deux bouts de chaque barre par une bonne soudure : après cette opération, on confectionne avec les barres, ainsi qu'il est dit plus haut des barreaux d'épreuve contenant les soudures.

Ces barreaux, essayés à la traction, doivent donner, pour la résistance et l'allongement, des résultats équivalents à moins de (0.05) cinq pour cent près, aux résultats exigés pour les fers de même catégorie non soudés.

§ III. *Classification et épreuves des fers de forge.*

Art. 14. Les fers de forge comprennent les fers ronds, carrés ou rectangulaires d'un usage courant.

Les fers de forge sont classés, au point de vue de la qualité de la matière, en quatre catégories, savoir :

1re *Catégorie*, dite fer fin ou au bois ;
2e *Catégorie*, dite fer fort supérieur ;
3e *Catégorie*, dite fer fort ;
4e *Catégorie*, dite fer ordinaire.

Art. 15. Les épreuves à froid, prévues par l'article ci-dessus, sont faites sur des morceaux pris dans les pièces à essayer, forgés ou ajustés en barreaux prismatiques de sections carrées ou circulaires.

Le tableau suivant indique pour chaque qualité de fer :

1° La charge initiale en kilogrammes par millimètre carré de section par laquelle on devra commencer les épreuves de traction ;

2° La charge minima que doit supporter un barreau quelconque isolé et la charge moyenne exigée pour l'ensemble des barreaux afférents à un même lot ;

3° L'allongement minimum que doit présenter un barreau quelconque isolé sous la charge de rupture et l'allongement moyen exigés pour l'ensemble des barreaux afférents à un même lot.

DÉSIGNATION DES FERS	Charges en kilogrammes pour un millimètre carré de la section primitive			Allongements en fonction de la longueur du prisme essayé	
	Initiales	Minima	Moyennes	Minima	Moyens
Fer de 1re qualité ou fer fin au bois.	31	35	38	0.220	0.250
Fer de 2e qualité ou fer fort supérieur	30	34	37	0.200	0.230
Fer de 3e qualité ou fer fort.........	28	32	35	0.150	0.180
Fer de 4e qualité ou fer ordinaire...	26	30	32	0.100	0.120

Art. 16. La ductilité du métal est constatée au moyen d'épreuves à chaud; les épreuves sont exécutées de la manière suivante :

1° L'extrémité des barres à essayer est forgée sur une longueur d'environ ($0^m,200$) deux cents millimètres en un rondin de vingt-deux millimètres($0^m,022$) de diamètre : ce rondin est ensuite chauffé à la chaleur blanche, puis on le rabat de manière à former, à un décimètre de l'extrémité, un crochet à angle droit à arête vive. Ce crochet est redressé et on en forme un second analogue dans le sens opposé, on le redresse, et ainsi de suite, jusqu'à ce que le bout tombe ; toutes ces opérations réunies sont faites d'une seule chaude. Le bout de la barre ne doit se détacher qu'au bout d'un nombre de redressements de :

Dix (10) pour le fer de 1re qualité;

Huit (8) pour le fer de 2e qualité;

Six (6) pour le fer de 3e qualité;

Quatre (4) pour le fer de 4e qualité;

2° Les fers plats chauffés au blanc, sont percés avec un poinçon conique, et dans la même chaude de deux trous espacés de ($0^m,010$) dix millimètres et dont les diamètres sont égaux à (0,75) trois quarts de la longueur de la barre pour les fers de première et deuxième catégorie et (0,50) moitié seulement pour les fers de troisième et quatrième catégorie.

Les fers ronds sont soumis à la même épreuve, mais après avoir été préalablement ramenés à la forge à une section rectangulaire dont l'épaisseur a (0,33) le tiers du diamètre primitif du fer.

Le percement des deux trous ne doit produire ni fentes, ni gerçures, bien que le deuxième trou ne soit achevé qu'au rouge sombre.

3° Les fers carrés et plats, chauffés au blanc, sont fendus à la tranche à une extrémité sur une longueur d'environ ($0^m,100$) cent millimètres; les deux moitiés sont ensuite, de la même chaude, renversées au marteau.

Pour les trois premières catégories de fer, le renversement doit être prolongé jusqu'à ce que les bords extérieurs viennent s'appliquer sur le corps de la barre ; pour la quatrième catégorie, les bouts fendus seront seulement rabattus à angle droit avec la barre.

Dans les deux cas, la fente pratiquée à la tranche ne doit pas se prolonger pendant l'opération.

Art. 17. Les fers de forge doivent avoir une surface parfaitement unie et saine : les barres ne doivent présenter ni fentes, ni criques, gerçures ou autres défauts pouvant nuire à leur apparence ou à leur solidité. Elles doivent être bien calibrées dans toute leur longueur et les extrémités doivent en être affranchies carrément et sans bavures.

§ IV. — *Conditions particulières aux fers spéciaux.*

Art. 18. On désigne sous le nom de fers spéciaux, tous les fers à profils spéciaux tels que fers en T, en double-T, en ⌐, cornières, etc.

Les fers spéciaux sont classés, au point de vue de la qualité de la matière, en trois catégories, savoir :

1re *Catégorie*, dite fers spéciaux supérieurs ;
2e *Catégorie*, dite fers spéciaux ordinaires ;
3e *Catégorie*, dite fers spéciaux commun.

Art. 19. Les épreuves par traction à froid, prévues par l'article 6 ci-dessus, sont faites sur des bandes découpées dans les pièces à essayer, sur le point de la section et de la longueur désigné par l'agent réceptionnaire. Les bandes sont ensuite ajustées en forme de barreaux prismatiques à section rectangulaire ; cette dernière a pour dimensions : l'une l'épaisseur minima de la bande, l'autre, (0m,030) trente millimètres pour les bandes ayant plus de (0m,025) vingt-cinq millimètres d'épaisseur, ou (0m,020) vingt millimètres pour les bandes d'épaisseur moindre.

Le tableau suivant indique pour chaque catégorie ou qualité de fers spéciaux :

1° La charge initiale en kilogrammes par millimètres carrés

de section par laquelle on devra commencer les épreuves de traction ;

2° La charge minima que doit supporter un barreau quelconque isolé et la charge moyenne exigée pour l'ensemble des barreaux afférents à un même lot ;

3° L'allongement minimum que doit présenter un barreau quelconque isolé sous la charge de rupture et l'allongement moyen, exigés pour les barreaux afférents à un même lot.

CATÉGORIES DES FERS SPÉCIAUX	Charges en kilogrammes pour un millimètre carré de la section primitive			Allongements en fonction de la longueur du prisme essayé	
	Initiales	Minima	Moyennes	Minima	Moyens
1re catégorie, dite fers spéciaux sup^{rs}.	31	35	38	0,120	0,150
2e catégorie, dite fers spéciaux ordin.	30	34	37	0,090	0,120
3e catég., dite fers spéciaux communs	28	32	35	0,060	0,080

Art. 20. Il est fait, en outre, sur les fers spéciaux, des épreuves à chaud pour constater la ductilité et la soudabilité du métal. Ces épreuves sont différentes pour les cornières et les autres fers profilés.

Pour les cornières à chaud les épreuves sont les suivantes :

1re *Épreuve.* On exécute avec un bout de cornières coupé dans une barre prise au hasard dans chaque livraison, un manchon tel qu'une des lames de la cornière devienne cylindrique et que l'autre reste dans un plan perpendiculaire à l'axe du cylindre formé par la première lame. Le diamètre intérieur du cylindre est fixé comme suit en fonction de la largeur de la lame restée plane.

1° pour les fers de 1re catégorie (2,5) deux fois et demie cette largeur.

2° pour les fers de 2e catégorie (5) cinq fois cette largeur ; et 3" pour les fers de 2e catégorie 7,5 sept fois et demie cette largeur.

2° *Épreuve.* Un deuxième bout coupé dans une autre barre

est ouvert jusqu'à ce que l'angle intérieur, formé par les deux faces extérieures des lames, soit augmenté de :

(90°) quatre-vingt-dix degrés pour les fers de 1re catégorie,

(45°) quarante-cinq degrés pour les fers de 2e catégorie, et de (30°) trente degrés pour les fers de 3e catégorie.

3e *Épreuve*. Un troisième bout, coupé dans une autre barre, est fermé jusqu'à ce que l'angle intérieur, formé par les deux faces extérieures des lames, soit diminué de :

(90°) quatre-vingt-dix degrés pour les fers de 1re catégorie ;

(45°) quarante-cinq degrés pour les fers de 2e catégorie ; et de (30°) trente degrés pour les fers de 3e catégorie.

Les morceaux, ainsi essayés, ne doivent présenter ni gerçures, ni déchirures, ni fentes longitudinales indiquant un corroyage imparfait.

Ces épreuves seront renouvelées autant de fois que l'Ingénieur en chef le jugera utile.

Pour les fers profilés de première et deuxième catégories, on prend au hasard, dans le lot présenté à la réception, une ou plusieurs barres qui sont soumises à l'épreuve suivante :

S'il s'agit d'un fer en T, on manchonne à chaud le bout de la barre choisie pour l'épreuve (c'est-à-dire on l'enroule sur un manchon après avoir engagé l'extrémité dans une rainure ou entre deux manchons), de manière à laisser la lame médiane dans son plan et à former, avec l'autre lame, le quart d'un cylindre de rayon égal à cinq fois la largeur de la lame médiane.

S'il s'agit de fers en ⌶ ou en ∣, on commence par fendre à froid, au moyen de la cisaille, l'extrémité de la barre de manière que la fente divise longitudinalement la lame médiane en deux parties égales sur une longueur égale à trois fois la hauteur du fer, et on perce un trou à l'extrémité de cette fente pour l'empêcher de s'étendre ; puis on écarte, en la manchonnant régulièrement à chaud, l'une des moitiés ainsi séparée de l'autre moitié jusqu'à ce que la distance, entre les deux extrémités de la partie fendue, soit égale à la hauteur même du fer en ⌶ ou en ∣.

Les fers présentés doivent supporter ces épreuves sans qu'il se manifeste ni déchirures, ni gerçures, ni fentes indiquant un corroyage imparfait. Les fers de la 3e catégorie ne sont pas soumis à cette épreuve.

Art. 21. Les fers spéciaux, à quelque catégorie qu'ils appartiennent, doivent être parfaitement laminés; ils ne doivent présenter ni fentes, ni criques, gerçures ou autres défauts pouvant nuire à leur apparence ou à leur solidité : les rives doivent en être bien franches et bien ébarbées : les congés ne doivent présenter de manque de matière en aucun point de la longueur des barres.

§ V. — *Conditions spéciales pour les tôles.*

Art. 22. Les tôles de fer sont classées, au point de vue de la qualité du fer, en quatre catégories différentes ci-après définies :

1re *Catégorie*, dite tôle fine au bois ou en fer fin au bois;
2e *Catégorie*, dite tôle fine à la houille ou en fer fort supérieur;
3e *Catégorie*, dite tôle à chaudières ou en fer fort;
4e *Catégorie*, dite tôle puddlée ou en fer ordinaire.

Art. 23. Les épreuves de traction à froid, prévues par l'article 6 ci-dessus, sont faites sur des barreaux découpés dans les pièces mêmes présentées à la réception.

Dans chaque lot de tôles de même qualité présentées à la réception, il est fait un certain nombre d'épreuves sur des barreaux découpés, les uns dans le sens du laminage, les autres dans le sens perpendiculaire; on a soin d'essayer, pour chaque feuille, un nombre égal de barreaux dans le sens du laminage et dans le sens perpendiculaire.

Les barreaux d'épreuves ont la forme d'un prisme à base rectangulaire. La section rectangulaire du prisme a pour dimensions : l'une, l'épaisseur de la tôle, l'autre, (0m,030) trente millimètres pour les tôles ayant plus de (0m,025) vingt-cinq millimètres d'épaisseur. ou (0^m,020) vingt millimètres pour les tôles d'épaisseur moindre.

Le tableau suivant indique pour chaque catégorie de tôle et pour les deux sens en long et en travers :

1° La charge initiale en kilogrammes par millimètre carré de section par laquelle on devra commencer les épreuves de traction ;

2° La charge minima que doit supporter un barreau quelconque isolé et la charge moyenne, exigée pour l'ensemble des barreaux afférents à un même lot ;

3° L'allongement minimum que doit présenter un barreau quelconque isolé sous la charge de rupture et l'allongement moyen, exigés pour l'ensemble des barreaux afférents à un même lot.

DÉSIGNATION des TOLES	Charges en kilogrammes pour un millimètre carré de la section primitive						Allongements en fonction de la longueur du prisme essayé			
	Initiales		Minima		Moyennes		Minima		Moyens	
	en long	en travers	en long	en travers	en long	en travers	en long	en travers	en long	en travers
Tôle de 1ᵉ catégorie dite fine au bois. .	32	25	35	28	40	33	0,100	0,080	0,150	0,110
Tôle de 2ᵉ catégorie dite fine à la houille	30	24	33	27	36	31	0,080	0,050	0,100	0,070
Tôle de 3ᵉ catégorie dite tôle à chaudière	27	21	30	24	33	27	0,060	0,015	0,080	0,030
Tôle de 4ᵉ catégorie dite puddlée. . . .	25	20	28	22	30	24	0,040	0,010	0,050	0,025

Pour certaines tôles de première catégorie, qui doivent supporter un travail exceptionnel. telles que: les tôles de plaques d'avant des foyers, les tôles emboutics de l'embase des dômes dans les chaudières de machines-locomotives. etc..., on pourra tolérer un déficit de résistance pouvant s'élever jusqu'à trois kilogrammes, pourvu que ce déficit soit compensé par un excédant d'allongement de (0,015) un et demi pour cent par kilogramme en moins.

Art. 24. Il est fait, en outre, des épreuves à chaud pour constater la ductilité et l'homogénéité des tôles.

1re *Epreuve*. Il est exécuté, avec un morceau de tôle découpé dans une feuille prise dans chaque livraison, un cylindre ayant pour hauteur et pour diamètre intérieur vingt-cinq fois l'épaisseur de la tôle.

2e *Epreuve*. Il est exécuté, avec un morceau de tôle découpé dans une feuille prise dans chaque livraison, une calotte sphérique avec bord plat conservé dans le plan primitif de la tôle. La corde de cette calotte, mesurée intérieurement, est égale à trente fois l'épaisseur de la tôle. Le bord plat circulaire de cette pièce a pour largeur sept fois l'épaisseur de la tôle ; il est raccordé à la partie sphérique par un congé ayant pour rayon, mesuré dans l'intérieur de l'angle, l'épaisseur même de la tôle.

La flèche à donner à la calotte sphérique varie avec la qualité des tôles à essayer, comme il est dit ci-après.

Pour la première qualité, dite tôle fine au bois, la flèche est de quinze fois l'épaisseur de la tôle.

Pour la deuxième qualité, dite tôle fine à la houille, la flèche est de dix fois l'épaisseur de la tôle.

Pour la troisième qualité, dite tôle à chaudières, la flèche est de cinq fois l'épaisseur de la tôle.

Pour la quatrième qualité, dite tôle puddlée, l'épreuve de la calotte n'est pas exigée.

3e *Epreuve*. Il est confectionné avec un morceau de tôle découpé dans une feuille prise dans chaque livraison, une boîte à base carrée et à bords relevés d'équerre ; le fond de cette boîte a pour côté trente fois l'épaisseur de la tôle, et les bords, mesurés en dedans, ont pour hauteur sept fois cette même épaisseur.

Les bords sont raccordés, entre eux et avec le fond, par un congé qui, mesuré dans l'intérieur de l'angle, a pour rayon l'épaisseur même de la tôle.

Cette dernière épreuve n'est exigée que pour les tôles de la première qualité, dites tôles fines au bois.

Les cylindres, calottes sphériques ou boîtes cubiques, exécutées comme il vient d'être dit, ne doivent présenter ni fentes, ni gerçures, il ne doit s'y manifester aucune trace de dédoublure.

Art. 25. Les tôles, à quelque catégorie qu'elles appartiennent, doivent être parfaitement laminées et très bien soudées, sans pailles, stries, gerçures, gravelures ou manque de matière ; leur épaisseur doit être parfaitement uniforme.

Dans le travail à la machine à percer, à la machine à raboter ou à la cisaille, les tôles doivent présenter, dans leur tranche, une coupe grasse.

On refusera les tôles à nerf feuilleté et celles qui présenteraient des criques, fentes, dédoublures ou autres détériorations quelconques, soit pendant les épreuves, soit ultérieurement dans le travail de l'atelier, soit à l'épreuve des chaudières ou autres appareils construits avec ces tôles.

§ VI. — *Conditions spéciales pour les fontes.*

Art. 26. Les fontes employées pour le moulage des pièces de diverses natures entrant dans la construction du matériel de la Compagnie, doivent être exclusivement de deuxième fusion et de première qualité ; elles présentent à leur cassure un grain gris serré et homogène.

Art. 27. La ténacité et l'élasticité du métal sont constatées par des épreuves à froid, par le choc, la flexion ou la traction. Ces épreuves sont faites sur des barreaux coulés en même temps que les pièces. Les barreaux d'épreuves ont la forme de prisme à base carrée ; ils sont coulés en sable très sec et des appendices disposés pour s'opposer au retrait de la fonte et pour recevoir l'application des efforts de traction.

Il est coulé six barreaux par chaque fusion, deux pour chacune des épreuves ci-après indiquées.

L'agent du chemin de fer, présent à la fusion, détermine le moment où les prises d'essai doivent avoir lieu ; chacun des barreaux reçoit le numéro de la fusion qui est également marqué sur les pièces de fonte provenant de la même coulée.

Ces barreaux sont soumis aux épreuves indiquées dans les trois articles suivants :

Art. 28. Un barreau de $(0^m,040)$ quarante millimètres d'équarrissage et de $(0^m,200)$ deux cents millimètres de longueur, placé horizontalement sur deux couteaux espacés de $(0^m,160)$ cent soixante millimètres, doit supporter, sans se rompre, le choc d'un mouton de $(12^k.)$ douze kilogrammes tombant librement sur le barreau, au milieu de l'intervalle des points d'appui, d'une hauteur de $(0^m,400)$ quatre cents millimètres : s'il s'agit de pièces de fonte d'un moulage difficile et pour lesquelles la résistance n'a pas d'importance, cette hauteur sera réduite à $(0^m,350)$ trois cent cinquante millimètres.

L'enclume, supportant les couteaux, doit présenter un poids d'au moins $(800^k.)$ huit cents kilogrammes.

Art. 29. Un barreau de $(0^m,080)$ quatre-vingts millimètres d'équarrissage, soumis par l'appareil de Monge à un effort de flexion, supportera, sans se rompre, l'action d'un poids de $(960^k.)$ neuf cent soixante kilogrammes sur le levier à deux mètres du point d'appui le plus voisin de l'application des poids (voir 1re partie, chap. V, § IV.)

Les poids du levier, du plateau et des accessoires, ramenés à la même distance de deux mètres, sont compris dans le poids d'épreuve.

Art. 30. Un barreau prismatique à base carrée $(0^m.025)$ vingt-cinq millimètres de côté et de $(0^m,200)$ deux cents millimètres de longueur utile est soumis à des efforts de traction dans les conditions indiquées à l'article 7 précédent.

La charge initiale en kilogrammes par millimètre carré de section, par laquelle on doit commencer les épreuves, est de $(15^k.)$ quinze kilogrammes.

La charge minima que doit supporter un barreau quelconque isolé, est de $(16^k.)$ seize kilogrammes et la charge moyenne, exigée pour l'ensemble des barreaux afférents à un même lot, est de $(18^k.)$ dix-huit kilogrammes.

Art. 31. Chaque épreuve sera faite seulement sur un seul barreau sain de chaque espèce ; si l'un des barreaux est brisé dans l'épreuve qui lui est relative, la coulée entière, dont il provient, doit être refusée.

Art. 32. Les pièces moulées doivent être exemptes de gouttes froides, soufflures, gravelures ou autres défauts susceptibles d'altérer leur résistance ou leur forme.

Le moulage doit être exécuté avec beaucoup de soins : les pièces sont, après le moulage, parfaitement ébarbées au burin et à la lime.

Art. 33. Les pièces en fonte malléable sont moulées avec le plus grand soin : elles sont exemptes de tous défauts pouvant nuire à leur apparence ou à leur solidité.

Essayées au marteau, elles doivent présenter une malléabilité de fer doux de bonne qualité.

§ VII. — *Conditions générales.*

Art. 34. Le constructeur est chargé, à ses frais, risques et périls, de se pourvoir, s'il y a lieu, auprès des porteurs de brevet d'invention, pour en obtenir les autorisations nécessaires et leur payer, sans répétition contre la Compagnie, tous droits ou redevances légitimement dûs.

Le constructeur garantit, en conséquence, la Compagnie contre toute réclamation de porteurs de brevets d'invention relatifs à la fourniture.

Art. 35. La Compagnie a le droit de faire surveiller les travaux par un ou plusieurs agents de son choix qui ont, à cet effet, la libre entrée dans les ateliers du constructeur ou autres ateliers dans lesquels s'exécutent les travaux de détail ou d'ensemble. Ces agents peuvent surveiller la fabrication et procéder à toutes les épreuves et expériences qui paraîtront nécessaires pour s'assurer de la bonne qualité des matériaux et de la bonne exécution des pièces. Ils peuvent faire rejeter toutes celles dont la qualité ou l'exécution serait vicieuse. L'exercice de ce droit de surveillance ne pourra, en aucune façon, dispenser le constructeur du contrôle, réservé à la Compagnie, lors des réceptions provisoire et définitive.

Art. 36. Les pièces, qui ont satisfait aux conditions ci-dessus indiquées, sont reçues provisoirement à l'usine.

Le pesage est fait à l'usine en présence des agents de la Compagnie, les chiffres reconnus sont constatés sur le procès-verbal de réception provisoire.

Art. 37. Les pièces sont livrées par le constructeur, et à ses frais, chargées sur vagons dans la gare du réseau de la Compagnie désignée dans la commande ou la soumission.

Art. 38. Les époques de livraison sont également fixées. pour chaque fourniture, par la commande ou la soumission relative à cette fourniture.

Dans le cas où, pour une cause quelconque, celles de force majeure exceptées, le constructeur n'exécuterait pas les livraisons aux époques fixées dans la soumission, ou ne pré-senterait à la réception que des *pièces* ne remplissant pas les conditions prévues aux articles précédents, il sera retenu au constructeur à titre d'indemnité et sans préjudice de tous dommages et intérêts, pour chaque semaine de retard (2 %) deux pour cent de la valeur des pièces dont la fourniture aura été retardée.

L'indemnité, ci-dessus stipulée, est due à la Compagnie par le seul fait du retard, sans qu'il soit besoin de faire au constructeur aucune mise en demeure, ni acte quelconque extra-judiciaire. Les dommages et intérêts ne sont dus à la Compagnie que si elle a éprouvé un tort réel.

De plus, la Compagnie se réserve le droit, si elle le juge convenable, de retirer au constructeur, en cas de retard, tout ou partie des fournitures restant à livrer par lui.

Art. 39. La réception définitive a lieu à la livraison des pièces dans les ateliers de la Compagnie par les soins de l'Ingénieur du Matériel qui dresse un procès-verbal de cette réception.

Art. 40. Nonobstant la réception définitive, les pièces, qui présenteraient des criques, fentes, fissures, dédoublures ou autre détérioration, pouvant nuire à la solidité ou même à l'aspect de ces pièces, soit pendant le travail de l'atelier, soit pendant les épreuves des appareils construits avec ces pièces, seront rebutées et retournées au constructeur, à ses frais, sans préjudice de tous dommages et intérêts, s'il y a lieu.

Le constructeur devra, si la Compagnie le demande, remplacer ces pièces défectueuses dans le délai de quinze jours à dater de la demande qui lui sera faite.

Les retards apportés à cette livraison donneraient lieu aux retenues, dommages et intérêts prévus par l'article 38 précédent.

Art. 41. Les pièces reçues définitivement dans les ateliers de la Compagnie, comme il est dit à l'article 39 ci-dessus, sont payées intégralement au constructeur, sauf déduction de la valeur des pièces rebutées, dans le courant du mois qui suit la réception définitive.

Les payements ont lieu à Paris, au siège de la Compagnie du chemin de fer.

Art. 42. Il est formellement interdit au fournisseur de céder à un autre fournisseur, ou de faire fabriquer dans une autre usine que la sienne, une partie quelconque de la fourniture, à moins du consentement exprès et par écrit de la Compagnie.

Art. 43. Les contestations, qui pourraient s'élever entre la Compagnie et le constructeur sur l'exécution des clauses du présent cahier des charges, seront jugées par le tribunal de commerce de la Seine.

L'enregistrement des présentes sera à la charge de celle des parties qui aura rendu cette formalité nécessaire.

O

Prix de revient approximatif de l'entretien des principaux organes du matériel roulant

DÉSIGNATION			VALEUR A NEUF	DURÉE MOYENNE		IMPORTANCE de l'usure moyenne annuelle
			fr.			fr. c.
MACHINES A VOYAGEURS	Foyer		3 675	15 ans		245 »
	Tubes		1 740	12	—	145 »
	Essieu coudé		2 200	5	—	410 »
	Bandage (la garniture)		1 200	3	—	400 »
	Peinture... { 1 peinture . . 135 fr. / 1/2 — 65 »		200	6	—	33 30
MACHINES A MARCHANDISES	Foyer		4 125	15	—	275 »
	Tubes		2 640	12	—	220 »
	Essieu coudé		2 500	5	—	500 »
	Bandages (la garniture)		1 300	3	—	433 35
	Peinture		200	6	—	33 33
TENDERS.	Bandages (1 paire). . . . 350 fr.		700	3	—	233 33
	Peinture... { 1 peinture . . 110 » / 1/2 — 60 »		170	6	—	28 33
VOITURES A VOYAGEURS	Peinture : 1re, 2e, 3e cl. { 1 peinture . . 270 fr. / 3 vernissage 300 »		570	6	—	95 »
	Garniture.. { 1re classe		1 200	12	—	100 »
	2e classe		500	12	—	41 66
FOURGONS EN BOIS	{ 1 peinture . . 105 fr. / 1/2 — 50 »		155	5	—	31 »
FOURGONS EN TOLE	{ 1 peinture . . 130 fr. / 1/2 — 70 »		200	5	—	40 »
VAGONS COUVERTS (peinture)			40	10	—	4 »
VAGONS-TOMBEREAUX			33	10	—	3 50
VAGONS PLATS (peinture)			25	10	—	2 50
ROUES DE VOITURES ET VAGONS (la paire)			150	12	—	12 50

Nota. Les prix ci-dessus sont établis, déduction faite des vieilles matières.

P

État indiquant les poids des principaux objets pouvant être expédiés par le service du matériel

Paire de roues de vagon grosses fusées montée sur essieu.	800 k
— — — petites fusées avec faux-bandages	700
— — petits tenders	1 000
— — grands tenders.	1 400
— — de 1 mètre à $1^m,100$, support de machine.	1 000
— — de 1 mètre à $1^m,300$, support de machine.	1 500
— — de $1^m,260$ à $1^m,300$, machine à marchandises	2 000
— — de $1^m,400$ à $1^m,430$, machine à marchandises	2 500
— — motrice de $1^m,700$ ou mixtes.	2 900
— — motrice de $2^m,000$.	3 000
— — Crampton.	3 360
Essieu coudé brut de forge.	800
— — tourné.	600
— droit brut de forge pour tender	330
— — — pour machine.	275
— — — pour vagon	170
Bandage neuf de $0^m,915$ pour vagon.	190
— — de $1^m,000$ à $1^m,100$ pour machine et tender.	250
— — de $1^m,150$ à $1^m,250$ — —	290
— — de $1^m,300$ à $1^m,400$ — —	300
— — de $1^m,500$ à $1^m,700$.	400
— — de $1^m,980$.	150
— — de $2^m,200$.	510
Cylindre pour machine locomotive (fonte).	800

Q

RAPPORT

RELATIF AUX APPAREILS A VAPEUR,
ADRESSÉ AU PRÉSIDENT DE LA RÉPUBLIQUE FRANÇAISE,
ET DÉCRET DU 30 AVRIL 1880.

Paris, le 30 avril 1880.

Monsieur le Président,

Lorsqu'en 1865 le gouvernement révisa le règlement auquel étaient soumises, depuis plus de vingt ans, les machines et chaudières à vapeur autres que celles placées à bord des bateaux, il se proposait de supprimer une partie de la tutelle administrative qui n'était plus en harmonie avec les progrès de la construction de ces appareils, le développement de leur emploi et l'instruction technique des ouvriers chargés de leur fonctionnement. Son but fut de dégager l'industrie d'entraves devenues inutiles, dans toute la mesure compatible avec les exigences de la sécurité publique. Mais cette mesure ne pouvait être que préjugée ; il appartenait à l'expérience seule de la fixer ; et c'est ce qui explique le besoin de réviser à son tour le décret du 25 janvier 1865 et de le remplacer par le nouveau règlement que je viens soumettre à votre haute sanction.

En effet, une enquête, qui a été ouverte, à l'expiration de la période décennale, auprès de tous les ingénieurs chargés de la surveillance des appareils à vapeur, a montré l'utilité d'assujettir à des prescriptions administratives les récipients de vapeur, qui en sont complétement exonérés depuis 1865, et d'apporter en outre quelques modifications de détail aux dispositions en vigueur concernant les chaudières proprement dites. Les résultats de cette enquête ont été communiqués à la commission centrale des machines à vapeur et au conseil d'État, qui se sont appliqués à concilier dans une sage mesure les nécessités de la sécurité publique avec les exigences de l'industrie.

Rien n'a été changé aux conditions essentielles de l'épreuve des chaudières neuves ; mais le renouvellement de cette épreuve pourra être exigé dans d'autres cas que ceux de réparation notable, seuls admis par le décret de 1865, et ne devra jamais être retardé de plus de dix ans.

Antérieurement à ce décret, les ingénieurs pouvaient provoquer la réforme des chaudières qu'un long service ou une détérioration accidentelle leur faisait regarder comme dangereuses. La commission centrale des machines à vapeur, sans doute préoccupée du rôle amoindri attribué à l'administration depuis 1865, avait exprimé le vœu que la faculté d'interdire l'usage d'un générateur réputé dangereux lui fût restituée. Le conseil d'État n'a point été favorable à ce retour partiel, à un régime abandonné ; j'ai pensé avec lui qu'une telle mesure, rarement applicable dans la pratique, ne serait pas suffisamment motivée par des faits qu'aurait révélés l'application du décret de 1865.

Le renouvellement obligatoire de l'épreuve tous les dix ans donnera d'ailleurs un nouveau gage à la sécurité publique.

En raison de cette innovation, il a paru convenable d'admettre des motifs de dispense quant aux épreuves réglementaires à exécuter entre temps, à la suite des réparations des déplacements ou des chômages prolongés des chaudières, et de tenir compte, à cet effet, de l'existence des associations de propriétaires d'appareils à vapeur, qui se sont formées depuis quelques années.

Ces associations, employant et rémunérant un personnel spécial, ont en vue d'assurer le meilleur fonctionnement possible des appareils, notamment en procédant à des visites intérieures et extérieures des générateurs de vapeur, en les examinant au double point de vue de la sécurité et de la réalisation d'économies de combustible. Il convient d'encourager ces pratiques salutaires et d'appeler les institutions de ce genre à prêter leur concours à l'administration. Déjà le gouvernement vient de reconnaître l'utilité publique de l'association des propriétaires d'appareils à vapeur du Nord de la France. Je me propose, en portant le nouveau règlement à la connaissance des préfets et des ingénieurs des mines, de donner des instructions pour que dans les régions industrielles où fonctionnent de telles associations la surveillance officielle tienne compte, dans une juste mesure, des constatations faites par le personnel exerçant la surveillance officieuse dont il s'agit. Le renouvellement de l'épreuve réglementaire pourra, en conséquence, ne pas être exigé avant l'expiration de la période décennale, lorsque des renseignements authentiques sur l'époque et les résultats de la dernière visite intérieure et extérieure d'une chaudière constitueront des présomptions suffisantes en faveur de son bon état; et les ingénieurs des mines seront autorisés à considérer, à cet égard, comme probants les certificats délivrés aux membres des associations que le ministre aura désignées.

Le classement des chaudières à demeure continuera à comprendre trois catégories, sous le rapport des conditions d'emplacement, ainsi que le prescrit le décret de 1865. La détermination de ces catégories aura lieu d'après une nouvelle base de calcul, que la commission centrale des machines à vapeur a considérée comme plus rationnelle que la base actuelle, mais qui s'en écarte peu, et dont l'effet est de réduire légèrement, au point de vue du classement, l'importance de la pression maximum sous laquelle une chaudière est appelée à fonctionner, comparativement à son volume.

Les conditions d'emplacement demeureront à très peu près les mêmes aujourd'hui pour les chaudières de la première catégorie, qu'il est permis d'établir à 10 mètres de distance d'une maison d'habitation sans aucune disposition particulière.

Les chaudières de la deuxième catégorie ne peuvent être placées dans l'intérieur des ateliers que lorsque ceux-ci ne font pas partie d'une maison d'habitation. Il n'y aura plus d'exception pour les maisons réservées aux manufacturiers, à leurs familles, à leurs employés, ouvriers et serviteurs, comme l'admettait le décret de 1865. Le nouveau règlement supprime avec raison, sur ce point, une tolérance contraire à la sécurité publique.

Les chaudières de la troisième catégorie continuent à pouvoir être établies dans une maison quelconque.

La faculté précédemment reconnue aux tiers de renoncer à se prévaloir des conditions réglementaires cessera d'exister; il a paru à la commission centrale des machines à vapeur et au conseil d'État qu'elles ne pouvaient pas cesser d'être obligatoires, et je partage complétement cet avis.

De même, l'exécution de la disposition relative à la non production de fumée par les foyers de chaudières à vapeur a paru au conseil d'État de nature à donner lieu à des incertitudes de la part de l'administration et aussi de l'autorité judiciaire. J'ai considéré avec lui que les inconvénients de la fumée ne sont pas particuliers à l'emploi d'un appareil à vapeur et ne touchent en rien à la sécurité, objet essentiel du décret dont il s'agit. Les constestations auxquelles la production de la fumée donnerait lieu appartiendront donc exclusivement au domaine judiciaire, qu'il s'agisse d'un foyer d'appareil à vapeur ou de tout autre foyer.

La plus importante innovation du nouveau règlement est, sans contredit, l'assujettissement des récipients de vapeur d'une certaine capacité à quelques mesures de sûreté. Omis dans l'ordonnance de 1843, ils avaient été assimilés aux générateurs en vertu d'une circulaire ministérielle de 1845, puis volontairement omis encore dans le décret de 1865. De nombreux accidents sont venus démontrer la nécessité de surbordonner l'emploi de ces appareils à l'exécution de certaines prescriptions En conséquence. la commission centrale des machines à vapeur et le conseil d'État ont été d'avis que les récipients d'un volume supérieur à 100 litres fussent soumis à l'épreuve officielle, munis dans certains cas d'une soupape de sûreté et assujettis à la déclaration. Un délai de six mois sera accordé pour l'exécution de ces mesures.

Elles seront applicables, non-seulement aux cylindres sécheurs, chaudières à double fond et appareils divers employés dans l'industrie, mais encore aux machines locomotives sans foyer et aux autres réservoirs dans lesquels est emmagasinée de l'eau à haute température, pour dégager de la vapeur ou de la chaleur.

Enfin, le décret de 1865 n'avait point reproduit la disposition de l'ordonnance de 1843, aux termes de laquelle l'administration avait la faculté de dispenser les chaudières présentant un mode particulier de construction de l'application d'une partie des mesures de sûreté réglementaires pour les soumettre à des conditions spéciales.

Il se bornait à prévoir des cas de dispense en ce qui touche le niveau du plan d'eau dans les générateurs dont la forme ou la faible dimension semblait exclure toute crainte de danger. Dorénavant, le ministre, après instruction locale et sur l'avis de la commission centrale des machines à vapeur, pourra accorder toute dispense qui ne paraîtra pas de nature à entraîner des inconvénients.

Telles sont les principales modifications du règlement de 1865, concernant les chaudières à vapeur fixes ou locomobiles, les locomotives et les récipients, qui me paraissent devoir être adoptées dans l'intérêt commun des industriels et du public.

Je vous prie d'agréer, monsieur le Président, l'assurance de mon profond respect.

Le ministre des travaux publics,

H. VARROY.

Le Président de la République française,

Sur le rapport du ministre des travaux publics ;

Vu le décret du 25 janvier 1865, relatif aux chaudières à vapeur autres que celles qui sont placées sur des bateaux ;

Vu les avis de la commission centrale des machines à vapeur ;

Le conseil d'État entendu.

Décrète :

Art. 1er — Sont soumis aux formalités et aux mesures prescrites par le présent règlement : 1° les générateurs de vapeur. 2° les récipients définis ci-après (Titre V).

TITRE Ier

MESURES DE SURETÉ RELATIVES AUX CHAUDIÈRES PLACÉES A DEMEURE

Art. 2. — Aucune chaudière neuve ne peut être mise en service qu'après avoir subi l'épreuve réglementaire ci-après définie. Cette épreuve doit être faite chez le constructeur et sur sa demande.

Toute chaudière venant de l'étranger est éprouvée avant sa mise en service, sur le point du territoire français désigné par le destinataire dans sa demande.

Art. 3. — Le renouvellement de l'épreuve peut être exigé de celui qui fait usage d'une chaudière :

1° Lorsque la chaudière, ayant déjà servi, est l'objet d'une nouvelle installation ;

2° Lorsqu'elle a subi une réparation notable ;

3° Lorsqu'elle est remise en service après un chômage prolongé.

A cet effet, l'intéressé devra informer l'ingénieur des mines de ces diverses circonstances. En particulier, si l'épreuve exige la démolition du massif du fourneau ou l'enlèvement de l'enveloppe de la chaudière et un chômage plus ou moins prolongé, cette épreuve pourra ne point être exigée, lorsque des renseignements authentiques sur l'époque et les résultats de la dernière visite, intérieure et extérieure, constitueront une présomption suffisante en faveur du bon état de la chaudière. Pourront être notamment considérés comme renseignements probants les certificats délivrés aux membres des associations de propriétaires d'appareils à vapeur par celle de ces associations que le ministre aura désignées.

Le renouvellement de l'épreuve est exigible également lorsque, à raison des conditions dans lesquelles une chaudière fonctionne, il y a lieu, par l'ingénieur des mines, d'en suspecter la solidité.

Dans tous les cas, lorsque celui qui fait usage d'une chaudière contestera la nécessité d'une nouvelle épreuve, il sera, après une instruction où celui-ci sera entendu, statué par le préfet.

En aucun cas, l'intervalle entre deux épreuves consécutives n'est supérieur à dix années. Avant l'expiration de ce délai, celui qui fait usage d'une chaudière à vapeur doit lui-même demander le renouvellement de l'épreuve.

Art. 4 — L'épreuve consiste à soumettre la chaudière à une pression hydraulique supérieure à la pression effective qui ne doit point être dépassée dans le service. Cette pression d'épreuve sera maintenue pendant le temps nécessaire à l'examen de la chaudière dont toutes les parties doivent pouvoir être visitées.

La surcharge d'épreuve par centimètre carré est égale à la pression effective, sans jamais être inférieure à un demi kilogramme ni supérieure à 6 kilogrammes.

L'épreuve est faite sous la direction de l'ingénieur des mines et en sa présence, ou, en cas d'empêchement, en présence du garde-mine opérant d'après ses instructions.

Elle n'est pas exigée pour l'ensemble d'une chaudière dont les diverses parties, éprouvées séparément, ne doivent être réunies que par des tuyaux placés sur tout leur parcours, en dehors du foyer et des conduits de flamme, et dont les joints peuvent être facilement démontés.

Le chef d'établissement où se fait l'épreuve fournira la main-d'œuvre et les appareils nécessaires à l'opération.

Art. 5. — Après qu'une chaudière ou partie de chaudière a été éprouvée avec succès, il y est apposé un timbre, indiquant en kilogrammes, par centimètre carré, la pression effective que la vapeur ne doit pas dépasser.

Les timbres sont poinçonnés et reçoivent trois nombres indiquant le jour, le mois et l'année de l'épreuve.

Un de ces timbres est placé de manière à être toujours apparent après la mise en place de la chaudière.

Art. 6. — Chaque chaudière est munie de deux soupapes de sûreté, chargées de manière à laisser la vapeur s'écouler dès que sa pression effective atteint la limite maximum indiquée par le timbre réglementaire.

L'orifice de chacune des soupapes doit suffire à maintenir, celle-ci étant au besoin convenablement déchargée ou soulevée et quelle que soit l'activité du feu, la vapeur dans la chaudière à un degré de pression qui n'excède pour aucun cas la limite ci-dessus.

Le constructeur est libre de répartir, s'il le préfère, la section totale d'écoulement nécessaire des deux soupapes réglementaires entre un plus grand nombre de soupapes.

Art. 7. — Toute chaudière est munie d'un manomètre en bon état placé en vue du chauffeur et gradué de manière à indiquer, en kilogrammes, la pression effective de la vapeur dans la chaudière.

Une marque très apparente indique sur l'échelle du manomètre la limite que la pression effective ne doit point dépasser.

La chaudière est munie d'un ajutage terminé par une bride de 0ᵐ,04 de diamètre et 0ᵐ,005 d'épaisseur disposée pour recevoir le manomètre vérificateur.

Art. 8. — Chaque chaudière est munie d'un appareil de retenue, soupape ou clapet, fonctionnant automatiquement et placé au point d'intersection du tuyau d'alimentation qui lui est propre.

Art. 9. — Chaque chaudière est munie d'une soupape ou d'un robinet d'arrêt de vapeur, placé autant que possible à l'origine du tuyau de conduite de vapeur, sur la chaudière même.

Art. 10.   Toute paroi en contact par une de ses faces avec la flamme doit être baignée par l'eau sur sa face opposée.

Le niveau de l'eau doit être maintenu, dans chaque chaudière, à une hauteur de marche telle qu'il soit, en toute circonstance, à $0^m,06$ au moins au-dessus du plan pour lequel la condition précédente cesserait d'être remplie. La position limite sera indiquée, d'une manière très apparente au voisinage du tube de niveau mentionné à l'article suivant.

Les prescriptions énoncées au présent article ne s'appliquent point :

1° Aux surchauffeurs de vapeur distincts de la chaudière;

2° Et surfaces relativement peu étendues et placées de manière à ne jamais rougir, même lorsque le feu est poussé à son maximum d'activité, telles que les tubes ou parties de cheminées qui traversent le réservoir de vapeur, en envoyant directement à la cheminée principale les produits de la combustion.

Art. 11. — Chaque chaudière est munie de deux appareils indicateurs du niveau de l'eau indépendants l'un de l'autre, et placés en vue de l'ouvrier chargé de l'alimentation.

L'un de ces deux indicateurs est un tube en verre, disposé de manière à pouvoir être facilement nettoyé et remplacé au besoin.

Pour les chaudières verticales de grande hauteur, le tube en verre est remplacé par un appareil disposé de manière à reporter, en vue de l'ouvrier chargé de l'alimentation, l'indication du niveau de l'eau dans la chaudière.

TITRE II

ÉTABLISSEMENT DES CHAUDIÈRES A VAPEUR
PLACÉES A DEMEURE.

Art. 12. — Toute chaudière à vapeur destinée à être employée à demeure ne peut être mise en service qu'après une déclaration adressée, par celui qui fait usage du générateur, au préfet du département. Cette déclaration est enregistrée à sa date. Il en est donné acte. Elle est communiquée sans délai à M. l'ingénieur en chef des mines.

Art. 13. — La déclaration fait connaître avec précision :

1° Le nom et le domicile du vendeur de la chaudière ou l'origine de celle-ci;

2° La commune et le lieu où elle est établie;

3° La forme, la capacité et la surface de chauffe;

4° Le numéro du timbre réglementaire;

5° Un numéro distinctif de la chaudière, si l'établissement en possède plusieurs;

6° Enfin, le genre d'industrie et l'usage auquel elle est destinée.

Art. 14. — Les chaudières sont divisées en trois catégories :

Cette classification est basée sur le produit de la multiplication du nombre exprimant en mètres cubes la capacité totale de la chaudière avec ses bouilleurs et ses réchauffeurs alimentaires, mais sans y comprendre les surchauffeurs de vapeur, par le nombre exprimant, en degrés centigrades, l'excès de la température de l'eau correspondant à la pression indiquée par le timbre réglementaire sur la température de 100 degrés, conformément à la table annexée au présent décret.

Si plusieurs chaudières doivent fonctionner ensemble

dans un même emplacement et si elles ont entre elles une communication quelconque, directe ou indirecte, on prend, pour former le produit, comme il vient d'être dit, la somme des capacités de ces chaudières.

Les chaudières sont de la première catégorie quand le produit est plus grand que 200 : de la deuxième, quand le produit n'excède pas 200, mais surpasse 50 ; de la troisième, si le produit n'excède pas 50.

Art. 15. — Les chaudières comprises dans la première catégorie doivent être établies en dehors de toute maison d'habitation et de tout atelier surmonté d'étages. N'est pas considérée comme un étage, au-dessus de l'emplacement d'une chaudière, une construction dans laquelle ne se fait aucun travail nécessitant la présence d'un personnel à poste fixe.

Art. 16. — Il est interdit de placer une chaudière de première catégorie à moins de 3 mètres d'une maison d'habitation

Lorsqu'une chaudière de première catégorie est placée à moins de 50 mètres d'une maison d'habitation, elle en est séparée par un mur de défense.

Ce mur, en bonne et solide maçonnerie, est construit de manière à défiler la maison par rapport à tout point de la chaudière distant de moins de 10 mètres, sans toutefois que sa hauteur dépasse de 1 mètre la partie la plus élevée de la chaudière. Son épaisseur est égale au tiers au moins de la hauteur, sans que cette épaisseur puisse être inférieure à 1 mètre en couronne. Il est séparé du mur de la maison voisine par un intervalle libre de 30 centimètres de largeur au moins.

L'établissement d'une chaudière de première catégorie à la distance de 10 mètres au plus d'une maison d'habitation n'est assujetti à aucune condition particulière.

Les distances de 3 mètres et de 10 mètres, fixées ci-dessus, sont réduites respectivement à 1^m.50 et à 5 mètres, lorsque la chaudière est enterrée de façon que la partie supérieure de ladite chaudière se trouve à 1 mètre en contre-bas du sol du côté de la maison voisine.

Art. 17. — Les chaudières comprises dans la deuxième catégorie peuvent être placées dans l'intérieur de tout atelier, pourvu que l'atelier ne fasse pas partie d'une maison d'habitation.

Les foyers sont séparés des murs des maisons voisines par un intervalle libre de 1 mètre au moins.

Art. 18. — Les chaudières de troisième catégorie peuvent être établies dans un atelier quelconque, même lorsqu'il fait partie d'une maison d'habitation.

Les foyers sont séparés des murs des maisons voisines par un intervalle libre de 0^m, 50 au moins.

Art. 19. — Les conditions d'emplacement prescrites pour les chaudières à demeure, par les précédents articles, ne sont pas applicables aux chaudières pour l'établissement desquelles il aura été satisfait au décret du 25 janvier 1865, antérieurement à la promulgation du présent règlement.

Art. 20. — Si, postérieurement à l'établissement d'une chaudière, un terrain contigu vient à être affecté à la construction d'une maison d'habitation, celui qui fait usage de la chaudière devra se conformer aux mesures prescrites par les articles 16, 17 et 18 comme si la maison eût été construite avant l'établissement de la chaudière.

Art. 21. — Indépendamment des mesures générales de sûreté prescrites au titre Ier de la déclaration prévue par les articles 12 et 13, les chaudières à vapeur fonctionnant dans l'intérieur des usines sont soumises aux conditions que pourra prescrire le préfet, suivant les cas et sur le rapport de l'ingénieur des mines.

TITRE III

CHAUDIÈRES LOCOMOBILES.

Art. 22 — Sont considérées comme locomobiles les chaudières à vapeur qui peuvent être transportées facilement d'un lieu dans un autre, n'exigeant aucune construction pour fonctionner sur un point donné, et ne sont employées que d'une manière temporaire à chaque station.

Art. 23. — Les dispositions des articles 2 à 11 inclusivement du présent décret sont applicables aux chaudières locomobiles.

Art. 24. — Chaque chaudière porte une plaque sur laquelle sont gravés, en caractères très apparents, le nom et le domicile du propriétaire et un numéro d'ordre, si ce propriétaire possède plusieurs chaudières locomobiles.

Art. 25. — Elle est l'objet de la déclaration prescrite par les articles 12 et 13 adressée au préfet du département où est le domicile du propriétaire.

L'ouvrier chargé de la conduite devra représenter à toute réquisition le récépissé de cette déclaration.

TITRE IV

CHAUDIÈRES DES MACHINES LOCOMOTIVES.

Art. 26. — Les machines à vapeur locomotives sont celles qui, sur terre, travaillent en même temps qu'elles se déplacent par leur propre force, telles que les machines des chemins de fer et des tramways, les machines routières, les rouleaux compresseurs, etc.

Art. 27. — Les dispositions des articles 2 à 8 inclusivement et celles des articles 11 et 24 sont applicables aux chaudières des machines locomotives.

Art. 28. — Les dispositions de l'article 25, paragraphe 1er, s'appliquent également à ces chaudières.

Art. 29. — La circulation des machines-locomotives a lieu dans les conditions déterminées par des règlements spéciaux.

TITRE V

RÉCIPIENTS.

Art. 30. — Sont soumis aux dispositions suivantes les récipients de formes diverses d'une capacité de plus de 100 litres au moyen desquels les matières à élaborer sont chauffées, non directement à feu nu, mais par la vapeur empruntée à un générateur distinct lorsque leur communication avec l'atmosphère n'est point établie par des moyens excluant toute pression effective nettement appréciable.

Art. 31. — Ces récipients sont assujettis à la déclaration prescrite par les articles 12 et 13.

Ils sont soumis à l'épreuve, conformément aux articles 2,3,4 et 5. Toutefois, la surcharge d'épreuve sera, dans tous les cas, égale à la moitié de la pression maximum à laquelle l'appareil doit fonctionner, sans que cette surcharge puisse excéder 4 kilogrammes par centimètre carré.

Art. 32. — Ces récipients sont munis d'une soupape de sûreté réglée par la pression indiquée par le timbre, à moins que cette pression ne soit égale ou supérieure à celle fixée pour la chaudière alimentaire.

L'orifice de cette soupape, convenablement déchargée ou soulevée au besoin, doit suffire à maintenir pour tous les cas la vapeur dans le récipient à un degré de pression qui n'excède pas la limite du timbre.

Elle peut être placée, soit sur le récipient lui-même, soit sur le tuyau d'arrivée de la vapeur, entre le robinet et le récipient.

Art. 33. — Les dispositions des articles 30, 31 et 32 s'appli-

quent également aux réservoirs dans lesquels de l'eau à haute
température est emmagasinée, pour fournir ensuite un dégagement de vapeur ou de chaleur quel qu'en soit l'usage.

Art. 34. — Un délai de six mois, à partir de la promulgation du présent décret, est accordé pour l'exécution des
quatre articles qui précèdent.

TITRE VI

DISPOSITIONS GÉNÉRALES.

Art. 35. — Le ministre peut, sur le rapport des ingénieurs
des mines, l'avis du préfet et celui de la commission centrale des machines à vapeur, accorder dispense de tout
ou partie des prescriptions du présent décret dans tous les
cas où, à raison de la forme, soit de la faible dimension des
appareils, soit de la position spéciale des pièces contenant de
la vapeur, il serait reconnu que la dispense ne peut pas
avoir d'inconvénient.

Art. 36. — Ceux qui font usage de générateurs ou de récipients de vapeur veilleront à ce que ces appareils soient
entretenus constamment en bon état de service.

A cet effet, ils tiendront la main à ce que des visites complètes, tant à l'intérieur qu'à l'extérieur, soient faites à des
intervalles rapprochés pour constater l'état des appareils et
assurer l'exécution en temps utile des réparations ou rempla-
cements nécessaires.

Ils devront informer les ingénieurs des réparations notables
faites aux chaudières et aux récipients, en vue de l'exécution des articles 3 (1°, 2° et 3°) et 31, § 2.

Art. 37. — Les contraventions au présent règlement sont
constatées, poursuivies et réprimées conformément aux lois.

Art. 38. — En cas d'accident ayant occasionné la mort ou des
blessures, le chef de l'établissement doit prévenir immédiatement l'autorité chargée de la police locale et l'ingénieur

des mines chargé de la surveillance. L'ingénieur se rend sur les lieux, dans le plus bref délai, pour visiter les appareils, en constater l'état et rechercher les causes de l'accident. Il rédige sur le tout :

1° Un rapport qu'il adresse au procureur de la République et dont une expédition est transmise à l'ingénieur en chef, qui fait parvenir son avis à ce magistrat ;

2° Un rapport qui est adressé au préfet, par l'intermédiaire et avec l'avis de l'ingénieur en chef.

En cas d'accident n'ayant occasionné ni mort ni blessure, l'ingénieur des mines seul est prévenu; il rédige un rapport qu'il envoie, par l'intermédiaire et avec l'avis de l'ingénieur en chef, au préfet.

En cas d'explosion, les constructions ne doivent point être réparées et les fragments de l'appareil rompu ne doivent point être déplacés ou dénaturés avant la constatation de l'état des lieux par l'ingénieur.

Art. 39. — Par exception, le ministre pourra confier la surveillance des appareils à vapeur aux ingénieurs ordinaires et aux conducteurs des ponts et chaussées, sous les ordres de l'ingénieur en chef des mines de la circonscription.

Art. 40. — Les appareils à vapeur qui dépendent des services spéciaux de l'État sont surveillés par les fonctionnaires et agents de ces services.

Art. 41. — Les attributions conférées aux préfets des départements par le présent décret sont exercées par le préfet de police dans toute l'étendue de son ressort.

Art. 42. — Est rapporté le décret du 25 janvier 1865.

Art. 43. — Le ministre des travaux publics est chargé de l'exécution du présent décret qui sera inséré au *Journal officiel* et au *Bulletin des lois*.

Fait à Paris, le 30 avril 1880.

JULES GRÉVY.

Par le Président de la République :

Le ministre des travaux publics,

H. VARROY.

VALEURS CORRESPONDANTES.

de la pression effective EN KILOGRAMMES.	de la température EN DEGRÉS CENTIGRADES.
0.5	111
1.0	120
1.5	127
2.0	133
2.5	138
3.0	143
3.5	147
4.0	151
4.5	155
5.0	158
5.5	161
6.0	164
6.5	167
7.0	170
7.5	173
8.0	175
8.5	177
9.0	179
9.5	181
10.0	183
10.5	185
11.0	187
11.5	189
12.0	191
12.5	193
13.0	194
13.5	196
14.0	197
14.5	199
15.0	200
15.5	202
16.0	203
16.5	205
17.0	206
17.5	208
18.0	209
18.5	210
19.0	211
19.5	213
20.0	214

OBSERVATION. — Nous faisons suivre ce *Décret* de quelques documents relatifs aux *Associations* visées par le Rapport du Ministre et par le § 3 de l'art. 5 du Titre 1er du décret 30 avril 1880. Antérieurs de plus de deux années à ce Règlement nouveau, ils en forment, pour ainsi dire, le commentaire et la justification.

R

NOTE SUR LES

ASSOCIATIONS DES PROPRIÉTAIRES D'APPAREILS A VAPEUR

ET SUR LEUR UTILITÉ

AU POINT DE VUE DE LA SÉCURITÉ GÉNÉRALE

(Publiée par les associations des propriétaires d'appareils à vapeur
du Nord de la France, Normande et Parisienne,
lors de l'Exposition universelle de 1878.)

Les Associations de propriétaires d'appareils à vapeur se
proposent un double but, que nous examinerons successivement :

1° Prévenir les accidents et explosions de chaudières à
vapeur.

2° Faire réaliser aux membres de l'Association des économies dans la production et dans l'emploi de la vapeur.

1° PRÉVENIR LES ACCIDENTS ET EXPLOSIONS
DE CHAUDIÈRES A VAPEUR.

Dès l'origine de l'emploi de la vapeur, comme force motrice
dans l'industrie, l'Administration supérieure reconnut qu'elle
devait, par des ordonnances de réglementation et des lois
pénales, protéger la vie des ouvriers et la sécurité publique,
contre les accidents terribles d'explosions.

Les ordonnances ou règlements ont modifié successivement
les conditions de construction et d'emploi des appareils à
vapeur, dont l'usage se trouve soumis aujourd'hui au décret-
loi du 25 janvier 1865 et à la loi pénale du 21 juillet 1856.

Les ingénieurs des Mines et des Ponts et chaussées sont
chargés d'assurer l'exécution des règlements et de requérir
l'application de la loi, en cas d'inobservation des dispositions
imposées.

L'Administration supérieure a donc montré toute l'importance qu'elle attache aux prescriptions de ces règlements, en choisissant, pour les faire exécuter, des ingénieurs aussi éminents, et jouissant à si juste titre de la confiance absolue des populations industrielles.

Avant d'examiner les prescriptions si sages contenues dans le décret-loi de 1865, nous devons rechercher quelles sont les causes principales des explosions de générateurs.

STATISTIQUE FRANÇAISE.

L'Administration des Mines a publié, en 1873, le tableau général des explosions survenues en France, de 1868 à 1872.

M. Maurice Jourdain, directeur de l'Association parisienne, en a extrait le résumé ci-contre :

CAUSES DES EXPLOSIONS	1868			1869			1870			1871			1872		
	Nombre	Tués	Blessés	Nombre	Tués	Blessés	Nombre	Tués	Blessés	Nombre	Tués	Blessés	Nombre	Tués	Blessés
Vices de construction ou mauvaises réparations	1	1	4	3	3	3	2	»	2	4	7	8	5	3	8
Mauvais état des tôles, qu'une inspection minutieuse eut permis de reconnaître	7	11	7	3	3	4	3	1	»	2	4	1	3	2	3
Explosions produites par la négligence du chauffeur ou des surveillants :															
Absence ou mauvais entretien des appareils de sûreté	2	1	2	2	»	1	1	2	3	1	»	1	2	1	4
Excès de pression	2	2	5	1	2	»	»	»	»	»	»	»	»	»	»
Manque d'eau	2	6	12	4	10	9	1	»	1	2	2	»	1	»	»
Négligence du chauffeur dans la conduite ou l'entretien de la chaudière	»	»	»	»	»	»	1	1	1	3	2	2	7	6	3
Causes fortuites ou indéterminées	3	4	3	1	2	»	1	»	2	5	3	6	»	»	»
TOTAUX	17	25	33	14	20	17	9	4	9	17	18	18	18	12	18

M. Jourdain tire de ce tableau les conclusions suivantes :

« En résumé, on voit par ce tableau que, pendant cette
» période de cinq années, le nombre des explosions a été de 75,
» produisant 174 victimes, dont 79 morts. Or, sur ce nombre,
» 10 explosions seulement, c'est-à-dire 13,4 °/₀, sont dues à
» des causes fortuites ou indéterminées : toutes les autres,
» ayant produit 154 victimes, auraient pu êtres évitées par
» un bon entretien et une conduite convenable des ap-
» pareils. »

STATISTIQUE ANGLAISE.

M. Marten, ingénieur en chef de la « Midland Steam
Boilers Inspection and Assurance Cᵒ », Association qui possède 20 000 générateurs, a résumé dans le tableau ci-dessous,
les causes des explosions des générateurs qui se sont produites en Angleterre, de 1866 à 1876, c'est-à-dire pendant
une période de dix ans.

CAUSES DES EXPLOSIONS	Nombre d'explosions	TUÉS	BLESSÉS
Défauts de construction qui auraient pu être découverts par l'inspection avant la mise en feu ou après réparation	212	283	437
Défauts que l'inspection régulière et périodique aurait seule permis de découvrir. — Corrosions intérieure et extérieure.	180	227	469
Défauts qui auraient pu être évités par le soin des surveillants, tels que : appareils de sûreté pas en état ; manque d'eau ; excès de pression ; incrustations ; dépôts	197	242	350
Causes extérieures.	4	3	3
Causes inconnues.	19	9	14
TOTAUX.	612	764	1273

Si nous examinons ces différents chiffres, nous remarquerons que, sur un nombre de 642 explosions ayant occasionné la mort de 764 personnes et blessé 1273 individus :

1°. — 422 explosions, ou 65,7 %. ne pouvaient être évitées que par des visites intérieures régulières ;

2°. — 197 explosions, ou 30,7 %, auraient été, en partie, évitées, si la surveillance des agents de l'industriel avait été plus effective, et si, principalement, les appareils de sûreté imposés par la loi avaient été en bon état de fonctionnement ;

3°. — 4 explosions, ou 0,62 %, sont dues à des causes extérieures, comme, par exemple, un dôme de locomotive enlevé par un tunnel dans un déraillement;

4°. — 19 explosions, ou 3,9 %, sont seules restées inexpliquées.

EXAMEN DU DÉCRET-LOI DU 25 JANVIER 1865.

Nous examinerons le décret-loi de 1865 au point de vue des prescriptions imposées dans le but d'éviter les explosions.

Le décret-loi de 1865, dans les articles 2, 3, 4 du titre 1er, a spécifié les dispositions relatives à la vente et à l'épreuve légale des générateurs.

APPAREILS DE SÛRETÉ.

Les articles 5, 6, 7, 8, du décret de 1865, spécifient les appareils de sûreté dont les chaudières doivent être munies pour fonctionner.

Si on veut ne pas se reporter au-delà de l'ordonnance du 22 mai 1843, il résulte que, depuis 34 ans, les manomètres, les soupapes de sûreté et deux appareils de niveau d'eau sont exigés par chaudière, et que, depuis le décret-loi du 25 janvier 1865, c'est-à-dire 12 ans, le niveau à tube de verre est lui-même obligatoire.

Ces appareils, en ajoutant le sifflet d'alarme de manque d'eau, sont parfaitement suffisants pour éviter toutes les explosions de la 2ᵉ catégorie, s'ils sont en bon état de fonctionnement.

Ces prescriptions réglementaires ont-elles reçu leur application ?

Nous sommes malheureusement obligés de répondre : NON.

Le tableau ci-dessous donne la statistique des visites des appareils de sûreté, dans l'Association du Nord. Les nombres représentent le « pour cent » des appareils inspectés et trouvés en fonctionnement régulier et réglementaire.

Appareils de sûreté en état de bon fonctionnement conformément au décret du 25 janvier 1865.

DÉSIGNATION DES APPAREILS	1ᵉʳ EXERCICE 1873-74	2ᵉ EXERCICE 1874-75	3ᵉ EXERCICE 1875-76	4ᵉ EXERCICE 1876-77
Manomètres	43%	89%	88%	92%
Soupapes de sûreté. . . .	63%	84.5%	89%	88%
Indicateurs à tube de verre	29%	55%	71%	78%
Nombre de chaudières marchant avec un seul indicateur d'eau au lieu de 2.	65	37	12	4
Sifflets d'alarme de manque d'eau (1)	79%	86%	90%	93%

(1) Cet appareil n'est pas obligatoire d'après le décret-loi de 1865.

Nous ne croyons pas du reste nous tromper, en admettant que les appareils de sûreté du département du Nord qui sont en état, n'atteignent pas la moitié des chiffres inscrits dans la première colonne du tableau.

La seule raison d'un état de choses aussi regrettable réside dans l'insouciance et la négligence des agents chargés du service des générateurs, et dans les occupations si nombreuses des industriels.

L'article 63 de l'ordonnance du 22 mai 1843, stipulait que les Ingénieurs du gouvernement s'assureraient, *au moins une fois par an*, que toutes les conditions de sûreté prescrites étaient exactement observées.

Cet article, abrogé par le décret-loi de 1865, a servi, pour ainsi dire, de base à l'installation du service des Associations, puisque les appareils de sûreté sont visités deux fois par an.

A cette condition seulement, on pourra obtenir des appareils de sûreté bien en règle.

Les résultats obtenus par les Associations du Nord, de Paris, de Rouen, d'Amiens, de Lyon, prouvent donc :

1° Que la surveillance des Associations peut arriver à des résultats sérieux, au point de vue de l'exécution volontaire des règlements.

2° Qu'en obtenant des appareils de sûreté en état, elles ont diminué, chez leurs associés, les causes d'accidents ou d'explosions.

VISITES INTÉRIEURES.

Les règlements français ne contiennent aucune disposition ou prescription concernant *l'obligation des visites intérieures, c'est-à-dire du seul moyen connu de pouvoir éviter les deux tiers des explosions.*

Une chaudière qui travaille est soumise forcément, et par suite même de son usage, à toute une série d'accidents, de maladies, telles que : oxydation extérieure et intérieure des tôles, cassures des tôles ou des rivures, défauts de matières, souillures, incrustations, etc.

Les tableaux I, II et III, donnent la statistique des défauts de chaudières trouvés dans les visites intérieures, par l'Association du Nord et de Mulhouse, pendant les deux exercices (1875-76,) et (1876-77) [1].

Pour l'exercice 1875-76, le nombre total de défauts trouvés

1. On trouvera à la fin de cette Note les tableaux analogues concernant les Associations Normande et Parisienne.

dans les 663 chaudières inspectées par l'Association du Nord, s'est élevé à 2261, dont 172 dangereux, soit 8 % environ.

Pour l'exercice 1876-77, la même Association a signalé un nombre total de 2985 défauts, dont 160, ou 5 %, dangereux ; le nombre de générateurs inspectés a été de 798.

Les visites intérieures des générateurs, c'est-à-dire l'inspection minutieuse, faite par les Associations, des tôles, des clouures, des assemblages à l'extérieur et à l'intérieur, sont le seul moyen pratique, reconnu comme efficace, pour arrêter le mal quand il s'est produit, et prévenir ainsi la première cause si importante des explosions.

La visite du musée des Associations, exposé dans l'annexe des machines, classe 54, montre les échantillons des principaux défauts dangereux trouvés dans les visites intérieures ; on pourra, par là, reconnaître facilement les services rendus par leurs inspections.

La surveillance des Associations a-t-elle produit, en effet, une diminution dans le nombre des explosions ?

Il est bien évident que nous ne pouvons prendre les chiffres que pour des périodes de temps assez longues, et que l'Angleterre seule, qui possède des Associations depuis 20 ans, peut nous servir de terme de comparaison.

Il y a, en Angleterre, une explosion par an et par 2000 chaudières.

Si on examine les statistiques des Associations, on voit, au contraire, que la *Manchester Steam Users Association* a une explosion par an et par 6500 chaudières :

La Boiler Insurance and Steam power Company, fondée en 1859, compte une explosion par an et par 6845 chaudières :

L'Association de Mulhouse, fondée depuis 10 ans, présenterait les mêmes résultats.

En Angleterre, la valeur de la surveillance est beaucoup plus appréciée qu'en France, et la nécessité absolue des visites intérieures a reçu la consécration des hommes les plus compétents.

Le parlement anglais avait institué, en 1870 et 1871, une Commission chargée d'étudier les causes des explosions de chaudières, et de rechercher les moyens d'en réduire le nombre.

Voici quelques-unes des dépositions :

L'illustre ingénieur William Fairbairn pense qu'une visite des chaudières dans toutes leurs parties (c'est-à-dire une visite intérieure), une fois par an, et des inspections plus sommaires des parties extérieures tous les trimestres, *feraient cesser presque tous les cas d'explosion.*

MM. E. Flechter, Thompson et Hiller, concluent à la nécessité de la *visite intérieure obligatoire.*

M. William Mecwaught admet, qu'en établissant l'inspection des chaudières, on arriverait à prévenir les trois quarts des explosions.

M. W. J. Rideout, fabricant de papiers, qui possède 21 chaudières, pense qu'une bonne inspection pourrait prévenir les explosions.

M. C. F. Beyer, constructeur de locomotives, est *d'avis qu'on devrait inspecter toutes les chaudières.*

M. le capitaine R. Robertson, inspecteur général des bateaux à vapeur, est d'avis que *l'inspection obligatoire des chaudières fixes est nécessaire.*

M. J. Ramsbotton, ingénieur en chef du matériel du London and North Western Ralway (la plus grande compagnie anglaise), a sous sa direction 1822 locomotives et 185 chaudières fixes.

Il se déclare partisan de l'inspection obligatoire des chaudières fixes, au moyen d'Associations particulières.

MM. H. Mason, filateur à Bower, Mekithich, ingénieur, R. Hanson, directeur d'une usine possédant 31 chaudières, M. C. B. Vignoles, président de la société des ingénieurs civils de Londres, *se déclarent tous partisans de la visite intérieure par des Associations libres.*

Feu Robert Stephenson, l'inventeur de la locomotive, et l'illustre savant Faraday, formulaient dans une séance de l'Institut des ingénieurs civils anglais, leur opinion sur les explosions dans les termes suivants :

Quant aux causes des explosions, « il n'y a que fort peu de » cas dans lesquels elles ne soient pas dues à *l'affaiblisse-* » *ment prématuré* de quelques parties de la chaudière. »

En France, dès 1865, la Commission centrale des appareils à vapeur se préoccupait de la nécessité des visites intérieures.

Dans le rapport qu'elle fit pour réviser l'ordonnance royale du 22 mai 1843, la sous-commission disait :

« Des visites fréquentes, minutieuses, tant de l'extérieur » que de l'intérieur des chaudières, sont, avec une bonne » alimentation et une conduite prudente du feu, les condi- » tions essentielles de sécurité ; et, ces conditions satisfaites, » le danger d'explosion est à peu près nul. »

Plusieurs pays, la Hollande, la Suisse, la Prusse, l'Alle-magne, le grand duché de Bade, l'Alsace-Lorraine, recon-naissant la nécessité des visites intérieures, ont introduit cette prescription dans leurs législations.

La liste suivante, qui renferme les noms des Associations des différents pays, montrera combien la France est en retard sur les nations voisines.

La Hollande ne figure pas dans ce tableau, les visites inté-rieures étant faites par les agents de l'État.

STATISTIQUE GÉNÉRALE

Relevé du nombre de chaudières que contrôlent ou assurent les diverses associations en Europe.

			Chaudières.	Chaudières.
ANGLETERRE	The Boiler Insurance	en octobre 1877. .	22624	
	Stourbridge	id.	4500	
	The Midland Insurance	id.	1372	
	Hardfort	id.	5476	51203
	Bradfort	id.	2500	
	The Manchester Steam	en juin 1876. . . .	2700	
	The National, etc., etc.	en octobre 1877. .	2180	
ALLEMAGNE	Mulhouse	en février 1878. .	1428	
	Magdebourg	en mars 1876. . .	1300	
	Munich	en février 1877. .	1176	
	Mannheim	en février 1878. .	1050	
	Hambourg	en février 1877. .	641	
	Bernburg	en mars 1877. . .	618	
	Kaiserslautern	id.	614	
	Breslau	id.	603	
	Sarrebruck	en janvier 1878. .	545	
	Hanovre	en février 1877. .	525	12291
	Offenbach	id	462	
	Aix-la-Chapelle	en mars 1877. . .	440	
	Siegen	en février 1877. .	403	
	M. Gladbach	en mars 1877. . .	384	
	Halle et environs	id.	384	
	Neuwied	en février 1877. .	380	
	Elberfeld et Barmen	en avril 1877. . .	368	
	Stuttgart	id.	346	
	Francfort-sur-Oder	en mars 1877. .	324	
	Krupp, à Essen (société privée)	id.	300	
AUTRICHE...	Vienne	en septembre 1877	3318	3318
FRANCE.....	Lille	en mars 1878. . .	1186	
	Rouen	id.	450	
	Amiens	id.	317	2401
	Lyon	en avril 1878. . .	250	
	Paris	en mars 1878. . .	198	
BELGIQUE...	Bruxelles	en février 1878. .	1518	1518
SUISSE......	Lucerne, Zurich, Winterthur	en mars 1877. . .	1092	1092
		Total.		71823

INSTRUCTION ET SURVEILLANCE DU PERSONNEL
DES CHAUFFEURS ET MÉCANICIENS.

Le tableau général des explosions anglaises, nous apprend aussi que 31 °/₀ des accidents tiennent au manque de soins, à la négligence, à l'incapacité du personnel qui surveille et conduit les générateurs.

Les chauffeurs et les mécaniciens, en France, n'ont malheureusement qu'une instruction primaire et technique à peu près nulle; le rôle que joue ce personnel dans la responsabilité des accidents et dans l'économie du combustible est tellement considérable, qu'on est effrayé de penser combien de vies humaines sont remises entre des mains aussi ignorantes et aussi inhabiles.

Les Associations nous paraissent seules pouvoir modifier cet état de choses. Leurs ingénieurs, en effet, dans les visites réglementaires, extérieure ou intérieure, donnent la meilleure éducation pratique aux chauffeurs, puisque les explications ont lieu en présence des appareils en fonction.

Des cours pratiques de chauffeurs et des concours annuels, fondés par les Associations, aident aussi puissamment à répandre l'instruction professionnelle.

CONSÉQUENCES DES EXPLOSIONS.

Lorsqu'une explosion se produit, les industriels se trouvent dans une position terrible.

Aux pertes par dégâts matériels viennent se joindre les indemnités pécuniaires aux victimes ou à leur famille, les arrêts si longs et si coûteux des usines, et surtout les poursuites judiciaires.

Le décret-loi du 25 janvier 1865, en augmentant avec raison la liberté d'action des industriels, en diminuant les entraves administratives, a considérablement accru leur responsabilité.

En 1866, M. Zuber, dans son rapport à la Société industrielle de Mulhouse, sur la nécessité de créer, en Alsace, une Association de propriétaires d'appareils à vapeur, s'exprimait en ces termes :

« Tout en se félicitant de la liberté d'action laissée à l'in-
» dustrie par le nouveau décret du 25 janvier 1865, il con-

» vient de ne pas oublier qu'elle présente un danger, qu'elle
» lui imposera des soins et une attention redoublés, et qu'elle
» engagera davantage la responsabilité des propriétaires
» d'appareils à vapeur. »

Le propriétaire d'appareils à vapeur est *responsable des
accidents*, toutes les mesures de sûreté à prendre pour éviter
les explosions étant laissées à ses *soins* et à sa *responsabilité*.

La jurisprudence est établie depuis longtemps, et on ne
devrait jamais oublier, parmi les nombreux jugements rendus
sur cette matière, l'arrêt de la Cour de cassation en date du
23 novembre 1869, qui dit :

« L'accident dû à un engin industriel, *tel qu'une machine
» à vapeur qui fait explosion*, est *présumé* être le résultat
» de la faute du propriétaire de cette machine; il est en con-
» séquence *responsable* des dommages que l'accident a pu
» causer à des tiers. »

Examinons rapidement le deuxième but que se proposent
les Associations.

2° FAIRE RÉALISER AUX MEMBRES DE L'ASSOCIATION DES ÉCONOMIES DANS LA PRODUCTION ET DANS L'EMPLOI DE LA VAPEUR.

La consommation de charbon, pour le chauffage des chaudières à vapeur, occasionne à tous les industriels une dépense
importante, et, dans certaines industriels, représente même
une partie très considérable des frais généraux.

L'étude des moyens pratiques les plus propres à réaliser
des économies de combustible, dans la production et l'emploi
de la vapeur, soulève des questions si complexes et si variées,
qu'il faut, pour tirer toute la quintessence possible du combustible, des connaissances pratiques très étendues et une
sérieuse instruction théorique.

Les propriétaires d'appareils à vapeur, très versés dans

leur industrie, n'ont eu souvent ni le temps, ni les occasions, de se livrer à ces études techniques, et, au milieu de leurs occupations si nombreuses, ils ne peuvent se tenir au courant des progrès réalisés, des nouvelles machines et inventions ayant pour but l'économie du combustible.

L'économie du combustible dépend d'éléments assez divers dont les principaux sont :

Système du générateur et de son montage ;

Valeur du chauffeur ;

Nature de la houille ;

Type de la machine à vapeur ;

Entretien du matériel, chaudière et machine à vapeur.

Nous ne pouvons entrer dans de trop longs détails sur ces différents points ; nous citerons seulement quelques exemples.

Espèce du générateur et de son montage. — En 1872, l'Association Alsacienne a publié un tableau, donnant les résultats de dix-neuf essais de vaporisation opérés sur différents générateurs, l'eau d'alimentation étant ramenée à 0° et la houille supposée pure.

Le générateur qui a obtenu le rendement *minimum* a vaporisé 5^k. 495.

Le générateur qui a obtenu le rendement *maximum* a vaporisé 9^k. 105.

Le premier générateur a donc vaporisé 40°/₀ de moins que le second, ou si on veut, pour produire la même quantité de vapeur, là où le premier industriel consommait 140 k. de houille, le second n'aurait consommé que 100^k. de combustible.

L'Association des propriétaires d'appareils à vapeur du Nord, a publié, dans son IV° Bulletin, le tableau général de dix-huit essais de vaporisation de générateurs de divers systèmes.

L'eau a été aussi ramenée à 0° et la houille supposée pure.

Le générateur qui a obtenu le rendement *minimum* a vaporisé 5^k. 200.

Le générateur qui a obtenu le rendement *maximum* a vaporisé 9 ^{k}. 255.

La vaporisation de la première chaudière n'est que les 56, 2 °/₀ de celle produite par le second générateur ; ou, comme nous l'avons déjà dit, si pour produire la même quantité de vapeur le premier industriel consomme 156 ^{k}. de houille. le second ne dépensera que 100 ^{k}. ·

Ces résultats si différents tiennent évidemment à des circonstances exceptionnelles ; mais combien existe-t-il de chaudières dont le montage des maçonneries est défectueux, les dispositions mauvaises et, par suite, les rendements bien inférieurs à ce qu'ils devraient être.

M. J. de Clercq, ingénieur en chef des Mines, dont la haute compétence est si bien reconnue et appréciée dans le Nord, s'exprimait en ces termes dans son rapport de 1874 à M. le Préfet du Nord :

« Quant à l'économie de combustible, c'est une question » qui dépend plutôt des consommateurs que des exploitants.

» Sans trouver des inventions nouvelles, beaucoup de » grands industriels peuvent économiser le combustible, je » crois, en ayant des générateurs mieux installés. Pour éco- » nomiser un générateur, on en établit avec de petites sur- » faces de chauffe relativement au nombre de chevaux-va- » peur qu'ils doivent produire, et l'on n'obtient alors la force » voulue qu'avec une grande consommation de houille : que » MM. les Industriels changent cette manière d'agir, ils s'en » trouveront bien. »

Valeur du chauffeur. — Les personnes qui ont à conduire des chauffeurs savent toutes les difficultés que l'on éprouve à trouver, dans ces auxiliaires, les connaissances pratiques qui leur sont pourtant indispensables.

Ce fait général est d'autant plus regrettable, que l'influence du chauffeur sur la quantité de charbon consommé, pour produire un même travail, est très importante.

Ainsi, la différence de rendement entre le premier et le

dernier des concurrents, dans les concours de chauffeurs d'Amiens, en 1862, était de 33 %, en 1865, de 40 %. Au concours de Mulhouse de 1866, l'écart était de 28 %.

L'Association du Nord a ouvert quatre concours de chauffeurs; le tableau suivant donne, pour chaque année, les nombres proportionnels aux rendements obtenus par les concurrents, et, dans une seconde colonne, les différences de ces nombres :

NUMÉROS de classement	Concours de 1874		Concours de 1875		Concours de 1876		Concours de 1877	
	Nombre proportionnel	Différence	Nombre proportionnel	Différence	Nombre proportionnel	Différence	Nombre proportionnel	Différence
1	100,0	»	100,00	»	100,00	»	100,00	»
2	97,6	2,4	94,73	5,27	92,37	7,63	98,83	1,17
3	96,8	3,2	91,60	8,40	88,29	11,71	98,65	1,35
4	96,3	3,7	90,30	9,70	84,45	15,55	98,34	1,66
5	95,3	4,7	90,11	9,89	79,93	20,07	94,78	5,22
6	90,1	9,9	90,06	9,94	77,97	22,03	93,75	6,25
7	89,9	10,1	89,36	10,64	74,28	25,72	91,56	8,44
8	89,3	10,7	89,10	10,90	73,72	26,28	91,05	8,95
9	88,5	11,5	88,66	11,34	»	»	83,89	16,11
10	82,2	17,8	86,70	13,30	»	»	»	»

On voit que les écarts de rendement, entre les premiers et les derniers concurrents, ont été de :

Concours de 1874. . . . . . . 17.80 %
Concours de 1875. . . . . . . 13.30 %
Concours de 1876. . . . . . . 26.28 %
Concours de 1877. . . . . . . 16.11 %

Les concours et les cours pratiques de chauffeurs installés par les Associations, et les conseils réguliers d'ingénieurs compétents, amèneront des améliorations forcées dans le travail des chauffeurs et, par suite, dans l'économie de combustible.

Nature de la houille. — La question de la houille à employer sous un générateur donné, devant produire un travail déterminé, est une des plus complexes et des moins connues de la science industrielle.

Un industriel peut parfaitement juger le prix de revient des houilles qui lui sont offertes, d'après les prix d'achats, de transport et frais accessoires qu'il aura à solder ; il possède ainsi un élément important du problème à résoudre, qui consiste pour lui à connaître, non pas le charbon qui coûte le meilleur marché comme prix de revient, mais bien celui qui fournira le plus économiquement la quantité de vapeur dont il a besoin.

Il faut donc que l'industriel puisse être fixé sur le rendement calorifique des houilles, sur son matériel de chaudières, ou sur des installations analogues.

Ces expériences sont longues, coûteuses, demandent à être exécutées par des hommes compétents et exercés à ces travaux minutieux, et, en tous les cas, lui nécessiteraient d'y consacrer un temps qu'il préfère, avec raison, donner à ses affaires.

L'industriel se trouve donc réduit à s'en rapporter au dire du chauffeur sur cette question capitale ; et l'ignorance, le bon ou le mauvais vouloir d'un chauffeur, jouent un rôle trop important dans les décisions du manufacturier.

L'Association de Mulhouse a rendu les plus grands services à l'industrie, en établissant une méthode sûre pour trouver les *équivalents industriels* des différentes sortes de houille ; il suffit de parcourir le magnifique travail de MM. Scheurer-Kestner et Meunier-Dolfus, pour se rendre compte des pertes considérables que peuvent supporter les industriels en ne se préoccupant que du prix de revient d'achat de la houille.

Voici un exemple qui s'est passé dans une usine du Nord :

Un industriel désirait traiter un marché de trois années pour sa fourniture de houille, d'une importance de 150 000 fr. environ par an.

On lui proposa six sortes de houille, qu'il fit essayer sous une de ses batteries de générateurs.

Les prix nets des houilles rendues, sur le sol de l'usine, étaient :

Houille A.	19fr.54	par tonne.
Houille B.	18 74	—
Houille C.	19 31	—
Houille D.	17 86	—
Houille E.	24 34	—
Houille B_2	18 74	—

Des expériences on pouvait tirer le prix de revient de 1000^k de vapeur, chiffre de production pris pour unité.

	Coût de la vaporisation de 1,000 kil. de vapeur.
Houille A.	2fr.721
Houille B.	2 807
Houille C.	3 140
Houille D.	3 004
Houille E.	5 172
Houille B_2	2 635

Si donc nous recherchons la différence pour cent, entre ces divers prix de revient, en prenant pour base l'essai de la houille B_2, nous avons :

Houille B_2	»	
Houille A.	3.26 %	en plus.
Houille B.	6.53	—
Houille D.	14. »	—
Houille C.	19.17	—
Houille E.	96. »	—

En écartant de cette comparaison la houille E, qu'on avait eu le tort de présenter pour un usage auquel elle ne pouvait convenir, on voit par ces chiffres, qu'en se basant sur le prix de revient de la houille D, on aurait dû acheter la houille à 17^f,86 par tonne, et qu'en agissant ainsi, l'industriel aurait perdu, pendant tout le temps de son marché, 14 % sur la houille B_2 qui lui coûtait 18^f,74.

Type de la machine à vapeur. — Cette question de la machine à vapeur est beaucoup mieux connue, et pourtant, il n'est pas rare de trouver des moteurs qui consomment de 13^k à 16^k de vapeur, par cheval indiqué et par heure, tandis que, grâce aux progrès toujours croissants de la construction mécanique, les nouvelles machines arrivent facilement à ne consommer que de 9^k à 10^k de vapeur, par cheval et par heure.

Entretien du matériel, chaudières, machines à vapeur. —Il ne suffit pas de monter de bons outils, il faut encore que l'entretien soit convenable.

Au point de vue des générateurs, il suffit d'examiner la collection d'incrustations de notre exposition collective, pour se rendre compte de la nécessité d'une surveillance.

Les incrustations sont une *plaie* pour les générateurs ; elles augmentent les dilatations, facilitent la surchauffe des tôles et diminuent considérablement le rendement des générateurs.

Les machines à vapeur livrées par nos habiles constructeurs sont soumises, comme tous les outils qui travaillent, à des dérangements assez nombreux, à des usures partielles plus ou moins importantes.

Un manque de serrage dans les segments du piston, de l'usure ou un dérèglement aux organes de distribution, etc., se résument en une perte, quelquefois très importante, de combustible.

Pour découvrir ces causes de perturbation, il faut des personnes habituées à manier l'indicateur de Watt, à lire les diagrammes, et il nous est arrivé bien souvent, en retouchant à deux ou trois écrous, de faire immédiatement réaliser des économies très-sensibles aux industriels.

Nous croyons devoir borner à ces quelques réflexions l'énumération des avantages des Associations.

Ces sociétés auront toujours un avantage immense pour la connaissance des défauts des chaudières, pour l'emploi économique des combustibles, pour l'étude des questions si délicates du choix des moteurs.

Elles ont à leur disposition les remarques, les renseignements de centaines d'industriels, et, par leur congrès annuel, elles appliquent leurs études à des milliers de chaudières et de moteurs.

TABLEAU 1.

ASSOCIATION DU NORD ET DE MULHOUSE.

STATISTIQUE DES DÉFAUTS DE CHAUDIÈRES

TROUVÉS DANS LES VISITES INTÉRIEURES.

Exercice 1875-76.

			Défauts non-dangereux.	Défauts dangereux
Pailles	à l'extérieur	aux coups de feu.	111	14
		à d'autres tôles. .	27	»
	à l'intérieur	aux coups de feu.	50	2
		à d'autres tôles. .	25	1
Tôles pailleuses à l'extérieur			58	»
»　　　» 　　à l'intérieur			62	»
Soufflures pailleuses à l'extérieur.			9	»
»　　　»　　 à l'intérieur			28	»
Soufflures.		aux coups de feu.	139	13
		à d'autres tôles..	7	»
Fuites aux rivures circulaires	Des Bouilleurs.	1re rivure . . .	157	22
		2e » . .	129	17
		3e » . .	101	9
		4e » . .	66	7
		5e » . .	38	2
		6e » . .	13	1
		7e » . .	6	»
		8e » . .	»	»

			Défauts non-dangereux.	Défauts dangereux.
Fuites aux rivures circulaires	Du corps cylindrique.	1re Rivure	37	3
		2e »	50	5
		3e »	51	4
		4e »	34	5
		5e »	39	2
		6e »	20	1
		7e »	1	»
		8e »	1	»
	Des réchauffeurs	1re Rivure	1	1
		2e »	1	3
		3e »	1	1
		4e »	»	2
		5e »	1	2
		6e »	»	»
Fuites aux rivures longitudinales.	Des bouilleurs.	1re Rivure	2	»
		2e »	3	»
		3e »	2	»
		4e »	1	»
		5e »	1	»
	Du corps cylindrique.	1re Rivure	5	»
		2e »	5	»
		3e »	4	»
		4e »	2	»
		5e »	»	»
Fuites aux communications.	De droite.	1re communication	21	6
		2e »	13	3
		3e »	22	4
		4e »	5	»
	De gauche.	1re communication	15	5
		2e »	15	4
		3e »	23	1
		4e »	7	1
Fuites aux rivures des pièces.			56	2

	Défauts non-dangereux.	Défauts dangereux.
Fuites à la rivure circulaire du dôme. . . .	6	2
» » » du trou d'homme.	2	»
Fuites à des rivets — aux coups de feu . . .	19	»
Fuites à des rivets — à d'autres tôles. . . .	47	»
Fuites à des rivets — à des pièces..	37	»
Fuites à des rivets — mis dans des cassures. .	1	»
Fuites à des rivets — du dôme..	3	»
Pièces — En fer. — mises à des coups de feu	71	7
Pièces — En fer. — à d'autres tôles. . .	59	1
Pièces — En cuivre. — mises à des coups de feu	51	»
Pièces — En cuivre. — à d'autres tôles . . .	8	»
Lardons en cuivre — à des coups de feu. . .	8	»
Lardons en cuivre — à d'autres tôles. . . .	»	»
Rivets mis dans des cassures et des pailles. .	10	»
Cassures en pleine tôle. — à des bouilleurs. — aux coups de feu.	8	2
Cassures en pleine tôle. — à des bouilleurs. — à d'autres tôles. .	15	2
Cassures en pleine tôle. — à des bouilleurs. — à une soufflure. .	»	3
Cassures en pleine tôle. — à des bouilleurs. — à une paille. . .	1	»
Cassures en pleine tôle. — au corps cylindrique	5	»
Cassures en pleine tôle. — à une plaque tubulaire.	1	»
Cassures en pleine tôle. — à des communications.	1	»
Cassures en pleine tôle. — à des pièces	»	6
Cassures allant des rivets à la ligne de matage — aux bouilleurs. — Ire riv. circulaire.	10	1
Cassures allant des rivets à la ligne de matage — aux bouilleurs. — rivure de tête. .	»	1
Cassures allant des rivets à la ligne de matage — aux bouilleurs. — autres riv. circul.	7	»
Cassures allant des rivets à la ligne de matage — aux bouilleurs. — riv. longitudinales	1	»
Cassures allant des rivets à la ligne de matage — au corps cylindrique — à des riv. circul.	7	1
Cassures allant des rivets à la ligne de matage — au corps cylindrique — à des fonds. . .	4	»
Cassures allant des rivets à la ligne de matage — à des communicatious.	5	1
Cassures allant des rivets à la ligne de matage — à des pièces	41	»
Cassures allant des rivets à la ligne de matage — au dôme	15	»
Cassures entre rivets à des rivures circulaires. — de bouilleurs.. . . .	6	»
Cassures entre rivets à des rivures circulaires. — de corps cylindrique.	6	»
Cassures entre rivets à des rivures circulaires. — de pièces.	»	2

	Défauts. non-dangereux.	Défauts dangereux.
Têtes de rivets cassés.	38	»
Chaudières tubulaires ou semi-tubulaires ayant des tubes bouchés par la suie.	12	»
Rivures dans lesquelles des rivets bordent la ligne de matage.	28	»
Pinces cassées..	4	»

		Défauts. non-dangereux.	Défauts dangereux.
	à des rivures circulaires. . .	45	de 3 à 9$^{m}/_{m}$
	à toutes les tôles des bouilleurs	14	de 3$^{m}/_{m}$
	» du corps cylindrique	4	»
	à la rivure des pièces. . . .	6	»
Oxydations	à des joints de piétements. . .	3	»
de tôles.	à des communications. . . .	5	»
	à des tôles de chaudières. . .	10	»
	à des supports	1	»
	à des réchauffeurs inférieurs par suite de l'humidité. . .	5	de 2$^{m}/_{m}$ 1/2
	à des réchauffeurs par suite de fuites.	5	»

Soit 2089 défauts non-dangereux
Et   172 défauts dangereux.

TABLEAU II.

ASSOCIATION DU NORD ET DE MULHOUSE.

STATISTIQUE DES DÉFAUTS DE CHAUDIÈRES

TROUVÉS DANS LES VISITES INTÉRIEURES.

Exercice 1876-77.

			Défauts non-dangereux.	Défauts dangereux
Pailles.	à l'extérieur	aux coups de feu.	114	9
		à d'autres tôles. .	19	»
	à l'intérieur	aux coups de feu.	52	3
		à d'autres tôles. .	89	2
Tôles pailleuses à l'extérieur.			46	»
» » à l'intérieur.			27	»
Soufflures pailleuses à l'extérieur.			25	»
» » à l'intérieur.			33	»
»	aux coups de feu.		141	62
	à d'autres tôles		7	3
Fuites aux rivures circulaires	des bouilleurs.	1re Rivure . . .	202	7
		2e » . .	174	4
		3e » . .	145	4
		4e » . .	108	2
		5e » . .	106	»
		6e » . .	64	»
		7e » . .	37	»
		8e » . .	2	»

			Défauts non-dangereux	Défauts dangereux.
Fuites aux rivures circulaires	du corps cylindrique	1re Rivure	54	4
		2e »	48	3
		3e »	48	»
		4e »	44	2
		5e »	43	3
		6e »	21	»
		7e »	5	»
		8e »	3	»
	des réchauffeurs	1re Rivure	2	»
		2e »	2	»
		3e »	2	»
		4e »	2	»
		5e »	2	»
		6e »	»	»
Fuites aux rivures longitudinales.	des bouilleurs.	1re Rivure	3	»
		2e »	4	»
		3e »	4	»
		4e »	3	»
		5e »	1	»
	du corps cylindrique.	1re Rivure	4	»
		2e »	4	»
		3e »	6	»
		4e »	4	»
		5e »	2	»
Fuites aux communications.	de droite.	1re communication	12	4
		2e »	8	4
		3e »	13	4
		4e »	13	»
	de gauche.	1re communication	13	3
		2e »	8	4
		3e »	18	2
		4e »	9	1
Fuites aux rivures de pièces.			33	6

		Défauts non-dangereux	Défauts dangereux.
Fuites à la rivure circulaire	du dôme.	2	»
» » »	du trou d'homme.	2	»
Fuites à des rivets.	aux coups de feu.	71	»
	à d'autres tôles.	52	»
	à des pièces.	53	»
	mis dans des cassures.	8	»
	du dôme.	2	»
Pièces.. — En fer.	mises à des coups de feu.	87	3
	à d'autres tôles.	72	1
En cuivre.	mises à des coups de feu.	46	2
	à d'autres tôles.	8	»
Lardons en cuivre	à des coups de feu.	3	»
	à d'autres tôles.	1	»
Rivets mis dans des cassures et des pailles.		2	»
Cassures en pleine tôle. — à des bouilleurs.	aux coups de feu.	10	5
	à d'autres tôles.	2	»
	à une soufflure.	»	2
	à une paille.	»	»
au corps cylindrique.		4	3
à une plaque tubulaire.		»	»
à des communications.		»	»
à des pièces.		1	»
Casssures allant des rivets à la ligne de matage — aux bouilleurs.	1re riv. circulaire.	18	3
	rivure de tête.	9	»
	autres riv. circul.	31	»
	riv. longitudinales	4	»
au corps cylindrique	à des riv. circul.	17	1
	à des fonds.	4	»
à des communications.		2	»
à des pièces.		31	1
au dôme.		3	»
Cassures entre rivets à des rivures circulaires	à des communications.	1	»
	de bouilleurs.	8	1
	du corps cylindrique.	17	1
	des pièces.	1	»

	Défauts non-dangereux.	Défauts dangereux.
Têtes de rivets cassées.	114	2
		rivures circulaires à remplacer dans un bouilleur.
Chaudières tubulaires ou semi-tubulaires ayant des tubes bouchés par la suie.	21	»
Rivures dans lesquelles les rivets bordent la ligne de matage.	15	»
Pinces cassées.	3	»
Fuites à des joints ou des piétements. . . .	11	»
Fuites à des plaques de chaudières tubulaires ou semi-tubulaires.	11	»

Oxydations de tôles.

à des rivures circulaires. . .	20 de 3$^{m}/_{m}$ à 3$^{m}/_{m}$ 5	
à toutes les tôles des bouilleurs	20 de 3 à 4$^{m}/_{m}$	
» du corps cylindrique	9	»
à des rivures de pièces . . .	8	»
à des joints de piétements . .	11	»
à des communications. . . .	14 de 5$^{m}/_{m}$	
à des tôles de chaudière. . .	97 de 3 à 7$^{m}/_{m}$	
à des réchauffeurs par suite de l'humidité.	12 de 4 à 7$^{m}/_{m}$	
à des réchauffeurs par suite de fuites ou de corrosions. . .	56 de 3 à 6$^{m}/_{m}$	
à des plaques tubulaires. . .	1	»
à des dômes.	1	»

Soit 2825 défauts non-dangereux
Et 160 défauts dangereux.

TABLEAU III.

Statistique des défauts trouvés dans les visites intérieures par l'Association de Mulhouse.

OBJET	NATURE DES DÉFAUTS	EXERCICE 76-77 NOMBRE
Chaudières . . .	Fuites, déchirures, corrosion, coups de feu.	112
	Mauvais nettoyage	74
Bouilleurs . . .	Coups de feu.	24
	Fissures au coup de feu. . . .	18
	Fuites par les rivures.	41
	Fuites par le masticage des tubulures.	6
	Tôle dédoublée écaillée. . . .	50
	Fortes incrustations	47
	Corrosion.	55
	Tubulures dépourvues de tirants, tirants non-serrés, cassés. . .	22
	Supports détériorés, insuffisants, mal placés. . ., ...	65
	Mauvais nettoyages	84
Réchauffeurs. . .	A condamner, complétement usés	10
	Fuites, déchirures.	4
	Corrosion.	82
	Mauvais nettoyages	44
	Fortes incrustations	10
Appareil de sûreté.	Niveau d'eau bouchés.	18
	Niveau d'eau sans verre, verres cassés	13
	Niveau d'eau à remplacer. . .	3
	Ligne de niveau à tracer. . . .	52
	Manomètres sans robinet d'essai.	75
	Manomètres inexacts.	152
	Manomètres bouchés.	11
	Soupapes de sûreté calées . . .	2
	Soupapes de sûreté faussées, surchargées	40
	Flotteurs ne fonctionnant pas. .	79
	Sifflets d'alarme	63
Alimentation. . .	Tuyaux fortement incrustés . .	19
	Niveaux d'eau trop bas. . . .	2
	TOTAL.	1,277

TABLEAU IV

Statistique générale des machines de l'Association des propriétaire d'appareils à vapeur du nord de la France.

Exercices 1875-76 et 1876-77.

DÉSIGNATION DES SYSTÈMES		EXERCICE 1875-76		EXERCICE 1876-77	
		Nombre	FORCE nominale	Nombre	FORCE nominale
Machine de Woolf, à condensation	jumelles	55	4831	65	6748
	simples.	38		73	
— Corliss, —	jumelles	18	2050	19	2675
	simples.	16		18	
— Inglis, —	jumelles	1	230	1	230
	simples.	3		3	
— Nolet, —	jumelles	2	1125	3	1245
	simples.	2		2	
— horizontales, —	jumelles	23	3481	29	4351
	simples.	35		49	
— en l'air, —	jumelles	1	161	1	257
	simples.	6		9	
— oscillantes, —	jumelles	»	»	»	50
	simples.	»		2	
— verticales, dites de Watt, à condensation.	jumelles	2	270	2	343
	simples.	6		10	
— Corliss, à échappement libre.	jumelles	»	40	»	40
	simples.	1		1	
— horizontales, à échappement libre.	jumelles	6	1330	6	1487
	simples.	64		74	
— en l'air, à échappement libre.	jumelles	3	685	3	829
	simples.	47		56	
— verticales, dites de Watt, à échappement libre. . . .	jumelles	»	132	»	132
	simples.	7		7	
— C. D.		1	140	1	140
TOTAUX (force nominale).		317	ch. nom. 14475	435	ch. nom 18527
Soit en chevaux indiqués (3 chevaux indiqués par cheval nominal). . .		. . .	ch. ind. 43425	. . .	ch. ind. 55581

TABLEAU V. — Statistique générale des chaudières de l'Association des propriétaires d'appareils à vapeur du nord de la France.

Exercices 1875-76 et 1876-77

CLASSIFICATION D'APRÈS LE SYSTÈME

SYSTÈME	NOMBRE Exercice 1875-76	Exercice 1876-77
Chaudières ordinaires à deux bouilleurs	550	698
— — à trois —	14	15
— — à quatre —	4	7
— — à un réchauffeur	*(14)	(31)
— — à deux —	(9)	(32)
— — à trois —	(23)	(27)
— — sans bouilleurs	2	2
— à flammes renversées	24	25
— semi-tubulaire	65	91
— tubulaire (système Meunier)	23	52
— de Cornouailles	3	13
— à deux corps cylindriques	1	1
— verticales	11	11
— Victor et Fourcy	3	3
— à retour de flammes par 2 tubes	5	5
— Belleville	1	3
— tubulaires de Farcot	4	4
— à foyer rectangulaire	26	26
— à corps tubulaire. sans bouilleurs	2	2
Totaux	738	958

CLASSIFICATION D'APRÈS LA FORCE NOMINALE

	Nombre de chevaux	NOMBRE DE CHAUDIÈRES Exercice 1875-76	Exercice 1876-77	FORCES TOTALES Exercice 1875-76	Exercice 1876-77
Chaudières de la force nominale de	3	1	1	3	3
—	5	»	1	»	5
—	8	»	1	»	8
—	12	1	1	12	12
—	13	1	1	13	13
—	15	16	16	240	240
—	20	13	15	260	300
—	25	15	17	375	425
—	30	69	85	2070	2550
—	35	2	2	70	70
—	40	193	241	7720	9640
—	45	2	5	90	225
—	50	185	246	9250	12300
—	60	122	149	7320	8940
—	65	2	2	130	130
—	70	12	16	840	1120
—	75	1	2	75	150
—	80	56	93	4480	7440
—	90	15	17	1350	1530
—	95	1	1	95	95
—	100	19	30	1900	3000
—	105	»	2	»	210
—	110	7	7	770	770
—	120	2	4	240	480
—	130	3	3	390	390
Totaux		738	958	chev. 37693	chev 50046

RÉCAPITULATION GÉNÉRALE

	Exercice 1875-76	Exercice 1876-77
Nombre total de chaudières	738	958
Nombre total de chevaux	37693 chx	50046 chx
Surface de chauffe correspondante	**49000 m2	65059 m2
Moyenne de la force des chaudières en chevaux	51 chx	52 chx
en mètres²	66 m2	68 m2

* Le nombre des chaudières entre parenthèse, à réchauffeur, ne doit pas être compté dans le nombre total
** Les constructeurs du Nord comptent en...

Statistique des défauts trouvés dans les visites intérieures
par *l'Association normande des propriétaires d'appareils à vapeur*

OBJETS	NATURE DES DÉFAUTS	Exercice 76-77 — NOMBRE
Chaudières.	Défauts cachés par du mastic de fonte.	4
	Fuites, déchirures, coups de feu, corrosion.	32
	Têtes de rivets tombées	6
	Mauvais nettoyage	37
Bouilleurs.	Coups de feu, corrosion.	48
	Fissures aux coups de feu.	11
	Fuites par les rivures, cassures des tôles, aux joints des tubes.	36
	Fentes par les rivures, ou pinces des tôles, sans fuites.	8
	Fuites par les masticages des tubulures.	4
	Têtes de rivets tombées.	9
	Tôles dédoublées ou pailleuses.	43
	Tubulures dépourvues de tirants ou portant des tirants non serrés.	33
	Supports détériorés, mal calés, ou absents.	110
	Fortes incrustations.	69
	Mauvais nettoyages.	55
Réchauffeurs.	A condamner, complétement usés.	2
	A réparer.	3
	Corrosion, mauvais nettoyage.	18
Appareils de sûreté.	Niveaux d'eau bouchés, mal réglés.	52
	Do manquants.	19
	Do sans verres.	8
	Do fermés, à nettoyer.	18
	Do à remplacer.	5
	Manomètres sans robinets d'essai.	11
	Do inexacts.	89
	Do bouchés.	17
	Do à remplacer.	1
	Soupapes, calées, faussées, surchargées.	17
	Do ayant des poids trop faibles.	9
	Do à rôder, nettoyer ou remettre en état.	50
	Flotteurs et sifflets ne fonctionnant pas	63
	Flotteurs et sifflets mal réglés	69
Alimentation.	Tuyaux obstrués ou fortement incrustés	16
	TOTAL	972

Statistique générale des machines de l'association normande des propriétaires d'appareils à vapeur

DÉSIGNATION DES SYSTÈMES		NOMBRE	FORCE nominale
Machines verticales Woolf, à balancier et à condensation.	jumelles	21	5084
	simples	121	
Machines obliques, à condensation. . . .	jumelles	3	260
	simples	»	
— horizontales Woolf, à condensation	jumelles	2	376
	simples	11	
— verticales, à trois cylindres, à trapèze et à condensation. . .	jumelles	1	296
	simples	9	
— Compound, système normand. . .	jumelles	»	42
	simples	2	
— Nolet, à balancier, Woolf, à condensation.	jumelles	1	900
	simples	»	
— Corliss, à condensation.	jumelles	»	510
	simples.	7	
— Ingliss.	jumelles	1	60
	simples	1	
— Boudier (genre Corliss), à condensation.	jumelles	»	25
	simples	1	
— horizontales (système Farcot) . .	jumelles	1	609
	simples	9	
— horizontales, à condensation. . .	jumelles	2	130
	simples	8	
— oscillantes.	jumelles	»	2
	simples	1	
— horizontales, à échappement libre	jumelles	1	103
	simples	8	
— Pilons.	jumelles	»	42
	simples	7	
— Brotherhood	jumelles	»	25
	simples	1	
— Hermann-Lachapelle	jumelles	»	4
	simples	1	
— de constructions diverses. . . .	jumelles	»	40
	simples	4	
TOTAUX		224	ch. nom. 8511
Soit en chevaux indiqués (3 chevaux indiqués par cheval nominal).		. . . . . .	ch. ind. 25533

Statistique générale des chaudières de l'Association normande des propriétaires d'appareils à vapeur
Exercice 1876-77

CLASSIFICATION D'APRÈS LE SYSTÈME

SYSTÈME	Nombre
Chaudières ordinaires à 1 bouilleur.	6
— — 2 —	219
— — 3 —	48
— — 4 —	2
— semi-tubulaire à 1 bouilleur.	1
— — 2 —	28
— — 3 —	22
— à corps tubulaire, sans bouilleurs.	2
— à retour de flamme, par 1 tube et à 2 bouilleurs.	3
— et à 3 bouilleurs.	4
— par 2 tubes et à 2 bouilleurs.	20
— et à 3 bouilleurs.	30
— à 1 bouilleur réchauffeur	(53)
— à 2 —	(38)
— à 3 —	(2)
— à 1 réchauffeur tubulaire.	(5)
— à 2 —	(7)
— à flammes renversées	3
— tubulaire (système Meunier)	2
— tubulaire (système Farcot)	3
— Farcot, à bouilleurs latéraux	4
— sans bouilleurs et réchauffeurs	1
— verticales, à bouilleurs transversaux.	2
— verticales (système Field).	9
— Belleville.	7
— à foyers intérieurs.	43
— Adamson.	4
— locomobiles	5
TOTAUX	435

CLASSIFICATION D'APRÈS LA FORCE NOMINALE

	Nombre de chevaux	Nombre de chaudières	FORCE totale
Chaudières de la force nominale de	4	1	4
	5	3	15
	6	2	12
	7	3	21
	8	1	8
	10	5	50
	11	3	33
	12	3	36
	14	2	28
	15	13	195
	20	29	580
	25	25	625
	30	41	1230
	35	38	1330
	40	52	2080
	45	27	1215
	50	32	1500
	55	26	1430
	60	22	1320
À reporter ...	......	328	11712

	Nombre de chevaux	Nombre de chaudières	FORCE totale
Report ...	......	338	11712
Chaudières de la force nominale de	65	13	845
	70	15	1050
	75	·7	525
	80	9	720
	85	4	340
	90	7	630
	95	5	475
	100	4	400
	105	1	105
	110	1	110
	115	7	805
	120	5	600
	130	8	1040
	135	8	1080
	140	7	980
	150	3	450
	165	2	330
	170	1	170
TOTAUX ...	......	435	22367

RÉCAPITULATION GÉNÉRALE.	
Nombre total de chaudières.	435
Nombre total de chevaux.	22367
Moyenne de la force des chaudières en chevaux	51 chevaux.

Statistique des défauts trouvés dans les visites extérieures et intérieures, par l'Association parisienne

Exercice 1877

VISITES EXTÉRIEURES

Manomètres.

Manomèt. inexacts : de 1 kil. ou atmos. au moins. 10	
— — de 1/2 à 1 kilog. ou atmos. 5	92
— — de 1/4 à 1/2 — . 20	
— — de moins de 1/4 — . 57	
— mal disposés ou en mauvais état. . . .	8
— sans brides d'essai.	2
— dont les robinets trop durs n'ont pu être ouverts.	18

Tubes indicateurs de niveau d'eau.

Ne fonctionnant pas { en réparation. . . . . . . 2 ; tubes en verre brisés . . . . 3 ; sans raison . . . . 2 }	7
Mal disposés.	7
En mauvais état.	6
Sans traits indicateurs du niveau normal.	107
Tuyaux de communication obstrués.	7
Fuites aux robinets.	27

Flotteurs.

Durs et fonctionnant mal ou pas du tout.	30
Calés.	2
En mauvais état (fuites, etc.)	10
Mal réglés ou mal disposés.	2
Tiges brisées.	3
Pierres ou lentilles brisées.	2

Sifflets.

Ne fonctionnant pas.	7

Robinets de jauge.

En mauvais état. . . . .

Chaudières n'ayant qu'un appareil indicateur
du niveau.

A tube de verre. 6

Soupapes de sûreté.

Complétement calées (une seule). 2
Surchargées (une seule). 6
— (les deux) 4
— par le poids du flotteur. 1
En mauvais état, mal entretenues. 2
N'ayant pas assez de jeu. 2
Collées sur leur siège. 2
Perdant beaucoup. 2
— légèrement 37
Pointeaux calés dans la soupape. 5
Leviers collés dans leur guide. 6
Leviers inclinés. 2

Dômes et tuyaux de vapeur.

Chaudières sans dômes 4
Dômes sans enveloppe. 47
Enveloppes en mauvais état. 2
Tuyaux sans enveloppe. 43

Maçonnerie.

Maçonneries générales en mauvais état. 2
Devantures en mauvais état, briques tombant, rentrées
d'air, etc. 12

Chauffage.

Feux très mal conduits. 12
Feux trop épais, inégaux, etc. 29

Registres.

Registres dont la manœuvre n'est pas à la portée du chauffeur. 31

Registres durs et ne fonctionnant pas. 2

Chaudières sans registre. 3

VISITES INTÉRIEURES

Corps cylindrique.

Pailles légères. 18

Pailles fortes à surveiller. 3

Tôles dédoublées ou fendues. 2

Fentes à des courbures de tôles. 2

Poches légères 5

Poches importantes à surveiller 2

Fentes à la tôle en face des rivets 3

Rivets dont les têtes sont rongées ou brûlées. . . . 2

Fuites à des rivets ou des clouures. 12

Corrosions extérieures légères. 4

— — fortes 7

— intérieures légères. 5

— — fortes 11

Défauts masqués par du cuivre ou du mastic de fonte. 2

TOTAL. 78

Nombre de défauts dangereux ayant nécessité une réparation. 6

Soit : 7. 70 p. %

Bouilleurs et tubes intérieurs.

Pailles légères 13

Pailles fortes, à surveiller. 1

Tôles dédoublées ou fendues. 9

Poches légères, ondulation des tôles. 16

Poches importantes, à surveiller. 7

Fentes à la tôle en face des rivets. 11

— — dépassant les rivets. 1

Rivets dont les têtes sont rongées ou brûlées. . . . 1

Fuites à des rivets ou des clouures. 16

Corrosions extérieures légères.	3
— — fortes	5
— intérieures légères.	7
— — fortes.	11
Tubes intérieurs défectueux.	2
Tubes intérieurs débagués ou fuyant.	3
Bouilleurs trop petits	2
TOTAL.	108
Nombre de défauts dangereux ayant nécessité une réparation.	11

Soit 10. 20 p.%.

Réchauffeurs.

Pailles légères	4
Corrosions intérieures fortes.	1
— extérieures légères.	4
— — fortes	7
TOTAL.	16
Nombre de défauts dangereux ayant nécessité une réparation.	2

Soit : 12.50 p. %.

Fourneaux et carneaux.

Carneaux trop petits ou mal disposés.	9
Foyers.	6
Barreaux de grilles brisés ou brûlés.	17
Maçonnerie des carneaux délabrée, et demandant une réparation légère.	9
Maçonnerie des carneaux en très mauvais état. Communication entre deux carneaux.	9
Carneaux inaccessibles.	2
Supports en mauvais état.	1
— ne portant pas	37
TOTAL.	90

Nombre de défauts ayant nécessité une réparation. .	24
Soit : 26.70 p. %.	
Nettoyages.	
Chaudières mal nettoyées intérieurement.	50
Réchauffeurs — —	6
Fortes incrustations	14
Carneaux mal nettoyés.	42
Chaudières mal nettoyées extérieurement.	42
Tubes d'alimentation obstrués par des dépôts. . .	10
TOTAL.	164

S

RAPPORT

*Présenté au ministre, au nom de la commission d'enquête
sur les moyens de prévenir les accidents de chemins de fer,
par le président de la commission.*

Paris, le 8 juillet 1880.

Monsieur le ministre,

La commission d'enquête sur les moyens de prévenir les
accidents de chemin de fer, au nom de laquelle j'ai l'honneur
de vous présenter ce rapport, a été constituée, le 26 août 1879,
par ordre de M. le ministre des travaux publics, votre prédécesseur, à la suite du grave accident arrivé, le 15 du même
mois, sur une section à voie unique du réseau de l'Ouest,
entre les stations de Flers et de Monsecret.

Elle est composée, sous ma présidence (1), des sept inspecteurs généraux du contrôle des chemins de fer, d'un ingénieur en chef des ponts et chaussées, en qualité de secrétaire, et de deux ingénieurs des mines, secrétaires-adjoints.

Quoique le but principal annoncé de l'enquête ait été de
chercher les moyens d'empêcher le retour, sur les lignes

(1) Cette commission est composée de MM. Guillebot de Nerville, inspecteur général des mines de 1re classe, président : Cacarrié, Meissonnier,
Tournaire, inspecteurs généraux des mines, directeurs du contrôle de
l'exploitation des chemins de fer ; Milliard, Rousselle, Brame, Inspecteurs
généraux des ponts et chaussées, directeurs du contrôle de l'exploitation
des chemins de fer; Colliguon, ingénieur en chef des ponts et chaussées,
inspecteur de l'École des ponts et chaussées, secrétaire ; Vicaire, ingénieur des mines, professeur du cours de chemins de fer à l'École des
mines, et Ledoux, ingénieur des mines attaché au contrôle des chemins
de fer Paris-Lyon-Méditerranée, secrétaires-adjoints.

exploitées « à voie unique », d'accidents analogues à celui qui venait d'émouvoir si profondément le sentiment public, la commission a pensé que, pour répondre aux intentions du ministre, elle devait donner à ses investigations le développement le plus complet, et comprendre dans son étude tout ce qui pouvait intéresser la sécurité de l'exploitation des chemins de fer : « la voie, le matériel roulant et l'exploitation proprement dite ».

C'est dans cet ordre d'idées que le « questionnaire » destiné à être adressé aux compagnies françaises et étrangères, et aux principaux ingénieurs de chemins de fer, a été préparé et rédigé par M. Vicaire, l'un des secrétaires adjoints, avec une méthode et un ordre qui ont beaucoup facilité notre travail.

Discuté et aprouvé en séance du 16 octobre, ce questionnaire a été soumis à l'approbation du ministre, et après cette sanction, il a été imprimé à trois cents exemplaires et distribué le 15 novembre 1879.

Un avis au public annonçant l'ouverture de l'enquête, inséré dans tous les journaux dès les premiers jours de septembre, ne cessait d'ailleurs de nous attirer de nombreuses communications d'inventeurs, souvent sans intérêt sérieux, il est vrai, mais qui n'en ont pas moins été, de notre part, l'objet de l'examen le plus attentif.

Le nombre total des inventions soumises ainsi à la commission, jusqu'à ce jour, a été de 218. M. Ledoux, ingénieur des mines, secrétaire-adjoint, a été chargé d'en préparer l'étude et de rédiger les rapports. Il s'est acquitté de cette tâche avec un zèle et une activité qu'on ne saurait trop louer.

Le nombre des communications reconnues sans valeur a été de 98, soit un peu moins de la moitié de ce qui nous a été adressé directement ou transmis par le ministre.

Les autres communications ont fait chacune l'objet d'un rapport plus ou moins étendu ; et les auteurs de celles qui offraient le plus d'intérêt ont été admis à donner à la commission des explications verbales complémentaires. Ces communications, classées en cinq chapitres d'après la nature des inventions ou procédés qui s'y trouvent exposés, ont donné lieu à cent vingt rapports partiels dont les conclusions ont toutes été arrêtées en séance de la commission, et dont l'ensemble forme le « rapport spécial sur les inventions » qui sera annexé à celui-ci et mis sous les yeux du ministre.

La commission a en outre entendu soit les inventeurs mêmes, soit les représentants d'un certain nombre d'inventeurs spéciaux, dont les systèmes adoptés par les grandes compagnies, et déjà sanctionnées par la pratique, se développent et se font de plus en plus apprécier. De ce nombre sont MM. Lartigue, Regnault et Jousselin, pour les appareils électriques appliqués aux signaux ; Bailly, pour le frein Westinghouse ; Hardy, pour le frein à vide; Achard, pour le frein électrique ; Falkingham, pour les appareils d'enclenchement Saxby et Framer.

Je viens de citer les noms des principaux, presque des seuls inventeurs qui, depuis quelques années, aient apporté par leurs appareils à la sécurité de l'exploitation un contingent nouveau, et, pour quelques-uns, d'une importance hors ligne.

En dehors des systèmes déjà connus et expérimentés en grand, la commission n'a trouvé parmi ceux qui lui ont été soumis qu'un très petit nombre d'appareils assez étudiés pour mériter une mention ou une recommandation. Encore même faut-il ajouter qu'elle n'a eu pour ainsi dire d'approbation à donner qu'à des perfectionnements qui ne peuvent avoir aucune action prépondérante sur la sécurité de l'exploitation.

Les systèmes électriques ont marqué parmi les communications les plus nombreuses. Ce genre d'appareil a quelque chose de séduisant, et il peut sembler qu'on ait là, sous la main, un moyen d'arriver, par des combinaisons plus ou moins ingénieuses, à protéger automatiquement la marche des trains, à garder de leur sillage une sorte de trace visible aux stations, en même temps que, de leur côté, les conducteurs de ces trains seront sans cesse avertis de ce qui se passe sur la voie, à l'avant comme à l'arrière. Mais, de l'idée à la réalisation d'un pareil problème, que tant d'inventeurs se sont posé, il existera sans doute longtemps encore une distance infranchissable.

Indépendamment des complications d'appareils, de cette multitude de contacts électriques avec leur cortège inséparable de piles, d'électro-aimants, si souvent répétés, de fils télégraphiques multipliés, aucun des inventeurs n'a tenu compte des conditions si difficiles et si complexes au milieu desquelles devraient fonctionner des appareils si délicats, en contact perpétuel avec un matériel grossier, sur des réseaux souvent très accidentés, entre les mains d'agents subalternes plus ou moins instruits, dans les circonstances atmosphériques les plus extrêmes.

Aussi, nous n'avons rien rencontré de pratique à extraire de ces divers systèmes, qui avaient presque tous le défaut commun de chercher à trop entreprendre.

Plusieurs de ces projets dénotaient chez leurs auteurs un esprit ingénieux et inventif; mais quand nous cherchions à les dégager de leurs complications, nous ne retrouvions toujours à conserver, au fond des meilleures communications, que ces grands organes électriques élémentaires, en application simple et déjà pratique sur le chemin de fer du Nord.

L'électricité peut rendre, et rend déjà effectivement de grands services à l'exploitation des chemins de fer, mais c'est à la condition d'être employée d'une manière rationnelle, et à l'aide d'appareils simples et peu susceptibles de dérangements. La compagnie du Nord, je viens de le dire, en fait déjà sur son réseau un grand usage; on peut citer, parmi les appareils qui s'y sont heureusement développés, les électro-sémaphores de M. Lartigue, le sifflet électro-moteur pour locomotives, l'appareil électrique pour la protection électro-automatique des gares et des bifurcations, et le contrôleur d'aiguilles, tous du même ingénieur; l'appareil Prudhomme d'intercommunication électrique des trains, etc., etc.

Les résultats d'applications déjà très nombreuses sur ce grand réseau démontrent qu'avec des appareils judicieusement disposés et bien établis, une surveillance convenable et un personnel bien dressé, l'emploi des signaux électriques peut devenir un auxiliaire des plus utiles, et concourir à donner à l'exploitation un important surcroît de sécurité.

Nous aurons, au surplus, l'occasion de revenir plusieurs fois sur cette question dans le cours de ce rapport, et de faire connaître où en est exactement, en ce moment, sur chaque réseau, l'emploi des signaux électriques.

Du 16 octobre 1879 au 6 juillet 1880, la commission a tenu vingt-trois séances.

Les réponses au questionnaire n'ont commencé à nous arriver que vers le 20 mars ; mais tout notre temps avait été occupé par l'examen des inventions et par l'étude des règlements d'exploitation des diverses compagnies. Nous nous sommes partagé l'étude par chapitres, de ces réponses si nombreuses et souvent si intéressantes. Nous avons entrepris enfin l'audition des six grandes compagnies, le 14 avril, et nous l'avons terminée le 19 mai.

Je vais m'attacher à exposer dans ce rapport les résultats principaux de notre étude, en faisant ressortir et en libellant chaque fois, chemin faisant, d'une manière précise, les conclusions auxquelles la commission s'est arrêtée sur chaque point principal. Je suivrai dans ce travail, à quelques déplacements près, nécessités par l'enchaînement des matières, l'ordre dans lequel a été rédigé le questionnaire, en passant successivement en revue ce qui concerne la voie, les signaux, le matériel roulant et l'exploitation ; les freins et l'exploitation à voie unique.

VOIE.

Je passerai rapidement sur ce qui concerne la voie. Toutes nos compagnies font de son amélioration et de son bon entretien l'objet de leurs soins les plus constants. On substitue partout les rails d'acier aux anciens rails de fer. On augmente généralement le nombre des traverses pour lui donner plus de solidité, principalement sur les lignes parcourues par des trains rapides ; et, en même temps, on donne des soins spéciaux à l'amélioration du ballast.

Au point de vue du tracé, les compagnies modifient les vitesses et les charges des trains, suivant les conditions de déclivités et de rayons de courbes des diverses sections de chaque ligne, et nous n'avons trouvé dans leurs règlements, sur ce point, rien qui ne fût compatible avec les exigences de la sécurité. Pour les nouveaux tracés à établir, on peut demander d'employer, pour le passage des courbes aux alignements droits, le raccordement parabolique du 3e degré (perfectionné à la compagnie de l'Est) qui met constamment le surhaussement du rail extérieur en corrélation avec le rayon de la courbure.

La compagnie d'Orléans conserve immuablement le rail à double champignon qui lui paraît donner une voie plus stable. Elle a entrepris le remplacement graduel de ses rails en fer par un rail en acier exactement du même gabarit.

Le poids de son rail en acier est de 37 kilog. 1/2. Elle emploie, en général, 6 traverses par longueur de rail de 5^m,50, et 7 traverses sur la ligne de Paris à Bordeaux, que parcourt le train le plus rapide.

La proportion de ses rails d'acier atteint, en ce moment, 1/5 de la totalité des voies.

La compagnie du Midi conserve aussi l'ancien rail à double champignon. Le rail en fer pèse 37 kilog. ; on en a commencé le remplacement progressif par des rails d'acier, dont on n'a encore que 120 kilomètres : le nouveau rail conserve à très peu près le même profil que l'ancien ; il pèse 37 kilog. 6. La longueur de la barre est de 5^m,50, avec six traverses, et exceptionnellement sept sur les pentes de 20 millimètres ou dans les courbes de 400 mètres.

La compagnie Paris-Lyon-Méditerranée a adopté la voie Vignole, qui a l'avantage d'être plus douce, d'exclure l'emloi du coussinet et du coin, et qu'elle considère, en conséquence, comme plus solide et plus sûre.

Il ne lui reste plus que 1,500 kilomètres de rails de fer ; tout le reste a été remplacé par des rails d'acier.

Sur la ligne principale de Paris à Marseille, elle emploie un rail d'acier de 38 kilogr. dont le patin a 0^m,18 de largeur (ce qui dispense des selles mécaniques), avec 8 traverses par rail de 6 mètres, et 9 sur quelques rampes. Sur les autres lignes, le rail n'est que de 33 kilogr., avec 9 traverses par barre de 8 mètres et selles d'acier, en raison de ce que le patin est plus étroit.

La compagnie du Nord a aussi exclusivement adopté la voie Vignole. Son rail d'acier n'est que de 30 kilogr., mais elle met uniformément 10 traverses par rail de 8 mètres. Elle a même essayé, en quelques points, l'addition d'une ou deux traverses supplémentaires, mais sans y trouver d'avantage bien marqué.

La compagnie de l'Est n'a plus que quelques centaines de kilomètres de voies à double champignon. Elle a adopté depuis longtemps la voie Vignole, et le tiers environ de son réseau est aujourd'hui en rail d'acier, du même poids et avec même nombre de traverses que sur le réseau du Nord.

Sur ses lignes à petits rayons de 300 mètres, quand la circulation est active, la voie aurait une tendance à s'ouvrir ; on y obvie en y ajoutant une ou deux traverses par barres, et en doublant les tirefonds.

La compagnie de l'Ouest renouvelle ses voies les plus chargées de trafic avec les rails d'acier à double champignon, de 38 kil,750, de 8 mètres de longueur, avec 10 traverses. Elle obtient ainsi une voie extrêmement stable. Sur les lignes de moindre importance récemment construites, elle a adopté le rail Vignole en acier, de 30 kilogr. par mètre courant, de 8 mètres de longueur, avec 9 traverses, selles d'acier et même avec un certain nombre de coussinets spéciaux par rail. Dans ces conditions encore on a une voie excellente et très sûre.

Sur le réseau de l'État enfin, on adopte le rail d'acier à double champignon; et on le substitue progressivement au rail Vignole, sauf, sur la ligne d'Orléans à Châlons, où la deuxième voie actuellement en construction sera en rails Vignole d'acier de 36 kil. 500.

Sur l'ensemble des réseaux, on n'a pas remarqué pendant l'hiver dernier, au moment où les grands froids faisaient perdre à la voie toute son élasticité par le durcissement du ballast, que les ruptures de rails d'acier fussent sensiblement plus nombreuses que celles des rails de fer. Les ruptures de rails d'acier sont d'ailleurs, en général, franchement perpendiculaires à l'axe, et n'occasionnent que très rarement des accidents.

La substitution des croisements sous rails aux croisements à niveau des principales bifurcations est à recommander, dès que l'une des lignes est chargée d'un trafic exceptionnel. Cette disposition est déjà adoptée sur quatre bifurcations de la ligne du Nord, notamment aux voies de la sortie de Paris, au troisième kilomètre.

Aiguilles.

Les aiguilles prises en pointe et les passages à niveau fréquentés sont les points de la voie qui nécessitent le plus de mesures de précautions contre les accidents, et qui devaient appeler spécialement notre attention.

Les aiguilles qui, par leur position, peuvent être abordées « en pointe » par des trains à grande vitesse, doivent être maintenues très exactement fermées, quel que soit le système qui assure ce résultat.

Quand les aiguilles sont enclenchées avec les signaux qui les protègent, soit au moyen de l'appareil Vignole, soit par le système Saxby, dont nous parlerons plus loin, elles sont verrouillées dans une position fixe. Dans le système Saxby, elles sont en outre munies d'une pédale de calage qui empêche qu'elles ne puissent être manœuvrées pendant le passage d'un train. Elles présentent alors les meilleures conditions de sécurité.

Pour les aiguilles non verrouillées, éloignées de l'agent chargé de les manœuvrer, il peut être utile d'avoir un moyen de s'assurer à distance qu'elles ont entièrement obéi à l'action du levier, sans laisser entre elles et le contre-rail sur lequel elles doivent s'appliquer un écart qui pourrait occasionner un déraillement.

La compagnie du Nord emploie dans ce but les contrôleurs électriques de M. Lartigue, qui sont disposés de telle sorte qu'une sonnerie trembleuse résonne près de l'aiguilleur dès que l'entrebâillement de l'aiguille et du rail atteint 3 à 4 millimètres.

L'appareil est fondé sur l'emploi d'un basculeur à mercure remplissant le rôle d'un commutateur, disposé aux côtés extérieurs des contre-rails, vis-à-vis l'extrémité de chacune des lames mobiles de l'aiguille, et recevant d'une tringle, adaptée perpendiculairement à la lame de l'aiguille, une poussée horizontale qui interrompt le circuit électrique si l'aiguille est à fond de course, ou qui laisse agir le courant, et par conséquent fonctionner la sonnerie, si l'aiguille est entrebâillée.

Les aiguilles d'un même groupe ne devant, en général, être manœuvrées qu'alternativement, une seule pile et une seule sonnerie suffisent pour chaque groupe d'aiguilles placé sous la main d'un même aiguilleur. Dès que la sonnerie annonce l'entrebâillement, l'aiguilleur y porte remède.

La compagnie du Nord a installé environ 200 de ces contrôleurs d'aiguilles sur son réseau. Ils donnent d'assez bons résultats, à la condition d'être l'objet de soins d'entretien très suivis.

Sur tous les réseaux, les aiguilles en pointe, au moins celles des bifurcations, sont pourvues de signaux spéciaux (indicateurs de direction) conjugué avec elles, et destinés à indiquer aux mécaniciens qui se présentent la direction pour laquelle l'aiguille est faite.

Quelques compagnies, notamment celle de l'Est, appliquent en outre, comme surcroît de sécurité, ces mêmes indicateurs aux aiguilles d'entrée et de sortie des voies de croisements, sur les sections à voie unique, aux aiguilles des ballastières, sur ces mêmes sections ; enfin, à certaines aiguilles de voies de garage d'une situation exceptionnelle.

Parmi les systèmes de fermeture des aiguilles isolées destinées à conserver une position fixe, en dehors de quelques manœuvres, le cadenassage au moyen de chaînes appliquées aux leviers, quoique très souvent pratiqué, n'offre pas autant de garanties de sécurité que celui qu'on obtient au moyen de clavettes. Il peut cependant suffire, à la condition, pour les mécaniciens, de ralentir au passage de ces aiguilles. Les clavettes qui s'appliquent soit aux lames d'aiguilles, soit aux tringles de transmission, donnent des garanties plus sûres que celles qui sont adaptées aux leviers de manœuvre ; mais celles-ci ont l'avantage de se prêter à une plus grande rapidité de service.

Le cadenassage des chevilles des contre-poids peut suffire pour les aiguilles d'entrée et de sortie des stations sur les lignes à voie unique. Tous les trains étant tenus, les uns de s'arrêter à ces aiguilles, les autres de ralentir à moins de 20 kilomètres, cette disposition a l'avantage de ne pas empêcher le mouvement des aiguilles (prises en talon).

Nous aurons d'ailleurs occasion, plus loin, de compléter ce qui concerne les aiguilles, en parlant des bifurcations.

Passages à niveau.

Les passages à niveau sont soumis à une réglementation qui est à très peu près la même sur tous les réseaux. Ceux qui sont le plus fréquentés nécessiteraient souvent des mesures spéciales de sécurité.

Sur quelques réseaux, notamment sur l'Est, ceux de ces passages qui se trouvent dans des conditions telles que les machines ou trains non attendus peuvent y arriver sans être aperçus ou entendus à une distance convenable, sont protégés au moyen de disques avancés manœuvrés par les gardes-barrières, et situés à 800 mètres environ, dans la direction où le passage est masqué.

D'autres fois, dans certaines conditions de voisinage d'une station, c'est le disque-signal qui est placé au passage à niveau, et c'est l'aiguilleur de la station qui le manœuvre pour avertir le garde-barrière de l'arrivée prochaine d'un train.

Beaucoup d'inventeurs ont proposé l'emploi d'appareils avertisseurs automatiques mis en mouvement au passage des trains par des pédales situées à 1,200 ou 1,500 mètres avant le passage à niveau. Aucun ne nous a paru susceptible d'être recommandé.

Le moins imparfait était la pédale d'annonce de M. Lartigue, qui a été expérimentée pendant trois ans, en avant de 15 passages à niveau du chemin de fer du Nord. L'appareil, basé sur le même principe que le contrôleur d'aiguilles, consistait en une pédale très légère, attachée à un basculeur à mercure, de manière à lui communiquer au passage des roues d'un train, le mouvement de bascule voulu pour produire l'interruption du courant électrique nécessaire au déclenchement d'une sonnerie trembleuse placée au passage à niveau.

Malgré les soins que M. Lartigue avait donnés à la construction de sa pédale, le fonctionnement de l'appareil était incertain. On a successivement supprimé tous les appareils en essai, à l'exception de deux qui restent encore en expérience.

Il y aurait d'ailleurs un certain danger, en cas de non fonctionnement, à employer des appareils automatiques pour ce genre d'avertissements. Il est très préférable de donner directement, d'une station ou d'un passage à niveau voisin, le signal de l'arrivée du train.

On a employé avec succès, dans ce but, sur le réseau de l'Ouest, l'appareil Regnault.

Sur le réseau Paris-Lyon-Méditerranée, on a adopté un petit appareil télégraphique très simple et à recommander, imaginé par M. Jousselin. Il permet, par l'inclinaison à droite ou à gauche d'une aiguille, l'échange entre l'avertisseur et le garde-barrière, et inversement, de ces quatre dépêches laconiques, qui suffisent à assurer la sécurité et à montrer que le signal a été compris : « ouvrez »; « fermez »; « j'ouvre » ; « je ferme ».

Comme appareil avertisseur d'une grande sûreté, on a les sonneries allemandes (système Siemens) dont il sera question plus loin en parlant de la voie unique. Une de ces sonneries est installée au Landy, à la sortie de la gare de la Chapelle, sur la ligne du Nord, pour avertir la gare de Saint-Denis de l'arrivée de tous les trains.

Ainsi, les appareils qui peuvent donner un surcroît de sécurité aux passages à niveau en avertissant de l'arrivée des trains ne manquent pas, et la commission se fait un devoir de proposer au ministre d'en recommander l'emploi sur tous les points où la fréquentation exceptionnelle du passage, ou sa situation particulière, peuvent être des causes de danger.

Signaux.

La sécurité de l'exploitation des chemins de fer repose surtout sur l'observation des signaux.

Les appareils fixes, établis sur la voie, et manœuvrés à distance, pour transmettre aux mécaniciens des trains les signaux d'arrêt ou de voie libre, aux abords des gares, stations, bifurcations, ponts tournants et autres points spéciaux, présentent quelques différences sur nos divers réseaux ; mais ils sont partout disposés et organisés dans les conditions voulues pour assurer la sécurité, pourvu que leurs indications soient respectées. Leur fonctionnement est généralement satisfaisant, et, sur quelques lignes, on s'applique encore à les perfectionner.

Sur le réseau d'Orléans on n'emploie toujours que le

disque rond à distance pour commander l'arrêt; le Midi, indépendamment du disque rond, dont il ne fait qu'un signal d'arrêt, franchissable avec certaines précautions, a adopté le disque carré d'arrêt absolu. Les mêmes systèmes de disques avancés, d'arrêt relatif, et de disques carrés d'arrêt absolu se retrouvent sur le réseau de l'Ouest, qui emploie de plus un poteau de protection indicateur de la limite en deçà de laquelle se trouve couvert un train qui a dépassé le signal avancé.

La compagnie de l'Est emploie également les disques avancés ronds; les signaux carrés qui doublent certains disques avancés, et couvrent, à petite distance, les aiguilles des bifurcations, et certains points qui doivent être défendus d'une manière particulière; enfin les poteaux de protection, placés entre les disques avancés et les points spéciaux à couvrir.

Sur le réseau Paris-Lyon-Méditerranée, on retrouve le disque avancé rond, et le disque carré d'arrêt absolu. On y a ajouté, mais seulement sur les voies intérieures de service des gares principales, de même que sur quelques autres réseaux, un disque jaune dont les indications ne s'adressent qu'aux trains en formation et aux machines en manœuvre dans les gares. L'addition principale effectuée depuis longtemps sur ce réseau consiste en des sémaphores à bras mobiles, employés pour protéger, sur place, les gares, les bifurcations, et en général tous les points sur lesquels la circulation des trains ou des machines peut rencontrer tout à coup des obstacles.

Ces sémaphores sont aussi employés sur ce réseau, soit dans les gares, soit dans les postes intermédiaires du Block système, pour maintenir sur la double voie le cantonnement des trains se succédant dans le même sens.

Sur le chemin de fer du Nord, les signaux ordinaires des voies, disques à distance et disques d'arrêt absolu, sont l'objet de perfectionnements incessants. On ne pourrait désirer sur ce réseau, qui donne l'exemple de tous les progrès et de toutes les améliorations, que l'emploi de ces signaux fixes sémaphoriques, placés à l'intérieur des gares de la ligne de Lyon, si utiles pour guider les mécaniciens qui n'ont plus, pour régler leur marche, quand ils ont franchi le disque à distance, que les signaux à main, souvent inaperçus ou insuffisants que leur donnent les aiguilleurs.

Cinq compagnies sur six, le Nord, Lyon, l'Ouest, l'Est et le Midi, font usage des sonneries électriques de disque (trembleuses), qui commencent à tinter aussitôt que le disque à distance est tourné à l'arrêt, et qui continuent à se faire entendre tant que la gare est couverte par le disque.

Il serait à désirer que l'usage des sonneries devint général sur tous les réseaux ; au moins pour tous les signaux avancés qui ne sont pas visibles du poste de manœuvre. Les contrepoids de tous les disques à distance sont d'ailleurs généralement disposés de manière à mettre et à maintenir à l'arrêt le disque, s'il vient à se produire une rupture du fil de manœuvre.

L'uniformité des couleurs des signaux : rouge pour l'arrêt, blanc pour voie libre, vert pour ralentissement, est déjà obtenue sur les voies principales de tous nos réseaux. Il n'y aurait qu'un pas à faire pour que l'uniformité du signal d'arrêt absolu du disque carré, et de l'emploi du sémaphore fût aussi établie ; mais il faudrait alors modifier les règlements de plusieurs compagnies pour les ramener à un type commun, et la nécessité n'en a pas été reconnue.

Les trains ne quittent pas, en général, les lignes appartenant à une même compagnie. Quand ils passent sur un autre réseau, ils changent de machine à la gare de jonction ; si ce n'est pour un faible parcours sur le réseau voisin, ce qui ne peut avoir alors aucun inconvénient.

Sur les lignes de plusieurs compagnies (notamment l'Orléans, l'Ouest et le Nord), tous les disques d'arrêt absolu sont munis, sur la double voie, d'un appareil manœuvré par le jeu du mât qui vient placer deux pétards sur la voie lorsque le disque est tourné à l'arrêt, et qui se retirent si le disque n'a pas été franchi, dès qu'on le remet à voie libre.

Cette disposition, qui ajoute à la sécurité, en forçant l'attention des mécaniciens, serait utile à généraliser.

L'usage fréquent et déjà répandu des signaux détonants, particulièrement la nuit et en temps de brouillard, est d'ailleurs à recommander expressément. La sécurité des chemins de fer anglais, par les brouillards les plus intenses et sur les lignes qui sont les plus chargées de trafic, tient à la règle invariablement suivie de doubler chaque signal fixe à l'arrêt, de la présence d'un agent muni d'une lanterne rouge, et d'un pétard placé sur le rail.

Afin d'éviter que les mécaniciens puissent passer inattentifs devant un signal à l'arrêt, la compagnie du Nord fait maintenant largement usage d'un moyen d'avertissement automatique qu'elle emprunte à l'une des applications électriques les plus ingénieuses qui se soient développées sur son réseau.

Aux abords de toutes les gares de ses trois lignes principales, des contacts fixes sont maintenant établis sur la voie à 200 mètres en avant des disques à distance et mis en relation électriquement avec l'appareil de ces disques, disposé de manière à remplir le rôle de commutateur, en donnant passage à un courant ou en l'interrompant, suivant que le disque est tourné à l'arrêt ou à voie libre. Des sifflets électro-automoteurs de MM. Lartigue, Forest et Digney frères, dont le jeu est basé sur l'emploi de l'électro-aimant Hugues, adaptés aux locomotives, sont déclenchés et font entendre un sifflement prolongé au passage de la machine sur le contact fixe, quand le disque est tourné à l'arrêt. Le sifflet ne cesse de se faire entendre qu'au moment où le mécanicien ferme l'issue de la vapeur. On peut donc être certain que le signal a été compris.

La machine est munie d'une brosse métallique qui frotte, en passant sur le contact fixe, et transmet à l'appareil du sifflet le courant de la sonnerie ordinaire du disque, si ce disque est tourné à l'arrêt.

Par une disposition analogue, le même appareil électrique permet d'actionner la valve de l'éjecteur à vapeur du frein Smith, ou le robinet d'un frein à air comprimé, et d'obtenir automatiquement, en passant sur le contact fixe d'un disque à l'arrêt, soit le ralentissement, soit même l'arrêt complet du train. Tous les disques des lignes à express du Nord, au nombre d'environ 350, sont déjà pourvus du contact fixe et 209 locomotives sont munies de brosses métalliques et de sifflets électro-automoteurs. L'emploi de ces appareils est donc entré dans la voie d'application pratique la plus large, et on peut ajouter qu'elle donne les résultats les plus satisfaisants.

La compagnie, par un nouveau pas dans ce système d'avertissements électriques automatiques, a mis récemment à l'essai, en deux points, à la bifurcation de Senlis, près Chantilly, et à Essigny, une nouvelle disposition d'appareils ayant pour but :

1° De prévenir la gare qu'un train est passé devant le disque qui la protège lorsque le disque se trouve indûment effacé ;

2° Tant que la gare n'a pas mis à l'arrêt le disque pour couvrir ce premier train, prévenir un 2ᵉ train qui le suit qu'il est précédé par le 1ᵉʳ, et que celui-ci n'est pas couvert par le disque.

Ce double résultat (cette protection électro-automatique d'une gare) est obtenu par l'installation d'un second contact-fixe entre le disque et la gare, relié à la sonnerie du disque et au premier contact fixe par un fil spécial et une seconde pile. Si le disque est effacé au moment où la machine passe sur le 2ᵉ contact, en même temps qu'elle annonce son arrivée en faisant tinter la sonnerie de la gare, elle met automatiquement en charge électrique le contact fixe placé en avant du disque, et assure ainsi le déclenchement du sifflet électro-moteur de toute machine qui pourra la suivre.

Ces appareils électriques automoteurs dont l'usage se développe de plus en plus sur le réseau du Nord, fonctionnent généralement avec une grande sûreté en raison de leur simplicité. Ils n'y sont cependant considérés que comme des appareils auxiliaires de sécurité qui ne doivent exonérer en rien les mécaniciens de leur vigilance ordinaire, ni dispenser aucun agent de l'exécution stricte des règlements.

Un train forcé de s'arrêter en pleine voie est protégé par les signaux à main et les pétards que l'un des gardes-freins doit s'empresser d'aller placer à l'arrière à la distance réglementaire. La même précaution doit être également employée sans hésitation, toutes les fois que la marche d'un train est assez ralentie pour qu'il y ait lieu de craindre qu'un autre train survenant à l'arrière puisse le rejoindre.

On comprend toutefois qu'en certains cas, par exemple la nuit, en temps de neige ou de brouillard, le ralentissement d'un train puisse devenir momentanément inquiétant, sans permettre de laisser descendre un agent pour placer sur la voie des signaux détonants. Un signal pyrotechnique, jeté sur la voie après avoir été préalablement enflammé, pourrait alors protéger le train jusqu'au moment où il aurait pu reprendre sa vitesse. On a expérimenté, dans ce but, il y a quelques années, sur le réseau de l'Ouest, la fusée Lamare. Ces premiers essais avaient été abandonnés; mais la compagnie du Nord vient de les reprendre et elle annonce qu'elle en obtient des résultats satisfaisants.

On emploie des fusées de deux dimensions. L'une brûle avec éclat pendant cinq minutes; l'autre permet de maintenir le même signal pendant dix minutes. Elles se conservent d'ailleurs presque indéfiniment sans altération. Elles semblent, par conséquent, pouvoir devenir d'un usage pratique, et il paraît utile d'en recommander au moins l'essai aux compagnies.

Un grand nombre d'inventeurs ont cherché à rendre manifeste aux agents d'un train la présence sur la voie d'un autre train déjà engagé, soit dans le même sens, soit surtout en sens contraire, à l'aide de signaux actionnés automatiquement par ces trains. Les uns ont proposé des moyens de

transmission purement mécaniques et par cela même insuffisants en principe ; les autres, en plus grand nombre, ont
songé à appliquer des appareils et des transmissions élec-
.triques.

Indépendamment des objections que soulève à lui seul le
principe de l'automaticité des signaux, dont le plus grave
serait de donner une fausse et dangereuse sécurité en cas de
dérangement des appareils, presque toutes les communications de ce genre'que nous avons eu à examiner avaient ce
caractère commun d'être essentiellement étrangères aux
conditions de la pratique de l'exploitation des chemins de fer.

Les signaux mis en jeu par des transmissions mécaniques,
en tant même qu'ils eussent pu fonctionner, ce qui était
presque toujours à mettre en doute, n'étaient pas en état de
supporter, un seul jour, le mouvement des trains sur une
ligne à trafic un peu élevé et à circulation rapide.

Les appareils à transmissions électriques présentaient
toujours la plus grande complication et auraient fait reposer
la sécurité du train sur le jeu souvent problématique d'organes d'une délicatesse incompatible avec le mouvement et
les masses des machines et des trains.

Notre rapport spécial sur les inventions, en donnant le
détail de ces diverses proportions, fait ressortir les défauts
qui n'ont permis jusqu'ici de leur faire aucun emprunt.

D'autres inventeurs, également très nombreux, se sont
appliqués à chercher le moyen d'établir une communication
télégraphique permanente des trains en marche, soit entre
eux, soit avec les stations. C'est, comme on le voit, la réap-
parition, après plus de vingt-cinq ans, de la tentative ingénieuse mais sans succès du chevalier Bonnelli.

M. de Baillehache, ancien inspecteur du chemin de fer de
Glos-Montfort à Pont-Audemer, est celui de ces inventeurs
qui a montré le plus de persévérance et de soin dans l'étude
de ce mode de communication. Son système, décrit et discuté
en détail dans le rapport spécial que je viens de rappeler, a
été soumis pendant quelques mois, en 1878, à une expérience

sur la ligne de Grenelle au Champs-de-Mars ; mais le fil de ligne installé à une petite distance au-dessus de la voie pour la transmission du courant électrique, était sujet à de fréquents dérangements et était en outre très gênant et même dangereux pour le service de l'entretien de la voie. L'expérience qui avait lieu, d'ailleurs, dans des conditions assez défavorables, n'a pas réussi.

Depuis, l'inventeur a modifié son procédé ; le fil au moyen duquel il proposerait maintenant d'établir la communication électrique ne serait plus posé près du sol, mais à 2 mètres 30 environ de hauteur, latéralement à la voie.

Une sorte de lance à frotteur métallique partant du fourgon de tête du train, appuyée vers son extrémité sur ce fil, mettrait les appareils télégraphiques du train en communication avec le courant et les appareils des stations. Le système ainsi modifié n'a pas été expérimenté ; il serait encore sujet à de nombreuses défectuosités qui en rendrait l'emploi difficile, en tout cas très gênant et certainement très intermittent, au milieu d'une exploitation dont les plus simples incidents de matériel interrompraient tout service de l'appareil.

C'est au surplus l'objection fondamentale commune à adresser non seulement à ce système, mais à tous les procédés similaires si nombreux qu'on nous a soumis, tous beaucoup trop compliqués et trop délicats, comme je l'ai déjà dit, pour pouvoir fonctionner avec sûreté au milieu d'un matériel exposé aux trépidations de la marche et aux chocs des manœuvres. Au point de vue pratique d'ailleurs, la communication n'aurait d'utilité sérieuse que dans des cas exceptionnels, et à peu près uniquement pour donner le signal d'arrêt à un train indûment engagé sur la voie unique. Le même résultat peut-être obtenu beaucoup plus simplement et d'une manière qui n'apporte aucune complication de voie ni de matériel, par les cloches électriques dont nous parlerons plus loin.

C'est aux bifurcations proprement dites et aux points de

jonction des voies principales avec les nombreuses voies de
service des grandes gares de manœuvre, que le système des
signaux fixes doit être particulièrement étudié et perfectionné pour prévenir les collisions.

Systèmes d'enclenchement.

La disposition générale de ces signaux, leur superposition
en nombre utile en avant des aiguilles et la précision des
règlements auxquels est assujettie leur manœuvre (éléments
variables sur les divers réseaux, mais toujours étudiés avec
le plus grand soin), pourraient, jusqu'à un certain point, suffire à donner à la sécurité les garanties requises ; mais il
faut compter avec les négligences, les distractions et les
oublis des aiguilleurs, surtout par l'accroissement de trafic
qui se développe si rapidement sur quelques lignes et qui
vient incessamment ajouter aux difficultés et aux dangers de
l'exploitation. On n'obtiendra le degré de sécurité indispensable que par l'emploi de ces appareils d'enclenchement, à
l'aide desquels les manœuvres des aiguilles et des signaux
optiques deviennent solidaires, et qui rendent impossible de
donner aux mécaniciens un signal qui ne soit pas d'accord
avec la direction voulue des aiguilles, ou d'ouvrir à la fois des
signaux qui puissent amener une rencontre de trains.

Toutes nos compagnies ont commencé, quelques-unes
depuis longtemps déjà, à adopter spontanément ces systèmes
de conjugaisons d'aiguilles et de signaux et la plupart en développent activement l'extension.

Les compagnies d'Orléans, de l'Est, du Nord et du Midi
appliquent encore à toutes les bifurcations de leur réseau,
qu'elles soient ou non munies d'appareils d'enclenchement,
leurs anciens règlements de signaux, qui reposent tous sur
ce principe : l'interdiction absolue de donner passage à deux
trains à la fois sur les voies d'une bifurcation. La compagnie
de l'Ouest, qui a devancé toutes les autres en appliquant les
enclenchements à toutes ses bifurcations, a profité de cette

situation nouvelle pour simplifier ses anciens règlements. La compagnie de Lyon, qui en étend rapidement l'usage aux parties de son réseau les plus chargées de trafic, applique aussi un nouveau règlement plus large aux bifurcations qui en sont pourvues en profitant du surcroît de sécurité que lui donnent ces appareils.

Après les bifurcations et les postes de manœuvres attenant à celles-ci, et aux gares, l'intérêt de la sécurité commanderait d'appliquer les appareils d'enclenchement, sinon à toutes les aiguilles des voies de garage donnant accès sur les voies principales, au moins à celles qui servent en moyenne à 15, à 20 manœuvres de trains par jour. Cette amélioration est à l'étude sur le réseau de Lyon ; si elle devenait générale sur les autres lignes, on aurait réalisé un grand progrès.

L'application du verrou Vignier peut suffire à protéger les croisements des voies de garage avec les voies principales et les bifurcations simples. On en a même aussi étendu l'usage à quelques postes d'aiguilles d'un certain développement. Pour les postes plus compliqués, on peut réunir dans une même cabine, ou pour mieux dire sous une même main, les leviers d'un grand nombre d'aiguilles situées jusqu'à 200 ou 250 mètres du point central où s'effectue la manœuvre et les conjuguer avec les leviers des groupes de signaux correspondants, à l'aide des dispositions, à la fois si ingénieuses et si sûres, des appareils de MM. Saxby et Farmer.

Sur le réseau de l'Ouest, où le principe si fécond de l'enclenchement a été imaginé et appliqué pour la première fois, il y a environ vingt-sept ans, par M. Vignier, toutes les bifurcations ont leurs signaux enclenchés avec les leviers d'aiguilles. Elles sont d'ailleurs du type le plus simple, et ne comportent habituellement que six signaux et deux aiguilles. Les appareils d'enclenchement sont disposés de manière à permettre des passages simultanés de trains sur les croisements.

Pour les postes intérieurs de gares qui n'ont qu'un petit nombre de signaux et de leviers d'aiguilles à rendre solidaires, et qui n'exigent pas une grande rapidité de manœuvres, on emploie la serrure Annett. Dans ce système, les leviers de manœuvre du disque et des aiguilles dont les positions doivent être coordonnées, sont munis d'une serrure à laquelle s'adapte une clef unique pour chacun des disques de la station. La clef est nécessaire pour qu'on puisse manœuvrer les leviers, et elle ne peut être retirée de la serrure sans enclencher le levier correspondant dans la position requise pour assurer la sécurité. Les leviers des aiguilles dont la position est commandée par celles de deux disques ne peuvent être manœuvrés qu'avec les deux clefs de ces disques. La serrure Annett est déjà en usage dans une vingtaine de stations du réseau. On l'emploie aussi dans les gares de moindre importance pour les traversées de voies.

La réunion, en un poste unique, des appareils de conjugaison devient utile dès qu'on a dix à douze leviers à manœuvrer. Au poste de Caen, on a réuni quinze leviers d'aiguilles ou de disques, conjugués d'après le système Vignier, desservant le croisement de 4 lignes dont 3 à double voie. Il existe exceptionnellement, à cette bifurcation, une aiguille manœuvrée avec régularité à une distance de 400 mètres du poste.

La compagnie du Midi a aussi adopté le système Vignier pour l'enclenchement des aiguilles et des signaux de toutes ses bifurcations.

Afin de conjuguer entre eux et de tenir toujours invariablement fermés, à l'exception d'un seul, tous les disques protégeant les croisements de voies de ses gares, elle emploie un système très simple consistant à disposer les fils de manœuvre de tous les disques d'un même groupe (3 ou 4 par exemple) de manière à ce qu'ils ne puissent être actionnés qu'isolément, au moyen d'un seul et même levier qu'on adapte successivement, par un même crochet à une chape placée à l'origine de chaque fil de disque.

Sur d'autres réseaux, on a plus généralement adopté l'appareil Saxby.

La compagnie d'Orléans a appliqué ce système à sa gare de Paris et à sa bifurcation de Brétigny. Elle annonce qu'elle en étudie, dès à présent, l'installation aux gares et bifurcations d'Orléans, des Aubrais, Vierzon, Saint-Benoît et Montluçon.

La compagnie de l'Est a déjà un poste Saxby de 16 leviers à la bifurcation de Gretz. Elle en établit deux semblables à Châlons-sur-Marne et à Chalindrey. Elle en a 25 autres en projet et à l'étude. Elle expérimente enfin la serrure Annett à la gare d'Esbly.

La compagnie Paris-Lyon-Méditerranée emploie l'appareil Vignier pour ceux de ses postes dont le nombre de leviers ne dépasse pas 16. Au-delà, elle a recours au système Saxby. Au moment où les anciens systèmes de signaux devenaient insuffisants pour se prêter aux nouvelles conditions d'un trafic en voie d'augmentation incessante et rapide, la compagnie a établi aux bifurcations et à la gare de manœuvre de la Guillotière des installations qui pourraient servir de type, aussi bien sous le rapport de la sécurité qu'au point de vue des facilités économiques données à la circulation.

Cette gare et ses abords, sur les trois branches et le tronc commun qui y aboutissent, comprennent aujourd'hui cinq postes Saxby, dont on appréciera toute l'importance en remarquant qu'un seul poste renferme 33 leviers. Les divers postes sur chaque embranchement doivent être avertis, de loin, de l'arrivée des trains. Cet avertissement est donné soit d'un poste spécial de la ligne, soit de la station la plus voisine, par des appareils télégraphiques Jousselin, fonctionnant au moyen de l'appareil Tyer et de son fil affectés au cantonnement des trains. L'avis d'arrivée du train indiquant sa nature et la direction qu'il doit suivre est successivement transmis aux postes qu'il doit traverser. Les aiguilleurs peuvent lui préparer la voie ; et quand le mécanicien arrive en vue de la bifurcation, il trouve les signaux ouverts, sa ligne de passage toute tracée au milieu de ce faisceau de voies de fer ; il n'a plus qu'à s'avancer en toute sécurité. S'il ralentit sa marche à la vitesse de 20 kilomètres, c'est par un surcroît de précaution. Les trains peuvent ainsi traverser avec sécurité la gare de la Guillotière, quoiqu'ils se succèdent avec un espacement moyen de 2',47".

Deux nouveaux postes Saxby analogues aux précédents vont être prochainement établis à la gare de Perrache. La compagnie annonce en outre qu'elle compte installer d'ici à un an trente appareils Vignier à autant de bifurcations, et vingt postes Saxby à ses grandes gares.

L'hiver 1879-1880 a été une excellente épreuve pour ces appareils. Malgré la rigueur du froid, nulle part leur service n'a été interrompu. Même à la Guillotière, où les transmissions vont jusqu'à 300 mètres, les appareils n'ont éprouvé aucun dérangement.

La compagnie du Nord emploie l'appareil Vignier à l'enclenchement des aiguilles et des signaux de ses bifurcations, quand il n'y a pas plus de dix leviers à conjuguer. De même que sur le réseau de l'Ouest, l'appareil est disposé de manière à permettre les passages simultanés non contradictoires; les mesures de la compagnie sont prises pour appliquer promptement ces appareils à toutes ses bifurcations simples.

Quand le nombre des leviers est supérieur à 10, elle a recours aux appareils Saxby. Elle en a déjà établi à Amiens, Boulogne et Fives. Les aiguilles sont munies du verrou Saxby et d'une pédale dont le but est d'empêcher que l'aiguille ne puisse être manœuvrée pendant le passage d'un train. L'annonce de l'arrivée de chaque train est d'ailleurs transmise au poste Saxby à l'aide d'un appareil télégraphique à cadran analogue à l'appareil Walker.

L'installation commencée à la gare de La Chapelle comprendra huit postes échelonnés dans la plaine, entre Paris et Saint-Denis, espacés de 800 à 1,200 mètres, et reliés télégraphiquement par des appareils spéciaux permettant assez de rapidité de correspondance entre les divers postes, pour assurer le passage de trains pouvant se succéder, à certains moments de la journée, à des intervalles de trois minutes.

Un des postes aura 37 leviers. Le poste de la gare de Paris en réunira 100.

On voit que toutes nos compagnies ont commencé, au moins dans une certaine mesure, à adopter, d'elles-mêmes, l'usage des appareils d'enclenchement qui seul peut faire disparaître les causes de dangers inhérents aux erreurs d'aiguilleurs.

Quelques compagnies les appliquent déjà d'une manière générale à toutes leurs bifurcations. D'autres, tout en conservant les règlements de signaux sur lesquels elles ont fait longtemps entièrement reposer la sécurité de la circulation aux croisements de voies, étendent progressivement l'emploi de ces appareils à tous les points de leur réseau où la complication du service et l'activité du trafic leur paraissent nécessiter un surcroît de garanties de sécurité des plus efficaces.

La commission constatant les résultats obtenus mais considérant qu'il importe à la sécurité d'imprimer aux efforts qui se sont déjà manifestés une plus grande activité d'ensemble, qui assure une complète généralisation de l'emploi de ces appareils, est d'avis qu'il y a lieu d'inviter les compagnies (sans leur désigner aucun système particulier) à appliquer progressivement les appareils d'enclenchements :

1° A toutes les bifurcations ;

2° A tous les groupes d'aiguilles intéressant la sécurité de la circulation sur les voies principales.

Il serait désirable, enfin, que toute aiguille isolée donnant accès sur les voies principales fût munie d'un appareil ne permettant d'engager ces voies que lorsque le signal qui les protège est à l'arrêt.

MATÉRIEL ROULANT. — EXPLOITATION.

Le soin apporté à la construction et à l'entretien du matériel roulant est une des bases les plus essentielles de sécurité, et devait, à ce titre, appeler toute notre attention.

Les types de locomotives en service sur nos divers réseaux

sont très variés. Toutes les machines anciennes ont été successivement améliorées et réglées de manière à conserver la stabilité voulue, aux vitesses maxima qu'il leur est permis de prendre sur des sections de voies solides et d'un tracé approprié à leur mouvement.

Quant aux machines nouvelles, on s'est constamment donné pour programme de leur assurer une grande stabilité, tout en satisfaisant aux nécessités actuelles du trafic qui exigent de grandes vitesses et des conditions d'adhérence pouvant permettre d'entraîner facilement des trains très chargés, de façon à ne rien perdre, en route, de l'extrême régularité de marche, qui constitue l'un des préservatifs les plus efficaces contre les accidents.

La compagnie de l'Ouest, depuis quelques années déjà, a notablement amélioré son type de machine à grande vitesse et l'a mise en complète harmonie avec les conditions actuelles de son service. La base a été allongée et le poids sur l'essieu d'avant, qui n'était que de 8 tonnes, a été porté à 11 tonnes. Plus récemment, on a essayé deux dispositions nouvelles tendant à donner à ces machines encore plus de stabilité.

La première consiste à placer un balancier en travers sur l'essieu d'avant, afin de répartir également la charge sur les deux roues, et d'empêcher le mouvement oscillatoire de la machine.

Par la seconde, on a utilisé un longeron qui existait déjà dans le plan diamétral de ce type de machine : on l'a muni d'une troisième boîte à graisse sur le milieu de l'essieu, et, par l'intermédiaire d'un ressort spécial s'appuyant sur cette troisième boîte, on a réparti la charge de l'essieu sur son milieu et sur les deux roues.

50 machines ainsi modifiées sont déjà en service, et on annonce qu'on en aura prochainement une centaine.

La compagnie du Nord tend de plus en plus à l'adoption de machines à la fois rapides et puissantes, tout en augmentant leurs conditions de stabilité.

Son plus nouveau type à grande vitesse est une machine anglaise, légèrement modifiée (mixte-express) de 39 à 40 tonnes, à cylindres et mouvements intérieurs : à deux grandes roues couplées à l'arrière, de $2^m,10$ de diamètre, à avant-train articulé, ce qui lui permet de passer sans secousses, à grande vitesse, dans les parties les plus sinueuses du nouveau réseau.

La compagnie a 20 machines de ce type en service. Elles remorquent des trains express de 20 voitures à la vitesse moyenne de 72 kilomètres, sans jamais prendre le moindre retard. Elles peuvent atteindre au besoin la vitesse de 90 à 95 kilomètres à l'heure.

25 autres machines de $5^m,50$ d'empatement, du poids de 37 tonnes, d'un type à peu près identique au précédent, à l'exception du train articulé d'avant, remplacé par un simple essieu conservant dans ses boîtes à graisse un jeu longitudinal, réglé par des plans inclinés, sont également employées à la traction des trains à grande vitesse sur les lignes principales de l'ancien réseau, dont les courbes ont de plus grands rayons, et font un service très satisfaisant et d'une grande sûreté.

La compagnie a aussi adopté un nouveau type de machines-tenders très stable, à trois essieux couplés, à roues de $1^m,65$ de diamètre, avec train articulé à l'arrière supportant le tender. Ces machines sont destinées à remorquer, soit des trains de voyageurs de 24 voitures, aux vitesses des trains-omnibus les plus rapides, soit, éventuellement, des trains militaires composés de 40 voitures qu'elles enlèvent avec la plus grande facilité. 35 machines de ce type ont été commandées ; 7 sont déjà en service.

Les Compagnies du Nord, de l'Est et de Paris-Lyon-Méditerranée emploient aussi, pour leurs trains express, des machines à grandes roues libres à l'arrière, du type Crampton, d'une grande stabilité, aux plus grandes vitesses, mais dont la faible adhérence ne permet de remorquer que des trains composés d'un petit nombre de voitures.

La compagnie de l'Est s'est donné une machine à grande vitesse très stable, de 5ᵐ,35 d'empatement, en modifiant le type de la machine Crampton par l'adoption de deux roues couplées à l'arrière, à grand diamètre de 2ᵐ,30, avec essieu, à l'avant, à grande portée au moyen de longerons extérieurs. Cet essieu d'avant a une charge de 11 tonnes qui empêche tout galop de la machine ; il a un jeu longitudinal, réglé par des plans inclinés, qui permet à la machine de passer facilement dans les courbes. Ces machines remorquent facilement seize à dix-huit vagons, à la vitesse moyenne de 72 kilomètres à l'heure, en service d'une régularité parfaitement assurée.

La machine à grande vitesse de la compagnie du Midi est aussi une machine mixte à cylindres extérieurs, mais à simples longerons ; à deux essieux couplés, dont les roues ont un diamètre de 2ᵐ,10. Les machines de ce type font un service très régulier.

Les compagnies d'Orléans et de Paris-Lyon-Méditerranée ont des machines à grande vitesse à deux essieux couplés, dont elles ont très notablement augmenté la stabilité en plaçant à l'arrière un quatrième essieu pour supporter le foyer. qui était en porte à faux.

Sur le réseau d'Orléans, on donne un soin particulier à la répartition de la charge sur les essieux, de manière à ce que les essieux extrêmes, et surtout celui d'avant, soient suffisamment chargés. On ajoute, dans ce but, à certaines machines, des traverses en fonte, de façon à avoir, sur l'essieu d'avant, une charge de 11 à 12 tonnes qui puisse empêcher le galop. Quant aux perturbations pouvant résulter des mouvements relatifs des pièces mobiles, on en arrête le développement au moyen de contre-poids, procédé classique adopté par toutes les compagnies, et qui donne, dans la pratique, des résultats très satisfaisants.

Les dernières machines du type à quatre essieux que la compagnie Paris-Lyon-Méditerranée a construites pour ses trains rapides sont d'une grande puissance et d'une grande stabilité. Leur poids est de 44 tonnes. Elles ont $5^m,80$ d'empatement. Les diamètres des roues, des deux essieux couplés, sont de $2^m,10$. (Les anciennes machines n'avaient que des roues de 2 m.). On a laissé un centimètre de jeu longitudinal à chacun des essieux d'avant et d'arrière. L'essieu d'avant porte 12 tonnes.

La limite de vitesse de ces machines est de 90 kilomètres. Elles peuvent facilement remorquer 18 à 20 voitures à la vitesse de 72 kilomètres à l'heure; et si on les emploie au service des trains omnibus, 24 voitures, à la vitesse de 55 kilomètres.

Ce type à quatre essieux, qui permet la meilleure répartition du poids de la machine, est surtout à recommander pour les lignes à grand trafic solidement construites, à courbes à grands rayons. Il est également employé sur le réseau d'Orléans, avec des roues motrices de 2^m à $2^m,10$, et un peu moins de puissance en raison des dimensions moins grandes de son foyer, mais dans des conditions tout aussi remarquables de stabilité.

Toutes les compagnies ont complétement abandonné, dans la construction des chaudières de locomotives, l'emploi de la tôle d'acier, qui ne donnait pas assez de sécurité. On emploie généralement des tôles de fer de 1er choix. Les accidents de chaudières ont d'ailleurs presque entièrement disparu.

Certaines pièces de matériel roulant, telles que bandages de roues, essieux, etc., dont les ruptures, en marche, peuvent entraîner des accidents graves, ont été, dans l'enquête, l'objet de la plus sérieuse attention, et la commission a pu se convaincre que les compagnies se préoccupent incessamment de leur amélioration et y mettent des soins constants.

De même que dans le matériel fixe, l'acier, ou du moins le métal diversement fabriqué qui en porte le nom, tend de plus en plus à remplacer le fer.

La compagnie Paris-Lyon-Méditerranée n'emploie cependant encore que des bandages en fer soudé pour ses machines et tenders à grande vitesse et pour toutes ses voitures

Les machines, tenders et vagons à marchandises ont des bandages en acier fondu doux, fabriqué par le procédé Martin-Siemens.

La compagnie d'Orléans a adopté, pour tous ses bandages, l'acier fondu Bessmer ou Martin, en exigeant des matières premières d'une provenance de choix.

Il en est de même de la compagnie du Nord, qui n'a conservé les bandages en fer que pour les roues de tenders, en raison de l'action des freins sur ces roues.

La compagnie de l'Est a adopté l'acier puddlé pour les bandages des roues d'avant des machines à voyageurs et pour les roues des tenders. Elle conserve le fer à grains fins pour les bandages des voitures à grande vitesse. Elle emploie l'acier fondu pour toutes les autres roues.

La compagnie du Midi est, à peu de différence près, dans ces mêmes errements.

La compagnie de l'Ouest emploie maintenant exclusivement l'acier fondu ; mais elle a encore en service un grand nombre de bandages en fer et en acier puddlé.

On voit que la nature du métal des bandages et ses conditions d'emploi sont très diversement appréciées par nos compagnies. Les ruptures de bandages d'acier fondu sont les plus fréquentes, principalement par les grands froids. Les épreuves de ces bandages sont cependant généralement faites avec le plus grand soin et les séries soupçonnées défectueuses sont immédiatement écartées. Indépendamment des épreuves par le choc, presque toutes les compagnies ont adopté l'épreuve par traction, sur des éprouvettes ou barrettes découpées dans le corps de quelques bandages. Ce complément d'épreuve paraît donner des notions précises sur la qualité caractéristique de l'acier. Nous signalons son emploi comme indispensable.

Le mode d'attache des bandages sur les roues a la plus grande importance au point de vue de la sécurité en cas de rupture. Presque toutes les compagnies étudient des dispositions propres à empêcher le bandage de se détacher de la roue quand il est brisé. La compagnie d'Orléans commence à employer un mode d'attache mixte qui semble promettre de bons résultats. Le bandage est en quelque sorte agrafé à la roue : fixé du côté du boudin par des vis obliques, il porte, à son côté extérieur, une saillie circulaire à gorge qui vient emboîter un redan pratiqué sur la jante de la roue. Un de ces bandages a été brisé cet hiver et est resté attaché à la roue.

Les bandages des véhicules en service dans les trains de voyageurs sont d'ailleurs l'objet d'une surveillance constante. Des visiteurs exercés, dont le zèle est stimulé par des primes, ont ordre de retirer de la circulation tout bandage dont l'application sur la roue ne serait plus parfaite, ou dont l'état décèlerait quelque défectuosité.

Les mêmes précautions sont prises pour les essieux de machines, voitures, vagons, dont les moindres fissures doivent provoquer la mise immédiate hors de service.

Les compagnies d'Orléans, de l'Est, du Midi, de Lyon n'emploient que des essieux en fer forgé de 1er choix.

La compagnie du Nord n'emploie que l'acier Bessmer ou Martin, et n'a qu'un seul type d'essieu renforcé pour ses voitures et ses vagons. La portée de calage a uniformément 140 millimètres et les fusées 120 millimètres sur 85.

Les essieux coudés de ses machines à cylindres intérieurs sont munis de frettes en fer doux.

La compagnie de l'Ouest a, en ce moment, en service, à peu près en quantité égale, des essieux en fer doux et en acier fondu ; mais elle développe l'emploi de l'acier, en raison de la difficulté de plus en plus grande de trouver de bon fer par ce temps d'accroissement de fabrication de l'acier. Son expérience semble d'ailleurs lui démontrer de plus en plus que, dans un essieu, ce sont les dimensions des diverses parties et la forme générale qui constituent les qualités essentielles : la nature du métal, acier ou fer, n'a qu'une importance secondaire.

Quant aux qualités du métal, elles varient en général par

séries de fabrication. Certaines séries, de qualité défectueuse, se font très vite reconnaître par des ruptures isolées. On retire alors de la circulation toute la série d'une même fourniture. La sécurité est à ce prix, et aucune compagnie ne s'y soustrait.

On renforce de même généralement les attelages. Avec l'accroissement des masses en mouvement dans les trains, il est nécessaire de chercher à s'assurer contre les ruptures, et sur les lignes à fortes rampes comme celles du réseau de Lyon, on essaye les tendeurs et leurs crochets jusqu'à 25 à 30,000 kilogrammes.

Les chaînes de sûreté se rompent presque toujours lorsque le tendeur se brise ; on cite cependant des cas où elles ont résisté et où elles ont prévenu des accidents en soutenant la caisse de la voiture. Il n'y a donc pas lieu de les supprimer ; il faut au contraire les renforcer, comme on le fait sur le réseau de l'Est.

Toutes les parties du nouveau matériel pouvant entrer dans la composition des trains de voyageurs et particulièrement des express, sont maintenant partout renforcées dans un but de sécurité. On peut donner pour exemple la compagnie de Lyon, dont le matériel à voyageurs est construit avec des châssis en fer et présente une solidité qui lui permet de résister à toutes les avaries. Cette solidité est une garantie des plus sérieuses contre les conséquences des accidents.

Communications des voyageurs avec les agents des trains.

Deux événements récents: un crime et un accident de personne, qui ont, l'un et l'autre, entraîné mort d'homme, ont démontré la nécessité : 1° d'exiger désormais, dans toute son étendue, l'exécution de l'article 23 de l'ordonnance du 15 novembre 1846, qui prescrit de mettre dans les trains de voyageurs les conducteurs garde-freins en communication entre eux et avec le mécanicien pour donner, en cas d'accident, le signal d'alarme ; 2° d'inviter en outre les compagnies à prendre les mesures nécessaires pour donner désormais aux voyageurs le moyen de faire appel aux agents du train.

La commission ayant fait de cette mesure l'objet d'un rapport et d'un avis qui ont déjà été soumis au ministre, je me bornerai à en rappeler, sommairement et pour ordre, les principaux considérants et les conclusions.

Presque toutes les compagnies se sont bornées, jusqu'ici, à employer une simple corde pour mettre en communication le chef de train placé dans le fourgon de tête avec le mécanicien, au moyen d'un timbre placé sur le tender. D'autres, et notamment la compagnie de l'Est, ont parfois complété ce système en ajoutant une deuxième corde tendue, du dernier fourgon au premier, et communiquant également avec une cloche ou un timbre placé dans le fourgon. Cette solution n'était ni assez complète ni surtout assez sûre pour être généralisée, recommandée et encore moins imposée aux compagnies.

On avait essayé, sur quelques réseaux, l'intercommunication électrique du système de l'ingénieur Prud'homme, mais on l'avait presque toujours promptement abandonnée en lui reprochant son irrégularité de fonctionnement à la suite d'insuccès persistants des premiers essais.

Deux compagnies, plus familiarisées avec l'emploi des appareils électriques, l'avaient toutefois conservé : le Nord, en lui donnant tous les soins voulus et en en perfectionnant l'emploi ; la compagnie de Lyon, en ne s'en occupant d'abord qu'un peu mollement, puis en se décidant enfin, cette dernière année, à lui consacrer l'équipe de personnel nécessaire à son bon entretien.

Ces soins ont achevé de démontrer que le système était, quand on le veut bien, d'une application pratique et qu'il pouvait fonctionner avec une régularité très satisfaisante.

Il est donc possible d'avancer aujourd'hui qu'à défaut d'autre appareil, on a, dans le système électrique Prud'homme

un appareil qui peut permettre de satisfaire rigoureusement
à l'article 23 de l'ordonnance précitée, et d'aller plus loin, en
mettant les voyageurs en communication constante et assez
sûre avec les gardes-freins.

On a dû faire remarquer, en outre, qu'un complément
indispensable de cette mise en communication d'appel avec
les agents était de donner à ceux-ci la faculté de circuler
sans danger sur toute la longueur du train.

La commission a pensé, enfin, qu'il pouvait être très utile
d'établir entre les compartiments voisins une certaine solidarité, par exemple au moyen d'ouvertures de dimensions
restreintes fermées par des glaces.

Elle a été amenée, en conséquence, à émettre l'avis qu'il y
avait lieu :

1° D'inviter les compagnies de chemin de fer à exécuter
désormais, dans toute son étendue, la prescription de l'article 23 de l'ordonnance de 1846, en donnant aux conducteurs
gardes-freins un moyen sûr et efficace de communiquer avec
le mécanicien, soit directement, soit par l'intermédiaire de
l'un d'entre eux ;

2° De les inviter également à prendre les mesures nécessaires pour donner aux voyageurs le moyen de faire appel
aux agents, et de recommander, comme ayant fait ses preuves
sous ce rapport, aussi bien que pour les communications
entre les agents, le mode de communication électrique en
usage dans les compagnies du Nord et de Paris-Lyon-Méditerranée ;

3° De les inviter à prendre des mesures pour que la circulation le long des trains, par les marchepieds, soit toujours
possible, au moins pour un des agents ; soit en adaptant des
marchepieds et des mains-courantes aux vagons à marchandises admis dans les trains de voyageurs, soit en plaçant
convenablement ceux qui n'en seraient pas munis ;

4° D'appeler leur attention sur l'utilité qu'il y aurait, pour
prévenir des tentatives criminelles, à établir des communications partielles entre les compartiments voisins d'une

même voiture, par exemple au moyen d'ouvertures de dimensions restreintes, fermées par des glaces.

La commission estime que les mesures qui viennent d'être indiquées, notamment celles qui ont trait à l'application de l'article 23 de l'ordonnance de 1846, devront être appliquées d'abord aux trains express et aux trains directs ou de longs parcours, pour être étendues progressivement à tous les trains de voyageurs.

Vitesses.

La sécurité de l'exploitation exige que les vitesses de marche soient réglées suivant les déclivités, le rayon des courbes des sections de voie à parcourir et l'état particulier de la voie. Les règlements de toutes les compagnies y pourvoient en détail. Leur examen ne nous a paru pouvoir donner lieu, sous ce rapport, à aucune observation

L'échelle des limites absolues de vitesses fixées par le règlement de la compagnie de l'Est peut nous servir d'exemple :

Pour les trains de voyageurs, la vitesse maxima, fixée à 90 kilomètres sur les pentes de 0 à 4 millimètres, doit être réduite à 80 kilomètres sur les pentes de 5 à 7 millimètres ; à 70 kilomètres, de 7 à 10 millimètres ; à 60 kilomètres, de 11 à 15 millimètres ; à 50 kilomètres, de 16 à 18 millimètres ; à 40 kilomètres, de 20 à 25 millimètres.

Pour les trains mixtes, la vitesse maxima fixée à 60 kilomètres doit être respectivement réduite, sur les mêmes pentes, à 55, 50, 45, 40 et 30 kilomètres.

Pour les trains de marchandises, la vitesse maxima fixée à 50 kilomètres doit être ramenée, par des réductions correspondantes, à 45, 40, 35, 30. et 25 kilomètres.

Cette échelle de vitesses est aussi très approximativement celle en usage sur le réseau du Midi.

Sur le réseau d'Orléans, les trains rapides sont réglés à 75 kilomètres ; les express à 65 kilomètres ; les trains omnibus mixtes et omnibus à 50 et 55 kilomètres ; les trains de marchandises à 25 ou 30 kilomètres.

Sur les lignes du plateau central, où les déclivités atteignent trente millimètres et où les courbes sont nombreuses et de petit rayon, les trains les plus rapides ne sont réglés, comme marche normale, qu'à 45 kilomètres à l'heure et ne dépassent pas 28 kilomètres à la descente des fortes rampes.

L'échelle est à peu près la même sur le réseau de Lyon. Le train rapide de Paris à Marseille, un peu moins rapide que celui de Paris à Bordeaux, est réglé sur une vitesse moyenne de marche de 72 kilomètres ; mais il atteint, en quelques points, jusqu'à 96 kilomètres.

Sur le réseau de l'Ouest, les vitesses réglementaires varient suivant les sections, de 80 à 40 kilomètres pour les trains de voyageurs, et de 38 à 20 kilomètres pour les trains de marchandises.

Sur la ligne du Nord, qui a eu longtemps le monopole des grandes vitesses, le maximum écrit et fixé, par arrêté ministériel du 30 juillet 1853, est de 120 kilomètres ; mais, dans le service actuel, la vitesse de pleine marche des trains express varie simplement de 70 à 72 kilomètres à l'heure. Celle des trains ordinaires, à grande ligne, de 45 à 60 kilomètres ; celle des trains de marchandises, de 24 à 30 kilomètres.

Il est prescrit aux mécaniciens de ralentir avant d'arriver aux bifurcations et aux aiguilles prises en pointe sur la double voie. Ils doivent s'arrêter complétement avant d'aborder les aiguilles d'entrée des stations de croisement sur la voie unique.

En cas de retard, comme il est utile que la vitesse puisse être accélérée dans de larges limites, afin de faire cesser le plus rapidement possible des irrégularités de service qui pourraient compromettre la sécurité, les règlements de la plupart des compagnies autorisent les mécaniciens à dépasser de moitié la vitesse normale indiquée au tableau pour chaque section de ligne, sans toutefois aller au-delà des limites fixées, comme il a été dit plus haut pour les divers cas particuliers concernant la voie, et sans jamais dépasser, d'autre part, la vitesse maxima inscrite pour le type de machine remorquant le train. Sous le bénéfice de ces conditions, cette autorisation n'a rien d'excessif et qui puisse compromettre la sécurité. Sur le réseau du Midi aucune accélération n'est permise.

Les limites des vitesses des divers types de machines sont d'ailleurs déterminées sur tous les réseaux d'après le système de la machine, sa puissance de vaporisation et les dimensions des principales pièces de mouvement.

Les machines à roues motrices libres ont pour limites extrêmes de vitesse, suivant le diamètre de leurs roues, de 80 à 120 kilomètres.

Les machines à deux essieux couplés, de 65 à 90 kilomètres.

Les machines à trois essieux couplés, de 45 à 65 kilomètres.

Les exigences du public ont amené graduellement une accélération très notable des vitesses. Il ne faut pas toutefois que ce puisse être au détriment de la sécurité. Quand la voie est très bonne et le matériel d'une grande stabilité, ce qui est le propre de tous nos réseaux, un train rapide peut prendre couramment sans danger, sur des sections en palier ou à très faible inclinaison et en alignement droit des vitesses de marche de 95 à 100 kilomètres. L'important est que le mécanicien soit toujours maître de son train, et qu'il ait, dans ses freins, un moyen d'arrêt énergique et rapide en face d'un obstacle imprévu. Nous reviendrons sur cette question en parlant des freins continus.

Il importe aussi à la sécurité qu'aucun véhicule à marchandises, sauf, bien entendu, ceux qui, comme les fourgons, les vagons-écuries et les trucks sont spécialement destinés à circuler dans les trains de voyageurs, ne soit admis dans les trains marchant à une vitesse moyenne supérieure à 55 kilomètres.

Quant aux machines de renfort, je rappelle que, par décision ministérielle du 18 juillet 1865, toutes les compagnies ont été autorisées à les atteler en queue des trains, sans limitation aucune des inclinaisons et sans autre restriction que celle de l'article 19 de l'ordonnance du 15 novembre 1846 qui prescrit de ne pas dépasser, en pareil cas, la vitesse de 25 kilomètres par heure. Ce mode d'attelage constitue effectivement une mesure de sûreté, en empêchant la rupture d'un convoi, ou en y remédiant au besoin.

La marche des trains et leur ordre de succession sont déterminés et arrêtés sur tous les réseaux à l'aide de tableaux graphiques dressés avec le plus grand soin par les chefs de mouvement. On y inscrit avant tout les lignes qui représentent le tracé de la marche de tous les trains de voyageurs. On intercale ensuite, dans les vides laissés dans les mailles de ce premier canevas, les lignes représentant le tracé horaire des divers trains de marchandises et on règle les garages et les stationnements de manière à maintenir un espacement suffisant avec des trains de voyageurs, pour éviter toute chance de collision.

En général, c'est au moyen d'un intervalle de temps qu'on s'attache à maintenir entre les trains un espacement suffisant et régulier pour empêcher les collisions, préoccupation constante de l'exploitation.

Je rappelle la règle habituellement suivie dans ce but :

Aucun train (ou machine) ne doit partir d'une station ou la dépasser avant qu'il se soit écoulé, depuis le départ ou le passage du train précédent, un intervalle de 10 minutes.

Toutefois, cet intervalle peut être réduit à 5 minutes dans les cas suivants :

1° Lorsque le premier train a une marche plus rapide que le second ;

2° Lorsque la distance à parcourir, sur la même voie, par les trains qui se suivent, n'excède par 2 kilomètres.

L'intervalle peut même être réduit à 3 minutes (d'après les règlements particuliers de quelques compagnies) lorsque 2 trains qui se succèdent à une station d'embranchement doivent, à moins d'un kilomètre de cette station, suivre chacun une direction différente.

En conséquence, à chaque passage de train ou de machine aux gares où ils ne s'arrêtent pas, on met le disque signal à l'arrêt aussitôt que le train ou la machine l'a dépassé, et ce signal est maintenu après le passage pendant le temps réglementaire.

En pleine voie, le signal d'arrêt est fait et maintenu par les agents de la voie pendant les cinq minutes qui suivent le passage d'un train de voyageurs et pendant les dix minutes qui suivent le passage d'un train de marchandises.

Les règlements fixent en outre généralement un second délai qui suit le premier, et pendant lequel on doit présenter aux trains un signal de ralentissement.

Ce système, quand il est appliqué avec vigilance, peut offrir des garanties de sécurité suffisantes ; mais, sans énumérer tous ses inconvénients, il a le défaut capital de laisser une trop large place aux négligences des agents.

Block-System.

Le système de cantonnement des trains « Block system » des Anglais qui substitue la distance au temps pour assurer l'intervalle entre deux trains marchant dans le même sens, sur la même voie, lui est incomparablement supérieur.

Cette méthode consiste, on le sait, à diviser la ligne en sections, ou cantons « Blocks », de longueur convenable, et à ne jamais permettre que deux trains se trouvent simultanément dans une de ces sections, aucun train ne devant pénétrer dans une section que lorsque celui qui le précède en est sorti.

Chaque train, quelles que soient sa nature et sa vitesse, sur une ligne exploitée par cantonnement, est donc toujours couvert, pendant sa marche, aussi bien que pendant ses arrêts, par une zone de protection suffisante, et quelles que soient les vitesses des trains en mouvement sur une pareille ligne ; de quelque façon que ces vitesses se combinent entre-elles, normalement ou accidentellement, tant que les signaux du Block sont rigoureusement faits et strictement observés, aucune collision n'est possible.

Dans ces conditions, on réalise le Block-system absolu, tel qu'il est généralement pratiqué en Angleterre, en Belgique, en Hollande et sur quelques sections de lignes françaises.

Pour faciliter la circulation et pour éviter de réduire la capacité du trafic des lignes, sans recourir au fractionnement de ces lignes en de trop courtes et par conséquent trop dispendieuses sections de cantonnement, on emploie sur quelques lignes anglaises, et aussi en France, un système mixte, le système « permissif » :

Le mécanicien, au lieu de s'arrêter à l'entrée d'une section bloquée, se rend maître de sa vitesse, dépasse le signal d'arrêt avec prudence, et s'avance avec précaution, soit jusqu'au premier signal d'arrêt qu'il trouve sur la voie, soit jusqu'à l'extrémité de la section, à partir de laquelle il reprend sa marche normale, si la section suivante n'est pas bloquée. En Angleterre, le « Block-system » absolu, qui donne le maximum de sécurité, a pris un développement considérable. En 1878, il était appliqué sur les 0,77 (plus des 3/4) de la longueur totale des lignes à double voie.

En France, où l'exploitation par cantonnement fait des progrès rapides, sur 5 compagnies qui l'ont adopté avec plus ou moins de développement, deux compagnies, Paris-Lyon-Méditerranée et Orléans, appliquent le « Block - system absolu ». Les trois autres compagnies, le Nord, l'Ouest et l'Est, appliquent un système qui se rapproche du « Permissif », avec additions de quelques précautions spéciales.

Les appareils employés pour réaliser ce système de cantonnement sont variés, et je ne saurais entreprendre d'en donner une description même très sommaire. Sur les lignes françaises on a adopté soit les électro-sémaphores Lartigue-Tesse et Prud'homme, caractérisés par la solidarité des signaux électriques et des signaux à vue, soit l'appareil Tyer (l'appa-

reil le plus usité en Angleterre), soit l'appareil Regnault,
dont les signaux électriques ne sont pas solidarisés avec les
signaux à vue, et dont, par conséquent, les indications doivent être traduites et répétées à l'extérieur, pour être portées
à la connaissance des mécaniciens.

Sur le chemin de fer du Nord, le « Block-system » est
appliqué, en ce moment, sur diverses sections d'un total de
90 kilomètres; et il le sera prochainement en outre sur la
ligne de Paris à Lille, soit un total de 390 kilomètres.

La section actuelle la plus importante est de 50 kilomètres,
de Saint-Denis à Creil par Chantilly. Dans la première organisation, on n'avait établi entre ces deux points extrêmes
que 12 postes formant 11 sections de 3 kilomètres 941^m de
longueur moyenne. On a été bientôt amené à remanier ces
cantonnements pour faciliter l'activité de la circulation et à
installer définitivement 20 postes formant 20 sections d'une
longueur moyenne de 2 kilom. 287 m. Sur la ligne de Lille,
les postes seront espacés de 3 kilomètres en moyenne, et leur
distance maxima ne dépassera pas 4 kilomètres.

L'électro-sémaphore Lartigue est mis à l'arrêt mécaniquement, au passage de chaque train. Ce signal d'arrêt est
enclenché et ne peut plus être déclenché et effacé que par
une manœuvre effectuée du poste suivant vers lequel s'avance
le train. La sécurité est donc complétement assurée. Un
accusé de réception acoustique (par une sonnerie) et optique
par un voyant, avertit le signaleur que l'opération qu'il a
voulu effectuer au poste suivant s'est produite et a été comprise.

L'installation est d'ailleurs des plus complètes : tout poste
fonctionne comme une véritable station, avec disques avancés et poteaux de protection ; ce qui donne un grand surcroît
de sécurité.

L'exploitation ne se fait ni par le « Block system » absolu
ni par le « permissif » proprement dit, mais par une sorte de
combinaison mixte des deux systèmes : un train arrêté par
un sémaphore est autorisé, en principe, à pénétrer dans la

section bloquée après cinq minutes de stationnement ; mais il ne doit s'y avancer qu'avec une vitesse qui permette de pouvoir toujours l'arrêter dans la partie de voie en vue.

Le stationnaire qui laisse s'engager ainsi plusieurs trains dans sa section avant que le signal d'arrêt ne soit déclenché, en tient régulièrement note sur une ardoise, placée en vue, à son poste.

La compagnie complète d'ailleurs, en ce moment, son système de cantonnement dans la partie de son réseau où il était le plus essentiel de l'établir, entre Paris et Saint-Denis, où les trains et les machines se succèdent pendant presque toute la journée, à cinq minutes d'intervalle et à trois minutes pendant plusieurs heures. Elle y installe six postes à petite distance d'électro-sémaphores combinés avec autant d'appareils Saxby. La sécurité de la circulation y sera donc complétement assurée.

La compagnie de Paris-Lyon-Méditerranée a été la première à inaugurer le block-system, dès l'année 1867. Il y a pris un développement bien plus rapide que sur les autres réseaux. On y compte déjà 530 kilomètres exploités par cantonnement et principalement répartis en quatre grandes sections sur la ligne de Paris à Marseille, dont le trafic moyen, l'un des plus considérables de France, est de 67 trains par vingt-quatre heures dans chaque sens. Avant deux ans, la ligne totale, de 860 kilomètres, sera cantonnée. On en projette aussi l'établissement sur la ligne de Tarascon à Cette, soit un total de 1169 kilomètres.

On rencontre encore en ce moment sur le réseau quelques postes éloignés de 6 à 7 kilomètres ; on en réduit l'intervalle par l'établissement de postes intermédiaires, et incessamment l'étendue des cantons ne dépassera pas 4 kilomètres.

Chaque poste est muni d'un sémaphore donnant les signaux optiques aux mécaniciens, d'une pile électrique, d'une sonnerie et d'un appareil Tyer simple ou double, suivant que le poste est tête de ligne ou intermédiaire. Il est relié par un fil télégraphique au poste qui le précède et à celui qui le suit.

Jusqu'ici, les sémaphores qui n'étaient pas visibles d'assez loin, étaient les seuls qui fussent appuyés par des disques avancés. On travaille en ce moment à rendre cette mesure générale et à doubler, comme sur le Nord, chaque sémaphore de deux disques avancés à grande distance.

Sur ce réseau, comme je l'ai dit, le « Block system » est absolu, mais il est tempéré en cas d'arrêt prolongé par la faculté de passage donnée au mécanicien après dix minutes de stationnement, en lui remettant un bulletin écrit qui lui sert d'avertissement, et en lui imposant un ralentissement soutenu.

Le système a reçu dans ces derniers temps une importante amélioration pratique par l'adjonction aux appareils Tyer de chaque poste d'un avertisseur électrique Jousselin, qui complète les moyens de communication de poste à poste.

Cet avertisseur permet de passer télégraphiquement d'un poste à l'autre avec le courant même de l'appareil bloqueur et sans toucher à son fonctionnement, une douzaine de signaux convenus, sans qu'il puisse y avoir erreur ou confusion dans l'envoi ou dans la réception des signaux.

L'appareil présente un cadran à divisions numérotées sur lequel peut se mouvoir une aiguille. Il suffit de donner un coup du bouton vers lequel est inclinée l'aiguille inférieure de l'appareil Tyer, pour mettre en jeu la sonnerie du poste suivant et y faire avancer d'une division l'aiguille du cadran; chaque division porte d'ailleurs l'indication d'une des douze dépêches les plus usuelles, inscrites d'avance.

L'avertisseur Jousselin remplace ici avantageusement, comme on voit, le commutateur de l'électro-sémaphore Lartigue, qui ne peut permettre, sans crainte de confusion, de passer plus de cinq signaux déterminés à l'avance.

La compagnie d'Orléans a établi le Block-System absolu sur la double voie de sa ligne principale entre Paris et Bretigny, soit sur les 32 kilomètres de son réseau qui présentent la plus grande fréquentation (60 trains dans chaque sens).

Elle emploie les électro-sémaphores Lartigue avec une

légère modification imaginée par MM. Heurteau et Guillot, dans le but d'empêcher les erreurs pouvant provenir de dérangements causés par l'électricité atmosphérique.

Les stations de cette ligne étant très peu éloignées les unes des autres, les postes de cantonnement ont pu être établis à une distance moyenne de 2 kilomètres 1/2, presque sans intercalation de postes isolés en pleine voie.

Le block-system proprement dit n'est appliqué, en ce moment, sur le réseau de l'Est, que sur les 5 kilomètres qui séparent Pantin de Noisy-le-Sec, à l'aide de trois postes munis d'appareils du système Tyer et de disques à distance, qui fonctionnent dans des conditions voisines du Permissif, adoptées sur le chemin de fer du Nord.

Des appareils Tyer viennent d'être également établis, pour fonctionner dans les mêmes conditions, sur 8 kilomètres, entre Noisy-le-Sec et Nogent-sur-Marne-Bry, en attendant qu'on installe sur cette ligne et sur celle de Paris à Meaux, ainsi qu'on en étudie le projet, des électro-sémaphores Lartigue, identiques à ceux du Nord.

On a déjà d'ailleurs réalisé depuis longtemps, sur le tronçon de 6 kilomètres, compris entre Paris et Pantin (où circulent en moyenne cent trains dans chaque sens), un véritable « block system absolu » par l'installation d'une série de petits postes communiquant entre eux par des avertisseurs à palettes jaunes, et qui bloquent successivement la voie en sections très courtes à l'aide de disques spéciaux manœuvrés mécaniquement et assurent la sécurité de ce passage resserré et difficile qui donne accès à la gare de Paris.

Entre Noisy-le-Sec et Meaux, la distance de 36 kil. 265 m. sera partagée en 10 sections de cantonnement variant entre un minimum de longueur de 1 182 mètres et un maximum de 5 kil. 169 m. Trois postes d'électro-sémaphores Lartigue seront installés en pleine voie. Les huit autres seront établis aux stations.

Sur la petite ligne de Paris-Bastille à Vincennes, la faible distance des stations et la disposition des signaux ont permis de réaliser un mode de cantonnement qui assure la sécurité. Le disque qui protège chaque station se trouvant effectivement placé dans la station précédente, il est de principe de ne laisser partir aucun train de cette dernière tant que son disque en vue est à l'arrêt.

La compagnie de l'Ouest a déjà appliqué le système de cantonnement sur 82 kilomètres de son réseau, sur les lignes d'Auteuil et de ceinture R. G.; de Versailles R. D. et R. G.; et de Paris à Rouen, aux sections d'Asnières à Achères, et d'Oissel à Sotteville.

Sur la section de Paris Saint-Lazare à Auteuil, qui comprend neuf postes, elle emploie l'appareil Tyer. Sur toutes les autres sections, et sur le chemin de ceinture, le block-system est établi avec l'appareil électrique Regnault et les disques carrés d'arrêt absolu ordinaires appuyés de disques avancés.

L'appareil Regnault, qui a de l'analogie avec l'appareil Tyer, mais qui lui est supérieur, a été l'objet, dès son origine, d'un rapport très favorable de la commission d'enquête de 1856. On pourrait même s'étonner de le voir si peu appliqué encore. Il a d'ailleurs reçu de son auteur des perfectionnements qui rendent son fonctionnement plus sûr et moins sujet aux dérangements. Il exige deux fils télégraphiques, mais il présente des garanties de sécurité spéciales.

Ainsi le signal du départ d'un train ne peut être supprimé par le poste qui l'a donné. Autrement dit l'aiguille inclinée dans le sens de la marche du train ne peut être ramenée à la verticale que par le poste qui a reçu le train. Inversement l'aiguille de répétition de l'appareil, qui donne l'accusé de réception, ne s'incline que par l'action du courant électrique permanant produit par l'appareil qui a reçu le signal.

On n'applique pas sur les lignes de l'Ouest le « Block system absolu », mais un « block-system » très mitigé, car si au bout de 5 minutes la voie libre n'est pas rendue, le stationnement peut laisser engager dans la section un nouveau train, en donnant au mécanicien un bulletin écrit. Dix minutes après le passage d'un train, le bulletin n'est plus nécessaire.

Enfin, quand un train s'arrête à une station et s'y trouve couvert par les signaux avancés, le poste de cette station peut rendre voie libre au poste précédent, bien que le train n'ait pas encore dégagé la station.

La compagnie se propose d'étendre prochainement son système de cantonnement par les appareils Regnault, d'Achères à Nantes, de Sotteville à Malaunay et de Viroflay à Saint-Cyr, en en reportant en même temps la tête de ligne d'Asnières à la station de Clichy.

Son projet le plus important, et dont la réalisation comblera une lacune trop évidente, consiste à établir dans l'espèce de goulot compris entre la gare de Paris et celle de Clichy, où les trains et les machines se succèdent à deux minutes d'intervalle pendant quelques heures de la journée, un système de cantonnement absolu à petites sections.

Le projet est à l'étude et sera prochainement mis à exécution. Six postes seront établis dans ce goulot sur la ligne de Saint-Germain, et sept sur celle de Versailles (le dépôt des machines se trouve situé sur cette dernière ligne). La longueur des cantons variera de 500 à 750 mètres. Les postes seront fermés à leurs extrémités par des disques carrés d'arrêt absolu, déjà existants pour la plupart. La correspondance des signaux d'un poste à l'autre pour bloquer et débloquer les cantons, s'effectuera à l'aide de petits disques avertisseurs de forme triangulaire communiquant mécaniquement.

L'exploitation de ce faisceau de lignes de Paris à Clichy y trouvera un surcroît de sécurité qui depuis longtemps devenait indispensable.

On voit que presque toutes les compagnies arrivent d'elles-mêmes à appliquer le système de cantonnement des trains sur la plupart des sections de leurs réseaux le plus chargées de trafic.

Il me semble assez difficile au premier abord de déterminer une limite de trafic à partir de laquelle cette application puisse être considérée comme indispensable à la sécurité. Il a paru toutefois à la commission que ce n'était pas trop s'engager que d'émettre l'avis qu'un mouvement de cinq trains à l'heure dans le même sens (ce qui ne laisse qu'un intervalle de 12 minutes, à peine supérieur à l'intervalle réglementaire entre deux trains consécutifs), se produisant à certaines heures de la journée, pouvait être adopté pour limite, et qu'il était utile de signaler cette limite aux compagnies comme ne devant jamais être dépassée, sans donner lieu à l'installation du block-system.

Il existe enfin, sur tous les réseaux, un certain nombre de tronçons, où l'emploi d'un système de cantonnement a une importance toute spéciale. Ce sont les points de ramifications ou de rebroussement, où les trains en correspondance passent toujours à des intervalles très rapprochés. Les lignes y sont, en outre, souvent en tranchées ou en courbes, ou masquées par certains ouvrages d'art.

Le cantonnement des trains est le seul moyen d'assurer la sécurité sur ces points spéciaux, et la commission ne peut que proposer au ministre d'inviter les compagnies à se mettre en mesure d'en faire l'application à ces points.

La commission estime, enfin, qu'il convient, tout en laissant les compagnies libres d'adopter soit le « Block-System » absolu, soit le Permissif, dans lequel ne s'est produit jusqu'ici aucun accident, de leur recommander particulièrement l'application du Block-System absolu comme présentant des garanties de sécurité très supérieures.

Quant aux appareils de cantonnement, la commission est d'avis qu'il n'y a pas lieu en ce moment de limiter, sous ce rapport, l'initiative et le choix des compagnies.

FREINS.

La question des freins se lie à celle des vitesses et est une de celles qui intéressent le plus la sécurité de l'exploitation.

Au nombre de ces moyens d'arrêt et de ralentissement, on peut citer en première ligne, l'appareil de marche à contre-vapeur, dont le but est de transformer momentanément la locomotive en une machine propre à développer une résistance au mouvement du train. Presque toutes les locomotives sont aujourd'hui pourvues de cet appareil, et grâce aux perfectionnements dont il a été l'objet, la manœuvre qui était autrefois dangereuse et à laquelle on n'avait recours que dans les cas de détresse, est devenue d'une pratique courante. Les mécaniciens en font souvent usage pour les arrêts aux stations, et sont tenus de s'en servir régulièrement pour modérer la vitesse des trains à la descente des fortes rampes.

Beaucoup de locomotives sont en outre pourvues, ainsi que tous les tenders, d'un frein à vis à sabots.

Le frein à vis manœuvré à la main, agissant sur toutes les roues du véhicule, est d'un usage à peu près général pour les voitures à voyageurs et les fourgons à bagages.

Les véhicules à freins, dans les trains de voyageurs, ne sont pas toujours lestés ; il n'est pas possible qu'il en soit autrement, puisque ce sont en partie des voitures à voyageurs, mais on applique de préférence les freins aux voitures à voyageurs les plus lourdes, de manière à en rendre l'action plus énergique.

Le nombre des freins gardés à introduire dans les trains de voyageurs et de marchandises, indépendamment du frein du tender, est réglé, sur chaque réseau, par un ordre de service approuvé par le ministre et déterminé suivant le nombre de véhicules du train, sa vitesse moyenne et les déclivités de la section à parcourir, de telle sorte que l'arrêt du train, marchant à sa vitesse normale, puisse être obtenu dans le parcours moyen de 800 à 1 000 mètres.

La compagnie du Nord, entraînée par l'accroissement de son trafic et par le développement de la vitesse de ses trains express, a, depuis longtemps modifié l'ancien système, en usage encore sur la plupart des autres lignes, en lui substituant des types de freins plus puissants et d'une action plus rapide. Presque tous ses freins sont aujourd'hui à déclenchement. L'agent chargé de la manœuvre n'intervient d'abord que pour rendre libre l'action d'un poids ou d'un ressort tendu, qui opère presque instantanément la majeure partie d'un serrage qu'il est ensuite facile de compléter rapidement par quelques tours de manivelle.

Par une combinaison qui a été un premier pas de cette compagnie vers l'emploi des freins continus, le frein Newal, dont le serrage s'obtient aussi par un déclenchement, peut commander l'enrayage des roues d'un groupe de trois véhicules, sous la main d'un seul garde-frein, et peut même être mis sous la dépendance immédiate du mécanicien. Avec ces freins perfectionnés, l'arrêt d'un train dans sa marche normale peut être obtenu en 5 ou 600 mètres ; c'est déjà une amélioration, mais que laissent très loin derrière eux les freins continus appelés, sans doute, à se substituer graduellement à tous les autres freins dans les trains de voyageurs.

Le principe commun de ce genre de freins est de permettre l'enrayage simultané et pour ainsi dire instantané de tous les véhicules du train, sous la main du mécanicien, au moment même où il aperçoit sur la voie, soit un signal d'arrêt, soit un obstacle, de façon à obtenir l'arrêt le plus rapide et le plus court.

Toutes les compagnies expérimentent, en ce moment, l'un au moins de ces systèmes de freins les plus connus. Deux d'entre elles se sont même déjà décidées pour une adoption complète d'un de ces freins, et elles en développent activement l'application. L'Ouest a adopté le frein Westinghouse à air comprimé ; le Nord, le frein Smith (à vide) ; Paris-Lyon-Méditerranée essaye concurremment le frein Westinghouse et le frein Smith : l'Est étudie, perfectionne et applique le frein électrique Achard ; l'Orléans essaye le frein Smith et développe l'application du frein Héberlein ; le Midi commence un essai en grand du frein Westinghouse.

Frein Westinghouse.

Je rappelle rapidement le principe du frein Westinghouse : l'air est refoulé dans un réservoir principal porté par la locomotive, et dans une série de réservoirs auxiliaires placés sous le tender et sous tous les véhicules, en communiquant avec une conduite générale régnant sur toute la longueur du train. Cette communication avec chaque réservoir auxiliaire a lieu par l'intermédiaire d'un organe spécial de distribution (triple valve) qui, dans une certaine position, donne accès à l'air comprimé dans un petit cylindre situé également sous chaque véhicule, et dont le piston commande le serrage des sabots des freins.

Tant que la pression est maintenue dans la conduite générale, les freins restent desserrés ; mais si une issue est donnée à l'air comprimé de cette conduite, l'équilibre de la triple valve est subitement rompu ; le jeu de l'organe fait passer l'air des réservoirs auxiliaires dans les cylindres à freins, et ces freins sont instantanément appliqués.

Cette instantanéité d'action, due à ce que chaque-véhicule porte son récipient d'air comprimé immédiatement attenant à son frein, est le principal avantage du système. On obtient dès les premières secondes un serrage énergique qui produit rapidement l'extinction de la vitesse, et par suite de la force vive du train, et si l'accident n'est pas totalement évité, il est rendu, tout au moins, beaucoup moins grave. Un agent quelconque du train peut mettre en prise tous les freins en ouvrant un des robinets de la conduite générale.

En cas de rupture d'attelage ou de dérangement de cette conduite, en un mot de tout accident occasionnant une dépression de l'air dans la conduite, les freins s'appliquent d'eux-mêmes ; l'arrêt avertit de l'état de l'appareil ; toute fraction détachée du train est par cela même immédiatement enrayée ; en un mot, tout le système est automatique au degré le plus élevé.

Sans parler des nombreuses applications que ce frein a

reçues en Amérique, en Angleterre, en Belgique, en Hollande, l'expérimentation que la compagnie de l'Ouest en a faite depuis le mois d'Avril 1878, sur ses lignes les plus fréquentées, et qu'elle a développées de plus en plus sur tout son réseau, semble aujourd'hui décisive, et ne paraît plus laisser de doutes sur les avantages pratiques de ce système.

Divers essais sur la ligne de l'Ouest on montré qu'on obtenait en 150 mètres l'arrêt d'un train de douze voitures pour une vitesse de 76 kilomètres à l'heure, sur palier ; en 214 mètres, pour une vitesse de 88 kilomètres, sur une pente de 5 millimètres, et qu'on pouvait compter sur un arrêt du même train en 250 mètres dans les conditions de plus grande vitesse et de plus grande pente sur le réseau. On peut ajouter que l'emploi de ce frein sur le chemin de fer de ceinture a déjà plusieurs fois permis, par des arrêts très courts, d'éviter des accidents qui semblaient imminents.

La compagnie de l'Ouest a depuis longtemps appliqué ce frein à tous les trains de voyageurs des lignes de ceinture, de Versailles (R. D. et R. G.) et aux trains rapides des lignes du Havre, de Dieppe et de Trouville. Au 31 décembre dernier, 100 machines et 900 voitures et fourgons en étaient déjà munis ; on en a décidé récemment l'application nouvelle à 75 autres machines et à 550 voitures, pour compléter le service des express sur tout le réseau, et en étendre l'emploi aux trains de la ligne de Saint-Germain. Ces chiffres disent assez quel degré de confiance il est dès aujourd'hui possible de donner à ce système.

Les détracteurs de l'automaticité reprochent à ce frein ses arrêts intempestifs en pleine voie, conséquence du moindre dérangement de ses organes, qui peuvent devenir des causes de collisions. La compagnie de l'Ouest répond en établissant que depuis qu'elle est sortie de l'ère de ses premiers essais, les arrêts intempestifs des trains ne se sont plus produits que dans une proportion insignifiante, et qu'elle n'a eu revanche, à constater aucun refus de fonctionnement, accident particulier à quelques autres systèmes, susceptible de suites plus graves.

Frein Smith.

Le frein Smith, à vide, essayé ou pour mieux dire adopté par la compagnie du Nord, est, en quelque sorte, la contre-partie du frein précédent. Une conduite générale s'étend également sur toute la longueur du train avec des accouplements en caoutchouc pour les intervalles des voitures, et elle est en communication, sous chaque véhicule, avec un sac ou soufflet compressible dont un fond est fixe et l'autre mobile et relié aux leviers des freins.

Cette conduite aboutit sur la machine à un éjecteur de vapeur qui produit par entraînement l'aspiration de l'air contenu dans tout le système des sacs, et aussitôt tous les freins sont serrés contre les roues.

La dépression obtenue est loin d'aller à un vide à peu près complet et ne dépasse pas 2/3 d'atmosphère ; mais grâce aux dimensions données aux sacs compressibles, l'effort appliqué au serrage des freins a toute l'énergie voulue. Le desserrage est produit par le jeu du clapet qui fait rentrer l'air dans la conduite.

Ce système est très simple : c'est son avantage principal. On pourrait le rendre automatique, ainsi que l'essai en a été fait sur deux réseaux anglais ; mais cette automaticité ne peut s'obtenir qu'à l'aide d'une assez grande complication, et on ne peut pas dire qu'elle ait encore été rendue pratique.

Ici, les fuites de la conduite peuvent paralyser en tout et en partie l'appareil. Pour y remédier dans une certaine mesure, M. Hardy, qui a perfectionné le système, partage la conduite en deux branches dont l'une ne s'applique qu'aux freins de la machine et du tender, tandis que l'autre s'étend jusqu'au bout du train. Si celle-ci laisse entrer l'air, la première reste, en général, étanche, étant sujette à moins de remaniements, et produit l'enrayage de la tête du train.

D'autres perfectionnements récents dans le détail desquels il serait trop long d'entrer, ont rendu le jeu du système plus sûr, et en ont amélioré le service. J'indiquerai seulement que la compagnie du Nord a entièrement doublé la conduite longitudinale pour rendre plus rapide la transmission de l'appel d'air qui ne met plus maintenant que cinq secondes à s'effectuer, d'un bout à l'autre d'un train de 24 voitures. En outre, bien que les deux conduites symétriques soient en communication entre elles au bout du train, chacune d'elles a été munie d'un éjecteur particulier, et l'expérience a montré qu'avec le jeu simultané de ces deux éjecteurs, l'enrayage des freins a toujours lieu lors même que, par accident, une ouverture vient à se produire en un point quelconque de la double conduite.

Au 1er mai 1880, la compagnie avait déjà 131 machines et 550 voitures de toute nature munies du frein à vide, desservant 22 trains par jour, notamment les trains express de grande ligne de Paris à Calais, Boulogne, Lille, Soissons et 2 trains de marée. Le matériel en cours d'application de ce frein permettra sans doute d'élever ces totaux, dès cette année, à 378 machines et 800 voitures et fourgons. L'usage en sera alors étendu aux trains de la grande et de la petite banlieue, aux trains semi-directs et aux trains omnibus de grande ligne. L'exploitation si active de ce réseau y trouvera un grand complément de sécurité.

La compagnie annonce même qu'elle se propose de faire une application prochaine du frein à vide aux trois véhicules de tête des principaux trains de marchandises: la machine, le tender et le fourgon lesté et chargé de 12 tonnes ; elle disposera ainsi, en outre de ses freins ordinaires, d'une puissance d'arrêt bien suffisante pour le service de trains qui n'ont jamais à prendre une bien grande vitesse.

La compagnie Paris-Lyon-Méditerranée emploie généralement les freins à vis avec écrou spécial, système Delpech, permettant de donner aux sabots une grande vitesse de rapprochement. Les véhicules comptant comme freins dans les

trains de voyageurs sont toujours lestés ou chargés. Si, par exception, ils se trouvent vides, ils ne sont comptés que pour moitié dans le nombre réglementaire des freins à placer dans le train.

La compagnie expérimente, comme je l'ai dit, le frein Westinghouse sur un train omnibus de 18 à 24 voitures, sur la ligne de Paris à Corbeil, et le frein Smith sur un train pareil de Paris à Montereau. Ces essais n'ont qu'une faible importance en comparaison des expériences de l'Ouest et du Nord; ils témoignent seulement du désir de la compagnie d'étudier à fond la question avant de se décider à l'adoption d'un frein continu.

Le frein Smith a donné des arrêts de 300 mètres avec une vitesse de 65 à 68 kilomètres, sur des pentes de 4 à 5 millimètres. Le frein Westinghouse a donné des arrêts un peu plus courts dans les mêmes conditions. La compagnie ne s'est encore décidée pour aucun de ces deux systèmes, elle aurait une tendance à chercher à se créer un frein qui pourrait avoir la simplicité et la modérabilité du premier et l'automaticité du second.

La compagnie du Midi semble avoir donné la préférence au système Westinghouse et fait, en ce moment, adapter ce frein au nouveau matériel d'un train à grande vitesse qu'elle compte mettre prochainement en service sur les lignes de Bordeaux à Cette et de Narbonne à la frontière d'Espagne.

Frein Achard.

La compagnie de l'Est expérimente le frein électrique de M. Achard. Dans ce système déjà pratiqué et en voie de perfectionnement, l'électricité sert à établir la solidarité de l'un des essieux en mouvement auquel on emprunte sa force vive, avec une sorte de treuil sur lequel s'enroule une chaîne agissant sur les leviers des freins pour en opérer le serrage.

Ce treuil, suspendu horizontalement comme un pendule au

châssis du véhicule, est armé, à sa partie moyenne, d'un volumineux électro-aimant cylindrique et concentrique à l'arbre placé à une petite distance de l'essieu qui l'attire fortement et l'entraîne dans son mouvement, dès qu'on produit l'aimantation, en lançant le courant par la fermeture du circuit électrique de deux piles placées dans les fourgons de tête et de queue du train.

Chaque véhicule muni de son électro-aimant pendulaire, disposé pour actionner ses freins, est en communication avec un fil métallique qui règne sur toute la longueur du train. Des commutateurs permettent au mécanicien et à tout garde-frein d'enrayer instantanément toutes les roues du train. La quantité d'électricité nécessaire pour produire à volonté plusieurs arrêts successifs, énergiques, rapprochés et prolongés, est obtenue à l'aide d'un accumulateur Planté qui emmagasine l'électricité des deux piles pendant les intervalles de l'action des freins.

Les expériences ont eu lieu jusqu'ici, sur le train rapide de Paris à Avricourt, composé de 5 à 6 voitures, non compris les fourgons, et portant deux freins Achard, l'un en tête, l'autre en queue. Elles ont été satisfaisantes, et la compagnie s'est décidée à prolonger l'essai sur un train de 10 voitures à frein, actuellement en construction. Ce frein a déjà fait éviter un accident près de Lagny, en permettant d'arrêter le train dans l'espace de 200 mètres.

Le difficile est de graduer l'action de ce frein, de ne pas arriver à un calage complet des roues, et de modérer à volonté la vitesse sur les pentes. On n'y parvient jusqu'ici qu'en serrant et desserrant alternativement les freins ; mais M. Achard a imaginé une disposition permettant de faire varier à volonté la quantité d'électricité envoyée dans l'électro-aimant, et, par suite, la force avec laquelle cet organe s'applique sur le manchon de l'essieu ; mais cette modification n'a pas encore été expérimentée.

L'auteur peut rendre facilement son frein automatique par l'emploi de deux petites piles accessoires placées à chaque extrémité du train, dont l'action se neutralise en marche normale ; il établit deux relais qui ne fonctionnent que lorsqu'il se produit une rupture d'attelage, et qui mettent alors en action les piles principales et produisent l'enrayage immédiat des deux parties séparées.

M. Achard a établi des contacts très larges et à fortes pressions, de manière à éviter les pertes d'électricité et à augmenter la sûreté de ses appareils. Son frein pourrait devenir dès aujourd'hui, de tous ceux qu'on a expérimentés, le plus instantané et le plus énergique ; il semble enfin que ce soit ce système qui puisse le mieux arriver à se prêter, dans l'avenir, par la simplicité des attelages, à une application des freins continus aux trains mixtes et même aux trains de marchandises, en permettant de mettre instantanément en action, sinon des freins appliqués à tous les véhicules, ce qui ne serait pas nécessaire, tout au moins des groupes de freins placés en tête, en queue et au milieu de ces trains.

L'emploi des piles et de l'accumulateur Planté est une sujétion qu'on reproche à ce frein ; mais on annonce une amélioration déjà essayée qui serait de nature à révolutionner ce système ; les piles disparaîtraient ; l'embrayage électrique serait produit par un courant d'induction obtenu à l'aide d'une machine Gramme mise en mouvement par l'un des essieux du véhicule. Cette importante amélioration n'en est encore qu'aux premières expériences, mais les résultats qu'elle a déjà donnés sembleraient promettre une réussite complète.

Frein Heberlein.

Le frein Heberlein expérimenté par la compagnie d'Orléans rentre aussi dans la catégorie des freins à entraînement. Il utilise pour le serrage la force vive du train ; mais ici le déclenchement et la mise en prise des freins s'obtiennent en tirant un cordeau monté sur toute la longueur du train. L'appareil est simple : sur un des essieux du véhicule est calé un galet avec lequel peut venir engrener par friction un galet semblable monté sur l'axe d'un treuil sur lequel s'enroule une chaîne. Cette chaîne agit sur les leviers des freins et met en prise, par le déclenchement d'un contre-poids ; la force est même suffisante pour actionner les freins de deux autres vagons entre lesquels le véhicule à treuil mobile peut être placé.

On peut répartir ainsi plusieurs groupes de freins dans un même convoi, mais pour que la mise en jeu de ces freins par le cordeau ne donne pas lieu à des serrages intempestifs, dans les dilatations subies par le train en marche, il faut que l'attelage des véhicules soit assez serré pour que jamais les tampons ne puissent s'écarter les uns des autres. Toute rupture d'attelage, cassant le cordeau, met en action les freins, et en réalise le jeu automatiquement.

Ce système n'est, à vrai dire, qu'un frein de détresse ; il serait difficile de l'employer habituellement comme frein de service. La compagnie d'Orléans n'en fait usage, jusqu'ici, que dans son train rapide de Paris à Bordeaux, et elle a constaté que trois groupes de trois voitures, dans un même train, peuvent être employés sans trop compliquer les manœuvres, et avec une rapidité suffisante d'action. Elle prescrit aux mécaniciens de s'en servir chaque jour, pour l'arrêt à la première station, afin de s'assurer pour tout le voyage, de son bon état de fonctionnement.

Une expérience officielle a montré qu'un train de 12 voitures du nouveau type de 1re classe du réseau, toutes munies de freins Heberlein, marchant à 76 kilomètres sur une pente de 3 millimètres, était arrêté en 250 mètres par l'emploi simultané de ce frein et de la contre-vapeur.

La compagnie d'Orléans annonce qu'elle se propose de continuer les essais de ce frein en s'appliquant à apporter à son mécanisme les simplifications et les perfectionnements que l'expérience déjà acquise pourra lui indiquer.

La même compagnie a également appliqué le frein Smith à six trains de banlieue, entre Paris et Orléans ; mais son but a été principalement de donner aux machinistes plus de facilité pour regagner le temps perdu aux stations par la promptitude des arrêts; son choix a été déterminé par la simplicité de ce système et l'avantage qu'il présente de ne pas gêner la marche du train, s'il vient à se déranger.

La question de l'automaticité des freins que soulèverait cette remarque est trop controversée pour qu'il soit possible d'entreprendre de la discuter ici. Je dois me borner à indiquer que la commission reconnaît l'avantage des systèmes automatiques qui avertissent d'eux-mêmes des dérangements qui pourraient empêcher le fonctionnement du frein, et qui, en cas d'accident, produisent l'enrayage des parties détachées sans intervention des mécaniciens ou des agents.

Nous constatons, en somme, qu'aucune de nos compagnies n'est restée étrangère aux essais d'application des freins continus qui se poursuivent activement, tant en Angleterre que sur le continent; mais que quelques-unes d'entre elles pourraient, dans l'intérêt de la sécurité de l'exploitation et en raison de l'accroissement des vitesses de certains trains rapides et express, donner à cette application une plus vive impulsion.

Leur imposer ou même leur indiquer l'adoption d'un système particulier déjà éprouvé, dans le but d'assurer les échanges de matériel d'une ligne à l'autre, serait prématuré, en ce moment, et aurait l'inconvénient de nuire à des essais particuliers dont la réussite et le développement peut intéresser l'avenir.

Mais la commission est d'avis que, sans porter préjudice aux tentatives qui pourraient amener l'amélioration des freins, il est possible de donner, dès aujourd'hui, à la circulation des trains de voyageurs, un surcroît de garanties de sécurité fort important, en invitant les compagnies à munir de freins continus, placés sous la main du mécanicien et des gardes-freins, tous les trains de voyageurs dont la vitesse normale de pleine marche atteint 60 kilomètres à l'heure, en y ajoutant, bien entendu, l'usage constant de la contre-vapeur.

EXPLOITATION A VOIE UNIQUE.

Nous arrivons à l'exploitation à voie unique. Elle est appliquée sur une longueur totale de 12,790 kilomètres de l'ensemble des divers réseaux et elle est destinée à un bien plus grand développement quand les lignes nouvellement projetées seront construites.

Elle est répartie en ce moment de la manière suivante : 3050 kilomètres sur le réseau de Paris-Lyon-Méditerranée; 1291 kilomètres sur celui du Nord; 1154, 1573, 3187, 1515. 1022 kilomètres sur ceux de l'Est, de l'Ouest, d'Orléans, du Midi et sur les lignes de l'État, dont on peut dire à bien peu de chose près qu'elle constitue en ce moment la totalité.

A part deux compagnies qui ont spontanément adopté l'emploi auxiliaire des cloches électriques, le Nord sur la totalité de ses lignes à simple voie et Paris-Lyon-Méditerranée sur les 0,30 environ des siennes, toutes nos compagnies font reposer la sécurité de cette exploitation sur l'usage d'une réglementation précise et sévère, sans recourir à d'autres appareils que ceux de la télégraphie ordinaire.

Théoriquement, cette organisation pourrait suffire. Elle suffit en fait. Jusqu'ici, sur presque tous nos réseaux et sur les lignes peu chargées de trafic, on peut la considérer comme offrant les garanties de sécurité désirables. Mais sur les sections déjà nombreuses où le trafic s'est beaucoup développé il peut être prudent de lui adjoindre quelques systèmes auxiliaires de sécurité.

En Angleterre, on a le système du bâton « staff system » et « staff and ticket system » qui n'est qu'une sorte de pilotage donnant une sécurité absolue contre toute chance de collision, sauf le cas de rencontre de véhicules en dérive, et pouvant dispenser de toute autre mesure spéciale de précaution, mais qui ne peut convenir qu'à des lignes à faible trafic. Ce système, sur lequel il nous paraît utile d'appeler l'attention, n'a encore été expérimenté sur aucun de nos réseaux; on annonce toutefois que la compagnie de l'Ouest va en faire l'essai sur quelques-unes de ses lignes.

En France, deux systèmes d'exploitation sont en présence : le premier, qui semble donner le plus de garanties de sécurité, consiste à toujours demander la voie avant le départ de n'importe quel train.

Ce système n'est cependant en usage que sur un seul réseau, celui de l'Est.

A chaque station munie d'appareils télégraphiques (appareil Morse) le départ de tout train régulier, aussi bien que celui de tout train facultatif ou spécial doit toujours être annoncé au poste le plus prochain vers lequel il se dirige, alors même que l'ordre de marche indiquerait que ce poste doit être franchi sans arrêt, et on ne le lance ou on ne le laisse passer qu'autant que le stationnaire du poste suivant a répondu en donnant la voie. Les disques des gares sont normalement fermés et ne peuvent être ouverts aux trains directs que si la réponse permet de laisser passer le train

La plupart des autres mesures réglementaires sont d'ailleurs communes aux deux systèmes.

Le second système, adopté par toutes les autres compagnies sans exception, n'oblige pas à demander la voie et à annoncer par le télégraphe le départ des trains réguliers; cette obligation, que remplace avantageusement sur deux de nos réseaux l'emploi des cloches électriques, n'est de règle que pour l'envoi des trains facultatifs ou spéciaux.

Dans les deux systèmes, bien entendu, tous les changements de croisement ou toutes les interversions de trains, soit réguliers, soit facultatifs ou spéciaux, sont préalablement annoncés et acceptés par le télégraphe.

Les compagnies qui ont adopté le second système objectent au premier d'occasionner des retards sans utilité sérieuse, d'exiger dans les petites stations un personnel onéreux ou de surcharger les chefs de gare, de multiplier les dépêches uniformes qui ne sont plus passées d'un poste à l'autre que machinalement, presque sans attention et souvent même, quand le train annoncé a déjà été expédié.

Le deuxième système, disent-elles, suffit complétement à assurer la sécurité en attribuant régulièrement la voie à un train déterminé, et cela, sous la garantie de trois responsabilités, celle du mécanicien, du chef de train et du chef de station. La demande de voie n'est pas nécessaire tant que la fixité des croisements est maintenue, et, en service normal, il y a bien des journées où il n'y a pas un seul croisement à déplacer. Avec le système de demande de voie pour tous les trains, ajoutent-elles, une interruption du télégraphe a pour résultat d'arrêter momentanément toute circulation.

Quelques-unes de ces objections, surtout la dernière, seraient facilement levées. La difficulté la plus grave, à l'extension aux autres compagnies, du système de l'Est, consisterait dans la nécessité de changer, sans utilité bien démontrée, des règlements en usage depuis plus de vingt ans et de modifier chez un nombreux personnel d'agents, des habitudes prises. La commission ne voit donc pas de motifs suffisant pour imposer ce système aux compagnies qui ne l'ont pas encore adopté. Elle fait d'ailleurs remarquer que pour les lignes à voie unique d'une assez grande fréquentation, les seules où le changement du système puisse avoir un intérêt sérieux, l'emploi des appareils de cantonnement à signaux extérieurs ou de cloches électriques qu'elle va être amenée à proposer, donnera à l'exploitation un surcroît de sécurité préférable à celui qu'on attendrait de la demande de voie par le télégraphe.

Sur le réseau du Midi, qu'on peut donner comme exemple d'une bonne exploitation du deuxième système, tous les trains annoncés qui doivent traverser une station sont inscrits, au commencement de la journée, dans leur ordre de succession sur un tableau dit « Tableau diurne ». A mesure qu'un train passe, son numéro est effacé, le chef de la station et tous ses agents ont ainsi sous les yeux le moyen de se rendre compte.

à chaque instant, des trains qui n'ont pas encore passé. Ce tableau est employé également sur le réseau du Nord, simplifié et réduit à la seule inscription des trains extraordinaires; il est adopté aussi par les compagnies d'Orléans, de l'Ouest et de Paris à Lyon et à la Méditerranée; son utilité ne peut être mise en doute, et nous pensons qu'il y a lieu de le signaler à l'attention des compagnies qui n'en font pas encore usage.

Les changements de croisement et les interversions dans l'ordre d'expédition des trains, soit réguliers, soit extraordinaires, constituent la partie délicate de l'exploitation. Les règlements intérieurs des compagnies, examinés par la commission, y pourvoient autant que possible et déterminent avec précision jusqu'aux moindres détails des précautions à prendre et des dépêches à échanger de station à station.

Depuis l'accident de Flers, la compagnie de l'Ouest, en vue d'éviter le retour d'accidents semblables, a complété son règlement par une mesure dont le but est de faire contrôler les uns par les autres, les agents des gares et ceux des trains. Chaque conducteur-chef est muni d'un journal du train portant, pour toutes les stations à traverser, l'indication des croisements des garages prévus et à effectuer.

A chaque arrêt, le journal est présenté par le conducteur-chef au chef de gare, qui doit ou certifier que les croisements et garages prévus ont été effectués, ou y marquer, en y apposant sa signature, les changements que des perturbations ont pu entraîner, de telle sorte qu'à chaque instant de sa marche, le chef de train qui, d'autre part, a soin d'en informer le mécanicien et de le faire signer, soit toujours porteur d'un journal bien conforme aux faits qui se sont produits et doivent se produire réellement.

Sur tous les autres réseaux, toutes les fois que les croisements réglementaires sont changés, les chefs de train reçoivent des chefs de gare de chacune des stations extrêmes entre lesquelles le changement a été concerté, un bulletin qui doit être signé et porté à la connaissance des mécaniciens qui ont aussi à le signer, indiquant le nouveau point de croisement. C'est toujours une sorte de journal de train, un moyen de solidariser les responsabilités de tous les agents intéressés à la sécurité de la marche du train.

Sur la plupart des réseaux, enfin, les règlements prescrivent d'avoir pour chaque section à voie unique un agent spécial chargé, à l'exclusion de toute autre personne, de régler toute circulation extraordinaire sur la section. Aucun train spécial, aucune machine isolée (sauf le cas de secours prévu d'autre part), aucun vagon manœuvré par le service de la voie ne peuvent circuler sur la section sans un ordre écrit émanant de cet agent. Quand cette prescription n'est pas inscrite d'une manière formelle dans le règlement, elle n'en est pas moins réalisée de fait dans la pratique.

Quelque sûre que soit en principe cette réglementation dont je n'ai pu indiquer que les traits principaux et quelque confiance qu'on soit autorisé à lui accorder, après vingt ans d'épreuve, il peut se présenter telle circonstance (et on n'en a eu que trop d'exemples) où, par suite d'une distraction, d'une erreur ou d'une faute lourde, quelquefois d'un excellent agent, le système puisse se trouver en défaut, une collision, et presque toujours alors une catastrophe, se produise.

Il semble donc indispensable, au moins pour celles de ces lignes à voie unique dont le trafic a pris un assez grand développement, et où circulent des trains ne s'arrêtant pas à toutes les stations, où par conséquent les pertubations de service et par suite les causes d'accidents sont le plus à craindre, de se procurer un complément de sécurité par l'adoption de systèmes spéciaux, permettant, soit de s'assurer mécaniquement, contre les causes d'erreurs, soit de réparer à temps ses erreurs si elles viennent à se produire.

Comme moyens de sécurité auxiliaires déjà expérimentés et incomparablement supérieurs à tous ceux que nous ont présentés les inventeurs, nous pouvons citer tous les appareils qui servent à établir le cantonnement des trains sur les lignes à double voie, pourvu qu'on les modifie de manière à les appliquer, à prévenir l'introduction simultanée sur une même section, de deux trains lancés en sens contraire. Tels sont les appareils Tyer, Regnault, etc. La sécurité que donnent ces appareils est bien plus grande quand, à l'imitation du système des électro- sémaphores Lartigue, on les enclenche avec les signaux extérieurs. Nous avons enfin les cloches électriques.

Le block-system Lartigue, avec ses électro-sémaphores modifiés et complétés pour le service de la voie unique, est déjà employé en Russie, sur quelques tronçons d'une longueur totale de 150 kilomètres, du chemin de fer de Saint-Pétersbourg à Varsovie. Il repose sur le même principe que le block-system installé sur les lignes à double voie : seulement les enclenchements des bras sémaphoriques sont doublés, et quelques dispositions additionnelles sont prises dans le but d'empêcher que la section ne puisse être ouverte à un bout qu'autant qu'elle est fermée par un signal claveté à l'arrêt, à l'autre extrémité.

La seule condition de l'efficacité absolue du système est donc que le mécanicien respecte les signaux d'arrêt. On peut, pour plus de sécurité, doubler le signal optique d'un pétard manœuvré avec lui, ou, si les machines sont pourvues de sifflet électro-moteur, le munir d'un contact fixe, afin que le mécanicien soit forcément averti.

L'appareil Regnault perfectionné et complété par l'addition de serrures électriques normalement fermées par un aimant, peut également être employé à bloquer rigoureusement des sections. La compagnie de l'Ouest se propose de l'appliquer à ses principales birfucations et aux stations immédiatement voisines. Les signaux avancés des gares et les leviers de signaux d'arrêt absolu seront enclenchés avec les boutons d'arrivée des indicateurs, et les serrures électriques seront établies de telle sorte que le stationnaire ne puisse effacer le signal d'arrêt absolu pour autoriser le départ d'un train, tant que l'aiguille de l'indicateur électrique annoncera par son inclinaison qu'un train marche en sens contraire. Ce stationnaire ne pourra également effacer le signal d'arrêt absolu pour autoriser le départ d'un train quand bien même les aiguilles de l'indicateur seraient verticales, c'est-à-dire à voie libre, qu'après avoir signalé le départ du train à la gare suivante. Les mesures de sécurité se trouveront donc en quelque sorte accumulées.

Je ne parle pas de l'emploi d'un « Block-système automatique » basé sur le jeu d'appareils électriques actionnés par les trains eux-mêmes en marche, dont un assez grand nombre d'inventeurs ont proposé diverses solutions, la plupart très défectueuses. Aucun de ces systèmes n'a été jusqu'ici expérimenté. Le mieux étudié de beaucoup qui nous ait été présenté est, sans contredit, celui de MM. Ducousso frères; on le trouvera décrit en détail et discuté dans la série des rapports présentés par la commission sur les inventions.

Tout ingénieux qu'il soit, il ne nous a pas paru répondre aux besoins réels de l'exploitation, et nous ne l'avons trouvé susceptible d'aucune application pratique. Il serait effectivement dangereux de faire reposer la sécurité d'un train sur le jeu d'appareils automatiques aussi compliqués et à la fois aussi délicats, sujets à tous les accidents des courants électriques, et qui ne peuvent donner, en définitive, au mécanicien d'autre avertissement qu'un simple coup de sifflet automoteur de sa machine, sans laisser aucune trace visible de ce signal qu'un autre agent puisse contrôler, quand une irrégularité de fonctionnement ou d'interprétation peut occasionner une catastrophe.

Si l'on veut appliquer le « Block-system » à la voie unique, ce n'est pas aux systèmes automatiques qu'il faut recourir, mais, comme je l'ai dit, aux appareils connus et déjà expérimentés. Les systèmes Lartigue ou Regnault employés dans les conditions ci-dessus indiquées ne pourraient laisser que bien peu de place aux causes d'accidents ; il ne faut pas se dissimuler toutefois qu'ils pourraient introduire dans l'exploitation une complication coûteuse et gênante, et qu'ils ne

donneraient aucun moyen de réparer une erreur, si par
hasard elle était commise.

Cloches électriques.

Les cloches électriques sont généralement considérées
comme d'un emploi plus pratique et d'une efficacité éprouvée
déjà depuis longtemps en Allemagne, en Autriche, en Italie,
en Hollande, etc., où elles sont devenues d'un usage général.
Elles permettent d'annoncer le départ de chaque train par
le signal le plus rapide, équivalent à la demande de voie.
Elles préviennent tous les gardes des passages à niveau de
l'arrivée prochaine et du sens des trains. Elles permettent de
signaler sur toute la section les véhicules partis en dérive.
Elles donnent enfin, avec la plus grande simplicité, cette
ressource extrême du signal d'alarme ou d'arrêt de tous les
trains, que tant d'inventeurs ont cherché en vain à réaliser
par l'emploi des moyens les plus variés et les plus compliqués.

Deux compagnies ont adopté l'emploi de ces cloches; le
Nord, sur la totalité de son réseau à voie unique (soit 1291
kilomètres); Paris-Lyon-Méditerranée, sur les 0,30 environ
du sien (soit 924 kilomètres), et cette dernière en développe
chaque jour l'application.

La compagnie du Nord emploie les appareils Siemens, à
courant d'induction. A chaque station est placé un inducteur
qui permet de produire un courant électrique dans le fil des
sonneries, par la simple manœuvre, d'une manivelle; et un
commutateur qui permet de diriger ce courant à volonté sur
l'une ou l'autre des sections entre lesquelles la station est
placée. A chaque station, et à tous les postes intermédiaires
échelonnés sur la ligne, est placé un appareil récepteur
dans lequel un poids, déclenché par le passage du courant,
actionne un système de deux marteaux qui frappent, à
chaque déclenchement, cinq coups doubles sur un gros timbre.

Les trains marchant dans un sens sont annoncés par une
série de cinq coups, ceux allant en sens contraire par deux

séries. Le signal d'alarme ou d'arrêt général, sorte de tocsin. est donné par une série de coups prolongée.

Les postes intermédiaires sont établis autant que possible à des passages à niveau ou à d'autres postes déjà gardés, et lorsque la distance de ces derniers dépasse 12 à 1500 mètres. dans les guérites installées latéralement à la voie. Tous les agents de la voie sont ainsi initiés, comme ceux des stations et des trains, au mouvement de la marche des trains, et appelés à concourir à leur sécurité. S'ils entendent annoncer successivement l'expédition de deux trains de sens contraire, ils doivent faire le signal d'arrêt au premier train qui se présente, et employer tous les moyens prescrits pour prévenir la collision.

La compagnie Paris-Lyon-Méditerranée a donné la préférence aux cloches autrichiennes (système Léopolder, de Vienne) installées sur un fil à courant électrique continu, alimenté par des piles placées au pied des appareils à cloches des gares. Les appareils des stations en correspondance, ainsi que ceux des maisons de gardes et des guérites comprises entre deux stations, sont donc placés sur le même circuit, et il suffit d'interrompre, puis de rétablir le courant, sur un point quelconque de ce circuit, pour produire le choc simultané des marteaux sur toutes les cloches.

Les appareils installés dans les postes intermédiaires ont chacun leur commutateur recouvert d'une plaque scellée à la cire, de telle sorte qu'en cas de danger, un garde ligne n'a qu'à briser le scellé pour avoir un moyen de donner sur toute la section le signal d'alarme.

Cette disposition constitue l'avantage principal du système Léopolder sur le système Siemens, qui ne permet pas aux agents des postes intermédiaires de produire de signaux, si l'imminence d'un accident vient à se manifester.

On reproche aux cloches électriques la monotonie et le caractère fugitif de leurs signaux, la confusion qui peut en résulter dans le souvenir des agents de la voie et qui peut occasionner, soit des arrêts intempestifs de trains, soit, ce qui serait plus grave, l'inobservation des signaux transmis.

L'expérience faite sur les lignes allemandes, où plus de 50000 de ces appareils sont en service, et sur deux réseaux français, où les cloches protègent déjà la circulation sur plus de 2000 kilomètres de voie unique, répond suffisament à ces objections et démontre qu'elles n'ont pas de fondement sérieux.

Les cloches s'adressent non pas tant aux agents du service proprement dit de la voie habituellement attentifs, d'ailleurs, aux signaux, qu'aux gardiens des passages à niveau qui sont toujours à leur poste. Même sur les lignes où on en a en quelque sorte abusé, en les employant à transmettre un grand nombre de signaux spéciaux, elles n'ont jamais causé d'accident. Elles en ont, au contraire, déjà beaucoup prévenu. Ainsi, sur le réseau du Nord, elles ont déjà fait éviter huit accidents graves : un seul aurait suffi à justifier la dépense de leur établissement. Sur les lignes de la Méditerranée, on n'a commencé à les utiliser que depuis l'accident de Châtillon, et, cependant, elles ont déjà prévenu, sur la section de Culoz à Modane, grâce à un signal parti d'un poste intermédiaire, un accident qui eût été certainement très grave. On en étend chaque jour l'application.

Sans revenir, en terminant, sur les avantages de ces cloches, je me bornerai à rappeler, en insistant, que leur emploi n'entraîne aucune modification dans les règlements en vigueur, que seules elles peuvent donner le moyen si précieux de réparer une erreur si elle venait à être commise, qu'elles constituent enfin le seul système préservatif qui puisse permettre à certaines lignes qui auraient à prendre subitement une importance stratégique, de donner passage avec sécurité à des mouvements considérables et inattendus de troupes et de matériel.

La commission croit donc pouvoir signaler au ministre l'emploi de ces cloches comme le système auxiliaire qui lui paraît le plus pratiquement utile pour augmenter la sécurité de l'exploitation des chemins de fer à voie unique.

Les mesures pour assurer cette sécurité doivent d'ailleurs dépendre de l'importance du trafic.

Sur les sections qui n'ont pas plus de six trains réguliers par jour, dans chaque sens, les règlements existants peuvent suffire.

Cependant, en y superposant le système anglais du Bâton, qui se prêterait facilement à l'exploitation de ces lignes, on en augmente efficacement la sécurité.

Sur les sections qui ont plus de six trains réguliers dans chaque sens, en vingt-quatre heures, la commission est d'avis qu'il y a lieu de demander aux compagnies l'application progressive soit des cloches électriques, soit, si elles le préfèrent, du block-system à signaux extérieurs, en commençant par les sections à la fois les plus chargées de trafic et les plus longues, et de préférence par celles de ces sections parcourues par des trains ne s'arrêtant pas à toutes les stations.

En résumé, monsieur le ministre, notre enquête nous a démontré que toutes nos compagnies de chemins de fer se préoccupent sérieusement d'augmenter sur leurs réseaux les conditions de sécurité de l'exploitation, déjà d'ailleurs satisfaisantes; et qu'elles y travaillent dans une mesure plus ou moins étendue, généralement en relation avec les exigences croissantes de leur trafic.

Toutes s'occupent activement de l'amélioration de leur voie, déjà généralement très sûre, et de leur matériel roulant qui présente, sur toutes les lignes, de bonnes conditions de stabilité.

L'Orléans et l'Est font surtout reposer la sécurité sur leurs excellents règlements, leur administration sévère et la bonne discipline de leur personnel. L'Orléans n'en a pas moins déjà commencé à installer le block-system, et essaye deux freins continus. L'Est fait, de son côté, quelques essais analogues et en projette de beaucoup plus étendus.

Le Midi compte sur ses bons règlements. Il a appliqué les enclenchements à toutes ses bifurcations, il commence l'essai d'un frein continu.

L'Ouest a beaucoup amélioré ses machines et donné la plus grande extension aux enclenchements des aiguilles et des signaux de ses bifurcations, et à l'application du frein continu Westinghouse. Le block-system est installé sur ses lignes de banlieue dont le trafic rendait l'application de ce système très nécessaire. On s'occupe d'étudier l'installation sur le tronçon de Paris à Clichy, d'un block-system absolu à petites sections, qui sera d'une grande sauvegarde pour la sécurité de l'exploitation extrêmement active en ce point.

Paris-Lyon-Méditerranée est une des deux compagnies qui marchent à la tête du progrès. Elle applique déjà sur une vaste échelle les enclenchements et le block-system, ces deux préservatifs à peu près infaillibles contre les accidents, et elle a déjà étendu l'emploi des cloches autrichiennes à plus du tiers de ses sections à voie unique.

Le Nord enfin, qui se rapproche le plus des lignes anglaises par son trafic et son système d'exploitation, donne l'exemple de tous les progrès : block-system, freins continus, enclenchements, large emploi des plus nouveaux appareils électriques, cloches allemandes adoptées sur la totalité de ses sections à voie unique, etc., etc.

La situation actuelle est donc déjà très bonne, je le répète, et en progrès rapide. La commission a cependant été d'avis que cette situation pouvait encore être améliorée et que, sans recourir à aucune invention nouvelle, non encore sanctionnée par la pratique, il paraissait nécessaire d'introduire ou de propager, sur quelques réseaux, l'emploi de systèmes perfectionnés expérimentés et adoptés déjà par d'autres compagnies.

Je ne reviendrai pas sur les recommandations de détails faites, dans ce but, au cours de ce rapport, presque à chaque page, me bornant, en ce moment, à passer en revue les points principaux qui ont été l'objet d'avis spéciaux formulés par la commission.

Je rappellerai qu'elle propose au ministre :

1° De recommander aux compagnies l'emploi d'appareils

avertisseurs ou protecteurs, aux passages à niveau, en ayant égard à leur fréquentation et à leur situation.

2° De les inviter à appliquer progressivement les appareils d'enclenchement (sans désignation d'aucun système particulier) : 1° à toutes les bifurcations ; 2° à tous les groupes d'aiguilles intéressant la sécurité de la circulation sur les voies principales, etc., etc.

3° De les inviter à exécuter désormais dans toute son étendue la prescription de l'article 23 de l'ordonnance de 1846 et à donner, en outre, aux voyageurs le moyen de faire appel aux agents du train.

4° De signaler aux compagnies l'utilité d'appliquer le « block-system » sur toutes les sections de lignes où le trafic atteint un mouvement de cinq trains à l'heure, dans le même sens, à certaines heures de la journée ;

De les inviter à faire l'application du système de cantonnement à certains points particuliers de leurs réseaux, tels que les points de ramifications ou de rebroussement de lignes ;

De leur recommander le block-system absolu, comme offrant plus de garanties de sécurité, en laissant à leur initiative le choix du système de cantonnement, ainsi que celui des appareils destinés à en effectuer la réalisation.

5° D'inviter les compagnies à munir de freins continus tous les trains de voyageurs dont la vitesse normale de pleine marche atteint 60 kilomètres à l'heure, en y ajoutant, bien entendu, l'usage constant de la contre-vapeur.

6° Enfin, sur les sections à voie unique qui ont plus de six trains réguliers dans chaque sens, en vingt-quatre heures, de demander aux compagnies l'application progressive, soit des cloches électriques, soit, si elles le préfèrent, du block-system à signaux extérieurs.

Quant aux délais dans lesquels chaque compagnie de chemin de fer devra être tenue de se mettre en mesure de satisfaire aux invitations du ministre, et à l'ordre dans lequel devront être effectuées, autant que possible, les installations demandées des appareils ou systèmes de sécurité sur les diverses sections de chaque réseau, ils seront déterminés dans chaque cas particulier, par le ministre, la compagnie intéressée entendue.

Veuillez agréer, monsieur le ministre, l'hommage de mon profond respect.

> *L'Inspecteur général des mines, président de la Commission d'enquête, rapporteur.*
>
> G. DE NERVILLE.

OBSERVATIONS DE L'AUTEUR DU *Traité de l'entretien et de l'exploitation des chemins de fer.*

Pour faciliter la lecture de ce document et de la circulaire ministérielle qui l'accompagne, nous croyons utile de signaler les passages de notre *ouvrage* qui traitent des appareils, dispositions, manœuvres et systèmes d'exploitation indiqués dans le *Rapport* et la *Circulaire.*

VOIE. — *Rails.* — 1re Edition, 1865 : Tome I, chap. IV. — 2e Edition, 1871 : Tome I, chap. V.

Aiguilles. — 1re Edition, 1865 : Tome II, chap. VI, Tome II, chap. IX, §§ I et II. — 2e Edition, 1872 : Tome II, chap. VII, chap. XI.

Passages à niveau. — 1re Edition, 1865 : Tome 1er, chap. III, § III ; Tome II, chap. IX. §§ I et II. — 2e Edition, 1871 : Tome I, chap. III, § III, Tome II, chap. XI, § I.

Signaux. — 1re Edition, 1865 : Tome II, chap. VII, §§ I et II, chap. IX, § II. — 2e Edition, Tome II, chap. VIII, § I, chap. XI, § I.

Systèmes d'enclenchement — (ou enclanchement). — 1re Edition 1865 : Tome II, chap. VII, § I. — 2e Edition, 1872 : Tome II, chap. VII, § I, chap. VIII, § I, chap. IX, § I.

MATÉRIEL ROULANT. — EXPLOITATION. — *Locomotives.* — 2e Edition, 1880 : Tome IV, chap. VI.

Communications des voyageurs avec les agents des trains. — 1re Edition, 1867 : Tome III, chap. II, § II, page 452. — 2e Edition, 1878, Tome III, chap. II, § V.

Vitesses. — 1re Edition 1868, Tome IV, chap. II, § I, chap. IV, § I.

Block-System. — 1re Edition, 1868 : Tome IV, chap. II, § I.

FREINS. — *Frein Newal du Nord.* — 2e Edition 1878, Tome III chap. VII, § IV.

Frein Westinghouse. — 2ᵉ Edition, 1878: Tome III, chap. VII, § IV; 1880, Tome IV (Supplément au Tome III) ; chap. V, § III.

Frein Smith. — 2ᵉ Edition, 1878: Tome III, chap. VII, § IV; 1880, Tome IV (Supplément au Tome III) ; chap. V. § III.

Frein Achard. — 1ʳᵉ Edition, 1868, Tome III, chap. II, § II; — 2ᵉ Edition, 1878, Tome III, chap. VII, § IV; — 1880, Tome IV (Supplément au Tome III).

Frein Héberlein. — 2ᵉ Edition, 1878: Tome III, chap. VII, § IV; — 1880, Tome IV (Supplément au Tome III).

EXPLOITATION A VOIE UNIQUE. — *Staff System.* — 1ʳᵉ Edition 1868, Tome IV, chap. II. § I.

Cloches électriques. — 1ʳᵉ Edition, 1868, Tome IV, chap. II, § I.

T

CIRCULAIRE

ADRESSÉE PAR

LE MINISTRE DES TRAVAUX PUBLICS AUX ADMINISTRATIONS DES CHEMINS DE FER FRANÇAIS.

A la suite du grave accident survenu sur le réseau de l'Ouest, le 15 août 1879, entre Flers et Monsecret, l'administration s'est préoccupée de rechercher les mesures qui pourraient être prises en vue de prévenir le retour d'événements aussi désastreux.

Le 26 du même mois, d'après les ordres de mon prédécesseur, une commission a été instituée à l'effet de procéder à une enquête sur la situation des différents réseaux, au point de vue des moyens dont les compagnies peuvent disposer pour assurer la sécurité des trains, et du choix à faire entre ces moyens.

Cette enquête, qui a pu être conduite rapidement, grâce au zèle de la commission, et grâce aussi au concours actif que les compagnies lui ont prêté, en lui fournissant tous les renseignements utiles, est aujourd'hui terminée.

Le résultat des travaux de la commission est consigné dans un rapport qui a été inséré au *Journal officiel* du 8 août dernier.

L'enquête a permis de constater que les compagnies se préoccupent sérieusement d'augmenter sur leurs réseaux les conditions de sécurité de l'exploitation et qu'elles y travaillent toutes dans une mesure proportionnée aux exigences respectives de leur trafic.

La commission estime toutefois que cette situation peut être améliorée encore, sans qu'il soit nécessaire de recourir à aucune invention nouvelle qui n'aurait pas été sanctionnée par la pratique. Il suffirait, selon elle, d'introduire, ou de développer, sur les divers réseaux, l'emploi de systèmes perfectionnés, expérimentés et adoptés déjà par certaines compagnies.

Je vais reproduire ici ses conclusions, en faisant suivre chacune d'elles de mes observations personnelles et des décisions qu'il me paraît utile de prendre.

La commission émet l'avis qu'il y a lieu de recommander aux compagnies l'emploi d'appareils avertisseurs ou protecteurs aux passages à niveau, eu égard à leur fréquentation et à leur situation.

Je rappellerai à ce sujet que, par une circulaire ministérielle du 3 septembre 1879, les compagnies ont été invitées :

1° A procéder, de concert avec les services de contrôle, à une révision générale de leurs passages à niveau en vue de déterminer ceux de ces passages qui, à raison de leur situation particulière, auraient besoin d'être protégés plus spécialement ;

2° A proposer les mesures dont cette révision aurait fait reconnaître l'opportunité.

L'administration ne peut qu'inviter celles des compagnies qui n'ont pas encore terminé leur étude, à présenter leurs propositions dans le délai de trois mois au plus, afin que l'ensemble du travail puisse être soumis prochainement au comité de l'exploitation technique des chemins de fer.

Dans l'opinion de la commission d'enquête, il convient d'inviter les compagnies à appliquer progressivement les appareils d'enclenchement sans désignation d'aucun système particulier : 1° à toutes les bifurcations ; 2° à tous les groupes d'aiguilles intéressant la sécurité de la circulation sur les voies principales.

Il serait désirable, enfin, que toute aiguille isolée donnant accès sur les voies principales fût munie d'un appareil ne permettant d'engager ses voies que lorsque le signal qui les protège est à l'arrêt.

J'ai adressé récemment aux compagnies (28 juin et 12 juillet 1880) deux circulaires par lesquelles je leur ai signalé l'opportunité d'appliquer les systèmes d'enclenchement aux bifurcations et aux jonctions des voies de service avec les voies principales, et de faire usage d'avertisseurs électriques destinés à prévenir, par une sonnerie, de la fermeture exacte d'une aiguille.

Il s'agit ici de dispositions qui intéressent au plus haut degré la sécurité des transports : en présence de l'avis formel de la commission d'enquête, je vous invite à prendre dès maintenant des dispositions pour appliquer, ou étendre progressivement l'emploi des appareils d'enclenchement aux bifurcations, aux groupes d'aiguilles les plus importants, aux aiguilles isolées donnant accès sur les voies principales, de telle sorte que ces voies ne puissent être ouvertes que si elles sont protégées par un signal fixe, à l'arrêt. L'application de ces appareils d'enclenchement devra être complète sur votre réseau pour le 1ᵉʳ janvier 1882 au plus tard.

La commission estime qu'il y a lieu d'inviter les compagnies à exécuter désormais, dans toute son étendue, la prescription de l'article 23 de l'ordonnance de 1846, et à donner en outre aux voyageurs le moyen de faire appel aux agents du train.

Cette importante question a été traitée dans un rapport spécial de la commission d'enquête.

J'ai fait connaître aux compagnies, par une circulaire du 30 juillet dernier, les dispositions arrêtées à cet égard par l'administration supérieure.

Je crois devoir rappeler ici que les compagnies ont été invitées :

1° A exécuter désormais, dans toute son étendue, la prescription de l'article 23 de l'ordonnance du 15 novembre 1846, en donnant aux conducteurs gardes-freins un moyen sûr et efficace de communiquer avec le mécanicien, soit directement, soit par l'intermédiaire de l'un d'entre eux ;

2° A prendre les mesures nécessaires pour donner aux voyageurs, dans toutes les voitures à cloisons séparatives complètes, le moyen de faire appel aux agents ;

3° A prendre également les mesures nécessaires pour que, dans tous les trains, l'un des agents au moins puisse circuler le long des voitures offertes aux voyageurs.

L'attention des compagnies a été appelée en même temps sur l'utilité qu'il y aurait, pour prévenir des tentatives criminelles, à établir des communications partielles entre les compartiments voisins d'une même voiture, par exemple au moyen d'ouvertures de dimensions restreintes, fermées par des glaces.

L'administration a d'ailleurs décidé que la troisième de ces mesures serait réalisée immédiatement, et que la première et la deuxième devraient l'être avant le 1er mai 1881 pour tous les trains express ou directs ayant des parcours de 25 kilomètres ou plus, sans arrêt.

Je ne puis que vous confirmer ces instructions.

Suivant la commission d'enquête, il convient de signaler aux compagnies l'utilité d'appliquer le *Block-system* sur toutes les sections de lignes où le trafic atteint un mouvement de 5 trains à l'heure, dans le même sens, à certaines heures de la journée ;

De les inviter à faire l'application du système de cantonnement à certains points particuliers de leurs réseaux, tels que les points de ramification ou de rebroussement de lignes;

De leur recommander le *Block-system absolu* comme offrant le plus de garantie de sécurité, en laissant à leur initiative le choix du système de cantonnement, ainsi que celui des appareils destinés à en effectuer la réalisation.

Jusqu'à ce jour, vous le savez, l'application du Block-system n'a motivé aucune prescription formelle de la part de mon administration. Une circulaire ministérielle du 25 mars 1876 a simplement appelé l'attention des compagnies sur les électro-sémaphores de MM. Lartigue et Tesse. Depuis lors, mon département s'est borné à encourager les essais et à approuver l'installation d'appareils semblables sur diverses lignes.

La supériorité du mode d'exploitation par le Block-system absolu, au point de vue des garanties de sécurité qu'il présente, n'étant plus aujourd'hui contestée, le moment me paraît venu d'appliquer définitivement ce système dans les conditions indiquées par la commission d'enquête, c'est-à-dire sur les lignes qui sont parcourues, à certains moments de la journée, par 5 trains à l'heure dans la même direction, et sur les points de ramification ou de rebroussement.

Je vous invite donc à m'adresser des propositions dans ce sens dans le délai de trois mois.

La commission exprime l'avis qu'il y a lieu d'inviter les compagnies à munir de freins continus tous les trains de voyageurs dont la vitesse normale de pleine marche atteint 60 kilomètres à l'heure, en y ajoutant, bien entendu, l'usage constant de la contre-vapeur.

La question relative à l'application des freins continus aux trains de voyageurs a, dans ces dernières années, vivement préoccupé mon administration. Une circulaire ministérielle récente (19 décembre 1879) a appelé l'attention des compagnies sur l'opportunité d'assurer la sécurité des trains de cette nature en faisant usage de freins continus, autant que possible automatiques.

Par la même circulaire, les compagnies étaient invitées à rendre compte, dans des rapports détaillés, des essais qu'elles avaient entrepris sur ces sortes de freins.

J'estime, avec la commission, qu'en dehors des tentatives qui pourraient être faites pour améliorer l'action des freins en général, il convient de donner, dès aujourd'hui, à la circulation des trains de voyageurs un surcroît de garantie de sécurité fort important, en munissant de freins continus, placés sous la main du mécanicien et des gardes-freins, sans préjudice de l'emploi normal de la contre-vapeur, tous les trains de voyageurs dont la vitesse de pleine marche atteint 60 kilomètres à l'heure.

Je ne doute pas que les compagnies, qui, pour la plupart, sont entrées d'elles-mêmes dans la voie d'une application sérieuse de ces systèmes de freins, ne prennent des mesures immédiates pour en munir tous les trains qui circulent dans les conditions de vitesse indiquées par la commission.

Dans tous les cas, je crois devoir leur prescrire de prendre les dispositions nécessaires pour que, dans un délai de deux ans, tous les trains express soient munis de freins continus.

Enfin, la commission d'enquête émet l'opinion qu'il convient de demander aux compagnies l'application progressive, sur les sections à voie unique qui ont plus de six trains réguliers dans chaque sens en 24 heures, soit des cloches électriques, soit, si elles le préfèrent, du Block-system à signaux extérieurs, en commençant par les sections à la fois les plus chargées de trafic et les plus longues, et, de préférence, par celles de ces sections sur lesquelles circulent des trains qui ne s'arrêtent pas à toutes les stations.

Les avantages que présenterait l'adoption des cloches électriques, ou même du Block-system sur les sections à voie unique, ont été déjà signalés aux compagnies par deux circulaires ministérielles en date des 31 janvier 1877 et 31 mai 1879.

En m'y référant, je crois devoir, conformément à l'avis de la commission d'enquête, vous prescrire de prendre des mesures pour appliquer progressivement, d'ici au 1er janvier 1882, sur les sections à voie unique où circulent plus de six trains réguliers par jour, dans chaque sens, l'un ou l'autre des systèmes indiqués ci-dessus (cloches électriques, dites allemandes, ou Block-system à signaux extérieurs).

Quant aux sections d'une fréquentation moindre, bien que les règlements actuels paraissent y garantir suffisamment la sécurité publique, je pense, avec la commission, que l'on obtiendrait un surcroît de sécurité sur lesdites sections en combinant l'application des règlements avec l'usage du système anglais dit du Bâton, lequel constitue en réalité une sorte de pilotage qui rend toute rencontre de trains impossible. Je vous invite à en faire l'essai, me réservant de prendre des mesures définitives après que vous m'aurez rendu compte des résultats de cet essai, qui devra être entrepris immédiatement et poursuivi pendant une durée de six mois à partir de ce jour.

J'ai l'espérance que, grâce aux dispositions qui précèdent, grâce aussi au concours que l'administration est assurée de trouver chez les compagnies pour toutes les mesures qui peuvent garantir la sécurité du public, nous parviendrons à réduire de plus en plus le nombre des accidents de chemins de fer et à rendre de plus en plus rares sur nos voies ferrées ces terribles catastrophes qui émeuvent si douloureusement les populations.

Veuillez m'accuser réception de la présente circulaire.

Recevez, Messieurs, l'assurance de ma considération très distinguée.

Paris, le 13 septembre 1880.

Le ministre des travaux publics,

H. VARROY.

TABLE DES MATIÈRES

SECONDE PARTIE

SERVICE DE LA LOCOMOTION

TROISIÈME SECTION

DIRECTION

CHAPITRE VIII. — ORGANISATION DU SERVICE DE LA LOCOMOTION.

§ I. *Considérations générales.*

§ VI. *Inspecteurs et Ingénieurs de la locomotion.*

§ VII. *Répartition des dépôts et ateliers.*

CHAPITRE IX. — DÉPOTS.

§ I. *Opérations à effectuer.*

§ II. *Installations diverses.*

CHAPITRE X. — ATELIERS.

§ I. *Installations diverses.*

§ II. *Outillage.*

§ III. *Laboratoire d'essais et usine annexe.*

CHAPITRE XI. — Alimentation des machines.

§ I. *Dispositions d'ensemble.*

§ II. *Eau.*

RÈGLEMENT.

FIN DE LA TABLE DES MATIÈRES DU TOME CINQUIÈME.

———

Tours, imp. Mazereau.

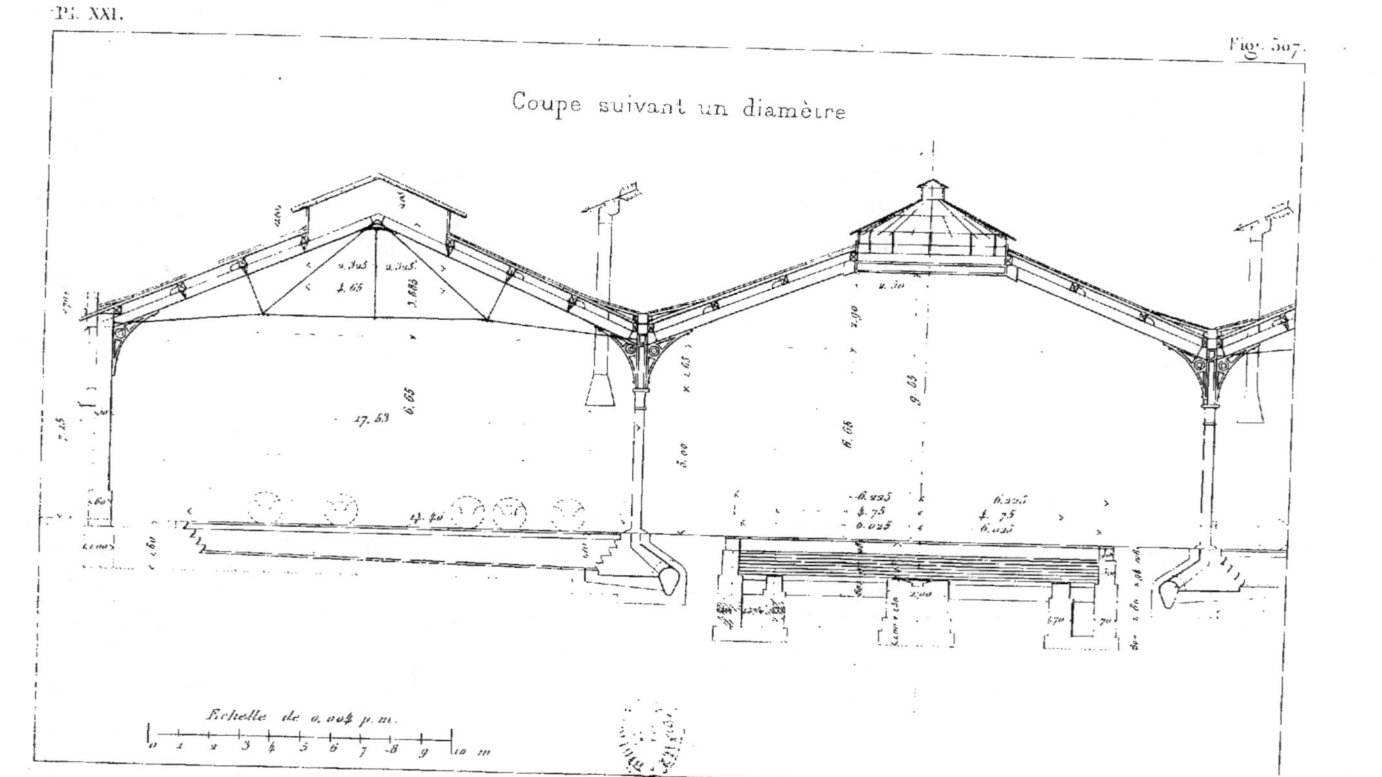

REMISE DE LOCOMOTIVES CIRCULAIRE

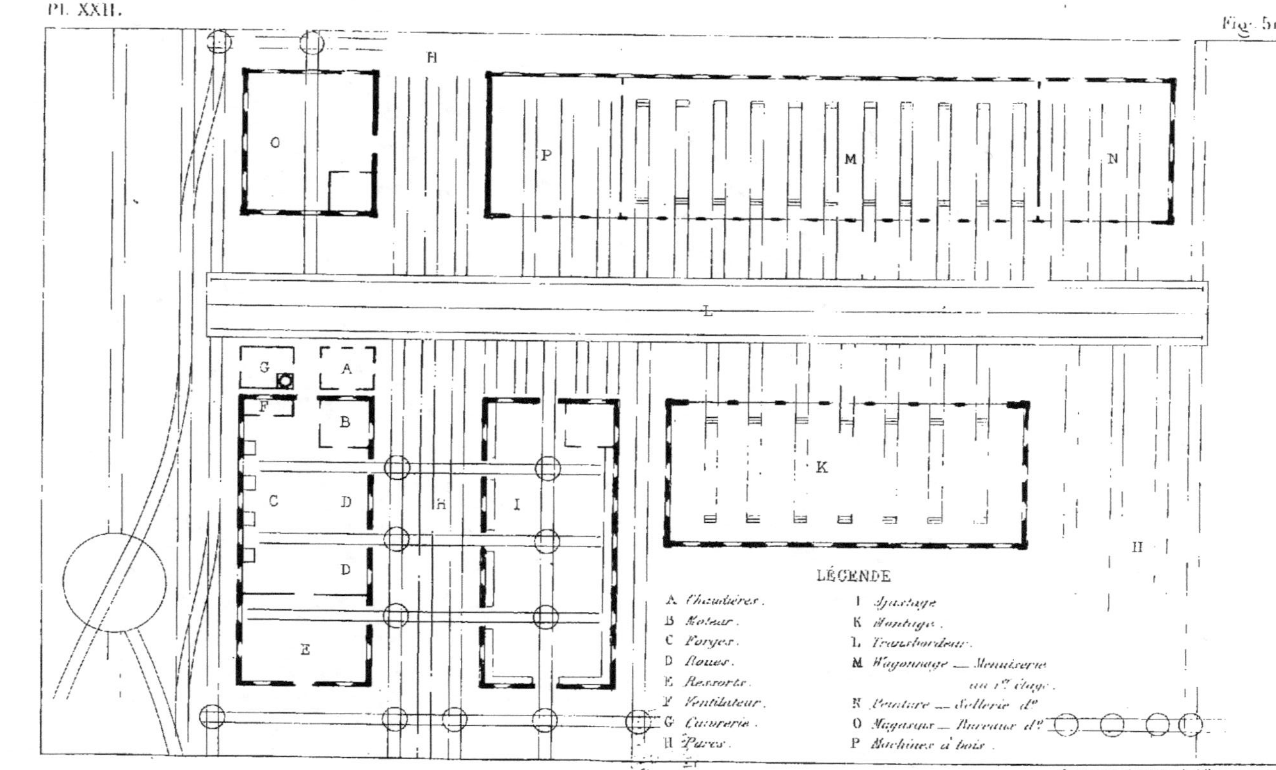

ATELIER DE RÉPARATION

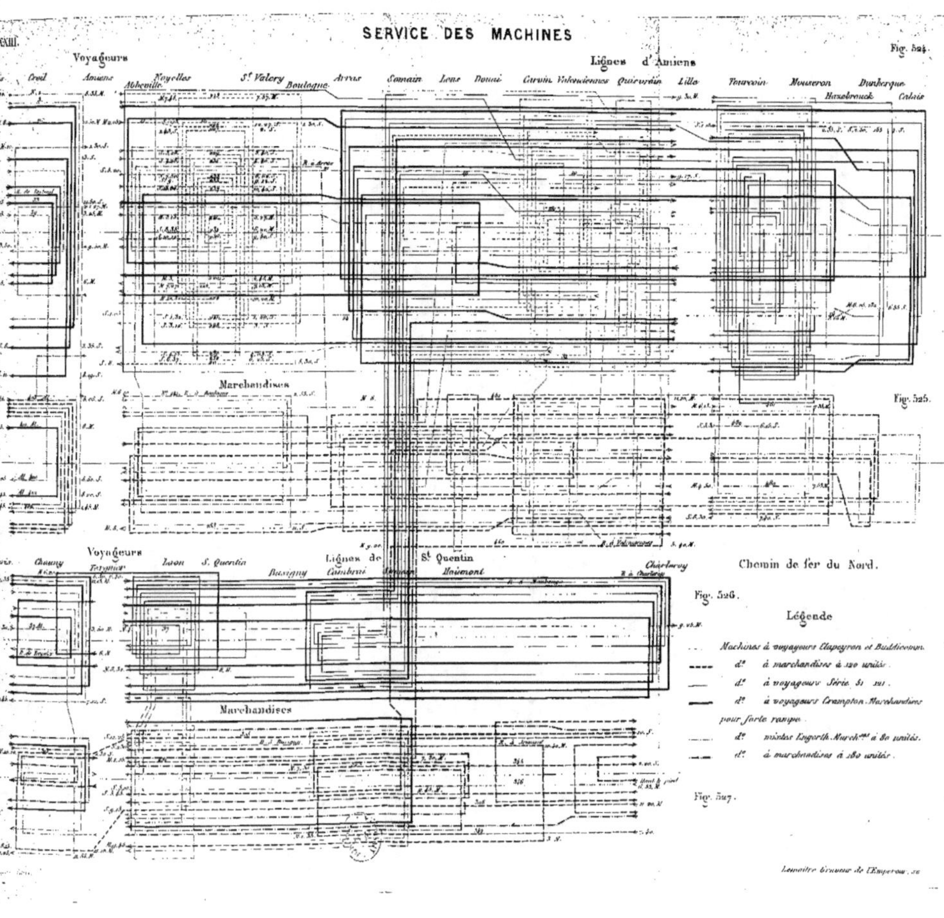

SERVICE DES MACHINES
Voyageurs
Lignes d'Amiens
Fig. 524.
Paris Creil Amiens Abbeville Noyelles St Valery Boulogne Arras Somain Lens Douai Carvin Valenciennes Quiévrain Lille Tourcoin Mouveron Dunkerque Hazebrouck Calais
Marchandises
Fig. 525.
Voyageurs
Lignes de St Quentin
Paris Chauny Tergnier Laon S. Quentin Busigny Cambrai Aulnoye Charleroi
Chemin de fer du Nord.
Fig. 526.
Légende
Machines à voyageurs Clapeyron et Buddicomn.
d° à marchandises à 120 unités
d° à voyageurs Série 51 121.
d° à voyageurs Crampton. Marchandises
pour forte rampe
d° mixtes Engerth Marcht.es à 80 unités.
d° à marchandises à 180 unités.
Marchandises
Fig. 527.
Lemaître Graveur de l'Empereur.

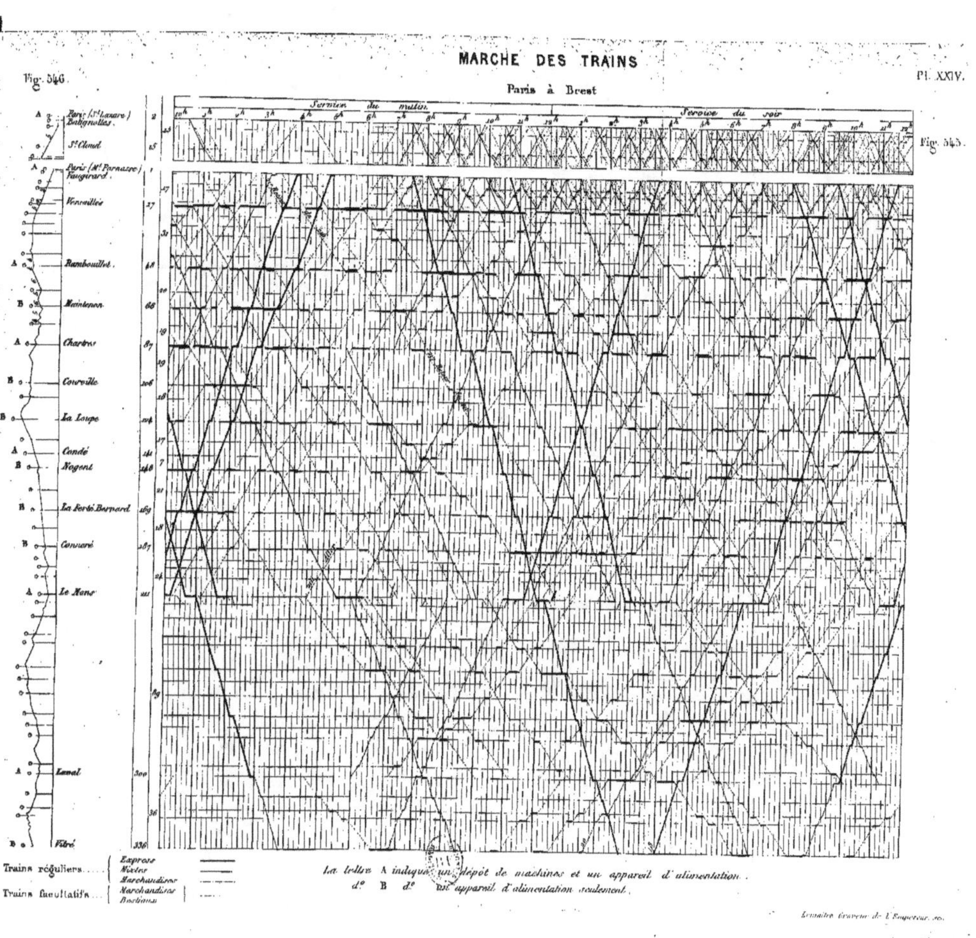
MARCHE DES TRAINS
Paris à Brest
Fig. 546.
Pl. XXIV.
Fig. 545.
Service du matin
Service du soir
Paris (St Lazare)
Batignolles.
St Cloud.
Paris (Mt Parnasse)
Vaugirard.
Versailles
Rambouillet.
Maintenon.
Chartres.
Courville.
La Loupe.
Condé.
Nogent.
La Ferté Bernard.
Connerré.
Le Mans.
Laval.
Vitré.
Trains réguliers
Express
Mixtes
Marchandises
Trains facultatifs
Marchandises
Ballasts
La lettre A indique un dépôt de machines et un appareil d'alimentation.
do B do un appareil d'alimentation seulement.
Lemaître Graveur de l'Empereur, sc.

DEUXIÈME ÉDITION
CONSIDÉRABLEMENT AUGMENTÉE

TRAITÉ PRATIQUE
DE L'ENTRETIEN ET DE L'EXPLOITATION
DES CHEMINS DE FER

Par CH. GOSCHLER

PREMIÈRE PARTIE

SERVICE DE LA VOIE

TOMES I ET II
Deux volumes in-8° avec Atlas de 35 planches.
Prix : 32 francs.

DEUXIÈME PARTIE

SERVICE DE LA LOCOMOTION

TOME III. — Première Section.

MATÉRIEL DE TRANSPORT

Un volume in-8° avec Atlas de 39 planches in-folio.
Prix : 25 francs.

TOME IV. — Seconde Section.

ENTRETIEN ET CONSTRUCTION DES LOCOMOTIVES

Suivi d'un Annexe donnant les types des formules de Comptabilité
pour les Dépôts, Ateliers, Magasins et Direction.

TOME V. — Troisième Section.

DÉPOTS, ATELIERS ET DIRECTION DU SERVICE

les deux volumes in-8°
avec Atlas de 6? planches in-folio.
Prix : 50 francs.

Tours. Imp. E. Mazereau.